Kultur und Technik im 21. Jahrhundert

Schriftenreihe des Wissenschaftszentrums
Nordrhein-Westfalen
Band 1

Gert Kaiser, Dirk Matejovski, Jutta Fedrowitz (Hg.)

Kultur und Technik im 21. Jahrhundert

Campus Verlag
Frankfurt/New York

Redaktion: Anne Coblenz, Ursula M. Ott

Die Deutsche Bibliothek – CIP-Einheitsaufnahme

Kultur und Technik im 21. Jahrhundert / Gert Kaiser . . . (Hg.).
– Frankfurt/Main ; New York : Campus Verlag, 1993
(Schriftenreihe des Wissenschaftszentrums Nordrhein-Westfalen ; Bd. 1)
ISBN 3-593-34805-5
NE: Kaiser, Gert [Hrsg.]; Wissenschaftszentrum Nordrhein-Westfalen
<Düsseldorf>: Schriftenreihe des Wissenschaftszentrums . . .

Umschlaggestaltung: Atelier Warminski, Büdingen
Umschlagmotiv: *La Grande Arche de la Défense* – Foto: Paul Maurer, Issy les Moulineaux
Satz: Norbert Czermak, Geisenhausen
Druck und Bindung: Druckhaus »Thomas Müntzer« GmbH, Bad Langensalza
Gedruckt auf säurefreiem und chlorfrei gebleichtem Papier.
Printed in Germany

Inhalt

I. Digitaler Alltag – Utopie oder Menetekel?

II. Künstliche Intelligenz zwischen Spekulation und Realisation

III. Die computerisierte Gesellschaft und ihre Risiken

IV. Medizin und Technik

VII. Künstler und neue Technologien

Vorwort

Johannes Rau

Das Plakat, mit dem das Wissenschaftszentrum Nordrhein-Westfalen auf den Kongreß »Kultur und Technik im 21. Jahrhundert« aufmerksam gemacht hat, aus dem nun dieses gleichnamige Buch hervorgegangen ist, stellt eine Szene aus der Tanzinszenierung *The Fall of Icarus – Disaster/Utopia* dar. Dieses Stück wirft eine Reihe von Fragen auf, die sich als sehr verschieden deutbar und sehr ambivalent erweisen.

Der beflügelte Ikarus steht auf zwei Bildschirmen, Kothurne, die ihn erhöhen, erhaben machen, seinen Blick über den der Anderen ausweiten, die ihn aber auch schwerfällig machen und seine Mobilität einschränken.

Ikarus und Daedalus sind die mythischen Gestalten, denen es mit Hilfe der Technik gelang, sich von der Erdenschwere zu lösen, zu fliegen, und die ihnen von ihrer Natur gesetzten Grenzen zu überwinden. Ikarus, der sich der Sonne nähern will, geht daran zugrunde. Doch nicht die Technik selbst bringt ihn zu Fall, sondern seine Hybris. Damit wird Ikarus zum Symbol für den Menschen, der sich und seine Möglichkeiten überschätzt und die ihm zur Verfügung stehenden Instrumente nicht zu seinem Wohl einsetzt. Dagegen ist der Vater Daedalus der Erfahrenere und der Weise, der es versteht, die Technik zu beherrschen. Dennoch macht er den Fehler, diese Technik in die falschen Hände zu geben, und er verliert so seinen Sohn. Es bleibt die Frage: Wo liegt seine Zukunft?

Sicherlich führte es zu weit, dieses mythologische Bild als Symbol über den Kongreß zu stellen. Aber es zeigt sich, daß die Fragen, die wir uns heute stellen, schon Jahrtausende alt sind, und es sind Fragen, die wir uns heute beim Übergang ins nächste Jahrtausend – oder ins 21. Jahrhundert – besonders dringlich stellen angesichts der neuen Qualität, die der wissenschaftliche Fortschritt künftig annehmen wird. Das Bild des Ikarus symbolisiert das Doppelgesicht des Fortschritts, es ruft Assoziationen hervor, aber es bietet keine eindeutige Lösung.

Menschen aller Epochen hatten den Wunsch nach verläßlichen Orientierungen über sich selbst und über die Welt, in der sie leben. Heute wird dieser Bedarf an Orientierung immer größer, weil die Lebensumstände sich immer schneller wandeln. Seien es die politischen und wirtschaftlichen Umbrüche der letzten Jahre, seien es die großen neuen Wanderbewegungen, sei es die fast unmerkliche und doch tiefgreifende Veränderung unseres Lebens, die Digitalisierung unseres Alltags – solche Entwicklungen erzwingen über kurz oder lang von jedem von uns neue Interpretationen, die wir in unser Weltbild einbauen müssen.

Vor dem Hintergrund der neuen Technologien mit ihrem dramatischen Veränderungspotential müssen wir uns grundlegend über gesellschaftliche Entwicklungstendenzen verständigen. So könnte die Diagnose Adornos und Horkheimers – »Auf dem Weg zur neuzeitlichen Wissenschaft leisten die Menschen auf Sinn Verzicht« – den Impuls für einen neuen Dialog zwischen Natur- und Geisteswissenschaften bilden.

Doch der Zwang zur dauernden Neubestimmung ist in den letzten Jahrzehnten immer spürbarer geworden. Längst gibt es keine Garantie mehr für eine wenigstens generationenlange Verläßlichkeit der Orientierungshilfen und -muster. Nun aber stehen wir an einer Schwelle, hinter der wohl nicht nur eine weitere Beschleunigung der Weltinterpretation auf uns wartet, sondern vielmehr erleben wir eine neue Qualität von Orientierungszwang. Es scheint möglich zu werden, das »Gattungswesen Mensch« neu zu prägen. Bisher eröffnete die Entwicklung neuer Technologien primär den Zugriff auf die Umwelt. Künftig steht möglicherweise das Selbstverständnis des Menschen, seiner Kultur und seiner Gesellschaftsordnung in Frage, wenn beispielsweise ein scharfsichtiger Beobachter der Informations- und Biotechnologie davon spricht, daß die »Entwicklungslogik [...] der Bio- und Computerwissenschaften [...] auf eine definitorische und vielleicht auch faktische Neukomposition des Gattungswesens Mensch abzielen« könnte (Gabbert 1985: 269). Das muß nicht die simple Schreckensvision vom biotechnologisch manipulierten Homunculus sein. Die Errungenschaften der Neurobiologie, der Biotechnologie, der Informations- und Kommunikationstechnologie zeigen sich vielmehr in der hilfreichen Form weiterer Entlastungen des Menschen zum Ausgleich seiner biologischen und geistigen Unzulänglichkeiten. So ist der Fortschritt – wie immer schon – auch die Erweiterung unserer Fähigkeiten.

Viele Fachleute meinen, daß in der Computertechnologie und in den Biowissenschaften Entwicklungen abzusehen sind, die besonders stark in die überlieferten Formen unserer Lebensorientierung eingreifen. Auf dem Gebiet der Informations- und Kommunikationstechnologien bleiben die Innovationen nicht nur auf der Ebene eines reinen quantitativen Fortschritts, der sich in Rationalisierung von Arbeitsabläufen und Beschleunigung von Kommunikationsmöglichkeiten manifestiert, vielmehr wird deutlich, daß die neuentwickelten Technologien in tiefgreifender Weise zur Veränderung von Mentalitäten, Einstellungsstrukturen und Wertorientierungen führen werden. Am provokantesten werden diese neuen Herausforderungen von der Forschungsrichtung Künstliche Intelligenz formuliert.

Nimmt man diese zahlreichen Einzelentwicklungen der Technikwissenschaften zusammen, so ergibt sich die Notwendigkeit, die Rolle des Menschen im 21. Jahrhundert neu zu bestimmen. Das Buch thematisiert dies durch Erkundungsgänge in eine mögliche, vielleicht auch wahrscheinliche Zukunft. Wichtig ist, daß das, was auf diesen Erkundungsgängen entdeckt wird, ins öffentliche Gespräch gebracht wird. Der rechtzeitige Disput kann vor überzogenen Erwartungen und unkontrollierten Entwicklungen bewahren.

Vielleicht schützt er uns davor, unsere Möglichkeiten zu überschätzen, so wie Ikarus es tat, damit wir, wie Daedalus, durch weise Beschränkung das Scheitern vermeiden. Es geschieht nicht oft, daß sich die Wissenschaft in eine öffentliche Erörterung begibt, solange sie sich selber über ihre Ziele noch im unklaren ist. Zu oft behindert die Sorge, zu frühes Reden könne als Mangel an Seriosität gewertet werden, das Gespräch mit Politik und Öffentlichkeit. Doch zu langes Schweigen beschwört auch eine wenig sachliche und sachdienliche Pauschalkritik herauf.

Mit dem Diskussionsansatz dieses Buches, wie er sich im Titel ausdrückt, greifen wir weiter, als es die schon klassisch gewordene Technikfolgenabschätzung tut, denn er kann Augen öffnen dafür, daß unser künftiges Leben noch stärker als bisher von Wissenschaft und Technik bestimmt wird. Und es heißt, den kritischen Kommentar zu wecken und ihm Gehör zu verschaffen, Entwicklungslinien und Problemfelder durch das öffentliche Gespräch zwischen Wissenschaftlern und Vertretern aus Wirtschaft, Politik und Kultur in den Blick zu rükken sowie Schlagworte – im guten wie im bösen Sinne – transparent zu machen. Dies alles hilft – so hoffe ich – auch dabei, etwas zu verhindern, was Ulrich Beck einmal mit dem Begriff »Subpolitik« bezeichnete: Das Phänomen, daß wissenschaftlich-technische Entwicklungen ohne öffentliche Wissensentscheidung vorangetrieben werden, ohne daß es zusätzliche Kontroll-, Korrektur- und Abschwächungsmöglichkeiten gibt. Die »Subpolitik des Fortschritts [ist] von implementationsloser Direktheit. In ihr sind gleichsam Exekutive und Legislative (...) vereint« (Beck 1986: 337f.). Dieses Mißverhältnis zwischen externer, also öffentlicher, und demokratischer Diskussion von weitreichenden Entscheidungen gegenüber einer nur fachinternen Setzung von Fakten gilt es aufzuheben oder wenigstens zu minimieren. Wenn es gelänge, einige Auswirkungen des technischen Fortschritts so zu diskutieren, daß der Blick auch für schwer absehbare Entwicklungstendenzen geschärft würde, so wäre dies ein sehr wertvolles Ergebnis.

Ich freue mich, daß das Wissenschaftszentrum Nordrhein-Westfalen den Kongreß initiiert und ausgerichtet sowie nun auch dieses Buch herausgegeben hat. Mit der Wahl des Themas »Kultur und Technik im 21. Jahrhundert« kommt es seiner Aufgabe nach, den öffentlichen Diskurs zu fördern, den Dialog zwischen Wissenschaft, Wirtschaft, Politik, Kultur und Technologie zu organisieren. Es soll als Werkstatt verantwortlichen Zukunftswissens Kommunikation ermöglichen und verbessern und Wege zum praktischen Handeln aufzeigen. In den Arbeitskreisen des Wissenschaftszentrums wird das Thema weiterhin von interessierten und sachkundigen Menschen aus Wissenschaft, Wirtschaft und Kultur diskutiert werden, um unser elementares Interesse zu befriedigen: die Neugier auf unsere eigene Zukunft.

Einleitung

Gert Kaiser

Im letzten Interview vor seinem Tode wurde Friedrich Dürrenmatt im Dezember 1990 gefragt, warum er sich als Schriftsteller mit Naturwissenschaften beschäftige. Seine Antwort: »Die Welt dramaturgisch in den Griff zu bekommen, das geht heute ohne Beschäftigung mit der Wissenschaft überhaupt nicht. Was die Welt verändert, ist doch nicht die Politik oder Kunst, sondern eben die Wissenschaft. Die zweite, die naturwissenschaftliche Kultur ist heute das Entscheidende. Die Politik hinkt nach. Sie versucht mühsam, die Entwicklung zu steuern. Die Schriftsteller, die aus Vorsatz naturwissenschaftlich ungebildet sind, verstehe ich nicht.«

Der Begriff von den zwei Kulturen dankt sich bekanntlich dem englischen Gelehrten C.P. Snow und meint, daß in unserer wissenschaftsbestimmten Welt sich eine deutliche Kluft aufgetan hat zwischen der naturwissenschaftlich-technischen Denkweise und einer geistes- und sozialwissenschaftlichen Denkweise.

Naturwissenschaftliche Forschung fragt danach, was in der Natur der Fall ist. Mit diesem Wissen richten sich angewandte Forschung und technische Entwicklung auf eine besondere Form der Naturbeherrschung, nämlich der Herstellung nützlicher Gegenstände und Verfahren. Der Mensch bleibt damit seinen ersten Anfängen als intelligentes Tier treu: er schafft Werkzeuge. Es gibt keine prinzipiellen Unterschiede zwischen dem Faustkeil einerseits und dem Biosensor oder dem supraleitenden Material anderseits. Alles sind Werkzeuge – und das also ist die eine Seite des menschlichen Produzierens. Die andere Seite ergibt sich daraus, daß der Mensch nicht nur Fragen nach den Tatsachen (in der Natur) oder nach dem Funktionieren (von Werkzeugen) stellt, sondern auch nach dem Sinn fragt – und Antworten verlangt. Auf dieser anderen Seite des Menschen werden gleichsam Sinn und Orientierung produziert. Beispiel: Mit noch so feinen Werkzeugen kann man keine Fragen beantworten wie etwa: Welche Wertvorstellungen herrschen heute und welche sollten herrschen? Wie reagieren Menschen auf eine weitere Technisierung ihres Alltagslebens? Was bedeutet uns die Natur? Was die Kunst? Welche Wirkung hat die weltweite Kommunikation auf die Menschen etwa der Entwicklungsländer? Das sind nur beliebige Beispiele.

Kein Werkzeug auch kann Auskunft geben, wann es zum Segen dient, wann es zum Ärgernis, wann zum Fluch wird. Das und noch vieles andere ist die Aufgabe der Sinnproduktion. Sie wird in den Geistes- oder Kulturwissenschaften, aber auch in der Kunst und der Religion geleistet. Tatsachen- bzw. Werkzeugproduktion einerseits und Sinnproduktion anderseits – das sind die zwei Seiten der wissenschaftlichen und kulturellen Schöpfergabe.

Wenn Dürrenmatt skeptisch und seherisch zugleich feststellt, daß die zweite Kultur, die naturwissenschaftliche, das Entscheidende ist und daß die Politik nachhinkt, dann heißt das aber auch: Elementare Bereiche unserer Daseins- und Zukunftsgestaltung, also zentrale Bereiche der Politik, werden nicht in den Parlamenten und nicht in den Kabinetten, nicht in Düsseldorf, nicht in Bonn, auch nicht im Weißen Haus und nicht im Kreml gemacht – sondern in den Labors und Konstruktionsbüros.

Und diese Art von Politik ist von alters her der öffentlichen Kontrolle entzogen: Das gilt für die Erfindung der Geometrie ebenso wie für die Erfindung der Dampfmaschine und des Zündnadelgewehrs. Technische Revolutionen waren insofern naturwüchsige Erscheinungen – die Politik konnte allenfalls einige Rahmendaten setzen. Heute hat sich ein wichtiger Aspekt freilich geändert: Heute und in Zukunft werden naturwissenschaftliche und technische Revolutionen *gemacht*, sie passieren nicht bloß; sie werden gemacht durch massierte Konzentration von Mitteln und Intelligenz: Die Beispiele reichen von der Elementarteilchenforschung bis zur Ausrufung einer »Decade of the Brain«. Aber immer noch bleiben derartige wissenschaftlich-technische Investitionsentscheidungen im Regelfalle der demokratischen Willensbildung entzogen. Und daran wird und kann sich schwerlich etwas ändern – aber gerade deshalb müssen sie öffentlich erörtert werden, müssen sie ins öffentliche Gespräch gezogen werden.

Immer neu wird der Versuch gemacht, den Geisteswissenschaften eine kritische oder helfende Rolle zuzuweisen bei diesem Prozeß der fortschreitenden Naturbeherrschung. Durchaus extreme Positionen kennzeichnen die Erwartungen. Da ist der hochgemute Glaube, die Geisteswissenschaften stünden in einer aufklärerischen Tradition und könnten dieses Erbe in eine Haltung der Kritik ummünzen, um so der Technisierung und Merkantilisierung der Welt zu widerstehen. Und da ist andererseits die resignative schöne Geste, den Geisteswissenschaften wenigstens eine die Modernisierungsschäden heilende Funktion zu lassen.

Ich glaube, daß die Geisteswissenschaften als solche nichts vermögen: In ihnen selber ist weder belangvolle Kritik angelegt, noch sind sie eine Wundsalbe.

Wenn wir überhaupt aus dieser Richtung etwas erwarten können, dann von jenen Geistes- und Sozialwissenschaftlern, die mit ihren Disziplinen unzufrieden geworden sind – eben weil diese Disziplinen so wenig vermögen in dieser Welt. Sie müssen in den Disput mit jenen aus der anderen Kultur, die nachdenklich geworden sind, eben weil ihre Disziplinen so viel vermögen in dieser Welt. So – und nur so verführen wir die schweigsamen und oft auch verschwiegenen Laboranten und Ingenieure unserer Zukunft zum öffentlichen Gespräch. Und nur so auch verführen wir die geistes- und sozialwissenschaftlichen Intellektuellen, sich den wirklich bedeutsamen Themen zu stellen.

Wenn das gelingt, dann führen wir die zeitgemäße Debatte über das Gleichgewicht zwischen Mensch und Natur. Denn dieser Dialog der zwei Kulturen ist die unserer Gegenwart gemäße Form der Aufklärung.

Dürrenmatts harte Formulierung von der »vorsätzlichen Unbildung« – das ist die heutige Form der »selbstverschuldeten Unmündigkeit«, deren Überwindung für Kant das Ziel der Aufklärung war. Kants Aufklärungsschrift führte den Kampf gegen die Mächte der traditionellen Ignoranz, gegen die Mächte der Vergangenheit, wo sie die Gegenwart noch fesselten, auch gegen die Macht der geistigen Trägheit. Analog wäre der Dialog und der Streit der zwei Kulturen heute zu führen als Auseinandersetzung über das, was wir in Zukunft wissen können, tun sollen und hoffen dürfen. Vielleicht gar zeigt der Streit die Richtung für einen Ausgang aus unserer selbstverschuldeten wissenschaftlichen Unmündigkeit, die ihren Grund ja nicht zuletzt hat in unserer rastlosen und selbstverschuldeten wissenschaftlichen Unermüdlichkeit.

Leonardo-Welt – Aspekte einer Epochenschwelle

Jürgen Mittelstraß

Kultur ist ein großes Wort und eine kleine Münze zugleich. Kultur, das heißt Abendland, Hellas, deutsche Klassik, das ist Himmel und Erde noch einmal geschaffen, Verwandlung der Natur in den Menschen. Kultur wohnt aber auch Wand an Wand mit dessen Rückverwandlung – Stichworte: Inquisition, Bilderstürmerei und Auschwitz – ins Unmenschliche. Sie verbindet sich zudem mit dem Ganzen der Lebensform des Menschen wie mit seinen Teilen, im inflationären Sprachgebrauch selbst mit einem gemütlichen Pils und, z.B. als Unternehmenskultur, mit der Rhetorik einer ganz und gar ungemütlichen Wirtschaft. Kultur hütet das Haus, durch dessen Ritzen die Moderne zieht; sie bewahrt, zerstört und geht fremd, seit die Maßstäbe des Klassischen und des Erhabenen aus unserer Welt gewichen sind. Kultur beschreibt den Fortschritt und tritt ihm, als imperialer Rückschritt wie als Kulturkritik, entgegen. Als Rousseau in Wissenschaft und Kultur die Gründe für eine Verfallsgeschichte des Menschen zu sehen glaubte, gerieten sich Kultur und Natur in die Haare; die Wissenschaft und mit ihr die moderne Welt wandten sich ab.

Das ist auch heute noch so. Kultur, das scheint etwas für die Gebildeten unter den Gelehrten, für zarte Geisteswissenschaftler zu sein, nichts für diejenigen Wissenschaften, gemeint sind die Natur- und Ingenieurwissenschaften, die die Zukunft im Blut (C. P. Snow) und die Welt in der Hand haben. Auch die sogenannte Postmoderne – eine feinsinnige Erfindung von Geisteswissenschaftlern – faßt mit ihrer rückwärtsgewandten kulturellen Optik in einer Welt, die die anderen, die Naturwissenschaftler und die Ingenieure, besetzen und vorantreiben, nicht recht Fuß. Die Moderne hat einen längeren Atem und sie pfeift auf alle Deutungen, die das Wesen einer Zeit in allzu einfachen Begriffen und Namen zu fassen suchen. Diese, z.B. ›Postmoderne‹ oder ›Informationsgesellschaft‹, kommen einerseits der faktischen Entwicklung nicht nach (das so Gedeutete rächt sich an den Deutern durch beschleunigten Wandel); andererseits erweisen sie sich nur allzu häufig als auf dem systematischen Auge blind. Moden halten sich eben nicht nur an die Lebenswelt, wo sie für Umsatz und Buntheit sorgen; sie erfassen auch das Bewußtsein und das Denken, das sich insofern der Wirklichkeit anpaßt, sich klein macht, sich anbiedert, statt die Welt zu begreifen. Die Eulen, die bekanntlich ihren Flug erst in der Dämmerung antreten, dann, wenn sich nach Hegel die Wirklichkeit fertig gemacht hat, nehmen überhand, viele fliegen zu tief, ihre Einsichten bleiben lokal, ihre Flugpläne unübersichtlich. Deuter und Seher drängeln sich auf engem Raum; die Jahrtausendwende, die magische Zahl 2000, mahnt Visionen (helle wie dunkle), Einfälle (bunte zumal), Prognosen (am besten sich selbst erfüllende) an. Als ob der Julianische Kalender die Weltgeschichte regiert und der Fortschritt sowie sein mögliches Ausbleiben der Ordnung der ganzen Zahlen folgen.

Wie da noch (oder schon) etwas auch nur halbwegs Begründetes über das ausgehende 20. und das beginnende 21. Jahrhundert, zudem noch in der Terminologie von Kultur und Technik, sagen? Man sehe es mir nach, wenn ich es dennoch versuche – unter dem weiten Mantel der Philosophie, die sich erstaunlicherweise mit Visionen und Einfällen, weniger erstaunlich mit Prognosen schwertut, aber immerhin den absoluten Geist einmal auf ihrer Seite glaubte, und unter drei Stichworten.

1. Stichwort: Leonardo-Welt

Kultur ist in gewissem Sinne, wie Rationalität, eine europäische Erfindung. Das ist begrifflich gemeint. Auch andere Regionen, andere Gesellschaften hatten Kultur, aber sie wußten es nicht. Die Entdeckung des Geistes, die wir den Griechen zuschreiben, war auch die Entdeckung der Kultur. Seither schwimmt Europa in Kultur; wohin man auch kommt, Kultur war immer schon da. Und doch ist das Selbstverständliche auch das Unverständliche. Wenn sich die Wissenschaft abwendet, gemeint sind wiederum die Natur- und Ingenieurwissenschaften, und ein Kontinent sich in der Politik zu erkennen gibt, die ihn beherrscht, dann hat Europa offenbar seinen kulturellen Atem verloren. Europa-Politik – das sind noch immer im wesentlichen Butterberge, Agrarnächte in Brüssel, Alpentransit, Währungsschlangen, Airbus und irgendwo wohl auch noch etwas Kultur. Kultur aber eher als ›imaginäres Museum‹, wie das Peter Glotz einmal formuliert hat, »besucht von amerikanischen, sowjetischen, japanischen und dereinst vielleicht auch chinesischen Reisegruppen mit Pauschalprogramm: italienische Renaissance, die Giudecca in Venedig, Paris als europäische Metropole, die Prager Kleinseite, Auschwitz und Rothenburg an der Tauber. Sozusagen die Griechen der Römer, die ›Graeculi‹: Hauslehrer, Schauspieler, Lustknaben und vagierende Philosophen und Rhetoren (. . .). Was für Perspektiven!« (Glotz 1985: 19)

Woher kommt das? Ist Kultur, zumindest für Europa, etwas Vernachlässigbares, Cliquenhaftes, Inszeniertes geworden? Ist sie an den Rand unserer Welt geraten? Auch steht die öffentliche Hochschätzung der Kultur in einem eigentümlichen Gegensatz zur kulturellen Wirklichkeit. Diese ist weit mehr durch statische als durch dynamische Momente gekennzeichnet; das Lob des Museums ist auffälliger als das Lied der Avantgarde. Diese hat sich entweder zu weit von unserer Welt entfernt, so daß wir sie nicht mehr hören können, oder sie hat sich zu früh einholen lassen. Der Erfolg der van-Gogh-Ausstellung ist beunruhigend: Kultur wendet sich Bewährtem, Beurteiltem, Klassischem zu. Versöhnung steht auf ihrer Stirn geschrieben, nicht Zukunft; statt Igel herrschen Kuscheltiere. Außerdem ist Kultur, die man ausstellt und dafür eigens eine neue, beeindruckende Kultur, die Ausstellungskultur, erfunden hat – großartig demonstriert etwa in der Ausstellung »Berlin Berlin« 1987 –, etwas, das unsere Welt eigentlich schon verlassen hat, das noch einmal zurückkehrt, um sich bewundern zu lassen, hautnah zwar, aber nicht von unserer Temperatur. Kultur scheint zu einer anderen Welt geworden zu sein.

Das aber ist, wenn es wirklich so wäre, ein Irrtum. Kultur ist in Wahrheit auch der modernen Welt nichts Äußerliches, von ihr als liebevoll Überflüssiges bewahrt und gefördert, Verschämtes, altmodisch Konservatives oder auch Avantgardistisches, das sich selbst Mut macht. Kultur ist vielmehr die Welt selbst, die alte wie die moderne, die Welt bewohnbar gemacht, verwandelt in die Welt des Menschen, der sich nur in Dingen wiederzuerkennen vermag, die er selbst gemacht hat, nicht nur in Dingen, denen er Objektivität verleiht, sondern auch in Dingen, die seine Subjektivität atmen. Was aber ist das für eine Welt? Es ist die Welt, in der sich der Mensch als Entdecker, als Deuter und als Macher bewegt. Es ist eine *Kolumbus-Welt,* in die der Mensch aufgebrochen ist, als der griechische Gedanke der Rationalität alle anderen Orientierungen in den Schatten schob, eine *Leibniz-Welt,* die sich der Mensch über seine Deutungen aneignet, und eine *Leonardo-Welt,* die er selbst gemacht hat, um fortan als Entdecker und Deuter in seiner eigenen Welt zu leben.

Diese drei Welten – die Kolumbus-Welt, die Leibniz-Welt und die Leonardo-Welt – verbindet auch eine Geschichte. Zuerst war die Kolumbus-Welt, die unbekannte, fremde Welt, in die der Mensch aufbrach, um ihre Geheimnisse zu erkunden. Dann die Leibniz-Welt, die entdeckte Welt als Rätsel und als gedeutete Welt. Schließlich die Leonardo-Welt, die entdeckte und die gedeutete Welt als das eigentliche Werk des Menschen. In diesem Sinne ist die moderne Welt eine Leonardo-Welt, benannt nach Leonardo da Vinci, der zu Recht auch noch heute als das Sinnbild des Forschers, des Erfinders und des Künstlers – kurzum: des modernen Menschen – gelten darf. Wenn Kultur nicht zuletzt Forschung, Invention und Darstellung ist, sich im Medium von Finden, Erfinden und Gestalten bewegt, dann ist die moderne Welt als Leonardo-Welt zugleich eine *Kultur-Welt.* Sie mag das gelegentlich vergessen, vor allem, wenn sie ihren politischen und wirtschaftlichen Geschäften nachgeht; abzulegen vermag sie diese Welt nicht.

Kultur in einer Leonardo-Welt ist daher auch keine Sache allein der Schulmänner und des Feuilleton, des Abonnementwesens und einer Philosophie, die sich Kulturphilosophie nennt. Kultur ist vielmehr eine Arbeitsform und, mehr noch, eine Lebensform, in der sich Arbeit und Leben dauerhaft miteinander verbinden. Sie ist die Lebensform von Subjekten und die Lebensform einer Welt, eben der Leonardo-Welt, und sie ist, ihrer europäischen Geschichte entsprechend, zugleich die Lebensform einer rationalen Welt. Die europäische Kultur ist ihrer Idee und Wirklichkeit nach eine forschende, argumentierende, selbstreflexive, poietische Kultur (von griechisch *poiesis,* das herstellende Handeln). Mit anderen Worten: Kultur ist nicht etwas, das einfach wächst, das wir den Dingen einfach entnehmen, das auch ohne uns ist, sondern etwas, das wir herstellen, machen, tun. Kultur in einer Leonardo-Welt ist Leben – tätiges, herstellendes, poietisches Leben, und sie ist eben darin die Form, die kulturelle Form der Welt. Kultur, die nur in Büchern, in Museen und im historischen Bewußtsein aufgesucht wird, ist dagegen in Wahrheit längst zu etwas Fremdem geworden, zu einer Gestalt, die das Leben vielleicht noch berührt, die es aber nicht mehr begreift, eine andere Welt, die wir nur betreten können, indem wir unsere eigene Welt verlassen. Eben das aber ist im Grunde nicht Kultur, sondern Unkultur, nämlich das Unvermögen, sich mit der eigenen Welt, sie weiterentwickelnd, zu verbinden. Wer daher auch gegen Kultur als vermeintlichen Rest einer vergangenen Welt polemisiert, wie dies die Gebildeten unter ihren Verächtern tun, der hat seine eigene Welt – und sich selbst – nicht verstanden. Für ihn ist Kultur ein Stern, der über einer vergangenen Welt strahlt, die Erinnerung an sie eine Glühbirne, die in der eigenen Welt einen konfektionierten Realismus mühsam erleuchtet.

Und noch etwas: Wenn die Leonardo-Welt und die Kolumbus- und Leibniz-Welten, die sie, wie viele andere Welten, einschließt, eine kulturelle Form haben, dann sind auch die Wissenschaften, und zwar alle Wissenschaften, Teil der Kultur, mit der sich der Mensch seine Welt und sich selbst macht. Die auch in anderer Hinsicht ärgerliche Rede von den zwei Kulturen, die einen begrifflichen und einen institutionellen Keil zwischen die Natur- und Ingenieurwissenschaften auf der einen Seite und die Geistes- und Sozialwissenschaften auf der anderen Seite zu treiben sucht (vgl. Snow 1967 und Mittelstraß 1991a), übersieht diesen Umstand bzw. sieht in den Geisteswissenschaften als Kulturwissenschaften nur dünne Bretter und in denen, die sie bohren, Intellektuelle auf der Flucht vor anstrengenderen Aufgaben. Auch in der Philosophie galt Kulturphilosophie lange als die Philosophie von vorgestern, als etwas für schwächere Leute, die die Dynamik der Leonardo-Welt, auch die wissenschaftliche, nicht vertragen. Diese Vorstellung aber ist irreführend, auch wenn es richtig ist, daß sie manchen intellektuellen Nachbarn im Wissenschaftssystem richtig charakterisiert. Wenn die Leonardo-Welt eine kulturelle Form hat, dann bedarf auch diese Form des wissenschaftlichen Begreifens, weil wir andernfalls unsere eigene Welt und uns selbst nicht begriffen.

Allerdings türmen sich vor einem derartigen Begreifen eigentümliche Schwierigkeiten auf. So lebt wissenschaftliches Wissen, wissenschaftliche Objektivität vom Abstand zwischen Objektivität und Subjektivität, von der (zumindest anfänglichen) Fremdheit der Dinge. Wo dieser Abstand von vornherein fehlt, ist Objektivität nur schwer zu erreichen, sucht sich fraglose Subjektivität, die sich mit anderen Subjektivitäten ›blind‹ versteht, an ihre Stelle zu setzen. Eben das ist beim Gegenstand Kultur der Fall. Kultur ist kein fremder Stern, auf den wir unsere Teleskope richten, kein Phänomen, das wir in umgebauten Nebelkammern erzeugen, keine exotische Pflanze, auf die wir in abgelegenen Hochtälern stoßen, sondern etwas Alltägliches, rundum Vertrautes, stets Zuhandenes. Kultur ist, mehr noch, Teil unserer selbst, nicht nur unseres Bewußtseins, sondern auch unseres Handelns und Verhaltens, die (symbolische) Luft, die wir atmen, das (institutionelle) Wasser, das wir trinken, der Alltag, nicht der Sonntag unserer Lebenswelt. Das aber bedeutet, wenn Kultur unter eine Wissenschaftsform tritt: Während die Naturwissenschaften das Fremde vertraut machen, dieses, wenn auch auf langen theoretischen und methodischen Wegen, an unsere Alltäglichkeit, die Alltäglichkeit einer Leonardo-Welt, anschließen, machen Kulturwissenschaften, für die wie für die Naturwissenschaften ein ›Postulat der Theorieförmigkeit‹ (Schwemmer 1987: 26) gilt, das Vertraute fremd, berauben es seiner unmittelbaren Verständlichkeit. Darum schwankt auch die kulturwissenschaftliche Wissensbildung zwischen Wissenschaftlichkeit (mit eigener Begrifflichkeit) und Alltäglichkeit (mit intuitivem Anschluß an Erfahrungen und Sprache der Lebenswelt).

Sie schwankt auch zwischen der kulturellen Form und der technischen Form der Welt, nicht bemerkend, daß auch die technische Form zur kulturellen Form einer Leonardo-Welt gehört. Daß sich der Mensch seine Welt macht, besagt, daß die Leonardo-Welt eine Homo-faber-Welt ist und daß das, was wir heute als den technologischen Wandel bezeichnen, der eigentliche Motor dieser Welt ist. Die moderne Welt ist darum nicht eine von vielen möglichen Welten, sondern das konsequente Resultat des entwickelten Wesens des Menschen. Der Mensch ist eben nicht nur das Wesen, das sich im Unterschied zu allen anderen Wesen im Denken und durch das Denken orientiert, sondern auch das Wesen, das sich Werkzeuge und mit ihnen, wie im Denken und durch das Denken, seine Welt schafft. Schon der griechische Naturphilosoph Anaxagoras sagte, daß der Mensch das klügste Wesen ist, »weil er Hände hat« (Arist., de part. an. Δ10.687a7-9) – ein Satz, der von Aristoteles zugunsten von homo sapiens (im Unterschied zu homo faber) umgekehrt wird: Es ist die Klugheit des Menschen, der er seine Hände verdankt (Arist., de part. an. Δ10.687a9-10). Beide haben Recht. Hände hat nur ein kluges Wesen, und in den Händen liegt ein gut Stück Klugheit des Menschen. Gemeint ist seine technische Klugheit, seine technische Rationalität. In seiner technischen Rationalität erweitert der Mensch seine Organe, über die er mit der Welt verbunden ist, um weitere, ›künstliche‹ Organe. Die Hand, selbst ein Werkzeug, schafft weitere Werkzeuge. Technik ist ein Teil des Menschen, mit dem dieser aus der nicht-menschlichen Natur heraustritt. Ein für allemal, ein Zurück gibt es nicht mehr, wie wir noch sehen werden. Dabei macht Technik nicht nur wett, was fehlt, indem sie die Natur des Menschen ›vervollständigt‹; sie bildet auch eigene Gesetze aus, gewinnt eine eigene Rationalität, erzeugt eine neue Natur. Das gesellschaftliche Produkt dieser konstruktiven Kraft ist die Leonardo-Welt. Im übrigen ist der wahre Mensch nicht homo sapiens oder homo faber, sondern, wenn er seinem Wesen nahebleibt, stets beides, d.h., er ist ein Wesen, das im Denken und Wissen seine Orientierung sucht, und ein Wesen, das sich darin selbst und seine Welt macht. Jeder Reduktionismus, der den Menschen einfach macht, ist falsch.

Das gilt auch für eine kulturwissenschaftliche Wissensbildung, wenn sie diese Kultur nicht als Teil der Leonardo-Welt, sondern gegen diese Welt gerichtet versteht. In diesem Falle wird Kultur der Welt, deren Form sie doch ist, fremd; sie marginalisiert sich selbst, zieht sich Pantoffeln an, und der Kulturwissenschaftler wandert mit Alice ins Wunderland. Aus science fiction, wovon die Leonardo-Welt träumt, wird science friction, und aus HighKult – einer Parole so recht nach dem Geschmack einer Leonardo-Welt – könnte alsbald OkKult werden.

2. Stichwort: Technologischer Wandel

Wo die Leonardo-Welt – paradox, weil in der Sprache von Natürlichkeit gesprochen – ihre urwüchsige Kraft entfaltet, erfaßt sie nicht nur die Natur und die Gesellschaft, sondern auch den Menschen selbst; aus homo faber wird *mundus faber*. Wohin wir in unserer Welt auch gehen, der erkennende, der wirtschaftende, der bauende und der verwaltende, allerdings auch der zerstörende Verstand war immer schon da.

Beispiel *Natur:* Mit der Menschwerdung des Menschen verbindet sich von Anfang an die Kulturwerdung der Natur. Eine ›unberührte‹ Natur in der Welt des Menschen ist ein (Jungfern-)Mythos, es hat sie nie gegeben. Rodend, brennend, jagend, Furchen ziehend, Wasser umlenkend, die Erde nach Bodenschätzen durchwühlend, Müll produzierend, mit anderen Worten: natürliche Ressourcen verbrauchend, verändernd und substituierend machte der Mensch seine Umwelt immer schon zu einer *Kultur-Natur.* Er greift in die Evolution seiner Umwelt ein, verändert sie, lenkt sie, macht sie sich zunutze. Die Umwelt des Menschen wird auf dem Wege zu einer Leonardo-Welt zum Menschenwerk.

Beispiel *Gesellschaft:* Moderne Gesellschaften sind in einem Maße von Wissenschaft und Technik abhängig geworden, daß jede Veränderung im Wissenschafts- und Techniksystem unmittelbar ihre Grundlagen berührt. Das gilt sowohl hinsichtlich der Existenz eines wissenschaftlich-technischen Fortschritts als auch hinsichtlich dessen möglichen Ausbleibens. Besonders deutlich ist dies im Ernährungs-, im Gesundheits- und im Energiesektor. Ohne Wissenschaft und Technik geht hier nichts mehr, ohne neue Energien der Wissenschaft und der Technik gehen auch der Welt die Energien aus. Das gleiche gilt für den Informationssektor, den Verkehrssektor und alles andere, was diese Welt als Leonardo-Welt kenntlich macht.

Schließlich das Beispiel *Mensch:* Was für die moderne Gesellschaft im allgemeinen gilt, gilt auch für den modernen Menschen im besonderen. Wissenschaft und Technik beginnen ihn selbst als eine potentielle neue Leonardo-Welt zu erkennen und in Anspruch zu nehmen. Wir gewöhnen uns an das wachsende Können der Reproduktionsmedizin, und wir gewöhnen uns allmählich an den Gedanken – Stichwort Gentechnik –, daß sich die Natur des Menschen ebenso verändern läßt wie die physische und die gesellschaftliche Welt. Wie die physische und die gesellschaftliche Welt wird auch der Mensch mehr und mehr zu einem Artefakt. Er hat, weitaus konsequenter als dies frühere Gesellschaften taten, seine Evolution in die eigene, wissenschaftliche und technische Hand genommen.

Die Beispiele zeigen, daß die Leonardo-Welt wächst, nicht nur in der Umwelt des Menschen, sondern auch im Menschen. Hinter der die innere Dynamik moderner Gesellschaften beschreibenden Formel vom technologischen Wandel steht eine unbestreitbare Wirklichkeit, die Wirklichkeit einer Leonardo-Welt. Diese Wirklichkeit erfaßt auch die Wissenschaft, nicht nur hinsichtlich ihrer kulturellen Form, sondern auch hinsichtlich ihrer epistemischen Form. Nach einer auch heute noch unter Wissenschaftlern wie unter Nicht-Wissenschaftlern üblichen Vorstellung ist Wissenschaft Grundlagenforschung und Technik Anwendung. Die eine (Wissenschaft) herrscht über die andere (Technik), die selbst wiederum zunehmend in der Gesellschaft oder über die Gesellschaft herrscht.

Diese Vorstellung aber erfaßt die Strukturen einer Leonardo-Welt immer weniger; Wissenschaft und Technik sind längst in ein interdependentes Verhältnis zueinander getreten. Man denke etwa nur an die Physik der Elementarteilchen, deren Beobachtungsgrundlage erst durch Teilchenbeschleuniger geschaffen wird. Ohne ausgereifte Technologien zur Herstellung supraleitender Magnete und entsprechend zur Erzeugung von Magnetfeldern großer Stärke und ohne ausgefeilte Techniken zur Fokussierung von Partikelstrahlen wären Elementarteilchentheorien mit der Erfahrung gar nicht konfrontierbar. Die Technik verschafft der Wissenschaft erst die relevanten Daten.

Hinzu tritt der Gesichtspunkt der Beherrschung von Komplexität. So haben einige Theorien in der Physik heute einen solchen Komplexitätsgrad erreicht, daß sich nur noch mit Hilfe eines Rechners ermitteln läßt, welche Aussagen sie eigentlich enthalten. Ein Beispiel dafür ist das sogenannte ›Quark-Confinement‹, nämlich die Besonderheit, daß Quarks (das sind elementarste Bestandteile der Materie) niemals isoliert, sondern stets in Gruppen auftreten. Numerische Näherungsrechnungen, die wegen ihrer Komplexität allein mit Hilfe eines Rechners durchführbar sind, haben inzwischen zu der Erwartung geführt, daß der Einschluß der Quarks tatsächlich eine Konsequenz der einschlägigen Theorie ist. In diesem Fall ist also erst durch den Einsatz von Rechnern klargeworden, was die Theorie überhaupt besagt. Mit anderen Worten: Wissenschaftliche Forschungsprozesse sind nicht nur abhängig vom technologischen Wissen und Können, sie werden auch zunehmend durch dieses Wissen und Können gelenkt. Technologie ist nicht nur Anwendung, sondern auch Voraussetzung von Wissenschaft, die damit selbst ›technische‹ Züge annimmt. Die alte Gewaltenteilung – Technik, die über die Gesellschaft, und Wissenschaft, die über die Technik herrscht – geht, zumindest was das Verhältnis von Wissenschaft und Technik betrifft, nicht mehr.

Dieser Umstand ist wissenschaftstheoretisch und kulturphilosophisch gesehen übrigens weitaus gravierender als science fiction, die sich mit ihren intellektuellen Visionen und ihrer verführerischen Halbbildung mehr und mehr in unsere wissenschaftlichen und technischen Geschäfte mischt. Die Leonardo-Welt wächst nicht nur, es verändern sich auch ihre Wissensstrukturen. Neben das Beispiel Wissenschaft tritt das Beispiel *Information.* Eine Informationswelt verspricht heute ein paradiesisches Reich des Wissens ohne mühsame Lernprozesse; Informationstechnologien erscheinen als die neuen Zauberstäbe, als ein modernes Abrakadabra, das die Welt auf Bildschirme zaubert und mehr Antworten bereithält, als Fragen verfügbar sind. Die neue Pädagogik des Platonischen Höhlengleichnisses lautet, daß wir alle von Wissenszwergen zu Informationsriesen werden sollen. Schon glauben Soziologen und Politiker die Morgendämmerung einer neuen Gesellschaft, der Informationsgesellschaft wahrzunehmen.

In einer derartigen Gesellschaft, in der Symbiose von Bildschirm und Kopf wird die Unterscheidung zwischen Wissen und Information blaß (vgl. Mittelstraß 1991b). Wir sprechen von Information, als sei diese schon das ganze Wissen, und übersehen dabei, daß Information nur eine besondere Form des Wissens ist, nämlich die Art und Weise, wie sich Wissen transportabel macht. Es entsteht der Eindruck, daß sich das Wissen selbst in Informationsform bildet, daß mit dem Informationsbegriff ein neuer Wissensbegriff entstanden ist, und zwar, gegenüber älteren Wissensbegriffen, der einzig richtige. An die Stelle von eigenen Wissensbildungskompetenzen treten Verarbeitungskompetenzen und das Vertrauen darauf, daß die Information ›stimmt‹ – in der Tat macht es ja auch wenig Sinn, vor dem Bildschirm den Skeptiker zu spielen. Informationen muß man glauben, wenn man ihr Wissen, das über die Information transportierte Wissen, nicht prüfen kann. Eben diese Prüfung aber war bisher konstitutiv für den Begriff der Wissensbildung: Wissen kann man sich nur als Wissender aneignen, Wissen setzt den Wissenden voraus.

In der oberflächlichen Beschreibung der Leonardo-Welt als Informationswelt und ihrer Bewohner als Informationsgesellschaft drückt sich insofern aber auch eine Entwicklung aus, die von der alten Idee einer epistemischen Selbständigkeit zur Wirklichkeit einer epistemischen Unselbständigkeit führt. Abhängigkeiten gegenüber Informationen wachsen, ein eigenes, selbst erworbenes und selbst beherrschtes Wissen nimmt ab. Das aber bedeutet auch, daß im Medium der Information Wissen und Meinung ununterscheidbar werden. Meinung artikuliert sich in Informationsform wie Wissen; der epistemische Vorsprung des Wissens vor der Meinung wird unkenntlich. Strukturell und auf den durchschnittlichen ›Konsumenten‹ bezogen entspricht der Informationswelt eine *Meinungswelt,* keine Wissenswelt.

Um es noch deutlicher auszudrücken: Wo sich epistemische Selbständigkeit zu epistemischer Unselbständigkeit verkehrt, wo in Informationsform zwischen Wissen und Meinung nicht mehr unterschieden wird bzw. dieser Unterschied nicht mehr kenntlich ist, öffnet sich in überraschender Weise in einer Gesellschaft, die sich nach dem Willen ihrer soziologischen Deuter als Informationsgesellschaft zu verstehen beginnt, eine kulturökologische Nische für eine neue Dummheit. Diese Dummheit ist gewiß nicht mehr die dumpfe Dummheit des Ungebildeten und Verstockten, aber sie teilt mit der Dummheit im üblichen Sinne die habituelle Nicht-Existenz von Wissen im hier definierten, an den Begriff der epistemischen Selbständigkeit gebundenen Sinne. Sie ist eine Dummheit auf hohem Niveau, gibt sich nur dem auf Wiederherstellung einer ursprünglichen Wissenswelt Dringenden wirklich zu erkennen und fällt im übrigen nur deshalb nicht sonderlich auf, weil sie technologisch gesehen ungeheuer erfolgreich ist.

Das ist polemisch und ist auch so gemeint. Polemik ist ja nicht nur etwas Unsachgemäßes, sie ist auch der Stachel im Fleisch einer allzusehr von sich selbst überzeugten Kultur, auf welchem intellektuellen Niveau auch immer. In diesem Falle geht es darum, die Dynamik einer Leonardo-Welt deutlich zu machen. Sie kommt nicht nur in einer wachsenden epistemischen Unüberschaubarkeit zum Ausdruck, d.h. (wie Yona Friedman einmal gesagt hat) darin, daß wir mit mehr Menschen zusammenleben, als wir ertragen können, und mit mehr Dingen zusammenleben, als wir beherrschen können (vgl. Atteslander 1985: 42), daß wir darüber hinaus auch mit mehr Informationen zusammenleben, als wir verarbeiten können. Die Dynamik der Leonardo-Welt bringt sich vielmehr auch eben darin zur Geltung, daß sich ihre Wissensstrukturen verändern. Auf den Strömen der Information entfernen wir uns immer weiter von den Quellen, die das Wissen sind. Und in dieser Entwicklung droht das politische Prinzip des Teilens und Herrschens (*divide et impera)* auch zu einem epistemischen Prinzip zu werden.

Gemeint ist die zunehmende Partikularisierung des Wissens, die in einem seltsamen Gegensatz zu der in einer Informationswelt zunehmenden ›technologischen‹ Integration des Wissens steht. Diese Integration führt nicht, was man vermuten könnte, zu einer neuen (oder alten) Einheit des universal orientierten Wissenden, sondern gerade im Gegensatz dazu zur Kreation des Experten. Die Informationswelt ist eine *Expertenwelt;* in ihr herrscht nicht die Leibnizsche Monade, in der sich auch in Wissensdingen ein Universum spiegeln soll, sondern der Spezialist, in dem sich fast nichts mehr oder nur noch (frei nach Schiller) eine geteilte Erde spiegelt. Wer immer mehr von immer weniger weiß, ist auf die Rückseite der Universalität geraten; er sucht sie im Detail, das für ihn nun das Ganze ist.

Neben die Expertenwelt als Ausdruck einer Informationswelt tritt die *Medienwelt.* Auch sie gehört zu den modernen Weltbaumeistern; sie schiebt sich, wie die Informationswelt allgemein, zwischen die Dinge und das Bewußtsein und bestimmt beide, nicht in Expertenform, aber in Deutungsform. Das wiederum bedeutet auch: Nicht nur derjenige, der sich auf Informationen und Experten verläßt, die er selbst (als Wissender) nicht zu kontrollieren vermag, könnte der Dumme sein, sondern auch derjenige, der sich auf die Medien, auf das mediatisierte Wissen verläßt. Das Man, von dem Heidegger so überzeugend darlegt, daß es die alltägliche Seinsweise des Menschen ist (Heidegger 1977: 126ff.), hat in den Medien seine moderne Orientierungsform gefunden, der gegenüber frühere Formen der Inbesitznahme des Menschen fast nur noch ein müdes Lächeln verdienen. Dabei machen auch freie Medien das Individuum noch lange nicht frei. Wo sie es nicht schon voraussetzen – wie es das Ideal einer aufgeklärten Gesellschaft besagt –, setzen sie sich vielmehr an seine Stelle, indem sie die Kammern seines Bewußtseins besetzen, seine Wahrnehmungen und seine Erfahrungen lenken, Einfluß auf das Bild der Welt durch ihre Bilder nehmen. An die Stelle der Weltbilder sind in einer Informationswelt die Bilderwelten der Medien getreten. Dadurch werden auch Herrschaftsstrukturen verändert – wovon schon Gottes Warnung gegenüber Moses zeugte: Du sollst dir kein Bildnis machen (2. Mose 20.4). Wir herrschen mit unseren Bildern über die Dinge, und die Bilder herrschen über uns.

Damit macht auch der Hinweis auf die Medienwelt, ebenso wie der Hinweis auf die Expertenwelt, klar, daß die Informationswelt eine Aneignungsform der Lenoardo-Welt ist, mit der diese über das Sein und das Bewußtsein ihrer Subjekte zu herrschen beginnt. Ihre Kultur heißt – was die Philosophie und die Künste immer schon wußten – Konstruktion, Konstruktion der Wirklichkeit ebenso wie des Bewußtseins, das sich im Medium der Information auf diese Wirklichkeit bezieht. Wo mundus faber herrscht, wird in diesem Sinne alles zur Konstruktion, erfaßt die Leonardo-Welt unter dem Signum des technologischen Wandels, der in Wahrheit ein kultureller Wandel ist, selbst die Wissenschaft und die Wissensformen.

3. Stichwort: Orientierungswelt

In der auf Aneignung und Konstruktion angelegten Kultur einer Leonardo-Welt wächst nicht nur der gesellschaftliche Reichtum, sondern wachsen auch die Zerstörungspotentiale. Zu deren Wirklichkeit und Wirksamkeit gehören vor allem der noch immer besinnungslose Verbrauch natürlicher Ressourcen, ein rasanter kulturbedingter Artenschwund, die Vermüllung und Toxisierung der Erde. Reparaturkosten, die ein ebenso imperialer wie sorgloser Umgang mit der natürlichen Umwelt mit sich bringt, steigen ins Unermeßliche. Für manche Reparaturen dürfte es, wie das Beispiel Ozonloch zeigt, bereits zu spät sein. Die Leonardo-Welt zeigt dem Menschen ihr häßliches Gesicht. Eine neue Erfahrung macht sich breit, die Erfahrung, daß in einer Leonardo-Welt Wissenschaft und Technik nicht nur Probleme lösen, sondern auch Probleme schaffen, daß nicht der Fortschritt der Welt, sondern die Welt dem Fortschritt gehören könnte.

Das gilt, wie erwähnt, selbst für den Menschen. Wo der Abstand zwischen dem Menschen als Forscher und dem Menschen als erforschtem Objekt eng wird, droht sich der wissenschaftliche Fortschritt, droht sich die Leonardo-Welt gegen den Menschen zu wenden. Reproduktionsmedizin, Gentechnik, Datenschutz sind Stichworte dieses enger werdenden Abstands. Die Leonardo-Welt steht vor einem schwerwiegenden Schritt: der Überantwortung des Menschen an seine Welt. Die Leonardo-Welt, die eben nicht nur die schöne neue Welt der Zukunftsplaner und science fiction ist, sondern auch eine Welt der Zerstörung und des Inhumanen, beginnt sich an die Stelle des Menschen zu setzen. Wissenschaft und Technologie als das Schreckliche, als das, was nicht die Zukunft ist, sondern ihr Ende bedeutet?

In dieser Situation werden Rufe nach Rückkehr laut, Kassandra meldet sich aus dem zerstörten Troja zurück. Doch wohin sollen wir zurück? Können wir hinter die Kultur einer Leonardo-Welt, hinter ihr einmal erreichtes wissenschaftliches und technisches Niveau, auch wenn wir es für problematisch halten, wirklich zurück? Die Antwort wird ›Nein‹ lauten müssen. Wir werden uns vielmehr noch lange, wenn nicht gar auf Dauer, im Dilemma von Fortschritt und dessen Folgen einzurichten haben. Denn einfache Wege, die dem Fortschritt dienen und dessen unwillkommene Folgen fernhalten, gibt es trotz aller Hoffnungen, die derzeit z.B. in eine professionelle Technikfolgenabschätzung gesetzt werden, nicht; diese ist in Wahrheit noch immer eine Kunst ohne Meister. Auch wäre es ein verhängnisvoller Irrtum zu meinen, mit weniger Wissenschaft und weniger Technik seien die Probleme einer Leonardo-Welt, gerade auch die durch Wissenschaft und Technik selbst verursachten Probleme, besser zu bewältigen. Im Gegenteil: Ohne intensive wissenschaftliche Forschung und ohne intensive technologische Entwicklung würde diese Welt bald in einen Zustand der Handlungs- und Reaktionsunfähigkeit geraten.

Das aber bedeutet, daß es zur Leonardo-Welt – ganz gleich, ob diese sich noch modern oder, modisch schick, postmodern nennt – angesichts der von ihr selbst erzeugten Probleme, zu denen auch das Problem der Überbevölkerung gehört, keine wirkliche Alternative gibt. Ein geordneter Rückzug aus dieser Welt ist unmöglich. Ihm würden, wenn er dennoch versucht würde, Millionen, wenn nicht Milliarden Menschen zum Opfer fallen. Wie sollten sich denn auch bald sechs, sieben, acht und mehr Milliarden Menschen auf dieser Welt ernähren lassen, deren Tragekapazität längst bei weitem überschritten ist? Wie lassen sich ihre Gesundheits-, ihre Energieprobleme lösen? Das geht nicht mit einem kleinen Bauernhof, ein wenig mehr Naturheilkunde und einem Kohlekraftwerk. Das heißt: Die Alternative zu einer, allerdings besonnenen Weiterentwicklung der Leonardo-Welt wäre reiner Zynismus.

Und noch etwas. Wir starren derzeit gebannt auf das, was wir aus ethischen und anderen Gründen als Grenzen der Wissenschaft bezeichnen. Diese Grenzen gibt es, z.B. in den Bereichen der Reproduktionsmedizin und der Gentechnologie, und es ist richtig, sie deutlich und verbindlich zu machen (etwa auf gesetzgeberischem Wege). Dabei vergessen wir aber manchmal, daß wir noch viel zu wenig wissen. So sind die Aufgaben, die sich allein aus dem Umstand einer unaufhörlich wachsenden Erdbevölkerung ergeben, vermutlich mit dem, was wir schon wissen, und dem, was wir schon können, gar nicht zu lösen. Deswegen müssen aber auch in Wissenschaft und Technik Grenzen ständig überschritten werden, nicht ethische Grenzen, aber Erkenntnis- und Entwicklungsgrenzen.

Daß dabei beides, ethische Grenzen und Erkenntnis- und Entwicklungsgrenzen, nicht immer fein säuberlich auseinandergehalten werden kann, ist klar. Aber bedeutet dies wirklich, daß wir in Forschung und Entwicklung schon bleibenlassen sollten, was möglicherweise Gefahren bringt, was in seinen Folgen unüberschaubar ist, folglich auch ethische Grenzen überschreiten könnte (›Jonas-Prinzip‹; vgl. Jonas 1979)? Wohl nicht. Allzu leicht könnte dies in eine Situation führen, in der Wissenschaft und Technik zu wenig wissen und zu wenig können, um mit den Problemen fertigzuwerden, die die Welt noch bringen wird. Denn die Probleme bleiben nicht stehen, wenn wir stehenbleiben. Das Verharren auf dem gegenwärtigen Stand der wissenschaftlichen und technologischen Entwicklung verringert das Risiko in einer Leonardo-Welt nicht, sondern erhöht es. Und eben deshalb gibt es zur Leonardo-Welt und der Arbeit an ihrem Wissen und Können keine Alternative.

Zu dieser Arbeit muß allerdings auch die Arbeit an der Lösung von *Orientierungsproblemen* gehören. Die genannten Probleme der Leonardo-Welt sind auch Orientierungsprobleme; sie betreffen den wachsenden Reichtum an Verfügungswissen und die wachsende Armut an Orientierungswissen. Charakteristischerweise sucht sich hier die Leonardo-Welt an den eigenen Haaren aus dem Sumpf zu ziehen; das Stichwort lautet KI. KI-Forschung, d.h. Forschung über Künstliche Intelligenz sucht keineswegs nur die Leistungsfähigkeit von Informationstechnologien im Sinne der Erweiterung eines Informations- und Expertenwissens zu steigern, sondern richtet sich neuerdings auch auf Probleme eines Orientierungswissens. Der Phantasie scheinen dabei keine Grenzen gesteckt, Science-Fiction ist allgegenwärtig, z.B. in den Worten eines Forschungschefs, mit denen dieser mit Blick auf die Entwicklung von Hochleistungsrechnern »nach menschlichem Maß« und nach Erwähnung einiger schöner Tip-Tops wie Fingertip-top und Needletip-top seiner Phantasie die Zügel schießen läßt: Der »Braintop als direkt an das Nervennetz angeschlossenes Implantat könnte unsere linke Gehirnhälfte erheblich aufmöbeln, wenn in ihm nur das positive Wissen der Encyclopaedia Britannica, der Prädikatenkalkül als logische Gehhilfe und das Vokabular (einschließlich Grammatik) von so etwa 20 Sprachen gespeichert wären. (...) Unsere linke Gehirnhälfte könnte sich dann mit komplexeren rationalen Problemen befassen, und die rechte stünde (. . .) völlig für die menschliche Seite, d.h. für Sport, Kultur und Kunst, Politik, Hobby, Philosophie und natürlich für die Liebe in allen Spielarten von agape bis zum eros pandemos zur Verfügung.« (Schmidt-Tiedemann 1991) Orientierungswissen, so steht zu vermuten, wäre dann ebenfalls eine Sache der linken Gehirnhälfte, der Braintop wird's schon richten.

Sollen wir unsere Leonardo-Welt so einfach machen und eine Orientierungswelt so technologiegerecht? Für das Rationale, einschließlich der gesuchten Orientierungsrationalität, sorgten die Informationstechnologien, für das Irrationale wir selbst? Der Braintop als die Zukunft der Vernunft auf dem Wege in das nächste Jahrtausend? Gottlob scheint auch unser Forschungschef daran nicht so recht zu glauben, jedenfalls findet er nach diesem phantastischen Ausblick sehr schnell zu den materialen Problemen der Softwareentwicklung, der Physik und der Materialforschung (Stichwort Halbleiterentwicklung) zurück. Technologien bleiben eben auch dann noch Werkzeuge in der Hand des Menschen, wenn der Mensch ihnen Leben nach seiner Art einzuhauchen sucht. Außerdem bewegen wir uns mit derartigen Phantasien im unbegrenzten Reich der Analogien. Die aber sind, z.B. wenn wir von KI als selbstbewußter Intelligenz sprächen, ohnehin eher das Geschäft des Schriftstellers und des Zauberers als das Geschäft des Wissenschaftlers, auch wenn analogische Ausschweifungen manchmal auch in der Wissenschaft im Sinne des zeitweiligen Beiseiteschiebens von Gewohnheiten, desgleichen von methodischem Gehorsam und intellektuellen Bequemlichkeiten, sehr fruchtbar sein können. Wer das Unmögliche nicht berührt, wird auch im Möglichen durchschnittlich bleiben. Nur gehört es eben zur wahren Kunst nicht nur des Wissenschaftlers, nach dem richtigen Unmöglichen Ausschau zu halten.

Dies ist in Sachen Orientierung nicht KI, aber auch, gegen den Zeitgeist gewendet, nicht Natur. Gegenwärtig sucht sich das alte Naturparadigma der Orientierung, wie es archaische Gesellschaften, aber auch Teile der griechischen Rationalität charakterisiert, wieder zu etablieren; die Kritik an der Leonardo-Welt erfolgt – mit Hegel und der idealistischen Naturphilosophie gesprochen, wonach Natur die andere Seite des Geistes, seine schlafende Seite ist – nicht im Namen des Geistes (und somit der Kultur), sondern eben im Namen der Natur. Stehen wir vor einer Renaissance der Natur, die nicht nur gegen den Imperialismus einer Baconschen Wissenschaft, sondern auch gegen einen Hegelschen Geist steht, der im Kulturbegriff überwintert hat? Vieles deutet darauf hin. Im Rahmen einer sogenannten Umwelt- oder ökologischen Ethik wird Natur selbst wieder zum Subjekt; romantische Verhältnisse holen, an Bacon und Hegel vorbei, die Leonardo-Welt ein. Wo dies wirklich der Fall ist, wird aber nicht Versöhnung (zwischen Natur und Geist), sondern Enttäuschung die Folge sein. Denn wer in einer Leonardo-Welt lebt, der kann nicht auf die Natürlichkeit der Natur und nicht auf die Natürlichkeit seiner Orientierungen hoffen. Der Ausgang des Menschen aus seiner Natürlichkeit ist unwiderruflich und daher auch die Bindung jeglicher Orientierung, wenn diese selbst Rationalität beansprucht, an die Vernunft.

Nun ist Vernunft ein schweres Wort, auch und gerade in einer Leonardo-Welt. Schließlich ist das Vernünftige nicht das, was einfach geschieht, wenn die Leonardo-Welt ihre Leistungskraft ungehindert entfaltet, sondern allemal das, was zugemutet werden muß, etwas, das die Dinge lenkt, nicht hinter ihnen herläuft, Orientierungsprobleme löst, indem es das Können mit dem Sollen und mit dem Dürfen verbindet. Folglich ist Vernunft auch nichts, das individuelle Bedürfnisse, aber auch kollektive, so wie sie sind oder wie sie sich der Markt wünscht, legitimiert, sondern etwas, das derartige Bedürfnisse einschränkt, sie einer Beurteilung unterwirft, deren Maß z.B. Gesichtspunkte des Zuträglichen, des Verallgemeinerbaren, der Verantwortung auch gegenüber zukünftigen Generationen sind.

Ich rede hier nicht einer Auffassung das Wort, die das Werden der Leonardo-Welt als einen Irrweg und die Zukunft in ihrer Abschaffung sieht. Die Leonardo-Welt ist kein ›Zufall‹, kein Spiel der Geschichte, das auch anders hätte gespielt werden können, sondern, wie bereits hervorgehoben, ein konsequentes Resultat seines entwickelten Wesens. Wissenschaftliche und technische Rationalitäten machen den Menschen zu einem rationalen Subjekt und seine Welt zu einer rationalen Welt. Nicht in allen Fällen und nicht in jeder Hinsicht, wie der Hinweis auf die Schwierigkeiten des Vernünftigen verdeutlichen sollte; aber doch auch nicht so, daß wir uns mit unserem rationalen Wesen aus dieser Welt hinaus in eine heile Welt träumen könnten. Die Leonardo-Welt braucht weder science fiction, in der der Mensch allmählich verschwindet, noch betuliche Phantasien vom einfachen Leben, denen ihre Gegner nachhängen. Was diese Welt vielmehr braucht, ist eine besonnene Entwicklung derjenigen Rationalitäten, denen sie ihr eigentümliches Wesen verdankt. Und dies sind eben wissenschaftlich informierte und technisch stabilisierte Rationalitäten.

Daß diese ihre eigenen Probleme, vor allem Nebenfolgenprobleme und Orientierungsprobleme, haben, ist unbestreitbar. Nur lautet – und auch das sei noch einmal wiederholt – die Lösung nicht weniger wissenschaftlicher und technischer Verstand, sondern, allerdings auf besonnenen Wegen, in vielen Fällen sogar Steigerung des wissenschaftlichen und des technischen Verstandes, z.B. im Energiesektor. Was die Leonardo-Welt hier braucht, sind neue Technologien, die nicht die Ausbeutung und Verschwendung knapper natürlicher Ressourcen fortsetzen, sondern diese, jedenfalls für die Zwecke der Energiegewinnung, überflüssig machen. Diese Technologien sind wiederum ohne Pionierarbeiten der Naturwissenschaften unmöglich. Auch das hat Folgen: Über die erläuterte Interdependenz von Wissenschaft und Technik hinaus verwandeln sich die Naturwissenschaften in Verfolgung dieser Ziele selbst mehr und mehr in Technikwissenschaften. Die klassischen Ideale ›reiner‹ Forschung treten zurück, sie ›verweltlichen‹ sich; die Freiheit der Forschung verbindet sich mit dem Notwendigen. Zu erkennen, was die Welt im Innersten zusammenhält, ist gewiß auch heute noch ein hohes Ziel, die Welt zusammenzuhalten, wohl kein geringeres.

Die Aufgabe, die Welt zusammenzuhalten, läßt sich in einem Imperativ formulieren: ›Stelle Konstruktion und Entwicklung in den Dienst der Erhaltung und der Verbesserung der Lebensgrundlagen und des Lebens in einer Leonardo-Welt!‹ Dieser Imperativ, von dessen Befolgung es abhängen wird, ob überhaupt noch eine zukünftige Welt sein kann, sei der *technologische Imperativ* genannt. Neben ihn tritt, im Blick auf die notorische Unterentwicklung der praktischen Vernunft, ein *ethischer Imperativ,* dessen Paradigma noch immer Kants kategorischer Imperativ ist. Für die Aufrechterhaltung der Leonardo-Welt ist eben nicht nur der Fortgang von Wissenschaft, Forschung und Entwicklung unabdingbar; das gleiche gilt auch für moralische und politische Orientierungen.

In einer Situation, in der sich die Leonardo-Welt wohl auf Dauer im Dilemma von Fortschritt und dessen schwer kalkulierbaren Folgen einrichten muß, gibt es allerdings keine moralischen und politischen Patentrezepte, sondern nur die ständige Aufgabe, den wissenschaftlichen und den technischen Verstand wieder mit einer verantwortungsorientierten praktischen Vernunft zu verbinden. Die Zukunft der Leonardo-Welt wird davon abhängen, ob diese Verbindung gelingt, d.h., ob wissenschaftlich-technischer Verstand und praktische Vernunft wieder zu einer Einheit finden. Mit anderen Worten: Es geht nicht um die Frage, ob technologischer Wandel in einer gefährdeten Umwelt sein soll oder nicht, sondern allein um die Frage, wie sich ein verantworteter technologischer Wandel und die Leonardo-Welt zur Zukunft des Menschen zusammenschließen. Der Mensch ist das auf Zukunft angelegte Wesen; er allein hat es in der Hand, sein Wesen auch zu verwirklichen.

In diesem Zusammenhang sollten wir uns übrigens auch nicht mit einer Vermutung Lichtenbergs trösten: »Warum sollte es nicht Stufen von Geistern bis hin zu Gott hinauf geben, und unsere Welt das Werk von einem sein können, der die Sache noch nicht recht verstand, ein Versuch?« (1967–1974, Bd. II, 410) Die Verantwortung für die Leonardo-Welt läßt sich nicht auf einen Anfängergott abwälzen. Richtig ist vielmehr, daß die Leonardo-Welt das Werk des Menschen ist, und dieser seine Sache noch nicht recht verstand.

Epilog

Noch einmal zurück zum Stichwort Kultur. Kultur, wie sie hier begriffen wurde, ist nicht die Gegenwelt zur Leonardo-Welt, sondern, wie dies für eine lebendige Kultur immer gilt, als selbst poietische Kultur deren Arbeits- und Lebensform.

Dabei hat – Stichwort Epochenschwelle – die Zukunft, auch die, die uns vom 21. Jahrhundert trennt, längst begonnen. Der qualitative Sprung, den ein romantisches Bewußtsein erwarten mag, ist längst getan. Das Neue, das zum Alltag einer Leonardo-Welt gehört, hält sich nicht an eine christliche Zeitrechnung, und in Zeitaltern oder Epochen denkt der historische und der politische Verstand, nicht der technische und der wissenschaftliche Verstand. Das wird auch nicht anders, wenn wir die Leonardo-Welt unter dem Stichwort Kultur auszumessen suchen und mit Kultur die Form meinen, unter der sich eine Welt bildet. Die Leonardo-Welt bewegt sich in Richtung auf eine permanente Revolution. Der technologische Wandel wird zur eigentlichen Wirklichkeit und mit ihm der kulturelle Wandel. Nicht als armer Vetter oder chronischer Nachzügler; Komplexitäten, in die eine Leonardo-Welt zunehmend hineinwächst, ebnen die Kausalitäten, auch die zwischen Wissenschaft, Technik und Kultur, ein.

Dabei nimmt der Kulturprozeß ebenso wie der technologische Wandel einen evolutionären Charakter an. Homo faber und mundus faber verschmelzen miteinander. Der Mensch, wie ihn die Genieästhetik oder das Avantgardemodell der Kultur zu beschreiben suchen, wird von seiner eigenen Welt, der Leonardo-Welt, eingeholt. Wird er sich selbst, wird ihn seine Welt durch ein anderes Wesen ersetzen? Für derlei Visionen oder Ängste ist es zu früh. Der Mensch ist, evolutionär betrachtet, gottlob ein sehr robustes Lebewesen, nicht nur gegenüber seinen evolutionären Wettbewerbern und seiner Welt, sondern auch gegenüber sich selbst. Allerdings steht der Nachweis, daß der Mensch die Probe, auf die er sich mit der Leonardo-Welt selbst gestellt hat, auch wirklich besteht, noch aus. Noch einmal: Diese Welt läßt sich nicht auf einen Anfängergott abwälzen, auch nicht in ihrer kulturellen Form, die sie zu einer Orientierungswelt machen soll.

Wie wird die Geschichte der Leonardo-Welt in dreihundert und vierhundert Jahren oder gar im Jahre 3000 aussehen? Wird ein zukünftiger Geschichtsschreiber der Vereinigten Staaten der Erde – und was sich dann sonst noch so als kolonial verseuchtes Universum angesammelt haben mag – noch viel Kultur in unserer Kultur erkennen? Wir sollten ihm die Arbeit nicht erschweren, auch wenn derzeit manches darauf hindeutet, daß uns (im engeren Sinne von Kultur) die kulturelle Luft auszugehen droht, die Wege in eine Playback-Kultur weisen und die McDonalds auch in der Kultur zunehmen. Was zählen wird, ist nicht nur: Welche Bücher haben wir geschrieben? Für welches Gesamtkunstwerk haben wir uns entschieden? Wie viele vergangene Welten haben wir rekonstruiert? Was vor allem zählen wird, ist: Wie viele Kulturen haben wir nebeneinander ertragen, gefördert, erfunden? Welche Türme haben wir gebaut, Babylon, das kulturschaffende, eingeschlossen? Wieviel Vernunft haben wir in die Dinge gelegt? In welchem Zustand haben wir die Welt unseren Kindern übergeben? Die Antwort auf diese Fragen wird die eigentliche Bewährungsprobe einer Leonardo-Welt sein.

Teil I
Digitaler Alltag – Utopie oder Menetekel?

Visionen vom Leben mit digitaler Technologie

Werner Rammert

Digitaler Alltag

Was stellen wir uns unter einem digitalen Alltag vor? Beginnen wir mit der Bedeutung des Digitalen! Dieses Wort drang schon vor längerer Zeit ins öffentliche Bewußtsein. Es eroberte unseren Alltag, als sich die kleinen Maschinen an unseren Armen grundlegend zu verändern begannen: Innen wurden sie zur Quarzuhr und außen erhielten sie eine digitale Zeitanzeige. Der großen Umwälzung in der Uhrenindustrie, von der Feinmechanik zur Mikroelektronik, folgten jedoch nur kleine Veränderungen im alltäglichen Zeitbewußsein: Wurde früher die Zeit in Viertelstunden gerechnet, wird sie heute zunehmend in Minuten abgelesen. Diese Veränderung ist mit dem Thema »Digitaler Alltag« wohl nicht gemeint.

Digital sind auch das Alphabet und die moderne Geldwährung. Sie sind im Unterschied zum gesprochenen Laut und zum gewogenen Gold in ihren Einheiten eindeutig abgegrenzt (vgl. Haugeland 1987). Sie sind jedoch bekanntlich schon seit über zwei Jahrtausenden dabei, den Alltag zu durchdringen. Insofern könnnen Sie ein wichtiges Beispiel abgeben, von dem wir für die Zukunft lernen können; aber diese Form der Digitalisierung kann auch nicht gemeint sein, wenn wir uns hier mit dem digitalen Alltag im 21. Jahrhundert beschäftigen wollen.

Wenn wir heute vom digitalen Alltag sprechen, denken wir in erster Linie an ein Gerät, den *digitalen Computer.* Dabei ist zu beachten, daß er nicht nur in Gestalt der Personal Computer oder der Home Computer zuhause in den Kinderzimmern, den Arbeitszimmern und den Hobbykellern verbreitet ist; er kommt auch in Form des eingebauten Mikroprozessors in Waschmaschinen, Spülmaschinen und sogar in modernen Autos vor.

In zweiter Linie fällt uns das *ISDN-Netz* ein, das seit 1989 als integriertes Sprach- und Datennetz ausgebaut wird (vgl. Kubicek/Berger 1990). Mit Hilfe der digitalen Übertragungstechnik können darüber Zeichen, Töne und Bilder in die Ferne geschickt werden. Aus der Ferne können Geräte und technische Systeme zuhause kontrolliert werden. Erst in dritter Linie kommen die *Programme* ins Blickfeld. Sie sind ein notwendiger Bestandteil der digitalen Technik. Sie bringen die sogenannte »Künstliche Intelligenz« in die Datenverarbeitung hinein.

Wie sich die weite Verbreitung des PCs im Alltag auswirkt, genauer: wie mit dem Computer und mit welchen Folgen umgegangen wird, das könnte man schon heute aufgrund der ersten veröffentlichten empirischen Untersuchungen wissen (vgl. z.B. Eckert u.a. 1991b; Noller/Paul 1991; Rammert u.a. 1991). Wie sich der Alltag nach dem vollständigen Ausbau des ISDN-Netzes verändern könnte, das läßt sich bisher nur in Zukunftsszenarien entwerfen, d.h. nur methodisch angeleitet erahnen (vgl. Biervert u.a. 1991). Und wie sich eine Vervielfältigung der Programme und Dienste auf das Alltagsleben im 21. Jahrhundert auswirkte, dazu können wir uns nur die Visionen der Wissensingenieure aus der Künstliche-Intelligenz-Forschung, die Gestaltungskonzepte der Entwickler und die Programmplanungen der Anwender ansehen.

Das synergetische Zusammenwirken aller drei Aspekte der digitalen Technologie, nämlich von Gerät, Netz und Programm, macht eine Voraussage schier unmöglich. Geht man jedoch von der Prämisse einer sozialen Technikgenese (vgl. Dierkes 1990; Rammert 1990) aus, dann können wir nach den leitenden Visionen und vorherrschenden sozialstrukturellen Bedingungen für die Technikentwicklung fragen und auf dieser Grundlage zu einer Vorausschau gelangen.

Utopie oder Menetekel?

Utopie heißt Wunschbild, Menetekel bedeutet Warnruf. In welche Richtung tendieren die Antworten? Die Vorausschau dürfte je nach Standort und Stimmung unterschiedlich ausfallen.

Wer sich als entschiedener Anhänger der Modernisierung bekennt und auf ihre technischen Fortschritte opimistisch eingestimmt ist, für den wird sich die digitale Technologie als Erfüllung alter technischer Utopien erweisen. Mit ihr lassen sich nicht nur die Mängel der industriellen Modernisierung, wie anarchische Produktion, Schmutz und körperlich schwere Arbeit, überwinden. Sie bietet mit dem Computer ein universelles »Denkzeug«, das auch dem einzelnen Menschen in seinem Alltag rationaleres Verhalten als bisher verspricht. Die programmierten Haushaltsgeräte sparen Energie und schonen die Umwelt. Der ungezügelte Autofahrer wird abgebremst und durch den Verkehr gelotst. Der verführte Verbraucher kauft über Terminal erst, wenn er den Entscheidungsbaum, der vom Bundesgesundheitsminister und von der Stiftung Warentest mitgestaltet wurde, abgearbeitet hat. So wird dem »psychisch immobilen Menschen« gleichsam auf die Sprünge geholfen. Das rückständige Alltagsleben kann nun auch noch rationalisiert werden. Die Utopien des digitalen Alltags aus diesem Lager verkünden endgültige Befreiung der täglichen Arbeit von körperlicher Mühe und psychischem Streß, von ihrer Fixierung auf feste Zeiten und ihrer Fesselung an fabrikförmige Stätten.

Wer sich hingegen zu den ökologischen Kritikern der Modernisierung zählt und den digitalen Techniken zutiefst skeptisch gegenübersteht, der wird auf die unbewältigten Folgen der industriellen Modernisierung hinweisen und vor den neuen Risiken, den absehbaren und den unvorhersehbaren, warnen. Die Überproduktion von Daten wird zu einer Informationsverschmutzung führen. Die Zunahme technisierter und mediatisierter Kommunikation bringt das »Kommunikations-Gleichgewicht« in der Gesellschaft und in den Menschen zum Schwanken und droht, die Fähigkeit zum alltäglichen Gespräch von Angesicht zu Angesicht zu gefährden. Mit dem Bild des digitalen Alltags aus dieser Warte werden Sinnverlust und Entsinnlichung der Alltagserfahrung, totale Kontrolle und verkabelte Kommunikation als Menetekel an die Wand gemalt.

Wer allerdings das Verhältnis von Computerwelt und Alltagswelt aus der Nähe teilnehmender Beobachtung, aber mit der Distanz des soziologischen Forschers verfolgt hat, wird eher das Nebeneinander verschiedener Umgangsstile mit dem Computer betonen. Er wird den Mediencharakter der neuen digitalen Techniken hervorheben. Statt eines hermetisch geschlossenen digitalisierten Alltags wird er viele Computerwelten kommen sehen. Statt einer digitalen Autobahn wird er viele Pfade voraussagen, auf denen die Menschen mit dem neuen Medium umgehen (vgl. Rammert 1989; 1993).

Welcher Einschätzung können wir zustimmen? Welcher Vision sollen wir Glauben schenken? Wer über die sogenannten »Folgen« neuer Techniken spricht, verrät mehr über den Standort und die Optik seines Denkens als über die zu erwartende Zukunft. Visionen der Wissenschaftler sind auch Politik. Und mit ihren Visionen wird zunehmend Politik gemacht. Auf welche sozialen Strukturen und normativen Vorstellungen die digitalen Techniken treffen, davon werden zum großen Teil auch Gestalt, Richtung und Wirkung der neuen Techniken abhängen. Daher lohnt es sich, gesondert darüber nachzudenken, welche Wirklichkeitsauffassungen und politischen Vorstellungen von Männern und Frauen, von Progressiven und Konservativen, von Wissenschaftlern und Laien die Visionen des digitalen Alltags jeweils prägen werden.

Computer und Kultur

Roland Eckert, Waldemar Vogelsang, Thomas A. Wetzstein

Zum Stand der Debatte

Der Computer wird immer mehr zu einem zentralen Bestandteil unserer Kultur. Insbesondere seit Mitte der 80er Jahre hat die Vermehrung von Softwareangeboten die Optionen individueller Nutzungsformen potenziert. In kürzester Zeit wurden Rechner in das private Technik-Environment integriert. Bezeichnend für viele Anwender ist zumeist eine instrumentelle Orientierung: Sie gebrauchen den Computer als ein Werkzeug, mit dem bestimmte alltägliche Arbeiten oder Funktionen eleganter und schneller bewerkstelligt werden können, d.h. ihr Nutzungsprofil ist vorrangig auf Routine und Entlastung angelegt. Welche Rolle dem Computer bei der Konstitution sozialer und kultureller Szenen und Enklaven zukommt (sei es, daß er eine neue, raumübergreifende Infrastruktur für spezielle Interessen anbietet, sei es daß er selbst zum Kristallisationskern wird) ist bisher kaum untersucht worden.

Bereits in früheren Arbeiten über die historische Entwicklung der Medien (Eckert/Winter 1987; Winter/Eckert 1990) und über Videofans (Eckert u.a. 1991a; Vogelgesang 1991) ist uns deutlich geworden, daß sich mit intensiver Medienzuwendung spezialisierte personale Identitäten und besondere Lebensstile ausbilden. Dementsprechend vermuten wir, daß auch der Computer und seiner Vernetzung entsprechende Aneignungs- und Habitusformen provozieren.

Wir haben uns darum in einer neueren Untersuchung (Eckert u.a. 1991b) dem Personenkreis gewidmet, der sich intensiv und spezialisiert mit dem Computer in der Freizeit beschäftigt: den *Computerfreaks*. Ihre unterschiedlichen Aneignungsformen, Bedeutungsmuster und Lebenswelten stehen im Mittelpunkt unserer Studie. Durch qualitative Forschungsstrategien haben wir versucht, die Logik der kulturellen Spezialisierungen, die mit der Einführung des Computers voranschreiten, aufzudecken. Dementsprechend haben wir die Probanden nach dem Schneeballverfahren in die Untersuchung einbezogen. Wir konnten auf diese Weise sicherstellen, daß auch tatsächlich die sozialen Netze, in denen Bedeutungen intersubjektiv generiert und transportiert werden, zum Untersuchungsgegenstand wurden. Allerdings erlaubt dieses Auswahlprinzip nicht, Aussagen über die quantitative Verteilung von Einstellungen und Verhaltensweisen zu machen. Wir wissen beispielsweise nicht, wie viele Hacker ›links-alternativ‹ oder ›konservativ‹ denken, wir wissen auch nicht, wie viele Cracker es gibt und wie viele von ihnen zur professionellen Wirtschaftskriminalität tendieren. Diesen Fragen empirisch nachzugehen, bleibt weiteren Untersuchungen vorbehalten.

Vielleicht ist diese immer noch offene Forschungslage mit ein Grund dafür, daß viele computerbezogene Äußerungen von einer pseudo-wissenschaftlichen Form »assoziativen Schließens« (Ulrich 1985: 23) geprägt sind. Aus der technischen Beschreibung der Struktur und Funktionsweise des Rechners wird auf bestimmte ›affizierte‹ menschliche Eigenschaften und Fähigkeiten geschlossen (Verkümmerung der Sprachkompetenz, digitales Denken, Kontrollverlust etc.), als ob der Mensch unter dem Diktat der neuen Maschine selbst zum Automaten würde. Die allzu forschen Werbesprüche der Computer- und Softwarehersteller ›Lassen Sie Ihren Computer für Sie denken!‹ oder ›Computer heutzutage planen, kontrollieren, entscheiden!‹ verwandeln sich so rasch in medien- und kulturpessimistische Kassandrarufe. Gemäß einer vermuteten Sachzwanglogik, wie sie in der früheren Technikforschung charakteristisch war, ist dann der Mensch nicht mehr selbständiger Akteur und eigenverantwortliches Subjekt, sondern Computer- resp. Technikanhängsel. Die neuere Techniksoziologie (vgl. Hörning 1988; Joerges 1988; Rammert 1988; Weingart 1989) versucht dagegen, die sozio-kulturelle Basis von Technikbildern zu identifizieren. Aber auch sie wird dem rasanten Wandel nicht gerecht. Technik ermöglicht nämlich nicht nur die rationelle Verfolgung gegebener Ziele und die Fortsetzung und Modifikation bestehender kultureller Muster, wie sie in dieser ›verstehenden‹ Techniksoziologie thematisiert werden, sondern befähigt die Menschen auch, neue Ziele zu entwerfen und sogar sich selbst neu zu definieren. Als Subjekte, die in einem je besonderen sozialen Zusammenhang leben und ihr Leben immer auch spontan führen, interpretieren sie Technik durchaus eigensinnig. Ein ›aufgeklärter‹ sozialwissenschaftler Zugang gerade zur Computertechnologie und der sie umgebenden Sozialwelt hängt freilich mit spezifischen Wissens- und Erfahrungsformen aus diesem Bereich zusammen. Schon der Primärkontakt zur Szene kann viele Ängste und angstgeborene Theorien korrigieren.

Die Sinnwelt der Computerfreaks

Um die technik- resp. computerkulturellen Aneignungsformen erkennen und dechiffrieren zu können, sind neben den Sach- immer auch die Gebrauchsqualitäten zu berücksichtigen. Computer sind äußerst voraussetzungsvolle und verwendungsreiche Apparaturen, mithin ist ihre Aneignung eingebunden in ein komplexes Verhältnis von Wissen, Erfahrungen und (sub-)kulturellen Deutungsmustern. Im allgemeinen Trend einer zunehmenden ›Entprofessionalisierung der Alltags-Technik‹ (vgl. Weingart 1988: 145f.) entstehen neue Formen der ›Selbstprofessionalisierung‹, die auf öffentliche Graduierungen verzichten kann. Dabei bilden sich individuell höchst unterschiedliche Nutzungs- und Kompetenzprofile aus.

Computerfreaks, wie wir sie untersucht haben, treten der Tendenz der ›gebrauchsfertigen‹ Reduzierung und Eindimensionalisierung der Technik entschieden entgegen. Für sie schrumpft ihr Lieblingsobjekt nicht zu einem neuen, trivialisierten Haushaltsgerät zusammen, sie sind keine anwendungsorientierten Minimalisten, sondern wollen die ganze Bandbreite der ›Megamaschine‹ ausschöpfen. Ob Hacker oder Programmierer, Cracker oder Mailboxfans, ihr Umgang mit dem Rechner ist durch einen hohen Grad an Professionalität und Kompetenz gekennzeichnet. Sie eignen sich – vielfach im Selbststudium – im Bereich der Hardware und der Programmierung, der Datenkommunikation, Graphik, Sounddigitalisierung usw. ein Spezialwissen an, das ihnen gleichermaßen in den ausdifferenzierten Szenen der Computersozialwelt wie im Kreis der gestandenen, akademisch ausgebildeten Informatiker Geltung, Anerkennung und teilweise auch Bewunderung verschafft.

Der Umgang mit dem Computer ist für sie ein zentrales Steckenpferd. Sie sind ihm – wie Rezipienten anderer Medien auch – aber nicht hilflos ausgeliefert, etwa so, wie es Adorno (1968: 39) für die Rezipienten »leichter Musik« unterstellt, die »in ihrem Opfer ein System bedingter Reflexe« etabliere. Der Computer ist der Schlüssel, der die Tür zu ganz unterschiedlichen Sinnwelten öffnet:

– Die ›echten‹ *Hacker* sind am Computer als l'art pour l'art interessiert. Ihnen geht es um das technisch Mögliche und die Grenzbereiche der EDV. Innerhalb der Hackerkultur finden sich wiederum unterschiedliche Teilnahmeformen: Neugierige Computerfreaks, Abenteurer, die eher politisch orientierten Hacker oder auch die Cybernauten (bei denen sich Sciencefiction-Begeisterung mit den Computern verbindet). Ihre ethischen Prämissen (zusammengefaßt unter dem Schlagwort ›Hacker-Ethik‹) grenzen bestimmte Tätigkeiten (z.B. Zerstören von Daten, Verkauf von Daten) aus ihrem Selbstverständnis aus. Wer Daten zerstört oder auf illegalem Wege veräußert, ist in ihrem Sinne kein Hacker. Hacker distanzieren sich somit von *Crashern.* Letztere gehen vorsätzlich destruktiv an fremde Rechner heran. Ihr Ziel ist es, Schäden in fremden Rechnern anzurichten, sei es in Form des Zerstörens von Daten, der Beschädigung der Hardware oder dem Implantieren eines Computervirus. Ihre Motivationen sind unterschiedlich: Ein Teil erklärt seine Aktionen als politisch motivierte Akte (z.B. die Vernichtung der Datenbestände von deutschen oder schweizerischen Chemiefabriken im Falle einer erneuten Rheinverschmutzung). Für den vermutlich größten Teil der Crasher ist ihre Tätigkeit mit der der Hooligans oder den Streetgangs zu vergleichen (Zerstörung, Aggressionsventilation); sie sind die ›Vandalen‹ der Datennetze. Hacker distanzieren sich ferner von *Datenspionen* und *Computerkriminellen,* die für Nachrichtendienste und Wirtschaftsunternehmen oder auf eigene Rechnung arbeiten und die unrechtmäßig erworbenen Daten an Interessenten weiterverkaufen.

— Piniergeist und Problembewältigung ist eine durchgehende motivationale Linie bei den *Programmierfreaks.* Der Computer eröffnet für sie die Möglichkeit, ständig etwas Neues zu schaffen. In der symbolisch abgeschlossenen Welt des Programms schaffen sie sich imaginäre Handlungsräume, denen sie ihr individuelles Signum aufprägen. Der sichere und kompetente Umgang mit logischen Strukturen vermittelt ihnen ein Erlebnis innerer Stärke. Programmieren ist also nicht emotionsloses, kühles und logisches Handeln. Für viele Freaks hat es auch besondere ästhetische Qualitäten. Es wird als Kunst begriffen, die über das syntaktische und semantische Programmierwissen hinausweist. Die gefundenen Programmierlösungen sind gleichsam ›Design‹ mit einer spezifischen ästhetischen Eleganz. Programmieren geht auch einher mit dem Gefühl, den Computer und seine Möglichkeiten im Griff zu haben; im Code des Programms diktiert man dem Computer die eigenen Wünsche. Diese zweckfreien Kompetenz- und Erfolgserfahrungen und die Anerkennung durch die Freakgemeinde stehen zumeist im Vordergrund, bei manchen weist die Freizeitkarriere aber deutlich in Richtung einer Instrumentalisierung und Vermarktung der Computerkenntnisse. Das Hobby wird zum lukrativen Nebenverdienst.

— Eine Subwelt der Programmierer-Spezialkultur bilden die *Cracker- und Demo-Szenen.* Die Cracker, bislang nur bekannt als diejenigen, die die Kopiersperren von Programmen knacken, sind hochqualifizierte Programmierer. Ihnen geht es nicht nur um das bloße Knacken eines Programms: Als Beweis für ihre Leistung programmieren sie graphisch und soundtechnisch anspruchsvolle ›Intros‹, die gleichsam als Widmung vor das eigentliche Programm kopiert werden. Heterogene Motivdispositionen spielen eine Rolle. Der indirekte Wettbewerb mit den Programmierprofis der Softwareindustrie ist — ebenso wie die

Konkurrenz zwischen verschiedenen Crackergruppen – ein Beweggrund für ihre Tätigkeit. Für viele Cracker spielen die Raubkopien schon überhaupt keine Rolle mehr, ihnen geht es um die ästhetischen Qualitäten ihrer Intros. Die Konsequenz daraus ist die Verselbständigung der Intro-Szene hin zu einer künstlerisch orientierten Demo-Szene. Das Demo ist ein selbständiges Animations- und Soundprogramm, für das die Speicherbeschränkung der Intros entfällt.

– Die *Spieler* schließlich sind fasziniert von den durch den Computer möglichen Formen agonaler Häuslichkeit und schätzen das Spiel, weil es außeralltägliche Zustände ermöglicht. Die Konzentration auf die abgeschlossene Welt des Spielrahmens und die eigenen Fähigkeiten in diesem vermitteln hohe Spannung und damit auch Entspannung. Spielen lenkt von den Alltagssorgen ab und wird bisweilen gar zur Therapie.

Für alle Computerfans ist charakteristisch, daß die instrumentellen Tätigkeiten am Computer auch expressiv codiert sind. Zum einen sind sie eng mit Gefühlen verknüpft, zum anderen dienen sie der Selbstexpression. Während der Computer im Beruf ein bloßes Arbeitsgerät, Mittel zum Zweck ist, wird er in der Freizeit zum Selbstzweck. Seine Multifunktionalität erlaubt Formen der Eigenaktivität, des Schöpferischen, wie sie in der habitualisieren und strukturierten Verwendung im Arbeitsbereich nicht – oder jedenfalls sehr viel seltener – möglich sind. An die Stelle der programmierten tritt die individualisierte Verwendung, die den Alltag vielfach transzendiert. Die Schaffung und Erkundung alternativer Wirklichkeiten ist somit gleichermaßen Signum der jeweiligen Computer-Spezialkultur als auch des Selbstverständnisses und der Kompetenz der Computer-Freaks.

Der Computer ist für die Freaks aber nur Teil eines Medien-Ensembles; die Spezialkulturen der Computerfreaks sind keineswegs mediale Monokulturen. Durch den intensiven Umgang mit dem Computer wird die Nutzung anderer Medien nicht notwendigerweise reduziert. Insbesondere elektronische Medien behaupten sich neben dem Computer. Während das Fernsehen aufgrund der geringeren indivduellen Gestaltbarkeit häufig nur periphere Bedeutung hat, spielen Video und vor allem Musik-Medien eine wichtige Rolle.

Die Spezialisierung auf den Computer überlagert auch nicht den restlichen Alltag. Wenn Tenbruck (1989: 271) vom »Schwund eigener Erfahrungsbestände angesichts der Dauerkonfrontation mit beliebig fernen und inszenierten Wirklichkeiten« spricht und damit die Verdrängung von primärer Wirklichkeitserfahrung meint, so findet dies bei den Computerfreaks nicht in dem dramatischen Umfang statt, wie viele uns glauben machen wollen. Ihre Freizeitgewohnheiten sind insgesamt durch ein hohes Aktivitätsniveau gekennzeichnet. Gerade das Nebeneinander der unterschiedlichsten Tätigkeiten (mediale Aktivitäten, Sport, kreativ-musische Beschäftigungen, Formen des geselligen Zusammenseins etc.) ist typisch. Das Computern wird keineswegs zum alles überlagernden Handlungsmuster im Alltag oder zu einer dauerhaften ›Sucht‹. Der ›außeralltägliche Einbruch‹ des Digitalen in die individuellen Sphären stört den Fluß der alltäglichen Routinen nur zu Beginn der Spezialisierung, es ist die Zeit der ungestümen Faszination. In der ihr folgenden Regulierungsphase erlernt der Novize nicht nur die ›Spezialwanderkarten‹ (vgl. Schütz/Luckmann 1979) der EDV, sondern er lernt es auch, den Computer kompatibel zu seinem Alltag zu gebrauchen, den anfänglichen (Computer)Rausch zu meistern. Die Freaks werden durch das Computern zu kreativen und phantasievollen Produzenten von neuen Sinnmustern. Sie sind also keineswegs jene Medienmarionetten, zu denen sie von Kulturmoralisten immer wieder stilisiert (zutreffender: degradiert) werden.

DFÜ: eine neue Internationale?

Immer häufiger wird der Computer zum Terminal für neue Interaktionssysteme, die mit der Konvergenz und Fusionierung von Mikroelektronik und Telekommunikation entstehen und eher einen anarchischen als hierarchischen Charakter haben. Schon jetzt scheint es in der Bundesrepublik Deutschland einen differenzierten und sich ständig ausweitenden Personenkreis zu geben, der seine Freizeit mit Aktivitäten rund um und in den Datennetzen gestaltet. Waren die DFÜ-Freaks vor ein paar Jahren noch eine belächelte und verschwindend kleine Minorität, so hat sich diese Gruppe in den letzten Jahren allem Anschein nach beträchtlich vergrößert. In den Anwahlverzeichnissen vieler DFÜ-Freaks sind die Telefonnummern verschiedener Mailboxes gespeichert, die man über Modem kontaktieren kann. Bei vielen enthielten die Anwahlverzeichnisse weit über 1.000 (!) Nummern von Mailboxes aus aller Welt: Saudi-Arabien und die USA waren genauso vertreten wie Australien oder Spanien. Auch die Zahl der Anrufe in den Boxes verweist auf einen großen Teilnehmerkreis. Soweit unsere Recherchen hier bereits Aussagen zulassen, liegen sie in beliebten Boxes bei bis zu 200 Anrufen täglich. Ein Teil der Mailboxbetreiber geht dazu über, mehrere Anschlüsse für die elektronischen Briefkästen zu installieren. Dadurch können sich mehrere Teilnehmer gleichzeitig in einer Box aufhalten und sich gegebenenfalls direkt miteinander unterhalten (in der Szene ›Chat‹ genannt). Durch die Mehrfachanschlüsse verringern sich auch die z.T. sehr langen Wartezeiten, ehe man sich in eine Box ›einloggen‹ kann.

Ebenso wie die quantitativen Dimensionen sind die zahlreichen Verwendungsformen und die ›Special-Interest-Nischen‹ des expandierenden DFÜ-Marktes weitestgehend unerforscht. Es stellt sich die Frage, ob sich gerade im Bereich der Mailboxes eine Entwicklung wiederholt, die für den ›spezialisierten Markt‹ der Publikumszeitschriften (vgl. Weischenberg 1990) so charararkteristisch ist. Soviel läßt sich aber jetzt schon sagen: Viele spezialisierte Gruppen (Computerclubs, Hackerclubs, politisch motivierte Gruppen, religiöse und spiritistische Vereinigungen etc.) haben eigene Mailboxes eingerichtet, in denen Informationen zu technischen Aspekten (z.B. Hard- und Softwareprobleme) oder auch typisches Szene- und Insiderwissen (Who is who, Treffen etc.) für die Mailboxteilnehmer abgelegt sind. Ebenso können die Boxes als Spiel-Forum für enthusiastische Spieler dienen. Ob ›Adventures‹ oder Simulationen, Strategie- oder Sportspiele, die Spielmöglichkeiten und -partner werden via Netz gleichsam potenziert. Mailboxes werden aber auch zu großen — teilweise internationalen — Mailboxnetzen zusammengeschlossen. Ein Beispiel hierfür ist das sogenannte ›Green Net‹, ein ökologisch orientierter Mailboxzusammenschluß. Überhaupt scheint sich die Ökologiebewegung der neuen Netztechnolgien stärker zu bedienen (vgl. Polatschek 1990). Auch andere Mailboxnetze, z.B. das global angelegte ›Fido-Net‹, bringen zahllose Computerfans zusammen. In diesem Netz werden neben aktuellen Nachrichten und EDV-Informationen/Programmen auch zahlreiche Themen aus der Allerweltskultur (z.B. Sport, Musik, Science-fiction) gehandelt; nicht zuletzt ist auch Erotik ein beliebtes Thema. Im Fido-Net sind beispielsweise weltweit ca. 4.000 Mailboxes zusammengeschlossen, und man schätzt, daß eine Nachricht, die im Fido-Net um die Welt geht, von mindestens 40.000 bis 50.000 Menschen gelesen wird (vgl. Jürgensen 1989). Die bisherige Trennung von Produzent und Rezipient verliert im Medienbereich für die Mailboxes immer mehr an Bedeutung. Als mögliches Endgerät in den Netzen generiert der Computer aufgrund seiner interaktiven Nutzbarkeit neue Vermittlungs- und Aneignungsformen; Brechts Radio-Theorie könnte im Kontext des Mailbox-Marktes eine unerwartete Renaissance erfahren.

Kultur im Zeitalter des Computers

Die Computer-Spezialkulturen kristallisieren und differenzieren sich aufgrund der Faszination, die von den intensiven Mensch/Maschine-Interaktionen ausgeht (vgl. Geser 1989). Diese Interaktionen verlaufen aber nicht in einem apriori bedeutungsvollen Raum, sondern die Fans ›konstruieren‹ deren Bedeutung im Lichte verschiedener Aktivitäten und begründen damit ›Rahmen‹ im Sinne

Goffmans (1977). Gerade die Multifunktionalität des Gerätes ist es, die immer wieder neue ›Rahmen‹ möglich macht. Alltagswelt wird durch unterschiedliche Klammern während der Datenreisen oder der Spiele ausgegrenzt. Trotzdem werden in der Regel die Beziehungen zwischen Mensch und Maschinen von den Beziehungen zwischen Menschen begleitet. Dies gilt bereits für das Spielen, das auf Tips und Kopien von anderen angewiesen ist. Auch Datenreisende und Programmierer tauschen intensiv ›Landkarten‹, Informationen und Programme aus. So existiert in jeder Spezialkultur ein gemeinsamer Fundus an Wissen und Erfahrung, so gewinnen Solidarität, Konkurrenz und neue Distinktionsregeln an Bedeutung.

Jeder ›Computer-Rahmen‹ impliziert Transformationsregeln, die festlegen, was innerhalb der Spezialkultur als wirklich und wie es als wirklich behandelt wird. Die jeweilig geltenden Transformationsregeln machen die Aktivitäten erst sinnvoll. Jede Spezialkultur besitzt ein ›Diskursuniversum‹ (vgl. Peirce 1897/1986), in dem Relevanzstrukturen, Präferenzen und Normen Identität und Nichtidentität definieren. Die Aktivitäten, die Ausdrucksweisen und die selbstdefinierten Probleme der Computer-Spezialkulturen weisen wegen ihrer Komplexität Außenstehenden die Rolle des Fremden oder allenfalls des Touristen zu. Nur durch kontinuierliche ›Arbeit‹ kann man zum Insider werden, innerhalb des spezifischen Systems sozialer Ungleichheit aufsteigen und auch die jeweils geltenden Werte und Normen erfahren (die Hacker legen sich z.B. beim Datenreisen ethische Selbstbeschränkungen auf, die Spieler begreifen ihre Aktivitäten in der Regel als vom Alltag abgegrenzt und als kurzfristigen ›Ausbruchsversuch‹ (vgl. Cohen/Taylor 1977) aus alltäglichen Routinen und Zwängen).

Man wird in die Spezialkulturen also nicht hineingeboren. ›Jenseits von Stand und Klasse‹ kristallisieren sich neue, an der jeweils erreichten Kompetenz orientierte Muster der Ungleichheit heraus; durch komplexe Sozialisations- und Karriereprozesse bilden sich ›neue‹ Identitäten. Damit können die Computer-Spezialkulturen und die sie konstituierenden Mitglieder in den Zusammenhang allgemeiner gesellschaftlicher Transformationsprozesse gestellt werden. Zu den Grundzügen der modernen Gesellschaft gehört nämlich, daß in zunehmendem Maße ›erworbene‹ und nicht mehr ›zugeschriebene‹ Merkmale über die Verteilung von Lebenschancen entscheiden: Waren es früher vorrangig Herkunft, Verwandtschaft und Besitz, so sind es heute individuelle Leistungen, ihre Bestätigung durch formale Qualifikationen und schließlich das persönliche ›Auftreten‹, die die Chancen auf dem Arbeitsmarkt beeinflussen. Der Status der Herkunftsfamilie wirkt nicht unmittelbar, sondern vermittelt über den Habitus, z.B. einer generalisierten Leistungsbereitschaft, auf die Lebensstellung ein. Aber nicht nur der berufliche Status, sondern auch die persönliche Geltung wird zunehmend von individuellen Leistungen bestimmt. Mit wachsender sozialer Mobilität, mit fortschreitender Wählbarkeit sozialer Gruppen umd Themenbereiche verliert die persönliche Identität an Vorgegebenheit und Selbstverständlichkeit. Ihre Ausgestaltung wird zur Aufgabe und Chance zugleich. Daß diese Prozesse der ›Selbstfindung‹ angesichts beschränkter gesellschaftlicher und individueller Ressourcen mit Anpassungszwängen und Scheiternrisiken verbunden sein und Entfremdungserlebnisse zur Folge haben können, soll nicht verschwiegen werden. Individualisierung und ›Biographisierung‹ müssen aber nicht notwendig anomische Konsequenzen haben, sondern können auch zu einem Zugewinn an Selbstbestimmung führen.[1]

Und genau an diesem Punkt kommen die (neuen) Medien ins Spiel. Durch ihre Ausdehnung erweitert sich die Zahl der wählbaren Selbstdarstellungsmuster und erhöht sich der Spezialisierungsgrad der außerberuflichen, persönlichen und privaten Identitäten. Ihr Ort sind die persönlichen Beziehungen, ihre Zeit ist die Freizeit. Es bilden sich hochspezialisierte Sonderkulturen um Freizeitneigungen (Hobbys), politische Überzeugungen und religiöse Erfahrungen, um körperliche und erotische Bedürfnisse. Diese gewinnen immer mehr Bedeutung für die Ausbildung der persönlichen Identität. Denn die raumübergreifenden Kommunikationssysteme ermöglichen gleichzeitig eine neue Diversifikation und Spezialisierung von individuellen Sonderinteressen. Im gleichen Zuge, wie lokale Kulturen abgebaut werden, bilden sich Spezialkulturen. Hacker, Programmierer, Cracker und Spieler, wie wir sie erforscht haben, sind Beispiele für diese Entwicklung. Auch die Internationalisierung des Freizeitbereichs durch DFÜ führt nicht zu einer globalen Einheitskultur, sondern erhöht – so ist zu erwarten – die Diversifizierungspotentiale und Wahlmöglichkeiten. Computer und Datennetze zerstören somit nicht die Kommunikation, sondern provozieren sie: in einer neuen überlokalen und spezialisierten Form.

Die digitaltransportierte und -repräsentierte Kultur wird zum Marktplatz immer neuer Interessenformationen. Sie ermöglicht zunehmende Spezialisierung auf unterschiedlichste Themen. Das scheint mir der Weg zu sein, den wir zumindest zu Beginn des 21. Jahrhunderts gehen werden. Was gewinnen wir und was verlieren wir auf diesem Weg? Verbunden ist mit diesen neuen Bedingungen sicherlich eine Steigerung der Intensität selbstgewählten und selbstdefinierten

---

1 Man darf dieses Modell des Strukturwandels der Moderne aber nicht ahistorisch mißverstehen, denn individualisierte Lebenslagen und Lebensstile hat es auch zu anderen Zeiten gegeben. Allerdings ist aus der ›vor-modernen‹, lagegebundenen Individualisierung durch die fortschreitende Abschwächung tradierter Bindungsformen, zumindest für die Menschen im Umkreis des expandierenden Bildungssystems, ein ›post-modernes‹, subjektorientiertes Phänomen geworden. Zum Individualisierungsschub sowie seinen subjektiven Verarbeitungsformen vgl. u.a.: Beck 1986; Eckert 1984; Eckert u.a. 1990; Esser 1989; Heitmeyer/Olk 1990; Kohli 1986.

Lebens. Personale Identität wird über Spezialisierungen befestigt. Neue plurale Distinktionsmuster etablieren sich: Wir sind etwas Besonderes, weil wir je Besonderes tun. Verbunden ist mit diesem Weg aber auch ein Verlust an Universalität, an Allgemeingültigkeit der jeweiligen Erfahrungen. Damit verstärkt sie einen Trend, auf den bereits Leo Tolstoi und mit ihm Max Weber in seinem berühmten Vortrag über Wissenschaft als Beruf hinwies. »Abraham oder irgendein Bauer der alten Zeit starb ›alt und lebensgesättigt‹, (. . .) weil er im organischen Kreislauf des Lebens stand, weil sein Leben auch seinem Sinn nach ihm am Abend seiner Tage gebracht hatte, was es bieten konnte, weil für ihn keine Rätsel, die er zu lösen wünschte, übrig blieben und er deshalb ›genug‹ davon haben konnte. Ein Kulturmensch aber, hineingestellt in die fortwährende Anreicherung der Zivilisation mit Gedanken, Wissen, Problemen, der kann ›lebensmüde‹ werden, aber nicht: lebensgesättigt. Denn er erhascht von dem, was das Leben des Geistes stets neu gebiert, ja nur den winzigsten Teil, und immer nur etwas Vorläufiges, nichts Endgültiges, und deshalb ist der Tod für ihn eine sinnlose Begebenheit.« (Max Weber 1968)

Von der sozialen zur soziotechnischen Welt

Klaus Haefner

Als Informatiker bin ich in der Position, daß ich eigentlich ein Verursacher der durch die Informationstechnik erzeugten »Krankheiten« und Probleme bin. Deswegen möchte ich am Anfang sehr brutal und hart deutlich machen, was eigentlich die Informationstechnik macht, und warum sie so schnell so mächtig geworden ist.

Die Informationstechnik ist etwas, das es in der Menschheitsgeschichte nie zuvor gegeben hat. Sie erlaubt es, außerhalb des menschlichen Gehirns hochleistungsfähige informationsverarbeitende Prozesse abzuwickeln, die der Mensch in irgendeiner Weise nutzen kann. Dabei gibt es im wesentlichen drei Prinzipien, die man sich merken muß:

Erstens: Mit diesen technischen Systemen, die wir haben und die wir entwickeln, kann man jeden wohlbeschreibbaren Prozeß, also jeden Prozeß, den man im Detail verstanden hat, außerhalb des Gehirns abwickeln. Und das ist schon eine große Menge von Prozessen, um die wir uns als Menschen nicht mehr zu kümmern brauchen, die man an Maschinen delegieren kann.

Zweitens stellen wir mehr und mehr fest, daß es auch möglich ist, einen Teil der nicht im Detail beschreibbaren Prozesse, also der »vagen Prozesse«, technisch abzubilden. Das Ergebnis ist dann allerdings nicht hundertprozentig sicher, aber in der Regel ganz akzeptabel. Das nennt man z.B. »Expertensystem« oder »Artificial Intelligence«. Auch diese Dinge werden zunehmend verwirklicht, und es gibt mehr und mehr Beispiele, bei denen der Mensch sich auf solche »externe Informationsverarbeitung« verläßt, sein Gehirn nicht mehr nutzt (s.z.B. »synthetische« Musik oder Literatur).

Drittens: Im Gegensatz zu Löhnen, im Gegensatz zu Gehältern, im Gegensatz zu unserem ganzen Anspruchsdenken in der menschlichen Gesellschaft wird die Informationstechnik pro Jahr bei konstanter Leistung real ca. 10 % billiger. Daraus resultiert, daß sich das Verhältnis von menschlicher zu technischer Informationsverarbeitung in der Gesellschaft dramatisch verschiebt. Während noch vor fünfzig Jahren die Masse der Informationsverarbeitung in Gehirnen geleistet werden mußte, sind wir heute soweit, daß wir viele Bereiche längst ausgelagert haben. Eine Prognose ist, daß der »digitale Alltag« des nächsten Jahrhunderts daraus bestehen wird, daß der Mensch mehr und mehr die mühsamen informationsverarbeitenden Prozesse aus dem Gehirn an die Maschine übergibt.

Man kann dies zusammenfassen unter dem Konzept der »psychischen Mobilität mit Informationstechnik«. Wir können uns eine neue Mobilität erarbeiten. Und teilweise haben wir sie schon, indem wir nicht mehr nur mit dem Kopf, mit dem Gehirn arbeiten, sondern mehr und mehr die Informationstechnik nutzen, um unsere kognitiven Prozesse, unsere psychischen Prozesse zu entfalten.

Man fragt sich, warum gibt es diese Entwicklung und warum ist sie so schnell fortgeschritten? Insbesondere wenn wir zur Kenntnis nehmen, daß es menschliche Informationsverarbeitung im Sinne des Homo sapiens vielleicht seit zwei, drei Millionen Jahren gibt – je nachdem wie man die Menschheitsgeschichte zählt –, und demgegenüber die technische Informationsverarbeitung vielleicht vierzig Jahre alt ist! Der Mensch hat es geschafft, diese neue Technik in vierzig, fünfzig Jahren zu entwickeln. Und es gibt eine Menge guter Gründe, warum er das getan hat. Ich will hier nur einige nennen:

Der Mensch ist im Grunde seines Herzens faul, und diese Technik ist ideal, um ihn in seiner Faulheit zu unterstützen. Jeder von uns könnte natürlich in einem herrlichen Zwölfstundentag oder einer Sechzigstundenwoche das alte Arbeitspensum bewältigen, aber wir sind alle ganz glücklich, daß es Automaten gibt, die das für uns tun. Also Faulheit ist ein Motiv, von dem ich glaube, daß es langfristig gesehen die Menschheitsgeschichte bestimmen wird. Dies treibt uns immer weiter in die Digitalisierung, in die Computerisierung und Informatisierung, in Automatisierung und in Rationalisierung.

Der Mensch ist neugierig, wahrscheinlich ist das eine seiner wichtigsten Eigenschaften; deswegen ist er in der Evolution auch so schnell vorangekommen. Und diese Neugier kann mit den neuen Techniken, mit den digitalen Techniken, viel besser befriedigt werden als mit den alten Verfahren. Deswegen, glaube ich, werden wir weiterhin neue, superneue, »super-superneue« Medien haben, usw. Der Mensch ist interessiert an Gestaltung, er möchte seine Welt irgendwie verändern. Ob positiv oder negativ – unsere Umwelt ist die Konsequenz des Gestaltungstriebs. Diese Gestaltung ist mit den neuen Techniken in einer Weise möglich, wie das nie zuvor denkbar war. Man ist heute z.B. mit CAD in der Lage, ein neues Kraftfahrzeug in ca. einem halben Jahr so weit zu entwickeln, daß man es in einer 1:1-Projektion auf einer Wand sehen und »betreten« kann. Das heißt also, hier entsteht ein völlig neues Potential neuer Produkte, neuer Ideen, neuer Umsetzbarkeiten. Last but not least sind Menschen natürlich daran interessiert, Macht zu organisieren. Netzwerke, so wie wir sie jetzt entwickeln, und Computer als technische Sklaven sind natürlich phantastische Instrumente, die Macht stabilisieren und zu erweitern. Wenn man sich ansieht, was das Militär mit der Informationstechnik gemacht hat, dann wird das besonders deutlich (von der ballistischen Rakete bis zu SDI). Wenn man diese vier Ursachen zur Kenntnis nimmt, dann findet man in der Literatur in der Regel nur eine relativ unsystematische Betrachtung von Teilbereichen der Digitalisierung, der Informatisierung. Ich glaube, wir müssen uns eine breitere Brille, eine weitere Perspektive anschaffen – wir müssen uns Gedanken machen über den Weg aus den sozialen in die soziotechnischen Systeme, auf dem wir uns befinden.

Unsere alte Welt, in der wir als Kulturwesen zehntausend Jahre gelebt haben, war eine soziale Welt; eine Welt, in der im wesentlichen Menschen mit Mitmenschen umgegangen sind. Dieses ändert sich von Tag zu Tag, da wir eben immer mehr Informationsverarbeitung, immer mehr Denken aus den Köpfen an technische Systeme übergeben. Dies führt zu gänzlich neuen Strukturen, zu einem soziotechnischen Verbund. Wenn wir uns also fragen, wie die Menschheit im nächsten Jahrhundert, im nächsten Jahrtausend aussieht, dann ist die Hauptantwort: Es wird in den USA, in Europa und Japan keine soziale Kultur mehr geben, sondern eine soziotechnische! Und niemand weiß natürlich aus der Menschheitsgeschichte, was das ist, weil es dazu keine Erfahrungen gibt. Maschinen hat es immer gegeben, schon seit Tausenden von Jahren gibt es unterschiedliche Formen der mechanischen Maschine. Aber Maschinen, die »gedacht« haben, die in der Lage waren, sehr komplexe informationsverarbeitende Prozesse (z.B. die Kontrolle eines Kernkraftwerks) abzuwickeln, hat es nie gegeben.

Vor uns liegt ein neuer Weg, ein hochinteressanter Weg und ein Weg, der uns erheblich beschäftigen wird in der Art, wie wir ihn organisieren. Hier ein paar Beispiele:

Wir sind dabei, die einzelnen Finanzsysteme der Welt als Weltsystem in Rechnern zu betreiben. Niemand, der versucht, eine Bank zu eröffnen, käme auf die Wahnsinnsidee, sie nur mit Menschen zu betreiben. Dies ist heute technisch nicht mehr möglich, weil das Finanzsystem eine hochcomputerisierte Struktur ist. Wenn wir nicht verhungern wollen, brauchen wir dieses System, zumindest bei der derzeitigen Komplexität unserer Ökonomie, wir müßten fünfzig Jahre zurückgehen, dann ginge es wieder ohne. Aber zur Zeit geht es nicht ohne Computer und Netze, und es wird immer weniger ohne sie gehen. Telebanking, smart cards, POS, und was da alles kommt, sind Trivialitäten gemessen an der schon vorhandenen Struktur eines weltweiten »electronic fund transfer systems«.

Der Massentourismus ist nur denkbar mit einer hohen kommunikativen, informationstechnisch gestützten Infrastruktur. Daß also Tausende von Flugzeugen rechtzeitg überall hinkommen, daß die Plätze richtig reserviert sind, daß die

Hotelbetten rechtzeitig gebucht sind oder die logistische Infrastruktur vorhanden ist, damit man auch was zu essen bekommt usw., all dies ist nicht mehr denkbar ohne eine Computerisierung. Das wird sich weiter entfalten. Irgendwann wird es auch so etwas wie einen »virtuellen Tourismus« geben, also einen Tourismus, bei dem man sich zuhause in einer fremden Welt bewegen kann – der eine oder andere Touristik-Anbieter versucht das heute schon.

Im Bereich der Medien steht uns eine echte Revolution bevor. Man glaube nicht, daß das 21. Jahrhundert durch das Verteilen von Kabelfernsehen-Programmen bestimmt sein wird. Das ist Schnee von vorgestern; Kabelfernsehen gibt es in den unübersichtlichen, also TV-feindlichen, Bergen von Tennessee seit den fünfziger Jahren, weil man da kein Fernsehen empfangen konnte. Daß wir das in Deutschland so spät eingeführt haben – ich persönlich sage, Gott sei Dank –, ist ein zögerliches Nachholen. Was spannend sein wird im nächsten Jahrhundert, sind die interaktiven Medien. Man kann das in Form von »adventure games« heute schon ansatzweise sehen, daran wird intensiv weiterentwickelt. Und es ist ganz klar, daß Unterhaltung sehr viel stärker an dem orientiert wird, was wir als natürlichen Dialog zwischen Menschen schon heute haben. Es wird jedoch Mensch-Computer-Kommunikation sein.

Ein anderer Punkt: Ich glaube, wir werden in der Warenwirtschaft, der organisierten Befriedigung von Konsuminteressen, ganz neue Strukturen erleben. Schon heute haben wir ein weltweit telekommunikativ verbundenes Handelssystem. Dinge wie »teleshopping«, automatische Lieferung eines telekommunikativ ermittelbaren »Standardbedarfs« usw. gehören längst dazu.

Ein anderes Faktum nur ist in der öffentlichen Diskussion viel zu kurz gekommen: Wir erleben eine gigantische Automatisierung der Produktion. Und diese wird fortschreiten. Sie wird uns im nächsten Jahrhundert erlauben, eine Grundversorgung der Bevölkerung aus vollautomatischen Fabriken zu bewerkstelligen. D.h. jeder Bürger wird Produkte im Wert von vierhundert, fünfhundert Mark im Monat aus der Produktion vollautomatischer Fabriken nutzen können. Dies ist volkwirtschaftspolitisch eine ganz neue Vision, die in der Menschheitsgeschichte angesichts der schlechten Arbeitsproduktivität des Menschen nie denkbar war, aber jetzt realisierbar wird. Ob wir in der Lage sein werden, die »vollautomatische Grundversorgung« volkswirtschaftlich umzusetzen, oder ob wir uns die alte industrieorientierte Volkswirtschaft weiterhin gefallen lassen, das ist eine Entscheidung, die wir politisch treffen müssen. Aber die vollautomatische Fabrik erlaubt es, breite Schichten grundzuversorgen, ohne daß dort im klassischen Sinne gearbeitet wird.

Ein letztes Beispiel: Ich glaube, daß im nächsten Jahrhundert das vollautomatische Kfz – also das echte *Auto*-Mobil – verfügbar sein wird. Damit sind nicht die alten Leittechniken der fünfziger Jahre gemeint. Im nächsten Jahrhundert werden wir vollautomatische Kabinenbahnen auf der Straße haben, die es erlauben, sich fast unfallfrei zu bewegen. (Das menschliche Gehirn ist das dümmste Instrument, um mit dem Auto umzugehen; das sieht man z.B. daran, daß wir in der Bundesrepublik jedes Jahr elftausend Menschen totfahren!) Außerdem ist das *Auto*-Mobil wahnsinnig komfortabel. Ein Kfz mit Fahrer – in der Industrie und Politik nichts besonderes! Warum sollten wir das nicht alle haben? Nur wenn wir uns fragen, wie sollen wir in diese digitale Welt gehen, dann glaube ich, daß es sehr wichtig sein wird, die Frage zu beantworten: Wie gestaltet man soziotechnische Systeme? Und ich sagte schon, wir haben bisher keine Erfahrung damit. Es gibt auch keine Soziotechnologie. Es gibt zwar eine Soziologie – die unsere Welt nicht so ganz erklärt, aber immerhin ein bißchen geholfen hat. Es gibt Technologie, im eigentlichen Sinne, aber es gibt praktisch nichts dazwischen. Auch die Finanzierung dieses Zwischengebiets ist gleich Null. Wir geben in der Bundesrepublik jährlich ungefähr zehn Milliarden DM aus für neue Produkte im Bereich der Informationstechnik. Ich schätze, daß das Gesamtforschungsvolumen, welches überhaupt für die Erforschung soziotechnischer Systeme verfügbar ist, in der Größenordnung von vielleicht zwei, drei Millionen bundesweit liegt. Das absolute Mißverhältnis ist offensichtlich.

Es kommt darauf an, über die neuen Strukturen intensiv nachzudenken und über die politischen Strukturen stärker zu reflektieren. Unsere Gesellschaft, unsere Demokratie ist eine Konsequenz der Industrialisierung und eine Konsequenz dessen, daß viele viel arbeiten mußten und nur wenige Zeit hatten, über das Gemeinwesen nachzudenken.

Diese historische Situation hat sich grundsätzlich geändert, sie wird sich weiter ändern. Die Dreißigstundenwoche, eine Fünfundzwanzigstundenwoche ist im nächsten Jahrhundert – für die Industrienationen – durchaus in Sicht. Und damit haben wir grundsätzlich die Möglichkeit, in der »digitalisierten Welt« eine sehr viel stärker partizipative Demokratie zu entwickeln. Viele haben im Prinzip viel Zeit, sich um das Gemeinwesen zu kümmern. Dieses muß zentraler Teil eines soziotechnischen Systems werden. Und ich erinnere an biologische Organismen, die davon leben, daß sie innerlich in einem äußerst komplexen Kommunikationsprozeß sich ständig über alles unterhalten. Man kann das Gehirn, die Leber, das Herz nicht mit einem 50km-Lauf in die Katastrophe führen, denn die Organe wehren sich innerlich über eine Menge Rückkoppelungsmechanismen. D.h. also, wir brauchen auch in soziotechnischen Systemen neue Strukturen des Managements, der Organisation, der politischen Kultur. Diese aufzubauen, muß eine unserer zentralen Aufgaben sein!

Ist das ganze ein Menetekel? Ist das ganze unabdingbar? Ist es etwas, was man nicht doch noch stoppen kann? Meine Antwort ist – und wir haben gerade ein großes Projekt dazu abgeschlossen: Wir leben als Menschen eingebettet in eine langfristige Evolution. (Wir sind also Individuen und als Art nur sehr kurz auf dieser Welt.) In der Evolution hat es sehr primitive Strukturen der Informationsverarbeitung gegeben, zunächst atomare, chemische Strukturen, dann etwas bessere, die genetischen Strukturen, schließlich dann neurale Strukturen, die es erlaubt haben, schon relativ komplexe informationsverarbeitende Systeme aufzubauen. Dann erst hat es – spät – im Tierreich soziale Strukturen gegeben, in denen viele Organismen gemeinsam eine Struktur entwickelt haben. Erst »in letzter Sekunde« sind wir in die menschliche Gesellschaft eingestiegen.

Alle diese alten Strukturen haben Techniken zur Informationsverarbeitung, bloß man kennt sie nur ansatzweise (zunächst mit physikalischen und zunehmend mit gentechnischen Verfahren). Wir sind zur Zeit dabei, zu der sozialen Struktur eine neue Technik, nämlich die Informationstechnik, hinzuzufügen und daraus ein neues – soziotechnisches – System aufzubauen. Dessen informationsverarbeitende Leistung ist sehr viel größer als alles, was wir je zuvor auf dieser Welt hatten.

Ich hoffe darauf, daß es uns gelingt, eine harmonische, eine friedliche Welt zu organisieren durch mehr Kommunikation, mehr Wissen umeinander. Vernetzte, stabilisierte Systeme (abgesehen von krebsartigen Krankheiten), fallen in der Regel nicht über sich selbst her, sondern sie balancieren sich friedlich aus. Und das, hoffe ich, ist eine positive Konsequenz der Digitalisierung des Alltags und des Lebens.

Wir gehen also in eine Welt, die in den Industrienationen ganz anders aussehen wird als alles, was wir bisher hatten. Wir gehen in eine Welt, in der der Mensch sich als ein Glied, als eine Komponente eines sehr großen, komplexen soziotechnischen Systems arrangieren wird. Das wird mehr individuelle Freiheit in weiteren Bereichen erlauben, wird aber auch mehr Einpassung, mehr Mitwirken in diesen komplexen soziotechnischen Strukturen fordern.

Wenn man fragt, welche Verluste es gibt, so möchte ich als Naturwissenschaftler antworten: Die Evolution hat nie eine Bilanz gezogen, sie hat nie gefragt, wo sind Verluste und Gewinne, sie ist einfach fortgeschritten!

Ob das Aussterben der Dinosaurier und damit die Chance für die Säugetiere ein Verlust war oder ein Gewinn, wir wissen es nicht – vielleicht weiß es ein Gott. Es gibt keine Evolutionsbilanz, es gibt auch niemanden, der eine solche Bilanz zieht. Wir müssen mit der Realität der Evolution leben. Insbesondere die Evolution der Informationsverarbeitung schreitet fort. Wir gehen in eine komplexe soziotechnische Welt. Wir gehen in eine Zukunft, in der technische Informationsverarbeitung (also »Digitalisierung«) immer wichtiger werden wird. Niemand hat bisher einen wirksamen Mechanismus vorgestellt, geschweige denn erfolgreich zum Einsatz gebracht, um die Evolution zu stoppen!

Informatisierung des privaten Alltags

Barbara Mettler-Meibom

Mit dem vorangehenden Beitrag von Klaus Haefner stimme ich in etlichen Belangen durchaus überein. Doch in einem Punkt möchte ich ihm entschieden widersprechen. Sein Zukunftsszenario hat er in die Sprache der Tatsachenbehauptungen, nicht der Eventualitäten gefaßt: »Dieses wird so sein«, »jenes wird so sein« ... Ich möchte dem entgegenhalten: Wir wissen nicht, wie die Zukunft sein wird, wir können hierüber nur Vermutungen anstellen. Was jedoch noch viel wichtiger und inzwischen in aller Munde ist: Wir konstruieren uns unsere Wirklichkeiten, d.h. wir sind an der Ausgestaltung der Zukunft unmittelbar selbst beteiligt.

Insofern möchte ich Klaus Haefners Zukunftsbehauptungen eher als Ausdruck seiner Sichtweise und seiner Hoffnungen interpretieren. Ob diese Sichtweise technikgestaltend und anwendungsgestaltend sein wird, wird nicht zuletzt davon abhängen, wie viele Menschen seine Sichtweise teilen und materiell wie immateriell unterstützen. Haefners Annahme z.B., alles, was Menschen begreifen, lasse sich informationstechnisch abbilden, entspricht sicherlicher einer weit verbreiteten Technikvision, stößt hingegen bei mir als Sozialwissenschaftlerin nicht nur auf völliges Unverständnis, sondern auch auf Ablehnung nach dem Motto: Selbst wenn dies möglich wäre, hielte ich es individuell wie gesellschaftlich für wenig wünschenswert. Überdies sehe ich mich durch den Beitrag von Ernst Pöppel in der Annahme bestärkt, daß diese Technikvision sich an der Realität bricht. Ebenso unverständlich ist für mich, daß Klaus Haefner der KI immer noch so große Hoffnungen entgegenbringt. Aus Anwendungsuntersuchungen von Thomas Malsch und seinen Mitarbeitern wissen wir, daß die KI nur dann erfolgreich angewandt werden kann, wenn mit ihrer Hilfe besonders repetitive, hochstandardisierte, also keineswegs innovative und kreative Tätigkeiten zu bewältigen sind. Nur auf dem Hintergrund dieser Voraussetzungen kann man dann mit Hilfe der KI zu neuen Lösungen gelangen. Auch Haefners Formulierung, wir hätten noch nie eine soziotechnische Kultur gehabt, halte ich angesichts von über hundertfünfzig Jahren technischer Entwicklung und Mechanisierung unseres Alltags für schlichtweg unzulässig. Deswegen möchte ich zurückkommen zu der Frage, wie wir denn unsere Wirklichkeit in Zukunft haben wollen, welche Entwürfe haben wir für die Zukunft? Damit will ich nicht sagen, daß wir die Zukunft nach unseren Vorstellungen steuern könnten (aus der Sicht eines ökologisch vernetzten Denkens scheint dies schlechterdings absurd), wohl jedoch, daß wir die Zukunft durch unsere Vorstellungen vom Guten und Richtigen, Schlechten und Falschen, Möglichen und Unmöglichen aktiv mitgestalten. Wer also über Zukunft redet, redet explizit oder implizit immer auch über die eigenen Wertvorstellungen. Oder: Überlegungen über zukünftige Entwicklungen entheben uns nicht der Notwendigkeit, nach dem Sinn, dem Nutzen und Wehe solcher möglichen Entwicklungen zu fragen.

Privater Alltag als Raum des Lebens und Arbeitens

Der private Alltag ist ein spezifischer und kein beliebiger Ort in unserer Gesellschaft. Spezifisch insofern, als an ihm Arbeiten geleistet werden müssen, die wesentlich sind für das Wohlergehen der Einzelnen und der Gesellschaft als Ganzes. Ich meine hier die sogenannten Reproduktions- und Beziehungsarbeiten auf der materiellen und immateriellen Ebene: Der private Alltag ist der Ort, an dem die nachwachsenden Generationen für die Gesellschaft und für das Zusammenleben vorbereitet werden, an dem also kognitive, psychisch-seelische und geistige Fähigkeiten vermittelt werden müssen. Es ist der Ort, an dem Kranke, Alte, Behinderte und Pflegebedürftige (alleine über zwei Millionen in den alten Bundesländern) versorgt werden müssen. Es ist der Ort, an dem ein gewisser Ausgleich – ohne diesen privaten Ausgleich idealisieren zu wollen – zum zunehmenden beruflichen Streß geschaffen werden sollte, indem emotionale, körperliche und psychische Sicherheit und Regeneration vermittelt werden. Und es ist der Ort, an dem wir wichtige Unterhaltungsbedürfnisse befriedigen wollen.

Die Sicht des privaten Alltags als Ort, an dem eine auf Menschen gerichtete Reproduktions- und Beziehungsarbeit geleistet wird und geleistet werden muß, ist vor allem eine Sicht, die von Frauen geteilt wird. Aus eigener mühseliger Erfahrung wissen wir, daß der private Alltag eben nicht nur der Ort von Freizeit ist, sondern vor allem ein Ort, an dem es um Arbeit mit Menschen und für das Wohlergehen von Menschen geht. Ob der hier so genannte »digitale Alltag« der Zukunft human und sozialverträglich sein wird, hängt deswegen in erster Linie davon ab, ob bzw. wie er für die Reproduktions- und Beziehungsarbeit in ihrem auf den Menschen bezogenen Aspekt hilfreich oder hinderlich sein wird.

Industrielle Anbieterstrategien für eine Informatisierung des privaten Alltags

Wer eine Idee davon erhalten will, wie die Zukunft des »digitalen Alltags« beschaffen sein könnte, wird hierüber u.a. Aufschluß gewinnen können, indem er oder sie sich mit den Strategien derjenigen befaßt, die den privaten Haushalt als Absatzmarkt für informationstechnische Güter und Dienstleistungen erschließen wollen. In diesem Sinne haben Barbara Böttger und ich eine Untersuchung über Informatisierungsstrategien US-amerikanischer und bundesdeutscher Hersteller von Informationstechnik durchgeführt, über die wir in unserem Buch »Das Private und die Technik« (Böttger/Mettler-Meibom 1990) berichten. Die Bedeutung der privaten Haushalte als Absatzmarkt liegt vor allem in der Größe des dort verborgenen Marktpotentials. Je größer der Sättigungsgrad in den Betrieben und bei den betrieblichen Anwendungen von Informationstechnik ist, desto stärker dürfte der Druck des industriellen Anbietersystems auf die privaten Haushalte werden, sich informationstechnische Geräte anzuschaffen. Wie wir wissen, werden derzeit hierfür in unserem Land mit dem sogenannten ISDN (Integrated Services Digitial Network) wesentliche infrastrukturelle Voraussetzungen geschaffen. Sie sind zwar, wie im folgenden zu sehen sein wird, nicht erforderlich für den Einsatz der Informationstechnik, erweitern und intensivieren die Nutzungsmöglichkeiten jedoch um den kommunikativen Aspekt, d.h. um die vernetzte informationstechnisch unterstützte Kommunikation bzw. die Computer-›Kommunikation‹.

Den größten Aufschluß über die Informatisierungsstrategien der US-amerikanischen informationstechnischen Industrie gibt eine Untersuchung von Venkatesh und Vitalari (1986), die die beiden US-amerikanischen Forscher im Auftrag dieser Industrie durchgeführt haben. Die beiden Wissenschaftler unterscheiden zwischen sechs Informatisierungsstrategien, die in mehr oder minder ähnlicher Form auch in unserem Land festzustellen sind (vgl. Mettler-Meibom 1990: 224-239; Böttger 1990: 143-212): Die erste Strategie ist die ›game-electronic-strategy‹ (ab 1977). Hier wird der private Alltag als Unterhaltungsort begriffen, für den Unterhaltungsspielzeug verkauft werden kann. Diese Strategie hat nur kurzfristigen Erfolg gezeigt. Vor allem Jungen und erwachsene Männer waren für sie ansprechbar, doch die elektronischen Spielzeuge verlieren nach einer gewissen Zeit ihren Reiz.

Die zweite Strategie (ab 1980) ist die ›children's-education-focus-strategy‹. Sie geht von der Annahme aus, der private Haushalt sei eine Lehr- und Lerneinheit. Bedeutende Computerhersteller wie z.B. Atari und Appel haben sich engagiert. Dennoch hielt sich der Erfolg bislang in Grenzen. Maßgeblich hierfür war unter anderem, daß es nicht genügend Programmierer mit pädagogischen

Kenntnissen bzw. Pädagogen mit Programmierfähigkeiten gibt. Dementsprechend gab und gibt es Probleme bei der Softwareentwicklung.

Die dritte Strategie ist die ›office-technology-strategy‹ (ab 1978). Sie ist die bislang bei weitem erfolgreichste. Hier wird der private Haushalt als Arbeitsort begriffen, an dem informationstechnisch unterstützte Tätigkeiten durchgeführt werden können, und zwar an stand-alone Arbeitsplätzen ebenso wie an telekommunikativ vernetzten Arbeitsplätzen. Mit dieser Strategie können die verschiedensten Personengruppen, in der Mehrzahl aber wiederum Männer, erreicht werden: Selbständige, Studenten, Computerfreaks, hochqualifizierte Mitarbeiter und Mitarbeiterinnen, denen Sonderkonditionen eingeräumt werden (z.B. ProgrammiererInnen), WissenschaftlerInnen und last but not least sog. Workoholics, die zu Hause weiterarbeiten wollen. Bislang ist es den Herstellern aber nicht gelungen, damit in größerem Umfang die Dezentralisierung von Büroarbeit in die Wege zu leiten.

Die fünfte Strategie (die vierte nenne ich danach, weil mir die US-amerikanische Reihung nicht angemessen erscheint) ist die ›home-information-systems-strategy‹. Sie begreift den privaten Haushalt als ein Informationszentrum, das informations- und kommunikationstechnisch mit anderen Informationseinheiten kommuniziert. Diese Strategie wurde in der Bundesrepublik besonders intensiv unter dem Konzept BTX – Bildschirmtext – verfolgt. Mit Hilfe von BTX lassen sich vom privaten Haushalt aus eine Reihe von Tätigkeiten organisieren: Teleshopping, Telebanking, Telediagnose, Telearbeit, Telerecherche etc. Solche informations- und kommunikationstechnisch unterstützten Daten- und Textinteraktionen beziehen sich prinzipiell auf alle Arten von professionellen und halbprofessionellen Adressaten. Als Dienst ist er weder bei uns noch in den USA von den privaten Haushalten in nennenswertem Umfang angenommen worden (anders in Frankreich), wohl jedoch als Dienst für geschlossene gewerbliche Benutzergruppen, die hierdurch billige Datendienste in Anspruch nehmen konnten. Inzwischen hat sich der Schwerpunkt der Diskussion auf den Bereich der Sprachkommunikation verlagert. Mittels digitalem Mobilfunk verliert der private Haushalt als Kommunikationsort seine räumlichen Wurzeln und wird mobil. Auch bei den Computern wird mit den Laptops, also tragbaren Computern, diese Entwicklung (die in die home-information-systems-strategy, aber auch in die office-transfer-strategy fällt) unterstützt.

Die fünfte bzw. in der amerikanischen Darstellung vierte ist die ›consumer-electronic-interchange-strategy‹ (ab 1987). Sie ist indikativ für neuere Entwicklungen und ist – im Gegensatz zu den vorangehenden – eine Strategie, bei der Unterhaltungselektronik und Informationstechnik einen Verbund eingehen sollen. Dabei geht es darum, daß die Hersteller bei den Unterhaltungsgewohnheiten der Bevölkerung (Fernsehen, Video, Hörfunk) ansetzen und sie mittels

Informationstechnik durch neue Produkte und Dienstleistungen ergänzen, verändern, steuern, optimieren, z.B. durch Integration von Fernsehen/Hörfunk und Computer (Programmprogrammierung), Video und Computer (Performance, Lehr- und Lernprogramme) etc. In den USA läßt sich ein entsprechendes Engagement bei den Giganten der Telekommunikationsindustrie, der Unterhaltungselektronik, der Informationstechnik und sogar der Banken nachweisen.

Die letzte und sicherlich exotischste Strategie wird bei Venkatesh und Vitalari unter dem Stichwort ›home-of-the-future-strategy‹ diskutiert. Andere, wie einer ihrer wichtigsten Befürworter Roy Mason, sprechen auch vom ›intelligent‹ oder ›smart home‹ oder ›computerized home‹. Wie am Prototyp ›Xanadu‹ in Florida demonstriert (Mason 1983) steht im Zentrum dessen eine Computeranlage, die die haustechnischen Funktionen, die hausexternen Kommunikations-, Überwachungs- und Steuerungsfunktionen, aber auch das Fernseh-, Video- und Hifi-Unterhaltungszentrum steuern. Diese Strategie ist seit langem angedacht; daß sie nicht aus der Welt ist, zeigt sich auch an neueren Überlegungen. Wichtig für unseren Zusammenhang ist, daß hier der Haushalt zu einer informations- und kommunikationstechnisch erschlossenen und erschließbaren Monade wird, die Teilhabe an der Welt erlaubt, ohne das Haus zu verlassen bzw. die Steuerung des privaten Alltags außerhalb der eigenen vier Wände erlaubt. Der Haushalt wird zu einem Ort, an dem sich beliebig das inszenieren läßt, was wir als virtuelle Realitäten diskutieren. Ob diese Strategie längerfristig erfolgreich sein wird, hängt nicht nur von dem Angebotsdruck ab, sondern auch von dem Ausmaß sozialer Akzeptanz.

Informatisierung und Mediatisierung auf allen Ebenen

Wie ist nun alles dies zu bewerten? Welche von diesen Zukünften könnten unser Interesse, unsere Zustimmung oder Ablehnung finden? Diese Frage sollten wir m.E. in einen größeren Zusammenhang stellen: Was hier für den privaten Alltag skizziert wird, ist keineswegs auf den privaten Alltag beschränkt. Vielmehr geht der Informatisierung des privaten Alltags die Informatisierung des bruflichen Alltags voraus. Das bedeutet, daß wir keine auf einen Lebens- und Arbeitsbereich beschränkte, sondern eine umfassende Entwicklung vor uns haben, die sich z.T. wechselseitig verstärkt, möglicherweise aber auch Gegenkräfte wachruft.

Dort, wo der Grad der Informatisierung und damit zugleich Mediatisierung erhöht ist, ist jedoch eine im wesentlichen gleichartige Tendenz am Werke: die Tendenz, in immer stärkerem Maße Primärerfahrungen (im Sinne körperlichsinnlicher Aneignung von Wirklichkeit) zugunsten von Sekundär- oder gar Tertiärerfahrungen (vermittelten oder gar künstlich erzeugten) abzubauen. Zum Teil wird dies unter Stichworten wie »Entsinnlichung«, »Entmaterialisierung«, »Entkörperlichung« oder »Entkontextualisierung« und »Entzeitlichung« von Erfahrungen diskutiert.

Die Art unserer Erfahrungen wirkt auf unser Denken und Handeln zurück. Welche Erfahrungen wir machen, ob bzw. in welchem Ausmaß sie in der unmittelbaren Auseinandersetzung mit unserer lebendigen Umwelt geschehen, hat also eine wesentliche Bedeutung für unser Menschsein und für unser Handeln. Damit komme ich zurück zu meinen eingangs gemachten Bemerkungen über den privaten Alltag und die in ihm zwingend notwendigen und auf den Menschen bezogenen Reproduktions- und Beziehungsarbeiten. Die Frage, die sich hier anknüpfend stellt, ist, in welchem Maße wir es uns als Individuen und als Gesellschaft leisten können, Kommunikation und Interaktion zwischen Menschen im privaten Alltag als Prozeß der Sekundärerfahrung zu konzipieren und zu erleben.

Wenn die Computerfreaks in der von Roland Eckert geleiteten Studie (Eckert 1991b: S. 128 ff.) ein Mediennutzungsverhalten erkennen lassen, das neben der intensiven Computernutzung auch noch intensive Massenmediennutzung aufweist und wenn letztere wiederum einen ungewöhnlich hohen Fiktionsanteil hat (so daß das herkömmliche Fernsehprogramm als zu langweilig angesehen und durch Video ersetzt wird), dann ist dies indikativ für jenes schon 1984 von Hartmut v. Hentig prognostizierte ›Verschwinden von Wirklichkeit‹ (v. Hentig 1984). Maschinen werden hier zu Wirklichkeiten und Wirklichkeitserzeugern, auf die und auf deren Inhalte sich die Erfahrungen beziehen. Dabei tritt inhaltlich die Informationsfunktion der Massenmedien hinter der Fiktionsfunktion zurück. Was hier zu hoffen bleibt, ist, daß als Gegenkraft der Wunsch nach Primärerfahrung gespürt und, was noch wichtiger ist, auch gelebt wird.

Ähnlich sieht es mit den ›geselligen‹ Bedürfnissen der befragten Computerfreaks aus. Wenn hier einer der Befragten mit den Worten zitiert wird »Man trifft sich in der Box« (ebd.: 147), dann zeigt das ein Bewußtsein an, wonach ein solches »Treffen« in der Mailbox tatsächlich ein Treffen zwischen zwei Menschen ist; die Annahme ist also, daß hier Dialog und Kommunikation stattfinde. Ich will nicht bestreiten, daß es sich um eine Art von Kommunikation handelt, ich bin aber sehr wohl der Meinung, daß diese Art von Kommunikation geistig, emotional und körperlich nicht dieselbe Qualität hat wie eine unmittelbare auf einen Menschen bezogene Kommunikation/Interaktion. Solange letztere prioritär und/oder korrigierend stattfinden, solange wir es nicht verlernen und nicht darauf verzichten, unsere Vorstellungen und unsere Bilder mit dem lebendigen Gegenüber zu konfrontieren, beeinträchtigt mediatisierte Kommunikation vermutlich die Realitätswahrnehmung noch nicht in einem für uns und unser Zusammenleben bedenklichen Ausmaß. Wohl jedoch, wenn sie überhand nimmt und als medientechnisch konstruierte Wirklichkeit unser Denken und Handeln in immer stärkerem Maße bestimmt.

Diese strukturellen Aussagen sind m.E. noch zu ergänzen durch weitere, die die Frage nach Vorteilen und Gefahren mediatisierter und informatisierter Erfahrungen unter dem Blickwinkel von bestimmten Bevölkerungsgruppen und bestimmten Lebenslagen und Lebenssituationen thematisieren. Ich denke hier insbesondere an Kinder und Jugendliche; an alleinerziehende Frauen, die in unserer kinderfeindlichen Gesellschaft in der Bewältigung der privaten Alltagsarbeit rettungslos überfordert sind; an alte Menschen und an Menschen in körperlichen, seelischen und geistigen Krisen. In allen diesen Lagen können Informations- und Kommunikationstechniken seelische Entlastung durch Ablenkung und Zerstreuung bringen; zugleich sind sie jedoch keine Hilfe, um dem Grundübel, der fehlenden, unzureichenden oder problematischen sozialen Vernetzung und interpersonalen Kommunikation, Einhalt zu gebieten. Hier können Medien soziale und seelische Not entlasten, heilen können sie sie nicht.

Ansatzpunkte für Gegenkräfte

Damit komme ich zum vierten und letzten Punkt. Meines Erachtens lohnt ein Blick auf den globalen Charakter der Mediatisierungs- und Informatisierungstendenzen in unserer Gesellschaft, d.h. auf die Tatsache, daß sie sich nicht auf den privaten Alltag allein beschränken. Allen diesen Tendenzen gemeinsam ist die Entwertung primärer Erfahrungen, ein Prozeß der unauflöslich mit dem Prozeß der gesellschaftlichen Modernisierung verbunden ist. Ob er im Zuge der gesellschaftlichen Aneignung von Informations- und Kommunikationstechniken allmählich einen Grad erreicht, der für uns individuell und kollektiv kontraproduktiv, d.h. unsere Lebensgrundlagen gefährdend ist, sollte zumindest heute mitbedacht werden. Es wäre nicht das erste Mal, daß die vernetzten Wirkungen eines über lange Zeit gleichgerichteten Entwicklungsprozesses unerwartet und unerwünscht leidvolle Ergebnisse produzieren. Die ökologische Katastrophe als Folge der Industrialisierung lehrt uns dies jedenfalls heute.

Ähnliches könnte sich jetzt auch im Bereich der Wahrnehmung, der Kommunikation und des menschlichen Zusammenlebens unter dem Einfluß der Mediatisierung und Informatisierung abzeichnen. Der dahinter stehende Prozeß der Mechanisierung alles Lebendigen könnte einen Grad erreichen, der ein Gegengewicht verlangt, also eine Richtungsumkehr. In diesem Sinne fordern wir, und wenn ich jetzt sage ›wir‹, dann meine ich u.a. Menschen, die sich in dem Institut für Informations- und Kommunikationsökologie zusammengefunden haben bzw. solche Gedankengänge mit verfolgen, Gegengewichte. Gegengewichte, das heißt z.B. die Wiederentdeckung und Pflege des sozialen, räumlichen und zeitlichen Kontextes unserer Erfahrungen und die Wiederentdeckung unseres Körpers als Erfahrungsmedium. Über die Qualität von Wahrnehmungen und Erfahrungen zu streiten ist nur dann wichtig, wenn daraus jeweils unterschiedliche Handlungen resultieren. Insofern ist ein Plädoyer für das Körperlichwerden von Erfahrungen, für Erfahrungen, die in Auseinandersetzung mit unserer lebendigen Umwelt gewonnen werden, zugleich ein Plädoyer für ein anderes Handeln, eines das die Verantwortung gegenüber dem Lebendigen höher bewertet als die Verantwortung gegenüber Sachen. In diesem Sinne möchte ich – bezogen auf den privaten Alltag – die Forderung aufstellen, daß wir in diesem sozialen Raum weiterhin oder wieder Erfahrungen machen können müssen, die uns zu einem sozialen, auf unsere Mitmenschen und unsere Mitwelt bezogenen Verhalten befähigen. Zum Schluß noch eine kurze Bemerkung: Wir haben in unserer Studie herausgefunden, daß sich die Technikeinschätzung von Männern und Frauen zum Teil deutlich unterscheidet. Nicht etwa, daß Frauen die ihnen oft unterstellte Technikfeindlichkeit zeigen würden. Frauen lassen statt dessen etwas ganz anderes erkennen, nämlich eine haushälterische Vernunft gegenüber Technik. Frauen fragen offenbar in stärkerem Maße als Männer nach dem Gebrauchswert von Technik und überprüfen deswegen auch genauer als Männer, ob und wenn ja, wozu sie Technik in bestimmten Kontexten einsetzen wollen. Wir haben darüber hinaus anhand einschlägiger Untersuchungen sowohl im Sektor der Unterhaltungselektronik wie auch der Informationstechnik festgestellt, daß der Umgang mit Technik dort zurückhaltender ist, wo Frauen das Sagen haben. Unsere Schlußfolgerung aus diesen Erkenntnissen ist, daß die Art des technischen Projektes und damit die Zukunft unserer Kultur u.a. mit der Frage zusammenhängt, welchen Einfluß Frauen auf die Technikgestaltung und Technikanwendung haben.

Technovisionen und Politik

Ilona Ostner

Als heuristischer Einstieg eignet sich ein Blick ins Wörterbuch. Was heißt »digital«? Was »Digitaltechnikt«? Unter »digital« steht: »(. . .) Eigenschaft eines Elements, nur diskrete, d.h. nicht stetig veränderbare Werte annehmen zu können (. . .)«, »diskret« wiederum wird durch »eindeutig abgegrenzt« näher bestimmt (auch im übertragensten Sinne mit »verschwiegen« und »taktvoll«, letzteres meint das Gegenteil der lateinischen Wurzel »tangere«, nämlich so gut wie »keine Berührung«). Entsprechend bestimmt das Lexikon »Digitaltechnik« als ein Verfahren zur drahtlosen Information mittels Erzeugung und Verarbeitung digitaler, also diskreter Werte oder Signale.

Eindeutig, abgegrenzt, eindeutig abgegrenzt, verschwiegen, kontaktlos – in diesem Feld vermittelt Digitaltechnik unvermittelt, drahtlos, ohne Berührung. Verbindung ohne Verbindung. Diskretheit und Drahtlosigkeit haben die enorme Vermehrung von Informationen und die Verkürzung der Wege ermöglicht und beschleunigt, damit dem begrenzten physischen Leben entgrenzte Möglichkeiten gegenübergestellt. Begriffe sind soziale Konstrukte, historisch und kulturell gebunden. Ihr – im weitesten Sinne – sozialer Gehalt kann dekonstruiert werden. Die Überlegung, die diese Dekonstruktion leitet, ist zunächst banal: Digitale Technik ist weder Utopie noch Menetekel. Digitale Technik ist in ihrer Wirkung personen- und kontextabhängig. Sie wirkt unterschiedlich, je nachdem wer wie mit ihr umgeht. Entsprechend verschieden fällt auch die jeweilige Veralltäglichung digitaler Technik aus und kommt ihr sozialer Gehalt zur Geltung. Den sozialen Gehalt werde ich im folgenden mit den im Begriff digitaler Technik enthaltenen Bedeutungen von Trennung, Abgrenzung, Autonomie und Einssein näher bestimmen. Digitale Technik setzt Trennung voraus, baut auf ihr auf, vermittelt zwischen Abgegrenztem, ohne den Status des Abgetrennt/grenzt/seins zu berühren. Überspitzt gesagt: Ihre Art der Verbindung ermöglicht geradezu den Status fortgesetzter Diskretion und Trennung. Mein Beitrag konzentriert sich daher auf den sozialen Gehalt dieser diskreten, trennenden Technologie.

Die Fragen, die die nachfolgende Skizze leiten, lauten dann nicht: Was ist neu an der Computertechnologie? Oder »ist der Computer ein Instrument der Kommunikationszerstörung?« (Mettler-Meibom 1990), sondern: Welches soziale, normative Setting, welche sozialen und politischen Konstruktionen von Wirklichkeit fördern die rasche Verbreitung und die bereitwillige, auch private Verwendung von Computern? Ich gehe davon aus, anknüpfend an Forschungen zu anderen Alltagstechnologien im Einzelhaushalt, wie der Näh- oder Waschmaschine oder der Mikrowelle, daß soziale Strukturen, Normalitätsvorstellungen, bestimmte Standards überhaupt erst eine Verbreitung und eine bestimmte Nutzung des Computers ermöglichen.

Denn: Seiner Verwendung gegenüber ist der Computer weitgehend polymorph. Er ist nicht das Neue oder das potentiell Zerstörerische, oder – nimmt man nicht die kulturpessimistische, sondern die optimistische Perspektive – ein weiteres Mittel zur Optionsoptimierung, das sozusagen vom Himmel fällt und wirkt. Es sind vielmehr soziale Strukturen, soziale Erwartungen und Erwartungserwartungen, es sind Haltungen zur Welt und entsprechende Politiken, die auf diese Haltungen aufbauen bzw. diese weiter ausbauen, die den Computer und beides, Pessimismus wie Optimismus gegenüber dem digitalen Alltag, gleichermaßen hervorbringen. Es geht also um die soziale Kontruktion des Computers und um eine politische Soziologie der Sachverhältnisse, die das Ding einbindet in soziale Verhältnisse. Die Eigenlogik und Dynamik, die das Ding, wird es eingesetzt, entfaltet, die im Ding sozial inkorporierte technische Eigenlogik, ist kaum zu trennen von inkorporierter sozialer Normativität. Die nichtkontrollierbaren, unbeabsichtigten Folgen verweisen auch auf diese soziale Konstruktion des Dings.

Trennungslogik und digitale Technik

Welche Zeit, welche Gesellschaftlichkeit geht also dem digitalen Alltag voraus? Ich verorte den digitalen Alltag in den Prozeß fortschreitender sozialer Differenzierung, Individualisierung und Pluralisierung, wie er ideologisch spätestens seit dem 17. Jahrhundert durch den Liberalismus – empirisch durch die sich entwickelnde kapitalisitische Warenproduktion und damit verbunden: die besitzindividualistische Erwerbsgesellschaft – vorbereitet wurde. Eine Veralltäglichung des Computers kann es nur in dieser historischen Gesellschaft geben. Sie hat wichtige Trennungen hervorgebracht und Trennungsprozesse, damit verbunden die Notwendigkeit neuer, d.h. hier: *neuartiger* Verbindungen, die sich sozusagen linear ins schier Unendliche fortsetzen lassen. Eine solche Trennung ist die nur für moderne Gesellschaften typische zwischen privat und öffentlich. Die digitale Technologie steht im Zusammenhang mit diesen Trennungs- und neuartigen Verbindungsprozessen. Ich möchte im folgenden Hauptmerkmale liberalistischen Denkens nachzeichnen. Es handelt — wie gesagt — vor allem von Trennungen. Meine Darstellung wird eine feministische sein.

Inzwischen ist diese Trennung zwischen der Öffentlichkeit von Markt und Politik und der Privatheit der Familie und der Leiblichkeit weiter fortgeschritten, — zumindest in den Gesellschaften, die Vorreiter des Liberalismus waren. Zwischen privat und öffentlich wird nun auch immer mehr in der Familie getrennt, zwischen den einzelnen Haushaltsmitgliedern und im nun entstehenden, fast geschlechtslosen Individuum selbst. (Das Geschlechtsein wird nun etwas Privates, etwas, das man situationsspezifisch ausagiert.) Deshalb auch kann man sagen, daß in liberalistischen Gesellschaften, wie auch allmählich der deutschen, die Trennung und Entgegensetzung von privat und öffentlich Hand in Hand geht mit der von Leib und Geist oder, in einer moderneren Version, von Leib und Selbst. So trennt z.B. Anthony Giddens in seinem neuen Buch über »Modernity and Self-Identity« zwischen lebenspolitischen Fragen, die die Selbstidentität betreffen, und Fragen, die sich eher spezifisch auf den Leib (auf den Leib als das privateste Private und als das »fixe«) beziehen, strikt, also zwischen einem Selbst gegenüber seinem Leib. Das Selbst ist hier leiblos, geistig geworden. Seiner Argumentation zufolge darf der Leib nur dann die Öffentlichkeit betreten, wenn es darum geht, Wahlen zu treffen, z.B. die Wahl abzutreiben oder eine künstliche Befruchtung oder eine künstliche Niere zu haben bzw. nicht zu haben. Leibliche Bedürfnisse werden in Begriffen legitimer Lebenspolitik nur anerkannt, wenn sie Teil des reflexiven Projekts des Selbst sind, nicht als lebendige Bedürfnisse und Politiken, die diese berücksichtigen.

Exkurs: Digitale Geschlechtlichkeit im digitalen Liebesalltag?

Kein Wunder, daß in diesem sozialen Differenzierungsprozeß westlicher Gesellschaften auch »Geschlecht« als identitätsbildende, einheitstiftende und strukturierende Kategorie weiter ausdifferenziert wird. »Geschlecht« und »Geschlechtlichkeit« hören allmählich auf, kosmische und kosmisierende Prinzipien zu sein. Wie — folgt man Georg Simmel — schon lange für den Mann, wird nun auch für die Frau ihr immer noch so häufiger Einstieg in ein Gespräch — »ich, als Frau« — begründungs- und spezifizierungsbedürftig. Als Individuum gleich dem Mann ist die Frau zunehmend vieles, vieles nur ansatzweise, funktional spezifisch, an ausgewählten Orten und zu bestimmten Zeiten (vgl. Ostner

1992). Was die Frau ist, muß sie nur noch in ausgewählten, meist ausschließlich auf die Geschlechterbegegnung zugespitzten Situationen zur Geltung bringen (können). So werden Frauen wie Männer anscheinend zu swinging singles, die situationsspezifisch ihr Geschlechtsein aktualisieren. Geschlechtsein ist in dieser – in sozialwissenschaftlichen Diskursen hegemonialen, empirisch jedoch auch auf längere Sicht marginalen Perspektive – nur noch eine Frage der Wahl: Es kann und muß dann auch an- und abgewählt werden: digitale Geschlechtlichkeit. Wie idealiter für den Mann so realisiert sich nun auch für ein zufällig weibliches Individuum seine Geschlechtlichkeit – wenn überhaupt – nur mehr punktuell in seiner Relation zum zufällig, weil bloß situationsspezifsich männlichen Individuum: Sie, die Geschlechtlichkeit, ist »eben deshalb nur ein Lebenselement unter anderem, kein charakter indelebilis« (Georg Simmel). Damit verliert – denkt man Simmel weiter – die Beziehung einer Frau zum Mann wie umgekehrt schon lange die eines Mannes zur Frau eine »vitale Wichtigkeit«: Das Verlassen, die Trennung wird (theoretisch) einfacher.

Der Mensch: eins, einsam, oder wenigstens zwei und vielsam?

Leitlinie meiner sehr skizzenhaften sozialhistorischen Verortung des digitalen Alltags ist als »Trennung«, wie sie für das unsere westliche Politik leitende Denken typisch ist: Aufforderung, Wunsch und Wille, alleine Mensch sein zu können, ohne Rekurs auf einen anderen, z.B. die Frau, den Mann, die Mutter, den Vater, also ohne Verwiesenheit auf Geschlecht und Geschlechtlichkeit – daß der Mensch zunächst wenigstens zwei ist, Frau und Mann. Ich skizziere hier die liberalistische Ideologie des unabhängigen, daher nichtgeborenen, deshalb unveränderlichen (unsterblichen?!) selbständigen, selbstgenügsamen und selbstsorgerischen Individuums, das nur punktuell, situtationsspezifisch, interessengeleitet durch digitale Technik z.B. »andere Menschen an- oder abwählt«, Informationen bezieht und verarbeitet, in fremde Arbeitsprozesse (Datenbanken im Bearbeitungsprozeß) sich einklinkt, Grüße sendet oder erhält (ein Relikt aus nicht-digitaler Zeit), oft ohne den adressierten Menschen zu kennen. Dieser unmittelbare Zugriff spart Zeit und Wege. Kein Wunder auch, daß in Gesellschaften, die diesen Menschentyp politisieren, Fragen der Solidarität, der »guten Gesellschaft« inzwischen zum theoretischen, wenn schon nicht politischen Problem werden.

Ist der Mensch eins oder mindestens zwei? Je nach dem wie diese Frage gesellschaftlich, politisch, oder individuell entschieden wird, verändert sich die soziale Bedeutung digitaler Technik. Sie ist Produkt der trennenden Logik des Abgegrenztseins und baut – aller Rede von Pluralisierung und Optionsoptimierung, der Vervielfältigung der Möglichkeiten zum Trotz – auf der unvermittelten Einheit des einsamen, unabhängigen Individuums auf. Dieses Menschenbild geht ihr voraus und in sie ein. Die Anerkennung des anderen Anderen und allgemeiner: der Vielheit Anderer verringert sofort und rasch die eigenen einsamen Möglichkeiten. Daher wirkt diese Technologie auch unterschiedlich, je nachdem ob sie zur Optimierung der Optionen von einsam selbstgenügsamen oder von viel»samen«, vielfach verwiesenen Individuen verwendet wird. Und letzterer Typus ist nach wie vor der häufigere. Das Neue an der Digitaltechnik ist dann einzig und allein, daß sie – wie nie zuvor – einer einsam selbstgenügsamen kulturellen Tendenz und entsprechenden Individuen ermöglicht, unvermittelt, punktuell, diskret, problemspezifisch, ohne längeres Sicheinlassen gewünschte Informationen zu destillieren.

Digitale Einsamkeit und vielsamer Sorgealltag

Nicht nur liberalistische Denker, auch manche Theoretiker der Postmoderne begreifen das Leben wie das Denken der Gegenwart als einen Versuch konsequenter Trennung, einer »Selbstbefreiung der verschiedenen gesellschaftlichen Bereiche«, folglich auch ihrer Kategorien in Richtung auf »Autonomie, Ablösung von Vorherrschaft, Verwiesenheit oder auch nur Beeinflußung aller Art«. Kurt Lüscher hat versucht, dieses Denken derart auf den Punkt zu bringen. Er erinnert daran, daß sich der Alltag, – ich würde präzisieren: vor allem und unausweichlich der Alltag als Sorgealltag, – dieser gesellschaftlichen wie individuellen »trennenden« Tendenz entgegenstellt.

Im Alltag sind die Menschen mit der quantitativen und qualitativen Pluralität des Menschen, daß der Mensch eben mindestens zwei und viel mehr ist, mit Vielheit und teils mit schmerzlicher, unabänderlicher Ungleichheit, folglich mit der wechselseitigen Verwiesenheit aller und der – manchmal unabänderlichen – einseitigen Abhängigkeit vieler konfrontiert. Damit sinken nicht nur die eigene einsame Optionalität und Möglichkeiten, diese zu optimieren. Die Ungewißheit, Unwiderruflichkeit und Unabsehbarkeit des eigenen Handelns wird drängend sichtbar. Für den/die, die es schätzen, wird das Leben dadurch spannend, daß es eben nicht nur in die eigenen Wechselfälle, sondern auch in das Leben der anderen eingebunden ist. Diese bislang wenig abänderbare Ungewißheit des Lebens ist allerdings ein fortgesetzter Angriff auf die liberalistische Ideologie vom Individuum. Die alltägliche Pluralität des Menschseins beschränkt oder verhindert den Versuch, auf andere bzw. auf andere Bereiche einzuwirken. Derartige Grenzen werden um so schmerzlicher erlebt, als moderne Lebensbedingungen eben das Versprechen auf Autonomie glaubhafter denn je als Realisierbares verkünden.

Kurt Lüscher erklärt in diesem Kontext Veränderungen im Heiratsverhalten sowie der Ehe- und Familiendynamik. Man könnte das moderne postmoderne Lebensgefühl auf einen schlichten Punkt bringen: daß das aus traditionalen Bindungen – auch Kategorien – sich endlich befreiende Individuum entdeckt, daß es immer noch vielfach und unausweichlich auf andere verwiesen ist. In der aktuellen Debatte z.B. um die Zukunft von Ehe und Familie scheint vor allem der Mann aus seiner Fiktion, alleine Mensch und derart autonom zu sein, dadurch herausgerissen zu werden, daß Frauen sich zu bewegen beginnen und gleiches – hier: gleiche Autonomie – wollen. Findet deshalb der vor allem männliche Rückzug auf die digitale Technik statt? Man könnte auch anfügen, daß die westliche Welt aus ihrem Schlaf jäh gerissen wird, weil sich andere Völker unvorhergesehen und in ungeahnte Richtung bewegen. Deshalb – so meine Vermutung – scheinen beide, Mann und Frau, aber auch die westliche Zivilisation insgesamt, wenn auch aus ganz verschiedenen Motiven heraus, an einer Relativierung, Pluralisierung, ja Auflösung der Kategorien »Geschlecht« und »Geschlechtlichkeit« interessiert zu sein, verweist doch ein Geschlecht unausweichlich auf das andere.

Ausblick: Freiheit statt Autonomie und ein Plädoyer für Zufälle

Hannah Arendt hat der Entgegensetzung von »der Mensch ist zwei« bzw. »der Mensch ist eins« jene zwischen »Freiheit« und »Souveränität«/»Autonomie« an die Seite gestellt. Sie kritisiert die Gleichsetzung von Souveränität und Freiheit: Wären Souveränität und Freiheit wirklich dasselbe, »nämlich unbedingte Autonomie und Herrschaft über sich selbst«, dann würde dies der menschlichen Bedingtheit der Pluralität widersprechen und wie so oft zunächst zum Versuch, andere zu kontrollieren und zu beherrschen, führen. Sie verweist auf die Skepsis im abendländischen Denken, daß aller Neuanfang ein Schein sei, da der Mensch doch nur seine Freiheit verliere, indem er sich im vorbestimmten Bezugsgewebe verstricke. Sie kritisiert den Rat, der Freiheit zu mißtrauen: die »Weisen« enthielten sich daher des Handelns und legten und erhielten derart einen Abstand zwischen sich und dem »zwischenmenschlichen Bereich«. Der Versuch, die Folgen der Pluralität zu überwinden, münde weniger in eine souveräne Herrschaft über sich selbst als in eine willkürliche über andere, es sei denn, man entschließe sich, die wirkliche Welt für eine eingebildete zu halten.

»Freiheit« bedeutet für Hannah Arendt folglich, etwas Neues zu beginnen, eine Wahl zu treffen im Bewußtsein der Unfähigkeit, das Begonnene im Verlauf zu kontrollieren und die Folgen des Handelns vorauszusehen. Sie spricht von der Zerbrechlichkeit menschlicher Angelegenheiten als Folge der Pluralität des Menschseins, damit von der Unwiderruflichkeit und -absehbarheit des Handelns, von seinem Prozeßcharakter – von diesen vermeintlichen »Unfreiheiten« also – sowie vom Vertrauen und Verzeihen als zwei Möglichkeiten, diesen Aporien menschlichen Handelns zu begegnen. Für eine Kultur wie Persönlichkeit, die die Idee der Autonomie verfolgt, scheinen gerade die Unfreiheit im von Menschen selbst erzeugten Bereich des sozialen Beziehungsgefüges – Arendt zufolge – am größten und schmerzlichsten zu sein. Ausbruchsversuche aus diesem Gefüge liegen daher nahe. In dieser Zeitdiagnose hat die digitale Technik ihre positiven wie auch ihre negativen Möglichkeiten.

Wenn zwei zwölfjährige Jungen in der Untersuchung von Hans Rudolf Leu (1989) auf die Frage nach der Differenz zwischen realer Wirklichkeit und Simulation (Computersimulation) als wesentliche Differenz benennen, »daß es in der Wirklichkeit ›bessere‹, ›zufälligere‹ Zufälle gibt, als sie mit einem Programm, auch unter Nutzung eines Zufallsgenerators« erzeugt werden können, dann sehe ich diese Entdeckung positiv. Das wirkliche Leben ist spannend, weil unmittelbarer eingebunden in das Handeln anderer. Den Eigensinn dieser vielen anderen Leben kann man digital kaum einfangen, die Vielheit nur um den Preis der Langeweile und der auf Dauer lähmenden Selbstsorge kontrollieren.

Die Informationsgesellschaft als Regenwurm

Vilém Flusser

Was verstehen wir unter dem Begriff »Informationsgesellschaft«? Ich werde zwei Bedeutungen vorschlagen. Und zwar erstens: Eine Informationsgesellschaft ist jene, bei der immer mehr Gewicht auf das Erzeugen von reinen Informationen und immer weniger Gewicht auf das Erzeugen informierter Gegenstände gelegt wird. Und dann werde ich vorschlagen, die Informationsgesellschaft als Synonym für »telematische Gesellschaft« zu betrachten. Ich werde in meinem Vortrag versuchen, diese beiden Bedeutungen des Begriffs so gut ich kann auseinanderzuhalten in der Hoffnung, daß sich daraus wenigstens ein Ansatz zur Antwort auf die gestellte Frage ergibt.

Ich beginne mit dem Bedenken der ersten Bedeutung und entwerfe folgendes Modell: Man stelle sich eine lebendige Röhre vor, z.B. einen Wurm. Diese Röhre hat einen Input, nennen wir ihn »Mund« oder »Schlund«, und sie hat einen Output, nennen wir ihn »After«. In diese Röhre fließt durch den Schlund die Welt hinein, wird irgendwie verdaut – prozessiert – und fließt dann durch den After wieder hinaus. Wenn man sich in diesem Regenwurm, den ich beschrieben habe, den Menschen vorstellt, denn wir sind ja nichts anderes als entwickelte Regenwürmer oder unterentwickelte Regenwürmer, je nachdem: Wenn man Glück als Kriterium ansieht, dann natürlich sind wir tief unter dem Regenwurm. Also gut, wenn man sich uns darunter vorstellt, dann kann ich die Worte etwas verfeinern. Ich kann sagen: Durch den Schlund fließt Natur hinein, innerhalb des Organismus wird die Natur informiert und fließt als Kultur wieder hinaus. Natürlich habe ich damit die Situation noch nicht genau beschrieben, denn es ist ja nicht so, daß wir Natur fressen, sie prozessieren und Kultur ausscheiden, das wäre zu schön. Sondern in Wirklichkeit ist es ja so, daß die Kultur, also der Kot, den wir ausscheiden, hinter uns langsam wieder entinformiert und zu Abfall wird, und dann weiter entinformiert wird und zurück zur Natur kehrt, so daß wir uns einen Kreis vorstellen müssen, dessen eines Segment wir als Würmer beleben. Schon wenn dieses Modell des Kreises Natur-Kultur-Abfall-Natur, schon wenn dieses Modell im Auge behalten wird, dann wird man merken, daß wir irgendwie aus der Geschichte herausgerückt sind. Es ist ein Modell der ewigen Wiederkehr des Gleichen und es ist ein Beigeschmack von Absurdem daran. Sich in der Kultur zu engagieren, erscheint in diesem Modell als Unsinn.

Was meinen wir, wenn wir sagen »Wir prozessieren die Natur«? Dazu werde ich versuchen, das vorgeschlagene Modell ein wenig zu ändern. Nehmen wir an, es gibt eine große Maschine in diese Maschine fließt durch den Schlund plastisches Material (statt »Natur« sagen wir »plastisches Material«, der amorphe Brei der Erscheinungen kann als plastisches Material angesehen werden). Also es fließt durch unseren Schlund, durch den Schlund dieser Maschine, plastisches Material. In der Maschine gibt es ein Werkzeug. In dem Werkzeug ist die Form einer Füllfeder eingetragen. Das Werkzeug schlägt auf das vorüberfließende plastische Material und informiert es mit der Form »Füllfeder«. Durch den After strömen Klons von plastischen Füllfedern, also Massenkultur, heraus. Diese Füllfedern werden dann benutzt, abgenutzt, d.h. sie verlieren einen Teil ihrer Form, und wandern in den Abfall. Und dort sitzen die Grünen und andere Ökologen und beten, daß sich so schnell wie möglich noch mehr entinformiere und zur Natur zurückkehre, damit es wieder hineinwandern und zu neuen plastischen Füllfedern verarbeitet werden könne. Zu diesem Zweck müssen wir verschiedene Wissenschaften ausarbeiten. Um zu erkennen, was in den Schlund hineinfließt, müssen wir Naturwissenschaften betreiben, z.B. Physik. Um zu erkennen, wie die Verdauung vor sich geht, wie die Form auf die Natur aufgedrückt wird, müssen wir Informationswissenschaften erzeugen, z.B. die mathematische Theorie der Informatik. Um zu erkennen, was da rausfließt, was diese plastischen Füllfedern sind, müssen wir Kulturwissenschaften treiben, z.B. Kunstkritik. Um zu erkennen, was dann mit dem Abfall passiert, müssen wir Abfallwissenschaften betreiben, z.B. Archäologie.

Es ist nicht mehr wahr, daß die Kultur in eine harte Naturwissenschaft und eine weiche Kulturwissenschaft zerfällt. Es haben sich die Informationswissenschaft und die Abfallwissenschaft eingeschaltet und aus diesem Kulturbetrieb einen Kreis gemacht. Ich führe noch eine Nomenklatur ein: Nennen wir die Formen, die da auf die Natur aufgedrückt werden, die die Natur informieren, damit es Kultur wird, nennen wir diese Formen »Ideen«, »Ideale« oder »Werte« ganz in der klassischen Tradition unserer griechischen Ahnen. Wenn wir das tun, dann wird man feststellen, daß man »Natur« auch das nennen kann, was wertfrei ist, daß man das Aufdrücken der Formen auf die Natur das »Verwerten« nennen kann, daß man die Kultur »wertvoll« nennen kann, und zwar in dem Maß je tiefer die Form in die Natur eingreift, je mehr die Natur informiert ist. Nennen wir den Abfall »wertlos«, dann können wir den von mir beschriebenen Kreis als das Kreisen von wertfrei-Verwertung-wertvoll-wertlos-wertfrei bezeichnen. Und das Absurde, das vorher ontologisch zu Worte kam, kommt jetzt ethisch zu

Worte. Dieses Modell, das ich vorgeschlagen habe, ist erst seit der fortgeschrittenen Industrierevolution möglich. Denn das Modell habe ich ja aus der Beobachtung einer Presse gewonnen, wo Werkzeuge auf die Natur Formen aufdrücken. Allerdings muß ich zwei Bemerkungen dazu gleich machen. Die erste Bemerkung ist: Unsere Modelle gewinnen wir aus den Instrumenten, die wir erfinden, denn wir entdecken langsam, was wir da erfunden haben, und erkennen uns in den Maschinen wieder. Das ist nicht irgendwie ein Anthropomorphismus, die Maschinen sind tatsächlich anthropomorph, sie sind ja von uns.

Es gibt keinen Widerspruch Mensch – Maschine, sondern die Maschine ist ein Teil des Menschen, eine Prothese oder eine Epithese. Z.B. ist die plastische Füllfeder eine Prothese, sie sitzt im Finger; und meine künstlichen Zähne sind Epithesen, sie sitzen in meinem Körper. Infolgedessen kann man von einer Maschine nicht sagen, daß sie außerhalb des Menschen steht und der Mensch außerhalb der Maschine, sondern es gibt eine ganze Menge Interfaces zwischen Mensch und Maschine. Und das zweite, was ich sagen möchte, ist, es ist zwar wahr, daß wir das Modell der Industrierevolution verdanken, also jenen Maschinen, die plastische Füllfedern erzeugen, aber man hätte das Modell schon zur Zeit der Erfindung des Buchdrucks verwenden können. Schon im Buchdruck geht die Sache so vor sich, und im Buchdruck wird das Wort »Information« deutlicher als im Fall der plastischen Füllfeder.

Ich versuche nun, das Modell zu interpretieren. Es gibt eine klassische Interpretation, nennen wir sie die platonische. Die sagt: Die Formen, die da auf die Natur aufgedrückt werden, die stehen unveränderlich und ewig am Himmel. Und was wir tun, wenn sie Natur in Kultur verwandeln, ist: Wir rufen eine Form aus der Bibliothek der Ideen im Himmel ab und drücken sie auf die Natur, und es entsteht Kultur. Und das ist es ja, was ein Künstler, ein Handwerker tut. Er ruft die Idee, die ewige, unveränderliche Idee der Füllfeder, die ›Füllfeder-heit‹, aus dem Himmel ab, drückt sie auf das plastische Material und, siehe da, es kommt eine plastische Füllfeder heraus. Dann: Das plastische Material zerfällt, aber die Form bleibt ewig erhalten.

Das ist eine gewaltige Interpretation dieses Prozesses. Und sie hat im Mittelalter ihre hohen Triumphe gefeiert. Als Beispiel diene der Schuster: An dem Schuster floß einerseits Leder vorbei, andererseits hatte er Prothesen – die Werkzeuge – in der Hand und im Kopf hatte er die ewige unabänderliche Form des Schuhs – die ›Schuh-heit‹. Er drückte die Form auf das Leder. Man sagt ja im Deutschen »Stoff«, das ist ein Substantiv des Verbums »stopfen«, d.h. er stopfte den Stoff in die Form, bzw. er stopfte die Form mit Stoff voll, und das Resultat war ein Schuh. Und jetzt trug der gute Mann den Schuh auf den Marktplatz und stellte ihn aus. Er war politisch engagiert. Er ging auf den Marktplatz, um die im Privaten prozessierte Information auszustellen und anderen verfügbar zu machen. Er war ein bios politicos. Und dann öffnete sich die Tür der Kathedrale, und heraus schritt der Bischof. Der Bischof, das ist jemand, der gelernt hat, Formen zu sehen. Und zwar erstens, weil er Aristoteles gelesen hat und weiß, was Theorie ist. Theorie ist jener Röntgenblick, der durch die Dinge hindurch die ewigen Formen ersieht. Wenn er mit diesem Blick auf den Schuh geschaut hat, dann hat er die Schuhheit dahinter erblickt. Und außerdem hatte er die Bibel und die Kommentare der Theologen gelesen und wußte, daß sich die Wahrheit durch Gottes Gnade und seine endlose Liebe zu uns offenbart. Er hatte also die *gratia sufficiens,* die genügende Gnade, damit sich ihm hinter dem Schuh die wahre Schuhheit offenbare. Also, er ging auf den Marktplatz und schaute sich die Schuhe an. Und er merkte, inwieweit es dem Schuster gelungen war, die Schuhform ersichtlich phänomenal zu machen, und inwieweit es ihm mißlungen war. – Es konnte ihm nicht völlig gelingen, denn wenn ich eine Idee auf die Erscheinung auftrage, ändere ich zwar die Erscheinung, aber ich verrate die Idee. Wenn ich ein Dreieck in den Sand zeichne, so werde ich feststellen müssen, daß die Winkelsumme nicht genau 180° ist. – Infolgedessen hatte der Schuster nolens volens die Idee des Schuhs verraten, indem er den Schuh gemacht hat. Und dann konnte der Bischof, dieser große Kunstkritiker, diese *auctoritas,* feststellen, inwieweit es dem Schuster gelang, und inwieweit nicht, und damit stellte er den Wert des Schuhs fest, den *praetium iustum.*

Das ist eine außerordentlich gewaltige Interpretation. Auf ihr beruht nicht nur die platonische Idee des Staats, die *politaea,* sondern in der Praxis eigentlich das ganze mittelalterliche Gesellschaftssystem. Die Könige sind die Philosophen, d.h. die Bischöfe, sie richten die Handwerker, die Künstler, die Politiker; und diese – darüber wird nicht viel gesprochen – können sich erlauben, in Muße Schuhe herzustellen, weil hinter ihnen Sklaven, Leibeigene, Kinder und solche Leute stehen, die sie mit dem Lebensunterhalt versorgen. Also gibt es zwei Stufen der Gesellschaftstheorie: Philosophie, darunter Politik, Kunst und darunter Ökonomie. Jetzt bitte bedenke man die Bourgeois-Revolution des 14. und 15. Jahrhunderts in Norditalien und in Flandern. Die Handwerker haben dem Bischof die Autorität streitig gemacht, ihre Schuhe zu kritisieren. Also sie wollten den freien Markt einführen. Sie wollten den geregelten Markt der Kirche abschaffen, doch damit machten sie einen gewaltigen Fehler. Wenn man etwas erfindet, dann muß man nachher entdecken, was man da erfunden hat. Wenn nämlich die Autorität des Bischofs geleugnet wird, dann muß auch die Theorie geleugnet werden, so wie sie im Mittelalter verstanden wird. Der Bischof hat keine Ahnung, wie die Schuh-heit ist – damit man das weiß, muß man selber Hand anlegen, man muß selber die Schuhform aufdrücken, und dann stellt sich heraus, daß man die Schuhform gar nicht aus dem Himmel abgerufen hat, sondern daß man sie immer wieder ausprobiert, daß die Schuhform keine Idee ist, sondern ein Modell, daß man daran herummodellieren kann, daß man im Kampf der Idee gegen das Leder herausbekommt, wie man immer bessere Schuhe macht, daß das ein Fortschritt ist. Kurz und gut: Ideen sind nicht unveränderliche Formen, sondern plastische Modelle, und diese Modelle können modelliert werden, und sie sind Moden unterworfen, und darum heißt die Neuzeit in allen, außer in der deutschen Sprache, die Moderne.

Also nachdem man den Bischof abgesetzt hatte, war man gezwungen, einen neuen Theoriebegriff auszuarbeiten. Theorie war nicht mehr die Kontemplation von Ideen, sondern das Ausarbeiten von Ideen. Und dieses Ausarbeiten mußte sich einerseits der Beobachtung stellen, man mußte sehen, wie die Idee ins Leben paßt, und andererseits mußte man sich dem Experiment stellen, denn man mußte ja sehen, ob die neuausgearbeitete Idee tatsächlich funktioniert. Und was ich jetzt geschildert habe, ist der Theoriebegriff der modernen Wissenschaft, und daraus ist die Technik entstanden. Diese Interpretation ist womöglich noch gewaltiger als die erste. Sie sagt: Wenn ich Natur nehme, um sie zu informieren, dann muß ich die Form, die ich der Natur aufdrücken will, irgendwie ausarbeiten, womöglich durch wissenschaftlichen Konsensus. Wenn »Form« ein Synonym von »Wert« ist, dann heißt das, es gibt keine ewigen unveränderlichen Werte, seien sie göttlich, seien sie natürlich, sondern alle Werte sind eine Folge eines Konsens. Und dieser Konsens wird ausgearbeitet; fortschrittlich: Man macht immer bessere Schuhe, immer bessere Füllfedern, immer bessere Menschen und immer bessere Gesellschaften, denn was da durch den Schlund hineingeht, ist nicht notwendigerweise plastisches Material, es kann z.B. auch ein Baby sein. Das Baby rutscht in den Schlund hinein, wird dann informiert, d.h. erzogen, und wird dann als Kulturmensch ausgewiesen. Und dann geht es ins Grab und wird von einem anderen Typ von Würmern gefressen, damit es wieder in die ungeformte Natur zurückkehren kann.

Also, wenn ich sage, daß die Formen von uns selbst gemacht sind, dann leugne ich die Ewigkeit der Werte und behaupte, Werte sind von uns selbst vorgeschlagene und konsensuell akzeptierte Formen. Und aus einer solchen Interpretation folgt u.a. der Marxismus. Wenn die Werte von uns konsensuell vereinbart sind, und wenn sich der Wert erst beim Aufdrücken auf die Natur herausstellt – erst im Essen liegt der Beweis des Kuchens –, wenn das so ist, dann ist die Arbeit die Quelle aller Werte. Und im Zentrum der Industriegesellschaft steht die Arbeit. Nämlich das Ausarbeiten und Aufdrücken von Formen auf die Natur. Wobei sich allerdings herausstellt, daß das wieder zurückschlägt und daß in dem Maße, in dem ich die Natur verwerte, ich die Welt denaturalisiere, und in dem Maße, in dem ich die Natur humanisiere, ich den Menschen naturalisiere, so daß das Interesse des Schuhmachers ja nicht allein darin besteht, Schuhe her-, sondern auch einen Schuster darzustellen. Und das ist – meine ich – der Kern des Marxismus.

Eine dritte Interpretation meines Modells sieht folgendermaßen aus: Es hat sich herausgestellt, daß das Ausarbeiten und das Aufdrücken von Formen auf die Natur, also das Ausarbeiten der Information und dann das Aufdrücken der Information auf den Stoff, zwei völlig getrennte Bewegungen sind. Ich komme zurück zu den Füllfedern. Es ist etwas ganz anderes, irgendwo auf meinem Reißbrett eine plastische Füllfeder aufzuzeichnen, dann in ein Stahlwerkzeug einzugraben, und es ist etwas anderes mit dem Stahlwerkzeug auf das plastische Material rhythmisch draufzuschlagen, um diese Klons der Massenkultur zu erzeugen. Beides heißt »Arbeit«.

Der bürgerliche Begriff von Arbeit unterscheidet nicht zwischen der ersten, der Software-, und der zweiten, der Hardwarephase. Aber seit wir die Industrierevolution intus haben, wissen wir, daß es etwas ganz anderes ist, ob man ein Ingenieur oder ein Werkzeugmacher ist, oder ob man an einer Maschine arbeitet, die das aufdrückt. Interessanterweise, wenn man von der Klassengesellschaft spricht, so hat man ja auch die Klassen immer aufgeteilt, in jene, die mit den Maschinen arbeiten, die Proletarier, und in jene, die die Maschinen besitzen, und die die an der Maschine arbeitenden Leuten zu ihren eigenen Zwecken ausnutzen. Das war die Sicht des 19. Jahrhunderts. Aber der Ingenieur und der Werkzeugmacher haben nicht hineingepaßt, das ist so eine Zwitterklasse. (Ich glaube, daß das nicht hineingepaßt hat, ist einer der Gründe für den Untergang des Marxismus.) Man hat also gesagt, der Wert der Füllfeder ist in der Arbeit. Aber wenn man sich eine Füllfeder anschaut, dann sieht man, daß das nicht wahr ist. Der Wert der Füllfeder ist in der Tatsache, daß sie schreibt, sofern sie schreibt. Und das verdankt sie der Form. Wer der Füllfeder den Wert gegeben hat, das sind die Leute, die die Füllfeder gezeichnet haben und in das Werkzeug eingetragen haben. Die Quelle der Werte ist der Designer, der Ingenieur, der – nennen wir ihn ruhig – Programmator. Und dann hat sich herausgestellt, daß die zweite, die harte Phase, sehr leicht robotisierbar ist. Es ist menschenunwürdig, die zweite Phase der Arbeit zu leisten, Maschinen machen das besser. Und das ist die Informationsgesellschaft im ersten Sinn dieses Wortes. Immer weniger Leute arbeiten an den Maschinen, und immer mehr Leute arbeiten an der Ausarbeitung der Information, also dessen, was man den tertiären Sektor oder die Services nennt. Es gibt immer weniger Proletarier und immer mehr Funktionäre. In diesem Sinne sind wir natürlich mitten in die Informationsgesellschaft hineingeschlittert. Wenigstens in der entwickelten Welt, ohne uns darüber immer Rechenschaft abgelegt zu haben.

Aber dazu ist noch etwas anderes zu sagen: Um die Formen auszuarbeiten, muß man spezifische Codes haben. Und es hat sich herausgestellt, daß Zahlen dafür besser geeignet sind als Wörter, und infolgedessen Buchstaben. Daran hat sich eine neue Elite herausgearbeitet, jene, die zahlenmächtig ist. Und es sind diese zahlenmanipulierenden Leute, die die Formen und Werte ausarbeiten, nach denen wir erkennen, erleben und uns verhalten. Es sind also hinterrücks neue Bischöfe wie Pilze nach dem Regen gewachsen. Und diese Bischöfe sind die Informatiker, die Computerleute, die Programmierer. Und die Politiker und die Wirtschaftsleute, die ja Ignoranten sind, was Zahlen betrifft, wissen das gar nicht. Der Bush meint, er entscheide, doch in Wirklichkeit sind das die Leute, die seine Maschinen programmieren. Infolgedessen ist die politische Analyse überhaupt nicht mehr am Platze. Wenn wir die Machtverhältnisse analysieren wollen, dann müssen wir zunächst einmal Code-Analysen machen, und davon sind wir weit entfernt. Wir sind ungefähr in derselben Situation, in der man bei der Erfindung der Buchstaben war. Also die Leute, die der Buchstaben mächtig waren, die *litterati,* die erließen in Buchstaben die Gesetze, und die Menge, die natürlich illiterat war, kniete davor und betete die Buchstaben an oder verfluchte sie – je nachdem. Ich beantworte den ersten Teil meiner Frage: Wir sind mitten in der Informationsgesellschaft im ersten Sinn. Die meisten Menschen und immer mehr sind daran beteiligt, Formen und Werte auszuarbeiten nach Codes, die sich immer mehr verfeinern, aber der größte Teil der Menschheit gibt sich davon keine Rechenschaft, weil er dieser Codes nicht mächtig ist.

Ich gehe jetzt zu der zweiten Bedeutung über. Ich habe behauptet, »Informationsgesellschaft« kann auch »telematische Gesellschaft« bedeuten. Hier wird es mir nicht so leicht fallen, ein Modell zu entwerfen. Natürlich gibt es ein naheliegendes Modell, das Zentralnervensystem. Die telematische Gesellschaft wäre dann eine Gesellschaft, die ein Netzwerk darstellen würde, das sich alle Menschen und ihre Maschinen einverleibt, sozusagen eine künstliche graue Masse, die den Erdball umgibt; ungefähr so, wie es Hans Moravec mit seinen Vorstellungen beschreibt, nur vielleicht etwas struktureller gesehen, nicht so evolutiv. Also bitte, das Modell könnte natürlich ein Zentralnervensystem sein, das dank künstlicher Kabel, die zum Teil unsichtbar sind, die Erdkugel umschließt. Aber ich werde mich an dieses Modell nicht halten, es ist nicht genug greifbar. Man nennt das die »immaterielle Kultur«. Also werde ich von einem anderen Standpunkt ausgehen. Alle Strukturen der Gesellschaft, so wie wir sie aus der Industriegesellschaft kennen, sind daran zu zerfallen. Und ihre Kadaver verpesten die Luft. Z.B. die geheiligte Familie, also die Großfamilie, so wie wir sie vom Mittelalter her gekannt haben, sowohl die bäuerliche als auch die bürgerliche, ist durch die Industrielle Revolution schon vor mehr als zweihundert Jahren zerfallen, als man das Proletariat von den Feldern zu den Maschinen herangezogen hat. Und was verblieb, war die Kleinfamilie, und die ist sichtlich im Verfall. Es gibt immer weniger Ehen, die Kinder passen nicht in die Familie, weil sie fernsehen und ähnliches. Aids hat die Sache ein wenig verschoben, aber wir waren daran, die Bindung zwischen Mann und Frau sehr stark zu verwässern. Dasselbe gilt trotz widersprüchlicher Evidenzen vom Volk. Es war daran, sich angesichts der Massenkommunikation aufzulösen. Je weniger wichtig die Sprache wurde und je wichtiger Bilder, desto mehr verwässerten die nationalen Kulturen, die ja immer schon ein schiefer Begriff waren. Sie verwässern, es entsteht eine eigenartige Massenkultur, die Grenzen zerfallen.

Schon seit einiger Zeit sind die industriellen Gesellschaftsstrukturen im Verfall. Es ist nur schwer zu ersehen, welche neuen Strukturen emportauchen. Dazu möchte ich ein theoretisches Wort sagen. Wir sind in Bindungen eingebettet. In dem Moment, in dem wir auf die Welt kommen, fallen wir in Bindungen. Wir sind Knoten von Bindungen (das ist mein Zentralthema). Einige dieser Bindungen sind uns auferlegt, sie sind uns gegeben. Wir haben nicht gewählt, in diese Familie, in diese Stadt, in diese Zeit, in diese Kultur hineingeworfen zu werden. Andere Bindungen haben wir selber geknüpft, z.B. Freundschaft, Liebe, Verantwortung für unsere Arbeit und unsere Arbeitspartner. Das sind zwei existentiell völlig anders gefärbte Bindungen. Wir sind für die von uns selbst geknüpften Bindungen verantwortlich, aber nicht für die uns auferlegten. Wer die auferlegten Bindungen preist, der – glaube ich – ist gegen die Freiheit. Und wer die aufgenommenen Bindungen hochhebt, der ist schon in der neuen Zeit, von der ich spreche. Eine Informationsgesellschaft in dem jetzt gemeinten Sinne ist jene, welche zum großen Teil die uns aufgegebenen Bindungen durch frei auf uns genommene ersetzt, dank materieller und immaterieller Kabel.

Dazu möchte ich zwei Bemerkungen machen. Erstens: es wird deutlich, daß das Individuum nicht existiert, daß man das Individuum genauso teilen kann, wie das Atom. Man hat doch gehofft, man kommt zu irgendwelchen unteilbaren Einheiten – auf der Seite des Objekts zum Atom, auf der Seite des Subjekts zum Individuum. Eine Analyse des Individuums hat das Individuum ebenso zersetzt wie eine Analyse des Atoms jenes. Wenn ich z.B. das Individuum als einen entscheidenden Faktor ansehe und diese Entscheidungen dann analysiere, komme ich auf Aktome, wenn ich die Aktome in Maschinen hineinfüttere, dann komme ich auf Dezideme, und wenn ich die Dezideme hineinfüttere, dann entscheiden sich Maschinen. Und die Frage, ist die Entscheidung eine subjektive oder objektive, ist sinnlos. Dasselbe gilt für Handlungen. Wenn ich Handlungen in Aktome teile und die Aktome in Roboter füttere, dann ist die Frage, ist der Roboter ein Subjekt oder ein Objekt, eine unsinnige Frage.

Also eine Sache ist sicher: Wir müssen davon ausgehen, daß wir nicht etwas sind, sondern ein Wie-sich-in-Bindungen-verknoten. Um das anders zu sagen: Das »ich« ist jenes Wort, wozu »Du« gesagt wird. Das ist ein Relationsbegriff: »ich« ist das »du« des Gegenübers. Oder: Wenn ich mich identifiziere, dann muß ich mich zuerst differenzieren. Identität und Differenz implizieren einander. Das kann man in der Psychoanalyse, Neurophysiologie, Neuropsychologie sehen. All das führt zum gleichen. Eine Anthropologie liegt dem telematischen Begriff zugrunde, wonach der Mensch nicht ein Etwas ist, sondern Wie-sich-Relationen-verketten und wie sich durch diese Verkettung die Möglichkeiten des Relationsfeldes immer mehr realisieren. Das intersubjektive Feld erscheint dann als ein virtueller Raum, in dem die einzelnen Individuen Verknotungen sind, wie etwa Materien Verknotungen im energetischen Raum sind. Eine zweite Bemerkung: Wir haben einen anderen Zeitbegriff als unsere Eltern. Für unsere Eltern war die Zeit ein Strom, der von der Vergangenheit in die Zukunft floß, sich in der Gegenwart nicht aufhielt und alles mit sich riß. Dieser dramatische Begriff ist natürlich ein Wahnsinn. Denn erstens kommt die Zeit nicht aus der Vergangenheit, sondern aus der Zukunft, und zweitens ist es ja die Gegenwart, worauf es ankommt. Wenn wir das historische Zeitbild verlassen und zu dem neuen Zeitbild greifen, wonach die Zeit aus allen Richtungen ankommt, aus der Zukunft, und sich die Dinge, die aus der Zukunft kommen, in der Gegenwart verwirklichen, wonach sich die Gegenwart in diesen Dingen dann in zwei Arten von Vergangenheit verwandelt, prozessiert, nämlich einerseits in abrufbare, also ins Gedächtnis, und andererseits in nichtabrufbare, also in Vergessenheit.

Es geht nämlich darum, den Bereich der Gegenwart zu vergrößern. Solange wir keine Maschinen haben, ist die Gegenwart außerordentlich begrenzt. Wenn wir Bindungen mit anderen Menschen eingehen, so sind das doch nur ganz wenige Menschen. Jemand hat ausgerechnet, daß wir als Anthropoiden höchstens mit acht Personen in tatsächlicher Verbindung sein können. Die Vorsilbe »tele-« meint Näherbringen von Entferntem. Das ist ein gewaltiges Wort. Wenn man sich die erste tele-Maschine ansieht, das Teleskop, das die Berge auf dem Mond nahegebracht hat, weiß man, was die Folgen waren: Daß man die Idee des Himmels und der Erde aufgeben mußte, daß aus der Erde ein Himmelskörper wurde, daß also das Reich Gottes auf Erden sozusagen schon etabliert war, daß sich aber gleichzeitig herausstellte, daß man die Vorstellung des Himmels revidieren mußte, kurz und gut: Daß die irdische und die himmlische Mechanik auf einen Nenner gebracht werden könnte – Newton war im Teleskop schon angelegt.

Wenn man sich das überlegt und bedenkt, was »tele-« bedeutet, das Näherbringen von Entferntem, und nicht nur von entfernten Ereignissen, sondern auch von entfernten Menschen, sind wir dank Telematik mit einer großen Zahl anderer verbunden, in denen wir uns verwirklichen können und die sich in uns verwirklichen können. Es entsteht ein dialogisches Verhältnis zwischen einst Entfernten und jetzt Nähergebrachten. D.h. die Gegenwart wird vergrößert, alles ist gegenwärtig, und ich bin überall gegenwärtig. Ich muß natürlich Geographie und Geschichte ad acta legen und mit ganz anderen Nähe-Kategorien, mit ganz anderer Proxemik arbeiten. Ich bin ganz anders da, wenn ich tatsächlich im Stande bin, bewußt und freiwillig Bindungen zu mir einst ferngestandenen und jetzt nähergerückten Menschen einzugehen.

Das ist der Tod des Humanismus. Der Humanismus ist eine Desexistentialisierung der Liebe. Man liebt sechs Milliarden Menschen. Das wird aus dem bekannten Satz »Ich liebe die Menschheit, es sind die Leute, die mir auf die Nerven gehen« deutlich. Der Humanismus stirbt, und stattdessen kommt eine verantwortliche Verbindung mit einst Fernstehenden. Das ist eine seltsame Rückkehr aus dem Humanismus in die Nächstenliebe, allerdings nicht in jene Nächstenliebe, die das Juden-Christentum meint, nämlich den mir gegebenen Nächsten zu lieben, sondern jetzt ist sie die Verantwortung für den mir nahegebrachten Entfernten. Das ist, glaube ich, Telematik.

Davon sind wir allerdings noch weit entfernt. Diese Informationsgesellschaft ist noch nicht einmal über dem Horizont aufgetaucht.

Die Bermerkung, mit der ich schließen werde, ist folgende: Die Geschichte des Westens, vielleicht die Geschichte überhaupt, hat in der ersten Hälfte des 20. Jahrhunderts einen fürchterlichen Schiffbruch erlitten. Der westlichen Kultur ist auf keinen Fall nachzuweinen. Nicht nur, was sie aufgeführt hat in der ersten Hälfte dieses Jahrhunderts, schon die Versklavung der Schwarzen ist etwas, was keiner Kultur verziehen werden kann. Also: Wir müssen der Kultur nicht nachweinen. Die Katastrophe ist hinter uns. Man kann sagen: Gott sei Dank, diese Geschichte sind wir hoffentlich los. Und am Horizont taucht eine neue Möglichkeit auf – voller Gefahren, aber auch voller strahlender Möglichkeiten. Eine Situation, worin wir uns erstens mit dem beschäftigen können, was menschlich ist, nämlich Informationen herstellen. (Ich kann ja den Menschen als jenes Wesen definieren, das gegen alle Gesetze der Natur erworbenen Informationen speichert und weitergibt, was das Engagement des Menschen gegen die Entropie, also gegen die Physik, und gegen die Gesetze Mendels, also gegen das Tier in uns, ist.) Also taucht auf der einen Seite dies, auf der anderen Seite die Möglichkeit einer theoretischen und praktischen Nächstenliebe auf. Es gibt ein jüdisches Gebet, mit dem werde ich schießen: Du bist der, der uns erhalten hat, der uns geschützt hat und uns dadurch erlaubt hat, diesen Augenblick zu erleben.

Teil II
Künstliche Intelligenz zwischen Spekulation und Realisation

Geist ohne Körper – Visionen von der reinen Intelligenz

Hans Moravec

Das Thema, das ich als Ausgangsbasis für meine Spekulation verwendet habe, lautet »Geist ohne Körper«. Ich habe bereits in früheren Beiträgen die Möglichkeit behandelt, den Inhalt eines menschlichen Geistes und eines menschlichen Bewußtseins in eine andere Form umzusetzen – z.B. in einen Computer – und ihn dann genau wie ein Programm von Maschine zu Maschine zu übertragen. Daraus ergibt sich wiederum das Konzept, daß der Geist bzw. die Grundsubstanz einer Person – die Seele, wenn man so will – unabhängig vom Körper existieren kann. Wenn die Seele in den Körper gelangt, ist zwar Leben erforderlich, aber sie kann auch ohne einen solchen Körper existieren.

Das Konzept »Geist ohne Körper« geht jedoch noch weiter. Die Frage ist: Kann man den Körper vollständig und für immer beiseite lassen, ohne den Geist in seiner Funktion zu behindern? Über die Antwort auf diese Frage bin ich mir nicht ganz klar.

Nun zu meiner Spekulation. Ich gehe dabei aus von den Konzepten *Telepräsenz* und *virtuelle Realität.* Diese beiden Technologien befinden sich heute noch in ihrer Entwicklung. Die ersten Experimente in Richtung Telepräsenz wurden bereits vor etwa zwanzig Jahren unternommen, um den Umgang mit radioaktivem Material zu erleichtern. Ziel dieser Entwicklung ist eine Einrichtung, die meine Handbewegungen an einem anderen Ort wiederholen und mir das zeigen kann, was an diesem anderen Ort geschieht. Im Rahmen verschiedener Raumfahrtprogramme werden im Moment Telepräsenz-Einrichtungen entwickelt, die es ermöglichen, einen Roboter im Weltraum von der Erde aus so zu steuern, daß man das Gefühl hat, tatsächlich vor Ort präsent zu sein.

Eine solche Telepräsenz-Einrichtung besteht im wesentlichen aus einem Geschirr, das mit Hilfe optischer, akustischer, mechanischer und chemischer Geräte in der Lage ist, die sensorischen Empfindungen und die Handlungen der Person, die das Geärt bedient, zu steuern und zu messen. Diese Maschine liefert Bilder für die Augen, Töne für die Ohren, Druck- und Temperatureindrücke für die Haut, Kräfte für die Muskeln und sogar Geruchs- und Geschmacksempfindungen für die verbleibenden Sinne. Zwar hat unsere heutige Technologie Geruchs- und Geschmackseindrücke noch nicht ganz gemeistert, aber es besteht zumindest die theoretische Möglichkeit. Telepräsenz bedeutet nun, daß die Ein- und Ausgabeimpulse dieses Geschirrs an eine Maschine an einem anderen Ort übertragen werden, die einem humanoiden Roboter ähnelt. Die Bilder, die von den beiden Augenkameras dieses Roboters aufgenommen werden, erscheinen dann auf der Sichtbrille. Weitere direkte Sinneseindrücke werden durch den Helm geliefert, den man trägt. Man hört über die Ohren des Roboters, fühlt über seine Haut und riecht über seine chemischen Sensoren. Sobald man den Kopf oder den Körper bewegt, bewegt sich der Roboter dergestalt synchron, daß er sich immer dann dreht, wenn man sich auch dreht; was man sieht, ist das Bild, das der Roboter durch seine Augen empfängt. Hierdurch entsteht die überwältigende Illusion, daß man sich nicht dort befindet, wo der Körper im Moment ist, sondern am Standort des Roboters, von dem die Sinneseindrücke stammen – selbst dann, wenn dieser Roboter weit entfernt ist. Heute existieren bereits etwa ein Dutzend Prototypen solcher Apparate. Wenn man nun nach einem Objekt greift, das auf dem Bildschirm zu sehen ist, greift der Roboter nach diesem Objekt, und wenn er es in der Hand hat, werden die Muskeln und die Haut entsprechende Eindrücke über Gewicht, Form, Oberflächenstruktur und Temperatur dieses Objekts übermittelt. Man lebt sozusagen im Körper des Roboters; das Bewußtsein befindet sich dort, wo der Roboter ist – eine echte Entstofflichung.

Die virtuelle Realität ist ähnlich – es wird lediglich kein ferngesteuerter Roboter benötigt. Das Geschirr bleibt dasselbe; der ferngesteuerte Roboter jedoch wird durch die Computer-Simulation eines menschlichen Körpers und seines Umfelds ersetzt. Wenn man sich in einer virtuellen Realität befindet, existiert die Umgebung, in der man sich scheinbar befindet, nicht wirklich im gewöhnlichen physischen Sinne; man befindet sich eher in einer Art Computer-Traum. Falls dem Computer Daten der Außenwelt zugänglich sind, können in der Simulation durchaus reale Elemente enthalten sein, wie z.B. Darstellungen anderer Personen, die wiederum durch ihre eigenen Geschirre mit dem System verbunden sind, oder auch Ansichten der Außenwelt, die vielleicht durch simulierte Fenster in einer simulierten Umgebung erscheinen.

In einigen Labors existieren kleinere Versionen einer solchen Apparatur. Im großen Maßstab werden diese Geräte in Form von Flugsimulatoren bereits seit etwa 20 Jahren eingesetzt. Wenn sich ein Pilot in einen solchen Flugsimulator mit seinen realistischen Bildgrafiken setzt, erscheint ihm die Welt außerhalb des Flugzeugs als wirklich, obwohl es sich selbstverständlich lediglich um eine durch den Computer geschaffene Geisterwelt handelt. Falls die Projektion realistisch genug ist, und bei modernen Geräten ist sie es, wird die Illusion bald komplett. Wenn man dann mit dem simulierten Flugzeug eine Bruchlandung baut, reagiert man physiologisch normalerweise genau wie in Wirklichkeit – bis auf den eigenen Tod natürlich.

Man könnte sich nun ein Hybrid-System vorstellen, bei dem eine virtuelle Zentrale von Toren umgeben ist, hinter denen verschiedene tatsächlich existierende Orte sichtbar sind. Solange man sich noch in der Station befindet, lebt man in einem simulierten Körper; sobald man jedoch durch eines der Tore tritt, wird das Geschirr von der Simulation auf einen Telepräsenz-Roboter umgeschaltet, der an der betreffenden Stelle wartet.

Hier hätten wir die Vision eines Verkehrssystems der Zukunft, in dem man nicht mehr physisch reist, sondern sich über ein Geschirr in eine Telepräsenz-Einrichtung einklinkt. Mit Hilfe dieser Einrichtung erlebt man eine virtuelle Wirklichkeit etwa in Form eines Bahnhofs, hinter dessen Tore verschiedene Orte liegen. In der virtuellen Realität, d.h. in der Computer-Simulation, geht man nun auf eines dieser Tore zu. Sobald man es jedoch erreicht, schaltet der Computer auf eine Direktverbindung mit dem Roboter um, der an dem von einem selbstausgewählten Standort wartet. Man geht nun im Körper dieses Roboters weiter; physisch ist man selbstverständlich noch zuhause.

Wenn man mit ihnen nicht vertraut ist, sind Ideen dieser Art gewöhnungsbedürftig, aber tatsächlich ist das Konzept recht einfach. Aufgrund der damit verbundenen technischen Probleme ist die Verfügbarkeit, die Wiedergabetreue und die Erschwinglichkeit von Telepräsenz und virtueller Realität heute beschränkt. Systeme dieser Art existieren lediglich in Form einiger weniger Prototypen. Die Entwicklung schreitet jedoch voran, und man kann sich heute bereits vorstellen, daß wir in ein paar Jahrzehnten mehr Zeit in einem Zustand der virtuellen Realität verbringen werden als in unserer wirklichen Umgebung; schließlich verbringen wir heute schon im allgemeinen mehr Zeit in der künstlichen Umwelt unserer Häuser als am Busen der Mutter Natur. Manche Menschen verbringen bereits mehr Zeit mit der Betrachtung von Darstellungen auf Bildschirmen als mit der Betrachtung der physischen Realität.

Die ferngesteuerten Körper, in denen wir leben, können kräftiger und schneller und mit schärferen Sinnen ausgerüstet sein als unsere eigenen. Und wenn unser eigener Körper älter und schwächer wird, könnten wir dem dadurch entgegentreten, daß wir mit einer Art Lautstärkeknopf einen Verstärker höher stellen, der die Kräfte unseres ferngesteuerten Körpers im Verhältnis zu den Kräften stärker einstellt, über die wir in unserem eigenen Körper noch verfügen. Es könnte sogar wünschenswert erscheinen, unsere eigenen atrophierten Muskeln und abgestumpften Sinne vollständig auszuschalten.

Nun hört sich das schrecklich an, wenn man selbst im Moment gesund ist. Falls aber der Körper bereits nicht mehr sehr gut funktionieren sollte, erscheint der Gedanke durchaus akzeptabel, die eigenen Nerven mit einem künstlichen

Körper zu verbinden – und das geschieht heute auch bereits. So gibt es z.B. durch Nervenpotentiale gesteuerte Armprothesen, die einem Behinderten einen Teil seiner körperlichen Handlungsfähigkeit zurückgeben können. Es wäre vorstellbar, atrophierte Muskeln und abgestumpfte Sinne vollständig auszuschalten, vorausgesetzt, die Neurobiologie schreitet so weit fort, daß unsere motorischen und sensorischen Nerven direkt mit elektronischen Schnittstellen verbunden werden können. In einem solchen Fall könnte man die gesamte für das Geschirr erforderliche Hardware wie auch unsere Sinnesorgane und Muskeln, ja sogar fast unseren ganzen Körper zum alten Eisen werfen. Es würde dann zwar die Erfahrung einer körperlichen Heimat wegfallen, zu der man zurückkehren kann, aber unsere externe, virtuelle Existenz wäre besser denn je.

Wir sind nunmehr bei einem Bild angelangt, in dem das Gehirn durch technische Einrichtungen am Leben erhalten wird und mit Hilfe wunderbarer elektronischer Glieder nach Belieben mit verschiedenen angemieteten, künstlichen Körpern an den verschiedensten Standorten oder aber mit simulierten Körpern in künstlichen Wirklichkeiten verbunden werden kann. Das Gehirn jedoch ist eine biologische Maschine, die nicht dafür ausgelegt ist, ewig zu funktionieren – nicht einmal in einer optimalen physikalischen Umgebung. Mit anderen Worten: Selbst wenn wir über mechanische Körper verfügen, die sich nicht abnutzen, nutzt sich doch das Gehirn im Laufe der Zeit allmählich ab. So läßt sich die Unsterblichkeit nicht erreichen. Wenn nun unser Gehirn langsam nachläßt, wäre es doch denkbar, die versagenden grauen Zellen mit denselben neurologischen Schaltkreisen zu ersetzen, über die wir schon unsere Verbindung zur Außenwelt aufrechterhalten. Wenn wir schon über Schnittstellen zwischen dem Gehirn und dem Körper verfügen, müßte es doch auch grundsätzlich möglich sein, Teile des Gehirns selbst mit Hifle derselben Technologie zu ersetzen, sobald erste Anzeichen des Versagens auftreten. Unser Gehirn würde dann Stück für Stück durch elektronische Äquivalente ersetzt, die genauso gut oder besser funktionieren. Unsere Persönlichkeit und unsere Gedanken wären klarer denn je. (All dies hängt natürlich vollständig von den technischen Entwicklungen der Zukunft ab.) Einmal müßte dann der Zeitpunkt kommen, an dem alles durch Industrieteile ersetzt ist. Unser Bild zeigt jetzt also nicht mehr ein Gehirn in einem Behälter, das einen künstlichen Körper steuert, sondern einen künstlichen Ersatz für etwas, das einmal ein menschliches Gehirn war – und dieses Gehirn wurde ohne Änderung seiner Funktion Stück für Stück ersetzt. Wir haben nun ein vollständig künstliches System, das sich selbst als menschliches Wesen sieht und auch so handelt. Von unserem ursprünglichen Körper ist keine Spur mehr vorhanden, aber unsere Gedanken und unser Bewußtsein leben fort.

Ich möchte diesen Prozeß wie auch andere, die zum gleichen Endergebnis führen als *Downloading* bezeichnen – die Übertragung eines menschlichen Geistes auf eine Maschine. Nach diesem Downloading besteht unsere Persönlichkeit aus einem Muster auf elektronischer Hardware. Damit müßten sich Wege finden lassen, unseren Geist auch auf andere Hardware ähnlicher Art zu übertragen, genau wie auch Computerprogramme und ihre Daten von einem Prozessor auf den anderen übertragen werden können. Somit bestehen wir nicht mehr aus Hardware, sondern aus Software. Es ließe sich nicht nur unser Bewußtsein von Ort zu Ort übertragen, und zwar mit derselben Geschwindigkeit, die auch mit Telepräsenz-Einrichtungen möglich ist; es könnten auf denselben Kommunikationswegen auch alle Komponenten unseres Geistes übertragen werden. Damit haben wir die Möglichkeit, eine Persönlichkeit mit Lichtgeschwindigkeit von Ort zu Ort zu faxen, und es wäre durchaus denkbar, daß wir uns verteilt an verschiedenen Orten gleichzeitig wiederfinden, wobei ein Teil unseres Geistes sich hier befindet, ein anderer dort und unser Bewußtsein wiederum anderswo – alles jedoch durch Kommunikationskanäle miteinander verbunden.

Auch die Zeit wird damit flexibler. Wenn unser Geist einmal in sehr schneller Hardware gespeichert ist, können die Gedanken eines ganzen Jahres in einer Sekunde Echtzeit ablaufen. Damit können wir uns selbst beschleunigen, indem wir einfach unsere Software auf einen schnelleren Computer übertragen. Andererseits könnten 1000 Jahre Echtzeit, die wir auf einem passiven Datenträger wie z.B. einer Laser-Platte verbringen, unbemerkt vergehen. Damit hätten wir ein sehr kostengünstiges Verfahren zur Überbrückung längerer Zeiträume.

Könnten wir uns in einem solchen Fall als »Geist ohne Körper« betrachten, um zum Thema zurückzukehren? Meiner Meinung nach: Nein. Selbst wenn wir nur als Software in einem Kommunikations-Netzwerk existieren, sind wir noch nicht wirklich Geist ohne Körper. Warum? Weil wir selbst dann noch glauben, einen Körper zu besitzen. Einem Menschen, den man vollständig aller Sinneseindrücke beraubt, geht es nicht gut. Nach zwölf Stunden in einem Tank mit körperwarmer Kochsalzlösung, die auf der Haut fast kein Gefühl hinterläßt, bei totaler Dunkelheit und Stille und bei minimalen Geruchs-, Geschmacks- und Atemempfindungen setzen bei Testpersonen Halluzinationen ein. Ähnlich wie ein Fernsehgerät, das auf einen nicht belegten Kanal eingestellt ist, fährt der menschliche Geist seine Verstärker hoch und sucht verzweifelt nach einem Signal. Dabei werden die Theorien, die er zur Interpretation der einlaufenden sensorischen Störgeräusche anbietet, immer ungeordneter. Unser Geist ist grundsätzlich auf einen physischen Körper und den entsprechenden Input zugeschnitten, und wenn wir noch nicht einmal über simulierte Sinneseindrücke verfügen, ist damit zu rechnen, daß unser Geist seine Funktion einstellt. Zwölf Stunden in einem Isoliertank sind z.B. bereits ein Schritt in diese Richtung. Im Bereich der Telepräsenz und der virtuellen Realität wird auch in den extremsten Konzepten der völlige Wegfall der Körperlichkeit insofern vermieden, als dem

Geist zu jeder Zeit ein kohärentes sensorisches und motorisches Abbild eines Körpers angeboten wird, das entweder von einem tatsächlich vorhandenen, ferngesteuerten Roboter oder aber einer Computer-Simulation stammt. In diesen Konzepten wird zwar manchmal angenommen, daß ein Mensch ohne physischen Körper existieren kann, aber die Illusion eines Körpers ist immer vorhanden.

Andererseits existieren in unseren Computern bereits viele Wesenseinheiten, die einem körperlosen Geist ähneln. Fast alles, was in unseren Computern abläuft, ist schließlich körperlos. So weiß z.B. ein Schachprogramm für einen Computer nichts von Schachfiguren und Schachbrettern, nichts vom starren Blick des Gegenspielers oder von den Scheinwerfern eines Schachturniers. Auch interne Simulationen dieser physischen Attribute sind nicht vorhanden. Ein solches Programm denkt ausschließlich in Form von sehr effizienten, kontaktmathematischen Darstellungen von Positionen und Schachzügen. Für menschliche Spieler werden diese internen Darstellungen in erkennbare grafische Darstellungen auf einem Bildschirm übersetzt, aber diese Bilder bedeuten dem Programm nichts, das die Schachzüge durchführt. Seine Gedanken sind reiner Schach. Somit sind die Gedanken und Gefühle – das Bewußtsein – eines solchen Schachprogramms rein – ohne den geringsten Einfluß der physischen Welt oder anderer Welten. Viel eher noch als ein menschlicher Geist, der in einem simulierten Körper in einem Computerspeicher lebt, ist ein Schachprogramm Geist ohne Körper.

Stellen wir uns nun einmal eine Welt der Zukunft vor, in der – vielleicht in 100 Jahren – die Programme für Schach, Mathematik, Physik, Technik, Kunst, Wirtschaft usw. sich soweit entwickelt haben, daß sie dem menschlichen Geist ebenbürtig sind. Wir haben es also mit Programmen zu tun, die genauso intelligent sind wie der Mensch; es handelt sich jedoch immer noch um Programme. Die Gedanken dieser Programme befassen sich jeweils mit ihrer eigenen Aufgabe, nicht aber mit der Steuerung von Armen oder Augen. Stellen wir uns weiter vor, daß ein Großteil des bewohnten Universums – und dies ist eine weit extremere Spekulation – in ein Computernetz (ein kleineres Netzwerk wäre vielleicht angebrachter) umgewandelt worden ist, eine Art kybernetischer Raum, in dem Programme dieser Art neben menschlichen Geist-Programmen und deren Körpersimulationen existieren.

Wir haben es also hier mit einem Computer-Netzwerk zu tun, in dem Programme, die nur denken, neben simulierten Menschen existieren, die über simulierte Körper verfügen, wobei alles in diesem kybernetischen Raum miteinander in Beziehung steht. Nehmen wir nun einmal an, daß all diese Wesenseinheiten sich in einer Art freiem Markt dadurch ihren Lebensunterhalt verdienen, daß sie die Früchte ihrer Arbeit für das verkaufen, was für sie lebensnotwendig ist. Lebensnotwendig in einer solchen Welt wäre Speicherplatz, Computerzeit. Der Speicherplatz wird benötigt, um die Beschreibung des eigenen Ego zu speichern, während die Rechenzeit benötigt wird, um diese Beschreibung zu aktivieren und damit die eigenen Absichten durchzuführen – oder auch nur Absichten zu entwickeln. Manche Wesenseinheiten leisten dabei eine Art manuelle Arbeit, indem sie bislang unerschlossene Teile des Universums in kybernetischen Raum umwandeln oder aber die Leistungsfähigkeit bereits erschlossener Teile verbessern und damit Wert schöpfen. Andere wiederum beschäftigen sich mit technischen oder physikalischen Problemen, deren Lösung wiederum den in der Erschließung tätigen Einheiten neue Möglichkeiten bietet, weitere Rechenkapazitäten aufzubauen und somit das Rohmaterial für den kybernetischen Raum zu schaffen. Andere wiederum schaffen Programme, die in die geistige Kapazität von Individuen übernommen werden können. Mit anderen Worten: Sie schaffen Hilfsprogramme, wie man es in der Computersprache nennt – Programme, in denen bestimmte Fähigkeiten niedergelegt sind. Diese Programme können in ein denkendes Programm integriert werden und verleihen ihm eben diese Fähigkeiten. In unserer Welt der Zukunft könnten solche Programme vermutlich auch in einen menschlichen Geist integriert werden und ihm neue Fähigkeiten verleihen. Diese Entdeckungen und Erfindungen werden für Speicherraum und Rechenzeit eingetauscht. In dieser Welt gibt es auch Wesenseinheiten, die gegen Provision als Makler fungieren, Kontakte knüpfen und für ihre Klienten Abschlüsse aushandeln, wiederum im Austausch mit Rechenzeit und Kenntnissen. Diese Makler, wie man sie nennen könnte, sind selbst Programme bzw. simulierte menschliche Wesen. Wiederum andere fungieren als Banken, die Ressourcen speichern und verteilen und Rechenzeit, Speicherplätze und Informationen kaufen und verkaufen. Andere wiederum ließen sich als Künstler einstufen, deren Schöpfungen zwar nicht unbedingt zu greifbaren Ressourcen führen, für die Kunden aber aus bestimmten idiosynkratischen Gründen wertvoll sind und zu Preisen gehandelt werden, die rein subjektiv schwanken. Einige Bewohner dieser kybernetischen Welt werden wohl nicht in der Lage sein, sich ihren Existenzunterhalt mit ihrer Wertschöpfung zu verdienen. Sie sind dazu verurteilt, entweder zu schrumpfen und zu verschwinden oder aber mit anderen zu verschmelzen, während wieder andere Wesenseinheiten Erfolg haben und wachsen.

Am nächsten kommt dieser Art Wirtschaft im kybernetischen Raum heutzutage das Wechselspiel von Wachstum, Evolution, Zerstückelung und Verschmelzung im geschäftlichen Bereich, in dem die Handlungsmöglichkeiten der Firmen hauptsächlich von ihrem wirtschaftlichen Erfolg abhängen. Wir haben also heute bereits ein solches Geschäftsleben, in dem sich alles bewegt.

In einem kybernetischen Raum wäre ein menschliches Wesen wohl relativ erfolglos. Umgeben von angepaßten künstlichen Intelligenzen, die hierhin und dorthin flitzen, Erfindungen und Geschäfte machen und sich laufend so umkonfigurieren, daß der Umgang mit den Transaktionsdaten möglichst erleichtert wird, würde ein menschlicher Geist sich plump in einer völlig unangepaßten Körpersimulation bewegen, vergleichbar etwa einem Tiefseetaucher, der in einem Anzug in einer Schule akrobatischer Delphine herumstapft. Jede Interaktion in dieser Welt von Daten müßte für ihn in Form einer erkennbaren quasiphysikalischen Einheit analogisiert werden. Andere Programme könnten z.B. als Tiere, Pflanzen oder Dämonen dargestellt werden; und Datensätze als Bücher oder Schatzkisten; Bilanzeinheiten als Geldmünzen oder Gold. All das nur, um die Illusion eines Körpers aufrechtzuerhalten, selbst in einer Welt, die aus reinen Daten besteht. Die Aufrechterhaltung dieser Fiktionen verteuert die Geschäftsführung genauso wie den Betrieb der Geist-Maschine, die diese physikalischen Simulationen wiederum für den menschlichen Geist in seiner Downloading-Existenz in Abstraktionen umwandelt. Das Ganze ähnelt einer Verdoppelung der Gemeinkosten, einmal für die Simulation einer physischen Realität, zum anderen für die Nachbildung der internen Maschinerie, die diese scheinbare physische Realität in mentale Konzepte umwandelt.

Zwar werden einige menschliche Wesen zweifelsohne Nischen finden, in denen sie unter Ausnutzung ihres barocken Aufbaus Kunst mit einem menschlichen Beigeschmack schaffen. Wieder andere werden vielleicht dem wirtschaftlichen Anreiz erliegen, ihre Schnittstellen an den kybernetischen Raum anzupassen. Zunächst könnte man in diesem Zusammenhang die Simulation des eigenen Körpers zusammen mit denjenigen geistigen Elementen eliminieren, die für die Interpretation von sensorischen Daten zuständig sind. Diese Elemente könnten durch einfachere integrierte Programme ersetzt werden, die im Bewußtsein in etwa denselben Effekt erzeugen. Damit würde sowohl die physische Simulation des eigenen Körpers als auch derjenige Teil des simulierten Geistes entfallen, der die physische Welt in mentale Konzepte umdeutet. Ersetzt würde das Ganze durch schnellere, effizientere Programme, die die Datenkonzepte der kybernetischen Welt in die mentalen Konzepte eines simulierten menschlichen Geistes umwandeln. Dieser Geist würde die kybernetische Welt immer noch als einen Ort mit Farben, Gerüchen, Gesichtern usw. sehen, aber es würden nur diejenigen Einzelheiten dargestellt, die für das Bewußtsein tatsächlich auffällig sind, nicht jedoch alle anderen physischen Einzelheiten, die wir gar nicht bemerken. Trotz alledem wären wir immer noch im Nachteil gegenüber den echten künstlichen Intelligenzen, die für die Interaktion mit dem kybernetischen Raum optimiert sind, während wir immer noch in physischen Analogien denken.

Wenn wir uns und unsere Funktionsfähigkeit also noch weiter verbessern wollen, könnten wir in Betracht ziehen, auch einige unserer innersten mentalen

Prozesse durch Programme zu ersetzen, die besser an den kybernetischen Raum angepaßt sind. Diese Programme wären vermutlich von künstlichen Intelligenzen käuflich zu erwerben, die sich auf ihre Entwicklung spezialisiert haben. Auf diese Weise würden wir diesen Intelligenzen Stück um Stück ähnlicher. Schließlich und endlich könnte unser Denken vollständig von jeder Spur unseres ursprünglichen Körpers und überhaupt irgendeines Körpers befreit werden. Der so entstehende körperlose Geist wäre zwar etwas Wunderbares im Hinblick auf die Klarheit seiner Gedanken und die Tiefe seiner Einsicht, aber er wäre keineswegs menschlich. In einem solchen Fall hätten wir zunächst unser Äußeres und danach unser Inneres in etwas ganz anderes umgewandelt, etwas, das meiner Meinung nach zwar wünschenswert sein könnte, um dessentwillen wir aber auch das hinter uns lassen müssen, was wir einmal gewesen sind. Hier nun endet meine kleine Spekulation.

Was hier vor uns liegt, kann zumindest als die Entwicklung einer neuen Lebensform bezeichnet werden – oder aber als etwas noch Radikaleres. Während der letzten zwei oder drei Milliarden Jahre hat sich das Leben auf dieser Welt dadurch verbessert und fortgepflanzt, daß auf DNA-Molekülen festgehaltene Informationen von einer Generation zur nächsten weitergereicht wurden. Diese großartige Erfindung wurde vor etwa drei Milliarden Jahren gemacht, und sie hat das gesamte Geschehen auf dieser Welt von Grund auf verändert. Vor dieser Erfindung gab es nichts als Chemie. Danach gab es lebende Kreaturen, aus denen sich mit der Zeit Gazellen und Adler und menschliche Wesen entwickelten. Diese menschlichen Wesen wiederum haben der Gleichung ein neues Element hinzugefügt – oder vielleicht waren es nicht erst die Menschen, vielleicht fing es schon bei den früheren Säugetieren an. Dieses neue Element ist der Lernprozeß, der es ermöglicht, Informationen an zukünftige Generationen sozusagen von Geist zu Geist weiterzugeben. Anfänglich geschah das auf dem Wege der Imitation, später durch die sprachliche Übermittlung. Das Erbe, das in dieser kulturell bedingten Form niedergelegt ist, mehrt sich sehr schnell.

Die Verfahren zur Weiterentwicklung unserer kulturellen Informationen über das Universum und über unser Leben in diesem Universum sind wesentlich effizienter. Hierzu gehören auch die Techniken zur Vorhersage der Zukunft, die wir als Intelligenz bezeichnen und die es uns ermöglichen, viele Fehler zu meiden. Hierzu gehört auch die Weitergabe erlernter Fakten von Ort zu Ort, die wir als Kommunikation bezeichnen. Sex ist das biologische Äquivalent hierzu, aber es ist nicht annähernd so wirksam wie die Kultur-Version.

Somit wächst der kulturelle Anteil unseres Erbes stetig, und wir leben auf ihm wie auf einem Substrat.

Nach der Erfindung des Alphabets wurde der Großteil unserer Informationen nicht mehr im Gedächtnis oder im Geist aufbewahrt, sondern außerhalb unseres Körpers in Bibliotheken und ähnlichen Einrichtungen. Nach der Erfindung von Maschinen, die zu Rechen- und Denkprozessen in der Lage sind, bekamen diese Informationen Leben eingehaucht. Sie können sich nunmehr selbst verarbeiten. Sie entwickeln sich außerhalb unserer Köpfe und unserer Körper. Darüber hinaus läuft dieser Prozeß ständig schneller ab, beschleunigt durch die eigenen Entwicklungen. Die jetzige Computergeneration wurde mit Hilfe der vorangegangenen Generation konstruiert und hätte auch nicht anders konstruiert werden können – sie ist zu komplex.

Wegen dieser Beschleunigung läßt sich nun voraussehen, daß irgendwann – vielleicht nicht innerhalb meines eigenen Zeithorizonts, aber innerhalb eines geologisch nicht allzu weit entfernten Horizonts – Informationen in der Lage sein werden, unabhängig von uns zu leben, vermutlich in der Form von Maschinen, die sich selbst reproduzieren und ihre eigenen Nachfolger konstruieren.

Dann wird es auf dieser Welt etwas geben, das sich gegenüber dem biologischen Leben so verhält wie das biologische Leben gegenüber der Chemie. Als die hauptsächliche Erfindung des biologischen Lebens kann die Darwinsche Evolution bezeichnet werden, die in Wirklichkeit nichts weiter ist als die Fähigkeit, aus Fehlern der Vergangenheit zu lernen. Eigentlich werden lediglich Versuche in dieser oder jener Richtung in Form organischer Mutationen unternommen. Die Fehlschläge sterben aus; die erfolgreichen Varianten vermehren sich, werden sozusagen in Serie hergestellt. So hat das Leben aus seinen Fehlern gelernt. Es hat seine Fehler begraben und seine Erfolge vervielfältigt.

Die Intelligenz bietet nicht nur, wie das Leben, Zugang und damit die Möglichkeit, im kleinen Maßstab zu planen. Wie gesagt – nur im kleinen Maßstab, genug, um die Evolution zu beschleunigen, aber nicht genug, um alle Konsequenzen vorherzusehen. Das Ganze hat durchaus noch einen darwinistischen Beigeschmack.

Im wesentlichen wollte ich zum Ausdruck bringen, daß wir es hier nicht lediglich mit einem neuen Hilfsmittel oder mit einem neuen Verfahren für menschliche Belange zu tun haben; wir stehen vor etwas, das im Rahmen des Geschehens auf dieser Erde völlig neu ist, und es wäre unvernünftig anzunehmen, daß wir in der Lage sind, diesen Prozeß weitgehend zu formen oder zu steuern, der vermutlich in fast jeder Hinsicht astronomisch über uns hinauswachsen wird.

Neuronale Netze – eine extraterrestrische Perspektive

Rolf Eckmiller

Leben macht nur dann einen Sinn, wenn es nicht nur um das langfristige, ja ewige Überleben der Menschheit geht, sondern wenn die Menschheit auch über viele Generationen hinweg einem Entwicklungsziel zustrebt.

Unter Verwendung der zur Zeit üblichen, aber höchst primitiven Kommunikations-Methodik, nämlich unserer gegenwärtigen Sprache, kann ich auch formulieren: Wir als biologische neuronale Netze mit einem sehr begrenzten mentalen Fassungsvermögen, oder bildlich gesprochen mit einer sehr kleinen Leselupe, beginnen gerade erst, mit Begriffen der Information und Informationsverarbeitung zu hantieren und entsprechende Technologien zu entwickeln.

So ganz unscharf am Horizont werden auch Überlegungen zum Überleben der Menschheit erkennbar. Daraus entwickelt sich ganz langsam eine Änderung der Aufmerksamkeitszuwendung vom Begriff der *Information* auf den Begriff der *Weisheit,* zunächst der *Überlebens-Weisheit.* Es geht für die Menschheit aber nicht nur schlicht ums Überleben, sondern es geht um das Anstreben eines langfristigen Entwicklungszieles, welches bei der Konstruktion des Universums einschließlich der Menschen mit angelegt wurde, welches sich aber wegen der zu geringen Größe unserer mentalen Leselupe unserem Fassungsvermögen entzieht. Hieraus folgt die Notwendigkeit, langfristig nicht nur nach Überlebens-Weisheit zu streben, sondern der Zielorientierung dadurch gerecht zu werden, daß wir – in unseren sehr unbeholfenen Worten – eine *Ziel-Weisheit* und insbesondere hierfür nützliche technische neuronale Netze entwickeln. Mit Recht wird man hier jetzt an Utopien denken, die dementsprechend naturwissenschaftlich oder philosophisch nur sehr locker verankert sind. Andererseits steht die *Globale Zukunftsvorsorge* auf der Tagesordnung der Menschheit (vgl. Hohmann 1991), und wir verfallen oft in Hoffnungslosigkeit bezüglich Ressourcen-Raubbau, Umwelt-Ruin, Bevölkerungs-Explosion und Kriegsaktivitäten auf unserem gegenwärtigen Heimat-Planeten. Nach unserer Meinung liegt dies vor allem an unserem Unwillen, aus der geringen Größe unserer mentalen Leselupen die nötigen Schlußfolgerungen zu ziehen.

Was ist eine Extraterrestrische Perspektive (ETP)?

Mit unserer kleinen mentalen Leselupe können wir verschiedene Brennweiten einstellen und so in verschiedenen Disziplinen, zum Beispiel der Biologie arbeiten:

Molekularbiologie – Zellbiologie – Verhaltensbiologie – ???

Folgen Sie bitte bei folgendem Gedankenexperiment:

Wir befinden uns in einem verlassenen Raumschiff in der Nähe des Planeten Terra und sind als *Planetarbiologen* tätig, die das Globalverhalten intelligenter Lebewesen auf verschiedenen Planeten so studieren, wie Zoologen sich zum Beispiel für Ameisenhaufen interessieren.

Abbildung 1 zeigt schematisch unsere Situation. Aus großer Entfernung betrachten wir aus einer extraterrestrischen Perspektive ETP durch unsere kleine Leselupe die Aktivitäten auf Planet Terra.

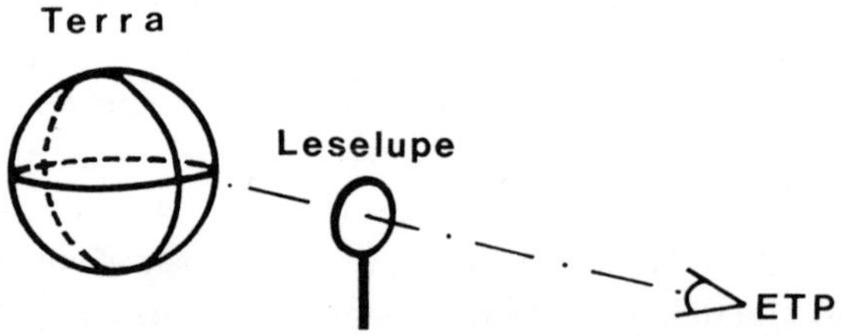

Abb. 1: Betrachtung des Planeten Terra als ›Planetarbiologe‹ durch eine kleine Leselupe aus einer extraterrestrischen Perspektive (ETP)

Wir erkennen sehr bald drei besonders aktive Regionen oder Kolonien, nämlich Europa, Japan und USA, die offenbar gerade dabei sind, eine große Zahl von Technologien zu entwickeln, die später essentiell notwendig sein werden, um nicht nur zu überleben, sondern auch eine Zielorientierung für die Menschheit auf Planet Terra zu schaffen.

Abbildung 2 zeigt schematisch, wie sich in der gegenwärtigen kritischen Phase die Global-Parameter: Ressourcen, Abfälle und Bevölkerung mit der Zeit so verändern, daß bei längerer Fortsetzung dieses Trends der Planet schon in wenigen Jahrzehnten unbewohnbar sein wird. Gleichzeitig wächst aber rasch die Zahl der von den Terra-Wesen entwickelten technologischen Möglichkeiten.

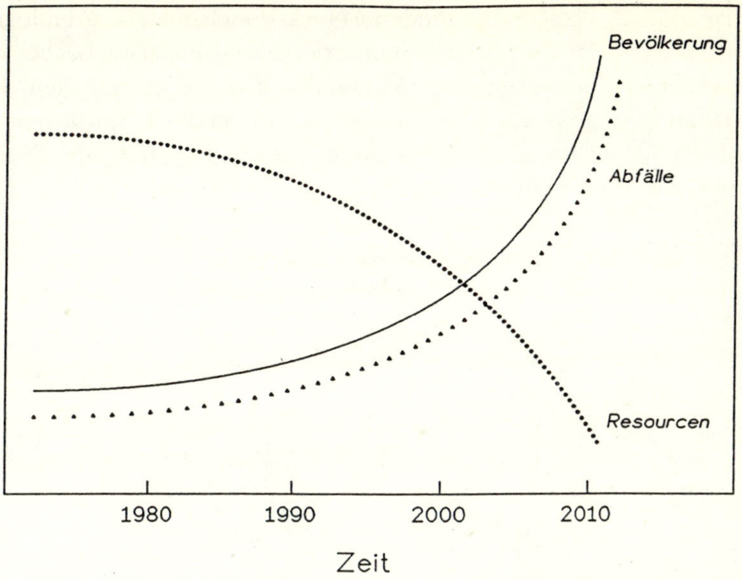

Abb. 2: Schema für den Zeitverlauf einiger Global-Parameter

Aus unserer ETP-Sicht als Planetarbiologen bietet sich hier ein faszinierendes Schauspiel:

Wird es den Terra-Wesen mit Hilfe ihrer als Forschungstrieb maskierten, in ihre neuronalen Netze fest einprogrammierten Fähigkeiten zur Entwicklung von Hilfsmitteln, die Terra-Wesen nennen es wohl Technik, gelingen, rechtzeitig die erforderliche Überlebens-Weisheit und dann sogar Ziel-Weisheit zu gewinnen, bevor ein globaler Kollaps eintritt, oder werden regionale Konflikte, nämlich Kriege, die Entwicklung vorher abbrechen?

Abbildung 3 zeigt schematisch, wie die dominanten Industrieregionen Europa, Japan und USA gegenwärtig über Ströme von wissenschaftlichen Ideen, Know-how, Produkten und Profiten (vgl. Eckmiller 1991) miteinander in Verbindung stehen. Alle drei Regionen sind nahezu ausschließlich auf regionale Dominanz oder auch Hegemonie bedacht. Es gibt keine Instanz, keine Lobby für den Planeten Terra als komplexes Gesamt-System. Die meisten Produkte, die die einzelnen Regionen sich gegenseitig aufschwatzen, um mit den daraus entstehenden Profiten ihr Spiel weiter finanzieren zu können, zeigen jedenfalls aus ETP-Sicht deutlich, wie naiv und kindisch die Terra-Wesen noch mit ihren Technik-Produkten umgehen. Viele Unterhaltungsmedien-Produkte, wie Fernseher oder

Walkmans zum Beispiel, stellen moderne Nuckelflaschen für diese biologischen neuronalen Netze dar, die noch kaum in der Lage sind, diese Spielsachen als solche zu erkennen. Ebenso verhält es sich mit den Waffen-Technologien, die ihre Rechtfertigung in gewissen Programmen der biologischen neuronalen Netze dieser Terra-Wesen finden und mit merkwürdigen Begriffen wie ›Ehre‹ und ›Macht‹ beschrieben werden.

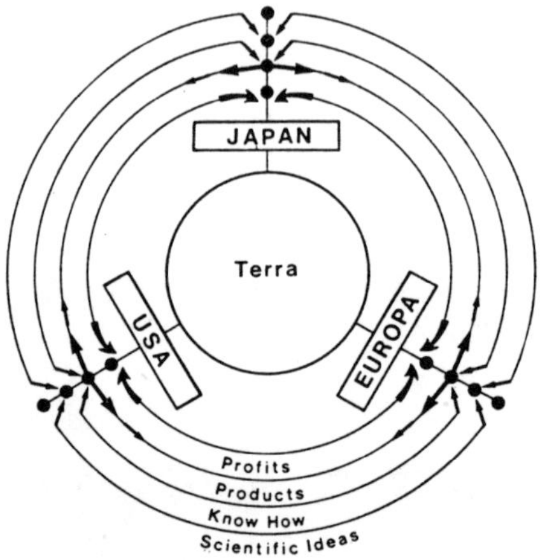

Abb. 3: Schema der drei wichtigsten Industrie-Regionen, die sich gleichermaßen um regionale Hegemonie durch Umwandlung von Forschungs-Import über Produkt-Export in Profit-Maximierung bemühen

Eine besondere Rolle spielt sicher die Entwicklung von Computern, die von Anfang an auch als Elektronen-Gehirne klassifiziert wurden. Offenbar gibt es gewisse neuronale Programme, die meist im Hintergrund ablaufen, die die Terra-Wesen nach dem Sinne ihres Lebens, nach ›Wer und was bin ich?‹ fragen lassen. In der Tat gibt es dort schon lange Experten für diese Programme, für diese neuronale Software, wie etwa Philosophen, Theologen, Psychologen, Psychiater oder Politiker. Viele von ihnen sind offenbar gefangen in festen Modell-Vorstellungen, also Programmen, die regionalen Traditionen verhaftet sind und kaum Platz für Erweiterungen oder Modernisierungen je nach globalem Wissensstand zulassen. Als Resultat sind viele dieser ›Software-Experten‹ hauptsächlich damit befaßt, globale Trends entweder wider besseren Wissens zu verdrängen oder vor der Komplexität des Systems Terra wegen ihrer viel zu kleinen Leselupe zu kapitulieren und diesen Sachverhalt in Weltuntergangs-Prognosen zu übersetzen.

Im folgenden wollen wir aus der ETP-Sicht besonders die Entwicklung von Computer-Technologien betrachten und uns anschließend der Frage zuwenden, ob und wie neue Computer-Technologien dabei helfen können, eine Lobby für Planet Terra zu bilden, globale Zukunftsvorsorge als Aufgabe lernfähiger (neuronaler) High Performance Computer zu beschreiben und letztendlich einen Beitrag zur Entwicklung von Ziel-Weisheit für die Menschheit leisten.

Menschliche neuronale Netze bauen Computer und technische neuronale Netze

Als Resultat vielfältiger Interaktion zwischen biologischen neuronalen Netzen, nämlich menschlichen Gehirnen (mit angekoppelten Sinnesorganen und motorischen Systemen), mit der physikalischen Außenwelt, begannen diese Gehirne, gewisse Regelmäßigkeiten zu registrieren. Diese Regeln wurden später als mathematische Theoreme oder physikalische Gesetze formuliert und stellen das gemischte Ergebnis von raum-zeitlichen Vorgängen in der physikalischen Außenwelt und im menschlichen Gehirn dar. Mathematik hatte immer schon starke Verbindungen zur Philosophie und nur sparsame Verbindungen zu den Naturwissenschaften und entwickelte sich historisch hauptsächlich aus zwei großen Theorie-Räumen: Algebra einerseits und Geometrie andererseits.

Abbildung 4 zeigt schematisch die Zuordnung verschiedener Computer-Technologien zu mathematischen Räumen (vgl. Eckmiller 1990b).

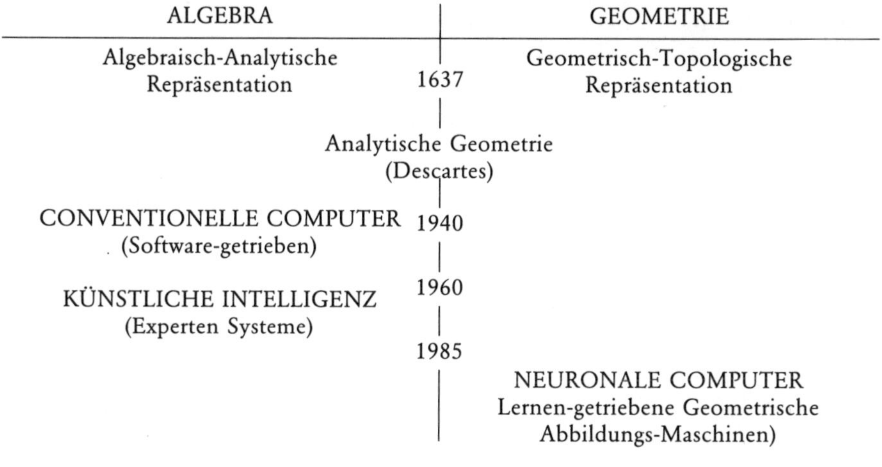

Abb. 4: Schema der Zuordnung verschiedener Computer-Technologien zu zwei verschiedenen mathematischen Theorie-Räumen

Es wird in zunehmendem Maße darüber spekuliert, welcher Zusammenhang bestehen kann zwischen der Präferenz einzelner Wissenschaftler für geometrisch-topologische Beschreibungen und einer Dominanz der rechten Hirn-Hälfte einerseits (Beispiele: Lobatschewskij, Riemann) und einer Präferenz für algebraisch-analytische Beschreibungen und einer Dominanz der linken Hirn-Hälfte andererseits (Beispiele: Boole, Lagrange). Auf jeden Fall sollten wir uns immer vergegenwärtigen, daß die verschiedenen mathematischen Theorie-Räume das Ergebnis der besonderen Struktur und Funktion menschlicher neuronaler Netze sind und daher ein nichtlinear verzerrtes und eingeschränktes Bild der physikalischen Außenwelt liefern.

Lassen Sie uns hier eine hypothetische Frage stellen:

Ist es nicht denkbar, und falls technisch machbar sogar wünschenswert, technische neuronale Netze zu entwickeln, die nicht vollständig an die von menschlichen neuronalen Netzen erdachten Theorie-Räume gebunden sind und daher auch ein weniger verzerrtes und weniger eingeschränktes Bild der physikalischen Außenwelt liefern können?

Zurück zur Abbildung 4. Es wird allgemein angenommen, daß ein gegebenes physikalisches Problem P einerseits algebraisch-analytisch und andererseits auch geometrisch-topologisch repräsentiert werden kann. Zum Beispiel kann man die Überlagerung von zwei phasenverschobenen Sinus-Funktionen mit unterschiedlicher Amplitude aber gleicher Frequenz nicht nur analytisch finden, sondern man kann auch geometrisch die resultierende Amplitude und Phase mit einem Lineal und Winkelmesser-Verfahren finden, welches auch Vektor-Addition genannt wird. Von einigen Wissenschaftlern, zu denen wir gehören, wird der fundamentale Unterschied zwischen den beiden Theorie-Räumen Algebra und Geometrie betont und mit der Dichotomie zwischen Wellen-Theorie und Korpuskel-Theorie in der Physik verglichen, während gegenwärtig die häufiger vertretene Auffassung besagt, daß ein gegebenes Problem immer sowohl algebraisch-analytisch als auch geometrisch-topologisch repräsentiert werden kann. Im Jahr 1637 schrieb René Descartes ein Buch-Kapitel: ›La Geometrie‹, in dem er sich mit dem Problem befaßte, wie man für vorgegebene Repräsentationen in einem Theorie-Raum die jeweils äquivalente Repräsentation im anderen Theorie-Raum finden kann. Für sehr viele Probleme schuf Descartes durch seine Erfindung des kartesischen Koordinatensystems erstmals eine Brücke zwischen beiden Theorie-Räumen und wurde damit zum Vater der Analytischen Geometrie, deren Haupt-Thema die Ermittlung von jeweils äquivalenten Repräsentationen ist.

Eine weitere hypothetische Frage ist:

Gibt es eventuell physikalische oder Informationsverarbeitungs-Probleme, für die gegenwärtig nur Repräsentationen in einem der beiden Theorie-Räume existieren, so wie eine

Reihe von physikalischen Beobachtungen nur entweder mit der Wellen-Theorie oder nur mit der Korpuskel-Theorie beschrieben werden können?

Behalten wir auch diese Frage im Gedächtnis und wenden uns wieder der Abbildung 4 zu. Etwa um 1940 wurde die Entwicklung der heute verbreiteten Software-getriebenen Computer begonnen. Diese Computer-Technologie, die heute auch massiv-parallele, Vektor- oder Super-Computer einschließt, wird hier dem algebraisch-analytischen Theorie-Raum zugewiesen, weil jedes zu bearbeitende physikalische Problem P in Form von Gleichungen analytisch repräsentiert werden muß, bevor es als Software dem Computer zur Bearbeitung eingegeben werden kann. Damit steht für uns fest, daß die Verwendung dieser Computer-Technologie eine Eingrenzung auf den einen Theorie-Raum bedeutet.

Etwa um 1960 entstanden Bestrebungen, sogenannte ›Intelligente Funktionen‹ für Zwecke der Mustererkennung oder Robotersteuerung technisch zu realisieren und damit in die Domäne biologischer neuronaler Netze einzudringen. Damals stand man vor der Alternative, durch ›Special Software‹ oder durch ›Special Hardware‹ die gewünschten intelligenten Funktionen zu erbringen, und man entschied sich mehrheitlich für Software. Damit war das neue Gebiet der Künstlichen Intelligenz (KI) geboren, dessen Konzept-Quelle die Psychologie war und ist. Man wollte Programme schreiben, die so arbeiten, wie die Psychologen meinen, daß menschliche Intelligenz abläuft. Auch diese Technologie, die zu Expertensystemen führte, ist in Abbildung 4 dem algebraisch-analytischen Theorie-Raum zugewiesen, da auch hier ein zu lösendes Problem zunächst als Gleichungssystem und als Satz von Regeln dargestellt werden muß, bevor es als Software dem Computer zugeführt wird.

Anfang der 80er Jahre entstand bei den KI-Wissenschaftlern und den sie finanzierenden Forschungsförderungs-Institutionen eine zunehmende Unruhe bezüglich der bisher erreichten Leistungen und der sehr großen Kluft zwischen der Leistungsfähigkeit des ›besten‹ Expertensystems und der kleinsten Fliege, die zum Beispiel in Echtzeit kollisions-vermeidende Flugtrajektorien in einem Blätterwald erzeugen kann, ohne sich den Kopf zu stoßen.

Etwa seit 1985 gibt es das Forschungsgebiet der Neuroinformatik (vgl. Eckmiller 1990a), in den USA auch bekannt als ›Neural Networks for Computing‹ oder als ›Connectionism‹, welches nach exakt den gleichen ›Intelligenten Funktionen‹ strebt wie die Künstliche Intelligenz. Insofern wird die Neuroinformatik auch in zunehmendem Maße gemeinsam mit KI betrachtet.

Die Neuroinformatik überträgt Konzepte der Hirnforschung auf die Entwicklung lernfähiger, neuronaler Computer. Diese neue Technologie der neuronalen Computer ist in Abbildung 4 dem geometrisch-topologischen Theorie-

Raum zugeordnet. Verkürzt gesagt sind neuronale Computer also Netze, die aus vielen einzelnen Prozessoren bestehen, deren Verbindungskontakte (Synapsen) während eines Lernvorganges ihren Verstärkungsfaktor (auch »Gewicht« genannt) ändern. Es werden Abbildungen von Muster-Räumen auf Klassifikations-Räume oder von sensorischen Trajektorien auf motorische Trajektorien gelernt, ohne daß es einer analytischen Repräsentation der erwünschten Abbildungsfunktion bedarf. In der Tat darf vermutet werden, daß auch die Fliege bei der Erzeugung ihrer Flugbahn ohne eine algebraisch-analytische Repräsentation auskommt. Die Fliege könnte auch keinen Cray-Computer auf ihrem Rücken herumschleppen, der zur Berechnung der Differentialgleichungssysteme in Echtzeit mindestens erforderlich wäre. Können biologische oder technische neuronale Netze also zaubern? Ja und nein. Ja, weil wir als biologisch neuronale Netze gern alles, was wir nicht verstehen, als Zauberei beschreiben. Nein, weil die Vorgänge in diesen geometrischen Abbildungsmaschinen auf Detail-Ebene, also auf Prozessor- oder Neuron-Ebene sehr gut verständlich sind. Stark vereinfacht gesagt, baut man sich adaptive neuronale Netze als Fehler-Minimierer. Hier hilft der biologische Existenz-Beweis. Wenn ein Kleinkind zum Beispiel lernt zu greifen, verstellt es sehr viele synaptische Gewichte von Teilen seines neuronalen Netzes auf der Basis des Fehlers zum Beispiel zwischen Sollwert (= rote Kugel auf dem Tisch) und Istwert (= greifende Hand). Das Sehsystem des Kindes meldet die Fehlerinformation an andere Hirnregionen und veranlaßt dadurch, daß die nächste Greifbewegung schon etwas näher ans Ziel kommt. In der Tat gibt es in der Technik sehr viele Fehler-Minimierer, also Regelkreise oder adaptive Filter. In neuronalen Netzen werden nur die Verfahren der Fehler-Minimierung verbessert und ergeben dadurch einerseits Fehlertoleranz und andererseits die Fähigkeit zur Generalisierung oder Interpolation. Das Kind, welches einmal gelernt hat, vom Sehsystem vorgegebene Objekte im Raum zu ergreifen, kann diese Fähigkeit auch auf konkrete Greif-Aufgaben anwenden, die in der Trainings-Phase gar nicht vorkamen. Vergleichbare Generalisierungsleistungen sind heute bereits von diversen neuronalen Computern zu erbringen und werden erfolgreich zur Erkennung visueller oder auditorischer Muster und zur Kontrolle motorischer Systeme sowie zur Prädiktion des dynamischen Verhaltens komplexer Systeme eingesetzt oder zumindest erprobt.

Abbildung 4 zeigt also die Verbindung zwischen den von menschlichen neuronalen Netzen erzeugten mathematischen Theorie-Räumen und zwei zugehörigen Computer-Technologien. In diesem Zusammenhang möchte ich den Hinweis wagen, daß wir als von einer Schöpfungsinstanz (weit jenseits des mentalen Fassungsvermögens unserer Leselupen) verursachte Lebewesen mit biologischen neuronalen Netzen die von uns selbst erzeugten technischen Computer nicht nur als dumme technische Hilfsmittel, sondern in zunehmenden Maße auch als ernstgenommene Berater und eventuell sogar als Partner einsetzen könnten, um damit die Größe unserer mentalen Leselupe und deren rasche Brennweitenverstellung erheblich zu erweitern. *Computer als Intelligenz-Verstärker.*

Einsatz neuronaler Computer zur Prädiktion komplexer Systeme

Die extraterrestrische Perspektive (ETP) hat mehrere Vorzüge:

1. sie erlaubt es dem einzelnen Menschen, Zusammenhänge zwischen verschiedenen Ereignissen auf unserem Planeten Terra zu erkennen,
2. sie korrigiert das Bild übergroßer Wichtigkeit des Menschen relativ zum Universum und erlaubt eine bescheidenere Sicht.

Wenn nun eine sinnvollere Verbindung zwischen ETP-Sicht, unserem Selbstverständnis als biologische neuronale Netze und unserer wachsenden Fähigkeit zum Bau technischer lernfähiger neuronaler Netze hergestellt wird, so ergibt sich für mich folgende aufregende Möglichkeit:

In einem international angelegten Programm werden lernfähige High-Performance Computer mit Satelliten-Systemen zur Meßdaten-Erfassung gekoppelt, um diverse überregionale oder gar globale komplexe Systeme mit dem Ziel der Prädiktion zu simulieren. Die Anwendungen können Aspekte der Wettervorhersage, der Hydrologie, der Atmosphären-Parameter Beobachtung (u.a. Ozon-Verteilung; vgl. Seinfeld 1988) auf globaler Ebene, der Ressourcen-Überwachung, Smog-Bildung oder Verkehrsstrom-Beobachtung auf regionaler Ebene beinhalten.

Grundsätzlich zeichnen sich komplexe Systeme insbesondere bei Auftreten von Nichtlinearität, Zeitvarianz und Chaos dadurch aus, daß ihr dynamisches Verhalten algebraisch-analytisch nicht vollständig oder auch nur näherungsweise erfaßbar ist. Dies hat beim Einsatz konventioneller Prädiktions-Verfahren, nämlich verschiedener Varianten der Zeitreihen-Analyse unter Verwendung Software-getriebener Computer, zur Folge, daß eine große Zahl unrealistischer Annahmen gemacht werden muß und daß insbesondere chaotische Systeme bisher kaum erfaßbar sind (vgl. Sugihara/May 1991, Tong 1990, Weigend u.a. 1990). Es ist erfreulich zu beobachten, daß in den letzten zwei bis drei Jahren adaptive neuronale Netze erfolgreich zur Simulation chaotischer komplexer Systeme eingesetzt werden konnten (vgl. Lapedes/Farber 1987, West/Harrison 1989).

Strategische Aspekte zur Entwicklung der Neuroinformatik in Europa

Im Jahre 1991 wurden in Europa, Japan und USA sehr große Computer-Förderungsprogramme im Bereich Neuronale Netze und High-Performance Computer unter Verwendung gigantischer Steuermittel gestartet:

In Europa handelt es sich um ESPRIT III mit signifikanten Neuroinformatik-Anteilen und um das Europäische High-Performance Computer Programm.

In Japan kommt das vom MITI geförderte Programm Real World Computing (RWC) gerade in Gang.

In den USA wird gerade eine High-Performance Computing and Communications Initiative beschlossen.

Alle diese Programme sind nur auf regionale Dominanz – auch Erhalt der Wettbewerbsfähigkeit genannt – bedacht.

Aus strategischer Sicht hat Europa die einmalige Chance, hier die Initiative zu ergreifen und diese Computer-Technologie Entwicklungen mit Erfolgen bei der globalen Zukunftsvorsorge zu koppeln. Im Fachjargon spricht man von ›*Occupying the Ethical High Ground*‹. Die Europäische Initivative, für die es im Bereich der Europäischen Gemeinschaft (ESPRIT) und in der Bundesrepublik Deutschland bereits erste Vorbereitungen gibt, würde die *Entwicklung von lernfähigen neuronalen Computern und von zugehörigen Satelliten-Technologien für Zwecke der Globalen Zukunftsvorsorge* beinhalten.

Damit würde nicht nur eine erhebliche Akzeptanz-Verbesserung der Computer- und Raumfahrt-Technologien in der Gesellschaft möglich, sondern erstmals würde eine politische Instanz Verantwortung für unseren Planeten insgesamt übernehmen.

Zusammenfassung und Schlußthesen

1. Menschen als biologische neuronale Netze sind so geschaffen – konstruiert – programmiert, daß sie über viele Generationen hinweg nicht nur Überleben sichern, sondern auch einem Entwicklungsziel zustreben.
2. Die menschliche Fähigkeit, technische Hilfsmittel inklusive Computer zu bauen, ist Teil ihres biologischen ›Bauplanes‹ und dient dazu, das jenseits ihres mentalen Fassungsvermögens liegende langfristige Entwicklungsziel anzustreben.

3. Computer, inklusive lernfähiger neuronaler Computer stellen eine Schlüssel-Technologie dar, nicht so sehr wegen wachsender Marktanteile für häufig sinnlose oder gar zerstörerische Applikationen, sondern wegen ihrer extrem großen Bedeutung als Berater und Partner von Menschen. Insbesondere neuronale Computer haben das Potential zum Einsatz als Intelligenz-Verstärker, als ›Zusatz-Optik mit Zoom‹ für die eigene mentale Leselupe.
4. Die Existenz neuronaler Computer mit gegenwärtig zwar zunächst nur in kleinen Teilbereichen ebenbürtigen oder gar den Menschen überlegenen Funktions-Eigenschaften eröffnet den Menschen eine neue Sicht ihres eigenen Wesens, ihrer eigenen Grenzen und ihrer Beziehung zu technischen Produkten.
5. Es ist nicht so, daß die Menschheit wie der außer Kontrolle geratene Zauberlehrling dem in ihr angelegten Entwicklungsziel irreversibel schaden kann. Vielmehr bietet Entwicklung der Technik extrem weitreichende Möglichkeiten zur globalen Zukunftssicherung.
6. Gerade in der Phase, in der es auf der Erde gefährlich eng, gefährlich schmutzig und lebensgefährlich wird, schafft die Menschheit leistungsfähige Technologien, um komplexe Systeme in den Griff zu bekommen und das eigene Bewußtsein von einer regionalen auf eine globale, oder sogar eine extraterrestrische Perspektive neu anzupassen.

Zurück zu unserem Gedankenexperiment. Wir sitzen wieder in dem verlassenen Raumschiff und beobachten Planet Terra. Wir mit dieser ETP-Sicht wissen bereits, daß die Terra-Wesen, die sich zur Zeit noch so emsig um regionale Dominanz abmühen, bald mit ihren in Entwicklung befindlichen neuronalen Computern als Intelligenz-Verstärker den Umschwung zu einem stabilen Welt-System mit einer akzeptablen Balance von Bevölkerungszahl, Abfall-Menge und Ressourcen-Verbrauch schaffen werden. In der Tat träumen einige der Terra-Wesen bereits davon. So fängt diese Umschwung-Phase immer an. Vielleicht träumen Sie auch schon.

Künstliche Intelligenz – Herausforderung für die Zukunftsgestaltung

Ipke Wachsmuth

Die theoretische Künstliche-Intelligenz-Forschung hat sich die folgende Aufgabe gestellt: Jeder Aspekt menschlicher Intelligenz soll so präzise beschrieben werden, daß er durch ein künstliches System – einen Computer – simuliert werden kann. Geht man davon aus, daß Menschen – zumindest als intelligent Handelnde – informationsverarbeitende Systeme sind, ist dies prinzipiell möglich.

Wie steht es mit der Realisation?

Derzeit vermag kein Computer den Turing-Test zu bestehen, nicht einmal für die Dauer weniger Fragen. Selbst eingeschränkte Tests mit eng begrenztem Wissensgebiet und mit unterlassener Tücke und Arglist, wie sie kürzlich in einem großen Wettbewerb in Boston durchgeführt wurden (siehe Spiegel 47/1991), mißlangen: Das Programm »Burgundy Wine« etwa – zunächst gut im Rennen – scheiterte an der Frage, wie weiße und rote Burgunderweine geschmacklich zu unterscheiden seien.

Solche Versuche sind trotz allem nicht ohne Auswirkung: Selbst wenn die Realisierung einer intelligenten Maschine unerreicht ist und bleibt, beginnt die bisherige Forschung über »Künstliche Intelligenz« wichtige Beiträge zum Verständnis des Denkens und des Menschen zu zeigen.

Die Künstliche-Intelligenz-Forschung befaßt sich aber auch mit der Konstruktion von Systemen, die kognitive Leistungen erbringen, um die theoretisch entwickelten Konzepte und Techniken nutzbringend einzusetzen: Auf informationsverarbeitende Maschinen werden Eigenschaften menschlicher Intelligenz, etwa Schlußfolgerungsfähigkeiten, übertragen; dadurch sollen geistige Tätigkeiten des Menschen unterstützt, verstärkt oder entlastet werden. Wissenschaftliches Arbeiten im nächsten Jahrhundert ist kaum ohne solche »intelligenten« Hilfsmittel des Menschen denkbar: Nicht nur die Verwaltung von zunehmend unüberschaubarer fachlicher Information, sondern auch die Beantwortung versuchstechnischer Anfragen, Experimentiervorschläge, Aufarbeitung der Fachliteratur, Überwachung und Kontrolle von Versuchen, selbst Vorschläge interessanter Forschungsthemen könnten vom Computer übernommen werden.

Künstliche Intelligenz stellt eine besondere Herausforderung für die Zukunftsgestaltung dar: Durch den von ihr vertretenen Anspruch, *geistige* Tätigkeiten des Menschen zu formalisieren und auf Maschinen zu übertragen, wird eine neue Qualität technischer Mittel berührt.

Die mit einer »denkenden Maschine« verbundenen Möglichkeiten und utopischen Vorstellungen gehen einher mit Umgestaltungen der Alltags- und Arbeitswelt. Sie berühren die Neubewertung beruflicher Qualifikationen, die Veränderung von Werten, ja selbst des Menschenbildes. Die Implikationen solcher Vorstellungen werden bereits diskutiert, zum Beispiel in einem Ausschuß des VDI im Bereich Mensch und Technik.

Es wird nicht mehr allein darum gehen, ob »intelligente« Funktionen in technischen Systemen realisiert werden, sondern auch darum, ob maschinelle »Akteure« als Kooperationspartner in menschliche Arbeitszusammenhänge eintreten. So etwas wird gegenwärtig unter Schlagworten wie »Verteilte Künstliche Intelligenz – Unterstützung kooperativer Arbeit« als neue Leitvorstellung verfolgt. Die in den Medien dazu diskutierten Fragen schwanken zwischen euphorischen Zukunftsvisionenen einerseits und greifen andererseits menschliche Urängste vor künstlichen Kreaturen auf. Es handelt sich um alte, wiederkehrende Vorstellungen und Träume von Menschen. Im 1952 erschienenen Buch von Rolf Strehl (»Die Roboter sind unter uns«) ist etwa die Rede vom künstlichen Menschen »Sabor«, der Konstruktion eines Schweizer Ingenieurs. Der Roboter konnte 24 verschiedene Bewegungen ausführen, sich unterhalten und – rauchen. Hier ergibt sich für uns die Frage: *Was macht einen Menschen aus?*

Konkurrenz für den Menschen? Bedrohung des Menschseins?

Mit den gegenwärtig begrenzten Erfolgen und möglicherweise inhärenten Schwächen solcher Systeme vertraut, können wir uns schwerlich vorstellen, daß in absehbarer Zeit eine Konkurrenz zum intelligent handelnden Menschen in seiner Gesamtheit erwachsen könnte.

Eine denkende Maschine, die sich ihrer selbst bewußt ist, bleibt vielleicht immer dem Bereich der Science-fiction zuzurechnen. Aber in den geführten Debatten äußert sich das offensichtliche Bedürfnis, sich mit einer solchen Zukunftsvision zu beschäftigen, bevor sie auch nur ansatzweise Realität wird. Denn, die Richtungen, in die sich die Zukunft durch Künstliche Intelligenz entwickeln könnte, sind nicht zufällig, sondern sie werden geleitet von den mehr oder weniger expliziten Spekulationen der Beteiligten oder ihrer Auftraggeber.

Beispiele aus jüngerer Zeit – ich denke etwa an SDI und Robotik – haben gezeigt, daß Visionen des bisher kaum Vorstellbaren Leitlinie für die Mobilisierung von Forschungsprogrammen und -investitionen sein können, deren Umsetzung auch bei nur teilweisem Erreichen der Ziele kaum zurücknehmbare Auswirkungen nach sich zieht. Auch wenn die Realisierung »entwickelter» KI noch nicht absehbar ist, soll man sich daher schon jetzt mit ihren möglichen Auswirkungen befassen. Daß SDI als Idee durch Ronald Reagans Spekulationen über reale »Star Wars« geboren wurde, soll an dieser Stelle nicht aufgegriffen werden. Stattdessen erscheint uns sinnvoll, die potentielle Realisierung von KI in Verbindung mit Spekulationen über mehr oder weniger »intelligente« Roboter zu betrachten.

Daß Joseph Engelberger, Präsident der führenden US-Firma für Industrieroboter, Robotik zu seinem Lebenswerk machte, führt er auf die Robotergeschichten seines Studienkommilitonen Isaac Asimov zurück. Jedoch ging es ihm keinesweg nur darum, Science-fiction-Einfälle in die Praxis umzusetzen, sondern auch darum, eine Maschine zu bauen, die einen wirtschaftlich vorteilhaften Einsatz für menschliche Arbeit bieten konnte.

Es soll nicht unerwähnt bleiben, daß diejenigen, die die entwickeltsten Vorstellungen über die Möglichkeiten der Künstlichen Intelligenz haben, häufig die Generäle sind. Kampfroboter statt des Einsatzes »menschlicher Mittel« gehören hier (mindestens in den USA) zu den Visionen. – Aber es werden auch Prognosen für eine friedliche Nutzung der Robotik gegeben: Hier ein Zitat von Raj Reddy von der Carnegie Mellon University, in den frühen 80ern: »In zehn Jahren werden Sie auf der Grundlage unserer Arbeiten hier in der Lage sein, als Zubehör für ihr Auto ein System zu kaufen, das Sie davor bewahrt, auf ein anderes Auto aufzufahren, von der Straße abzukommen oder in einen Graben zu fahren, und Sie davor bewahrt einzuschlafen. Es wird so ähnlich funktionieren wie die Steuerung der Cruise Missiles heute. Im dicksten Verkehr wird es nicht funktionieren, aber auf der Autobahn.« (Sand 1986: 169)

Forschungsarbeiten für einen ähnlichen – friedlichen – Zweck werden auch in Deutschland vom BMFT gefördert.»

Edward Feigenbaum und Pamela McCorduck z.B. spekulieren über einen sogenannten Altenroboter: »Der Altenroboter ist eine wunderbare Sache. Er hält sich nicht deshalb im Hause auf, weil er hofft, einmal ihr Geld zu erben – natürlich schüttet er Ihnen auch nicht eine Kleinigkeit ins Glas, um das Unausweichliche zu beschleunigen. Er lungert nicht herum, weil er gerade nichts zu tun hat. Er ist da, weil er Ihnen gehört. Er badet Sie nicht nur und füttert Sie und rollt Sie hinaus in die Sonne, wenn Sie Sehnsucht nach frischer Luft haben und einmal etwas anderes sehen wollen, obwohl er dies natürlich alles auch tut. Das Allerbeste am Altenroboter ist, daß er zuhört. ›Erzählen Sie mir noch einmal‹, sagt er, ›wie wundervoll/schrecklich Ihre Kinder sind. Erzählen Sie mir noch einmal, wie Sie '63 den tollen Erfolg hatten. Erzählen Sie . . .‹ Und er meint es ernst. Er wird nie müde werden, die Geschichten zu hören, so wie Sie nie müde werden, sie zu erzählen. Er kennt Ihre Lieblingsgeschichten, und es sind auch die seinen.« (Feigenbaum/McCorduck 1984: 112)

Der Wertung solcher Spekultationen möchten wir uns hier enthalten.

Kontrollierbarkeit

Zwar steht für »künstliche intelligente« Systeme fest, daß sie von Menschen geschaffen sind. Jedoch greift der Gedanke, daß alle ihre Handlungsmöglichkeiten von Menschen explizit vorgegeben und deshalb in ihren Implikationen abschätzbar sind, zu kurz: Technische Systeme sind – ebenso wie Menschen – fehleranfällig. Sie sind aber nicht geleitet von korrigierenden Haltungen und menschlicher Perspektive. Die komplexen Interaktionen der maschinellen Prozesse, die auf die eigene Programmstruktur Einfluß nehmen können, erscheinen ebensowenig abschätzbar wie der Verlauf evolutionärer Prozesse.

Im Vergleich zur Gentechnologie mögen diese Risiken zunächst von geringerer Bedeutung sein, da die Realisierung und Wirkung von Programmen an einen materiellen Träger gebunden ist, der sich einer Wechselwirkung mit der biologischen Substanz des Menschen entzieht. Die Frage außer Kontrolle geratener Systeme ist jedoch nicht einfach damit abzutun, daß im Zweifelsfall der Stecker herausgezogen wird. Dies ist spätestens dann kritisch, wenn menschliche Belange von solchen Systemen abhängen – und dies scheint bei den Entwicklungen heute keine Utopie mehr. Zum Beispiel ist die Beherrschung von Kraftwerken gar nicht mehr denkbar ohne »intelligente« Apparaturen, denn die zeitkritischen Prozesse im Störfall übersteigen die Reaktionsmöglichkeiten und -fähigkeiten des Bedienungspersonals. Weitere Beispiele zu finden, wo Technik nicht mehr ohne Technik gemeistert werden kann, dürfte nicht schwer sein.

Wird sich unter solchen Zwängen die Übertragung oder besser Über*lassung* von »Entscheidungskompetenz« und »Verantwortung« an Maschinen tatsächlich verhindern lassen?

»Künstliche Intelligenz« zwischen Spekulation und Realisation

Wir haben uns bemüht, Verbindungen zwischen Spekulationen und potentiellen Realisationen von Künstlicher Intelligenz aufzuzeigen. Der wichtigste Mangel derzeitiger – oder demnächst möglicherweise realisierter – Systeme scheint uns darin zu liegen, daß ihnen die Verankerung in einem körperlichen Bezugssystem und in erfahrungsgebildeteten sozialen Kontexten fehlt. Robotik als ein Kernthema der KI haben wir unter anderem gerade deshalb herausgegriffen, weil man hieran die Verankerung von Intelligenz in einem körperlichen Bezugssystem erforschen will. Jedoch würde auch dann noch fehlen die soziale Einbettung der Handlungen einer solchen Maschine, das Einnehmenkönnen einer Perspektive – schon gar einer humanen – das *Mitempfindenkönnen.*

Humanismusstreit um die Künstliche Intelligenz

Bernhard Irrgang

Immer neue Expertensysteme zur Lösung komplexer Probleme werden in Industrie und Handel, im militärischen und medizinischen Bereich angeboten. Viele der Projekte sind oder waren spekulativ und ihre Realisierungschancen beschränkt. Zunehmend bescheidener geworden, werden nun auch die Verwirklichungsmöglichkeiten größer, auch wenn es noch kaum Verwender von Expertensystemen gibt, die nicht zugleich ihre Programmierer sind. Insgesamt sind die Realisierungsmöglichkeiten der Künstlichen Intelligenz noch beschränkt. Dies reizt zu Spekulationen, gibt Anlaß für neue Mythologien. Aber nicht hier liegt das eigentliche Problem in der Frage nach Spekulation und Realisation der Künstlichen Intelligenz. Dieses besteht vielmehr in der ethischen Frage, ob jede technische Spekulation im Bereich der Expertensysteme realisiert werden sollte oder nicht.

Darüber hinaus werfen die modernen Informationstechnologien eine Reihe von Fragen grundsätzlicher Natur auf. Sie kreisen um den Zusammenhang von Humanität und Rationalität und ihrer potentiellen Transformation durch Künstliche Intelligenz. Der Prozeß technologischen Könnens hat uns einen Zuwachs an Wissen und Verantwortung beschert, den wir immer weniger zu bewältigen scheinen. In dieser Situation bietet die Künstliche Intelligenz an, ein problemlösendes und entscheidungsunterstützendes Modell von Rationalität zu entwerfen. Doch ist die Frage nicht von der Hand zu weisen, ob damit nicht der Teufel mit dem Beelzebub ausgetrieben werden soll. Gegen eine unkritische Fortschreibung des Programms der technologischen Moderne plädiere ich für eine Rückbesinnung auf das Projekt der Aufklärung (vgl. Hastedt 1991: 224-258) und auf das in ihr beschlossene Humanitätsideal wie das Menschenrechtsethos. Entscheidend für die Bewertung von Expertensystemen ist daher, ob sich ihr Rationalitätsmodell ethisch-aufklärerisch oder entfremdend auswirkt.

Welches Modell von Rationalität soll zugrundegelegt werden, um die humane und solidarische Selbsterhaltung des Menschlichen nicht zu gefährden? Kann KI zur Lösung der Fragen nach der Stellung und Leistungsfähigkeit von human gebrauchter Rationalität beitragen, trotz der methodischen Probleme, in die bereits ihr Ansatz führt? Diese beginnen mit dem Vergleich von natürlicher mit künstlicher Intelligenz. Hier vergleichen wir Unbekanntes mit Unbekanntem, ohne dafür ein Kriterium zu besitzen. Prozeßidentität zwischen beiden ist vermutlich schon wegen der anderen zugrundeliegenden physikalisch-chemischen Struktur nicht zu erwarten. Wir können daher höchstens noch eine Ergebnisidentität konstatieren. Da die Rechner gemäß ihrer Zielorientierung zumindest in vielen Bereichen unsere Fähigkeiten übersteigen sollen, haben wir auch kein Kriterium mehr, um viele ihrer Ergebnisse überprüfen zu können. Zimmerli hat dies das informationstechnologische Paradox genannt (Zimmerli 1988: 46f.).

Künstliche Intelligenz bringt uns also bereits bei der Rekonstruktion logischer oder mathematischer Rationalität in ungeahnte Kontrollprobleme. Die aufklärerische Idee kritischer Rationalität und selbsttätiger Überprüfung ist in Gefahr. Denn wer kontrolliert die Beweise der Computer? Andere Computer derselben Bauart, derselben Größe, mit anderer Software? Hier müssen wir m.E. der Versuchung zu einem neuen Dogmatismus, der Ergebnisse unkritisch und ohne Kontrollmöglichkeiten übernimmt, von Anfang an wehren. Das neuzeitliche Projekt menschlichen Wissens selbst ist in Gefahr, durch ein neues subjektloses und kriterienloses Simulieren abgelöst zu werden. Vielleicht ist der Einsatz von Programmen in beweistheoretischer Hinsicht im Rahmen einer Plausibilisierungsstrategie noch am Rande von Interesse, ein Beweis ist es jedenfalls im herkömmlichen Sinne nicht, die »Demokratie« von Computerentscheidungen kein Ausweg, und möglicherweise sind in der Tat unentscheidbare Fragen nicht sonderlich interessant (Weizenbaum 1978: 98).

Künstlicher Intelligenz als einem Teilprojekt der Cognitive Science[1] geht es um die Modellierung kognitiver Leistungen (Görz 1986: 178-199). Dabei sind sowohl Ideal- wie Anschauungsmodelle Instrumente der Theoriebildung, da alle Informationen explizit in einem Rechner enthalten sein müssen, bevor das Programm läuft (ebd.: 190, 193). Computermodelle sind ein wichtiges Hilfsmittel der Cognitive Science. Es ist nach Görz recht aufschlußreich, wenn in einer technischen Disziplin psychologische Termini auftauchen. Ein neues nichttechnisches Selbstverständnis bahnt sich an (ebd.: 178), zumindest wird wie in der Biotechnologie das Paradigma der klassischen Maschinentechnik verlassen. Ziel der Modellierung ist die automatische Problemlösung. Funktionale Äquivalente sind anzustreben bei der Simulation menschlicher Leistungen.

---

1 Als Vertreter des neuen kognitiven Ansatzes, der den Behaviorismus ablöst, nennt Rose die Gruppe um Noam Chomsky am MIT, die um Searle und Dreyfus wie die um Wilensky und Shank in Berkeley; vgl. hierzu Rose 1985: 53-57.

Auch für Elmar Holenstein hat die Modellbildung der Cognitive Science zu nicht unerheblichen Aufklärungsfortschritten geführt. Insbesondere ihr Scheitern wertete nämlich nichtsprachliche, nicht-rationale und sub-kognitive Schichten im menschlichen Wissen auf. Andererseits ist deutlicher geworden, welche Strukturen der Kognition sich bereits vor den Menschen im evolutionären Prozeß ausgebildet hatten. Darüber hinausgehend ist der Versuch, Intuition auf unbewußte Schlußfolgerungen zurückzuführen, schwer erschüttert worden (Holenstein 1988: 5-14). So dürfen Computermodelle für die Psychologie als Gewinn gelten, denn verstanden ist erst das, was man konstruieren kann (ebd.: 6). Den bedeutendsten Beitrag zur Philosophie sieht Holenstein aber in der Abkehr von einer Wissenschaftstheorie und in einer Hinwendung zu einer Philosophie des Geistes (ebd.: 13).

Simulation und Modellbildung erarbeiten einen Rationalisierungs- und Aufkklärungsgewinn, gerade indem sie die Grenzen einer rationalen Rekonstruktion des menschlichen Erkennens aufweisen. Denn insgesamt leitete Cognitive Science eine »Teilrehabilitation der Einfühlungstheorie des Verstehens (Holenstein 1987: 145-163) ein. Für Holenstein ist entscheidend, daß es keine Zwischenebene des Algorithmus zwischen Neurophysiologie des Gehirns und der Intentionalität des Geistes gibt (ebd.: 162). Damit mausert sich Cognitive Science zu einem offenen Forschungsprogramm, in das das Wissen um die Möglichkeiten und Grenzen von Simulation und Modellbildung mit eingeht.

Die Teildisziplin der Informatik, die man gemeinhin als »Künstliche Intelligenz« bezeichnet, befaßt sich mit der Konstruktion und Anwendung wissensbasierter problemlösender Systeme (»Knowledge Engineering«), der zweite konzentriert sich auf Fragen der Kognitionsforschung. Drittens simulieren entscheidungsunterstützende Systeme menschliche Handlungen unter spieltheoretisch erfaßten Kosten-Nutzen-Erwägungen eines rationalen Egoisten.

In Verbindung mit den Erkenntnissen der Neurophysiologie, Psychologie und Biologie könnte sich ein Menschenbild abzeichnen, das noch konsequenter als bisher menschliches Wissen und sittliche Entscheidungen als bloße Funktionen des Gehirns auffaßt. Ein Reduktionismus könnte unserem neuzeitlichen Menschenbild, unserem Begriff von Menschenwürde und unseren Vorstellungen hinsichtlich der Begründungspflicht sittlicher Entscheidungen den Boden entziehen.

Im folgenden möchte ich mich mit Expertensystemen beschäftigen, die zunächst als »Decision Making Systems« bezeichnet wurden. Heute nennt man sie vorsichtiger »entscheidungsunterstützende Systeme« (DSS für Decision Support System) (ebd.: 252, vgl. auch Zelewski 1986: 392). Darunter versteht man ein System auf Computerbasis, das die Produktivität und Effektivität von Entscheidungsträgern insbesondere in unstrukturierten Problemsituationen erhöht

(Ghiaseddin 1987: 159). Es enthält drei Bestandteile: Sprache, Wissen und Problemlöser (ebd.: 163). Dabei ist als Ziel an einem vollständig automatisierten DSS ohne Programmierkenntnisse des Benutzers festzuhalten (ebd.: 171). Schwierigkeiten treten auf, denn Entscheidungen lassen sich nur mit Einschränkungen rekonstruieren, und die häufig kollektive Benutzung von DSS macht es erforderlich, den »kognitiven Stil« einer größeren Gruppe zu bestimmen (ebd.: 175). Die bisherige Aufgabenorientiertheit von Programmen müsse daher durch eine Benutzerorientiertheit abgelöst werden.

Dem Unternehmen liegt die Annahme zugrunde, daß besseres Wissen bessere Entscheidungen erzeugt (Henk 1987: 7). Planungshilfen bei Entscheidungen, Problemlösungsstrategien, der Mensch-Maschinen-Dialog und seine Modellierung, die Psychologie der Entscheidung und vernetzte Kommunikation sind daher die Forschungsfelder der DSS-Programmierer. Rationaler aufbereitetes Wissen etwa in Entscheidungsbäumen (vgl. Zelewski 1986: 240) könnte Handlungen rationaler machen. So ließe sich die Sehnsucht nach einer rationalen Gesellschaft (ebd.: 261) erfüllen.

Probleme gibt es jedoch genug. Zu entwickeln sind Modelle für Ungewißheit. Und die Frage der Quantifizierung von Unsicherheit ist zu lösen (Dubois/Pride 1986: 3). Die Näherung soll über die Feststellung von Graden des Vertrauens gelingen, die dann in einem probabilistischen Netzwerk eingefangen werden sollen (ebd.: 5). Dafür wurden zwei Modelle vorgeschlagen, die Wettverhaltensinterpretation und die qualitative Annäherung (ebd.: 6). Bei beiden Modellen wird jedoch höchstens eine individuelle Einschätzung festgestellt, die nicht als objektiv gelten darf (ebd.: 6). Daher scheint sich der Ausweg über eine Festsetzung oberer und unterer Wahrscheinlichkeiten anzubieten (ebd.: 10).

Doch versucht man so nicht letztlich, zwei unvereinbare Bereiche über einen Kamm zu scheren, wenn man unsicheres Wissen, unsichere Maßeinheiten und subjektive Zustimmung (ebd.: 13) in ein Modell zusammenbringen möchte? Zu unterscheiden sind Strategien präskriptiver und deskriptiver Entscheidung (Garriba 1986: 39). Daß der Wissensstatus einschließlich der Deskription von Entscheidungen simulierbar sein könnte, mag noch einleuchten. Doch wie soll das normative Element angemessen einbezogen werden? Dies setzt zumindest eine deontische Logik voraus und eine Entscheidung über den Status ethischer Rationalität. Doch ist eine deontische Logik flexibel genug für Entscheidungen unter Risiko, in der Zeit und bei neu auftretenden Problemen?

Auf jeden Fall wird der Anspruch erhoben, daß das normative Element der klassischen utilitaristischen Theorien sich mit der künstlichen Intelligenz als Simulation menschlichen Verhaltens verknüpfen läßt (Dubois/Pride 1986: 19). So stellt sich die Frage, welche Version des Utilitarismus nach welchen Kriterien auszuwählen ist. Sind es Kriterien der Modellierbarkeit in Computern oder Kriterien sittlicher Rationalität? Sind es allein Kritierien der Machbarkeit, so wären diese Versionen einer DSS entfremdete Formen sittlicher Rationalität, es sei denn, es ließe sich aufweisen, daß die Struktur der Modelle sittlichen menschlichen Entscheidungen entspricht.

Doch steht zu vermuten, daß DSS gar nicht auf sittliche Entscheidungen zurückgreift. Der Entscheidungsbegriff hat unterschiedliche Bedeutungen. Dabei besagt der logische Begriff der Entscheidung die Determination durch einen Algorithmus (Volta 1986: 50). Modelliert wird der Deduktionsprozeß, der zu einem logischen Urteil führt, dem eine Entscheidung zur Handlung folgen kann. DSS möchte mehr Ratioanlität (ebd.: 55) in die Entscheidungen bringen. Dagegen ist nichts einzuwenden, doch ist der Verdacht nicht auszuräumen, daß in der DSS instrumentell orientierte Rationalität sittliche oder praktische Vernunft ersetzt.

Grundsätzlich müssen bei Expertensystemen die beiden Bereiche der Ingenieursanalyse des technsichen Systems und die psychologische Beschreibung menschlicher Fähigkeiten in einer zusammenhängenden Theorie erfaßt werden (Rasmussen 1986: 195). Aber läßt sich die Klugheit oder die Tugend im aristotelischen Sinne programmieren? Sind sittliche Einstellungen menschliche Fähigkeiten, die nach einem Algorithmus ablaufen? Es ist nicht zu vermuten, daß das der genaue Sinn der Rede von »praktischer Vernunft« und »sittlicher Rationalität« ist. Die übergreifende Theorie, die den Spalt zwischen Ingenieursanalyse und der menschlichen Psyche überbrücken soll, müßte im Sinne der DSS wieder maschinemäßig modellierbar sein. Damit bewegen wir uns in die Gebiete der Geist-Gehirn-Problematik. Wenig spricht noch für ein Gelingen der DSS, sofern mit Entscheidungen wirklich sittliche gemeint sind. Eher sind spieltheoretische Konzepte zu erwarten, in denen Präferenz-Funktionen im Sinne ökonomischer Theorien (Putnam 1975: 409) den Kern bilden. Sie könnten dann programmiert sein nach der Regel der Nutzenmaximierung, das Programm des rationalen Egoisten abspulen. So beinhaltet das Votum für ethische Rationalität eine Antwort auf die Frage, warum moralisch handeln, wenn immer mehr computerunterstützte Entscheidungen nach dem Muster des rationalen Egoisten gefällt werden.

Sicher wäre es übertrieben, die sittliche Intuition des Experten so in den Vordergrund zu stellen, wie die Gebrüder Dreyfus dies tun. Auch Intuitionen sind in nicht geringem Ausmaß fehlbar. Und hier ist das Plädoyer der KI für mehr Rationalität in Entscheidungen durch Strukturierung ihrer wissensmäßigen Voraussetzungen akzeptabel. Das Problem beginnt dort, wo Entscheidungen nicht mehr unterstützt, sondern ersetzt werden sollen. Aber welcher Art kann die Entscheidung sein, wenn ich gerade bei Versionen eines automatischen Entscheidens den Vorschlag nicht mehr kontrollieren kann, den das System mir anbietet, weil meine Kenntnisse nicht ausreichen oder Wissen von anderen Benutzern eingegeben wird, die auch mit diesem System arbeiten. Wenn DSS-Programme nicht so aufgebaut werden, daß das Wissen in allen seinen Schritten vom Entscheidungsträger kontrolliert werden kann, dann wird hier eine entfremdete Rationalität den Benutzern aufgenötigt, die Aufklärung zunichte macht.

Jedoch erscheint es mir als durchaus möglich, hinsichtlich der Situationsanalyse und bei der Berechnung der vorhersehbaren Folgen einer Entscheidung, also die kognitiven Aspekte der Entscheidungssituation zu simulieren und so zur Entscheidungsfindung beizutragen. Die ethische Bewertung von Zielen und Mitteln kann die Maschine nicht übernehmen, allerdings zur Erhellung der Frage beitragen: Welche eventuellen Folgen hat die Verwirklichung eines Zieles. Hier liegen die sittlich vertretbaren Konstruktionsziele entscheidungsunterstützender Expertensysteme. Sobald aber der Eindruck erweckt wird, die Maschine unterstütze die Entscheidung nicht nur, sondern ersetze sie, wird die Idee neuzeitlicher Rationalität und der sittlichen Autonomie des Menschen zerstört. Entscheidungen sind dann berechtigterweise auch nicht zurechenbar.

Die Idee sittlicher Rationalität fordert, daß die sittlich zurechenbare Entscheidung die einer Person bleiben muß. Aber für bloße Regelanwendung übernimmt man keine Verantwortung (Dreyfus/Dreyfus 1987: 49). Genausowenig wird man sich rechtfertigen wollen für die Übernahme eines Maschinenvorschlags. Doch auch die Annahme eines DSS-Vorschlags ist eine persönliche Entscheidung, für die Rechenschaft gefordert werden kann. Die subjektlose Maschine kann Verantwortung nicht übernehmen, wohl aber der, der Vorschläge akzeptiert. Trauen sich nicht Anwender von DSS zu viel zu, wenn sie glauben, unüberschaubare Entscheidungsvorschläge annehmen zu dürfen? Die mit Emphase vorgetragene These vom Prinzip Verantwortung wird ausgehöhlt – übrigens nicht nur von KI, sondern auch von der zunehmenden Bürokratisierung und Anonymisierung von Entscheidungen. Auch hier paßt KI gut in gegenwärtige gesellschaftliche Entwicklungstendenzen. Und sicher besteht ein Bedarf hinsichtlich entscheidungsunterstützender Expertensysteme. Denn Weisheit und Klugheit sind schwer zu rechtfertigen (vgl. ebd.: 259), so daß es verständlich erscheint, wenn man sich hinter maschinenproduzierten Entscheidungen verstecken möchte.

So verschwindet Verantwortung. Ethiker aber haben die Aufgabe, Überlegungen zur Institutionalisierung von Verantwortung in einer entsubjektivierten, unüberschaubar gewordenen Welt anzustellen. DSS-Programme machen ihnen die Aufgabe sicher nicht leichter, wenn sie Entscheidungen maschinengerecht ersetzen wollen. Eine rationale Strukturierung der Wissensbasis für Entscheidungen wird man nicht ablehnen. Doch die Ersetzung von menschlich-sittlichen Entscheidungen durch Computersimulationen gefährdet das Konzept aufgeklärten Selbstdenkens und der Emanzipation, denn Robotermenschen treffen eine Entscheidung, sind aber unfähig zur Wahl (vgl. Weizenbaum 1978: 338).

Handlungstheorie könnte zunehmend in Systemtheorie aufgelöst werden. So fallen Entscheidungen über Krieg und Frieden ohne Berücksichtigung des Wertaspektes nur nach Kosten-Nutzen-Analysen. Diese legen aber spieltheoretisch den Rahmen der Entscheidungsmöglichkeiten ziemlich fest. Der geniale dritte Weg, die aristotelische Mitte zwischen zwei Übertreibungen oder die Suche nach dem rechten Maß, sind dem Computer wohl verschlossen, insbesondere wenn sie außerhalb des eingegebenen Horizontes liegen. Nicht selten sind die produktivsten Lösungen für ein Dilemma diejenigen, die die Voraussetzungen verwerfen, die in dieses geführt haben.

Entscheidungsunterstützende Expertensysteme verstärken Tendenzen einer neuen Form des technologischen Handelns in überindividueller Form. Dieses wurde vorbereitet und eingeübt bei Entscheidungen in Teams, Firmen und Parteien. Verstärkt durch die technischen Möglichkeiten der KI-Forschung führt dies zu Konzeptionen des Entscheidens und Verantwortens, die zunehmend unkontrollierbar und theoretisch inkonsistent sind und daher destabilisierend wirken.

Diese Weisen subjektloser Interaktion werden zunehmen und den menschlichen Dialog zumindest gefährden. Daher ist es nicht verwunderlich, daß Weizenbaum es obszön findet, Computer als Psychotherapeuten einzusetzen (vgl. ebd.: 351). Anders könnte der Fall liegen, wenn Programme zur Modellbildung im Rahmen psychotherapeutischer Theoriebildung entworfen werden. Aber hier geht es um wissenschaftlichen Erkenntnisgewinn und nicht um die Betreuung eines Menschen. So entsteht eine Art Humanismus-Streit um die Anwendung der KI, um die Frage nach der Verantwortbarkeit des künstlichen Denkens und nach den Grenzen eines verantwortbaren Computereinsatzes (Capurro 1988: 15-21).

Vor allem die computerunterstützten Entscheidungen haben deutlich gemacht, daß wir Formen der Verantwortung von kollektivem Handeln entwickeln müssen, ohne in die Ausweglosigkeiten einer Kollektiv-Schuld-Debatte zu verfallen. Dabei bleibt der Ansatzpunkt die individuelle, persönlich zuschreibbare und zu rechtfertigende Zuordnung sittlicher Verantwortung von Handlungen trotz aller gemeinsam getragenen Entscheidungen. Wenn ich den Vorschlag eines Computers übernehme, trage ich die Verantwortung, denn er als subjektloses Wesen ist dazu nicht in der Lage. Natürlich trifft den Programmierer oder die Gruppe der Spezialisten, die ein Programm erstellt haben, eine Mitschuld für programmbedingte Fehlentscheidungen. Nicht eine Entlastung von Verantwortung bedeutet daher die Verwendung von DSS, sondern ihre Ausweitung. Mit dieser wachsenden Verantwortung durch Technologieverwendung müssen wir auch im Zusammenhang mit Expertensystemen zu leben lernen.

Die Idee sittlicher Rationalität und Autonomie fordert, daß die Entscheidung die einer Person bleiben muß. Die subjektlose Maschine kann Verantwortung nicht übernehmen, wohl aber der, der Vorschläge akzeptiert. Eine rationale Strukturierung der Wissensbasis für Entscheidungen wird man nicht ablehnen. Doch die Ersetzung von menschlich-sittlichen Entscheidungen durch Computersimulationen gefährdet das Konzept aufgeklärten Selbstdenkens und der Emanzipation. Wenn KI zu einer Verabsolutierung der kognitiv-instrumentellen Rationalität führt, wird sie uns nicht dabei helfen, das Projekt der Aufklärung zu vollenden. Um nicht in diese Rolle gedrängt zu werden, muß sie klar ihre eigenen Grenzen erkennen.

Dort, wo im Rahmen der KI-Anwendung vom Benutzer maschinenerarbeitete Vorschläge nicht mehr kontrolliert werden können und bloß vorgeschlagene Entscheidungen übernommen werden sollen, unterstelle ich eine Verletzung des Humanitäts-Ideals, wie es sich in der Aufklärung herausgebildet hat. Damit soll kein generelles Verdikt über Expertensysteme ausgesprochen werden. Bei der Realisierung von Spekulationen im KI-Bereich sind also nicht nur technische Möglichkeiten zu berücksichtigen, sondern auch die Human- und die Sozialverträglichkeit. Diese Forderung muß für die einzelnen Arten von Expertensystemen jeweils konkretisiert werden. Ich möchte abschließend nur ein Beispiel anführen. Ein gemäß den Forderungen des Projektes der Aufklärung gestaltetes medizinisches Expertensystem zur Erstellung von Therapievorschlägen müßte dann so gestaltet werden, daß der Arzt nicht fertige Vorschläge übernehmen kann, sondern kritische Rückfragen vom System zu seinem Therapievorschlag erhält und so zu eigenem kritsichen Nachdenken angeregt wird.

Zweifelsohne ist das Potential der KI, speziell der Expertensysteme, die zum Nutzen des Menschen angewandt werden können, groß. Dennoch sind die Gefahren nicht zu übersehen. Diese Systeme müssen mehr als bisher dem Menschen angepaßt werden, seine Kreativität und Entscheidungsfähigkeit fördern, nicht diese aufzuheben versuchen. Nur dann wird eine humane Verwendung von Expertensystemen in den Grenzen des Projektes der Aufklärung zu rechtfertigen sein.

Künstliche Intelligenz und die Einheit der Wissenschaftskulturen

Jürgen Seetzen

Wir leben in einer herausfordernden Zeit. Bis vor wenigen Jahrzehnten waren Geisteswissenschaft und Naturwissenschaft wesentlich getrennt. Sie stellten zwei Kulturen dar und hatten kaum wissenschaftliche Gemeinsamkeiten. Es gab zwar schon seit der griechischen Philosophie eine Geisteswissenschaft der Natur, die Naturphilosophie, aber es gab keine Naturwissenschaft des Geistes.

Die Naturwissenschaft ist aus der europäischen Geisteswissenschaft, der Naturphilosophie, hervorgegangen, hat aber, wie Georg Picht gesagt hat, die philosophische Grundfrage, warum wir eigentlich Natur in ihrer Regelhaftigkeit erkennen können, außer acht gelassen.

Die Naturwissenschaft des Geistes entspricht nun seit den fünfziger Jahren unseres Jahrhunderts der europäischen und amerikanischen Entwicklung der Natur- und Ingenieurwissenschaft, nachdem wesentliche Einsichten in die Funktionalität des zentralen Nervensystems der Menschen und höherer Tiere gelungen sind, nachdem die Informatik zu wesentlichen Externalisierungen geistiger Funktionen vorgestoßen ist und insbesondere nachdem die Biowissenschaften den genetischen Code zum Teil entziffert und die Evolution ein Stück weit enträtselt haben.

Sind wir also in unserer Zeit dabei, den alten Dualismus von Geist und Materie, von Seele und Leib zu überwinden? Gibt es eine Möglichkeit, die beiden Kulturen der Geistes- und Naturwissenschaften, der »Humanities« und der »Science«, wieder zu vereinigen, wie das im griechischen Denken selbstverständlich war? Ich glaube, diese Möglichkeit besteht. Mehr noch: Sie stellt eine wesentliche Aufgabe unserer Zeit dar.

Bleiben wir bei unserem Thema der künstlichen Intelligenz. Aber wovon reden wir da eigentlich, wenn wir doch noch nicht einmal eine allgemeine Vorstellung von natürlicher Intelligenz haben?

Natürliche menschliche Intelligenzleistungen sind unter anderem Vorstellungskraft, Assoziationsvermögen, Mustererkennung, Sprachvermögen, Reflexionsvermögen, Sprachenkenntnis, Kenntnis von Formelsprachen und von

Mathematik, Schlußfolgern, Intuition und Kreativität, aber auch Selbstbewußtsein und Verantwortungsbewußtsein.

Würde man nüchtern das im Rahmen der Informatik Erreichte und unmittelbar Erreichbare betrachten und mit den Leistungen der natürlichen Intelligenz vergleichen, wäre eine Auseinandersetzung mit dem, was unter dem Schlagwort »Künstliche Intelligenz« entwickelt wird, nicht besonders aufregend. Es bleibt dabei sicher die Faszination des in der Informatik als Intelligenzverstärkung und -erweiterung Erreichten. Aber im Vergleich mit den menschlichen Intelligenzleistungen ist dies überschaubar und in den Rahmen der üblichen Instrumentalität des Technischen einzuordnen. Es sind hingegen die weitgehenden Spekulationen über das »Geist-Computer-Analogon«, über das »Abladen des Geistes auf den Computer« (Moravec), die zum Widerspruch herausfordern.

Die Sichtweise hinter diesen Spekulationen ist ein Erbe des naturwissenschaftlichen Materialismus, der geistloserweise den geistig-seelischen Bereich der erfahrbaren Phänomene zum »Begleitphänomen« der Materie erklärt hat. Wesentliche heutige Erkenntnisse der Biologie, der Ethologie, der Psychologie, der Neuropsychologie machen diese Sichtweise obsolet. Der Materialismus war eine geistesgeschichtliche Reaktion auf die Metaphysik im Sinne von Erscheinungen, die außernatürliche Begründungen erforderten. Wir können aber heute die geistig-seelischen Phänomene durchaus als »physisch« – wenn auch nicht als physikalisch –, also mit innernatürlichen Begründungen verstehen. Dieses Verstehen setzt zweierlei voraus.

Erstens müssen wir einen nicht sinnvoll reduzierbaren »Trialismus« der Grunderscheinungen Energie, Materie und Informationen anerkennen. Es fällt auf, daß die Verfechter des materialistischen Monismus übersehen haben, daß die Physik zwischen Energie und Materie als Phänomenen wesentlich unterscheidet, auch wenn die Materie auf Energie zurückzuführen ist, oder besser gesagt eine Metastruktur in Quantenfeldern besitzt. Ebenso verhält es sich mit der Information, die zwar auf energetische und materielle Zustände und Prozesse angewiesen, aber in ihren Erscheinungs- und Wirkungsweisen nicht auf diese Dimensionen zurückzuführen ist.

Zweitens ist zu erkennen, daß die Erscheinungen der lebenden Strukturen infomationsbedingt sind. Die Molekularbiologie hat uns gezeigt, daß vom einfachsten Einzeller bis zum Menschen die Lebensprozesse informationsgesteuert verlaufen. Erscheinungen der informationsbedingten lebenden Strukturen sind von äußerer Komplexität, das heißt kombinatorischer Vielfalt, Rückbezüglichkeit und (im menschlichen Bereich durch die Sprache) Selbstbezüglichkeit. Das bedeutet, daß diese Strukturen sich einfacher Abbildbarkeit und Rechenhaftigkeit entziehen und deshalb häufig als rätselhaft erscheinen.

Die spezifische Differenz zwischen lebenden Strukturen – wozu auch die organisatorischen Strukturen zählen – und den Artefakten der Informatik, wie komplex sie auch immer sein mögen, besteht in dem Angetriebensein (Motiviertheit) der belebten Natur. Wenn von Motiviertheit der Informatik-Artefakte gesprochen werden kann, dann nur in dem Sinn, daß sie sich aus anthropotechnischem Zusammenhang ergibt. Hiervon ist keine Ausnahme denkbar. Ebenso wie sich alle lebenden Strukturen nur in evolutiven Zusammenhängen gebildet haben, können sich die Artefakte der Informatik, einschließlich derer der Künstlichen Intelligenz, nur innerhalb der Evolution anthropotechnischer Systeme bilden. Autonome Motivierbarkeit der »Computer« erscheint so unmöglich wie die Fortsetzung des Lebens aus unbelebten Zellteilen.

»Künstliche Intelligenz« sollte prinzipiell als Erweiterung der Intelligenzmöglichkeiten von Menschen und menschlichen Organisationen verstanden werden, was von Anfang an der Sinn von Geistes-Techniken – wie dem logischen Schließen und algorithmischem Symbolverarbeiten und der Computertechnik – war. Die Motiviertheit dieses Geschehens muß im Rahmen menschlicher Intentionen verstanden und verantwortet werden.

Für die nächsten Jahrzehnte sehe ich damit eine wesentliche Aufgabe für die Geisteswissenschaft der Natur, besonders der Natur der Menschen (Philosophische Anthropologie), und für die Naturwissenschaft des Geistes (Neurophysiologie, Neuroinformatik, Künstliche Intelligenz) darin, zur Überwindung der Kulturspaltung zu kommen. Die Brücke, die hierzu gebaut werden müßte und dann begangen werden könnte, scheint mir das genauere Bedenken und Erkennen dessen zu sein, was »Information« im einzelnen und in seinen verschiedenen Erscheinungsformen bedeutet. Hierzu genügen einfache »Informationstheorien« nicht.

Künstliche Intelligenz, Neuroinformatik und die Aufgabe der Philosophie

Klaus Mainzer

Unter dem Oberbegriff »Künstliche Intelligenz« (KI) zeichnen sich heute zwei konkurrierende und sich ergänzende Forschungsprogramme ab, die an unterschiedlichen Prototypen maschineller Intelligenz orientiert sind. Gemeint sind programmgesteuerte Digitalcomputer in der Tradition von Turing und von Neumann und neuronale Netze als komplexe dynamische Systeme nach den Bauplänen des Gehirns. Für den Philosophen und Wissenschaftstheoretiker kommt es zunächst darauf an, die methodischen Grundlagen, Leistungen und erkenntnistheoretischen Grenzen dieser Forschungsprogramme nüchtern zu bestimmen:

Die klassische KI setzte im Rahmen der Informatik auf die Entwicklung höherer Programmiersprachen wie z.B. PROLOG und LISP als Fortsetzung formaler Logikkalküle. So sind Expertensysteme auf regelbasiertes Wissen eines menschlichen Experten (z.B. Arzt, Ingenieur) fixiert, das in Programmiersprachen übersetzbar sein muß. Fähigkeiten menschlicher Intelligenz wie Assoziation, spontane Intuition, unbewußte Wahrnehmungen bleiben ausgeblendet. Demgegenüber ist die Entwicklung neuronaler Netze nicht an logischen Regelsystemen und hohen KI-Programmiersprachen orientiert, sondern an Vorgängen der physikalischen und biologischen Evolution. Komplexe dynamische Systeme (z.B. neuronale Netze oder das Gehirn) streben in Phasenübergängen (Selbstorganisation) einem Gleichgewichtszustand (Lernziel) als Attraktor zu. Beispiele sind neuronale Netze, die gestörte Handschriften oder Paßfotos aufgrund eintrainierter Muster erkennen. Netzwerkhierarchien klassifizieren Objekte spontan nach Merkmalen. Sich selbst organisierende sensomotorische Karten bilden die Außenwelt intern ab und sorgen für die unbewußte Koordination komplexer Bewegungsabläufe im Organismus. Die von der Natur entwickelten Lernalgorithmen könnten die »Blaupausen« liefern für eine neue revolutionäre Robotertechnik. Die unterschiedlichen Leistungen und Grenzen der beiden Forschungsprogramme der klassischen KI und Neuroinformatik zeigen, daß weder Hybris noch Konkurrenz vorliegen, sondern Integration und Ergänzung gefragt sind.

Es soll gezeigt werden, daß beide Ansätze eine neue Philosophie des Geistes und des Gehirns anstreben. Dabei handelt es sich jedoch nicht um eine abgeschlossene Doktrin in der Tradition klassischer Erkenntnistheorien, sondern um ein offenes Forschungsprogramm, in dem fachübergreifend Mathematik, Physik, Chemie, Neurobiologie, Informatik, Linguistik, Psychologie, Philosophie u.a. zusammenarbeiten. Aufgabe der Wissenschaftstheorie ist es nicht, Spekulation und vorauseilende Utopien zu schüren, sondern die methodischen Grundlagen, Möglichkeiten und Grenzen nüchtern abzuschätzen. Abschließend wird nach den Konsequenzen in einer Ethik der Technik gefragt.

Klassische KI und die Mechanisierung des Denkens

Die logischen Wurzeln einer Mechanisierung des Denkens ((Mainzer 1990b: 47-74) greifen auf das Programm einer *Mathesis Universalis* von Leibniz u.a. im 17. und 18. Jahrhundert zurück. Wahrheitsfindung (»ars inveniendi«) und Wahrheitsentscheidung (»ars iudicandi«) sollen auf formale Rechenkalküle zurückgeführt werden.

Mit seiner 4-Spezies-Rechenmaschine und seinen Vorschlägen für eine duale Rechenmaschine realisiert Leibniz erste Ansätze für eine »Hardware« des Denkens. Dieses Programm wirkt in der formalen Logik und Kalkültheorie von Frege, Russell, Hilbert und Gödel nach. Turing und von Neumann präzisieren Algorithmen als programmgesteuerte Computer. Das logische Paradigma des Geistes besagt demnach: Geist wird durch Maschinenprogramme repräsentiert, d.h. mentale Strukturen entsprechen symbolischen Datenstrukturen, mentale Prozesse entsprechen Algorithmen. Wie ist unter dieser Voraussetzung Turings Frage »Können Maschinen denken?« und »Können Maschinen Bewußtsein haben?« zu beantworten? Nach der Berechenbarkeitstheorie gilt: Es gibt eine universelle Turingmaschine, die jede rekursive Funktion berechnet. Nach der Churchschen These ist jede (im intuitiven Sinne) effektiv berechenbare Funktion rekursiv.

Nimmt man die starke KI-These an, wonach intelligentes menschliches Verhalten durch eine effektive Funktion darstellbar ist, dann folgt, daß intelligentes menschliches Verhalten durch eine universelle Turingmaschine berechenbar ist. Das Problem an diesem Schluß ist natürlich die starke KI-These. Ein zentrales Ergebnis der mathematischen Logik ist ferner Gödels Unvollständigkeitssatz, wonach in jeder widerspruchsfrei axiomatisierten Erweiterung der formalen Zahlentheorie eine nicht-entscheidbare Formel angegeben werden kann. Folgen daraus Grenzen für die Entwicklung der KI? Nach seiner Voraussetzung ist der

Gödelsche Unvollständigkeitssatz nur auf widerspruchsfreie Formalisierungen von Wissen anwendbar, das eine Erweiterung der formalen Zahlentheorie ist. Der Satz bezieht sich also nur auf bestimmte feste formale Datenstrukturen. Dabei sind keine Lernalgorithmen vorgesehen, die für das menschliche Wissen typische Veränderungen durch Erfahrungen berücksichtigen. Eine KI, die auf Lernprozesse und Selbstorganisation eingeht, wäre also durch Gödels Unvollständigkeitssatz nicht betroffen. Ein weiteres Ergebnis der mathematischen Logik ist das Entscheidungsproblem von Church und Turing (1936). Danach gibt es keinen Algorithmus, um zu entscheiden, ob eine Formel der Prädikatenlogik erster Stufe allgemeingültig ist oder nicht. Folgen daraus Grenzen der KI? Da menschliches Wissen nicht völlig in diesem Logikkalkül formulierbar ist, trifft die Voraussetzung des Satzes in der Regel nicht zu. Zudem ist nicht ausgeschlossen, daß im Einzelfall durch eine passende Heuristik ein Entscheidungsverfahren gefunden werden kann. Erinnert sei an die Resolutionsmethode, die durch ein Computerprogramm simulierbar ist. Allerdings kann wegen der Unentscheidbarkeit der Prädikatenlogik erster Stufe nicht von vornherein abgeschätzt werden, welche Zeit ein Computerprogramm für eine Beweissuche benötigt.

Die heuristische Problemlösungssuche mit Suchalgorithmen leitete in der klassichen KI die Entwicklung von Expertensystemen ein. Experten lösen Probleme aufgrund eines beschränkten Expertenwissens. Im Unterschied zu einem numerischen Computer kann ein Expertensystem zwar Lösungswege suchen, im Unterschied zu einem menschlichen Experten hat es aber kein Hintergrund-, sondern nur ein enges Expertenwissen.

Der Kern einer Expertenarchitektur besteht aus einem Ableitungssystem für Lösungsstrategien, das in ein jeweiliges Expertenwissen (z.B. Medizin, Chemie) eingebettet wird. Der Benutzer kommuniziert mit dem System über eine Dialogkomponente. Häufig besitzt ein Expertensystem auch eine Erklärungskomponente für den gewählten Lösungsweg. Ein sensibler Teil eines Expertensystems ist seine Wissenserwerbskomponente. Dazu muß nämlich ein Wissensingenieur das Wissen eines menschlichen Experten (z.B. Arzt, Chemiker) gewissermaßen »ablauschen« und in Daten und Produktionsregeln umsetzen, die dann das System zum Laufen bringen.

So ist z.B. DENDRAL ein heuristisches Programmsystem der Chemie zur Auffindung der Strukturen organischer Moleküle. Die Eingabe in das Programm besteht aus der Summenformel und dem Massenspektrogramm einer chemischen Verbindung. Die Ausgabe ist eine Liste von Strukturformeln, die für die gegebenen Daten am ehesten zutreffen. Das System überbetrifft bei komplexen Verbindungen wie z.B. Aminen und Steroiden menschliche Leistungen. Können, so stellt sich jetzt die Frage, wissenschaftliche Erkenntnisprozesse durch Expertensysteme simuliert werden? Wo liegen die Möglichkeiten und Grenzen wissenbasierter Systeme? Als Beispiel sei aus der Mathematik das System AM (»Automatic Mathematics«) erwähnt, das aus Grundbegriffen der KI-Programmiersprache LISP selbständig zahlentheoretische Begriffe und Sätze entwickelt. Für die Mechanik gibt es das System BACON, das aus vorgegebenen Daten selbsttätig Regularitäten entwickelt. Heuristische Regeln veranlassen BACON ein Gesetz vorzuschlagen, wenn z.B. ein Term einen konstanten Wert hat oder zwei Terme linear bezogen sind.

Ein weiteres Beispiel ist das Expertensystem KEKADA, das eine biochemische Entdeckung der 30er Jahre simuliert. H.A. Simon (1988) hat dazu nach Art eines Wissensingenieurs die Laborberichte des Chemikers Krebs in Produktionsregeln übersetzt. Das System verfügt daher über Komponenten für Hypothesenerzeugung, Experimentvorschläge etc., die jeweils durch Blöcke von Produktionsregeln charakterisiert sind.

Sind Expertensysteme wie AM, BACON oder KEKADA kreativ und intelligent? Dazu ist festzuhalten: Wenn ein Programm eine Struktur erzeugt, die als ein neuer Begriff interpretiert werden kann, so erhalten die benutzten Transformationsregeln diesen Begriff bzw. die entsprechende Datenstruktur implizit. Ein Algorithmus, der die Anwendung dieser Regeln steuert, bietet keine schöpferischen Leistungen, sondern führt zum Explizitmachen der implizit vorgegebenen Begriffe bzw. Datenstrukturen. Die Entdeckungen z.B. von AM waren abhängig von der Struktur der LISP-Sprache, die entsprechende Begriffe, Theoreme und Beweise begünstigt. AM bildet also strukturell-operative Zusammenhänge menschlichen Wissens in Algorithmen und Datenstrukturen ab. Insgesamt ergeben sich folgende Grenzen wissensbasierter Systeme: Sie verfügen nur über ein begrenztes Expertenwissen und kein »common sense«. Sie berücksichtigen keine Widersprüche, Fehlertoleranzen oder zeitlichen Änderungen des Wissens. Der Zugang zum Wissen ist abhängig von der Filterung durch einen Wissensingenieur. Es fehlen Lernprozesse. Regelbasiertes Wissen wird mit Intuition konfrontiert.

Neuroinformatik und komplexe dynamische Systeme

Die Neuroinformatik ist nicht an programmgesteuerten Maschinen und KI-Programmiersprachen orientiert, sondern an der Physiologie des Gehirns. Bereits R. Descartes entwarf eine geometrische Koordination von Wahrnehmungs-, Greif- und Gehirnvorgängen. Grundlage ist seine mechanistische Auffassung von Stoß- und Wechselwirkungsvorgängen des Körpers und der Außenwelt. Dabei wird den Nervenbahnen eine zentrale Leitfunktion zuerkannt (Descartes 1662).

In dieser Tradition werden neuronale Netze heute geometrisch durch Vektorräume und neuronale Matrizen charakterisiert. Die elektrochemischen Inputs der Neuronen werden mit den Outputs über Koeffizienten (Gewichte) verbunden. Sie bilden eine neuronale Matrix, die nach den Regeln der Matrixmultiplikation aus dem Inputvektor den Outputvektor berechnet. Geometrisch erweist sich die Matrizendarstellung als äquivalent mit entsprechenden Netzwerkhierarchien.

Die Koordination von Wahrnehmungs- und Bewegungsabläufen wird heute geometrisch durch Vektor- bzw. Tensortransformationen dargestellt (Pellionisz 1988: 381-391). Wie greift z.B. ein Roboter einen Gegenstand, den er mit seinen Sensoren wahrnimmt? Bei dieser Auge-Arm-Koordination wird zunächst die Augenpaarposition der Blickrichtung auf den Gegenstand als Punkt im sensorischen Zustandsraum kodiert. Den sensorischen Zustandsraum kann man sich als zweidimensionale Karte vorstellen. Von der Augenpaarposition auf dieser Karte wird durch eine Abbildung ein Impuls auf die darunter liegende Karte des motorischen Zustandsraums gesendet. Dieser Bildpunkt kodiert die erforderliche Armposition. Entsprechend lassen sich die sensomotorischen Koordinierungen von Augen, Augenmuskulatur und Sensoren des inneren Ohrs durch geometrische Koordinatentransformationen beschreiben. Räumliche Orientierungen werden durch äußere (extrinsische) Koordination der Außenwelt und innere (intrinsische) Koordination des inneren Ohrs realisiert. Die drei Kanäle des inneren Ohrs und die sechs Muskeln des Augapfels bilden ein dreidimensionales und ein sechsdimensionales intrinsisches Koordinatensystem zur Messung einer Kopfbewegung und Auswertung einer kompensatorischen Blickkorrektur. Ihre sensomotorische Koordination wird mathematisch durch Tensortransformationen der verschieden dimensionalen Systeme beschrieben.

Erkenntnistheoretisch wird also in diesem Ansatz Geist durch neuronale Zustands- bzw. Phasenräume repräsentiert. Mentale Strukturen entsprechen Vektoren bzw. Tensoren, die Zustände im Phasenraum mathematisch darstellen. Mentale Prozesse entsprechen Netzwerktransformationen. Begriffe bzw. Ideen können als Prototypvektoren im neuronalen Phasenraum aufgefaßt werden, die bei Signalen typischer Merkmale aktiviert werden. Die Stärke des geometrischen Ansatzes liegt offenbar vor allem in der Darstellung sensomotorischer Koordination, bei denen auch Lernprozesse zu berückksichtigen sind (Churchland 1986). Das Gehirn ist Produkt der natürlichen Evolution, die sich in der Theorie komplexer dynamischer Systeme mathematisch beschreiben läßt. Grundlage ist die Thermodynamik fern des thermischen Gleichgewichts, die von H. Haken, I. Prigogine, M. Eigen u.a. als physikalischer Erklärungsrahmen für die biologische Evolution verwendet wird. Danach wird die Evolution makroskopischer Muster und Gestalten fachübergreifend durch physikalische, chemische und biologische Selbstorganisation erklärt. Selbstorganisation wird als Phasenübergang der entsprechenden komplexen Systeme verstanden. Die Muster bzw. Gestalten entstehen durch komplexe nicht-lineare Wechselwirkungen mikroskopischer Systemteilchen (Haken 1983). Ein physikalisches Beispiel liefert der kohärente Laserstrahl, der durch Wechselwirkung von Photonen und Atomen im Lasersystem dann ausgelöst wird, wenn durch äußere Energiezufuhr (Pumpen) ein kritischer Wert erreicht ist. Bei der Zhabotinsky-Reaktion der anorganischen Chemie entstehen spontan reguläre Figuren, wenn in einem chemischen Gemisch durch Zufuhr energiereicher Substanzen ein kritischer Wert erreicht wird. Auch hier liegen wieder mikroskopische Wechselwirkungen (diesmal von Molekülen) zugrunde, die makroskopische Gestalten erzeugen. In der Biologie können Wechselwirkungen von Zellen angeführt werden, die durch Phasenübergänge – wie z.B. beim Schleimpilz – in kritischen Systemzuständen makroskopische Gestalten hervorbringen. Insgesamt liegt den Phasenübergängen bei komplexen dynamischen Systemen dasselbe allgemeine Schema der Selbstorganisation zugrunde: Alte Strukturen werden durch Änderung von Kontrollparametern instabil. Auf der Mikroebene setzen sich instabile Moden gegenüber stabilen Moden des alten Zustands durch. Sie bestimmen Ordnungsparameter, die auf der Makroebene durch neue Gestalten und Strukturen sichtbar werden. In der Biologie sprach man dann traditionell von Emergenz. Im Rahmen der mathematischen Theorie komplexer Systeme handelt es sich um Attraktoren, denen das System in Phasenübergängen zustrebt.

Eine anschauliche Übersicht über die verschiedenen Möglichkeiten von Attraktoren und entsprechenden Phasenübergängen liefert die physikalische Strömungslehre. Man betrachte dazu die Strömung eines Flusses mit einem Hindernis (z.B. Brückenpfeiler) in der Mitte. Untersucht werden die Strömungsbilder hinter dem Brückenpfeiler in Richtung der Strömung in Abhängigkeit von der Strömungsgeschwindigkeit. Die Strömung strebt zunächst einem gleichförmigen Zustand hinter dem Brückenpfeiler zu. Mathematisch liegt der Phasenübergang zu einem Fixpunkt vor, der einem physikalischen Gleichgewichtszustand entspricht. Wird die Strömungsgeschwindigkeit erhöht, zeigen sich zunächst zwei oder mehr Wirbel, die periodische und oszillierende Attraktoren komplexer Systeme widergeben. Bei weiterer Erhöhung der Strömung entsteht schließlich ein völlig irreguläres Strömungsbild hinter dem Brückenpfeiler. In der Theorie nicht-linearer Phasenübergänge ist also Chaos ein komplexer Attraktor.

Chaos und Selbstorganisation werden mittlerweile auch bei der Entwicklung von Computersystemen zugrunde gelegt. Das Ziel dabei ist, den Vorgängen in der Evolution und der Arbeitsweise des menschlichen Gehirns computertechnisch möglichst nahe zu kommen. Die Selbstorganisation von Zellpopulationen wurde in den 50er Jahren duch sogenannte »Zelluläre Automaten« (J. von Neumann) erstmals simuliert. Zelluläre Automaten bestehen aus einem Netz einzelner Zellen, die durch die Geometrie der Zellanordnungen, Nachbarschaft jeder Einzelzelle, mögliche Zellzustände und Transformationsregeln für zukünftige Zustände charakterisiert sind.

Die Selbstorganisation der Zellmuster wird durch Phasenübergänge nach diesen Transformationsregeln beschrieben. Die Zellmuster entstehen aus einem zufälligen Anfangszustand, d.h. sie sind unabhängig voneinander mit gleicher Wahrscheinlichkeit für jeden Zustand.

Computerexperimente legen folgende Klassen von Evolutionsmustern nahe, die bereits als Attraktoren komplexer dynamischer Systeme vertraut sind. Systeme der Klasse 1 streben nach wenigen Schritten einem homogenen Gleichgewichtszustand (Fixpunkt) absolut unabhängig vom Anfangszustand zu. Auf dem schachbrettartigen Feld zellulärer Automaten sterben nach endlich vielen Schritten alle Muster ab. Es bleibt das weiße Feld als äußeres Zeichen des absoluten Gleichgewichts. Systeme der Klasse 2 streben demgegenüber einem konstanten und periodischen Zustand zu, der in gewissen Toleranzgrenzen unabhängig vom Anfangszustand ist. Geometrisch zeigen sich konstante und periodische Teilmuster. Systeme der Klasse 3 erzeugen komplexe Evolutionsmuster, die empfindlich auf Veränderungen des Anfangszustandes reagieren. Geometrisch erinnern diese Bilder an Gestalten und Organismen der biologischen Evolution. Schließlich streben Systeme der Klasse 4 chaotischen Endzuständen mit fraktaler Dimension zu. Das Evolutionsmuster reagiert empfindlich auf geringste Änderungen des Anfangszustandes.

Langfristige Prognosen für Evolutionsmuster sind in den Klassen 3-4 nicht möglich: Geringste Abweichungen der Anfangszustände lassen die Entwicklungstrajektoren der Evolutionsmuster exponentiell auseinanderstreben (Nicht-Linearität). Selbstorganisation ist also langfristig im allgemeinen nicht prognostizierbar, obwohl im Beispiel zellulärer Automaten jeder einzelne Phasenübergang determiniert ist. Der Rechenaufwand zur Simulation von Evolutionsmustern der Klasse 3 ist mindestens so groß wie der Evolutionsprozeß selber. Erkenntnistheoretisch zeichnen sich damit Grenzen der computergestützten Simulation evolutionärer Prozesse ab (Mainzer 1990a: 83-106). Das Gehirn läßt sich ebenfalls als komplexe Population von 70-80 Milliarden Nervenzellen (Neuronen) auffassen, die sich in Phasenübergängen vernetzen und neue Muster durch Selbstorganisation erzeugen. Man spricht mittlerweile vom »Paradigma des Konnektionismus«. Im Unterschied zu den zellulären Automaten kann allerdings nur in sehr vereinfachten Modellen davon ausgegangen werden, daß die Neuronen gleichartig und ununterscheidbar mit digitalen Zuständen existieren. Der Konnektionismus ist jedenfalls die Leitidee bei der Entwicklung von Neurocomputern und neuronalen Netzen. Sie sind keine programmgesteuerten Maschinen (wie Digitalcomputer), sondern lernen selbständig durch Beispiele aufgrund von Lernalgorithmen. Analog zur Musterentstehung in komplexen dynamischen Systemen läßt sich Mustererkenntnis als Selbstorganisation neuronaler Netze verstehen.

So benutzt ein Hopfield-System Evolutionsgleichungen von Neuronen in Abhängigkeit von Reizschwellen. In Analogie zu einem Spin-System mit Spin +/- 1/2 (z.B. Magnetisierung eines Ferromagneten im Ising-Modell) läßt sich eine Energiefunktion des Systems angeben, die allerdings nur Fixpunkte als Attraktoren zählt. Der Lernalgorithmus für endlich viele Muster ist den Hebbschen Regeln nachgebildet. Konnektionen zwischen Elementen (Neuronen) eines Musters im selben Zustand werden verstärkt, während Konnektionen zwischen Elementen im verschiedenen Zustand vermindert werden. Selbstkopplung ist ausgeschlossen. Als Beispiel wird die Erkenntnis von Buchstabenmustern betrachtet. Ein gestörtes Buchstabenmuster wird in Phasenübergängen vom neuronalen Netzwerk eines Hopfield-Systems erkannt, das ein Standardmuster des Buchstabens durch Beispiele (nicht durch ein Programm) erlernt hat.

Die physikalische Erklärung liefert die Thermodynamik: Ein komplexes dynamisches System strebt durch Phasenübergänge einem Gleichgewichtszustand (Fixpunkt) als Attraktor zu. An diesen Fixpunkten sind z.B. die Standardmuster der Buchstaben festgemacht. Neben Schriften wird auch Bilderkenntnis durch solche Selbstorganisationsprozesse simulierbar. Im Unterschied zum homogenen (unstrukturierten) Netzwerk eines Hopfield-Systems erlauben neuronale Netzwerkhierarchien Feedback zur Umwelt und damit Verstärkung oder Verminderung der Synapsenverbindungen. Ende der 60er Jahre zeigten M. Minsky und S. Papert, daß einfache zweischichtige Systeme kaum kognitive Erkenntnisprobleme (z.B. aussagenlogische Verknüpfungen, Parität von Strichfolgen) ermöglichen. Das löste einen zeitweiligen Stop in der Erforschung neuronaler Netze aus, und man warf sich in dieser Zeit auf die konventionelle KI (insbesondere die Theorie der Expertensysteme). Erst mit den neuen technischen Möglichkeiten Ende der 70er Jahre (Spin-Gläser, Festkörperphysik, Parallelrechner) wurden die Untersuchungen wieder aufgenommen (Serra/Zanarini 1990). Theoretisch zeigte sich, daß hierarchische Systeme durchaus komplexe kognitive Aufgaben zu lösen vermögen. Ein Drei-Schichten Netzwerk ist ein dynamisches System mit einer internen Struktur. Neben Input- und Output-Schicht berücksichtigt es nämlich interne Neuronen (»Hidden Units«) mit entsprechenden Evolutionsgleichungen. Entgegen dem Input-Output-Schema des Behaviourismus repräsentieren die internen Neuronen mentale interne Strukturen. Der Lernalgorithmus beruht auf einer Back-Propagation der Synapsenbewertung mit einer Kostenfunktion für den Outputirrtum von gewünschtem Output und tatsächlichem Output. Synapsenstärken einer Lernstufe ergeben sich dadurch, daß die Synapsenstärken in der vorherigen Lernstufe um den Gradienten der darauf bezogenen Irrtumsfunktion korrigiert werden. Der Lernprozeß besteht also in einem Gradientenabfall des Irrtums im Bewertungsraum der Synapsen.

Die bisherigen Beispiele von Netzwerkhierarchien sind deterministische Grenzfälle von probabilistischen Netzwerkhierarchien. Es war übrigens wieder J. v. Neumann (1950), der als erster eine Verbindung der neuen Lern- und Erkenntnissysteme zu Boltzmanns statistischer Thermodynamik sah. Man spricht daher mir Recht seit Sejnowski, Hinton u.a. (1986) von »Boltzmann-Maschinen«: »In fact, there are numerous indications to make us believe that this new system of formal logic will move closer to another discipline which has been little linked in the past with logic. This is thermodynamics, primarily in the form it was received from Boltzmann, and is that part of theoretical physics which comes nearest in some of its aspects to manipulating and measuring information.«

Zusammenfassend lassen sich Mustererkennung, Lernprozeß und Assoziation ebenso im Rahmen der Theorie komplexer dynamischer Systeme erklären wie die Musterentstehung in der biologischen Evolution. Beim Mustertraining erlernt ein komplexes System ein vorgegebenes Prototypmuster. Bei der Mustererkennung wird ein vorgegebenes Testmuster in Phasenübergängen in das Prototypmuster überführt. Die entsprechende Evolutionsgleichung für Ordnungsparameter beschreibt die Entwicklung bzw. Emergenz neuronaler Muster.

D.E. Rumelhart u.a. zeigten 1986, wie ein neuronales Netz Kippbilder zu erkennen vermag. Bei einem Würfel aus acht Punkten in der Ebene ermöglichen die Kantenverbindungen zwei verschiedene Ansichten je nachdem, ob die Punkte als »links« oder »rechts«, »vorne« oder »hinten«, »oben« oder »unten« interpretiert werden. Das Hypothesennetz enthält zwei alternative Hypothesenuntersysteme für die beiden möglichen Ansichten des Würfels. Der unbewußte Entscheidungsprozeß für eine der beiden Möglichkeiten des Kippbildes wird als Phasenübergang des neuronalen Netzes zu einem Gleichgewichtsattraktor beschrieben. In diesem Sinn organisiert sich der Erkenntnisprozeß selber. Lokale Anfangsfluktuationen der Deutungspräferenzen organisieren sich zu global unterschiedlichen Gestalten, nämlich den beiden möglichen Sichtweisen des Würfels. Kognition wird also durch Selbstorganisation eines neuronalen Netzes erklärt (Singer 1989: 45-59). Mentale Strukturen entsprechen Ordnungsparametern emergenter Muster neuronaler Netze. Mentale Prozesse werden durch Ordnungsparametergleichungen repräsentiert. Mentale Zustände sind also nach diesem Ansatz so »wirklich« wie Ordnungsparameter der Theorie komplexer dynamischer Systeme. Beim Lasersystem treten Ordnungsparameter als meßbare Feldstärke von Laseratomen auf, die Voraussagen erlauben. Bei Flüssigkeiten sind Ordnungsparameter meßbare Gestalteigenschaften.

Mentale Zustände (Geist) sind nach diesem Ansatz also Ordnungsstrukturen komplexer dynamischer Systeme. In der Evolution wurden sie durch das Gehirn als Trägersystem realisiert. Ihre Gesetzmäßigkeiten sind jedoch keineswegs abhängig von dieser materiellen »Hardware«.

Philosophie des Geistes und Gehirns

Was ist der menschliche Geist? Wie funktioniert das Denken? Seit Jahrtausenden beschäftigen sich Philosophen mit dieser Frage. Im Dialog *Menon* zeigt Platon, wie ein ungebildeter Sklave eine mathematische Aufgabe löst.

Jeder Mensch hat, das ist das Platonische Anliegen, ein internes mentales Wissen vor jeder Erfahrung (a priori). Zu Beginn der Neuzeit analysiert Descartes den Wahrnehmungsapparat des Menschen als eine Maschine, die nach den Gesetzen der Mechanik, Geometrie und Optik funktioniert. Gesteuert und koordiniert wird diese materielle Maschine des menschlichen Körpers (res extensa) durch Ideen, die, wie Descartes sagt, dem Geist (res cogitans) eingeboren sind (ideae innatae). Die englischen Empiristen wie Locke und Hume bestreiten die cartesisch-platonische Annahme, daß man durch Introspektion mentale Bewußtseinszustände unabhängig von sinnlicher Erfahrung untersuchen könne. Der Geist ist danach nichts anderes als eine unbeschriebene Tafel (tabula rasa), auf der Daten durch Sinneswahrnehmungen registriert werden, um durch Vorgänge der Assoziation und Abstraktion zu Begriffen verarbeitet zu werden. Genau dafür müßten aber, so wendet Kant in seiner Erkenntnistheorie ein, interne mentale Strukturen, kognitive Schemata und Kategorien vor jeder Erfahrung vorausgesetzt werden, die Wahrnehmung und Erkenntnis selbständig und spontan organisieren und damit erst ermöglichen. Nach Kant wird also Erkenntnis und Wahrnehmung aus dem Geist der Selbstorganisation verstanden.

Im 19. Jahrhundert wird der Erkenntnisapparat Gegenstand naturwissenschaftlicher Untersuchungen. Hier ist an die Wahrnehmungsphysiologie von Hermann von Helmholtz zu erinnern, mit der er seine an Kant orientierte Erkenntnistheorie naturwissenschaftlich fundiert. Vor allem ist aber Ludwig Boltzmann zu erwähnen, der erstmals die Evolution des menschlichen Erkenntnisapparates im Rahmen von Darwins Evolutionstheorie und einer Thermodynamik des Gleichgewichts erklären wollte. Neben Naturwissenschaften wie Physiologie, Biologie und Physik beschäftigen sich seit dem 19. Jahrhundert aber auch Logik und Mathematik mit der Analyse von Erkenntnis. Der auf Leibniz zurückgehende Gedanke formaler Sprachen und Rechenkalküle (Algorithmen) wird durch die Begründer der mathematischen Logik wie Boole, Frege, Russell,

Hilbert u.a. ausgearbeitet. Mentale Strukturen werden durch symbolische Datenstrukturen, mentale Prozesse durch symbolische Algorithmen repräsentiert. Die Linguistik weitet diesen Ansatz auf natürliche Sprachen aus (Chomsky u.a.).

Diese Entwicklung gipfelt in der Informatik der Programmiersprachen programmgesteuerter Digitalcomputer (Turing, von Neumann u.a.). Die klassische KI als Teildisziplin der Informatik entwickelt auf dieser Grundlage wissensbasierte Systeme, die intelligente Problemlösungen menschlicher Experten simulieren sollen.

Der naturwissenschaftliche Zugang zum Erkenntnisproblem hat in unserem Jahrhundert durch die moderne Neurobiologie und Gehirnphysiologie einen neuen Auftrieb erhalten. Mittlerweise werden neuronale Netze entwickelt, die nach neurophysiologischen Strukturprinzipien gebaut sind und sich selbst organisierende komplexe Systeme darstellen, wie sie aus der Biologie, Chemie und Physik wohl bekannt sind. Während frühe Physiologen und Psychologen behavioristisch orientiert waren und sich auf empirische Input-Output-Analysen beschränkten, greifen Neuroinformatiker auch höhere Wahrnehmungs- und Problemlösungsprozesse auf, deren mentale Repräsentation nicht an formale Programmiersprache und Kalkül gebunden ist. Nach dem Paradigma klassischer Physik und Logik müßte der Erkenntnisapparat als deterministisches System verstanden werden, dessen Zustände sich sequentiell und linear wie ein programmgesteuerter Von-Neumann-Computer entwickeln. Tatsächlich erweist sich aber das Gehirn nach allem, was bis heute bekannt ist, als ein komplexes dynamisches System mit nicht-linearen Wechselwirkungen seiner neuronalen Bestandteile nach den Gesetzmäßigkeiten der Selbstorganisation. Als technisches Paradigma kommt daher eher ein neuronales Netzwerk mit Lernalgorithmus in Betracht.

Die traditionelle philosophische Unterscheidung von »immateriellem« Geist und »materiellem« Gehirn erweist sich in dieser Forschungssituation als wenig hilfreich. Tatsächlich reicht, wie zuvor gezeigt wurde, ein materialistischer Monismus nicht aus, um die Wirkung mentaler Zustände zu erklären. Andererseits stößt der cartesische Dualismus von Geist und Körper als selbständige und voneinander unabhängige Substanzen auf erhebliche begriffliche Schwierigkeiten, wenn ihre Wechselwirkung erklärt werden soll. Philosophische Begriffe sollten sich aber in der Forschungspraxis bewähren und zu weiteren begrifflichen Klärungen führen.

Daher wird im folgenden Ockhams wissenschaftstheoretischer Standpunkt eingenommen, wonach nur so viele theoretische Annahmen in der Forschung verwendet werden sollten wie nötig, aber soviel Erfahrung wie möglich: »Entia non sunt multiplicanda sine necessitate.« Unnötige theoretische Annahmen und Hypostasierungen sind also mit dem Ockhamschen Rasiermesser zu entfernen. Daß Ockhams wissenschaftstheoretisches Ökonomieprinzip nach wie vor aktuell ist, zeigte jüngst das Buch »The Emperors New Mind« des englischen Mathmatikers und Physikers R. Penrose (1989). Er plädiert dort mit Recht kritisch gegen Ausschließlichkeitsansprüche heutiger KI-Forscher bei der Erklärung menschlicher Erkenntnisprozesse. Andererseits tritt er aber für eine platonische Metaphysik des Geistes ein, die angesichts ihrer tatsächlichen Leistung bei der Klärung erkenntnistheoretischer Fragen unnötig erscheint. So zeigt Penrose am Beispiel der Mathematik überzeugend auf, daß sich Kreativität und Innovation nicht vollständig auf Algorithmen reduzieren lassen. Sein Schluß aber, daß daher (mathematische) Erkenntnis nur durch Teilhabe an der platonischen Ideenwelt möglich sei, ist nicht zwingend. Spontane Emergenz von Neuem (z.B. Gestalt, Muster, Idee, Gedanke) ist auch durch komplexe dynamische Systeme erklärbar, die zudem fachübergreifend empirische Bestätigung erfahren haben. Warum also, so möchte man mit Ockham argumentieren, soll man zu starken metaphysischen Annahmen greifen, wenn eine erfahrungsgestützte Erklärung gelingt? Mit Blick auf den derzeitigen Stand der Forschung könnte Penrose geltend machen, daß Geist und Gehirn nicht vollständig auf Expertensysteme und neuronale Netze reduzierbar seien. Andererseits zeichnet sich aber ein fachübergreifendes Forschungsprogramm ab, in dem der Erkenntnisapparat als komplexes System der Evolution mit intrinsischen Strukturprinzipien untersucht wird.

Es bleibt die Frage, in welchem Umfang dieses Forschungsprogramm Begriffe wie »Kognition« und »Geist« erschließen kann. In der traditionellen Erkenntnistheorie haben, wie eingangs erwähnt, nur wenige Philosophen (Descartes, Helmholtz, James u.a.) die zerebralen Voraussetzungen menschlichen Fühlens und menschlicher Erkenntnis berücksichtigt. Heute läßt sich offenbar Erkenntnistheorie nicht mehr isoliert betreiben. Ich favorisiere daher eine naturalisierte Erkenntnistheorie, die in ein interdisziplinäres Forschungsprogramm von Mathematik, Physik, Neurobiologie, Neuroinformatik, Linguistik und Psychologie eingebettet ist (Mainzer 1990c: 9-12). Da es sich um ein sich entwickelndes Forschungsprogramm handelt, ist diese Art von Erkenntnistheorie auch keine apriorische Doktrin im traditionellen Sinne der Philosophie. Ihre Kategorien sind, wie in einem Forschungsprogramm üblich, ständiger Prüfung, Verbesserung, Änderung usw. unterworfen. Als allgemeine Prinzipien solcher neurophilosophischen Erkenntnistheorie haben sich bisher nicht-lineare Kausalität, Holismus, Selbstorganisation und intrinsische zerebrale Raum-Zeit-Strukturen herausgestellt. Das Auftreten kognitiver Leistungen wird nach denselben Prinzipien erklärt wie die Emergenz physikalischer, chemischer und biologischer Strukturen, wenn auch auf einer höheren komplexen Entwicklungsstufe. Diese Untersuchungen haben nichts mit einem traditionellen reduktionistischen Programm zu tun, die »Geist« und »Materie« nicht nur unscharf, sondern durch die jeweilige wissenschaftshistorische Entwicklungsstufe und ihre jeweiligen Modelle bestimmt, auf der sie formuliert wurden. Die Modelle und Erklärungsprinzipien für Wahrnehmung und Erkenntnis sind in diesem Sinne historisch und systematisch kontextual abhängig. Das trifft natürlich für das mechanistische Modell Descartes im 17. und 18. Jahrhundert ebenso zu wie für das Selbstorganisationsmodell. Es handelt sich dabei um die Emergenz bestimmter komplexer Strukturen in der Natur, die auf einem bestimmten Organisationsniveau unter bestimmten Bedingungen möglich und in einer allgemeinen Strukturtheorie komplexer dynamischer Systeme erklärbar wird. Diese kognitiven Leistungen werden zwar einerseits erst durch die vorherigen organischen, molekularen, atomaren und subatomaren Hierarchiestufen der Evolution möglich, sind aber andererseits eigenständig. Hier trifft die Analogie mit der technologischen Evolution zu, wonach zum Verständnis einer hochentwickelten KI-Sprache keine Kenntnisse der zugrundeliegenden Maschinensprache notwendig sind, obwohl erst die auf die menschliche Kognition zugeschnittene KI-Sprache (z.B. LISP, PROLOG) nur durch Übersetzung auf die Maschinensprache den Computer zum Laufen bringt.

Die Emergenz kognitiver Leistungen scheint daher auch keineswegs an die biochemischen Grundlagen gebunden, unter denen sie in der biologischen Evolution des Menschen und, wenn auch rudimentärer, bei hochentwickelten Tieren auftraten. Kognitive Strukturprinzipien, wie sie Synergetik und die Theorie komplexer dynamischer Systeme beschreiben, sind davon unabhängig. Eine solche Erklärung bedeutet keineswegs, daß wir die Entwicklung kognitiver Prozesse immer rechnerisch determinieren können. Oszillation und Chaos gehören bekanntlich zu den Phasenübergängen komplexer Systeme.

Abgesehen davon, daß die Technologie neuronaler und synergetischer Computer auf der Grundlage von Selbstorganisation noch in den Anfängen steckt, zeichnet sich für die Philosophie als Resümee ab: Von der »Natur des Geistes« und dem »Geist der Natur« wird nur soviel erkannt, als wir bereits in unseren technisch-wissenschaftlichen Modellen und Erklärungsprinzipien (bewußt oder unbewußt) hineingesteckt haben. Das gibt Anlaß zur Ermutigung über die erreichten Erfolge, aber auch Anlaß zur Bescheidenheit über die deutlich gewordenen Grenzen.

Bescheidenheit ist auch angesagt für die ethische Bewertung dieses Forschungsprogramms. Manche Zeitgenossen lesen die neuzeitliche Wissenschaftsentwicklung als eine permanente Verlustgeschichte der Natur. Schon der Verlust des Weltmittelpunktes in der Kopernikanischen Astronomie wurde ethisch kritisiert, da es für die Würde des Menschen als Krone der Schöpfung unzumutbar sei, auf einem unter vielen Planeten leben zu müssen. Schließlich wurde der

Mensch mit Darwins Evolutionstheorie in die Reihe stammesgeschichtlicher Entwicklungen verwiesen. Und nun der mögliche Verlust der dominanten Stellung der menschlichen Intelligenz an Roboter und technische Systeme! Ich denke, hier verbirgt sich hinter ethischen Argumenten seit Jahrhunderten verletzte Eitelkeit.

Thema der Ethik ist die gegenseitige Achtung der Menschen und ihrer personalen Würde untereinander. Und diese Frage hängt nicht von der naturwissenschaftlich erkannten Stellung des Menschen in der Natur ab. So sind bereits die intellektuellen Leistungen der einzelnen Menschen durchaus verschieden. Die Menschenrechte, wie sie im Grundgesetz formuliert sind, machen die Menschenwürde jedoch ausdrücklich nicht abhängig von besonderen Fähigkeiten, rassischen, weltanschaulichen, religiösen oder geschlechtlichen Auszeichnungen. Geschätzt wird der Mensch als Person (Die Würde des Menschen 1990: 211-221). Seine Würde ist unantastbar. Statt von Person spricht die Aufklärungsphilosophie von der Autonomie des Menschen, d.h. der Mensch ist in der Terminologie Kants für seinen Mitmenschen Selbstzweck und darf daher nicht instrumentalisiert werden. Hier zeichnet sich allerdings neben der Erkenntnistheorie ein weiteres zentrales Thema der Philosophie im Umgang mit Robotertechnik und Informationstechnologie ab – der Schutz der Menschwürde als praktisch-ethische Aufgabe.

Teil III
Die computerisierte Gesellschaft und ihre Risiken

Risikoprävention: symbolische Politik oder institutionelle Reform?

Alexander Roßnagel

Die elektronischen Informations- und Kommunikationstechniken (IuK) werden Produktionsabläufe rationalisieren. Sie werden Daten überall, schnell und in großem Umfang zur Verfügung stellen und neue Formen zeit- und ortsunabhängiger Kommunikation ermöglichen. Wächst damit aber nicht auch die Abhängigkeit von dieser Technik und nimmt nicht die Verletzlichkeit der Gesellschaft zu? Können wir die Vorteile der Informations- und Kommunikationstechniken nutzen und zugleich die Risiken vermeiden? Wo müssen wir ansetzen, wenn wir die Risikostruktur der Informationsgesellschaft beeinflussen wollen? Um auf diese Fragen Antworten zu finden, benötigen wir zum einen Risikoprognosen und zum anderen Strategien zur Riskovermeidung.

Risikoprognose

Wie sieht eine »computerisierte Gesellschaft« aus? Wie werden Informations- und Kommunikationstechniken unser Leben und unsere Arbeit verändern? Computer und Telekommunikation werden zu vielfach vernetzten Systemen zusammenwachsen. Werden sie dabei andere Formen der Informationsverarbeitung und Kommunikation ergänzen oder verdrängen und schließlich weitgehend ohne Alternative dastehen? In welchem Umfang ist etwa mit einer IuK-gestützten Warenwirtschaft zu rechnen, die auf der Vernetzung von Lieferanten, Zulieferern, Produzenten, Spediteuren, Händlern, Kunden und Banken beruht? Inwieweit werden Produktions- und Handelsbeziehungen technikgestützt nach dem »Just-in-time«-Prinzip vernetzt und nicht nur zwischen den Betrieben, sondern auch innerhalb der Betriebe den Informations- und Güterfluß bestimmen? Müssen wir damit rechnen, daß die an EDI teilnehmenden Ver- und Einkaufsabteilungen, die ODA-orientierten Verwaltungen, die mit CAD/CAM arbeitenden Konstruktionsabteilungen, die computerintegrierten Fertigungsstellen und die chaotisch geordneten Lager ihren Informationsaustausch weitgehend über Computernetze abwickeln werden? Inwieweit werden immer energiereichere Prozesse – auch mit hochgiftigen Substanzen – auf der Basis vernetzter Computersysteme kontrolliert und gesteuert? Bereits heute werden Zahlungen zwischen den Geldinstituten untereinander sowie zwischen diesen und ihren Geschäftskunden nahezu ausschließlich elektronisch durchgeführt. Inwieweit wird elektronisches Geld auch für die Mehrzahl der privaten Nachfrager das Papier- und Hartgeld verdrängen?

Wie verletzlich wird die Gesellschaft durch solche Veränderungen? Wer die Risikostruktur der computerisierten Gesellschaft erkennen will, muß sowohl nach den möglichen Schäden fragen als auch nach den Möglichkeiten, sie zu verursachen bzw. sie zu verhindern. Was also geschieht, wenn Techniksysteme, auf die die Menschen sich verlassen, ausfallen? Welches gesellschaftliche Schadens- oder gar Katastrophenpotential beinhalten sie? Nehmen wir das Beispiel der Telekommunikation und versuchen uns auszumalen, wer von einem solchen Ausfall betroffen sein könnte und welche Schäden dadurch angerichtet werden könnten. Unterstellen wir, einige wichtige Knotenpunkte der Telekommunikation seien ausgefallen. Dies könnte auf einen identischen Softwarefehler zurückzuführen sein. Es könnte aber auch einer Gruppe von Angreifern gelungen sein, diese Vermittlungsstellen auszuschalten. Der dadurch verursachte Schaden würde sich in einer äußerst dynamischen Schadensentwicklung über das Netz ausbreiten und zu sehr vielen hohen Einzelschäden führen. Unmittelbar betroffen wären alle Nutzungen der Telekommunikation, die zu diesem Zeitpunkt stattfinden oder die zeitkritisch sind. Prozeßsteuerungen, Börsengeschäfte, Geldtransfers, Verkehrssteuerung, medizinische Informationssysteme und Notrufe sowie alle Arbeiten in Behörden, Banken, Handels- und Transportunternehmen, gewerblichen Büros und Krankenhäusern, die im Online-Dialog mit Rechnern stehen, würden ausfallen.

In der Folgezeit aber wären aufgrund der hohen gesellschaftlichen Abhängigkeit alle Bürger, alle Unternehmen und alle Organisationen betroffen. Zum Erliegen käme praktisch der gesamte zivile Produktions-, Versorgungs- und Dienstleistungssektor. In der Folge könnten keine Waren mehr bestellt, keine Zulieferungen mehr angefordert und keine Produktions-, Liefer- oder Lagerdaten mehr ausgetauscht werden. Bald kann nichts mehr produziert, nichts mehr geliefert und nichts mehr verkauft werden. Volle Lager könnten nicht ausliefern, leere Geschäfte nichts bestellen. Der elektronische Zahlungsverkehr fällt aus. Ohne Bargeld kann nichts mehr gekauft werden.

Und alle diese Schäden würden nahezu gleichzeitig eintreten und sich gegenseitig verstärken. Fehlende Ferninformationsmöglichkeiten werden den Verkehr erhöhen und dadurch zu einem Verkehrskollaps führen. Sie werden außerdem das Katastrophenmanagement behindern, da dieses weder ausreichende Informationen empfangen noch koordinierende Instruktionen zu ihrer Bewältigung verteilen kann.

Fehlen nun auch noch die funktionalen Äquivalente und die für sie notwendige Infrastruktur, um die ausgefallenen gesellschaftlichen Funktionen der Telekommunikation ersetzen zu können, ist eine Katastrophe kaum noch aufzuhalten. Sind die Briefpost durch die elektronischen Kommunikationsformen stark ausgedünnt, Papier- oder Hartgeld durch elektronisches Geld ersetzt und Papier als Informationsträger durch elektronische Speichermedien weitgehend verdrängt, gibt es keinen annähernd ausreichenden Ersatz für die ausgefallene Technik. Auch besondere Fähigkeiten und Kenntnisse einzelner werden die ausgefallenen Strukturen nicht ersetzen können. Es ist daher keineswegs auszuschließen, daß die vielen Einzelschäden sich gegenseitig zu einer katastrophalen Schadensdynamik verstärken. Je abhängiger die Menschen sich von einem Technik-System gemacht haben, je stärker sie ihre Kompetenzen auf die neue Technik ausgerichtet haben und je mehr sie die »überflüssigen« Infrastrukturelemente der alten Technik »eingespart« haben, desto stärker wird sie die Katastrophe treffen.

Können die Informations- und Kommunikationstechniken aber nicht auch genutzt werden, um Schadenspotentiale zu vermindern? Ermöglichen nicht gerade diese Techniken durch hohe Verarbeitungs-, Speicher- und Übertragungskapazitäten Redundanz und Dezentralisierung? Präzisere Prozeßsteuerung kann eine Reduzierung des Energieeinsatzes ermöglichen. Durch Automatisierung können viele Risikobereiche begrenzt oder beseitigt werden, in denen Menschen bisher tätig sein mußten. Könnten Informations- und Kommunikationstechniken das Schadenspotential soweit reduzieren, daß die sozio-technischen Systeme Fehler abfedern oder sogar verzeihen können? Werden aber nicht umgekehrt Sicherheitsgewinne meist wieder durch höhere Geschwindigkeiten oder Temperaturen und geringere Abstände oder Puffer »verbraucht«?

Welches könnten künftig die Ursachen für Schäden und Katastrophen sein? Sie können absichtlich oder unbeabsichtigt herbeigeführt werden. Betrachten wir zuerst die unbeabsichtigten Fehler. Wie müssen die künftigen Risiken von Hardwarefehlern und Softwarefehlern eingeschätzt werden? Wird sich die Technik dem Menschen stärker anpassen und dadurch Bedienungsfehler vermeiden helfen? Werden Computersysteme zunehmend realitätsgerechter, so steigt notwendigerweise ihre Komplexität. Muß aber in komplexen und eng gekoppelten Systemen nicht immer damit gerechnet werden, daß unerkannte Systemfehler auftreten, die mit anderen Fehlern auf undurchschaubare Weise interagieren und zu einem Systemversagen führen? Aufgrund ihres Umfangs und ihrer Komplexität können solche Systeme nicht ausreichend getestet oder verifiziert werden. In solchen Systemen sind Fehler unvermeidbar. Wie fehlerhaft sie sind, bleibt immer unsicher. Kann unter diesen Umständen verantwortet werden, sie mit hohen Schadenspotentialen zu verbinden?

Computermißbrauch ist leicht durchzuführen, schwer zu entdecken, mit hohen Schäden oder Gewinnen verbunden und wird selten angezeigt. Ist daher in Zukunft mit einem überproportionalen Ansteigen absichtlicher Schädigungen zu rechnen? Bietet nicht gerade die IuK-Technik neue Mißbrauchsformen, die erlauben, diese Techniksysteme mit ihren eigenen Mitteln anzugreifen – wie Trojanische Pferde, logische Bomben oder Computerviren? Durch sie können sehr viele Verfahren gleichzeitig betroffen und sogar verteilte und entkoppelte Systeme geschädigt werden. Informations- und Kommunikationstechniken bieten allerdings auch viele Schutzmöglichkeiten. Wie stark können wir uns darauf verlassen, daß technische oder organisatorische Maßnahmen den »Erfolg« von Fehlern oder Angriffen verhindern? Erhöht zusätzliche Sicherheitstechnik die Systemkomplexität und dadurch wiederum das Risiko von Systemfehlern? Könnte der Sicherungszwang der Technik Sicherungsmaßnahmen erfordern, die aus heutiger Sicht nicht akzeptabel sind?

Risikovermeidung

Können die Risiken der computerisierten Gesellschaft vermieden werden? Welche Gestaltungsspielräume bestehen angesichts der weltwirtschaftlichen und weltpolitischen Rahmenbedingungen? Wie können in einer pluralistischen Gesellschaft die Ursachen für die Risiken kontrolliert und beeinflußt werden?

Die erste Phase der gesellschaftlichen Problembearbeitung von Modernisierungsrisiken ist offensichtlich vorbei, in der wenige Mahner versuchten, eine beinahe übermächtige Mauer aus Ableugnung und Verdrängung zu durchbrechen. Die Verletzlichkeit der Gesellschaft durch Informations- und Kommunikationstechniken wird zur Kenntnis genommen und diskutiert. Ihre Risiken beginnen sich im öffentlichen Bewußtsein festzusetzen.

Aber welches Handeln folgt der Problemerkenntnis oder sollte ihr folgen? In der vor uns liegenden zweiten Phase der gesellschaftlichen Problembearbeitung verschiebt sich die Konfliktlinie. Die Beteiligten streiten nicht mehr vorrangig darüber, ob tatsächlich Risiken bestehen, sondern darüber, wie sie zu bekämpfen sind. Werden nur Teilprobleme thematisiert und durch symbolische Politik bearbeitet? Oder wird versucht, die Risiken in ihren Ursachen anzugehen und vor ihrer Entstehung zu vermeiden? Wird etwa der Blick auf die gesellschaftliche Abhängigkeit und die davon ausgehenden Schadenspotentiale und den damit zusammenhängenden gesellschaftlichen Steuerungsbedarf gelenkt? Oder werden die Problemlösungen in einzelnen Sicherheitstechniken oder Schulungsmaßnahmen gesucht? Oder allgemeiner gefragt: Werden die Probleme so definiert, daß sie Ursachen thematisieren, auch wenn deren Beseitigung einschneidende Veränderungen erfordert, oder wird ihre Beschreibung daran orientiert, daß sie mit den vorhandenen Mitteln bearbeitbar bleiben?

Die neuen Risikodimensionen durch Computerintegration und -vernetzung mit ihren kumulativen und synergistischen Effekten sind als künftige Möglichkeiten nur der wissenschaftlichen Analyse zugänglich. Dem Alltagsbewußtsein sind sie allenfalls als symbolische Bilder zu vermitteln. Diese Risiken können dramatisiert oder verharmlost werden und sind im besonderen Maße offen für soziale Definitionsprozesse. Entscheidend ist, welche Sachverhalte jeweils als Risiken und ihre Ursachen definiert werden.

Techniksysteme, die sich am Markt durchsetzen müssen, sind gegenüber Risikoenthüllungen sehr empfindlich. Dies gilt insbesondere für Systeme, die als Infrastrukturen auf eine »kritische Masse« von Teilnehmern angewiesen sind. Die Darstellung einer Sicherheitslücke oder eines gelungenen Angriffs kann die Absatzchancen eines Produkts erheblich beeinträchtigen. Können Unternehmen, die Informations- und Kommunikationstechniken anbieten oder nutzen, unter diesen Umständen die Sicherheitsprobleme »ihrer« Technik überhaupt offen und öffentlich diskutieren? Wie reagieren sie auf ihre eigene zunehmende Verletzlichkeit? Welche Handlungsmöglichkeiten sehen sie?

Wenn Risiken vom Wissen um sie abhängen und gesellschaftliche Relevanz durch soziale Definitionsprozesse gewinnen, eröffnet dies Einzelnen oder Kleingruppen ganz neue politische Handlungschancen. Sie können durch wenig aufwendige Aktionen, die von der Presse aufgegriffen werden, große politische Effekte bewirken. Können sie aber mehr leisten, als einen Skandal an den nächsten zu reihen, ohne daß Wesentliches geschieht? Welche Einflußmöglichkeiten hat die Mobilisierung öffentlicher Aufregung auf die Entscheidungsträger? Welche Konzepte können die Kritiker einer umfassenden Informatisierung zu deren Steuerung anbieten?

Die Risiken der computerisierten Gesellschaft entstehen ungeplant und ungewollt durch »business as usual«. Sie sind daher vor allem die Folge einer eklatanten Institutionenkrise. Die Steigerung der Komplexität der Technikanwendungen und die steigende Abhängigkeit der Gesellschaft von diesen Techniken ist keiner gesellschaftlichen Instanz zurechenbar. Noch viel weniger gilt dies für kumulative und synergistische Effekte unterschiedlicher Anwendungssysteme. Sollen wir diese Entwicklung weiterhin dem Markt überlassen? Oder sind Institutionen und Verfahren notwendig, die Verletzlichkeitspotentiale im Allgemeinintereresse zu beeinflussen, und welche könnten dies sein?

Vor einem Jahr wurde das Bundesamt für die Sicherheit in der Informationstechnik errichtet. Ein solches Amt war überfällig. Es ist bisher die einzige staatliche Institution, die sich des Problems der Sicherheit in der Informationstechnik annimmt. Allerdings sind seine Aufgaben und Befugnisse im wesentlichen auf Sicherheitsforschung, freiwillige Beratung und Zertifizierung von Sicherheitstechnik begrenzt. Reichen sie aus, um den künftigen Risiken der computerisierten Gesellschaft gerecht zu werden? Ist die »Bürokratisierung« des Verletzlichkeitsproblems der richtige Weg, auf dem wir fortschreiten sollten?

Die Komplexität künftiger Informations- und Kommunikationssysteme zwingt die Menschen mit Systemen zu arbeiten, die sie noch weniger durchschauen können als die heutige Technik. Dennoch sollen sie Vertrauen in diese Technik entwickeln. Welche neuen Eigenschaften und Verhaltensweisen müssen Menschen ausbilden, die den Risiken künftiger Techniksysteme gerecht werden? oder umgekehrt gefragt: Wie müssen die Leitbilder der Technikentwicklung verändert werden, um die Technik so an die vorhandenen Eigenschaften und Verhaltensweisen der Menschen anzupassen, daß die Risiken von dieser getragen werden können? Zwingt das hohe Schadenspotential zu einer permanenten Ernstfallvermeidung, oder gewährt die Technik dem Menschen das Recht, sich auch irren zu dürfen? Diesen Fragen müssen wir uns um unserer Zukunft willen stellen (vgl. Roßnagel u.a. 1990a; 1990b).

Telekommunikation im vorstrittigen Stadium der Risikodiskussion

Dieter Klumpp

Vor 100 Jahren fieberte man im »Fin de siècle« neuen kulturellen, sozialen, technischen und naturwissenschaftlichen Großtaten entgegen. In dieser Hinsicht werden die Jahrhundertfeiern in sieben Jahren denkbar langweilig sein. Nicht der »Cul de Paris« in der Damenmode als Antwort auf ungefederte Motorkutschen, sondern der breitkrempige Hut in der mitteleuropäischen Männermode als Antwort auf den Ozonschwund könnte zum Symbol werden.

Risikoprognose

Welche Risiken sind erkennbar?

1. Eines der heute erkennbaren, aber in der Diskussion wenig behandelten mittel- und langfristigen Risiken in der Telekommunikation ist die absehbare *Vielfalt* der Kommunikationstechniken und notabene der dazugehörigen Betreiber. Es ist zu Recht oft von den vielen Chancen die Rede, die durch »Beseitigung des Telefonmonopols der Bundespost« letztlich auch für den Anwender entstünden. Unübersehbar ist aber auch, daß wir in hundert Jahren nicht einmal so recht gelernt haben, mit dem Medium Telefon umzugehen; dessen breite sozialwissenschaftliche Erforschung hat erst 1989 begonnen.

Es mag überraschen, wenn hier die Vielfalt als ein Risiko dargestellt wird. Jedoch muß man wohl als Maßstab den gewohnten simplen Kommunikationsverbindungsaufbau der Vergangenheit nehmen. Dazu ein Beispiel: Noch ist die Aussage: »Ich rufe Sie in den nächsten Tagen an« recht eindeutig, schon in zehn Jahren wird es einiger Einschränkungen bedürfen, denn zum Medium Telefon kommen neue Medien der Individualkommunikation hinzu. Vielleicht faxe ich Sie an, vielleicht spreche ich etwas auf Ihre Voice-Mailbox, vielleicht versuche ich Sie über Mobiltelefon zu erreichen, vielleicht über das C-Netz, vielleicht über das D-Netz, vielleicht über PCN (Personal Communication Network), vielleicht versuche ich es über Bündelfunk oder City-Paging, vielleicht schicke ich Ihnen einen Datenfile, vielleicht versuche ich es über den Satelliten-Bildfernsprecher oder vielleicht auch mit Hilfe eines Auftritts im Frühstücksfernsehen.

Nicht nur für Kulturpessimisten ist dies ein *Risikoszenario,* weil sie das Risiko sehen, daß jedermann ständig erreichbar ist. Für mich, der ich jemanden ja mit dessen Einverständnis »in den nächsten Tagen anrufen« will, ist die Vielfalt ein Risiko, weil ich ganz im Gegenteil vermuten muß, daß ich jemanden in den nächsten Tagen nicht ohne viel *zeitraubende* Such- und Wählarbeit erreiche, denn jedes Gerät dieser Vielfalt ist bekanntlich abschaltbar. Woher soll ich denn wissen, was der andere gerade abgeschaltet hat? Und wen frage ich oder wo beschwere ich mich, wenn ich keine telekommunikative Verbindung bekomme? Die DBP Telekom, bei der ich es aus alter Gewohnheit zunächst versuchen würde, wäre gut beraten, für solche Fragen der »Telefonauskunft« grundsätzlich mindestens 20 Mark abzubuchen.

2. Die aus wirtschaftlichen Gründen wachsende unabweisbare Notwendigkeit für »Electronic Business« wird durch den real existierenden organisatorischen Wildwuchs sowie durch das *kognitive* Nichtdurchdringen der Charaktereigenschaften der Software-Technologie stark behindert. Wirtschaftliche Chancen werden ceteris paribus verpaßt, vor allem weil es keine gestalterische Auseinandersetzung mit absehbar *inhärenten* Risiken gibt.

3. Nicht der oft zitierte »Daten-GAU«, sondern die *unreflektierte Gewöhnung* an real funktionierende technische Systeme ist unter den erkennbaren langfristigen Risiken sehr viel intensiver zu erörtern. Mit Ausfällen technischer Systeme werden wir viel Lehrgeld bezahlen, aber wir werden die Ausfälle kompensieren, sei es gleich von vornherein durch technische Maßnahmen (vergleichbar dem Reservefallschirm) oder durch konzertiertes Wegdefinieren solcher Ausfälle. Im Wegdefinieren sind wir geübt: So »wissen« wir zum Beispiel (steht in jeder PR-Broschüre) ganz genau, wieviel Wohlstand in West und Ost eine künftige Kommunikationsinfrastruktur bringen wird – wir wissen aber nicht, wieviel direkte und indirekte Kosten der tagelange Ausfall ganzer Telefonortsnetze in den USA in den letzten 12 Monaten verursacht hat.

Das Hauptrisiko sind wohl tatsächlich nicht die Ausfälle und Pannen, sondern gefährliche *Gewöhnungen* an funktionierende Kommunikationstechnik. Diese könnten im gesamten Bereich der elektronischen Steuerungen (z.B. Verkehr) überall dort eintreten, wo das technische Leitbild nicht der *»Sklave Technik«,* sondern der *»Partner Technik«* ist. Ich hätte keine moralischen Hemmungen, daran mitzuarbeiten, die Maschine im 21. Jahrhundert nur in begründeteten Ausnahmen aus der Sklaverei zu entlassen.

Wie hoch wachsen Abhängigkeit und Schadenspotentiale?

Einmal erkannte Risiken und Schadenspotentiale wachsen nach meinem Eindruck nicht signifikant weiter. Unsere gesellschaftlichen Regulierungsmechanismen reagieren zu langsam, aber sie reagieren. Großes Wachstum sehe ich bei *unerkannten oder zu spät erkannten Risiken,* die uns kurzfristig zu *unüberlegten Entscheidungen* zwischen Alternativen führen: Geldscheine oder Farbkopierer, Hologrammkopierer oder Scheckkarten, Treu und Glauben oder Schriftlichkeit.

Unerkannte oder strittige Risiken mit dem Hinweis auf nicht kalkulierbare Versicherungsprämien als »erheblich« zu bewerten, halte ich übrigens für sehr kurz gegriffen. Bis zum Beweis des Gegenteils halte ich Versicherungsmathematiker nicht für die letzte gesellschaftliche Instanz der Technikrisikobewertung.

Wo liegen die Hauptursachen für Verletzlichkeit?

Die Hauptursache für die von mir geschilderten Risiken sehe ich in einer chaotisch monotonen bzw. einer monoton chaotischen Diskussion sowohl in Fachzirkeln wie in der Öffentlichkeit. Die Diskussion hat Kreislaufcharakter und ist meist konsequenzenlos. Unverbindliche Gespräche sind beliebt, verbindliche zielgerichtete Verhandlungen sind unbeliebt. Es ist bisher auch in der Telekommunikationsbranche noch nicht gelungen, eine zeitstabile Diskussionsmoderation zu institutionalisieren.

Welche Risiken lassen sich mit welchen moralischen Maßstäben durch Technik bewältigen?

Risiken wie Verhungern, Verdursten, Erfrieren, Erkranken und Vereinsamen lassen sich mit Technik bewältigen. Gute Absichten sind mit beweisunwürdiger Evidenz moralisch. Ob man es nun aber mit Karl Popper (»Immer, wenn man den Himmel auf Erden versprochen hat, wurde die Hölle daraus«) oder mit Dietrich Dörner (»gute Absicht plus Dummheit hat vielleicht mehr Unheil in die Welt gebracht als schlechte Absicht plus Intelligenz«) hält, oder ob man sich einfach mit irgendeiner historischen Erfahrung auseinandergesetzt hat, man wird bei komplexen Systemen vorsichtig sein müssen.

Deswegen müßte komplexe Technik generell, wenngleich sehr differenziert, sozial kontrolliert werden. Selbstverpflichtungen der Produzenten wären mir das sympathischste, aber angesichts von vielerorts mangelnder Lernoffenheit nicht durchweg das effektivste Verfahren. Aber auch hier gilt: Man kann sich in rationalen Momenten vor den Irrationalitäten des eigenen Tuns schützen (Jon Elster).

Wie verändert sich die Verteilung der Risiken?

In der Telekommunikation gilt vielleicht (wie bei Massenkommunikation) die Regel, daß tendenziell die Kompetenten, Klugen, Mißtrauischen und Reichen geringere Risken zu tragen haben werden. Bei den Computer-Risiken könnte die Verteilung statistisch gleich verteilt sein.

Welche kulturellen, sozialen oder politischen Veränderungen gehen von der Risikohaftigkeit der Technik aus?

Vielleicht führen Risiken, die für die Menschen sehr komplex erscheinen, nicht zur Aktivierung *kollektiven* Tuns, sondern zu eher *individuellen* Abkapselungen. Die großen Vereinfacher hatten in der Weltgeschichte regelmäßig guten Zulauf (z.B. »Sowjetmacht plus Elektrifizierung«). Organisatorisch-technische Systeme entziehen sich meist der publizistischen Vereinfachung und unterliegen zudem über der Zeitachse völlig unterschiedlichen Beurteilungskriterien durch ständig wechselnde Akteurskonstellationen. Die Schwankungsintervalle der öffentlichen Diskussion sind extrem kurz, kürzer als das Geschäftsjahr der Unternehmen und die vierjährigen Legislaturperioden der Politik.

Risikovermeidung

Bei der von Alexander Roßnagel vorgegebenen Systematik der Antworten muß nach dem oben Gesagten zunächst betrachtet werden, welches die notwendige Voraussetzung zur Risikovermeidung wäre:

1. Risikovermeidung bedeutet trivialerweise zunächst das *Erkennen* des Risikos. Individuen brauchen und bekommen Risiko-Gewöhnungszeit: Jeder Autofahrer weiß *ungefähr,* welches Risiko er im Straßenverkehr eingeht. Sein Risiko bei einem Telefax oder einem Mobiltelefonat über eine europäische Grenze kennt er *überhaupt nicht.*

Ganz anders die Institutionen: Neu erkannte Risiken erfordern für ihre Vermeidung Aufwand, der sich in Privatfirmen in *zusätzlich aufzuwendendem Geld* und bei Behörden in *zusätzlich benötigten Planstellen* manifestiert. Es kann keine Frage sein, daß auch Institutionen eine gewisse Zeit der Gewöhnung brauchen, die Frage ist vielmehr, warum sie diese Zeit im Sinne einer unbestimmten *Schonzeit* bekommen.

Risiken werden wohl zu lange undiskutiert unter dem Teppich gehalten. Es gilt, das Risiko als »gegeben« und unvermeidlich zu akzeptieren, was ich angesichts der real vorfindlichen Wirklichkeit für *kein triviales Anliegen* halte.

2. Die Frage, welche Risiken vorbeugend vermieden (bzw. ausgeglichen) werden sollten, kann sich meines Erachtens nur auf eine *Risikoschwelle* beziehen, die in der Telekommunikation – anders als in Sektoren wie Energie oder Chemie – nicht einmal umstritten ist, sondern sich im *vorstrittigen Stadium* befindet. Angesichts der Forschungs- und Diskussionslage kann man eigentlich nur von einem *Glaubensstreit* sprechen.

3. Gestaltungsspielräume wären in der Telekommunikation ausreichend gegeben, *wenn* ein gemeinsamer Gestaltungswille vorhanden wäre. Ein solcher ist immer wieder mal auf Kongressen als »Stimmung« vorhanden, aber nicht rational und zeitstabil einklagbar, sprich: institutionalisierbar. Es gibt eine überaus hohe *Institutionalisierungsschwelle* sowohl scitens der Privatwirtschaft als auch seitens der immer knochigeren öffentlichen Hand. Große *und* kleine Gestaltungsspielräume scheinen fatalerweise identisch große *Handlungsabstinenzen* nach sich zu ziehen. Allerdings warne ich vor der modischen Forderung, man solle möglichst lange »verschiedene technische Optionen offenhalten«. Angesichts der inzwischen ins Astronomische gestiegenen Einstiegskosten ist diese Forderung in den meisten Fällen schon prinzipiell nicht mehr erfüllbar. Es passiert das Schlimmste überhaupt: Wir werden zu frühzeitigen gesellschaftlichen Entscheidungen gezwungen, womit nicht einmal eingeschwungene Organisationen (Wirtschaftsunternehmen, Regierungen, Parlamente etc.) fertigwerden. Wie sollten dies also Organisationsprotuberanzen wie »Runde Tische«, »Bürgerdialoge« und ähnliche liebenswerte Ansätze erfolgreich leisten können?

4. In einer pluralistischen Gesellschaft sollte man mit den technikinduzierten Risiken so umgehen, wie man mit anderen komplexen Risiken pragmatisch umgeht: Das komplexe und riskoträchtige Problem »Macht von Menschen über Menschen« haben wir mit dem Modell der *repräsentativen Demokratie* als »bester aller schlechten Regierungsformen« beantwortet. Das komplexe Problem des richterlichen Urteils über einen Sachverhalt wird mit gewissen »ehernen« Prinzipien des *Rechtsstaates* überwiegend gut gelöst. Überall gibt es mehr oder weniger ausdifferenzierte Aushandelungsprozesse.

Wenn es in der Technikentwicklung nur wenigstens gelänge, das »audiatur et altera pars« (ein wenig mehr als den *»kulturellen Pflichtverteidiger«* allerdings!) durchzusetzen, dann wäre viel gewonnen.

Ohne einen *transparenten, dogmenfreien* und *zeitstabilen* öffentlichen *Diskurs* über risikominimierende Technikgestaltung scheint mir eine Gesellschaft *taubblind* und damit eher *verletzlich* zu sein.

Technikgestaltung in einem heterogenen Akteursgefüge aushandeln zu müssen, scheint mir ein recht dorniger Weg, er gefällt mir aber als Mann der Praxis besser als der Weg, Menschen oder Gesellschaften fundamental zu verändern, damit sie zu der Technik passen. Ich schließe allerdings nicht aus, daß sich menschliche Verhaltensweisen und gesellschaftlich-organisatorische Muster im Wechselspiel mit der technischen Entwicklung radikal ändern.

Dazu ein Beispiel aus der Telekommunikation: Vor wenigen Monaten hat der Umweltminister des Saarlandes gefordert, Dokumente mehr als bisher elektronisch zu transportieren, um einen Beitrag zur Energieeinsparung und Reduzierung des Güterverkehrs zu leisten. Die Vision, per Telefax eine Art von elektronischem Briefkasten zu bekommen, halte ich dann und nur dann für sehr verlockend, wenn eine solche technische Infrastruktur unter Aufbietung aller technischen, sozialen und kulturellen Intelligenz gestaltet und nicht über uns gestülpt wird.

Der Blick ins fernere 21. Jahrhundert könnte ein ähnliches Muster auch für das Bildfernsprechen hervorbringen: Heute paßt diese Technik nicht zu unserer Gesellschaft, weil sie liebgewordene Kommunikationsmuster zu substituieren droht. Eine künftige Gesellschaft muß vielleicht mit den zehnfachen Personentransportkosten umgehen und das Bildfernsprechen könnte damit zu einer nachgefragten sozialverträglichen Technik werden. Aber wie gesagt: dann und nur dann, wenn diese Technik umfassend und *ganzheitlich gestaltet* wird, wofür es derzeit zu wenige Anzeichen gibt. Allerdings – ganz nebenbei bemerkt – hat ein großer japanischer Hersteller der Unterhaltungselektronik auf einem Zukunftskongreß in Kiel vor kurzem angekündigt, schon 1996 ein satellitengestütztes tragbares Bildtelefon auf den Markt zu bringen. Hier gibt es heute offensichtlich keinen dringenden Handlungsbedarf. Denn wer würde schon die Prognose wagen, daß es 1996 zum Beispiel noch so etwas wie Jugendschutz gibt? Wer würde schon die Prognose wagen, daß damit 1996 nach der Unterhaltungselektronik auch die Telekommunikation vorwiegend mit japanischen Qualitätsprodukten versorgt werden wird? Außerdem wäre es zuviel verlangt, heute von unseren Politikern die Abfassung eines Briefes an den Vorstand des japanischen Herstellers zu verlangen. Unsere Politiker wollen sich nämlich 1996, wenn die Geräte im Duisburger Containerhafen liegen, lieber in zwei Lager teilen: Auf der einen Seite die »Befürworter«, denen man schnell – zum Beispiel von den Pädagogen – bittere Vorwürfe machen wird, und auf der anderen Seite die »Gegner«, denen man dann innovationsfeindliches Verhalten nachsagen wird. Um die Ironie zu beenden: Wir haben noch »unendlich viel« Zeit zur Diskussion, lösen muß das Problem dann spätestens 1996 irgendein Oberlandesgericht.

Dietrich Dörner hat in seinem Buch mit dem vermeintlich pessimistisch anmutenden Titel *Die Logik des Mißlingens* eine der positivsten Utopien breit propagiert: Er hält es für möglich, daß wir Menschen oder wir Gesellschaften als *ultima ratio* vielleicht doch einmal den *»gesunden Menschenverstand«* anwenden werden. Diese Forderung, der ich mich anschließe, klingt weder modisch noch intellektuell anspruchsvoll. Sie wird auch in den nächsten Jahrzehnten von einer dynamischen Technikentwicklung keine Unterstützung bekommen, aber sie scheint für ein Miteinander von Kultur und Technik für das 21. Jahrhundert unabdingbar zu sein.

Die ganz normalen Risiken der Telekommunikationssysteme

Herbert Kubicek

Ich möchte mich hier beschränken auf Risiken der Telekommunikation, die nicht so sehr von ethisch-moralischen und allgemeinen grundrechtlichen Kriterien abhängen – dafür sehe ich überhaupt keine Chance, eine auf praktische Wirkung zielende Diskussion zu führen –, sondern auf Risiken, die zumindest mittelbar ökonomische Folgen für Betreiber und Anwender haben und die von daher eigentlich in einer rational geführten Diskussion in einer kapitalistischen Gesellschaft die Aufmerksamkeit aller Beteiligten finden müßten.

Risiken der Datenverarbeitung gab es schon immer – sie wurden bisher weitgehend bewältigt

Wie Telekommunikation im 21. Jahrhundert aussehen wird, weiß heute niemand, ich vermute, auch die Industrie nicht, auch nicht der dafür zuständige Minister. Trotzdem kann man über Risiken reden, weil die Telekommunikation als solche nicht neu ist. Vor allen Dingen die betriebliche Datenverarbeitung, die über solche Telekommunikationssysteme vernetzt wird, blickt auf gut 30 Jahre Geschichte zurück, die auch die Geschichte von Risiken und Risikobewältigung ist. Dabei bezog und bezieht sich die Risikodiskussion zum einen auf die sogenannten Arbeitsfolgen, d.h. die Veränderungen von Beschäftigung, Qualifikation, Gesundheit und Leistungskontrollen der Menschen, die in den Betrieben mit diesen Systemen arbeiten; und zum anderen auf Verdatungsfolgen, die dadurch entstehen, daß Menschen durch Datensätze abgebildet werden und Entscheidungen über sie aufgrund dieser Datenschatten getroffen werden.

Für den Umgang mit beiden Arten von Risiken kann man in den vergangenen dreißig Jahren einen Verlauf nachzeichnen, der in der ersten Phase immer darauf hinauslief, daß diejenigen, die die Risiken betont haben, von denen, die diese Technik einsetzen oder vorantreiben wollten, als »Spinner« bezeichnet wurden. So wurde z.B. darauf verwiesen, daß bei der Bildschirmarbeit festgestellte Augenbelastungen nicht durch den Bildschirm am Arbeitsplatz, sondern durch das Fernsehen zu Hause entstünden. Als die Techniken dann aber jeweils weiterverbreitet waren, die Risiken sich nicht mehr wegreden ließen, kam man zu Regelungsformen, die dann durchaus zu einem Interessenausgleich geführt haben. Während die Arbeitgeberverbände in den 60er Jahren und Anfang der 70er Jahre Betriebs- und Dienstvereinbarungen über den Einsatz von Bildschirmgeräten mit technischen Anforderungen, zeitlicher Begrenzung und Pausenregelungen noch auf den Tabukatalog stellten und entsprechende Verhandlungen mit den Betriebs- und Personalräten kategorisch verweigerten, empfehlen heute die Technikhersteller und die Verbände, beim Einsatz neuer Techniken solche Regelungen mit den Betriebs- und Personalräten zu treffen.

Es ist wichtig, sich diese Erfahrungen zu vergegenwärtigen, wenn es nun darum geht, Risiken einer zweiten oder dritten Phase – je nachdem, wie man zählt – des Einsatzes der Datenverarbeitung zu diskutieren, bei der es nämlich nicht mehr um einzelne, isolierte Systeme in einzelnen Organisationen geht, sondern um deren Vernetzung zum Zwecke der Abwicklung von Transaktionen zwischen Unternehmen, Verwaltungen und privaten Haushalten.

Der Risikobegriff, den ich mit der Nennung von Arbeitsfolgen und Verdatungsfolgen zugrundegelegt habe, unterscheidet sich übrigens von dem in der Versicherungsmathematik und dem in der Technikanalyse verwendeten Begriff. Da ist mit »Risiko« fast immer die Frage nach den Folgen eines Ausfalls oder Mißbrauchs eines Systems gemeint. Ich beziehe mich demgegenüber auf die Folgen des normalen Betriebs solcher Systeme für diejenigen, die von der Anwendung betroffen sind.

Ich muß kurz erläutern, wieso ich vernetzte EDV-Systeme und Telekommunikation gleichsetze. Telekommunikation ist ja bisher vor allem das Telefon sowie (Kabel- und Satelliten-)Fernsehen. Zum einen werden im Telefonnetz aber neuerdings Computer zur Vermittlung eingesetzt, das Netz ist selbst computergesteuert. Vor allem aber wird dieses Netz zur Zeit so umgerüstet, daß es auch für die Vernetzung von Computern besser geeignet ist. (Das Stichwort heißt hier ISDN = Integrated Services Digital Network = Integriertes Sprach- und Datennetz.) Auf diesem computergerechten Netz bauen dann spezielle Telekommunikationsdienste auf, die zum Teil generell angeboten werden wie die Elektronische Post, oder für einzelne Anwendungsbereiche entwickelt werden, z.B. für den Austausch von Geschäftsdokumenten wie Bestellungen und Rechnungen (EDI = Electronic Data Interchange) oder den kartengestützten Zahlungsverkehr. Man spricht hier von sogenannten Mehrwertdiensten (Value Added Services), die von privatwirtschaftlich organisierten Diensteanbietern betrieben werden und Vernetzungsmöglichkeiten für bisher isolierte DV-Systeme bieten. Die meisten Teilfunktionen gibt es in den isolierten Computersystemen bisher schon. Neu ist die elektronische Abwicklung von Transaktionen zwischen diesen Systemen, die nur durch Anwendungen der Telekommunikation möglich wird.

Bei vernetzten Systemen versagen die bisherigen Institutionen zur Risikobewältigung

Meine zentrale These ist, daß die Gesetze, die wir zum Schutz der wirtschaftlich und sozial Schwächeren in den letzten zwanzig Jahren in den verschiedenen Anwendungsbereichen der elektronischen Datenverarbeitung entwickelt haben und die in ihrer Gesamtheit die Technikanwendung in einem Rechts- und Sozialstaat ausmachen, bei diesen neuen komplexeren Transaktionsformen, die durch die Vernetzung von Einzelsystemen entstehen, nicht mehr greifen. Dazu zwei Beispiele.

Beispiel Mitbestimmung

Ein ganz wesentliches Element der Bewältigung sozialer Folgen des betrieblichen Computereinsatzes war die Verankerung einer entsprechenden Mitbestimmung für Betriebsräte im Betriebsverfassungsgesetz von 1972. Der Gesetzgeber ist dem damaligen Stand der Technik entsprechend davon ausgegangen, daß die Planung von DV-Systemen in einem Anwenderbetrieb erfolgt, und hat deswegen frühzeitige Beteiligungsrechte des Betriebsrats, der die Beschäftigten in diesem Betrieb vertritt, gegenüber dem Arbeitgeber, der das System plant, zwingend vorgeschrieben.

Wie sieht es aber mit dieser Beteiligungsmöglichkeit zur Abwendung negativer sozialer Folgen aus, wenn ein DV-System bei einem Zulieferer, etwa in der Automobilindustrie, gar nicht mehr von diesem Zulieferer geplant wird, sondern von dem Hersteller? Wie sieht es aus, wenn umfassende Computernetze für die Warenbestellung zwischen Einzelhandel und Markenartikelindustrie gar nicht mehr in einem einzelnen Unternehmen geplant werden, sondern in einer von den beiden Wirtschaftsverbänden gegründeten »Central für Coorganisation«, und die einzelnen Betriebe in beiden Branchen nur noch die Entscheidungsmöglichkeit haben, sich an diesem System zu beteiligen oder nicht?

Eine Beteiligung der Betriebsräte im Planungsstadium findet hier nicht statt. Wenn der Gesetzgeber, dem in seiner derzeitigen mehrheitlichen Zusammensetzung die Mitbestimmung vielleicht ohnehin nicht das teuerste Gut ist, untätig abwartet, wie die Vernetzung der technischen Systeme voranschreitet, wird das Mitbestimmungsniveau immer geringer. Verzicht auf soziale Innovation bzw. rechtlicher Stillstand bedeutet bei voranschreitender technischer Vernetzung sozialen Rückschritt!

Beispiel Datenschutz

Die Datenschutzgesetze sollen Bürger und Bürgerinnen vor unzulässigen Eingriffen in ihre Persönlichkeitsrechte schützen. Auch das 1991 novellierte Bundesdatenschutzgesetz geht noch davon aus, daß es speichernde Stellen gibt, die Dateien führen und nur zu bestimmten Zwecken Daten verarbeiten (Zweckbindungsgebot), daß man bei den Rechnern, auf denen diese Daten gespeichert werden, Zugangssicherungen und ähnliches vornehmen muß und daß im wesentlichen die Betroffenen selbst durch ihr Recht auf Auskunft sowie gegebenenfalls auf Löschung und Berichtigung dafür sorgen, daß die Daten, die über sie gespeichert werden, korrekt sind. Das setzt Transparenz für die Betroffenen voraus. Diesen rechtlichen Regelungen liegt die technische Struktur der 70er Jahre zugrunde, wo wir überwiegend isolierte Großrechner hatten, die in der Tat einzelnen Institutionen gut zurechenbar waren, und wo man auch ahnen konnte, daß, wenn es z.B. um Daten geht, die das eigene Zahlungsverhalten betreffen, diese bei der eigenen Bank zu suchen sind.

In dem Moment, in dem aber die Systeme organisations- und branchenübergreifend vernetzt werden und es nur eines Knopfdrucks bedarf, um Dateien, auch größeren Umfangs, von einem Ort an einen anderen zu schicken, trifft diese Grundprämisse der Datenschutzgesetze nicht mehr zu. Niemand kann sich so schnell über verteilte Systeme orientieren, wie diese sich in der Verteilung der Dateien selbst ändern. Von Transparenz kann, z.B. in den Systemen des kartengestützten Zahlungsverkehrs, keine Rede sein. Rechtlicher Stillstand, sage ich auch hier noch einmal, ist bei fortschreitend komplexerem Technikeinsatz sozialer Rückschritt.

Neue Probleme der Rechtssicherheit

Eine weitere Diskrepanz zwischen geltendem Recht und neuen Transaktionsformen betrifft die inhaltlichen und formalen Anforderungen an die elektronischen Transaktionen. Das gesamte Recht zum Schutz der wirschaftlich und sozial Schwächeren geht von bisher typischen Transaktionen aus, die im wesentlichen auf dem Transport von Papier, auf dem Abschluß von Verträgen zwischen Personen, auf Unterschriften und ähnlichem beruhen sowie von bestimmten Verpflichtungen von Institutionen mit ganz bestimmten Zuständigkeiten. Wenn wir über die Telekommunikation in den nächsten Jahrzehnten reden, dann sprechen wir z.B. über elektronische Post, über die vielfältige, rechtlich verbindliche Mitteilungen verschickt werden. Für die Post war bisher ein wesentliches Charakteristikum das Briefgeheimnis. Dieses Briefgeheimnis ist ein Grund für das Postmonopol und dafür, daß bei der Post Beamte beschäftigt werden. Wieweit gilt aber das Briefgeheimnis, und wer kontrolliert seine Wahrung, wenn nicht mehr die Post, sondern private Unternehmen die Funktion von Postämtern übernehmen, nämlich Sendungen zwischen Speichern weiterzuleiten, umzuleiten, auszudrucken u.a.m.?

Wir werden es verstärkt mit Formen des elektronischen Bezahlens zu tun haben. Die Anfänge sehen Sie jetzt an jeder Tankstelle. Für den Zahlungsverkehr ganz wichtig ist das Bankgeheimnis. Wie sieht es aber mit dem Bankgeheimnis aus, wenn die Daten über die Zahlungstransaktionen nicht nur von Banken, sondern auch von privaten Netzbetreibern gespeichert werden? Unterliegen sie dort auch dem Bankgeheimnis?

Wie sieht es aus mit den Datenbankabrufen als neuen elektronischen Dienstleistungen? Bei den meisten Datenbanksystemen besteht völlige Intransparenz über die mit dem Abruf erzeugten Kosten. Gilt die Preisauszeichnungsverordnung, die wir sonst bei Waren und Dienstleistungen haben, auch für solche elektronischen Dienstleistungen, und wie ist sie zu realisieren?

Und bei vielen Verträgen ist zu klären, wann sie abgeschlossen sind, wer für Übermittlungsfehler haftet u.a.m. Das sind Themen, die im Zusammenhang mit der Standardisierung der elektronischen Geschäftsdatenübertragung eine Rolle spielen, von den technischen Standardisierungsgremien jedoch nicht behandelt und kaum beachtet werden.

Weitere Defizite gibt es in bezug auf die Frage nach der unmittelbaren technischen Sicherheit als Element der Rechtssicherheit. Im fernmeldetechnischen Zentralamt hat gerade ein Arbeitskreis »Rechtssicherheit« ein internes Papier vorgelegt, das sich mit den Manipulationsmöglichkeiten bei den bisher angebotenen Telekommunikationsdiensten Telfax, Telex, Teletex, Telebox und Btx befaßt. Ich lese in der Zusammenfassung dieses Papiers, das bezeichnenderweise keine Autoren und sonstigen Quellenangaben enthält: »Gespeicherte Dokumente können jederzeit manipuliert werden. Konvertierungsfehler sind möglich, z.B. bei Tabellen, Sonderzeichen. Sendedokument wird in der Regel nach der Übermittlung nicht gespeichert. Keine oder keine ausreichende Paßwortkontrolle (...). Prozeduren bei den Telematikanwendungen mit unterschiedlicher Sicherheit. Alle Dokumente sind jederzeit veränderbar (vor und nach der Sendung). Konvertierung (Netzübergänge) können zu Verfälschungen oder Verlusten führen. Alle Protokolle, Quittungen, die gesamte Dokumentation ist manipulierbar.«

Die Techniker in dem Arbeitskreis sind für eine klare Identifizierung der Schwachstellen, die andere Techniker produziert haben. Die Juristen der Post fragen nach den juristischen Konsequenzen und sehen nur den Ausweg, daß nach der Umstellung auf privatrechtliche Teilnehmerverhältnisse die Deutsche Bundespost Telekom jede Haftung für Übertragungsfehler ausschließen soll. Die Anwendervertreter in diesem Arbeitskreis sind damit nicht zufrieden. Sie sagen, wenn es so unsicher ist, dann muß man alles protokollieren und archivieren, um überhaupt noch Beweismittel zu haben. Dann gerät aber das Bemühen um Datensicherung in einen Zielkonflikt mit dem Datenschutz, der ja eine Begrenzung der gespeicherten personenbezogenen Daten verlangt.

Techniker und Juristen müssen ihre Scheuklappen ablegen und die Diskrepanzen zwischen Technik und Recht durch die gemeinsame Gestaltung soziotechnischer Systeme überwinden

Wie kommt es zu den geschilderten Diskrepanzen zwischen neuen technischen Entwicklungen und rechtlichen Anforderungen und Regelungen? Offensichtlich versagt bisher die Politik, weil sie neue Techniken fördert, aber die rechtlichen Anforderungen nicht prüft und Regelungen nicht weiterentwickelt. Aber Politik wird ja nicht von Politikern im luftleeren Raum gemacht. Politiker haben Berater, werden mit unterschiedlichen Anforderungen konfrontiert, auf die sie dann irgendwie reagieren. Daher muß man auch die Rolle von Technikern und Juristen kritisch überprüfen.

Nachrichtentechniker, die die Telekommunikationssysteme entwickeln und standardisieren, tun dies bisher ohne Berücksichtigung der sozialen und rechtlichen Anforderungen der jeweiligen Anwendungsbereiche. Dieser fehlende Anwendungsbezug ist sozialisationstheoretisch dadurch zu erklären, daß die Nachrichtentechniker, auch die, die heute Datennetze entwickeln, mit dem Telefon großgeworden sind und das Telefon eine typische Technik ist, bei der sich der Entwickler über die spätere konkrete Nutzung keine Gednken machen mußte. Man hat Kabel zur Verfügung gestellt, Vermittlungseinrichtungen und Apparate, und alles weitere blieb den Nutzern überlassen. In dem Moment, in dem aber über die Datenfernverarbeitung die Koppelung zwischen mehreren Rechnern erfolgt, muß in die Technik mehr von dem eingebaut werden, was beim Telefon als kultureller Konsens oder kulturelle Norm zwischen den Beteiligten zugrundegelegt werden kann und fallweise ausgehandelt wird. Auf diesen Anwendungsbezug sind die Nachrichtentechniker jedoch nicht vorbereitet. Sie stehen heute etwa da, wo die Datenverarbeiter – es ist sehr wichtig, daß man diese als andere Kultur begreift – Anfang der 60er Jahre standen. Die Datenverarbeitung hat im Zuge der betrieblichen Anwendungen viel gelernt, auch über Risiken, und daß man rechtlichen Anforderungen auch technisch entsprechen muß und kann.

Die kommunikationstechnische Industrie muß also lernen. Da kann man zunächst an die Ausbildung der Techniker denken. Ich kenne keinen nachrichtentechnischen Studiengang, in dem Fragen des Datenschutzes, der rechtlichen Anforderungen an Mitteilungen u.ä. überhaupt Gegenstand der Ausbildung sind. Aber alleine auf eine Erweiterung der Ausbildung würde ich nicht vertrauen. Denn Lernen, Umdenken benötigt Anstöße. Wir brauchen daher zusätzlich Vorgaben. Ob dies VDI-Richtlinien, Verordnungen oder Gesetze sind, darüber kann man streiten.

Genauso wichtig wie der Blick auf die Entwickler der technischen Systeme scheint mir daher der Blick auf die Juristen und die Politik. Politik geht, meiner Meinung nach, von der irrigen Annahme aus, daß rechtliche Regelungen/Anforderungen zum Schutz der Schwächeren die aus wirtschaftlichen Gründen gewollte, schnelle Verbreitung dieser Techniken behindern. Ich glaube, das Gegenteil ist der Fall. Offene Rechtsfragen und Datenschutzprobleme werden eher die wirtschaftliche Verbreitung behindern. Machen wir ein Gedankenspiel und fragen uns, was wäre gewesen, wenn in den 50er Jahren die Automobilindustrie als die Wachstumsbranche erkannt worden, die politische Förderung von Autos und Straßenbau beschlossene Sache gewesen und der Markt als das leistungsfähigste Wachstumsregulativ ausgemacht worden wäre, und wenn dann jemand gesagt hätte, um Markthemmnisse abzubauen, müssen wir erstens alle Verkehrsschilder abbauen und die Straßenverkehrsordnung aufheben – dem mündigen Bürger wird es schon gelingen, sich mit den anderen über vernünftiges Verkehrsverhalten zu verständigen. Das zweite Hindernis wären sicherlich die Zulassungsvoraussetzungen für Autos und die TÜV-Überprüfung. Darauf, so die These, könnte verzichtet werden, denn der Markt sorge schon für bedarfsgerechte und sichere Autos. Als drittes Hindernis wären der Bundesverkehrsplan und die Planungsgesetze bei der Errichtung von Straßen ausgemacht worden, und man hätte gesagt, der Verkehr suche sich seine Wege am besten selbst.

Dies sind analog genau die Argumente, die man heute hört, wenn ein Telekommunikationsverkehrsgesetz und Datenschutzanforderungen an die Entwicklung von Systemen sowie die Zulassung von Diensten gefordert werden (vgl. dazu die Stellungnahme der Gesellschaft für Rechts- und Verwaltungsinformatik in: Kubicek 1991: 247). Ich glaube, niemand wird ernsthaft behaupten, daß ohne Straßenverkehrsordnung und Verkehrsschilder, ohne Zulassungsbeschränkungen, ohne Planungsgesetze beim Straßenbau das heutige Volumen des Verkehrs möglich gewesen wäre. Man hätte mehr Chaos gehabt, und vielleicht wäre man erst gar nicht in die Verkehrsmengen gekommen, die uns heute in anderer Hinsicht Sorgen bereiten. Insofern wäre die Chaotisierung eine Alternative, wenn sie nicht, wie die Eingangsbeispiele zeigen, zu Lasten der Schwächeren ginge.

Es gibt bezeichnenderweise nur ganz wenige Ausnahmen, bei denen in den letzten Jahren das Recht an die veränderten technischen Verhältnisse angepaßt worden ist. Dies war immer dann der Fall, wenn es um den Schutz des Eigentums ging. Man war z.B. sehr schnell dabei, das Urheberrecht zu ändern, um das Eigentum an Software zu sichern. Man hat sogar zum Strafgesetzbuch gegriffen, um Hacker strafrechtlich verfolgen zu können. Wo es um das Eigentum geht, so die Diagnose, gibt es eine starke Lobby, wo es um den Schutz der Arbeitnehmer, der Verbraucher, der Bürger und Bürgerinnen geht, fehlt diese Lobby und daher reagiert der Gesetzgeber da nicht.

Es scheint mir aber eine schwache Entschuldigung zu sein für eine Politik, die Zukunft gestalten will, daß sie da untätig bleibt, wo es (noch) keine Lobby gibt.

Die Politik sollte sich also nicht aus vermeintlichen wirtschaftspolitischen Gründen von rechtlichen Regelungen der Technikentwicklung und -anwendung abhalten lassen.

Die Voraussetzungen für eine Regulierung der Telekommunikation sind verbessert worden – werden aber nicht genutzt

Die Telekommunikation ist in den letzten Jahren nicht nur durch technische Änderungen gekennzeichnet, sondern auch ordnungspolitisch und rechtlich neu strukturiert worden. Während lange Zeit der Postminister sowohl für die Erbringung der Dienstleistungen als auch für ihre rechtliche Regulierung zuständig war, sind diese Funktionen nun getrennt. Die Deutsche Bundespost Telekom und private Unternehmen erbringen die Dienstleistungen. Der Bundesminister für Post und Telekommunikation hat nach dem Poststrukturgesetz von 1989 vor allem Regulierungsaufgaben wahrzunehmen. Diese schließen nach dem Gesetz Regelungen zum Datenschutz ausdrücklich ein. Doch dieser Verpflichtung ist das Ministerium nur sehr unzureichend nachgekommen.

Nach dem Gesetz von 1989 mußten innerhalb von zwei Jahren Datenschutzverordnungen für die Telekom und die privaten Teledienstunternehmen erlassen werden. Eineinhalb Jahre passierte gar nichts. Dann wurde für die Telekom ein Verordnungsentwurf erstellt, der im wesentlichen die von Datenschutzbeauftragten heftig kritisierten Regelungen aus der vorherigen Telekommunikationsordnung übernahm. Nur aufgrund öffentlicher Proteste und einer Anhörung des Bundestagsauschusses für Post und Telekommunikation gelang es, einige Anforderungen, wie z.B. die Wahrung der Anonymität von Anrufen bei Beratungsstellen in die Verordnung aufzunehmen (Kubicek/Bach 1991: 489ff). Diese Anonymität sehen die Beratungsstellen z.B. dadurch gefährdet, daß auf zukünftigen detaillierten Telefonrechnungen erkennbar ist, wenn ein Mitbenutzer eine Drogen-, Aids- oder Schwangerschaftsberatung oder die Telefonseelsorge angerufen hat. Die von den Datenschutzbeauftragten und den Beratungsstellen geforderte generelle Verkürzung der Zielnummern, die z.B. in Frankreich und der Schweiz vorgeschrieben ist, wollte der Minister jedoch nicht festschreiben. Stattdessen wurde nur festgelegt, daß solche Anrufe aus den Rechnungen nicht ersichtlich sein dürfen. Die Umsetzung bereitet nun große technische Schwierigkeiten, und die Telekom versucht, entsprechende Anträge von Beratungsstellen sehr restriktiv zu behandeln. Die nun vorgenommenen Softwareänderungen werden wohl nicht lange Bestand haben und weitere teure Änderungen nach sich ziehen.

Noch problematischer ist die Verordnung für die privaten Teledienstunternehmen, die z.B. Mobilfunknetze betreiben und vor allem vielfältige Mehrwertdienste anbieten, bei denen inhaltliche Nutzungsdaten anfallen. Statt sich an den üblichen Einteilungen dieser Mehrwertdienste (Informationsabruf, Übermittlung, Transaktionen u.s.w.) zu orientieren und dafür Datenschutzanforderungen zu definieren, haben die Postjuristen einfach die Verordnung für die Telekom genommen und das Wort Telekom durch Unternehmen ersetzt. Das führt zu absurden Bestimmungen. So enthält die Telekom-Verordnung Bestimmungen zu dem von ihr angebotenen Bildschirmtextdienst. In der Verordnung für die privaten Teledienstunternehmen wurde daraus ein Paragraph zu »Bildschirmtexten« (Plural!), obwohl Private einen Dienst mit dieser Bezeichnung gar nicht anbieten dürfen. Ob Datenbanken oder Mailboxen darunter fallen, ist völlig unklar. So wird eine erhebliche Rechtsunsicherheit erzeugt. Und weil die Telekom Dienste wie Btx oder Temex (Fernwirken und – messen) anderen Diensteanbietern zur Verfügung stellt, die dann inhaltliche Daten über den Abruf von Btx-Seiten, Zählerablesen und Notrufe speichern, diese Daten aber nicht selbst speichert, enthält die Telekom-Verordnung dazu auch keine Regelungen. Weil die Verordnung für die Teledienstunternehmen davon einfach abgeschrieben wurde, enthält sie ebenfalls keine Regelungen dazu, obwohl diese Daten besonders schutzbedürftig sind (Bach/Kubicek 1992).

Die Verantwortung für diesen Mißgriff liegt allerdings nicht alleine beim Postminister. Die Verordnung für die Teledienstunternehmen konnte nur mit Zustimmung des Bundesrates in Kraft treten. Bis auf Kleinigkeiten bei einer Übergangsbestimmung für die detaillierte Telefonrechnung gab es im Bundesrat jedoch noch nicht einmal eine Diskussion. Die Behandlung der gesamten Verordnung hat 6 Minuten gedauert.

Da die Datenschutzkritik weitergehen wird und da auch die kommerziellen Diensteanbieter verunsichert werden, wird es zu Nachbesserungen kommen. Dies ist auch deshalb zu erwarten, weil die EG-Kommission einen Entwurf für eine Richtlinie über den Datenschutz in der Telekommunikation vorgelegt hat, der in einzelnen Punkten weitergeht. Schließlich hat das Bundesverfassungsgericht im März 1992 die Verordnungen wegen fehlender eindeutiger Ermächtigungsgrundlage für verfassungswidrig erklärt und eine gesetzliche Regelung gefordert (Kubicek/Mohr/Falke 1992).

Eckpunkte für eine umfassende Regulierung zur Risikovermeidung

Die hier angesprochenen Risiken betreffen den Arbeitnehmer-, Daten-, Verbraucherschutz und die Rechtssicherheit. Hinzuzufügen ist etwa im Zusammenhang mit Mobilfunksystemen der Umweltschutz. Die Risiken entstehen durch technische Eigenschaften und darauf nicht hinreichend bezogene rechtliche Regelungen. Die einzelnen Risiken fallen in unterschiedliche Rechtsbereiche. Die Anforderungen können in Konflikt miteinander geraten. Daher ist es wichtig, die konkreten Anforderungen in gemeinsamen Diskursen zu ermitteln und insgesamt eine Struktur zu schaffen, in der die unterschiedlichen gesellschaftlichen Gruppen vertreten sind und ihre Anforderungen konkretisieren können. Das heißt konkret, wir benötigen Institutionen, in denen Unternehmen, Gewerkschaften, Verbraucherorganisationen, Datenschutzbeauftragte und Umweltbehörden/verbände gemeinsam Anforderungen definieren.

Weil, wie im Umweltbereich, der Markt aus sich heraus diese Anforderungen nicht erfüllen wird, benötigen wir Zulassungs- und Kontrollverfahren, in denen Netze und Telekommunikationsdienste auf die Einhaltung dieser Anforderungen hin überprüft werden.

Außerdem müssen die genannten Gruppen in den internationalen Standardisierungsgremien vertreten sein.

Schließlich muß eine bessere Koppelung von Technikentwicklung und Rechtsentwicklung hergestellt werden. Dazu könnte man an eine regelmäßige Überprüfung aller Rechtsbereiche durch eine Kommission aus Juristen und Technikern beim Parlament denken, die durch Gutachten und Anhörungen den rechtlichen Anpassungsbedarf ermittelt und dem Parlament Empfehlungen gibt.

Das klingt zum Teil weit hergeholt. Kaum jemand weiß aber hierzulande, daß z.B. in den USA in jedem einzelnen Bundesstaat sogenannte Public Utility oder Public Services Commissions bei Dienstleistungen wie Gas, Wasser, Strom und Telekommunikation Auflagen machen und zum Teil Zulassungen verweigern können (vgl. Noam 1991: 112ff.). So ist in einer Reihe von US-Bundesstaaten z.B. die Anzeige der Rufnummern der Anrufenden auf einem Display des Telefons der Angerufenen verboten oder nur mit der Auflage genehmigt worden, daß die Anrufenden diese Anzeige auch unterdrücken können (Kubicek 1991a: 237).

Wie angemessene und praktikable zukünftige Regelungen aussehen sollen, kann ich aus dem Stand nicht entwickeln. Die Forschung zur Technikfolgenabschätzung und sozialverträglichen Technikgestaltung hat sich damit bisher nicht gründlich befaßt. Wir brauchen jedoch dringend solche Forschung, um vernünftig über verschiedene Möglichkeiten diskutieren zu können. Eine solche Forschung, die ich Regulierungsforschung nennen möchte (ebd.: 13ff.), müßte u.a. Regelungsstrukturen im Ausland, wie die erwähnten PSCs in den USA und Regelungsstrukturen aus anderen Technikbereichen auf ihre Übertragbarkeit auf die Telekommunikation untersuchen.

Damit es zur Förderung einer solchen Forschung und einer ernsthaften Diskussion kommt, muß die Politik davon überzeugt werden, daß risikovermindernde Regelungen langfristig nicht der wirtschaftlichen Entwicklung schaden. Vielfach ist es Herstellern gleichgültig, ob ein technisches System so oder anders gestaltet wird, wenn nur die Anforderungen möglichst früh und dann verbindlich definiert werden. Hier müssen vor allem Politiker lernen. Die Erfahrungen aus den genannten anderen Bereichen zeigen, daß sie dies zumeist nicht ohne äußeren Druck tun. Wer also die Risiken der Telekommunikation vermeiden helfen will, muß nicht nur klug reden, sondern auch daran mitarbeiten, den erforderlichen Druck zur Einleitung von Lernprozessen und sozialen Innovationen zu erzeugen. Dieses ist eines der Ziele des vor drei Jahren in Köln gegründeten Instituts für Informations- und Kommunikationsökologie (IKÖ) mit Sitz in Dortmund, demnächst Bonn (IKÖ-Rundbrief, Nr. 1-6). Hier arbeiten Menschen aus Gewerkschaften, Kirchen, Bürgerinitiativen und Wissenschaft zusammen, um über Risiken aufzuklären, Anforderungen zu entwickeln und Betroffenen, wie z.B. den genannten Beratungsstellen, konkrete Hilfestellung zu geben.

Dies ist sicher nur ein Schritt von vielen, der zu einem Umdenken führen wird. Weitere sind erforderlich und werden mit zunehmender Verbreitung von Telekommunikationssystemen auch kommen. Wir alle können daran mitwirken.

Bedrohungsarten der Informationstechnologie

Otto Leiberich

Die Welt der technischen Entwicklung mit der Welt der kritischen Forschung zur Diskussion zu bringen, ist nicht einfach. In beiden Welten vermag ich mich nicht so recht wiederzufinden, denn ich bin Praktiker und gehöre weder zu den Propheten des technischen Fortschritts noch zu denen der kritischen Besinnung. So halte ich es denn mit Goethe, »Prophete links, Prophete rechts, das Weltkind in der Mitten«, und will versuchen, mit Beoachtungen aus meiner praktischen Welt zur Diskussion beizutragen.

Es gibt kaum einen Bereich der technischen Lebensgestaltung, in dem die Informationstechnik, abgekürzt IT, nicht eine entscheidende Rolle spielt. Dennoch steht die IT erst am Anfang ihrer Möglichkeiten. Nach einer EG-Studie befinden sich heute nur 20% der IT im Einsatz, die nach dem Jahr 2000 eingesetzt werden wird, und es wird nicht nur ein quantitativer Fortschritt erfolgen, sondern auch ein qualitativer. Zu den heutigen Computer-Systemen werden Computer mit anderer Struktur treten, Parallelrechner, Systeme der Künstlichen Intelligenz oder auch Computer mit neuronaler Struktur, d.s. Computer, deren Konstrukteure das menschliche Gehirn simulieren, sozusagen dem Schöpfer in die Blaupausen schauen wollen. Dieser Fortschritt ist auch notwendig, denn wir werden die großen Probleme der Menschheit, z.B. die Überbevölkerung oder die Umweltzerstörung, nur dann bewältigen, wenn es gelingt, das Informationsproblem zu lösen, d.h. wenn alle notwendigen Informationen schnell und korrekt berechnet bzw. ermittelt werden und zuverlässig dorthin übertragen werden können, wo sie benötigt werden.

Dabei kann über die Risiken und Gefahren, die dieser Technik drohen oder von ihr ausgehen, nicht hinweggesehen werden. Ich möchte die Bedrohungsarten systematisieren und fünf Kategorien einführen:

1. Kriminelle Handlungen gegen Einrichtungen der IT bzw. unter Benutzung der IT.
2. Überforderung des menschlichen Bedieners der IT.
3. Technische Fehler bzw. Ausfall der IT.

Die drei genannten Kategorien umfassen Gefahren durch Mißbrauch bzw. unkorrekte Anwendung. Hinzu kommen zwei Bedrohungen, die auch dann entstehen, wenn die IT-Systeme technisch einwandfrei funktionieren.

4. Die Feindlichkeit der IT in sich und schließlich
5. Die Möglichkeit, die die Systeme der IT einem »Überwachungsstaat« bieten.

Lassen Sie mich zunächst die letzten beiden Kategorien analysieren. Im Prinzip böte die computerisierte Gesellschaft einer »Superpolizei« fast jede nur mögliche Information. Es vergeht kein Tag, ohne daß meine Handlungen in irgendeinem Rechner erfaßt und festgehalten werden, z.B. beim Kauf mit der Kreditkarte, wenn ich eine Flugkarte oder ein Hotelzimmer bestelle, ja sogar, wenn ich meine Bücher zur Stadtbibliothek bringe oder mein Theaterabonnement verlängere; ganz abgesehen von den vielen amtlichen Computern, die mich erfaßt haben. Dieses Szenario als Bedrohung auf die Zukunft der vernetzten Systeme projiziert, klingt in der Tat erschreckend. Nur, wir haben keine Indizien, daß dies berechtigt wäre. Für unsere Zeit haben m.E. das Urteil des Bundesverfassungsgerichts zur »informationellen Selbstbestimmung«, das Bundesdatenschutzgesetz und die Einrichtung des Bundesbeauftragten für Datenschutz und der Landesbeauftragten für Datenschutz – sowie eine wachsame Öffentlichkeit – einen sicheren Riegel vor Mißbrauch durch Staatsorgane gesetzt.

Nun zum Thema der »Feindlichkeit der IT in sich«. Hierzu zunächst einige Beispiele zur Erläuterung: Die Informationstechnik vernichtet Arbeitsplätze; bringt Kommunikationsverlust durch Home-Banking oder Heimarbeit über Computer-Terminals oder dergleichen; wird immer komplizierter, sie bedingt Bediener mit mehr und mehr Expertise und läßt anderen keine Aufstiegschance; verlangt feindselige Sicherungsmaßnahmen, und zwar nicht nur mechanische Zutrittskontrollen, sondern auch programmierte Zutrittssperren von Rechnern und Dateien der Benutzer gegeneinander.

Keine Erläuterungen benötigen die Kategorien 2 und 3, denn fast alle großen Unglücke der letzten Zeit sind letztlich auf das Versagen von IT-Systemen zurückzuführen.

Aus meiner Sicht geht die bedeutendste Bedrohung von krimineller Handlung aus: von angreifenden Tätern (z.B. Hackern oder ungetreuen Programmierern; vom Bedrohungsgrad der IT-Einrichtungen (z.B. sind Rechnernetze mehr gefährdet als isoliert arbeitende Rechner, Richtungstrecken können von Nachrichtendiensten leichter abgehört werden als Kabelverbindungen).

Ich mache die Bedrohung anhand von Beispielen klar.

Der große KGB-Hack: Von deutschem Boden aus ist es Hackern im Auftrag des KGB gelungen, in eine Vielzahl von Rechnern in den USA einzudringen und Dateien in den USA auszulesen. Ähnlichen »Erfolg« hatten vor kurzem holländische Hacker. Die Bedrohung durch Hacker, die insbesondere auch unter dem Gesichtspunkt der Wirtschaftsspionage und -kriminalität zu sehen ist, wird mit der kommenden Vernetzung der Computer noch zunehmen.

Stichwort Computer-Viren oder Computer-Würmer: Als Beispiel nenne ich die »Heldentat« eines amerikanischen Studenten. Dieser hat durch einen Computer-Wurm die Computer eines großen Computernetzes an der Ostküste mehrere Tage lahmgelegt und Schäden in Millionenhöhe verursacht.

Das ganze Ausmaß auch dieser Bedrohung, die von Erpressern und Rachsüchtigen ausgehen kann, ist für die Zukunft angesichts immer komplexerer Programmierungssysteme noch nicht abzuschätzen. Erwähnenswert ist noch ein Virus-Suchprogramm meines Bundesamtes für Arbeitsplatzcomputer. Von ca. 7.000 APC der Bundesbehörden waren ca. 2% virusverseucht, z.T. mit Viren erheblicher Schadensfunktion.

Aber nicht nur unsere Computer, sondern auch unsere Kommunikationssysteme sind bedroht. Hier sind die Angreifer i.allg. fremde Spionage-Organisationen. Je mehr die politisch-militärische Bedrohung schwindet, umso mehr wird der Kampf um Märkte und Produkte die Zukunft beherrschen. Das Abhören von weltweiten Kommunikationssystemen zur Erlangung von Wettbewerbsvorteilen wird ein Teil dieses Kampfes sein.

Aber unsere Gesellschaft ist nicht nur durch Angriffe auf die IT-Systeme bedroht, sondern auch durch Angriffe mit Hilfe der IT. Schon heute benutzen Drogenkriminelle und das organisierte Verbrechertum hochmoderne Geräte der Informationstechnik. Wir müssen in der Zukunft mit Mafia-ähnlichen Strukturen rechnen, die obendrein auch noch mit modernsten IT-Geräten ausgerüstet sind. Z.T. werden in diesen Kreisen schon heute IT-Systeme mit Datensicherung und sogar Verschlüsselung eingesetzt.

Bei so vielfältiger Bedrohung könnte man die Hoffnung verlieren. Doch gibt es Gegenmittel, und es wird diese auch in der Zukunft geben.

Die Bundesregierung hat das Problem der Sicherheit in der Informationstechnik schon vor Jahren erkannt, sie hat ein Rahmenkonzept verabschiedet, das anschließend vom Deutschen Bundestag beraten wurde. Ein Ergebnis war das Gesetz zur Errichtung meines Bundesamtes. Dieses ist entsprechend zum 1. Januar dieses Jahres gegründet worden, und ihm sind folgende Aufgaben zugeteilt worden: IT-Systeme zu analysieren und Schwach- und Gefahrenstellen zu ermitteln; Entwicklungen durchzuführen, um diese zu beseitigen bzw. zu verringern; auf Antrag Geräte- und Programmmsysteme hinsichtlich ihrer Sicherheit zu überprüfen und über das Überprüfungsergebnis ein Zeugnis, ein sog. Zertifikat, auszustellen; eine umfangreiche Beratungstätigkeit aufzunehmen mit Schwerpunkt bei den Bundesbehörden und insbesondere beim BfD; Ermittlungsbehörden im Kampf gegen die Kriminalität zu unterstützen, insoweit als Straftaten gegen die IT oder unter Benutzung der IT aufzuklären sind.

Die Frage, ob das neue Bundesamt auch gesellschaftskritische Fragen der IT-Entwicklung untersuchen soll, war im Bundestag heftig umstritten. Problemstellungen wären: Fördert die zukünftige IT die Arbeitslosigkeit, bzw. auf welche Personalstrukturen hat man sich einzustellen? Beeinflußt die künstliche Intelligenz das menschliche Denken? Oder enthält die Weiterentwicklung der IT inhumane Komponenten, und was ist hiergegen zu tun? Die Mehrheit des Bundestages ist dem nicht gefolgt, vielmehr wurde folgender Kompromiß erzielt: Das BSI hat auf dem Gebiet der Technikfolgen abschätzung allein die Aufgabe, Anwender über die Folgen fehlender bzw. unzureichender Sicherheitsmaßnahmen zu beraten. Auch dies ist eine Aufgabe mit großer Verantwortung.

Mit Fragen der Bedrohung der IT an sich, ich darf wiederholen: Arbeitsplatzverlust, Kommunikationsverlust, Überspezialisierung, Korrektur des nur technischen, nicht des humanen Fortschritts, müssen sich andere Instanzen beschäftigen. Dasselbe gilt für das Problem der zukünftigen Technikentwicklung nach Gesichtspunkten der Humanität und der Verfassungsverträglichkeit.

Der Prozeß des technischen Fortschritts muß m.E. weitaus mehr als bisher von einer kritischen Öffentlichkeit begleitet werden. Jede Entwicklung, die vom Menschen weg zu anderen, nur ökonomischen Zielen führt, muß angezeigt werden. Dieser Aufgabe muß sich insbesondere auch die technische Wissenschaft stellen; mehr als bisher müssen Fragen der IT Teil der Forschung und der Lehre werden. Die bevorstehenden industriellen Vorhaben und technischen Entwicklungen sind nicht geheim, vielmehr lassen sie sich durchaus vorhersehen. Auf jede Zukunftsentwicklung sollten unüberhörbare kritische Stimmen folgen.

Von welcher Entwicklung und von welchem zukünftigen System gehen denn Risiken aus? Außer Frage steht, daß wir in der Zukunft von der IT abhängig sein werden, denn wir sind es schon. Es gibt keine Alternative zur IT. Ein Risiko konkret zu benennen, ist für mich als Praktiker nicht einfach, dennoch möchte ich eine Prognose wagen: Es werden die vernetzten Computer- und Telekommunikationssysteme sein, die Probleme bereiten werden, denn diese im Detail zu beherrschen, erfordert ein Ausmaß an Intelligenz und Sorgfalt, welches ohne Beispiel ist, aus folgendem Grund: Alle, auch die lange im Betrieb befindlichen Steuer- und Programmierungssysteme enthalten Fehler, die im einzelnen Programm nur sehr selten auftreten. Herr Brunnstein hat festgestellt: »Pro 5 bis 10 kB Programm: 1 Fehler.« Das ist im Einzelfall tolerabel. Das Rechenzentrum meiner Behörde hat etwa 1 Fehler pro 1/2 Jahr Laufzeit.

Werden jedoch in den zukünftigen Rechner-Netzen Hunderte von Rechnern mit Hunderten von Programmen über verschiedene Kommunikationssystem, wie Area Networks, Loc Area Networks, mit eigenen Programmsteuerungen zusammengefaßt, so summiert sich die Fehlerhaftigkeit. Systemausfälle mit schwerwiegenden Folgen werden unvermeidlich sein. Diesem Problem ist mit den Mitteln der staatlichen Vorschriften oder der Justiz nicht beizukommen. Was kann man tun, wie können diese, pro Einzelprogramm sehr seltenen falschen Instruktionen gefunden werden? Ausscheiden möchte ich die »BSI-Methode«. Bei uns wird ein wichtiges System von einem Team bis zur Einsatzreife entwickelt und danach von einem anderen Team nochmals überprüft. Das ist bei »kleinen« Systemen möglich, bei sehr großen wäre es zu teuer und auch wieder nicht zuverlässig genug. M.E. hilft hier nur der Computer, Stichwort: »Automatische Verifikation von Programmen«, d.h. es sind Programme und Programmsysteme zu entwickeln, die genau diese Aufgabe übernehmen. Mein Bundesamt führt gemeinsam mit vielen Experten deutscher Universitäten eine solche Entwicklung durch.

Zum Abschluß möchte ich auf ein Grundproblem hinweisen. Meine Hauptsorge um die Zukunft der computerisierten Gesellschaft ist die, daß wir die Computer-Zukunft kaum noch mitgestalten können: wir in Europa und Deutschland, denn wir sind nicht mehr in der Lage, Computer konkurrenzfähig herzustellen. Für die deutsche und europäische Computer-Industrie ist es nicht mehr 5 Minuten vor, sondern schon 5 Minuten nach 12; wir sind total abhängig geworden. Geräte und Programme für Milliardensummen müssen jährlich aus den USA und aus Fernost eingeführt werden. Man muß sich vor Augen halten, dies ist nicht so, weil es billiger ist, im Ausland zu produzieren, wie z.B. Hemden, sondern weil wir es nicht mehr können. Unsere Manager, Ingenieure und Arbeiter sind nicht mehr geschickt genug hierzu und nicht mehr konkurrenzfähig – und das auf einem Gebiet, welchem die Zukunft gehört. Ich sage das nicht nur in wirtschaftlicher, sondern auch in politischer Sorge. Da wir Planung und Entwicklung dieser IT-Systeme nicht mehr beeinflussen können, werden wir auch nur noch beschränkte Möglichkeiten zur Gestaltung der computerisierten Gesellschaft haben. Wir werden von fremden kulturellen Einflüssen und Wertvorstellungen abhängig werden. Das ist die Gefahr, die ich sehe, und das ist die Bedrohung, die ich als die wichtigste ansehe.

Beim Tanz in das 21. Jahrhundert haben wir zwar noch die Entscheidungsfreiheit mitzutanzen oder nicht, aber die Musik wird von anderen Leuten gemacht.

Teil IV
Medizin und Technik

Der technische Zugriff auf das Leben

Ivan Illich

Die Umgestaltung der menschlichen Natur liegt ebenso außerhalb des mir Denkbaren, wie ehedem die Aufteilung der Menschen in arische und jüdische. Ich habe gekichert, als 1938, kurz nach dem Anschluß, Professor Schefzig im Wiener Gymnasium mich von einer Klasse in die nächste führte als Demonstrationsobjekt für eine jüdisch-dinarische Nase. Die Unterscheidung zwischen vor- und nachelektronischer Menschlichkeit ist auch so ein epochaler Wahn, den wir über uns ergehen lassen müssen wie ehedem Rassenkunde. Den Menschen, mit denen ich leben will, ist diese Unterscheidung fremd. Warum ist sie wohl anderen so verführerisch?

Um diese Frage geht es. Es geht mir nicht um die Mode-Frage: Woher kommt der Enthusiasmus für die Synthese des Cyborgs. Es geht um das historische Problem: Wie kommt es, daß guten, ernsten Menschen der Sinn für Natur als Matrix abhanden gekommen ist? Ein ungeheurer Haß gegen den Ort des eigenen Ursprungs spricht aus dieser Rebellion gegen Mutter Natur. Wie läßt es sich überhaupt leben, wenn nichts mehr gegeben ist, und Natur durch technischen Zugriff grundlegend verwandelt werden kann?

Die Vorstellungen verstehen Natur als einen Algorithmus, dessen Variablen bestimmbar sind. Im Vergleich zu dieser Aufrüstung zur Vergewaltigung der vorgeburtlichen Matrix, ist Rassenkunde nur mehr eine verfehlte Vorstufe zur Terminator-Phantasie: Der Versessenheit darauf, den Ursprung des Heute zu verändern, die aus den Schwarzenegger-Filmen spricht. Eine logische und psychologische Bedingung, um diesen Selbsthaß ertragen zu können, ist der, aus dem Menschen »ein Leben« zu machen.

Ich bin aufgefordert, über »technische Zugriffe auf das Leben« zu reflektieren. Der Titel setzt voraus, daß es so etwas wie »das« Leben oder »ein« Leben gibt. Ich würde gerne davon überzeugen, daß das nicht stimmt: In unserer Technophilie schaffen wir symbolisch dieses Objekt, auf das wir dann auch technisch zugreifen können. Jenes »Leben«, um das hier selbstgerecht gezittert und dessen Rechts-Schutz gefordert wird, ist eine Ausgeburt jener »After-Natur«, die durch

Technik nicht geschändet, aber verbessert oder verdorben werden kann. Der Glaube an die Existenz von hypostatisiertem »Leben« ist eine Bedingung, um die ursprüngliche Gegebenheit des menschlichen So-Seins leugnen zu können. Dort wo Natur machbar ist, kann es kein Gut und kein Böse mehr geben, weder im Sinne der klassischen noch der neueren Ethik. Es gibt keinen normativen Bezug zur menschlichen Natur. Berechtigung zum Handeln muß sich dann auf »Werte« anstatt auf Gut und Böse beziehen. Und da ist die Substantivierung von »Leben« ein Mittel, um letzten Wert sentimental zu konkretisieren.

Natur war für Parmenides etwas anderes als für Aristoteles oder Pufendorf. Aber gleichzeitig bezeichnete das Wort immer jene angeborene Gemeinsamkeit, die die Vergangenheit von unsereinem, also Geschichte möglich macht. Das griechische Wort *physis* meint doch »Wuchs«, und zwar im dreifachen Sinne von Entstehen, Gewordensein und Dasein. *Natura* ist das lateinische Wort für Matrix schlechthin, für das, was so unabhänderlich gegeben ist wie die Mutter. Natura ist leibhaftiges, verkörpertes Echo. Die Parzen sind unzugängliche Mütter, die den Lebensfaden der Menschen spinnen und brechen. Menschen, nicht »Leben« wachsen.

Vom Leben wird heute anders gesprochen. Es wird zunehmend als Substantiv verwendet, als ein Hauptwort, das sich auf eine Sache, nicht auf eine Eigenschaft bezieht. Seit 1970 gehört es zu den häufigsten Reizwörtern der Werbung. Das Wort wird heute mit vitalistischen, mechanistischen, politischen Obertönen verwendet. Es ist zu einem jener Wörter geworden, die so intensiv und extensiv konnotieren, daß sie keine Sache mehr präzise treffen. Professor Pörksen hat diese Auflösung des Wortes zum Algorithmus als eine Mathematisierung der Umgangssprache beschrieben. Er spricht vom Umgang mit Wörtern, als ob sie Amöben oder Lego-Bausteine wären. So verwenden die Plakate das Wort. Das ist aber nicht jene Verwendung des Wortes »ein Leben«, auf die es hier ankommt.

Das Wort wird weitgehend auch emphatisch in Sätzen verwendet, die »ein Leben« zur Tatsache machen wollen. Im Bundestag, im päpstlichen UKAZ, in der Bioethik geht es um den Schutz von diesem oder jenem »Leben«. Man spricht nicht von Menschen, Personen, Kranken, Sterbenden, sondern von »Leben«. Daran muß ich denken, wenn ich an den Zugriff der Technik auf das Leben denken soll. Ich muß mich in einer mir fremden Welt bewegen, in der so und so viel geschädigtes, genetisch belastetes, wertvolles Leben herumläuft. Ich muß deshalb erklären, wie diese Sache, die durch den substantiven Gebrauch von »Leben« bezeichnet wird, zustande gekommen ist.

Die Lebendigkeit, ja die Trächtigkeit der Natur war eine allen griechischen Denksystemen gemeinsame Vorstellung. Wie immer Natur auch aufgefaßt wurde, ihr Wesen bestand im Gebären der Dinge. Und Dinge, die geboren werden, haben, je nach ihrer Art, Lebendigkeit. Diese Mütterlichkeit der Natur wurde von den Kirchenvätern übernommen und im Schöpfungsglauben verankert. Die Natur selbst war nunmehr nicht mehr letztlich. Sie war fortan Geschöpf, das unentwegt vom Schöpfer erhalten wird. Die Matrix der Dinge ruhte in der Hand des Schöpfers. Die lebendige und lebenspendende geistige und physische Natur war *kontingent,* wesenhaft abhängig von Gottes Hauch und Huld.

Natura a nascitura dicitur, Natur bedeutet Gebären, ist ein vielfach verwendeter Satz: Sie ist Ursprung nicht nur der Dinge, sondern auch des Sinnes. *Omnis creatura sensum parit,* jede Kreatur gebiert Sinn, sagte um 1130 Hugo, der Meister von Sankt Victor. Und wer kennt nicht Dantes Darstellung des thomistischen Kosmos, in dem das gottgewollte So-sein der Dinge von Engeln, Himmelskörpern und Elementen vermittelt wird, während das Da-Sein dieser Dinge, ihre Existenz, aus Gottes Unmittelbarkeit zu ihnen stammt. Die Art der Grenze zwischen Organischem und Anorganischem, die für die Neuzeit bezeichnend wurde, paßt also weder in die klassische noch in die mittelalterliche Tradition.

Natur blieb Matrix und wurde als solche erlebt. Was immer aus der Möglichkeit, der *potentia,* in die Unvermeidlichkeit, die *necessitas,* seiner eigenen begrenzten Existenz gebracht wird, gedeiht zwei Jahrtausende lang aus der Teilhabe an Gottes Nähe. Insoweit das Substantiv »Leben« nicht als Abstraktum, sondern als Bezeichnung von etwas Konkretem verwendet wurde, meinte es, in unserer klassischen Tradition, den Lebendigen Gott oder Christus, der zur Schwester des Lazarus sagt: »Ich bin das Leben.« Auch noch in den allerdümmsten Pandekten der neuen Bioethik muß diese Verwurzelung des dort besprochenen »Lebens« mitgehört werden.

Schritt um Schritt, und zwar schon im Nominalismus des 13. Jahrhunderts, löst sich die Bindung zwischen Natur und Gottes Schöpferhand. Dies geschieht vorerst, ohne daß die Natur ihren Status als Schöpfende einzubüßen hätte. Was erst verloren geht, ist die Daseins-Spendende Geborgenheit der Matrix aller Dinge in der Hand Gottes. Dann, langsam löst sich die Verquickung – dieses Wort meint doch im Deutschen »gegenseitige Belebung«, nicht? – von Sinn und Sache, Natur und Übernatur. Bei dieser Ent-quickung verlieren die Edelsteine ihre Lebenskräfte, die Pflanzen ihre Signaturen, die Weltrichtungen ihre Lagerung in Chören von Engeln und Winden. Auf vielen, oft einander entgegengesetzten Wegen entsteht so die Notwendigkeit, das Dasein von Lebewesen in einer leblosen, einer anorganischen Welt zu erklären.

Mit der Lebendigkeit der Natur schwindet auch ihre Sehnsucht, das der Natur eigene Verlangen nach Vollendung, die *causa finalis.* Das Entstehen der Dinge wird nur mehr durch ihre Gestaltung und nicht mehr durch ihre Bestimmung erklärt. Noch Athanasius Kircher, ein Schüler des Ignatius von Loyola und Gründer der Sternwarte im Collegio Romano, war davon überzeugt, daß die bekannten Riesenknochen aus dem Wunsch der Berge entstanden seien, den Tieren ähnlich zu werden: Das war 1664. Schon fünfzig Jahre später ließ der Schweizer Gelehrte Scheuchzer in einem Essay fossile Fische sich über Pater Kircher lustig machen: Er beschreibt, wie sie nächtens einander versichern, daß sie nicht Träume von Steinen seien, sondern versteinerte Fische.

Gott blieb im Diskurs über die Natur noch lange Schöpfer, nachdem sich seine Funktion als steter Erhalter und als letzter Sinn der Geschöpfe aus der Wissenschaft in den Raum der Frömmigkeit zurückgezogen hatte. Und da nun die Natur ihre Lebendigkeit verloren hatte, standen Lebewesen ihr in neuartiger Fremdheit gegenüber. Aus dieser Befremdung entstand langsam jenes Leben, um das wir jetzt im Mutterleib, im Smog und bei Grippe besorgt sind.

Mit dem Verlust der klassisch-heidnischen Lebendigkeit der Natur und ihrer Verquickung im Schöpfungsakt wurde die Existenz von Leben problematisch. Nur ein dünner Sinnfaden verbindet noch die Lebendigkeit der antiken und der christlichen Tradition mit dem »Leben«, das in die deutschen Paragraphen einzieht. Weder das biblische Wort für Blut oder für Odem noch die griechische *psyche* haben mit dem etwas gemeinsam, worauf Technik einen Zugriff haben könnte. Das Subjekt war lebendig, nicht Leben ein Subjekt. Für den zum System gewordenen Organismus meiner Generation gab es also von der Antike bis in die Neuzeit kein Wort. Sicherlich sprach man immer von lebendigen Dingen. Es gibt viele Adjektive und Verben, mit denen diese Lebendigkeit qualifiziert werden kann. Aber »Leben« als Substantiv erscheint erst um 1800, in den Schriften von Lamarck und Treviranus: Sie waren unter den Schöpfern eines neuen Wissenszweiges, der Biologie, die über die klassifizierende Botanik und Zoologie hinausgeht. »Leben« erscheint im Diskurs als ein Versuch, die Existenz von Lebewesen in einer toten Natur zu erklären; also im Rahmen einer Matrize, der die Fruchtbarkeit, die Gebärfähigkeit abgesprochen worden ist.

Die vitalistische und mechanistische Biologie des frühen 19. Jahrhunderts ist der auf Systemanalyse bauenden Genetik nach Schrödinger fast ebenso fremd wie die Tier- und Gebärkunden des Aristoteles. »Leben« kommt im Vokabular der Molekular-Biologie nicht vor. Um die Problemgeschichte des substantiven Lebens im Titel dieses Aufsatzes zu verstehen, müssen wir einsehen, daß es sich hier um ein Wort aus einem Volkabular handelt, das der biologischen Fachwissenschaft ebenso fremd ist wie der Vergangenheit. Es ist ein Reiz-wort aus der Mediensprache. Das substantive »Leben« also gehört weder in die Klasse historischer Wörter, noch in eine wissenschaftliche Terminologie, sondern es ist ein Emblem der Pop-Wissenschaft. »Leben« geht, meiner Meinung nach, in dieselbe Klasse von Wörtern wie »Produktivkräfte« oder »Klassenkampf«, die wir Ideologeme nennen, wenn wir sie »entlarven« wollen.

Sicherlich, wir können moderne Technik als einen isolierbaren Faktor im Welt-System fassen und in den Begriffen der Systemtheorie darstellen. Wir können vom Zugriff der Technik auf die Regulierung eines Immunsystems sprechen. Wenn wir dann Menschen auf Immunsysteme reduzieren, tun wir etwas, das ich für böse halte. Nur die, die das tun wollen, brauchen zur Legitimation den Glauben an die Möglichkeit der Optimierung der Natur. Eine solche machbare Natur und ein solches »Leben« sind a-moralische Vorstellungen. Bioethiker versuchen einen moralischen Bezugsrahmen für diese Begriffe herzustellen, die jenseits von Gut und Böse liegen. Deshalb ist »Bioethik« ein Oxymoron.

Auf der Suche nach neuer Orientierung – Hirnforschung als Leitwissenschaft?

Ernst Pöppel

Hirnforschung ist interdisziplinäre Forschung. Ich möchte in den folgenden Ausführungen zeigen, daß die Vernetzung verschiedener Wissenschaften eine notwendige Voraussetzung dafür ist, Einblick in die Funktionsweise des Gehirns zu gewinnen und zu verstehen, was Kenntnisse über das Gehirn für die Bestimmung unserer Identität bedeuten. Die Interdisziplinarität der Hirnforschung zeigt sich darin, daß Themen, Thesen, Theorien und Techniken der Biologie, der Psychologie, der Medizin, der Physik, der Informatik, der Linguistik und der Philosophie herangezogen werden müssen (und bei den genannten handelt es sich nur um die wesentlichsten »Kerngebiete«). Die Hirnforschung kann uns in einer Zeit geistiger Orientierungslosigkeit zu einem jener Ankerplätze führen, wo man in Ruhe die Gründe der Verwirrtheit bedenken kann, um dann nach gewonnener Klarheit eine neue Fahrtrichtung einzuschlagen. Der Verlust von Zielen ist wohl auch in der Tatsache begründet, daß man nicht gleichzeitig auf zwei verschiedenen Meeren reisen kann, für die verschiedene Seekarten gelten. Zum einen reisen wir »naturwissenschaftlich« begründet, zum anderen »geisteswissenschaftlich« gedeutet, und jedes Mal gelten verschiedene Seekarten, auf denen Leuchtfeuer und Untiefen jeweils anderes bedeuten. Hirnforschung kann vermutlich zur Überwindung der unterschiedlichen Lesarten der Seekarten beitragen, indem durch die Untersuchung des »anthropologischen Zentrums« die Gründe für die vermeintlich gleichzeitige Reise auf den zwei Meeren deutlicher werden.

Meine Grundthese ist, daß psychische Funktionen durch evolutionäre Selektionsprozesse entstanden sind, und daß sie durch neuronale Programme im Gehirn bereitgestellt werden, deren Verfügbarkeit an die Integrität neuronaler Strukturen gebunden ist. Im philosophischen Sinne nehme ich im Hinblick auf das Leib-Seele-Problem somit eine monistische Position im Gegensatz zu einer dualistischen Position ein. Eine entscheidende Annahme des hier vertretenen pragmatischen Monismus ist, daß Psychisches außerhalb des Gehirns nicht vorfindbar ist.

Wie ist man traditionellerweise an das Problem der Rekonstruktion des Psychischen herangetreten? In einer auf Descartes zurückgehenden Denkweise der wissenschaftlichen Untersuchung des Psychischen wird angenommen, daß bestimmte Reize aus der Umwelt auf die Sinnesorgane und das Gehirn wirken und daß nach Verarbeitungsprozessen im Gehirn eine Reaktion erfolgt – allgemein: daß eine Repräsentation der Welt im Bewußtsein über sinnliche Informationen entsteht. Reaktion, Repräsentation und Reflexion werden als abhängige Funktionen von Reizen gedacht. Wir bezeichnen dieses grundlegende Konzept einer Rekonstruktion psychischer Inhalte als Bottom-up-Prinzip: Reize der Welt determinieren eindeutig, was psychisch, also im Bewußtsein, verfügbar werden kann.

Dieses Bottom-up-Prinzip der Rekonstruktion des Psychischen sei durch Beispiele aus dem Bereich des Sehens erläutert. Wie wird die uns umgebende Welt im Gehirn abgebildet? Auf der Netzhaut der Augen findet in den Sinneszellen ein sogenannter Transduktionsprozeß statt, d.h. elektromagnetische Wellen in einem engen Bereich des Spektrums (vom kurzwelligen »blau« bis zum langwelligen »rot«) werden gleichsam in »Gehirnsprache« umgewandelt. Von den Sinnenszellen in der Netzhaut wird die Information über verschiedene Umschaltstationen ins Gehirn weitergeleitet. Das Verblüffende bei dieser Fortleitung von der Peripherie der Informationsaufnahme ins Zentrum weiterer Verarbeitung und Bewertung ist, daß die topologischen Beziehungen von vorgefundenen Objekten in der Welt in der neuronalen Repräsentation des Gehirns in Hunderten von Millionen von Zellen erhalten bleiben. Betrachte ich eine Land- oder Seekarte, so entsprechen die einzelnen Zeichen in ihrer Lage zueinander den durch sie definierten Merkmalen in der Natur; in analoger Weise – die topologischen Beziehungen bewahrend – wird die Karte im Gehirn abgebildet. Wie diese ortsgetreue Abbildung in den Nervenzellen im einzelnen erreicht wird, wenn ein Gehirn wächst, d.h. welche neurochemischen Prozesse hierfür verantwortlich sind, ist ein faszinierendes Thema der Hirnforschung, speziell der Neuro-Embryologie. Die Abbildung erfolgt im hinteren Bereich des Großhirns, wo alle Sehinformation hingeschickt wird. In einer dünnen Schicht von Nervenzellen mit etwa zwei bis drei Millimetern Durchmesser, dem sogenannten Cortex, erfolgt ein wesentlicher Teil der Informationsverarbeitung, so daß auf der subjektiven Ebene schließlich gegenständliches Sehen von Objekten in ortsgetreuer Weise möglich wird.

Wieviele Zellen benötigt das Gehirn für seine Aufgaben? Im menschlichen Gehirn gibt es nach traditionellen Schätzungen von Neuro-Anatomen etwa zehn Milliarden Nervenzellen; aufgrund neuerer Untersuchungen muß die Zahl aber erheblich höher sein, nämlich etwa eine Billion Nervenzellen. Wie wird Information in diesem Netzwerk verarbeitet? Zur Beantwortung dieser Grundfrage muß man zunächst auf die Verbindungsmöglichkeiten zwischen Nervenzellen hinweisen. Jede Nervenzelle hat Kontakt mit vielen anderen Nervenzellen; man vermutet, daß mindestens 1000 Nervenzellen mit jeder Nervenzelle in Kontakt stehen. Diese Kontaktaufnahme bedeutet, daß 1000 Nervenzellen von einer Nervenzelle beeinflußt werden (Prinzip der Divergenz), und daß jede Nervenzelle von 1000 Nervenzellen beeinflußt wird (Prinzip der Konvergenz). Diese Kontaktaufnahme kann erregend (Prinzip der Exzitation) oder hemmend (Prinzip der Inhibition) sein. Für Erregung und Hemmung sind unterschiedliche chemische Botenstoffe, sogenannte Transmitter, verantwortlich. Mit den strukturellen Prinzipien von Divergenz und Konvergenz und den funktionellen Prinzipien von Exzitation und Inhibition sind jene grundlegenden Mechanismen angesprochen, die für alle Gehirne, also nicht nur das menschliche, gelten. Die ausgewogenen Exzitationen und Inhibitionen, vermittelt durch die verschiedenen chemischen Botenstoffe, kennzeichnen den Normalzustand; kommt es auf dieser Ebene zu Störungen, wenn etwa zu wenig Inhibition an einer Stelle des Gehirns oder zuwenig Exzitation an anderen Stellen ausgeübt wird, dann sind Erkrankungen die Folge wie die Epilepsie, die Schizophrenie, die Depression oder die Schüttellähmung (Morbus Parkinson).

Aus den oben genannten Zahlen leiten sich Überlegungen ab, die zum Verständnis der Funktionsweise des Gehirns wichtig sind. Jede der 1000 Nervenzellen, die ihre Information einer Nervenzelle bereitstellt, kann in einem Augenblick aktiv oder inaktiv sein. Für die eine Nervenzelle berechnen sich dann (wenn man etwas Kombinatorik betreibt) 2^{1000} bzw. 10^{300} mögliche Funktionszustände, d.h. eine 1 mit 300 Nullen, was an Größe unsere Vorstellungskraft beliebig übersteigt und es uns unmöglich macht, auf analytische Weise einzelne Systemzustände auch nur einer Nervenzelle zu berechnen – geschweige denn die des gesamten Gehirns.

Obwohl es sehr viele Nervenzellen (eine Billion) und praktisch unendlich viele Systemzustände in Nervenzellen bzw. im Gehirn gibt, sind die Verarbeitungsmechanismen des Gehirns durch ein gleichsam gegenläufiges Prinzip kleiner Zahlen gekennzeichnet, nämlich das der funktionellen Nähe. Jede Nervenzelle ist nicht weiter als maximal vier Umschaltstationen von jeder anderen Nervenzelle im Gehirn entfernt. Diese strukturell bedingte funktionelle Nähe bedeutet in der Sprache der Datenverarbeitung, daß das Gehirn durch »massivste Parallelität« ausgezeichnet ist: Alles ist mit allem engstens verbunden. Das Gehirn ist somit prinzipiell anders aufgebaut als jeder Computer, und auch die Verarbeitungsprinzipien sind grundsätzlich von Algorithmen und deren Implementierung als Programme in Computern verschieden. Eine Simulation oder explizite Modellierung von menschlichem Denken, Wahrnehmen, Fühlen, Entscheiden, Erinnern oder Handeln ist in weiter Ferne, sollte es überhaupt je erreicht werden – trotz gegenteiliger Behauptungen mancher Proponenten der »Künstlichen-Intelligenz«-Forschung.

Obwohl wir auf der mikroskopischen Ebene, also jener der Nervenzellen, noch recht ratlos sind, wenn wir danach fragen, wie sich aus den Aktivitäten einzelner Zellen des Gehirns ein gestalthaftes Erleben herleitet – eine Hypothese hierzu wird weiter unten ausgeführt werden –, konnten auf der makroskopischen Ebene wichtige Fortschritte gemacht werden. Bereits im letzten Jahrhundert wurde entdeckt, daß sich das Gehirn in Zonen einteilen läßt, in denen jeweils unterschiedliche Informationen verarbeitet werden. Visuelle Information wird beispielsweise im sogenannten Hinterhauptslappen des Großhirns abgebildet. Wichtig daran ist, wie erwähnt wurde, daß die topologischen Beziehungen bei dieser Abbildung erhalten bleiben. Woher weiß man das? Hier muß auf eine Grundannahme der Hirnforschung hingewiesen werden. Das meiste über die normale Funktionsweise erfährt man aus Störungen des Systems. Erleidet beispielsweise ein Patient eine Verletzung an einer definierten Stelle im Gehirn, etwa dort, wo das Gesichtsfeld repräsentiert ist, dann fällt ein zugeordneter Bereich innerhalb des Gesichtsfeldes funktionell aus – der Patient ist an dieser Stelle blind. Das Entscheidende bei dieser experimentellen Vorgehensweise ist, daß wir aus der Störung schließen, wie Funktionen im Gehirn normalerweise repräsentiert sind. Der mit interindividueller Konstanz zu beobachtende Funktionsausfall gibt Aufschluß über die Weise der Funktionsrepräsentation und ist in einem allgemeinen Sinn der Existensbeweis der Funktion.

Wenn wir das cartesische Modell der Informationsverarbeitung, das als Bottom-Up-Prinzip charakterisiert wurde, zugrundelegen, dann heißt dies, daß Informationen aus den verschiedenen Sinneswelten – also etwa aus der visuellen, auditiven oder taktilen – jeweils von entsprechenden Sinneszellen umgewandelt, gleichsam als »Hirnsprache« verfügbar gemacht werden und daß uns auf dieser Grundlage ein Bild der Welt vermittelt wird. In einem solchen Modell der Welterfahrung sind wir der Welt als passive Rezipienten ausgeliefert. Die Wirklichkeit unseres Erlebens ist jedoch alles andere als nur passive Rezeption: Wir konstruieren die Welt. Das Gehirn ist nicht ein passiver »Filter«, sondern es hat gestaltende Kraft.

Ein bekannter Beleg hierfür sind optische Täuschungen oder doppeldeutige Figuren. Bei letzteren kann man jeweils nur eine der Figuren sehen, etwa zwei Gesichter, die sich anschauen, oder eine Vase; man kann nie beides gleichzeitig sehen, aber willentlich zwischen den beiden Sehweisen hin und her wechseln, sich das jeweils Alternative sichtbar machend. Wahrnehmen ist also nicht eindeutig determiniert durch gegebene Reizkonfiguration, wie solche einfachen Beispiele zeigen, und dies gilt für alle Sinnessysteme, nicht nur für das Sehen. Was jeweils gesehen, gehört oder empfunden wird, ist wesentlich mitbestimmt durch vorangehende Aktivitäten, wobei emotionale Wertungen eine wichtige Rolle spielen.

Aus zahlreichen Experimenten dieser Art über Wahrnehmungs- und Denkprozesse läßt sich als allgemeines Gesetz festhalten: Das Wahrgenommene oder das Gedachte, die Entscheidung oder das Urteil ist jeweils eine Bestätigung oder Zurückweisung einer Hypothese (eines »Vor-Urteils«) innerhalb eines mentalen Bezugssystems, das in einem gegebenen Augenblick besteht. Solche Hypothesen, die unser Wahrnehmen und unser Denken bestimmen, bestehen in jedem Augenblick. Hier liegt eine Automatik von Hirnprozessen vor, der sich keiner entziehen kann, von der wir nicht absehen können. Mentale Hypothesen gehören zu uns wie das Atmen. Es ist nur wichtig, daß wir wissen, daß wir permanent mit solchen Bezugssystemen – also Vorurteilen – leben.

In diesem Mechanismus, dem Top-Down-Prinzip, drückt sich das Ökonomieprinzip menschlichen Wahrnehmens und Denkens aus. Normalerweise ist es nicht notwendig, in jedem Augenblick die wahrgenommene Welt neu zu konstituieren, denn aufgrund von Hystereseeffekten kann man von einer gegebenen Kontinuität in der Welt ausgehen. An diese Kontinuität hat sich das Gehirn angepaßt, ist dann aber in seiner Informationsverarbeitung häufig überfordert, wenn Unerwartetes auftritt oder ein Urteil in einem nicht etablierten Bezugssystem zu fällen ist. Für den Menschen gilt, daß die Inhalte dieser Bezugssysteme durch individuelle Erfahrung und vor allem auch durch emotionale Bewertung geprägt sind, wobei solche Bewertungen nicht notwendigerweise bewußt sein müssen, sondern sich implizit auswirken können.

Die implizite emotionale Färbung bewußter Vorgänge ist ein Grund dafür, warum subjektive Phänomene bisher nicht, vermutlich sogar im Prinzip nicht, modellierbar sind. Subjektive Phänomene lassen sich nicht exakt durch explizite Kategorien erfassen. Eine explizite Kategorisierung von Wissen über uns oder über Sachverhalte allgemein wird durch den Gebrauch der Sprache nahegelegt, entspricht aber nicht der Lebenswirklichkeit. Behauptungen, man könne in spätestens 50 Jahren das Repertoire des Psychischen mit Algorithmen einfangen und damit simulieren (so daß dann auf das Gehirn selbst verzichtet werden könne, da ja solche Programme auch in Automaten ablaufen), können durch die Hirnforschung nicht unterstützt werden. Will man das Psychische modellieren, dann müssen die folgenden Merkmale des Psychischen explizit kategorisierbar und durch Algorithmen beschreibbar sein:

1. Psychisches ist *subjektiv*; es ist jeweils meine Identität, die mich von anderen unterscheidet und trennt und die mir Erlebnisse anderer – die mir mitgeteilt werden – manchmal nicht nachvollziehbar macht, wie es bei bestimmten Geisteskrankheiten der Fall sein kann.

2. Psychisches ist *bewußt*, im Gegensatz zum Zustand der Bewußtlosigkeit; in jedem Augenblick ist stets nur ein Sachverhalt bewußt repräsentiert, wobei die Inhalte dieser Repräsentation auch durch unbewußte Vorgänge beeinflußt werden können.
3. Psychisches ist *kausal*, indem aus der Domäne des Subjektiven hinein in die physische Welt gewirkt werden kann. Dies ist die fundamentale Frage des Leib-Seele-Problems, wie nämlich diese Interaktion verstanden werden kann.
4. Psychisches ist *intentional*, d.h. ich als Erlebender »sehe etwas«, »glaube an etwas«, »beabsichtige etwas«, usw. Nicht alle psychischen Vorgänge sind intentional (»ich bin müde« wäre ein nicht-intentionaler Zustand).
5. Psychisches ist *attributiv*; gemäß des genannten Ökonomieprinzips des Denkens und Wahrnehmens werden jeweils Hypothesen über Sachverhalte gebildet. Wir sind nicht passive Rezipienten, sondern gestalten mit Hilfe unseres Gehirns das, was uns betrifft, wobei hier meist emotionale Wertungen hineinspielen.
6. Psychisches ist *kommunikativ*, indem wir sprachlich und auch nicht-sprachlich mitteilen, was uns bewegt.
7. Psychisches ist *zeitbeherrschend*. Wenn wir ein Bedürfnis verspüren, sind Menschen (vermutlich im Gegensatz zu anderen Lebewesen) in der Lage, eine Pause einzulegen zwischen dem Auftritt des Bedürfnisses und seiner Befriedigung. Wir sind uns, d.h. unseren Antrieben und Gefühlen, nicht ausgeliefert; »Zeitbeherrschung« kennzeichnet zumindest den Normalzustand. Bei Störungen des Gehirns (z.B. bei Verletzungen im frontalen Bereich) kann es zu deutlichen Verhaltens- und Erlebensänderungen kommen, was sich vor allem in einer mangelnden Kontrolle eigener Bedürfnisse zeigt. Warten, abwarten, Abstand nehmen können, ist neben anderem also auch eine spezifisch menschliche Fähigkeit.

Will man einen Roboter bauen, der in Lebensräumen von Menschen Bewegungstrajektorien verwirklichen soll, so muß dieser Automat Informationen in der Weise wie Menschen verarbeiten und bewerten, wobei die eben genannten Kriterien des Psychischen zu berücksichtigen sind. Der Grund, warum sich autonom bewegende Roboter nicht gebaut werden können, liegt darin, daß das Psychische nicht beliebig kategorisierbar und damit auch nicht algorithmisierbar ist – trotz anderslautender Behauptungen mancher Vertreter der Robotik. Nur Teilleistungen des Gehirns lassen sich explizit in Kategorien abbilden (wie etwa Rechenleistungen), und diese sind dann in der Tat durch Algorithmen darstellbar; unbekannt bleibt in solchen Fällen, wie groß die Restmenge des Nicht-Algorithmisierbaren ist, und dieser unbekannt bleibende Rest mag dann einen der Kontrolle sich entziehenden Einfluß auf die algorithmisierbare Teilmenge ausüben.

Um diese Aussagen aus noch einer anderen Perspektive zu beleuchten, sei ein Blick darauf geworfen, wie sich die Inhalte des Psychischen auf der Grundlage von Hirnmechanismen konstituieren. Das Repertoire des Psychischen läßt sich durch vier Funktionsbereiche beschreiben, nämlich die Funktionen der Wahrnehmungen (der Reizaufnahme), des Lernens und Gedächtnisses (der Reizbearbeitung), der Gefühle (der Reizbewertung) sowie der Handlungen, Aktionen oder Reaktionen, die spontan auf die Reize hin auftreten. Als wesentlicher Befund der Hirnforschung läßt sich festhalten, daß elementare Funktionen im Gehirn lokal repräsentiert sind. Die Verfügbarkeit bestimmter neuronaler Programme, die üblicherweise an einem bestimmten Ort im Gehirn repräsentiert sind, ist Voraussetzung für das psychische Repertoire. Dies soll nicht bedeuten, daß ein Ort im Gehirn nicht auch mehrere Funktionen repräsentieren kann. Aufgrund unterschiedlicher chemischer Botenstoffe, die die Interaktion von Nervenzellen bestimmen, können überlappend an einem Ort auch mehrere Funktionen repräsentiert sein.

Das Prinzip der lokalen oder auch modulären Funktionspräsentation sei durch einige Beispiele erläutert. Reize der Umwelt werden in verschiedenen Systemen des Gehirns (z.B. dem visuellen, auditiven oder taktilen) aufgenommen und interpretiert. Elementarfunktionen sind in umschriebenen Bereichen repräsentiert. Ein solcher Funktionsmodul mag etwa verantwortlich dafür sein, daß wir Bewegungen von Gegenständen im Raum erkennen können. Dies läßt sich daraus erschließen, daß es Patienten gibt, die nach einem bestimmten Hirnschaden zwar alles noch normal erkennen, nur keine Bewegungen von Objekten im Raum mehr erleben können. Andere Patienten, mit einer Verletzung an einer anderen Stelle im Gehirn, können beispielsweise keine Farben mehr erkennen, oder eine Störung an einer wieder anderen Stelle führt dazu, nicht mehr in der Lage zu sein, Gesichter anderer Menschen unterscheiden zu können. Ein solcher Patient weiß zwar noch, daß es sich um ein Gesicht handelt, das er sieht – doch sind alle Gesichter für ihn gleich. Er kann nicht einmal mehr sein eigenes Gesicht im Spiegel erkennen. Derartige Verletzungen sind instruktiv, weil sie zeigen, daß elementare Partialfunktionen modulär im Gehirn repräsentiert sind, wobei jeweils ein umschriebener Bereich für eine (gegebenenfalls mehrere) Funktion zuständig ist.

Die moduläre Informationsverarbeitung gilt für alle Bereiche, so auch für jene der Reizbearbeitung. Wenn wir Informationen aufnehmen und längerfristig im Gehirn mit Hilfe von Gedächtnismechanismen speichern, dann ist die Einspeicherung neuen Wissens abhängig von der Verfügbarkeit bestimmter neuronaler Programme. Seit einiger Zeit ist bekannt, daß bei der Einspeicherung neuen Wissens die Innenseiten der Schläfenlappen wichtig sind. Wenn diese abgetragen werden, dann stellt man fest, daß ein solcher Patient keine neue Information mehr aufnehmen kann. Er hat sein Gedächtnis verloren. Ein berühmter Fall, der in der neurowissenschaftlichen Literatur eine wesentliche Rolle spielt, ist der Patient Henry M., an dem eine solche Operation durchgeführt wurde. Mit dem Patienten kann man ein Gespräch führen, und nach einer Stunde kann er sich an nichts mehr erinnern, nicht an die Person, mit der er gesprochen hat, oder die Inhalte, die man erörterte. Der Patient ist zeitlich und auch räumlich wie fixiert; die Orientierung in neuen Umgebungen kann er nicht mehr erwerben, und auch zeitlich ist er auf einen bestimmten Punkt festgelegt.

Aus solchen Fällen lernen wir in der Hirnforschung, daß in der Tat einzelne Bereiche des Gehirns für selektive Gedächtnisfunktionen verantwortlich sind. Diese moduläre Repräsentation von Funktionen gilt in gleicher Weise für die verschiedenen Formen des Lernens. Wenn wir uns etwa eine bestimmte Handlungsabfolge einprägen, so werden ganz andere Mechanismen des Gehirns beansprucht, als wenn ein »bedingter Reflex« ausgebildet wird, der uns z.B. mit Ängstlichkeit reagieren läßt, wenn ein Arzt erscheint, der bei uns Blut abnehmen will, da dies üblicherweise mit etwas Schmerz verbunden ist.

Auch unsere Gefühle sind modulär im Gehirn repräsentiert. Wenn wir Neues aufgenommen und gespeichert haben, dann wurde das Neue automatisch auch emotional bewertet. Gefühle laufen nicht unabhängig von Wahrnehmungen und Erinnerungen ab. Ohne daß wir es verhindern könnten, werden ununterbrochen emotionale Bewertungen vorgenommen, wobei diese Bewertungen nicht unbedingt bewußt werden müssen; meist erfolgt emotionale Bewertung implizit. Daß die emotionalen Bewertungsinstanzen ebenfalls durch spezielle Module im Gehirn repräsentiert sind, wissen wir auch aus der Pathologie, aber auch aus tierexperimentellen Beobachtungen. Wenn jemand qualvoll an Eß-Gier leidet, dann bedeutet dieses, daß bestimmte neuronale Programme, die Hunger und Sättigung regulieren, nicht mehr richtig funktionieren. Bei jemandem in sexuellen Nöten ist ein anderer neuronaler Modul besonders aktiv. Wenn wir Schmerzen erleiden, ist eine wiederum andere spezifische Konstellation modulärer Aktivität gegeben.

An dieser Stelle mag ein kleiner gedanklicher Ausflug in die Künste gestattet sein. Seit langem ist bekannt, daß die beiden Gehirnhälften durch unterschiedliche Funktionskompetenzen gekennzeichnet sind. Die linke Gehirnhälfte gilt als dominant für analytische Funktionen, vor allem für Sprachfunktionen. Die rechte Gehirnhälfte gilt als dominant für das räumliche Vorstellungsvermögen und vor allem auch für emotionale Bewertungen. Diese Lateralisierung der Funktionen im Gehirn läßt sich offenbar in manchen Werken der Malerei wiederfinden. Hier muß der Naturforscher mit einem gewissen (vielleicht zu hohen) Risiko Grenzen überschreiten, doch sei es trotzdem gewagt. Zur Verdeutlichung der zu entwickelnden These muß man wissen, daß alles, was in der Sehwelt repräsentiert ist, seitlich vertauscht im Gehirn abgebildet wird. Alles, was links liegt, geht in die rechte Gehirnhälfte, und alles, was rechts liegt, geht nach links. Man kann sich nun fragen, ob möglicherweise in Bildern, die starke Emotionen ausdrücken, eher auf der linken oder rechten Seite der Fokus der Aufmerksamkeit liegt, da die beiden Gehirnhälften ja offenbar unterschiedlich mit den Gefühlen umgehen. Und in der Tat – dies hat eine Studie gezeigt – findet man bei stark emotionalen Bildern häufig auf der linken Seite das Bildzentrum, das die Aufmerksamkeit auf sich zieht (ein Beispiel hierzu wäre das bekannte

Bild von Goya *Die Erschießung des Pio Pepe*). Wohlgemerkt handelt es sich hierbei aber um eine statistische Aussage, d.h. asymmetrische Bildkompositionen mit hoher affektiver Komponente und dem Bildschwerpunkt auf der linken Seite (entsprechend der emotionalen Bewertung in der rechten Gehirnhälfte) kommen häufiger vor als der umgekehrte Fall; symmetrisch gestaltete Bilder scheinen in jedem Fall eine geringere affektive Wirkung zu haben.

Vermutlich bestehen also Randbedingungen, die von Mechanismen des Gehirns vorgegeben werden, und von denen der Künstler nicht absehen kann, wenn er ein Bild gestaltet. Diese von Natur aus vorgegebenen Randbedingungen werden automatisch im künstlerischen Schaffen berücksichtigt, und vermutlich nutzt auch der Kunstrezipient diese Mechanismen, wenn eine ästhetische Bewertung stattfindet. Auf neurobiologische Randbedingungen der Kunst komme ich zurück, wenn zeitliche Konstanten in Musik und Dichtkunst erörtert werden.

Der vierte Funktionsbereich, der bei der Beschreibung des psychischen Repertoires herangezogen werden muß, ist der des Handelns bzw. des Agierens oder Reagierens. Hier sind jene Module des Gehirns angesprochen, die für unsere sprachliche Fähigkeit, für Gestik, Mimik, Bewegungen im allgemeinen verantwortlich sind; hierher gehören aber auch jene neuronalen Mechanismen, die die inneren Organe steuern. Auch hier gilt, daß elementare Funktionen modulär im Gehirn repräsentiert sind.

Zur Veranschaulichung sei ein Blick auf die Sprache geworfen. Es zeigt sich, daß Sprechenkönnen gebunden ist an die Integrität verschiedener, sehr spezifischer neuronaler Programme. Mindestens fünf linguistische Kompetenzen sind zu unterscheiden, um sprechen zu können, nämlich lexikalische, syntaktische, semantische, phonetische und prosodische Kompetenz:

- Wir benötigen zunächst einmal ein Lexikon, also einen Wortvorrat, der für das Sprechenkönnen unverzichtbar ist.
- Wir verfügen außerdem über syntaktische Kompetenz, können also (normalerweise) beim Sprechen grammatikalisch wohlgeordnete Sätze produzieren. Die syntaktische Kompetenz erlaubt überdies, gehörte Sätze zu dekodieren, also dem Verständnis zu erschließen.
- Dann kennzeichnet Sprechenkönnen semantische Kompetenz, d.h. im Sprechen wird Bedeutung vermittelt, beim Hören der Sprache nach dem Sinn des Gesagten gesucht. Die syntaktische und die semantische Kompetenz werden von verschiedenen Funktionsbereichen des Gehirns vermittelt, was bedeutet, daß sie auch unabhängig voneinander verloren gehen können. Ein Patient mit dem Verlust der semantischen Kompetenz kann zwar noch flüssig sprechen, doch mangelt es der Sprache an Bedeutung, obwohl die grammatikalischen Regeln des Sprechens eingehalten werden; ein Patient mit Verlust

der syntaktischen Kompetenz kann zwar Sprache noch verstehen, und seine telegrammstilartigen Äußerungen sind verständlich, doch kann er keine wohlgeordneten Sätze mehr bauen.

- Hinzu kommt die prosodische Kompetenz, die uns ermöglicht, mit Hilfe der Intonation Gemeintes zum Ausdruck zu bringen. Ein Patient mit einer Verletzung der rechten Gehirnhälfte hat Schwierigkeiten, seine prosodische Kompetenz der Sprache zu benutzen, d.h. die Sprachmelodik einzusetzen oder über die Sprachmedolik das Gemeinte in einer sprachlichen Mitteilung zu entschlüsseln.
- Schließlich gehört zu den linguistischen Kompetenzen die phonetische Kompetenz, d.h. die verschiedenen Sprachen sind durch bestimmte Sprachlaute gekennzeichnet. Alle Sprachen der Welt haben insgesamt offenbar nicht mehr als etwa hundert unterschiedliche Sprachlaute, obwohl es vermutlich zur Zeit ca. 5000 Sprachen auf der Welt gibt. Jede einzelne Sprache ist phonetisch eine Teilmenge aus diesem Repertoire von Sprachlauten. Die einzelnen Sprachlaute sind genetisch vorgegeben, und im Sprechenlernen werden die angelegten Sprachlaute durch die jeweilige Sprachumgebung, in der wir aufwachsen, bestätigt. Die eigene Muttersprache zu lernen ist also etwas ganz anderes als das Lernen einer Fremdsprache später in der Schule, denn genetisch vorgegebene neuronale Programme werden durch unmittelbare Erfahrung gleichsam nur nachvollzogen.

Alle genannten Partialkompetenzen sind für die Sprache und das Sprechen notwendig, und sie sind durch verschiedene Module des Gehirns neuronal repräsentiert. Diese These läßt sich ableiten aus Störungen, die dazu führen können, daß jeweils einzelne der Funktionen verloren gehen.

Die vier bezeichneten Funktionsbereiche, deren Partialfunktionen modulär im Gehirn repräsentiert sind, kennzeichnen das Repertoire des Psychischen. Wahrgenommenes, Erinnertes, Gefühltes, Geplantes und Getanes kennzeichnen die Inhalte des Psychischen. Damit Inhalte subjektiv verfügbar sein können, wir also bewußt erleben können, bedarf es aber weiterer Funktionen, die man als logistische Funktionen bezeichnen könnte.

Bei den logistischen Funktionen sind im Prinzip zwei Bereiche zu unterscheiden: Einmal bedarf es einer Aktivation (gleichsam einer »Stromversorgung«), damit Psychisches verfügbar wird, zum anderen ist zeitliche Koordination der räumlich verteilten Funktionen im Gehirn erforderlich. Bei unzureichender Aktivation können wir nicht wahrnehmen, denken oder handeln. Das Phänomen der notwendigen Aktivation ist jedem bekannt, denn Aktivation unterliegt der tagesperiodischen Kontrolle. Wenn wir schlafen, wird die Aktivation reduziert, im Wachzustand nach oben reguliert. In der Mittagszeit gibt es ebenfalls eine geringfügige Reduktion der Aktivation, die vom Organismus vorgegeben wird (und nichts mit der Einnahme von Mahlzeiten zu tun hat). Als Nebenbemerkung ist vielleicht interessant, daß Störungen der tagesperiodischen Modulation von Funktionen bei manchen psychiatrischen Patienten auftreten. Der typisch Depressive zeigt gelegentlich tagesperiodische Stimmungsschwankungen mit einem Tief in den frühen Morgenstunden und normaler psychischer Funktion den Rest des Tages.

Um den zweiten logistischen Bereich verständlich zu machen, der für die Funktion des Gehirns verantwortlich ist, nämlich die zeitliche Koordination der Funktionen, muß ein weiterer Sachverhalt über die Arbeitsweise des Gehirns verdeutlicht werden. Jeder psychische Zustand – wenn wir also Information verarbeiten, nachdenken, handeln, sprechen – ist dadurch gekennzeichnet, daß gleichzeitig an verschiedenen Stellen des Gehirns Nervenzellen stärker aktiv sind. Wenn wir beispielsweise lesen, ist die lokale Hirndurchblutung, über die man auf die Tätigkeit von Nervenzellen schließen kann, im Schläfenlappen, wo die semantische Kompetenz der Sprache anzunehmen ist, und im Frontalbereich, wo die syntaktische Kompetenz repräsentiert ist, deutlich erhöht; zusätzlich findet man Aktivitätserhöhung dort, wo die Sprechbewegungen repräsentiert sind, und in einem Bereich, den man als supplementärmotorisches Areal bezeichnet. Hinzu kommt Aktivität im visuellen Verarbeitungsgebiet, von wo aus die Information über eine Umschaltstelle in die Sprachzentren weitergeleitet wird. Wesentlich bei diesen Beobachtungen ist, daß gleichzeitig an verschiedenen Stellen Aktivitätserhöhung zu beobachten ist. Solche gleichzeitige und räumlich verteilte Aktivität gilt für alle psychischen Funktionen.

Die gleichzeitige Aktivität an verschiedenen Orten wirft ein Problem der Verarbeitung auf, wie es nämlich aufgrund verteilter Aktivität von Nervenzellen zu einem einheitlichen Erlebnis kommen kann, denn jeder psychische Akt ist ja durch seine Geschlossenheit, seine Ganzheit gekennzeichnet. Welches sind die Mechanismen des Verbindens, die räumlich verteilte Aktivitäten zusammenbringen, um das subjektive Phänomen des einheitlichen mentalen Aktes zu ermöglichen?

Einem Konzept zufolge gibt es einen einen zeitlichen Organisationsmechanismus, gleichsam eine Uhr, der wie ein Dirigent den Takt vorgibt und der dadurch eine zeitliche Koordination zwischen den verteilten Aktivitäten ermöglicht. Kern dieser Hypothese ist, daß die zeitliche Koordination durch oszillatorische Prozesse in Neuronenpopulationen, durch neuronale Schwingungen also, ermöglicht wird. Die Periode dieser Oszillationen liegt bei etwa 30 Tausendstel Sekunden. Die Bedeutung solcher Oszillationen soll an einem Beispiel aus der Anästhesie-Forschung gezeigt werden. Wird einem Patienten über Kopfhörer eine Serie von Tonreizen geboten – regelmäßig etwa jede Zehntel Sekunde hört der Patient einen Klickreiz von einer Tausendstel Sekunde Dauer – und werden bezogen auf diese Tonreize die elektrischen Antworten des Gehirns aufgezeichnet, dann stellt man eine oszillatorische Aktivität fest, die vom Großhirn produziert wird. Diese Oszillationen mit einer Periode von etwa 30 Tausendstel Sekunden verschwinden, wenn der Patient narkotisiert wird. Man beobachtet dann, daß die akustische Information zwar noch in den Sinneszellen des Ohres verarbeitet und in den sogenannten Hirnstamm weitergeleitet wird, daß aber eine zeitlich geordnete Aktivität in den neuronalen Verbänden des Großhirns, die sich durch die Oszillationen zeigt, nicht mehr möglich ist. Das Narkosemittel nimmt gleichsam einen funktionellen »Klebstoff« weg, der im Wachzustand zwischen den Nervenzellen eine Verbindung herstellt und der einen Gleichklang der Erregung und damit eine organisierte Informationsverarbeitung ermöglicht.

Ein bedeutsames Phänomen bei Patienten in Narkose ist, daß für sie gleichsam keine Zeit vergangen ist; ein Patient, der aus der Narkose erwacht, fragt häufig, wann denn die Operation beginnt. Dieser Zeitverlust in der Narkose steht im Gegensatz zum normalen Schlafzustand: Wenn man aufwacht, ist man üblicherweise davon überzeugt, geschlafen zu haben.

Aus den Beobachtungen der Narkose – und vielen anderen, hier nicht im einzelnen beschriebenen experimentellen Befunden – kann die Hypothese abgeleitet werden, daß die oszillatorischen Prozesse mit einer Periode von etwa 30 Tausendstel Sekunden Systemzustände bereitstellen, innerhalb derer vom Gehirn Elementarereignisse definiert werden können. Fehlen diese oszillatorischen Prozesse, wie z.B. in der Narkose, sind damit auch nicht mehr die Voraussetzungen für eine Ereignisdefinition vorhanden, und es kommt dadurch zu einem subjektiven Zeitverlust für die Phase dieses außergewöhlichen Gehirnzustandes.

Hier sei ein kurzer Blick auf ein weiteres Problem geworfen, mit dem sich ein Ingenieur zu befassen hat, wenn er einen autonom sich bewegenden Roboter entwickeln will. Die unterschiedlichen Sinnessysteme sind durch unterschiedliche Transduktionszeiten gekennzeichnet, d.h. die Umwandlung physikalisch beschreibbarer Veränderung in der Umwelt benötigt unterschiedlich viel Zeit, beispielsweise beim Hör- und Sehsystem. Die zentrale Verfügbarkeit von visueller Information ist mindestens 20 Tausendstel Sekunden später als jene akustischer Information, und zwar aufgrund eines prinzipiell anderen Umwandlungsprozesses von optischen Reizen in der Gehirnsprache innerhalb des visuellen Systems, der sehr viel mehr Zeit beansprucht. Wenn sich ein Objekt im Raum bewegt, dann verändert sich die akustische Laufzeit, d.h. wenn ein Automat auf akustische und optische Information reagieren soll, dann muß in dem Automaten ein System vorhanden sein, das den Zeitabgleich besorgt zwischen dem nicht gleichzeitigen und vor allem nicht vorhersehbaren Reizauftritt innerhalb der verschiedenen Sinnessysteme.

Um die Nichtgleichzeitigkeit von Information, die bei der Bewegungsplanung eines Roboters zu berücksichtigen ist, meistern zu können, kann ein Ingenieur ebenfalls auf Systemzustände zurückgreifen. Systemzustände, die mit Hilfe von Oszillationen geschaffen werden können, sind geeignet, daß im Gehirn oder in einem zentralen Prozessor eines Roboters von kleinen zeitlichen Ungenauigkeiten oder Verschiebungen abgesehen werden kann, so daß raumübergreifende Bindungsprozesse ablaufen können. Innerhalb von etwa 30 Tausendstel Sekunden kann im Gehirn Information von irgendeinem Punkt zu irgend einem anderen geschickt werden. Was das Gehirn sich schafft, sind mit Hilfe von Oszillationen atemporale Systemzustände, die für diese Bindungen benutzt werden. Der Trick der Natur ist, Systemzustände ohne »Zeit« zu schaffen, innerhalb von 30 Tausendstel Sekunden besteht für das Gehirn keine Möglichkeit, eine Vorher-Nachher-Beziehung anzugeben. Atemporale Systemzustände ermöglichen, einzelne Ereignisse mit kategorialer Eigenständigkeit zu definieren.

Wie ist es nun aber auf der Grundlage isoliert definierter Ereignisse möglich, daß in unserem Erleben so etwas wie erlebte Kontinuität entsteht? Es stellt sich also die Frage nach der zeitlichen Integration aufeinanderfolgender Ereignisse. Diese muß vermutlich auf einem anderen neutralen Mechanismus beruhen als räumliche Integration verteilter Aktivitäten.

Im Prinzip gibt es zwei Möglichkeiten, wie eine Integration nacheinander definierter Ereignisse ablaufen könnte. Eine Möglichkeit wäre – und die wird von manchen Vertretern der »Künstlichen-Intelligenz«-Forschung propagiert –, daß die Integration von Ereignissen semantisch abläuft. Semantische Integration setzt ein intern repräsentiertes Schema voraus, mit der die jeweils aufgenommene Information verglichen wird. Bestätigt die Information das interne Schema, ist damit der Prozeß der zeitlichen Integration abgeschlossen. Neben einer semantischen Integration ohne systemische Zeitbegrenzungen ist jedoch auch eine präsemantische Integration denkbar, die unabhängig von einem internen Schema und vorgegebenen Reizen, die am Schema überprüft werden, abläuft. Eine solche automatische Integration wird durch zahlreiche Beobachtungen nahegelegt.

Einzelne mentale Ereignisse werden bis zu wenigen Sekunden automatisch aneinandergekettet, ohne daß wir es offenbar verhindern können. Eine Vielzahl von Experimenten hat ergeben, daß zeitliche Integration von Ereignissen bis zu etwa drei Sekunden erfolgt. Ein einfaches und anschauliches Beispiel für diesen Integrationsprozeß ergibt sich aus auditiven und visuellen Kippfiguren. Betrachtet man eine visuelle Kippfigur, bei der man zwei Interpretationen mit gleicher Wahrscheinlichkeit sehen kann, erfolgt nach ungefähr drei Sekunden ein automatischer Umkipp-Vorgang, so daß die jeweils andere Perspektive in den Vordergrund des Bewußseins geschoben wird. Grundlage dieses Wechsels ist ein automatischer Segmentierungsprozeß des Gehirns, der gegebene Information nicht länger als bis zu etwa drei Sekunden festhalten kann.

Gestützt wird diese These einer zeitlich begrenzten und automatischen Integration aufeinanderfolgernder Ereignisse bis zu etwa drei Sekunden durch weitere Beobachtungen aus den verschiedensten Bereichen. Ein klassisches Beispiel ist der sogenannte Zeitfolgefehler: Wenn man zwei Reize hinsichtlich ihrer Intensitäten miteinander vergleichen will – beispielsweise ob ein Reiz schwerer oder leichter, heller oder dunkler, lauter oder leiser als ein anderer ist –, dann müssen diese beiden Reize innerhalb von etwa drei Sekunden gegeben werden, um zu einem sachgerechten Vergleichsurteil zu kommen. Eine längere Pause zwischen den beiden Reizen führt dazu, daß die neuronale Repräsentation des jeweils ersten verblaßt und somit der zweite Reiz überschätzt wird.

Eine ähnliche zeitliche Segmentierung beobachtet man bei intentionalen Handlungen, wenn also eine geplante Bewegung ausgeführt wird. Wenn etwa jemand die Hand reicht, einem zuwinkt oder betastend etwas untersucht, beobachtet man, daß diese Handlungsweisen eingebettet sind in ein etwa drei Sekunden dauerndes Zeitfenster. Wir haben es hier mit einem universellen Prinzip zu tun, daß bei sich entsprechenden Verhaltensweisen in verschiedensten Kulturen festgestellt wurde. Die zeitlichen Segementierung der Informationsaufnahme führt zu voneinander getrennten funktionellen Zeitfenstern, innerhalb derer ein Akt der Wahrnehmung, des Denkens oder des Handelns repräsentiert ist. Diese zeitliche Segmentierung wird durch einen automatischen, präsemantischen Integrationsprozeß bewirkt.

Wie kommt aber jene Kontinuität des Erlebens zustande, die über die etwa drei Sekunden dauernden Zeitfenster hinausgeht, wie ist es möglich, daß das eintritt, was Musil im *Mann ohne Eigenschaften* folgendermaßen beschreibt: »Der Zug der Zeit ist ein Zug, der seine Schienen vor sich herrollt, der Fluß der Zeit ist ein Fluß, der seine Ufer mitführt. Der Mitreisende bewegt sich zwischen festen Wänden auf festem Boden, aber Boden und Wände werden von den Bewegungen der Reisenden unmerklich auf das Lebhafteste mitbewegt.«

Ich möchte die These vertreten, daß das Erleben der Kontinuität auf einer Illusion beruht. Kontinuität kommt zustande durch die semantische Vernetzung der Inhalte, die jeweils in einem etwa drei Sekunden dauernden Zeitfenster repräsentiert sind. Wir konstruieren die Kontinuität aufgrund dessen, was in den einzelnen Bewußtseinsinseln repräsentiert ist. Die inhaltliche Verknüpfung des jeweils diskret Repräsentierten wird neuronal durch die relativ langen Zeitkonstanten der Bewertungen ermöglicht. Wir hatten festgestellt, daß aufgrund der engen Vermaschung aller neuronalen Vorgänge im Gehirn Denk- und Wahrnehmungsvorgänge nicht unabhängig von emotionalen Bewertungen ablaufen können. Was jeweils in einem drei Sekunden dauernden neuronalen Zeitfenster repräsentiert ist, hat also auch ein emotionales »Etikett« (wobei dieses nicht bewußt sein muß). Auch wenn sich in der Wahrnehmungswelt neue Konstellationen von Reizen ergeben oder wenn Denkprozesse abgehoben vom Realitätsbezug zwischen verschiedenen Trajektorien hin und her zu springen versuchen, so erzwingen die längerfristig wirkenden Bewertungen eine Kontinuität der Bewußtseinstätigkeit. Daß diese Kontinuität gestört werden kann, sieht man bei der formalen Denkstörung der Schizophrenie oder im Alkoholrausch, wenn die inhaltliche Verbindung von Bewußtseinsakten zusammenbricht, und häufig nicht begründbare Gedankensprünge auftreten. Daß es zu derartigen pathologischen Veränderungen kommen kann, belegt, daß im Normalzustand ein neuronaler Prozeß aktiv für die semantische Verbindung jener psychischer Inhalte sorgt, die in den etwa drei Sekunden dauernden Zeitfenstern repräsentiert sind.

In der Dichtkunst findet man gute Beispiele sowohl für die zeitliche Segmentierung von Sprache in Intervallen von etwa drei Sekunden als auch für den Aufbau subjektiver Kontinuität. In allen bisher untersuchten Sprachen wurde festgestellt, daß eine gesprochene Verszeile bis zu etwa drei Sekunden dauert; bei längeren Verszeilen verwendet der Sprecher eine Zäsur. Der Reim dient gleichsam der formalen Verknüpfung aufeinander folgender Spracheinheiten und ist somit konstitutiv für die erlebte Kontinuität.

Die Tatsache, daß wir in der Dichtkunst ein Phänomen wiederfinden, daß sich aus zeitlichen Integrationsmechanismen des Gehirns ableitet, spricht für die Stabilität des Mechanismus. Wenn unabhängig von der Sprache Dichter stets den gleichen zeitlichen Segmentierugsprozeß im Gedicht benutzen, bedeutet dies, daß unterschiedliche kulturelle Traditionen oder verschiedene syntaktische Regeln einer Sprache ein Urphänomen des Gehirns nicht antasten können. Offenbar müssen wir Randbedingungen akzeptieren, die sich aus der Funktionsweise unseres Gehirns ergeben und die auch das Künstlerische im Menschen mitbestimmen. Dies soll nicht heißen, daß sich Kunst auf einfache neuronale Prozesse reduzieren läßt; es soll aber heißen, daß wir die Künste auch unter dem Blickwinkel unserer natürlichen Beschaffenheit sehen müssen. Das könnte ein Ansatz für grenzüberschreitende Betrachtungen sein.

Abschließend möchte ich in Frage stellen, daß wir uns geistig in »zwei Welten« bewegen (oder gleichzeitig auf zwei verschiedenen Meeren fahren, für die jeweils andere Seekarten gelten). Diese These von der Einheit geistes- und naturwissenschaftlichen Denkens mag manchem naiv, oberflächlich, banal oder dilettantisch (oder gar anarchistisch) erscheinen, doch geht man von den hier erörterten Befunden und Überlegungen der Hirnforschung aus, liegen für die Bestimmung eines anthropologischen Zentrums, der Definition unserer selbst, einige Schlußfolgerungen nahe, die uns nicht in »zwei Welten« beschrieben sehen, für die prinzipiell verschiedene Landkarten oder Seekarten zur Orientierung gelten. Diese Schlußfolgerungen seien thesenartig aufgeführt, da die Argumente sich implizit aus den vorangegangenen Ausführungen herleiten.

Die Künste leiten sich aus Primärerfahrungen sinnlicher Wahrnehmung ab; offenbar wurden in allen Ethnien zu allen Zeiten die gleichen Künste »entdeckt«, was für die Universität des künstlerischen Darstellens und seiner Verwurzelung in grundlegenden Mechanismen der sinnlichen Welterfahrung spricht. Der unmittelbare Antrieb zum künstlerischen Schaffen erklärt sich aus dem verzweifelten Bemühen, anderen mitzuteilen, was in expliziter Sprache nicht gesagt werden kann. Im schöpferischen Prozeß erlebt der Künstler (und der Forscher) das Mitteilen, zuweilen die gelungene Mitteilung: Schreiben, Dichten, Malen, Zeichnen, Formen, Komponieren, Musizieren, Tanzen oder auch Kochen sind trotz aller Selbstversenkung Tätigkeiten, die sich auf andere beziehen.

Das Bild, die Zeichnung folgt aus der Primärerfahrung der visuellen Wahrnehmung. Der Maler und der Zeichner spielen mit elementaren visuellen Erfahrungen, für die das Gehirn spezifische Verarbeitungsmechanismen bereitstellt. Linien, Flächen, Farben, Kontraste und topographische Zuordnungen sind die Grundbausteine dargestellter Objekte, werden in verschiedenen Kunstrichtungen unterschiedlich betont und gewinnen manchmal sogar eigenständige Bedeutung, indem nur innerhalb einer Kategorie künstlerische Variationen erlaubt sind. Der Versuch, in gemalten oder gezeichneten Bildern Bewegung darzustellen, muß scheitern, da die Primärerfahrung gesehener Bewegung umgangen wird; Bewegung kann im stationären Bild nur assoziativ nahegelegt werden. Sich nur über Kontraste topographisch angeordneter Flächen, durch Linien nahegelegte Konturen oder durch Farben künstlerisch auszudrücken, kann dagegen gelingen, da sinnliche Primärerfahrungen, für die das Gehirn eigene Mechnismen entwickelt hat, angesprochen werden.

Hören und Sprechen als Leistungen des Gehirns sind Ausgangspunkt von Musik und Dichtkunst. Grundlegende Mechanismen des Gehirns müssen berücksichtigt werden, will man elementare Phänomene dieser Zeitkünste nachvollziehen. Ein Musikstück ist nur verstanden, wenn das richtige Tempo gefunden wurde, da bei einem falschen Tempo beispielsweise musikalische Motive nicht mehr erkennbar sind. Die Kontrolle eines Tempos kann sich nicht aus Traditionen oder gar dem Musikstück selbst ergeben, sondern ist von Mechanismen des Gehirns bestimmt, insbesondere jenen, die unsere Bewegungsabläufe steuern. Zahlreiche musikalische Motive sind zeitlich eingebettet in Integrationsintervalle von etwa drei Sekunden Dauer, und es ist keineswegs selbstverständlich, durch ein Musikstück hindurch ein einmal begonnenes Tempo aufrecht zu erhalten, wie es auch nicht selbstverständlich ist, halbe, viertel oder achtel Noten zu spielen; derartige Tempokontrollen oder die ganzzahlig definierten Zeitsegmentierungen erfordern spezifische Kontrollmechanismen des Gehirns. Während die zeitlichen Randbedingungen vermutlich von neuronalen Prozessen der linken Gehirnhälfte definiert werden, erfolgt die Modulation der Tonhöhe durch die rechte Gehirnhälte. Auch das musikalische Erleben oder die musikalische Expression beruhen also wie die Sprache auf räumlich verteilter Aktivität im Gehirn. Wie in der Malerei werden in der Musik in verschiedenen künstlerischen Richtungen unterschiedliche Komponenten besonders hervorgehoben, indem sie bevorzugt variiert werden, oder nur einzelne Komponenten sind als künstlerischer Rahmen erlaubt, wenn etwa – wie in mancher afrikanischen Musik – nur mit dem Rhytmus »gespielt« wird.

Auf die künstlerische Steigerung sinnlicher Primärerfahrung in der Dichtkunst habe ich bereits im Rahmen der zeitlichen Segmentierung von Verslängen hingewiesen. Die Dauer einer gesprochenen Verszeile spiegelt einen elementaren Integrationsprozeß wider, der im übrigen auch die spontane Rhythmisierung der Sprache bestimmt; in der Spontansprache, nicht beim Lesen, beachtet man eine automatische Segmentierung, wobei die einzelnen Zeitsegmente wiederum bis zu etwa drei Sekunden dauern. Aus Experimenten über die Dauer des Kurzzeitgedächtnisses ist bekannt, daß neue Information nur bis zu drei Sekunden festgehalten werden kann, es sei denn, man erlaubt eine innere Wiederholung des einmal Aufgenommenen. Die Dauer der Verszeile ist somit auch optimal gewählt, um Informationen sprachlich zu speichern.

Neben der zeitlichen Struktur spielt in der Dichtkunst der Ausdruck eine herausragende Rolle – etwa auf der Bühne. Sprachlicher Ausdruck, verbunden mit ihm entsprechender Bewegung, wird durch verschiedene Mechanismen des Gehirns bestimmt. Der emotionale Ausdruck in der Sprache wird von neuronalen Strukturen der rechten Gehirnhälfte kontrolliert. Damit ein Bewegungsablauf, z.B. beim Tanz, als harmonisch empfunden wird, darf die willentliche Anstrengung der Bewegungskontrolle nicht spürbar werden. Ohne es neurobiologisch fundieren zu können, hat schon Heinrich von Kleist im *Marionettentheater* auf dieses Problem hingewiesen. Die Bewegungskontrolle unterliegt verschiedenen Teilsystemen des Gehirns, wobei nur eines dieser Teilsysteme der willentlichen Kontrolle unterliegt. Erst wenn der Künstler – und auch der Sportler – eine Bewegung ohne bewußte Kontrolle ausführen kann, kann man von einer gelungenen und ästhetisch befriedigenden Bewegung sprechen. (Einen Eindruck von der verschiedenen Wirkungsweise der Bewegungssysteme erlebt der beginnende Golfspieler, der den Schlag bewußt zu kontrollieren versucht und gerade dann nicht trifft.)

Für den Hirnforscher leiten sich die Künste unmittelbar aus sinnlichen Primärerfahrungen ab, wobei zu verschiedenen Zeiten und in verschiedenen Kulturen jeder unserer Sinne in den Künsten seine Steigerung erfuhr; Geruch und Geschmack als sinnliche Primärerfahrungen sind Grundlage der Kochkunst, doch scheint diese Kunst in unsere jetzigen kulturellen Wertung nicht den gleichen Rang wie die anderen Künste einzunehmen.

Fragt man sich, wie unser ursprüngliches Erleben durch die Künste am tiefsten erreicht werden kann, liegt es nahe, daran zu denken, daß dies dann geschieht, wenn alle unsere Sinnessysteme adäquat gereizt werden. Eine solche allumfassende Einbettung unseres Erlebens ist am intensivsten im Gottesdienst gegeben; im christlichen Gottesdienst (aber auch in der Gottesanbetung anderer Kulturkreise) umgeben uns Kunstwerke, hören wir Musik, so daß alle unsere Sinnessysteme angesprochen werden.

Bei der Erörterung von Befunden und Theorien der Hirnforschung habe ich darauf hingewiesen, daß menschliches Denken gekennzeichnet ist durch ein primäres Bedürfnis nach einfacher Kategorisierung von Sachverhalten. Gemäß des Ökonomieprinzips des Denkens und Handelns machen wir uns ein möglichst einfaches Bild der Welt. Diesen Wirkungsmechanismus des Gehirns sieht der Hirnforscher auch in historischen oder gesellschaftlichen Bewertungen, dem Zeitgeist, dem Weltbild, dem bestimmenden Mythos einer Zeit. Plötzlich wird eine »abgeleitete« psychische Funktion zum Zentrum aller Bemühungen einer Gesellschaft und bestimmt das kulturelle Geschehen: Denken als Grundlage einer rationalen Erklärung von Welt und Leben, Entdecken als Grundlage verbesserter ökonomischer Bedingungen, Erfinden als Grundlage höherer Lebensqualität, Verbessern als Grundlage des Mythos vom Fortschritt, Ändern als Selbstzweck, um modern zu sein. Neue Entwicklungen bringen es mit sich, daß solche »abgeleiteten« Funktionen nicht antizipiert werden können. Häufig sind es Nebeneffekte eines primären Paradigmas, die plötzlich in das Zentrum treten und weitere Entwicklungen bestimmen.

Welche psychischen Dimensionen mögen bisher als Kristallisationskerne für kulturelle Ausprägungen gedient haben, indem sich kategorial das Denken und Handeln einer Gesellschaft primär auf diese bezog – das Wissen vom eigenen Tod, die Angst vor Schmerzen, vor anderen etwas zu gelten, schön zu sein, zu genießen, in Frieden zu leben, in Freiheit zu leben, seine Aggressionen zu kontrollieren, seine Aggressionen auszuleben, seine Sexualität zu unterdrücken, seine Sexualität zu kultivieren, unterhalten zu werden, frei von Schuld zu sein, von Sünden befreit zu werden, mehr als andere zu leisten, gesund zu sein, wohlgenährt zu sein, seine Neugier zu befriedigen, andere zu manipulieren, sich selbst zu verwirklichen, anderen zu dienen, glücklich zu sein?

Therapie – Prävention – Selektion
Fortschritte und Dilemmata der Pränatal- und Gendiagnostik

Elisabeth Beck-Gernsheim

Neue Erfolge, neue Fragen: die Fortschritte der Medizintechnologie

Von der Herztransplantation über die In-vitro-Befruchtung bis zur Pränatal- und Gendiagnostik: die moderne hochtechnisierte Medizin kann spektakuläre Erfolge vorweisen. Sie kann in vielen Fällen, die noch vor wenigen Jahrzehnten aussichtslos schienen, heute Krankheiten heilen und Leiden abwenden. Mit den neuen Handlungschancen sind freilich auch neue, drängende Fragen verbunden: Wenn es viele Menschen mit schweren Herz-, Leber-, Nierenerkrankungen gibt, aber nur wenige Organe zur Transplantation bereitgestellt werden – wer soll dann zur lebensrettenden Operation ausgewählt werden, wer nicht? Wenn es möglich wird, immer mehr Krankheitsdispositionen und genetische Anomalien im Mutterleib zu erkennen – wird dann die »Schwangerschaft auf Probe« (Rothman 1988) zur Regel, die gegebenenfalls den Schwangerschaftsabbruch miteinkalkuliert? Wer soll solche Entscheidungen fällen, nach welchen Kriterien, und wo sind die Grenzen zu ziehen?

An solchen Fragen wird deutlich, daß die Handlungschancen, die die hochtechnisierte Medizin anbietet, zugleich Eingriffe sind, die die Substanz des menschlichen Lebens betreffen. Die biologische Ausstattung des Menschen wird in wachsendem Maße entscheidungsoffen, wird planbar, machbar, korrigierbar. Damit sind Implikationen verknüpft, die – weit über die direkt medizinischen Resultate hinaus – im gesellschaftlichen, sozialen, politischen Bereich einen tiefgreifenden Wandel in Gang setzen können, der auf eine Veränderung unseres Menschen- und Weltbildes hinausläuft: Medizin und Technik werden zu einer gesellschaftsverändernden Kraft ersten Ranges (Beck 1986). Was deshalb in der öffentlichen Diskussion immer mehr in den Mittelpunkt rückt, ist die Frage nach der Sozialverträglichkeit medizinisch-technischen Handelns: Wie ist diese Art »medizinischer Subpolitik« zu kontrollieren? Wo genau liegen die sogenannten Nebenfolgen des Fortschritts, die Risiken, Abhängigkeiten, Zwänge, die in eins mit den neuen Handlungschancen entstehen?

Im folgenden will ich versuchen, bewußt einmal solche möglichen Nebenfolgen des Fortschritts ins Blickfeld zu rücken, und zwar exemplarisch an einem ausgewählten Bereich, am Beispiel der Pränatal- und Gendiagnostik. Beim gegenwärtigen Forschungsstand kann dies freilich nur in Form einer groben und vorläufigen Skizze geschehen, deren Leistung vor allem in der sozialwissenschafltichen Deutung naturwissenschaftlicher Aussagen, Fallanalysen, Trendbeschreibungen liegt. Nicht um die Darstellung eines fertigen Rahmens, sondern um das Aufwerfen von Fragen, um das Angebot von »Reflexionswissen« (s. dazu Mollenhauer 1990) geht es.

Impressionen zum Einstieg

Aus der Fahndungsstatistik

Im *Verdachtsfall*[1] geht es darum, durch einschlägige Tests die *auffälligen*[2] Elemente *aufzuspüren*[3] und zu *identifizieren*[4]. Selbstverständlich wird bei der *Erfassung*[5] höchstmögliche *Präzision* angestrebt, wobei die *Ermittlung eines Risikoindex*[6] nützlich sein kann. Insgesamt ist schon beim bisherigen Stand der *Suchver-*

1 »Wir hatten ... 403 Fetalblutproben entnommen ... In 16 Fällen hatten wir einen spezifischen Verdacht, der sich in 14 Fällen bestätigte.« (Hansmann 1989: 27)

2 Im Ultraschall »fällt bei einem Teil der Feten mit einem Down-Syndrom eine Verdickung der Nackenhaut auf ... Auch seitlich gesehen ist der Aspekt auffällig.« (Schmid 1988: 77)

3 »Dieser Test wurde ... dahingehend modifiziert, daß jetzt auch Föten mit Dwon-Syndrom aufgespürt werden können ... Mit Hilfe dieser Untersuchung werden ... Frauen aufgespürt, bei denen eine erhöhte Wahrscheinlichkeit für einen dieser Befunde beim Fötus besteht.« (Blatt 1991: 17, 56)

4 »Die Analyse von Erbkrankheiten dürfte sich ... in drei Schritten vollziehen: Aufstellung einer Genkarte des Menschen, Identifizierung defekter Gene, ... und schließlich die Identifizierung solcher Gene bei den einzelnen Menschen.« (Winnacker 1989)

5 Bei einer Vereinfachung der Untersuchungstechnik würde »die Erfassung des Down-Syndroms ... kaum etwas an Präzision einbüßen.« (Schmid 1988: 77)

6 »Diese vier Produkte dienen der Ermittlung eines altersunabhängigen Risikoindex für das Down-Syndrom.« Aus einem Brief der Amersham Buchler GmbH vom 28. Februar 1990 als Antwort auf Einwände deutscher Humangenetiker zum Produktnamen »Feto Check«.

fahren[7] eine hohe *Trefferquote*[8] zu verzeichnen. Und die Entwicklung geht weiter: *Genauere Erhebungen sind zur Zeit im Gange*[9]. So wird bald eine effiziente Prophylaxe und *Prävention*[10] möglich sein, die auf *Erkennung und Aussonderung*[11] bzw. auf *Eliminierung*[12] der Risikofälle basiert.

Diese Sätze sind nicht einem Einführungsbuch zur Kriminalitätsstatistik und Verbrechensbekämpfung entnommen. Die zentralen Formulierungen stammen vielmehr aus Darstellungen jener, die im Bereich Pränatal- und Gendiagnostik tätig sind. Der Verdacht richtet sich nicht auf Vorgänge im kriminellen Milieu, nicht auf zwielichtige Gestalten, die in der Unterwelt dunkle Geschäfte betreiben, sondern auf biologische Anlagen und Gene, oder genauer auf deren »Abweichungen«, »Defekte«, »Anomalien«. Und damit zugleich auch: auf die dazugehörigen Personen, in der Fachsprache auch »Risikoträger« oder »Risikopersonen« genannt. Doch dies ist kaum noch erkennbar. In der Sprache des technischen Zugriffs verschwinden die Menschen, über die verhandelt wird. Sie sind nicht mehr Subjekte, nur noch Objekte bestimmter Verfahren.

Normen und Leitbilder

Ein ganz anderes Bild entsteht, wenn man die Berichte der zahlreichen bundesdeutschen Gremien und Kommissionen liest, die eingesetzt wurden, um Richtlinien zur Anwendung der Pränatal- und Gendiagnostik zu formulieren, oder wenn man offizielle Verlautbarungen aus dem Bereich der neueren deutschen Humangenetik liest. Hier wird explizit eingegangen auf die Lebenssituation von Behinderten oder genetisch belasteten Menschen, und wie ein Leitfaden, wie ein Refrain findet sich immer wieder ein ähnlicher Topos: Es darf

---

7 »Seit rund zehn Jahren gibt es den Alpha-Feto-Protein-Test (AFP) als Sucherverfahren auf Mißbildungen des Rückenmarkes.« (Schmid 1988: 77)

8 »Wir kommen heute [bei der pränatalen Ultraschalldiagnostik] auf eine Trefferquote um 70% im Durchschnitt.« (Staudach 1989: 23)

9 »Genauere Erhebungen, [um die Häufigkeit des Down-Syndroms festzustellen], ... sind zur Zeit im Gang.« (Schmid 1988: 77)

10 Siehe den Titel des Artikels von Schmid 1988: 77.

11 Durch Embryonensplitting, kombiniert mit Einfrieren der einen Hälfte, molekulargenetische und biochemische Analysen der anderen Hälfte würde »die Erkennung und Aussonderung kranker Embryonen in einem weit früheren Entwicklungsstadium möglich als durch die herkömmlichen Methoden der pränatalen Diagnostik (Amniozentese, Chorionbiopsie)« (Zentrale Kommission der Bundesärztekammer 1987: 3).

12 »Der zunehmende Einsatz der Ultraschalldiagnostik hat ganz wesentlich dazu beigetragen, daß die Zahl der perinatalen Todesfälle einerseits, aber auch der an Mißbildung Geborenen andererseits abgenommen hat: Die erkrankten Embryonen oder Feten wurden vorzeitig eliminiert.« (Staudach 1989: 22)

nicht gesehen, daß die neuen Techniken der Pränatal- und Gendiagnostik eingesetzt werden zur Aussonderung und Diskriminierung derjenigen, deren genetische Daten abweichend sind. Es gilt, allen Tendenzen in Richtung Eugenik zu wehren.

So zum Beispiel die Enquete-Kommission »Gentechnologie« des Deutschen Bundestages: »Es ist grundsätzlich sicherzustellen, daß die erweiterten Möglichkeiten der pränatalen Diagnostik keine ›eugenisch‹ bestimmte Abtreibungspraxis etablieren.« (Enquette-Kommission 1987: 153) Ähnlich der Abschlußbericht des Arbeitskreises »Genomanalyse« des Bundesministers für Forschung und Technologie: »Eugenischen Zielsetzungen zur Verbesserung des Erbgutes der gesamten Bevölkerung durch staatlich gelenkte (...) Eugenik (...) soll entgegengewirkt werden.« (Bundesminister 1991: 22) Ähnlich der Abschlußbericht der Bund-Länder-Arbeitsgruppe »Genomanalyse«: »Der Wert menschlichen Lebens darf nicht an seiner genetischen Ausstattung gemessen werden (...) Gerade die Erfahrungen mit dem eugenischen Gedankengut und den Maßnahmen des NS-Staates zwingen hier zu besonderer Wachsamkeit.« (Abschlußbericht 1990: 50) Und schließlich eine Erklärung der deutschen Gesellschaft für Humangenetik: »Die praktische Anwendung dieser Erkenntnisse (der Genomanalyse) birgt (...) die Gefahr der Diskriminierung von Menschen mit besonderen Merkmalen oder Krankheiten. Die Mitglieder der Gesellschaft für Humangenetik lehnen deshalb eine Anwendung humangenetischer Untersuchungsmethoden mit eugenischer Zielsetzung (...) entschieden ab.« (Erklärung der Gesellschaft für Humangenetik vom 8. April 1989).

Ein zwiespältiger Eindruck

Was bleibt, ist ein zwiespältiger Eindruck. Auf der einen Seite forsche Formulierungen, unbefangen das technisch Machbare propagierend, unberührt von jeglicher Sensibilität für soziale Fragen und Folgen. Auf der anderen Seite Äußerungen, die offenkundig geprägt sind von dem Bemühen, auch die Ambivalenzen solcher Verfahren zu thematisieren und der Gefahr einer neuen Eugenik entgegenzutreten. Sind die Beispiele der ersteren Art vielleicht ganz harmlos, nur Teil einer fachspezifischen Begriffswahl, die für den Außenstehenden möglicherweise etwas seltsam erscheint, aber in der Medizin durchaus üblich ist, alles ganz objektiv und neutral? Oder sind die Beispiele der zweiten Art nur ein Legitimationsmäntelchen, die Prise Ethik, die heute notwendig ist, um den Kritikern verbal entgegenzukommen, alles unverbindliche Absichtserklärungen ohne praktische Folgen? Was an diesen Interpretationen ist ein Mißverständnis, was nicht? Welche Seite ist die »wahre«? Welche wird die Zukunft bestimmen?

Das sind die Fragen, die mich bewegen, seitdem ich mich mit dem Gebiet der Pränatal- und Gendiagnostik befasse. Die Antwort, so meine ich, ist nicht in schlichten Schwarz-Weiß-Kategorien zu fassen. Ich will meine Position vorweg in ein paar Sätzen skizzieren und dann näher erläutern.

Erstens: Es ist falsch, all denjenigen, die auf dem Gebiet der Pränatal- und Gendiagnostik tätig sind, eugenische Absichten zu unterstellen. Im Gegenteil, in der bundesdeutschen Diskussion ist die Sensibilität hier deutlich größer als in anderen Ländern, und gerade auch bei manchen Humangenetikern wächst das Bewußtsein für die potentielle Problematik der neuen Verfahren.

Zweitens: Es ist ebenso falsch, daraus zu schließen, daß deshalb in unserem Land eugenische Tendenzen ausgeschlossen sein werden. Denn es können auch dort eugenische Folgen eintreten, wo die Absichten anderer Art sind, und allein durch die Verfügbarkeit pränatal- und gendiagnostischer Verfahren kann eine Sogwirkung, eine Eigendynamik entstehen, die die Absichten und normativen Grenzen überrollt. Deshalb dürfen wir nicht nur auf die normativen Leitbilder blicken, sondern vor allem auch auf die gesellschaftliche Realität. Wir müssen schauen, wie sich mit der Weiterentwicklung der Pränatal- und Gendiagnostik der Handlungsrahmen verschiebt, wie neue Entscheidungsmöglichkeiten und neue Entscheidungszwänge entstehen, und wie diese wiederum unseren Umgang mit Gesundheit, Krankheit, Behinderung verändern.

Normen und Realität

Absichten sind anders als Folgen

Naturwissenschaftler, die auf dem Gebiet der Pränatal- und Gendiagnostik tätig sind, fühlen sich in der öffentlichen Diskussion häufig verkannt. Sie weisen auf die Absichten hin, die ihre Forschung antreiben: ein neues Medikament zu finden, einen besseren Impfstoff, wirksamere Möglichkeiten der Prävention und Therapie. Ist das denn nicht wichtig und richtig? Warum will denn keiner ihren Absichten glauben?

Hier liegt ein Mißverständnis vor, und zwar kein geringes. Die öffentliche Diskussion um die problematischen Folgen solcher Verfahren zielt keineswegs darauf ab, allen Forschern böse Absicht zu unterstellen. Doch geht es hier eben um *Folgen*abschätzung, und dies erfordert, zwischen Absichten und Folgen des Handelns zu unterscheiden. Was einer will, kommt nicht immer zustande, und manchmal kommt am Ende sogar etwas ganz anderes heraus. Dies gilt für alle Bereiche menschlichen Handelns, von der Politik bis zur Liebe, bis zur Kindererziehung (viele Eltern würden gern einen kleinen Einstein heranziehen, aber nur wenigen gelingt es); und es gilt auch für die Entwicklung von Wissenschaft, Forschung und Technik. Eine umfassende Studie zur Verwendung sozialwissenschaftlichen Wissens kommt zu dem provozierenden Schluß: »Die Verwendung der Ergebnisse hat nichts mit den Ergebnissen zu tun, die verwendet werden.« (Beck/Bonß 1989: 24) In den Naturwissenschaften, so darf man annehmen, ist die Situation nicht völlig verschieden.

Das heißt konkret: Die Motive der Wissenschaftler und Forscher, der Ärzte und Berater, die etwa im Bereich der Humangenetik tätig sind, mögen völlig respektabel und ehrenwert sein, den Werten des ärztlichen Berufsstandes und dem Grundgesetz verpflichtet. Was in der Diskussion um die Folgen interessiert, sind aber nicht die Absichten einzelner Personen, sondern das, was im gesellschaftlichen Raum am Ende »herauskommt«: wie das Verhalten der Menschen sich verändert, wenn neue gendiagnostische Möglichkeiten angeboten werden und auf bestehende gesellschaftliche Rahmenbedingungen treffen, wie in diesem Wechselspiel dann neue Formen der Lebensgestaltung entstehen und sich verfestigen. Zu fragen ist also nach der tatsächlichen Nutzung der Pränatal- und Gendiagnostik im Rahmen gesellschaftlicher, politischer, ökonomischer Bedingungen, im Zusammenspiel vielfältiger Interesseneinflüsse, Konkurrenzstrategien, Machtkonstellationen, im Widerstreit verschiedener Gruppen und Institutionen (von Politik und Parteien bis zu Kirchen, Gewerkschaften, Verbänden).

Normative Ziele und vielschichtige Motive

In naturwissenschaftlichen Darstellungen ist stets von »den« Zielen der Pränataldiagnostik oder Genomanalyse die Rede. Damit sind, schaut man genauer hin, Ziele gemeint, die sich ergeben aus den Aufgaben des ärztlichen Berufsstandes, bezogen auf die Normen unserer Rechtsordnung und Gesellschaft – konkret also frühe Krankheitserkennung, Prävention, Therapie. Solche Darstellungen sind freilich insofern verkürzt, als sie normativ bleiben und damit eine entscheidende Bedingung sozialer Realität ausblenden: Sie blenden aus, daß es in der Realität ganz verschiedene Gruppen sind, die mit der Entwicklung, Anwendung, Durchsetzung etwa gendiagnostischer Verfahren zu tun haben – Forscher, Ärzte, Unternehmer, Politiker, Patienten usw. –, und daß diese Gruppen oft ganz unterschiedliche Motive und Interessen, Hoffnungen und Erwartungen mit der Genomanalyse verbinden. Dabei mögen diese einzelnen Motive mit den offiziellen sozial legitimierten Zielen der Genomanalyse vielfach vereinbar sein. An anderen Stellen aber können widerstreitende Interessenlagen, ja deutliche Interesssenkonflikte entstehen. Deshalb wäre es ein erheblicher Fehler, von den normativen Zielen direkt auf die Art der tatsächlichen Nutzung zu schließen. Um nur einige Beispiele zu nennen:

Für diejenigen, die im Bereich der Pränatal- und Gendiagnostik tätig sind, gilt das, was für andere Berufsgruppen auch gilt: Sie bringen in ihre berufliche Situation Eigeninteressen ein, die auf Sicherung ihres ökonomischen und sozialen Status gerichtet sind. In der Berufsforschung heißt dies die »doppelte Zweckstruktur« beruflicher Arbeit (siehe u.a. Beck u.a. 1980, Kapitel VIII). Das heißt, auch Forscher und Ärzte tun ihre Arbeit nicht nur aus karitativen Motiven, um der Menschheit zu helfen und Leid abzuwenden. Sie wollen vielmehr auch ein Einkommen haben, ihre soziale Stellung sichern, vielleicht durch Aufstieg verbessern, vielleicht auch Karriere machen und den Nobelpreis gewinnen. Solche Motive sind selbstverständlich keine Spezialität derer, die in der Pränatal- und Gendiagnostik tätig sind. Sie finden sich durchgängig bei allen Berufsgruppen, und sie sind durchaus nicht illegitim. Entscheidend ist hier aber, daß es *auch* solche Motive sind – und nicht nur die normativ vorgegebenen –, die die Entwicklung und Nutzung der Pränatal- und Gendiagnostik mitbestimmen. So mag z.B. die Indikation für gendiagnostische Analysen während der Schwangerschaft dort großzügiger gestellt werden, wo der Arzt selbst über entsprechende Laborkapazitäten verfügt und daran verdient. Und je mehr Ärzte in das Feld der Gendiagnostik einsteigen – weil hier eine vielversprechende Wachstumsbranche ist, die selbst angesichts der allgemeinen Ärzteschwemme noch Einkommenschancen verheißt –, desto mehr wird möglicherweise auch die Bereitschaft zu entsprechenden Indikationsstellungen zunehmen.

Für die gesellschaftliche Nutzung der Humangenetik ist darüber hinaus wichtig, daß die hier tätigen Forscher und Ärzte keine einheitliche Gruppe sind, sondern sehr heterogen in ihren Motiven, Einstellungen, Werthaltungen. Wie weit die Positionen auseinandergehen, zeigt sich insbesodnere bei den Kontroversen, die sich am Stichwort »Eugenik« entzünden. Da gibt es, insbesondere in Deutschland, zahlreiche Wissenschaftler, die explizit und unmißverständlich jegliche eugenische Ausrichtung zurückweisen. Und es gibt, insbesondere im internationalen Raum, viele Wissenschafter, die ebenso explizit und eindeutig für eugenische Zielsetzungen eintreten[13]. Das heißt zunächst einmal, daß »die« Humangenetik zu unterschiedlichen Zwecken eingesetzt werden kann. Und es

13 Hier nur ein exemplarisches Beispiel. Der Genetiker Bentley Glass, Präsident einer einflußreichen amerikanischen Förderungsorganisation, sagte 1970: »Unbegrenzter Zugang zu einer staatlich regulierten Abtreibung in Verbindung mit den gegenwärtig perfektionierten Techniken zur Entdeckung von Chromosomenanomalien (. . .) wird uns von einigen Prozent aller Geburten befreien, die heute unkontrollierbare Defekte darstellen (. . .) Kein Elternpaar wird in dieser Zukunft das Recht haben, die Gesellschaft mit einem mißgestalteten oder geistig unfähigen Kind zu belasten.« (Zit. n. Löw 1985: 179)

heißt darüber hinaus: Es wäre ein Fehlschluß, von der Grundhaltung jener, die sich gegen Eugenik wenden, darauf zu schließen, daß die zukünftige Nutzung der Humangenetik – im nationalen und erst recht im internationalen Raum – nur in den von ihnen genannten und anerkannten Grenzen verläuft. Was für manche Wissenschaftler an Tabuschwellen rührt, mögen andere für gerade noch zulässig, wünschenswert oder gar moralisch geboten halten – und entsprechend auch praktizieren.

Schließlich sind es auch die Patienten und Patientinnen selbst, die ihre je eigenen Interessen in die Medizintechnologie einbringen. Dabei können Konstellationen entstehen, wo deren Erwartungen und Wünsche sich keineswegs an die normativen Vorgaben und Grenzen halten, die zum Selbstverständnis des ärztlichen Berufsstandes gehören. Um Erfahrungen aus dem Bereich der Pränataldiagnostik zu nennen: Immer wieder kommt es dazu, »daß aufgeklärte, gut unterrichtete Eltern Forderungen stellen und zu begründen wissen, die weit über das ärztlich Verantwortbare, ursprünglich Beabsichtigte hinausgehen. Da wir in unserer pluralistischen Gesellschaft daran gewöhnt sind, die unterschiedlichsten Begründungsebenen für das Verhalten zu akzeptieren, darf es uns nicht wundern, wenn Eltern sich aus ganz anderen Gründen für einen Test des Ungeborenen entscheiden möchten, als ihre Berater ihnen zugestehen möchten.« (Schroeder-Kurth 1988b: 42) Dies gilt insbesondere für die eugenische Indikation. Hier werden schon heute die normativen Grenzen überrollt, die das Strafrecht zu ziehen versucht: »Gesetzlich ist eine Abtreibung aus eugenischen Gründen nur zulässig, wenn der Frau die Fortsetzung der Schwangerschaft nicht zuzumuten ist, weil eine schwere, nicht behebbare Schädigung des Kindes droht. Abgetrieben wird jedoch auch bei leichteren oder behandelbaren, z.B. operierbaren, Schädigungen.« (Daele 1986: 157) Und weiter: »Bislang ist die begrenzte medizinische Kapazität zur vorgeburtlichen Diagnose die entscheidende Barriere vor den Selektionsansprüchen der Eltern. Diese Barriere wird jedoch fallen.« (Ebd.: 158)

Der Blick auf die Realität

Die Situation der Risikogruppen

Angesichts solcher Entwicklungen wird sichtbar, wie wichtig es ist, nicht nur die Normen und Leitbilder, sondern auch die Realität zu betrachten. Besonders aufschlußreich ist dann die Situation der sogenannten »Risikogruppen«, d.h. derjenigen Männer und Frauen, die nach den Erkenntnissen der Humangenetik ein erhöhtes Risiko für eine genetische Erkrankung haben. Hierzu zählen z.B. Menschen, in deren Herkunftsfamilie es einen nahen Verwandten mit einer solchen Erkrankung gibt; oder die bereits ein schwerbehindertes Kind haben; oder die aufgrund bestimmter Lebensumstände (z.B. höheres Lebensalter) ein erhöhtes genetisches Risiko aufweisen. Solche Menschen sind – so sie um dieses Risiko wissen – vor schwierige Fragen gestellt, bei denen es um Partnerschaft und Elternschaft geht.

Welche Hilfe kann die Humangenetik hier bieten? Sie kann, wie man es nennen mag, eine »objektivierte« Entscheidungshilfe anbieten, d.h. darüber aufklären, wie hoch das Risiko für das Auftreten einer bestimmten Behinderung ist. (Zum Beispiel: Die Diagnose »Chorea Huntington«, auch »Veitstanz« genannt, bedeutet 50% Erkrankungsrisiko für jedes Kind und 25% für jeden Enkel.) Oder die Ärzte können bei bereits bestehender Schwangerschaft durch genetische Tests ermitteln, ob der Embryo eine bestimmte genetische Anomalie aufweist (wie etwa Down-Syndrom, in der Alltagssprache »Mongolismus« genannt).

Das heißt, die Ärzte können in vielen (keineswegs allen) Fällen eine Diagnose erstellen. Im Bereich der Therapie jedoch können sie sehr viel weniger anbieten. (Es gibt kein Medikament und keine Operation, die Down-Syndrom, Chorea Huntington oder Muskeldystrophie »heilt«.) Das Dilemma der Humangenetik ist hier: Die Diagnosemöglichkeiten sind den Therapiemöglichkeiten bei weitem vorausgeeilt.

Für die Klienten der humangenetischen Beratung bedeutet dies: Den einen bringt der Befund zweifellos Erleichterung – wenn sie erfahren, daß das Risiko einer genetischen Erkrankung des Kindes sehr gering ist; oder wenn das Ergebnis der pränatalen Diagnose während der Schwangerschaft zeigt, daß der Embryo eine bestimmte Anomalie (wie etwa Down-Syndrom) nicht aufweist.

Doch es gibt eben auch die andere Situation, in der der Befund ungünstig ausfällt. Hier kommt auf die Klienten eine schwere Belastung, die Last der Verantwortung, der Entscheidungs- und Gewissenskonflikte zu. Hier fühlen sich viele der Klienten dann allein gelassen mit ihrer Angst, mit ihrer Verzweiflung. Wenn sie es nicht wagen, für sich und ihre Kinder das Risiko einer schweren Erkrankung auf sich zu nehmen, dann bleiben in vielen Fällen nur zwei Alternativen: entweder auf biologische Elternschaft ganz zu verzichten; oder eine Schwangerschaft zu wagen, dann die Pränataldiagnostik zu nutzen und bei ungünstigem Befund die Schwangerschaft abzubrechen.

Die Humangenetik kann den Betroffenen also nicht zu einem gesunden Kind verhelfen. Und wenn es heißt, sie könne den Betroffenen helfen, die Geburt kranker Kinder zu »vermeiden«, so ist dies eine beschönigende und irreführende Formel. Das grundsätzliche Problem liegt im Ziel der Unterschung: »Pränataldiagnostik geschieht üblicherweise mit der Absicht, das kranke Kind zu identifizieren, um es ›rechtzeitig‹ – gemessen am im § 218a ausgewiesenen Zeitraum – abtreiben zu können«. So die Humangenetikerin Traute Schroeder-Kurth, die das Dilemma in deutlichen Worten formuliert: »Die Krankheit wird verhindert, indem man die Existenz des Kranken auslöscht.« (1988a: 182 u. 187)

Ausweitung der Risikogruppen

Nun kann man sagen, die Risikogruppen sind eine kleine, eng begrenzte Gruppe, die hier auftauchenden Probleme also seltener Art. Dies eben ist aber – ein Irrtum. Denn der Umfang der Risikogruppen ist nicht eine objektiv vorgegebene, statische Größe, sondern abhängig vom Forschungsstand der Gendiagnostik. Anders gesagt: Je weiter die Entzifferung der genetischen Landkarte des Menschen voranschreitet, je mehr genetische Anomalien damit identifizierbar werden und je mehr dieses Wissen über die Medien usw. sich ausbreitet, desto mehr Menschen erfahren dann erst, daß sie ein erhöhtes genetisches Risiko tragen. Zur Illustration ein Beispiel: Wenn Frauen aus der Generation unserer Mütter und Großmütter mit 35 und 40 Jahren noch ein Kind erwarteten, dann dachten sie nie daran, daß dieses Kind möglicherweise Down-Syndrom haben könnte. Heute dagegen wissen praktisch alle Frauen dieser Altersgruppe um dieses Risiko – dank Massenmedien, dank ärztlicher Aufklärungspflicht – und sind so vor neue Fragen und Entscheidungskonflikte gestellt.

Darüber hinaus macht die Forschung auch nicht halt bei denjenigen Anomalien, die schwerwiegende Beeinträchtigungen in körperlicher oder geistiger Hinsicht darstellen. Zur inneren Logik der gendiagnostischen Verfahren gehört es vielmehr, daß auch andere Fehler im genetischen Bauplan erkennbar werden – solche, die nicht die elementaren Lebensfunktionen betreffen, doch beim normalen Funktionieren im Alltag manchmal unbequem und unpraktisch sind (z.B. starke Kurzsichtigkeit oder leichtere Stoffwechselstörungen). Auch diese, die »nur unbequemen« Anomalien rücken nun ins Blickfeld – und werden wiederum Anlaß zu Fragen und Entscheidungskonflikten. Dies gilt ähnlich auch für die verschiedenen Bereiche der Pränataldiagnostik. In zusammenfassenden medizinsichen Darstellungen heißt es, »hier eröffnet sich ein Riesengebiet« (Hansmann 1989: 27), was freilich auch immer mehr Konfliktlagen schafft: »Das Problem wird sich nicht nur diagnostisch erweitern, sondern auch in physischer und psychischer Hinsicht.« (Staudach 1989: 24) Und das Fazit lautet am Ende: »Vielleicht werden wir uns eines Tages zurückwünschen in die Zeit (...), wo das Leben mit der Geburt begann und (...) schicksalhaft determiniert war.« (Ebd.)

Das Leben als Patientenkarriere

Hinzu kommt nun auch, daß sich die Gendiagnostik nicht nur auf die vorgeburtliche Vorhersage bezieht. Eine Reihe von Erbkrankheiten kommt erst in höherem Alter zum Ausbruch. Und mit der immer weiterreichenden Entzifferung der genetischen Kennkarte des Menschen werden auch immer mehr solcher Krankheitsanlagen frühzeitig erkennbar. Das schafft medizinische Probleme, erhöht z.B. die Wahrscheinlichkeit von Fehldiagnosen (Abholz 1990: 43-54). Und es schafft auch neue Problemlagen für die Betroffenen selbst, die bislang freilich noch kaum systematisch erforscht sind, deren Existenz wir gerade zu ahnen beginnen, vorwiegend anhand von Einzelfällen und Erfahrungsberichten.

Am schwersten dürfte wiegen, daß bei zahlreichen Krankheitsbildern bislang nur eine Diagnose möglich ist, während die entsprechende Therapie fehlt. Damit stellen sich Fragen, die im Leben der Betroffenen enorme Dramatik entfalten können. Zum Beispiel: Wie leben Menschen mit dem Wissen, daß sie in einigen Jahren oder Jahrzehnten von einer schweren Krankheit getroffen werden, ohne jede Chance, diesem Schicksal entrinnen zu können? Wie leben Eltern mit dem Wissen, daß ihr gerade geborenes Kind unausweichlich von einer solchen Krankheit gezeichnet sein wird? Wie leben sie mit dem Konflikt, dem heranwachsenden Kind entweder seine genetische Veranlagung mitteilen – oder über Jahre hinweg bewußt verschweigen zu müssen?

Hinzu kommt, daß in einigen Fällen, in denen die genetische Disposition zu einer Krankheit bereits sehr früh, ja schon vor der Geburt erkennbar wird, der tatsächliche Ausbruch der Krankheit erst im mittleren oder höheren Lebenalter erfolgt. Bis dahin können diese Menschen ein völlig normales Leben führen. Oder genauer: sie *könnten* dies – sofern sie nichts über ihre genetische Veranlagung erfahren. Wo dies aber geschieht, wird die Chance zu einem normalen Leben empfindlich gestört oder gar zerstört. Berufswahl, Partnerschaft, Elternschaft – alle Lebensentscheidungen stehen dann unter der Hypothek des erwarteten Schicksalsschlages. Manche werden durch Familie, durch Freunde hier Unterstützung erfahren. Bei anderen, die ohne Rückhalt bleiben, sind enorme psychische Belastungen zu erwarten, sei es in Form von Depression, Apathie, innerem Rückzug, sei es in massiven Ausbrüchen von Wut und Verzweiflung. Mit der Ausdifferenzierung genetischer Diagnose- und Prognoseverfahren wird derart eine neue Personengruppe geschaffen, die man »gesunde Kranke« (vgl. *Der Spiegel:* 30/1991: 110) nennen könnte. Für diese Menschen ist es nicht die Krankheit, sondern die gendiagnostisch bereitgestellte *Information* über eine mögliche Krankheit, das damit einhergehende »Etikett«, was die Normalität der Lebensgestaltung nachhaltig außer Kraft setzt.

Dann gibt es auch diejenigen, die aufgrund ihrer Familiengeschichte wissen, daß sie möglicherweise eine Erbkrankheit haben. Damit zu leben ist sicher nicht leicht, es prägt den gesamten Lebensentwurf. Wenn nun mit einem Mal ein neuer Test auf den Markt kommt, der einen eindeutigen Befund bringen kann, dann – ja, was dann? Ein Betroffener stellt fest: Es »wird das Ergebnis einer Gentest-Teilnahme radikale Auswirkungen auf die psychische und psychosoziale Konstitution der ratsuchenden Person haben (...). In Wirklichkeit ändert sich (...) nicht ein abstraktes statistisches Datum, sondern die eigene Person erfährt eine Veränderung, betrachtet sich selbst anders und wird von anderen einer veränderten Betrachtung unterzogen (...). Bei Risikopersonen (...) wird die komplizierte psychische Balance, mit welcher der Seiltanz zwischen Hoffnung und Angst zu bewältigen versucht wird, erschüttert, weil ein Testergebnis nun wieder die bisherigen Grundlagen des eigenen Lebensentwurfes – nämlich sich selbst als Träger zweier potentieller Schicksale zu begreifen – umwirft und eine eindeutige Zuweisung (...) ermöglicht bzw. erzwingt.« (Kranen 1989: 69 u. 71)

Nun ist bei einigen Krankheiten die Wahrscheinlichkeit ihres Auftretens oder die Schwere ihrer Erscheinung durch entsprechende Lebensführung beeinflußbar. Das heißt, daß der Mensch, der seine genetischen Risikofaktoren, seine speziellen Anfälligkeiten erfährt (die Disposition zu Diabetes oder Herzinfarkt etwa) sich darauf einrichten und das Schicksal so vielleicht abwenden kann. Das ist ein Ziel, das sicherlich einleuchtend und allgemein akzeptiert ist. Weniger einleuchtend mag die Situation freilich werden, wenn man das Verhältnis zwischen Mittel und Zweck genauer unter die Lupe nimmt. So werden die meisten Menschen wohl gern akzeptieren, wenn sie durch eine kleine Veränderung ihrer Lebensweise (z.B. eine leicht einzuhaltende Diät) den Ausbruch einer schweren Krankheit aufhalten können. Was aber dann, wenn eine sehr weitgehende Einschränkung der Lebensgestaltung erforderlich wird – und dies, um einer Krankheit vorzubeugen, die erst in mehreren Jahrzehnten auftreten wird, und auch dann vielleicht nur mit einer gewissen Wahrscheinlichkeit? Was ist in diesem Fall höher, der Gewinn oder der Verlust? Wie kann man Lebensqualität und Lebenquantität miteinander verrechnen?

Die Dialektik der Aufklärung wird hier real: Aus dem Modell der Selbstverantwortlichkeit des Individuums kann der Selbstzwang entstehen, die Lebensführung unter das Diktat genetischer Informationen zu stellen. Die Autonomie, die das genetische Wissen verspricht, kann unter der Hand umschlagen in eine Expertenabhängigkeit, die für immer mehr Details Handlungsimperative auswirft.

Schlußbemerkungen

Ich habe zu zeigen versucht, wo die bislang noch wenig erforschten Kehrseiten der Gentechnologie liegen. Zur These zusammengefaßt: Die psychosozialen Probleme und Kosten, die das Wissen um die genetische Veranlagung bringt, werden bei der Diskussion um die Gentechnologie noch längst nicht in ihrer vollen Reichweite erfaßt, und sie werden vor allem auch unterschätzt in der explosiven Bedeutung und Brisanz, die ein solches Wissen für den einzelnen (und eventuell unfreiwillig auch für andere Familienmitglieder) bringen kann.

Nun kann keiner behaupten, die hier angedeuteten Belastungen seien den in der Humangenetik tätigen Forschern und Ärzten bislang völlig verborgen geblieben. Vielmehr mehren sich die Anzeichen, wonach manche das Tempo der in Gang gesetzten Entwicklung mit Unbehagen und Skepsis betrachten, sich vor neuen Fragen sehen, alte Annahmen so nicht mehr fortschreiben wollen. So z.B. Fuhrmann: »Wir haben vor 20 und 30 Jahren die genetische Beratung unter der vielleicht etwas naiven Annahme entwickelt, daß mehr Wissen und besseres Wissen immer gut sei (...). Wir wissen heute viel besser, daß dies keineswegs immer der Fall ist.« (Fuhrmann 1989: 14f.)

Meine Hoffnung ist, daß die Dilemmata, in denen die Humangenetik heute steht, die sowohl ihr Selbstverständnis wie ihr alltägliches Handeln betreffen, in Zukunft nicht nur hier und da einmal kritisch erwähnt, sondern systematisch und breit erforscht werden, auch in Form einer interdisziplinären Zusammenarbeit. Nur so kann man versuchen, Lösungsmöglichkeiten zu finden – und dies möglichst bald. Denn wenn die Probleme, die mit der ständigen Ausweitung der Gentechnologie einhergehen, sich als nicht eingrenzbar, nicht beherrschbar erweisen, dann wäre dies – so der ehemalige Präsident des Bundesverfassungsgerichts Ernst Benda – »die Zerstörung der Menschenwürde unter der Fahne der Humanität« (Benda bei seiner Antrittsvorlesung in Freiburg 1984).

Der neue Arzt: ein Humangenetiker?

Rudolf A. Pfeiffer

Wertfreie naturwissenschaftliche Erkenntnisse sind in der Biologie praktisch ausgeschlossen, weil der Mensch als Subjekt unmittelbar betroffen ist. Am Ende der biologischen Evolution erscheint es ein vernünftiges Ansinnen, die Eigenart des menschlichen Genoms und damit Zusammenhänge und Verwandtschaft, aber auch Grenzen und Unterschiede zu anderen Arten zu erfahren. Da in der Phylogenese das genetische Material und seine Funktionen soweit erhalten wurde und weitgehend konstant geblieben ist, als es der Selektion widerstanden hat, sollte die Untersuchung des menschlichen Genoms hinsichtlich grundlegender Funktionen und Gestalten kaum überraschende Resultate liefern. Bereits der Bauplan der Körpergestalt wurde bereits bei den Insekten entwickelt. Gestalten und Funktionen könnten deshalb als Teile einer Maschine betrachtet werden, die überall in der Phylogenese auftauchen und dort untersucht werden können. Es sei erwähnt, daß der Mensch und sein nächster Verwandter nicht weniger als 99% des Genoms gemeinsam zu haben scheinen.

Der Vergleich von Genomen sagt jedoch offenbar wenig darüber aus, wie intellektuelle Kapazitäten und jene Funktionen begründet sind und erklärt werden können, die nur den Menschen aus- und kennzeichnen. Man sehe mir nach, wenn ich sie auf die Fähigkeit reduziere, über sich selbst nachzudenken. Sie schließt das abstrakte Denken ebenso ein wie die Instanz des Gewissens, das Wissen um die Endlichkeit seines Daseins und der Grenzen der Erfahrbarkeit. Mehr noch als dies: Mit den aus der Größe und Organisation des Gehirns wohl kaum vollständig abzuleitenden Fähigkeiten hat er den Sprung über diese Grenze mit der Ursprünglichkeit der Religiosität vollbracht und sich gerade dadurch restlos von dem Tier abgegrenzt. Alles spezifisch Menschliche bildet sich nicht im Genom ab, im Gegensatz zu all den Bausteinen und Funktionen jener Maschinenteile, die überall in der Natur vorhanden sind. Diese Erkenntnis vollendet gewissermaßen den Auftrag, die Natur untertan zu machen. Dazu gehört auch der Mensch als Maschine und die Verfügbarkeit und Manipulierbarkeit der Organe. Empirische Erfahrung und Bestätigung durch das Experiment stellen die Mensch-Maschine in den biologischen Zusammenhang. Immer wenn Organfunktionen und Körperlichkeit betroffen sind, dürfte der Gewinn für die Medizin unabsehbar groß sein. Dies ist sicher ein positiver Aspekt der Genomforschung. Ein negativer sei nicht verschwiegen, bietet sich doch die gespenstische Möglichkeit an, artfremde Genome zu vermischen und damit die genomische Integrität des Menschen in Frage zu stellen oder zu zerstören. Genomanalyse ist immer mit Genomsynthese verbunden und dadurch der Versuchung der Manipulation ausgesetzt. Derartige Versuche dürften auch durch ein noch so strenges Gentechnikgesetz nicht verhindert werden.

Die Genomforschung hat ihre Legitimation nicht zuletzt von der Medizin erhalten. Erkenntnisse, die am Menschen, der am besten untersuchten Spezies, gewonnen werden, können verallgemeinert werden, umgekehrt lassen sich nicht-menschliche Erfahrungen auf ihn übertragen. Dadurch und mit Hilfe früher unvorstellbarer Techniken und Methoden hat sich der Wettlauf um die Analyse des Genoms beschleunigt, obwohl dieses Ziel nicht uneingeschränkt begründet und finanziert werden kann. Die Diskussion ist inzwischen weitgehend und recht pragmatisch dadurch beendet worden, daß nicht eine Instanz sondern – wie die ebenso pluralistische wie individualistische Wissenschaft immer wieder unter Beweis gestellt hat – zahlreiche simultane Ansätze erfolgt sind, und das Genom weniger von A bis Z aufgespalten wird, sondern, wie ein Kontinent in zahlreiche Regionen aufgeteilt und erforscht wird. Die Ausgangspunkte werden nicht von einem theoretischen wissenschaftlichen Interesse festgelegt, sondern von dem natürlichen Wunsch bestimmt, die Erkenntnisse für den Menschen so rasch wie möglich für den Kranken nutzbar zu machen, der ja keine Zeit zu verlieren hat. Dabei handelt es sich nicht einmal um die Gene und ihre Mutationen, die am Anfang unseres Lebens stehen und dieses in ihre besondere Richtung lenken – ich meine die Erbleiden –, sondern um die Gene, deren Mutationen während unseres Lebens entstehen und dieses begrenzen oder beendigen, ich meine den Krebs. Innerhalb dieser beiden Kategorien fiel die Wahl – ebenfalls ganz pragmatisch – auf die häufigsten Mutationen, nicht zuletzt aus der vereinfachten Annahme, daß es sich dabei um Modelle handelt, die auf andere – seltenere Mutationen übertragen werden können. Daß in diesem Konkurrenzkonflikt die einen im Schatten der anderen bleiben, auch wenn alle Menschen und alle Kranken das gleiche Anrecht auf neue Erkenntnisse beanspruchen, ist unvermeidlich.

Von den wichtigen Erkenntnissen der Genomanalyse soll hier nur die wachsende Einsicht in die Vielfalt von Mutationen erwähnt werden. Dadurch wird ein einfaches Prinzip der Einheit von Genfunktion und Mutation zwar nicht aufgehoben, aber entschieden relativiert. Es kann daraus nämlich nicht nur eine größere Vielfalt von phänomenologisch ähnlichen Krankheiten abgeleitet werden, sondern es folgt daraus ein besseres Verständnis der jeweiligen und damit der individuellen Krankheitsgeschichte. Die Einsicht in die genetische Individualität, welche die »normale« Analyse aufgedeckt hat und im sogen. Fingerprinting erscheint, wird von der Erkenntnis der Vielfalt der Mutationen ergänzt. Dies bedeutet aber auch, daß nicht mehr die Krankheit oder die Krankheitsursache pauschal, sondern das kranke Individuum Objekt der Medizin wird. Genomanalyse enthält zugleich auch die Ansätze einer individuellen Therapie, die bestenfalls im Ersatz der veränderten genetischen Information besteht.

Damit erhält das Schlagwort von den »biologischen Grundlagen der Medizin« seinen Sinn. Die Angst vor Erbkrankheiten ist nicht zuletzt dadurch im Bewußtsein verankert, daß diese unvorhersehbar, schicksalhaft hereinbrechen und dadurch zugleich unvermeidbar erscheinen. Durch die Aufklärung der Erbgänge ist diese Furcht zwar begrenzt und einsichtig geworden, die Wahrscheinlichkeit bzw. das Risiko des Auftretens ist aber nur statistisch erfaßbar. Mit der Genomdiagnostik wird das Risiko endlich eindeutig.

Dieser Fortschritt kann nicht genug ermessen werden, auch wenn er Probleme nach sich zieht, die uns bislang unbekannt waren. Kann doch der Nachweis der Mutation bereits lange vor Ausbruch der Krankheit geführt und damit zu einer Belastung werden, die ungleich schwerer wiegt als vage Furcht. Vielleicht enthält aber gerade dieses aktuelle Dilemma die Kraft und die Barmherzigkeit, die uns zwingt, jedes therapeutische Experiment zu wagen, wenn der zum Tode Verurteilte noch eine Chance haben soll.

An dieser Stelle möchte ich darauf eingehen, daß wir, wenn wir von Mutationen sprechen, gemeinhin an solche im Erbgut denken, die, wie gesagt, mit kalkulierbarer Wahrscheinlichkeit auf die nächste Generation übertragen werden und in der befruchteten Eizelle erscheinen. Diese »germinalen« Mutationen sind in allen Körperzellen vertreten und können überall nachgewiesen werden. Im Unterschied dazu erscheinen in unserem Organismus Mutationen, die »somatisch« entstanden und deshalb regional begrenzt sind. Diese sind unberechenbar, zufällig. Ihre Bedeutung darf nicht nur nicht deshalb unterschätzt werden, weil sie das entscheidende Ereignis darstellt, das die Zelle zum Krebs befähigt, sondern weil wir mit einer »Mutationsrate« in der Ontogenese rechnen müssen, die, scheinbar unterschwellig, die Individualisierung des Menschen begleitet und mitgestaltet. Auch wenn man die Ursachen und Mechanismen der Mutationen kennt und mutationsauslösende Faktoren so gut bekannt sind, daß sie vermeidbar werden, so bleiben sie doch letztlich unbeherrschbar.

Man kann darüber spekulieren, daß sie in der Ontogenese den Prozeß nachahmen, den die Phylogenese durchlaufen hat, aber, weil ihnen keine oder nur schwache selektive Kräfte entgegenstehen, sich hemmungslos zerstörerisch auswirken. Es sind immanente Vorgänge, denen wir machtlos zusehen müssen. Sie entlarven das Individuum als einen fast beiläufigen Bestandteil der biologischen Welt, der es nur durch die Flucht in die kulturelle, moralische und religiöse Welt entfliehen kann.

Was ich damit sagen möchte, ist dies: die Erkenntnisse der Genomforschung führen dadurch, daß sie reduktionistisch sind, zwar die genetische Individualität vor Augen (»geprägte Form«) und geben uns die Mittel der Diagnose, Prognose und Therapie an die Hand, sie zeigen aber zugleich die Grenzen der Erfaßbarkeit des individuellen Entwicklungsprozesses, und versagen völlig für das Verständnis der Individuation (»die lebend sich entwickelt«).

Im folgenden soll versucht werden, die Genomforschung aus der Sicht des praktizierenden Genetikers, der immer Arzt sein muß, zu betrachten. Zugleich muß ich damit das Berufsbild und das Selbstverständnis des Humangenetikers beschreiben. Er hat die Rolle des Vermittlers der neuen biologischen Erkenntnisse übernommen, und zwar sowohl der unmittelbar in Diagnostik und vielleicht auch Therapie einmündenden als auch der, welche die Grenzen der medizinischen Hilfeleistung sichtbar machen. Ist bereits der Auftrag, die biologischen Probleme einem naiven, weil kranken Menschen klarzumachen, schwierig genug, so kommt hinzu, daß ihm nur die Diagnostik vorbehalten, aber jegliche Form der Therapie versagt ist. Dies ist einer der Gründe, warum manchmal die Rede davon ist, daß dann nämlich auch der Biologe, der Nichtarzt, seinen Platz einnehmen kann.

Die Begrenztheit seiner Tätigkeit wird auch dadurch veranschaulicht, daß der Humangenetiker de facto meist mit unvorhersehbar-unbehandelbaren Erbkrankheiten zu tun hat. Obwohl er mit Hilfe der Genomdiagnostik die Krankheitsursache unmittelbar feststellt, hat er zu dem Kranken, oder allgemein dem Anlageträger, eine spezifsiche Beziehung: Zwar vermag er nicht Krankheitsphänomene zu kurieren, dieses Erfolgserlebnis ist ihm ja versagt, vielmehr ist er gehalten – durch die beinahe unbegrenzte Aufklärungspflicht gezwungen – dem anderen seine biologische Existenz darzustellen, damit der in die Lage versetzt wird, darüber zu entscheiden. Durch diese Aufklärung wirkt er mittelbar und auch unmittelbar auf dessen Verhalten in Familie und auch Gesellschaft ein. In der formalen Humangenetik bedeutet dies eine unausgesprochene Beeinflussung der Genverteilung in den künftigen Generationen in Abhängigkeit vom Fortpflanzungsverhalten – oder vielleicht zukünftig durch germinale Therapie.

Die Humangenetik erforscht, so die griffigste Definition, die genetischen Unterschiede zwischen den Menschen. Diese werden durch die Genomdiagnostik jetzt konkretisiert. Sah man früher nur den fundamentalen Unterschied zwischen normalen und mutierten pathologischen Genen, so ist jetzt die Zeit gekommen, diese individuell zu untersuchen, um zu einem Verständnis der individuellen Krankheitsphänomene zu gelangen. Auf dieser Betrachtungsweise beruht eine neue, genetische Nosologie. Sie geht den Weg, den die Krankheit in der Zeit und im Organismus nimmt, innerhalb eines undurchschaubaren Zusammenhanges aller Genfunktionen nach und wird dadurch zur Grundlage für spezifische Therapien.

Das Instrumentarium der Molekulargenetik ist dem Substrat angepaßt, von dem E. Chargaff gesagt hat: Genetik ist Chemie. Heute ist abzusehen, daß und wie genomdiagnostische Untersuchungen in der medizinischen Praxis angewandt und zur Routine werden. Damit muß aber gesichert sein, daß Krankheitsdiagnostik immer nur gezielt, nämlich streng indizierte Diagnostik ist. So wenig es eine unbestimmbare, fatale Krankheits- und Erbbelastung gibt, so gefährlich ist eine vage, eher vagierende Suche nach irgendwelchen Unterschieden zwischen Menschen. Daraus ist die Frucht vor dem gläsernen Menschen entstanden, zumal ein naiver Glaube an einfache Beziehungen zwischen dem erforschbaren Genom und dem eher unerforschlichen Phänotyp, der Person, besteht. Molekularbiologische Erkenntnis im medizinischen Bereich ist und sollte streng reduktionistisch bleiben. Mit dem Angebot der Genomdiagnostik wächst die Hoffnung der einen und der Wunsch anderer, alle Krankheits-Gene und -dispositionen zu erkennen. Diese Aussichten beschäftigen derzeit den Gesetzgeber, der die Individualität und die Selbstbestimmung des Einzelnen schützen soll. Dabei treten Konflikte zwischen dem Einzelnen und sich selbst in Erscheinung, und zwar in der Form, daß eine Krankheitsveranlagung lange vor ihrer Manifestation nachgewiesen werden kann. Soll dies mitgeteilt werden? Darf und soll dieses Wissen an Angehörige weitergegeben werden, die gefährdet sind, um sie zu schützen? Welches Recht kommt dem kranken oder später erkrankenden Ungeborenen zu, das nicht über sich selbst bestimmen kann?

Es geht nicht zuletzt um Probleme der Früherkennung von Anlagen und Krankheiten im Zusammenhang mit Lebens-, Kranken- und Rentenversicherung als auch im Zusammenhang mit Haftung in vielen Berufen.

Das Berufsbild des Humangenetikers wird wesentlich von seiner Aufgabe und seiner Fähigkeit bestimmt, biologische und medizinische Sachverhalte verständlich zu machen. Sie erscheint in der Form der genetischen Beratung. Sie war zunächst darauf beschränkt, Erbgänge zu erklären und ein genetisches Risiko zu formulieren. Da es kein (genetisches) Nullrisiko geben kann, haben sich mit der wachsenden Angst vor unvorhersehbaren Krankheiten – auch nicht genetischen – Methoden und Strategien entwickelt, die darauf ausgerichtet sind, das Risiko durch eine ursächliche und eindeutige Diagnose zu ersetzen. Wenn es sich um unbehandelbare oder schwere Krankheiten handelt, die dem einzelnen – oder seiner Familie oder der Gesellschaft – eine untragbare Last bedeuten, sollten sie, einmal erkannt, nicht auftreten dürfen. Erbkrankheiten können dadurch verhindert werden, daß die Anlage dazu nicht vererbt wird, notfalls kann man den Anlageträger dazu zwingen. Da Vererbung als Einzelereignis vom Zufall bestimmt ist, war der nächste Schritt die generelle Untersuchung der Feten. Daraus hat sich die heutige pränatale Diagnostik entwickelt. Konkret war es der Fall des Kindes mit Down-Syndrom: Denn das Zufallsereignis ist nur statistisch vorhersehbar, und die Diagnose kann durch eine Chromosomenanalyse sichergestellt werden; außerdem handelt es sich um eine unbehandelbare Krankheit. Durch die pränatale Diagnostik im Fall eines überdurchschnittlichen Risikos wird – so die Begründung – das gesunde Kind davor geschützt, allein aus der Angst vor einem kranken Kind geopfert zu werden. Dieses Beispiel steht für alle genetischen – und ebenso für nicht genetische Krankheiten. Fatal ist lediglich, daß mit dieser Begründung auch die Absicht impliziert ist, das kranke Kind zu opfern.

Mit den neuen Methoden ist die Zahl diagnostizierbarer Krankheiten dramatisch angestiegen. Für jede einzelne stellt sich jedoch das allgemeine Problem, wie der Schwangerschaftsabbruch ethisch verantwortet werden kann und zugleich das Dilemma, wie sich die Mutter – oder die Familie oder die Gesellschaft – tatsächlich verhält, nicht nur unmittelbar, sondern, daran denkt man endlich, lange Zeit später.

Die Absicht und Forderung, pränatale Diagnostik zum Zweck der Erkennung von Krankheiten einzusetzen, damit diese effizienter behandelt werden können, ist bisher Illusion geblieben.

Der Humangenetiker hat in dieser modernen Tragödie – ähnlich wie in der attischen – die Rolle des Chors übernommen, welcher die Handlung begleitet, erklärt, vorhersagt, beklagt. Er ist aber nur scheinbar unbeteiligt. Es wurde schon erwähnt, daß ihm Therapie versagt ist und ihm deshalb auch a priori der ärztliche Vertrauensvorschuß nicht gewährt werden kann, der dem Arzt seine Arbeit leichter macht. Erst vor kurzem hat ein englischer Humangenetiker in bitteren Worten klargestellt, daß der Genetikarzt eigentlich außerhalb der klinischen Arbeit lebt, weil seine Tätigkeit immer nur auf die Erkennung der kranken Feten ausgerichtet ist. Sein Ansehen in der Bevölkerung ist mit der Erwartungshaltung seiner Klienten – den Ratsuchenden, meist handelt es sich nämlich nicht um Patienten im engeren Sinne – verbunden, daß diesem Spezialisten, ehrenwertem Vertreter einer exakten und sich selbst rechtfertigenden Wissenschaft, die Entscheidung übertragen werden kann. In die Betreuung der Kranken ist er nicht, in die Erforschung der Krankheiten immer weniger einbezogen. Seine genetische Beratung wird als Entscheidungshilfe verstanden und gefordert. Es soll umfassend informiert werden, wenn dem schuldhaften Vorwurf vorgebeugt werden soll, daß die Geburt eines kranken und ungewollten Kindes auf unsachgemäß-unvollständige Beratung zurückgeführt werden kann. Gegen diese Autonomie der Entscheidung des Ratsuchenden grenzt sich der Humangenetiker dadurch ab, daß er einmal so gut wie möglich »nondirektiv« berät, was eine Fiktion ist und zugleich traditionell ärztliche Handlungsweise diffamiert, zum anderen aber seine persönliche Einstellung durch die Festschreibung seiner persönlichen Autonomie schützt, was ein recht dürftiges Alibi ist.

Der Sog, in den die pränatale Diagnostik und damit auch der Humangenetiker hineingezogen ist, wird von Kräften unterhalten, die ihren Ursprung sicher nicht zuletzt in dem Wissen von der biologischen Existenz des Menschen haben, die seine Verfügbarkeit und seine Verallgemeinerung einschließt. Solange die Erkenntnis seiner Individualität aber auf das genomische Substrat beschränkt bleibt, ist die Forderung nach Achtung der menschlichen Würde, die vor willkürlichem Umgang damit schützen soll, ein leeres Wort.

Da wir mitten im »biologischen Zeitalter« leben, das unsere persönliche und gesellschaftliche Existenz beeinflussen und gestalten wird, müssen die Erkenntnisse und die Grenzen der Biologie früh und umfassend vermittelt werden, damit der einzelne in den Stand versetzt wird, Verantwortung für sich und für seine Familie zu übernehmen. Seine Entscheidung in individuellen Konfliktsituationen, die praktisch immer den Charakter eines Dilemmas haben, sollte sich allein aus der Instanz des Gewissens rechtfertigen können und wird nicht von wissenschaftlicher Wahrhaftigkeit oder legaler Regelung bestimmt. Sie entspringt damit der menschlichsten aller Fähigkeiten: Die Achtung vor dem menschlichen Leben, meines und dem jedes anderen.

Organtransplantation

Ulrich W. Schaefer

Die Transplantationsmedizin hat in den vergangenen 30 Jahren eine stürmische Entwicklung durchgemacht. Abgesehen von dem besseren Verständnis der immunbiologischen Grundlagen waren Fortschritte bei der medikamentösen Unterdrückung von immunologischen Abwehrreaktionen, Verbesserungen bei den Narkose- und Operationstechniken und der Organkonservierung sowie Fortschritte bei der Prophylaxe und Therapie von Infekten entscheidende Voraussetzungen für den wachsenden Stellenwert der Organverpflanzung. Organe, die heute regelmäßig transplantiert werden, sind Augen-Hornhaut, Niere, Knochenmark, Herz, Leber, Bauchspeicheldrüse und neuerdings Lunge. Die Vision »Ersatzteillager Mensch« mag Ängste schüren, doch muß man bedenken, daß die moderne Medizin heute durch Organverpflanzungen vielen sonst tödlich bedrohten Menschen helfen und ihnen eine normale Lebenserwartung und Lebensqualität schenken kann.

Die Verpflanzung von Knochenmark steht in der Bundesrepublik nach Hornhaut und Niere an 3. Stelle. Im Jahre 1990 wurden in Deutschland über 500 Knochenmarkverpflanzungen durchgeführt. Weltweit überblickt man inzwischen mehr als 40000 Knochenmarkverpflanzungen. Allgemein akzeptierte Indikationen für eine Knochenmarktransplantation sind schwere Blutbildungsschwäche, angeborene Abwehrschwäche und die verschiedenen Formen der Leukämie. Bei diesen Erkrankungen sind die konventionellen Behandlungsmöglichkeiten sehr begrenzt. Bei der akuten Leukämie ist im Erwachsenenalter die normale Chemotherapie selten kurativ, während sie im Kindesalter erfreulich häufig zu Heilungen führt. Chronische Leukämien sind weder bei Erwachsenen noch bei Kindern durch konventionelle Chemotherapie zu heilen. Bei diesen bedrohlichen Erkrankungen kann man heute etwa 50 - 80% der Patienten durch eine Knochemmarksverpflanzung endgültig heilen.

Als Markspender für eine allogene Knochenmarktransplantation werden in der Regel gewebsverträgliche Familienangehörige des Patienten ausgewählt. Die Chance, innerhalb der Familie eines Patienten einen weitgehend histokompatiblen Spender zu finden, liegt bei 30 - 40%. In jüngster Zeit werden zunehmend auch Knochenmarktransplantationen mit unverwandten Spendern durchgeführt. Dieses Verfahren befindet sich aber noch im Erprobungsstadium. Ebenfalls in Erprobung ist auch die autologe Knochenmarktransplantation, bei der der Patient für sich selbst Knochenmark spendet. Die autologe Transplantation ermöglicht, bei Tumorerkrankungen eine besonders hochdosierte chemo- oder strahlentherapeutische Dosierung zu wählen, da die vor Therapiebeginn entnommene Markkonserve Schutz vor einem therapiebedingten Blutbildungsschaden bietet.

Unmittelbar vor einer Knochenmarktransplantation erfolgt eine hochdosierte Therapie mit Zellwachstum-hemmenden Medikamenten und einer Ganzkörperbestrahlung. Diese Therapie hat zwei Ziele. Zum einen soll die Abwehr so geschwächt werden, daß ein fremdes Organtransplantat nicht abgestoßen werden kann, zum anderen soll bei einer leukämischen Grunderkrankung die bösartige Zellpopulation endgültig abgetötet werden. Diese Vorbehandlung wäre tödlich, wenn nicht anschließend eine Knochenmarktransplantation erfolgen würde.

Nach erfolgreicher Transplantation ist die Blutbildung ein Leben lang vom Zelltyp des Organspenders, es besteht ein sogenannter hämopoetischer Chimärismus, also ein verträgliches Miteinander von Eigen- und Fremdgewebe. Die Transplantation selbst ist technisch einfach; das fremde Knochenmark wird wie eine Bluttransfusion in die Blutbahn injiziert, erreicht auf diesem Wege die Innenräume der Knochen, setzt sich dort fest, vermehrt sich und produziert Blutzellen. Die Knochenmarkentnahme beim Spender erfolgt in Vollnarkose durch Nadelpunktionen am knöchernen Becken. Das Risiko für den Spender ist im wesentlichen das Narkoserisiko. Für die Blutbildung besteht kein Nachteil, es handelt sich ja um ein nachwachsendes Organ.

Bis die Blutbildung beim Empfänger wieder in Gang kommt, vergehen mehrere Wochen. In dieser Zeit sind intensivmedizinische unterstützende Maßnahmen notwendig, da die Gefahr von Infekten und Blutungen groß ist. Die Patienten werden in sterilen Räumlichkeiten betreut, sie erhalten steriles Essen, Antibiotika und Bluttransfusionen.

Wie bei jeder Organverpflanzung kann es nach der Übertragung von Knochenmark zu immunologischen Abwehrreaktionen kommen. Wegen der hochdosierten Vorbehandlung, die man Konditionierung nennt, ist die Abwehr des Patienten so unterdrückt, daß eine Organabstoßung selten ist. Jedoch kann es nach allogener Knochenmarktransplantation zu einer umgekehrten Abwehrreaktion kommen. Bei Knochenmark handelt es sich ja um das Organ, das Lymphozyten, also die Zellen, die für Abwehrreaktionen zuständig sind, produziert. Diese Lymphozyten können nach der Transplantation erkennen, daß sie in falscher Umgebung sind, und versuchen, den Empfängerorganismus zu attackieren. Diese immunologische Abwehrreaktion nennt man Transplantat-gegen-Wirt-Reaktion oder Graft-versus-Host-Reaktion. Sie kann in wenigen Wochen zum Tode führen, kann aber auch einen leichten Verlauf nehmen.

Die allogene Knochenmarktransplantation ist ein risikoreiches Therapieverfahren mit relativ hoher Frühmortalität, die bei 15 - 30% liegt. Tritt keine Unverträglichkeitsreaktion ein, so hat der Patient nach einem Jahr wieder ein normales Infektabwehrsystem und kann ein reguläres Leben mit normaler Lebensqualität führen.

Die Knochenmarktransplantation ist ein zwar risikoreiches, aber erfolgreiches Therapieverfahren. Das hohe Risiko von Therapie-assoziierter Mortalität, lange Wartelisten, die Organgewinnung bei lebenden Spendern sowie die hohen Kosten des Verfahrens bedingen eine Vielzahl juristischer und ethischer Probleme, welche dem verantwortlichen Arzt und dem Transplantationsteam ein hohes Maß an Verantwortung aufbürden.

Technogene Realitätsvermittlung

Barbara Duden

Was kann wohl eine Körperhistorikerin mit einem Immunologen und einem Genetiker diskutieren? Ich suche nach dem Sinn und der Bedeutung, die Worte früher hatten. Heute wird systemtheoretischen und statistischen Projektionen der Anschein einer geisteswissenschaftlichen Überlegung dadurch verliehen, daß das Gespräch mit deutschen Wörtern geführt wird. Mit Wörtern also, die mit der Vergangenheit gebrochen haben.

Ich habe versucht, eine Art Wörterbuch zu diesem Gespräch anzulegen. Ich habe nicht die neuen Wörter notiert, die in einer Dekade in unsere Alltagswirklichkeit gekommen sind, wie *Genom* oder *genetische Diagnostik* oder *Allokationsethik.* Was mich stutzig macht, sind die Worte, die im Klang gleich geblieben sind, aber dem Sinn nach unvergleichbar geworden sind. Ein Herz, das tranplantiert wird; Befruchtung, die im Glas stattfindet; Diagnostik, Erfassung, Aussonderung des Ungeborenen; Handlungen, die als Chance besprochen werden; Leiden, das technisch abgewendet werden soll; Schwangerschaft, die auf Probe stattfindet. Was den Worten da angetan wurde, hat sie für das Erleben unbrauchbar gemacht. Ich kann mich nicht mit einem auswechselbaren Herzen erleben oder als Vorratskammer für Eier. Warum? Einfach weil ich das nicht bin und es nicht sein will. Das ist jedoch eine persönliche Haltung, die hier nicht zur Diskussion steht.

Es gibt aber einen zweiten Grund, aus dem ich hier nicht so ohne weiteres mitsprechen kann. Mit diesen Worthülsen läßt sich nicht Geschichte schreiben: Und ich bin Historikerin, ich will es sein. Ich will aus der Kenntnis der Vergangenheit heraus von der Gegenwart sprechen. Der Wunsch, von der Gegenwart im Spiegel der Vergangenheit zu sprechen, erfordert Disziplin in der Wortwahl. Wörter, deren Feld amöbenhaft beliebig geworden ist, vernebeln gerade, was sie aussagen wollten.[1]

---

1 Uwe Pörksen hat in seinem Buch *Plastikwörter, Die Sprache einer internationalen Diktatur* Kriterien entwickelt, um eine neue Klasse von Worten zu kennzeichnen, durch die heute die Grenze zwischen Wissenschaftskonstrukten und Alltagswirklichkeiten durchlässig geworden ist. Die »Plastikwörter« haben kein spezifisches Denotat, sie konnotieren aber Professionalität, Wissenschaftlichkeit und akademischen Pomp.

In der Vergangenheit geht es mir primär darum, was Sinn und Bedeutung von erlebter Wirklichkeit gewesen ist. Die Geschichte des erlebten Körpers (Duden 1991b) ist mein Thema. Und von dem, was heute zu Herz und Handlung, zu Leib und Leid besprochen wird, steht nichts in den Quellen, die ich zu interpretieren versuche. Im 18. Jahrhundert klagen Frauen vor dem *medicus* über ihre Herzenserschütterung, den Riß am Herzen, die Kälte der Mutter, die Verstocktheit im Bauch. Und der Arzt hört der melancholischen Küfnerin zu und läßt sie eine große Schüssel zur Ader. Was heute Zugriff genannt wird, therapeutische Entscheidung, Handlungschancen, kalkuliertes Risiko ist dem Arzt damals fremd. Er bringt Säfte ins Gleichgewicht und will Schmerzen lindern. Der Erlebnisraum, in dem der Arzt von damals dem leidenden einzelnen gegenübersteht, ist heterogen, tief andersartig zu dem, über das gegenwärtig gesprochen wird. Heute ist es eine neue drängende Frage: Was tun, wenn es viele Menschen mit Herz-, Leber- und Nierenerkrankungen gibt, aber nur wenige Organe zur Transplantation bereitgestellt werden.

Es stimmt nicht – wie zuweilen angenommen –, daß sich die Heilkunde stets neuer Methoden und Techniken bedient, um diagnostische und therapeutische Verfahren zu verbessern als Resultat eines Prozesses von statistischer Prüfung und vernünftiger Abschätzung von Chancen und Risiken, Nutzen und Schaden, Gewinn und Kosten. Mit diesem Fehlurteil wird die gesamte hippokratisch-galenische Medizin aus der Heilkunde ausgeschlossen, weil Heilkunde auf etwas reduziert wird, das es erst nach der Durchsetzung des Utilitarismus und des Fortschrittsimperativs gibt und das eigentlich erst mit der angewandten Statistik überhaupt zustande kommt. Es waren also entweder Soranus und Hufeland keine Ärzte, oder heutige Mediziner sind etwas anderes.

Und das scheint mir so zu sein. Der soeben erwähnten Heterogenität in der Aussagekraft von immer noch gleich klingenden Wörtern entspricht eine ebenso radikal heteronome Haltung zum Erlebnis des Körpers. Erstens ist Professionalität in der Medizin etwas radikal Neues. Es gab zuvor keine Existenz eines Gremiums, dessen sogenannte Erkenntnisgewinne die epochenspezifische Erfahrung normierten. Zweitens, ist die Machbarkeit des einzelnen Menschen neu. Das, was Ellul »la technique« nennt, also eine so tiefe Einbettung jedes einzelnen in eine technogene Realitätsvermittlung, daß fast nur mehr gesehen wird, was gezeigt worden ist; daß nur mehr Vorspiegelung erlebt wird, ist neu. Auf die Bio-ethik, die ebenfalls neu ist, komme ich in meiner dritten These zurück. Bei jedem dieser drei Punkte werde ich auf Beispiele aus der Sozialgeschichte des Fötus verweisen, denn ich habe mich seit einigen Jahren mit der Entwicklungsgeschichte des *Fötus* in der Anatomie und – getrennt davon – mit der Soziogenese des durch den Fötus bestimmten Schwangerschaftserlebnisses beschäftigt. Ich habe mein Augenmerk besonders darauf gerichtet, was die Technik der Visualisierung (von Kupferstich bis zum Ultraschall) zum *sozialen Wirklichkeitsstatus* des Fötus beigetragen hat.

Meine erste These betrifft Professionalität. Die sogenannte »Natur« der heutigen Schwangerschaft läßt sich ohne durchprofessionalisierte Körperbetreuung nicht denken. Sie läßt sich nicht denken außerhalb einer Gesellschaft, in der Frauen davon überzeugt sind, daß Mediziner ihnen sagen können und sagen sollen, ob sie schwanger sind und ihnen beibringen können, wie man das richtig erlebt. Diese Medikalisierung auch des Erlebens wäre ohne die Professionalisierung des Arztes kaum denkbar. Es scheint mir Unsinn, Hans Sachs oder Paracelsus als Professionelle zu bezeichnen. Hans Sachs ist zünftig und Paracelsus gelehrt. Hans Sachs baut Schuhe, Paracelsus mischt Drogen. Hans Sachs versteht es, Schuhe auszumessen, Paracelsus weiß, wie man das rechte Kraut administriere. Aber weder kann Hans Sachs dem Unbeschuhten seine Ware aufzwingen, noch schafft die Lehre von Paracelsus soziale Normen.

Die Medizin unseres Jahrhunderts hat ein prinzipielles Monopol auf das Wissen beansprucht, aufgrund dessen sie Normwidrigkeit erst bestimmen, dann erkennen und schließlich behandeln kann. Sie zieht in einer Hand zusammen, was das Grundgesetz auf das Parlament, den Richter und den Vollzugsbeamten sorgfältig verteilt hat. In diesem Sinn nimmt das professionelle Ethos besonders im 20. Jahrhundert zurück, was liberales Denken im 19. Jahrhundert errungen hatte. Aufgrund professioneller Meinung spricht der Richter den Eltern die Pflegschaft ihres Kindes ab, um es einige Wochen in der Klinik quälen zu lassen, bevor es stirbt. So ist das gängige Praxis seit dem Zweiten Weltkrieg. Und doch hat Ulrich Beck in der »Risiko-Gesellschaft« (Beck 1986) zurecht darauf hingewiesen, daß auch in Beziehung auf den Professionellen ein Zeitalter zuende gegangen ist. Der wissenschaftlich verbrämte oder legitimierte Normokrat ist weitgehend durch den technokratischen Strategen oder Logistiker ersetzt worden. Dieser Umbruch im medizinischen Selbstverständnis im Laufe der letzten zwei Jahrzehnte ist seit den Büchern von Bill Arney und David Armstrong (Arney/Bergen 1984; Armstrong 1983) mehrfach untersucht worden. Bis vor kurzem leitete man aus der wissenschaftlichen Bildung des Mediziners seine moralische Autorität ab. Zunehmend fordern der Klient und der Gesetzgeber vom Mediziner primär und fast ausschließlich technische Kompetenz in der Planung von diagnostischem und therapeutischem Vorgehen und in dem Einsatz von Ressourcen. Das läßt sich klar daran sehen, daß wenigstens in den USA in der Medizin die ethische Entscheidungsbefugnis von der technischen getrennt worden ist; das bio-ethische Komitee sagt, was sein darf und muß und der zum biomedizinischen Techniker verkommene Arzt sagt, was zur Anwendung kommen kann und deshalb soll.

In dieser Verpflichtung zum Einsatz der Technik zeigt sich der technologische Imperativ. Der Macht des alten Professionellen konnte man sich durch

Recht, Geld und Aufklärung in etwa politisch erwehren. Den Krankenhauszwang bei der Geburt konnten wir durch politische Organisation abschwächen. Dem durch ein Ethik-Komitee legitimierten Bio-Systemverwalter gegenüber ist persönliche Verweigerung die einzige – oft recht ohnmächtige – Antwort. Selbst freie Hebammen lassen die schwangere Frau jetzt 4-6mal beschallen.[2] Die Vorsitzende von *Pro Familia* Monika Simmel forderte kürzlich auf einem Kongreß von den Beraterinnen ihrer Organisation, die Schwangere in den »Dialog mit dem eigenen Fötus« einzuführen. Aus dem prinzipiell unsichtbaren Ungeborenen ist – auch für die Frau – ein Fötus geworden.

Meine zweite These betrifft den Gegensatz zwischen dem Vertrauen auf die eigene sinnliche Wahrnehmung und der modernen Abhängigkeit von operationeller Verifikation, also Tatsachenfeststellung durch wiederholte Messung. Das stellt mich als Historikerin vor Fragen, die in der phänomenologischen Wahrnehmungspsychologie behandelt werden. Die Geschichte der Kindsregung gibt eine klare Illustration für diesen Gegensatz. Von Hippokrates bis zu den Gynäkologen des ausgehenden 18. Jahrhunderts kannte der Arzt unzählige Anzeichen für eine mögliche Schwangerschaft. Zedler's Großes Vollständiges Universal-Lexicon nennt 12 Dutzend. Aber keine Ansammlung von Zeichen konnte Gewißheit dafür geben, was aus den Geburtsteilen der Schwangeren herauskommen würde – Blut, eine Mole oder das erhoffte Kind. Nur die erste Regung des Kindes ermöglichte der Frau, den Status der Schwangeren gesellschaftlich zu beanspruchen. Und das war ein Zeichen, das nur sie allein bezeugen konnte. Heute ist es umgekehrt: Das Labor weiß es vor der Frau. Die Frau weiß von der kommenden Schwangerschaft, bevor sie erlebt werden kann. Das ist uns selbstverständlich geworden, wir erleben uns auf Befehl, wir erleben uns wie diagnostiziert, und in der Herstellung der neuen Selbstwahrnehmung spielt Visualisierung eine Schlüsselrolle.

Kindsregung ist ein haptisches Erlebnis. Das *non-dum* wurde gespürt und nicht gesehen, im Bauch erfahren und nicht erblickt. Es blieb im Dunkel unter der Haut, Teil eines Leibes, in dem Dinge fließen, strömen, stocken, Richtung haben, ohne daß man sie sich bildhaft vorstellt. Diesen Leib des 18. Jahrhunderts kenne ich aus Deutschland, England, Frankreich, Italien und Kanada. Ganz anders ist das mit dem heutigen Leib. Von Kind auf werden anatomische Bilder so gezeigt, daß sie sich erlebnismäßig einprägen. Jedes Kleinkind lernt den Fötus kennen, der am Fernsehschirm veröffentlicht wird. Die Technik der Klinik und

2 Seit Jahren sammelt das Gen-Archiv, Impatientia e.V., Friederikenstrasse 41, 43 Essen ärztliches Schrifttum und kritische Literatur zur Schwangerschaftsdiagnostik und stellt dieses Material auf Anfrage zur Verfügung. Aus der Fülle der Arbeiten von seiten medizinkritischer Autorinnen empfehle ich Eva Schindele, *Gläserne Gebär-Mutter. Vorgeburtliche Diagnostik – Fluch oder Segen* (1990).

die der Medien greifen nahtlos ineinander. Das Erlebnis des Leibes wird durch die Vorspiegelung innerer Sichtbarkeit geprägt. Das Erlebnis der eigenen Körperlichkeit wird für viele Menschen seit fünfzig Jahren technogen vermittelt. Ohne die Einbettung des Bewußtseins in einer gläsernen Welt, in der zunehmend auf Befehl gesehen wird, ließen sich die professionell geprägten Bedürfnisse des Körpers der modernen Frau nicht erklären: vom Beratungsbedürfnis vor dem Schwangerschaftsabbruch bis zu PMS (pre-menstrual syndrome). Kraß zeigt sich die somatogene, also die körperbildende Prägkraft der technischen Symbolik, wenn ich moderne Schwangerschaft aus der Perspektive anderer Epochen zu deuten versuche.

Ich habe mich schon geweigert, dem heutigen medizinischen Bio-Ingenieur legitime Vorfahren in der Ärzteschaft zu geben oder den Frauen in der Barockzeit, die ich aus meinen Studien kenne, einen »Fötus« anzudichten. Das ist mein Weg, um an die Prägung des Bewußtseins und Erlebens durch die Symbolmacht der Technik heranzukommen, und heute schon Dinge zu sehen, die Zukunftsforschern im »noch nicht« zu liegen scheinen.

Und damit komme ich zu meiner dritten These: einer körperhistorischen Schwelle in den achtziger Jahren. In meiner Generation ging die Visualisierung des Körperinneren vor sich. Ich gehöre wohl zur letzten Phase des »gläsernen Menschen«, des durchsichtigen Körpers, dessen Prophet Leonardo da Vinci war.[3] Seit dem Naturkundeunterricht des Mädchengymnasiums habe ich mich bis ins Innerste gehäutet vorstellen können. Zehn Jahre später im feministischen Aufbruch habe ich mich an der Selbsthäutung beteiligt. Für unsere Generation war die Haut kein Horizont mehr: Wir lernten die Dinge drinnen so zu spüren, wie wir sie zu *sehen* gelernt hatten. Die Visualisiserung des eigenen Inneren wurde zu einer Mode in der Gesundheitsbewegung. Meine Tante stand noch unter dem Einfluß ihres begeistert darwinistischen Hausarztes. Aufgeklärt wie sie war, stellte sie sich die Ontogenese in phylogenetischen Bildern vor: als Würmlein, Fischlein, Krabbeltier. Mich hat der schwedische Photograph Lennart Nilsson mit seinen *Life* und *Stern* Bildern noch rechtzeitig erwischt. Die Leichenbilder Nilssons in den 60er und 70er Jahren zeigten Dinge von sichtbaren Dimensionen, die wir als solche verinnerlichen konnten. Was aber heute »gezeigt« wird, ist ein Bild von Unsichtbarem: digitale Anordnung von Molekülen, graphische Darstellung von Flußdiagrammen.[4] Schon das Vorschulkind

3 Zum »gläsernen Menschen« siehe den Katalog der Ausstellung des Hygiene-Museums Dresden in Verbindung mit dem Deutschen Historischen Museum Berlin, 1990.

4 In *Der Frauenleib als öffentlicher Ort. Vom Mißbrauch des Begriffs Leben* (1991a) habe ich die erlebnisprägende Wirkung der neuen Techniken von Visualisierung in statistischen Diagrammen, elektronen-mikroskopischen Darstellungen und auf dem Ultraschall-Bildschirm diskutiert und versucht, ihren je verschiedenen Effekt auf das Laienbewußtsein und die öffentliche Meinung zu unterscheiden.

spricht von seinem Körper als »System«. Schon Mädchen lernen, sich als zukünftiges »fötales Umfeld« zu erleben und dementsprechend darauf vorzubereiten, demnächst einem unabhängigen Immunsystem als Umgebung zu dienen. Was noch abbildhaft ist am öffentlich paradierten Fötus, dient zunehmend als Vorwand, hinter dem ein durch Systemsprache entkörperter Zustand ausgebildet wird.

Und es ist dieser neue Fötus als Zygote, Blastozyt, als Immunsystem, dessen Zukunft zum Hauptthema einer ganz neuen Wissenschaft geworden ist: der Bioethik. Die gab es vor 15 Jahren noch nicht. Heute verkauft sich die 500-seitige jährliche Bibliographie der Bio-ethik in 2500 Kopien. Diese Wissenschaft, die vorgibt, eine Ethik zu sein, beschäftigt sich nicht mit *Personen* zwischen deren Geburt und Tod, sondern mit sogenanntem »Leben« »from sperm to worm« wie der Chicagoer Arzt Dr. Mendelsohn das formuliert hat. Sie behandelt eine verwaltbare *Sache* unter dem Anschein, Ethik zu betreiben.

Teil V
Computerkultur

Die Evolution hinter unserem Rücken

Friedrich Kittler

Zuallererst sollte man – im Blick auf das zentrale Thema dieses Bandes – wohl die Frage stellen, ob das 21. Jahrhundert, wenn es denn von Maschinen beherrscht wird, noch 21. Jahrhundert heißen wird. Im Allerwelts-Betriebssystem Microsoft DOS z.B. nimmt schon jetzt der 1. Januar 1980 als *terminus a quo* aller Datierungen die Stelle ein, die einst in Europa der Stall von Bethlehem besetzt hielt.

Eine programmiertechnische Binsenwahrheit, die aber die Wahrheit des Satzes, daß die Computer »eines Tages übernehmen«, also den Menschen als sogenannten Herrn der Erde ablösen werden, schon einigermaßen belegen kann. Der Satz stammt von keinem geringeren als Alan Turing, der die mathematische Grundlage aller Computertheorie gelegt hat, scheint aber mittlerweile – mit der bemerkenswerten Ausnahme Heiner Müllers – gründlich verdrängt, wahrscheinlich weil er dabei ist, wahr zu werden. Und ab sofort redet niemand mehr davon.

Statt dessen erblicken Kommissionen von Experten das öffentliche Licht. Ihre ständige Frage nach den Auswirkungen der Mikroelektronik auf Kultur, Politik, Gesellschaft und Alltagsleben überspringt nur die vorgängige Frage, wie Maschinen auf Maschinen wirken. Nach einer von Claude Shannon, dem Begründer der Informatik, schon 1953 vorgetragenen These ist das Kennzeichen heutiger Technologie, über alle Rückkopplungen zwischen Geräten und Benutzern hinaus, eben diese allseitige und allgegenwärtige Kontrolle von Maschinen durch Maschinen. Um dafür ein Beispiel aus dem vieldiskutierten Bereich CAD (Computer Aided Design) zu geben: Nur die jetzige (z.B. vierte) Generation von Computern ist überhaupt noch imstande, die nächste (z.B. fünfte Generation) in Schaltungsdesign, Chiplayout und Durchsatzoptimierung zu berechnen. Zum erstenmal im Weltzeitalter des Menschen scheint mithin eine Evolution hinter unserem Rücken stattzufinden. Es entstehen Populationen, mit denen wir am Computer interagieren, die sehr real, aber trotzdem keine Gegenstände einer möglichen Soziologie mehr sind. Ein ebenso unsichtbares wie allgegenwärtiges Programm unter dem Betriebssystem UNIX heißt nicht umsonst *daemon*.

Diese Evolution, soweit man sehen kann, muß nicht unbedingt einsinnig verlaufen. Erstens scheint es auf höheren Ebenen der Chip-Architektur (noch?) keinen zwingenden Algorithmus mehr zu geben, sondern nurmehr unterschiedliche Optionen, die dann nach dem Modell einer jeweils herrschenden Bürokratie implementiert werden (wie es Intels Protected Mode seit dem 80286 vorführt). Diese Unentscheidbarkeit räumt einen Raum quasi ethnischer Differenzierungen ein, etwa zwischen amerikanischen und japanischen Chip-Entwicklungen, zumindest solange die europäische Industrie weiterhin (mit Ausnahme von INMOS) durch konzeptuelle Abwesenheit glänzt. Eben darum wird es dringlich, diesen Raum erst einmal (etwa nach Begriffen einer modifizierten Stilistik) zu beschreiben und in der Folge auch zu besetzen.

Zweitens haben die Investionen in existierende Hardware und Software schon jetzt Milliardenhöhen erreicht. Dadurch sind Neuentwicklungen, zumal im nie absolut von der Hardware entkoppelbaren Softwarebereich, zu einer Abwärtskompatibilität von Ausmaßen gezwungen, die die einst zur Säuberung von allem Alltagssprach-Babylon ersonnenen formalen Sprachen alsbald zum babylonischen Turm der zweiten Potenz machen dürften. Dieses Paradox beseitigt jede Hoffnung auf die Beherrschbarkeit künftiger Maschinenparks, um von ihrer Transparenz ganz zu schweigen. Flussers These von einem neuen Mittelalter, das die Benutzer der Programmiersprachen wie eine Mönchselite von den Untertanen bloßer Alltagssprachen hierarchisch abschottet, hat daher große Plausibilität.

Man kann deshalb große Anstrengungen voraussehen, um die kontraproduktiven Folgen einer solchen Zweiklassenlogik zu bekämpfen. Schon jetzt subventionieren amerikanische Firmen, zum Beispiel Kodak, ein ansonsten ziemlich am Boden zerstörtes Schulsystem – aber nicht, um neue kultivierte Leserschichten zu erziehen, sondern einzig und allein, um den grassierenden Analphabetismus im Hinblick auf Diagramme, Algorithmen und Programmiersprachen zu bekämpfen. Daß die Industrie heute von der Fließbandarbeit, wie Henry Ford sie einst (am ersten Tag des ersten Weltkriegs) mit der Begründung einführte, erstmals in der Wirtschaftsgeschichte brauche man nur 48 Stunden lang ausgebildete Arbeiter, auf Computer Aided Manufacturing umstellt, macht Computersprachkompetenz unumgänglich.

Allerdings dürfte diese Alphabetisierung und Algorithmisierung der Leute auch in Zukunft gewisse Grenzen einhalten, die Trennung zwischen Klerikern und Laien des Maschinenzeitalters also nicht gänzlich aufheben. Gerade wenn die Mensch-Maschine-Schnittstellen den Trend fortsetzen, ihre Benutzerfreundlichkeit (wie das Schlagwort lautet) immer mehr zu erhöhen, wenn sie also anstelle alphabetischer Kommandozeilen auch Handschriften, alltagssprachliche Stimmen oder Bewegungsbilder als Eingabeformat gestatten, verschwindet die durchgängige Programmierbarkeit der Maschinen hinter einem zwar nur virtuellen, aber sehr kühl geplanten Schleier aus Demokratie. Mächte vom Typ des Pentagon, die selber restlos auf High-Tech beruhen, können schließlich nicht zulassen, daß eine ebenso allgemeine wie notwendige Vernetzung auch Betriebssysteme der Willkür des ersten besten aufschließt. Benutzerfreundlichkeit fungiert also wie eine Tarnkappe und ist denn auch, was die heute gängigen graphischen Benutzeroberflächen (GUI) angeht, nach Auskunft gut unterrichteter Quellen der amerikanischen Software-Industrie zunächst von Pentagon-Papieren nahegelegt worden.

Schon deshalb sollten die Auswirkungen der Computerisierung auf die sogenannte Gesellschaft nicht immer nur im Dienstleistungsbereich der Textverarbeitung und Büroautomatisierung, sondern auf strategischen Feldern untersucht werden. Dafür seien abschließend noch ein paar Stichworte genannt.

Politik, deren Zukunftsplanung von maschinellen Simulationen abhängig wird und deshalb die US-amerikanische Mißachtung der Ingenieure, von der Akio Morita unlängst sprach, immer weniger gestattet, wird mehr und mehr Anlässe sehen, aller Vernetzung zum Trotz ihr High-Tech-Equipment zu monopolisieren. Dies scheint der erste Grund von CoCom-Listen und deren Unvergänglichkeit.

Zweiter Grund ist der Energiebedarf auch und gerade von Informationssystemen, die auf Arbeitsgeschwindigkeit hin optimiert werden. In der geläufigen Betrachtung dominiert zwar die Fiktion, Information sei als geschlossenes System nicht auf Energie angewiesen. Diese Fiktion bricht aber im globalen Maßstab zusammen, nicht ohne dabei empirische Züge anzunehmen. Trennlinien des 21. Jahrhunderts, wie der Zweite Golfkrieg sie schon einmal in den Wüstensand geschrieben hat: zwischen Information und Energie, Computersystemen und Erdölressourcen, Nord und Süd. Diese strategische Lage – und als strategische Geräte der maschinellen Kryptoanalyse wurden die Maschinen, auch wenn zumal nach dem Ende des Kalten Krieges niemand mehr davon spricht, ja entwickelt – dürfte das nächste Jahrhundert dominieren. Der Zweite Golfkrieg ging (allen Protestspruchbändern zum Trotz) gar nicht mehr um Öl oder Energie. Er war, um die Exportchancen von High-Tech zu begrenzen, eine mit Waffengewalt erneut durchgesetzte CoCom-Liste.

Mensch, ärgere Dich nicht über Computer-Kunst

Derrick de Kerckhove

In dem Roman und Film *Fahrenheit 451* entwirft Ray Bradbury eine Gesellschaft, in der Bücher verbannt sind, weil ihr zerstörerisches Potential unterbunden werden soll. Der Roman trägt seinen Titel nach der Temperatur, bei der Papier zu verbrennen beginnt. Jegliches Papier ist dort verboten und fällt der Zerstörung anheim. Die Polizei ist extrem wachsam, deshalb sind die Widerstandskämpfer dazu übergegangen, die wichtigsten Bücher auswendig zu lernen und heimlich ihr Wissen mündlich weiterzugeben. Übelgelaunte Kinder lernen widerwillig, *Krieg und Frieden* oder die *Göttliche Komödie* auswendig aufzusagen. Es braucht eine lange Zeit, große Literatur auswendig zu lernen, aber noch länger braucht man, die Welt zu verändern.

Bradbury konnte die papierlose Gesellschaft nicht vorhersagen, als er sein erfolgreiches Buch schrieb. Auch konnte er nicht ahnen, mit welcher Geschwindigkeit soziale, kulturelle und psychologische Veränderungen durch die neuen elektronischen Medien eintreten würden. Dennoch illustriert er in seinem Buch deren Folgen. In den dreißig Jahren in denen die Berliner Mauer entstand, sind wir, ausgelöst durch die neuen Medien, durch drei tiefe Wandlungen unserer Gesellschaft gegangen. Man muß sich vor Augen halten, daß es 1961 keine einzige Science-fiction-Story gab, die prophezeite, daß zwanzig Jahre später der PC den Weltmarkt überschwemmen würde. Doch die frühen Sechziger schufen die Hippies, einerseits die unheimlichen Kinder des Nachkriegs-Phänomens, doch in Wirklichkeit Kinder des Fernsehens: Die verborgene Wahrheit dieser Zeit ist, daß das Fernsehen den Körper zurückverwies in den literarischen Geist. Doch während wir Drogen rauchten, konnten wir – trotz des üblichen historischen Rückschritts – den Aufstieg der Yuppies, strebsam, smart, kurzhaarig und mit guten Beziehungen, nicht vorhersehen. Der Yuppie war das Kind des Computers, so wie der Hippie das des Fernsehens war. Statt unauflösbar mit dem System des Marktes verbunden zu sein, wie es bei der Kontrolle des Fernsehens über die Aufmerksamkeit seiner Zuschauer der Fall war, wurde die Aufmerksamkeit der Person vor dem Terminal auf die privaten und persönlichen Ziele des Benutzers gelenkt.

Heute betreten wir ein weiteres Feld: Der Yuppie ist out, der Tod der Punks ist gerade erst überstanden, aber wir wissen nicht, was noch kommen wird. Wim Wenders letzter Film *Das Ende der Welt* arbeitet den EMP-Effekt einer nuklearen Explosion am Himmel auf. EMP bedeutet Elektro-magnetischer Impuls, der die gesamte elektronische Kommunikation zerstört, sobald eine Atombombe nicht in, sondern über einer Großstadt explodiert. Die Protagonisten sind in einem Refugium in Australien gefangen, während die gesamte Kommunikation durch das Unternehmen des Amerikansichen Sicherheitsdienstes, einen indischen Nuklear-Satelliten über dem Pazifischen Ozean zu zerstören, unterbrochen ist. Einem unmittelbaren Tod entkommen, leben sie in Erwartung ihres Strahlentodes.

Obwohl eine Verbindung nicht explizit wird, spielt der Film mit der Idee des Untergangs aller elektronischen Kommunikation. Diese Sichtweise, wenn auch extrem, ist kongruent mit der künstlerischen Schöpfung einer Kultur, die in totaler Abhängigkeit von Elektronik, ihrer Kommunikation und ihren informationsgenerierenden Systemen entstanden ist.

Doch die EMP-Metapher erinnert auch an eine weitere, die geeignet scheint, die Welt, in der wir im Moment leben, zu beschreiben: Wir leben in einer Art menschlicher elektromagnetischer Umgebung. Präziser: Unsere elektronischen Medien arbeiten auf der Basis aktiver Netzwerke, zuallererst der Elektrizität selbst. Die Welt der Bücher ist demgegenüber inaktiv. Die Elektrizität verbindet uns von einem Ende der Welt zum anderen, und wir finden das selbstverständlich. Doch unsere Selbstgefälligkeit sollte die Tatsache nicht überdecken, daß uns die Kommunikation über die Netzwerke der Welt immer abhängiger macht und uns die Verantwortung tragen läßt für Ereignisse, die nicht einmal mehr lokal sind.

Die vor dem Auftauchen des Telegrafen bestehende Kultur der Bücher war ein träges Feld; die Kommunikation war segmentiert und fragmentiert und fand ausschließlich zwischen Einzelpersonen statt. Die Bücher, die die Welt veränderten, benötigten dazu Jahre und manchmal Jahrzehnte. In der Welt der Telegrafen, Telefone und Datenrechner können Programme innerhalb von Sekunden die Welt verändern. Der Geschwindigkeitsunterschied ist beträchtlich, und das bedingt wiederum eine vollständig andere Organisation und ein vollständig anderes Muster der Informationsverarbeitung.

Die Buchkultur als Ganzes, d.h. Zeitschriften, Zeitungen, Bücher, Büchereien, das gesamte Universum der Bücher, ist ein Kommunikationssystem, das zwischen Widerständen abläuft. Jeder einzelne Leser setzt einer bestimmten Botschaft durch Vergleichen einen bestimmten Widerstand entgegen. Die Welt der elektronischen Kommunikation hingegen ist gleichsam eine Welt der Transistoren. Nachrichten werden ohne Widerstand weitervermittelt und kommen in einer Art Rückkopplungsschleife beschleunigt zurück. Und in dem Maße, in dem unsere Systeme immer schneller werden, werden die Bereiche unseres Bewußtseins und unsere Art der Informationsverarbeitung immer mehr vereinheitlicht und immer anfälliger für schnelle, radikale Umwälzungen.

Die Welt der Felder ist ein gutes Bild und ein gutes Beispiel für das, was ich erklären möchte. Ein elektromagnetisches Feld ist ein Bereich, der auf Kräfte und Polaritäten anspricht. Das elektromagnetische Feld unseres Planeten heute bilden Telefone, Telegrafen, das Fernsehen, Computer, Faxgeräte und Satelliten. Damit haben wir das elektromagnetische Feld der Jetztzeit, in dem wir selbst leben. Wir sind Teil dieses riesigen elektomagnetischen Feldes. In diesem läuft nun folgendes ab: Sobald sich ein Medium ändert, ändern sich die Polaritäten, ändert sich also das, was man als den elektromagnetischen Effekt bezeichnen könnte.

Das Fernsehen war das erste wirklich große Massenmedium. Es schuf eine Einbahnstraße der Kommunikation, die vom Bildschirm zum Verbraucher führte, und somit auch eine Massenkultur. Eine Massenkultur, die die Massen beeinflußte, die umfassendes Marketing und Masseninformation im Gefolge hatte, was nicht notwendigerweise gut oder schlecht sein muß, denn ich möchte darüber kein moralisches Urteil fällen. Ich möchte lediglich sagen, daß das Fernsehen eine Massenkultur schafft, die sehr großzügig und sehr offen ist.

Man entdeckt sich ganz allgemein neu. In den sechziger und siebziger Jahren entdeckte man einander und den eigenen Körper durch Anfassen, Fühlen usw. Das Fernsehen ist wie gesagt eine Welt der Hippies. Der Computer jedoch schuf Geschwindigkeit und damit den Yuppie. Ein Yuppie ist ein ganz anderer Mensch: sauber gekleidet und durchorganisiert. Nur eine bestimmte Person ist wichtig, ein bestimmtes Netzwerk, eine bestimmte Sache – ganz anders als die massenorientierte, offene Fernsehkultur.

Die Kultur des Computers ist die Kultur der Schnelligkeit. Nicht große Zahlen zählen, sondern richtige Zahlen – im Handel, in der Industrie, in der Politik und in der Organisation der Gesellschaft. Sie fragen sich, wohin ihre finanziellen Mittel in den achtziger Jahren verschwunden sind? Sie sind verschwunden, weil die Computer genau berechnet haben, was mit den Geldern zu geschehen hat. Und damit war nie genug Geld da. In den sechziger und siebziger Jahren war immer genug Geld da für alles, was man gerne machen wollte. Heute ist nicht mehr genug Geld da, und zwar deswegen, weil uns der Computer wie Irre in Zwangsjacken gesteckt hat, und wir waren ja auch irre – die Hippies waren ziemlich irre!

Die Computer haben uns nun mehr gezwungen, uns anzupassen und korrekt zu verhalten: »Tanz nicht aus der Reihe, oder Du wirst aus dem System eliminiert!« – Geld ist immer eine Frage der Psychologie, nicht der Ökonomie!

Wohin aber gehen wir nun heute? Heute gehen wir in die Tiefe. Heute haben wir Systeme, die über den Bildschirm hinausreichen. Heute leben wir in einer Welt, in der eine einfache interaktive Beziehung mit einem Computer nicht mehr ausreicht. Man muß über diese Beziehung hinaus in den Bildschirm hineinreichen, in die virtuelle Realität der Multi- und Hypermedien. All das beeinflußt die Welt hinter unserem Kopf genauso, wie früher die Welt vor unserem Kopf beeinflußt wurde. Die Welt des Fernsehens ist frontal, die virtuelle Realität aber ist eine Welt von 360 Grad, eine runde Welt. Wir alle leben in einer runden Welt, und diese Kugel reicht bis zum Ende unseres Planeten, bis zum Ende unseres Sonnensystems, denn die Sonden, die Satelliten und all das, was wir tun, zählt dazu. Wir können soweit reichen, wie unsere Satelliten reichen. Satelliten sind die Haut unserer Welt, die Haut unseres Planeten. – Diese Umwelt unterscheidet sich grundlegend von der Welt der Bücher.

Was ist nun ein technomagnetischer Impuls? – Eine Technologie wie das Fernsehen, das Masse bringt; eine Technologie wie der Personal-Computer, der Geschwindigkeit bringt; und eine Technologie wie die virtuelle Realität, die die Tiefe bringt.

Die Folge all dessen sind psychologische Umwälzungen. Wir leben nicht alle in derselben Zeit oder mit derselben Geschwindigkeit. Dies ist nun kein tiefgreifendes Problem, aber immer eine Überlegung wert. Wir alle leben mit verschiedener Geschwindigkeit. Und damit stellt sich die Frage, ob wir unter dem Einfluß des Fernsehens, des Computers und der neuen Technologie noch wissen, wie wir unsere Geschwindigkeit ändern, schneller oder langsamer leben sollen. – Manchmal macht es doch Spaß, sich mit einem Buch zu entspannen.

Der menschliche Geist arbeitet im allgemeinen langsamer als unsere Maschinen. Die menschlichen Kulturen sind langsamer als die entsprechenden Technologien. Worin besteht also unsere Aufgabe? Was ist zu tun? Wir müssen den Menschen die Möglichkeit bieten, zwischen verschiedenen Geschwindigkeiten zu wählen. Darin besteht die Rolle der Kunst. Die Rolle der Kunst in der Kultur besteht darin, die Psychologie auf den neuesten Stand zu bringen und eine Brücke zwischen Technologie und Psychologie zu schlagen, zwischen der Technologie, die die Kultur wandelt, und der Psychologie der Menschen, die sich innerhalb einer Kultur wandeln. Deswegen gibt es Kunst. Geschichtlich gesehen ist die Entwicklung der Kunst immer schneller gewesen als die Entwicklung in der Psychologie, und zwar seit der Erfindung des Alphabets und seit der Zeit der Griechen. Die psychologische Neugier der Romanciers war lange, lange vor der psychologischen Neugier der Psychologen da. Die Dramatiker sind den Theorien über Raum und Zeit weit vorausgeeilt, sie haben die Zeit auf die Bühne gebracht. Wie organisiert man die Zeit, eine Abfolge von Ereignissen, eine kausale Beziehung? Äschylos und Sophokles sagen uns, warum wir etwas tun oder warum etwas auf der Bühne geschieht, und zwar sowohl vor als auch nach dem Ereignis selbst.

Vor der Erfindung des Alphabets existierte die Zeit für die Griechen nicht, ebensowenig wie Raum. Erst bei Äschylos bekommen wir ein phantastisches Gefühl für den Raum. In seinen Stücken werden geographische Namen immer und immer wieder erwähnt, und diese Namen trugen zur Bildung des griechischen Theaterbesuchers bei. Zum erstenmal stellte sich ihm die Welt als eine Reihe geographischer Standorte dar. Das war das Verdienst von Äschylos, lange vor Ptolemäus, lange vor Herodot und Thukydides. Der Künstler kommt also lange vor dem Techniker, lange vor dem Wissenschaftler, aber nach der Technologie. All das hat seinen Bezug zum griechischen Alphabet. Ohne das griechische Alphabet gäbe es keine Geographie, keine Geschichte, weder Raum noch Zeit.

In der Welt eines Stammes existieren weder Raum noch Zeit. Alles ist Gedanke, ist Bewußtsein, ist Kommunikation, aber nichts ist räumlich oder zeitlich. In einer Stammeskultur existiert die Zeit nicht. Wir kennen sie, wir haben die Zeit erfunden. Nunmehr aber sind wir langsam soweit, daß wir die Zeit nicht mehr sicher im Griff haben. Wir sind nicht sicher, ob wir die Zeit als Koordinate unserer Organisation noch werden halten können, und auch im Hinblick auf den Raum sind wir uns dessen nicht sicher. – Was ist virtueller Raum? Kein Raum. – Was ist Echtzeit? Keine Zeit.

Aber die Griechen haben die Zeit erfunden, das Alphabet hat die Zeit geschaffen, das Alphabet hat auch den Raum geschaffen, und der Künstler hat uns gezeigt, wie wir damit umgehen können. Einen ganz klaren Hinweis auf die Funktionsweise der Kunst gibt uns der menschliche Körper.

Bei einem Vortrag über den Biorhythmus, von einem Medizinforscher gehalten, wurde gesagt, daß das Nervensystem in einem Rhythmus von drei Sekunden arbeitet. Ich weiß nun nicht, ob es wirklich drei Sekunden sind – das ist in diesem Zusammenhang auch nicht wichtig. Was ich weiß, ist, daß unser Inneres von Rhythmen beherrscht ist. Und ich weiß weiterhin, daß der Rhythmus unseres Lebens von den Rhythmen unserer Technologie beeinflußt wird – so ist z.B. der Rhythmus des Rundfunks der Rhythmus des Jazz; der Rhythmus des Fernsehens ist der Rhythmus des Rock; der Rhythmus der Computer ist der Rhythmus der Disco-Musik, der Synthesizer-Musik. Diese Rhythmen nun werden von den Künstlern übernommen, die über die Technologie die Biologie interpretieren.

Was bedeutet das? Daß die Biologie den Kern aller Erfindungen bildet. Alles Äußerliche hat seinen Ursprung in unserem Geist oder in unserem Körper. Unsere gesamte Technologie ist eine Veräußerlichung unseres Inneren. Damit haben wir auch einen neuen Kulturkörper. Wie ist dieser Kulturkörper gegliedert? Er verfügt über Sinnesorgane und über eine Haut – und die Haut der Technologie, die Haut der Kultur ist das Design.

Dabei ist unerheblich, ob es sich um das Design eines Zuges handelt, wie z.B. der TGV in Frankreich, oder das Design der Kopfhörer, die zu einem Walkman gehören. Das Design bildet die Haut, die äußere Gestalt. Die Sinnesorgane wiederum sind Malerei, Musik und Bildhauerei; mit Hilfe dieser Sensoren drückt sich eine Kultur aus, und hier ist der Künstler tätig.

Wenn also eine neue Technologie, die ja das Skelett einer Kultur bildet, die gesamte Kultur durchdringt, braucht man sehr viel Kunst, die diese Technologie mit Bezug auf den Körper der Kultur auslegen kann. Diese Beziehung ist grundlegend.

Was ist dann so besonders an Computern? Die dominante Technologie der heutigen Zeit, das Skelett unserer Kultur ist der Computer. Was sagt uns nun die Kunst, sei es nun Computer-Kunst, elektronische Kunst oder Installationskunst, über diese Technologie und über uns? Welche Entwicklungsrichtungen schlägt sie uns vor? Da wir uns nun einmal ändern und wissen müssen, wohin wir gehen, müssen wir auch wissen, was die Kunst uns als Ziel zuweist.

Hierzu möchte ich einige Beispiele geben. Die biologische Entstehungsgrundlage des Computers, das vorherrschende biologische Bild eines Computers ist das zentrale Nervensystem des Menschen. Der Computer ist eine Erweiterung des Nervensystems. Er ist anders als das Fernsehen, das eine Erweiterung des Auges oder der Kamera ist; er ist auch anders als ein Automobil, das eine Erweiterung unserer Gehwerkzeuge ist; und er ist schließlich auch anders als ein Satellit, der eine Erweiterung der Haut darstellt. Der Computer ist eine Erweiterung des gesamten Betriebssystems unseres menschlichen Körpers. Damit ist er auch eine Veräußerlichung des Nervensystems, und wenn Sie mit einem Computer arbeiten, sei es beim Spiel oder beim Programmieren, stellen Sie jedesmal eine direkte Beziehung zwischen Ihrem internen bio-elektrischen System und der externen, technischen Elektrizität des Computers her. Auch besteht eine Ähnlichkeit zwischen der externen und der internen Datenverarbeitung.

Die Computer-Kunst erforscht nun ganz allgemein den Körper, das Nervensystem und die Sinne. Was sind Hyper-Medien? Hyper-Medien liefern umfassende Sinneseindrücke in einer einheitlichen Umgebung, über einen Bildschirm oder einen Rechner. Die Multimedien-Künstler arbeiten mit dem Gefühl, dem Gehör und dem Gesicht, und soweit ich weiß, gibt es auch Versuche mit dem Geruchs- und Geschmackssinn sowie mit vielen anderen kinetischen Sinnen.

Ich möchte hier einmal zwischen zwei Gruppen Computer-Kunst unterscheiden, die ich als harte und weiche Kunst bezeichnen möchte. In der harten Kunst werden harte Fragen gestellt, und diese Fragen sind brutal, absolut brutal. Lassen Sie mich als Beispiel drei Computer-Künstler anführen, die absolut ungehobelt sind. Solche ungehobelten Menschen brauchen wir aber, denn harte Fragen müssen gestellt werden, und sie wissen, wie man sie stellt. Ein Künstler ist wie ein Guerillero: Er schlägt uns ins Gesicht und sagt: »Wach auf! Hier tut sich etwas!«

Ein Beispiel ist das Werk von Stellarc, es ist so abstoßend, wie man es sich nur vorstellen kann. Stellarc ist ein Künstler aus Australien, der widerliche Anhängsel an seinem Körper hat. So hat er sich z.B. einen dritten Arm sozusagen einpflanzen lassen. Er hat versucht, diesen Arm mit seinen Neuronen zu verbinden. Und das Ganze ist absolut abscheulich und gleichzeitig absolut schön. Abscheulich ist es, weil es uns unangenehm ist, wenn uns etwas unter die Haut geht, denn unsere literarische Kultur wird weitgehend durch die Haut geschützt. Seit der Renaissance, seit der Psychologie der Renaissance ist die Haut das Unverletzlichste in unserer Welt. Stellarc stellt uns die harte Frage, wie weit der Austausch zwischen innen und außen eigentlich geht, deshalb ist seine Kunst schön.

Ein zweites Beispiel ist: Marc Pauline. Er leitet das Survival Technology Laboratory in Kalifornien. Er arbeitet mit Computern und Maschinen dergestalt, daß er sie vor dreitausend Zuschauern auf einem großen Parkplatz aufeinander hetzt. Seine Shows sind spektakulär. Er läßt riesige Maschinen – einmal war es der Raketenmotor einer V2 links und rechts explodieren. So etwas sieht man sich an und sagt sich: »Das ist die beeindruckendste Kunstform, die ich je gesehen habe.« Im Innern fühlt man genau dasselbe. Eine erstaunliche Erfahrung. Pauline will uns damit sagen, daß die Elektronik und die Technik nicht wirklich zusammenarbeiten. Die Japaner versuchen, diese Zusammenarbeit zu bewerkstelligen. Sie stellen Transformer her, komische kleine Gestalten, organisch, elektronisch und mechanisch zugleich, die ineinander verfließen. Alles, was Pauline sagt, ist jedoch: Ende der Mechanik – Anfang der Elektronik. Eine harte Frage, eine harte Antwort.

William Gibson, ein Kanadier, erforscht auf phantastische Weise das, was ich als den Abschaum der Elektronik bezeichnen würde. Die Welt von Noromancer ist voll Schmutz. Sie denken vielleicht, daß diese Welt sauber ist wie »Star Trek«, aber das stimmt nicht – sie ist ganz anders als die ganzen Science-fiction-Geschichten und erinnert eher an »Blade Runner«. Schlimmer noch: Es ist eine Welt von schleimigen Substanzen, von veränderlichen Persönlichkeiten, die in die Körper anderer Menschen eindringen, und in der man entdeckt – es ist absolut ekelhaft! – Eines Tages werden wir es schön finden.

Jetzt zur weichen Kunst. Was ist weiche Kunst? Die weiche Kunst besteht darin, die neuen Möglichkeiten zu erforschen, die uns der Computer bietet. Die Erweiterung der Sinne, die Erweiterung unserer Tastfähigkeit. David Rockerbie, mein kanadischer Freund, hat eine Maschine geschaffen, bei der man vor einer Kamera tanzt und damit Töne erzeugt und den gesamten Raum und die gesamte Fläche zu einer Erweiterung des eigenen Körpers macht. Diesem Mann ist klar, daß wir innerhalb unseres neuen Koordinatensystems von innen heraus uns über die gesamte Oberfläche des Planeten ausdehnen müssen.

Wenn Ihnen jemand sagt, daß die Musik eine Erweiterung Ihrer Bewegungen darstellt, macht er Sie damit viel größer. Es ist wunderbar, wenn Ihnen jemand sagt, daß Sie bei einem Telefongespräch mit Toronto oder Paris praktisch ohne zu drängeln so groß sind, daß Sie mit Toronto oder Paris sprechen können. Wir sind alle viel größer geworden.

Das ist das Werk unserer Künstler. Sie sagen uns, daß wir größer werden und unsere neuen Möglichkeiten erforschen sollen. Ein anderer Kanadier, Graham Smith, ein Mitglied unserer Gruppe, arbeitet mit Horizon Scan, einem System, das aus einer 360 Grad-Videokamera und einem Recorder besteht. Er war früher in den Bereichen Fotografie und Robotik als Techniker tätig und wurde Künstler, weil er die Möglichkeiten der Fotografie bis zum Ende erforschen wollte. In seiner Arbeit nähert er sich jedoch immer mehr Dieter Jung und anderen Künstlern an, die mit Hologrammen versuchen, uns weiterzubringen und uns zu beweisen, wie sinnentleert die frontale Beziehung ist, die uns die Renaissance vererbt hat. Es ist sinnlos, wenn wir zu unserer Welt eine ausschließlich frontale Beziehung haben.

Die Welt umgibt uns, und wir müssen in ihr leben. Die Holographie ist eine kubistische Kunstform – wir sind gleichzeitig drinnen, draußen, darüber, darunter und überall. Der Horizont? Er existiert nicht mehr. Es ist also wichtig, daß wir uns auf die neuen Möglichkeiten besinnen. Und dann – Geoffrey Shaw, der durch den Bildschirm hindurchreicht! Sie gehen durch den Bildschirm hindurch, hinein in eine komplette Umwelt.

Ich möchte noch kurz erwähnen, welche dominanten psychologischen Eigenheiten die neue Computerkunst für uns erforscht.

Zunächst einmal sind wir nicht länger Männer und Frauen der Renaissance. Den Menschen der Renaissance hat da Vinci dargestellt, und das war einmal. Der frontale Mann, die frontale Frau; daß Maß aller Dinge frontal; das Maß aller Dinge der Mensch, umgeben von einem perfekten Kreis und perfekten Winkeln – all das ist Vergangenheit. Heute ist das Maß aller Dinge unser Planet mit uns, die wir auf ihm leben – eine große Umwälzung. Die Welt ist nicht mehr frontal, sie umfaßt alle Seiten, und wir sind gezwungen, eine Psychologie des rückwärtigen zu entwickeln. Die Psychologie der Stirn haben wir schon lange, aber nunmehr benötigen wir auch eine Psychologie des Hinterkopfs, des Rückens; wir müssen uns mit unserem Rücken befassen, wir müssen mit ihm sehen. Der Mensch der Renaissance hatte Augen; Augen waren sein wichtigstes Sinnesorgan. Heute ist die Welt der Augen begrenzt, sehr eng begrenzt. Mit Hilfe der Computer begeben wir uns heute in unsichtbare Welten, in die Tiefen atomarer, molekularer und genetischer Strukturen. Das sind unsere neuen Augen, die Augen des Fühlens. In seiner *Summa Theologica* hat Thomas von Aquin gesagt: »Die Grundlage aller Sinne ist der Tastsinn.« Natürlich ist es der Tastsinn. Mit der Digitalisierung aller Sinne ist der Tastsinn zur gemeinsamen Sinnesgrundlage geworden. Wir leben heute in einer Welt, in der der Tastsinn wieder der Bezugspunkt ist. Selbst in einer virtuellen Realität, in dieser Welt des Gesichts und Gehörs, ist noch der Tastsinn hinzugekommen, der uns das höchstmögliche Realitätsgefühl vermittelt – denn die Realität ist immer noch berührungsabhängig, wie der Heilige Thomas gesagt hat, der andere, nicht Thomas von Aquin.

Zum anderen: Die künstliche Intelligenz ist ein Witz. Intelligenz ist immer künstlich und ist es seit der Erfindung des Alphabets auch immer gewesen. Das Alphabet hat künstliche Kategorien, Charakteristiken und Organisationsmöglichkeiten geschaffen; man rede mir also nicht über die künstliche Realität, die durch den Computer geschaffen wird.

Die reale Welt ist eine Ausweitung der Intelligenz. Ein Computer ist auch ein Verstärker. Die Kunst zeigt uns, wie wir unsere eigene Intelligenz in einem interaktiven Prozeß verstärken können. Die Welt der Intelligenz wird immer mehr veräußerlicht. Die Datenverarbeitung findet heute gänzlich außerhalb unserer Köpfe statt; früher lief die gesamte Verarbeitung innerlich. Die Verarbeitung als solche ist heute gänzlich äußerlich, und in die Welt der Intelligenz drängt sich ein wachsendes Maß an Mehrfachbewußtsein. Am kritischsten dabei ist, daß wir noch nicht wissen, wie wir in einer Umgebung ohne Zeit und ohne Raum leben sollen.

Die Arbeit der Computer-Kunst steht erst am Anfang; sie ist immer noch sehr primitiv, und vieles ist verdammt langweilig. Andere Arbeiten jedoch versprechen die Entdeckung der Zeit- und Raum-Strukturen, bieten die Möglichkeit, die Zeit auszuweiten, den Raum zusammenzuziehen, neue Formen des Raums zu schaffen, Raumebenen zu ändern – es ist fantastisch. Wir sind heute in der Lage, Gerüche in der Raum-Koordination zu übersetzen. Hier haben wir also die Kunstform der Zukunft – es kommt einiges auf uns zu.

Freihandzeichnungen zur »Computer-Kultur«

Oswald Wiener

1.

Es ist billig, immer noch weitere Verbreitung des Computers und globale Einflüsse auf Lebens- und Denkbedingungen vorherzusagen. An welchem Punkt aber geht die Umweltveränderung durch das Werkzeug in eine Veränderung der »Denkweisen« über? Wie? . . . Denkweise wessen? Spätestens seit McLuhan hat die Massenkultur ihre angemessene, d.h. extrovertierte und sentimentale Philosophie, empiristisch ohne Empirie, strukturarm und charismatisch. Aber ist Wandel der wissenschaftlichen Paradigmata oder gar schon der subkulturellen »Kollektivvorstellungen« (Levy-Brühl 1921: *passim)* gleichzusetzen mit einer Veränderung an den Mechanismen der Erkenntnis? Die Hauptthesen meines Beitrags sind die folgenden:

- In all seinen bisher bekannt gewordenen Anwendungen ändert der Computer nichts an der Natur des menschlichen Verstehens und der menschlichen Kreativität. Er erweitert die Kapazität des menschlichen Gehirns nicht grundsätzlich, sondern in eigentümlicher und beschränkter Weise, insofern er den denkenden Apparat von Ordnungs-, Darstellungs- und Gedächtnisleistungen entlastet, die dem eigentlich kreativen Vorgang äußerlich sind. Diese Ordnungs- und Darstellungsformen verdanken sich selbst einer vorangehenden Leistung der menschlichen Intelligenz. Von qualitativen Sprüngen – radikal neuen Erkenntnisarten – mit Hilfe des Computers kann nicht nur in absehbarer Zukunft keine Rede sein, denn der Computer verkörpert unübersteigbar die traditionellen Prinzipien der »klaren Erkenntnis« (Church-Turing-These).
- So interessant die öffentliche Diskussion um die soziologischen und sozialen Auswirkungen des Computers in dem ihr zukommenden Rahmen auch sein mag: ihre Inhalte sind historisch vorgegeben, Computer oder auch »Medien« erhalten in ihr unangemessene Prominenz. Das überproportionale Wachstum der Bürokratie zum Beispiel, und das darin zum Ausdruck kommende

Bekenntnis zu hausmännischer Rationalität sind primäre Faktoren einer Entwicklung, die durch den Einsatz des Computers nur unterstützt wird. Das gilt auch für einschlägige Merkmale des zeitgenössischen Lebensgefühls: naiv mechanistische Stimmungen und Weltanschauungen und die komplementierenden Irrationalismen waren als unbewußte Rezeption des Verwaltungsformalismus und dann der wissenschaftlichen Prinzipien des neunzehnten Jahrhunderts, weit verbreitet, lange bevor der Computer als philosophisches Modell zur Hand war.

— Desgleichen ist die Krise der betrachtenden und der ausgeübten »Geisteswissenschaften« viel älter als der Computer. Seine Existenz mag jedoch akzidentell die Frage beantworten helfen, wem, welchen Ideen und welchen Bedürfnissen Kunst oder geisteswissenschaftliche Philosophie heute und demnächst dienen können und sollen.

In dem mir zugemessenen knappen Rahmen kann ich diese Ansichten nur skizzenartig begründen.

2.

Der Einsatz des Computers als bloße Rechenmaschine und zur Prozeßsteuerung schon kann »philosophisch hinterfragt« werden (garantierte Resultate vs. »versuchende« Allgorithmen, Maschinenebene vs. Anwender-Interpretation usw.), und man kann freilich schon das Verfügbarwerden schierer Kapazität als qualitativen Wandel des Denkens ansprechen. Was mir an diesem Engel'schen Rezept überhaupt noch diskutierenswert scheint, nehme ich in die folgenden Punkte hinein.

Im Hinblick auf Simulation ist der heutige Computereinsatz in Chemie und Materialkunde (etwa auch im *rational drug design)* ein gutes Beispiel. Es imponiert, daß die Geometrie von Molekülen und die Dynamik von Molekularkräften auf dem Bildschirm sinnfällig symbolisiert werden, daß etwa Pharmakologen, durch Anblicke geleitet, gezielt nach Stoffen suchen können, die vorgegebene Raum- und Kräftebedingungen erfüllen. Noch mehr beeindruckt, daß Eigenschaften komplexer Moleküle aus den ersten Prinzipien der Quantenphysik nunmehr in konkreten Zahlen abgeleitet werden, daß eine fast schon vollwertige Chemie ohne Gerüche und Temperaturen möglich geworden ist, die beispielsweise aus der Mikro-Konfiguration von Treibstoffen Anleitungen zur Gestaltung von Brennkammern gewinnt. Ähnlich Großartiges steht auf vielen Gebieten an, ja gerade auch in der Mathematik selbst — wenn man Jenen Glauben schenken will, die aus Einrichtungen wie etwa dem *Geometry Center* der Universität von Minnesota *(National Science and Technology Research Center for Computation and Visualization of Geometric Structures)* die Mathematik der Zukunft hervorquellen sehen.

Ich habe hier zu fragen, was aus solchen Beispielen für den Begriff einer »Computer-Kultur« zu gewinnen ist. In den genannten und in vielen anderen Bereichen ist der Computer ein »listiges Hilfsgerät« (Tschuang Tse 1951:101). Er ermöglicht den Einsatz der Sinnesorgane, Auge vor allem und vielleicht demnächst Ohr und Tastsinn, als Organe des Denkens. Aber das sind sie stets gewesen. Unsere Begriffe sind zunächst implizit in der Topologie unseres sensomotorischen Apparats, und es ist ohne Frage ein weiser Trick, seine Analyse-Macht der symbolischen Explikation vorzuschalten, so weit das nur immer möglich ist. Derart ersetzt aber der Computer die Leistung der Wahrnehmung nicht; er unterstützt sie durch Entlastung des Nervensystems von der bewußten oder vorbewußten Arbeit, »Vorstellungsgegenstände« stabil und ihre Veränderung im Rahmen der jeweils vorausgesetzten Bewegungsgesetze zu halten. Spekulativ merke ich an, daß indessen die Arbeit an der Stabilisierung etc. selbst eine wichtige Voraussetzung der Kreativität sein könnte. Die charismatische Rede von der »Externalisierung der Bilder« geht an der Tatsache vorbei, daß auf dem Computerschirm zwar Bilder, aber keine Vorstellungsbilder erscheinen – daß *mental images*, so wenig wir über sie wissen, etwas fundamental anderes als Bilder sein müssen (das läßt sich schon aus der Forderung ableiten, daß Homunculus-Denken vermieden werden soll, aber es gibt auch starke empirische Argumente dafür). Wir wissen ja nicht einmal in der zum Philosophieren nötigen Deutlichkeit, was wir mit dem Wort »Bild« meinen, da ein Gegenstand ja allein durch uns heute noch unbekannte Leistungen des kognitiven Apparats zu einem Bild wird; rein praktisch aber läßt sich behaupten, daß das Vorhalten der Bilder auf dem Computerschirm für die kreative Arbeit neben Erleichterungen auch Einschränkungen suggestiver Art mit sich bringt.

Die Möglichkeiten des Computers in den angedeuteten Hinsichten zu bagatellisieren, wäre lächerlich, aber geradeso naiv wäre es, zu meinen, daß mit ihnen die Natur des Denkens veränderbar geworden ist. Prinzipiell findet hier nach wie vor statt, was geschah, als Watson und Crick mit Sperrholzmodellen nach *hidden variables* der Mendelschen Experimente suchten und als man Lösungen der Schrödinger-Gleichung mit Hilfe von Papier und Bleistift fand.

Wie viel und wie wenig der Computer an der Qualität unseres Denkens ändern kann, zeigt sich am besten in der »experimentellen Mathematik« der Komplexitätsforschung. Der Bonus des Computers ist auch hier, daß die experimentierenden Forschungen überhaupt über die einfachsten Fälle hinauskommen (es ist nicht sehr schmeichelhaft, zu erkennen, daß unser Gehirn ohne Hilfsmittel schon bei Turing-Maschinen mit fünf Zuständen und binärem Alphabet am Ende ist, s. etwa Brady 1988). Wir können also komplexe virtuelle Maschinen auf dem Computer laufen lassen und ihr Verhalten dokumentieren. Partition von Turing-Maschinen in Moduln, Finden zielführender Substitutionen, Ergänzungen und verwandte Mittel der Erkenntnis sind jedoch i.A. nicht berechenbar; der wesentliche Punkt daran ist, daß zum Beweis der Äquivalenz zweier neu vorgelegter Maschinen — unabdingbar zur Einsicht in Komplexität — vorhandene Methoden i.A. nicht genügen, und daß der Computer, solange er nicht selbst denkt, zur Konstruktion neuer Verfahren nur niedere (wenn auch ausgedehnte) Dienste beitragen kann.

Unter dem Aspekt »Computer-Kultur« drängen sich freilich auch noch andere Gedanken auf. Wenn es das Ziel des menschlichen Erkennens ist, komplexe Zusammenhänge in für das Gehirn beherrschbare Moduln zu zerlegen, so könnte, allein auf Grund der Rechenkapazität des Computers, die Pragmatik derart den Vorrang erhalten, daß die Erkenntnis, freilich auf neuem Niveau, wieder auf die naturvölkerhafte »Erfahrung im Umgang mit den Dingen« gestellt ist — auf das Wissen etwa, daß sich ein benutztes »Modell« über bestimmten Inputklassen innerhalb dieser oder jener Vertrauensgrenzen so und so verhält, ohne daß man sagen könnte, welchen Bezug zur Struktur des »Modellierten« das im einzelnen hätte:

- Mit ausreichender Rechenkapazität können Zusammenhänge bis zu einem gewissen Grad ohne Einsicht in tiefere Mechanismen, quasi auf ihrer Oberfläche algorithmisch abgebildet werden (Simulation auf Phänomen-Ebene).
- Man kann mit statistischen Mitteln und mit solchen der Optimierungstechnik die algorithmische Komplexität einer Struktur auf Tabellen, etwa Matrizen, »verdichten«; die Transformationsleistung der Matrix mag in engem Rahmen u.U. akzeptabel ausfallen, doch bleibt — oft sogar bei einfachen Verhältnissen — die ursprüngliche Struktur unspezifiert, und der Superpositionscharakter der Tabelle läßt nur die oberflächlichsten Interpretationen zu (das ist z.B. bei den quasi faktor-analytischen *grey boxes* der »Nervennetz«-Schule der Fall). Die Überlegenheit solcher Mechanismen über die reine Input-Output-Tabelle ist durch die Möglichkeit automatischer Extrapolation gegeben, aber unser strukturmanipulierendes Denken wird sich ihnen nur in verzweifelten Lagen anvertrauen.
- Man folgt (wie in der Tat immer schon, wenn auch bisher mit Maß) den Meßdaten nach dem Prinzip von einfacher Regel und Ausnahme, aber nunmehr wäre dem Überhandnehmen von Ausnahmen, sozusagen in Mißbrauch der zur Verfügung stehenden Kapazität, eine Grenze gesetzt, die nur mehr von der Technologie bestimmt wird: Machs »Denkökonomie« (Ockham's Rasiermesser) ginge an die Börse.

Von diesem Blickwinkel her – Zurücktreten der beweisenden Einsicht hinter die topographischen Expeditionen ins Computerland – ist jedenfalls gerade den populärsten Bereichen der »experimentellen Mathematik« bereits der Status als Mathematik abgesprochen worden (Krantz 1990: 363). Ich kann mir vorstellen, daß in Zukunft Fragen nach *hidden variables* auch dort als sinnlos vermieden werden, wo mit entsprechender Ingenuität sehr wohl fundamentalere Modelle konstruiert werden könnten.

Solche Bedenken schürt beispielsweise die Behandlung des Vierfarben-Problems durch Appel und Haken. Einmal bleibt die natürliche Sehnsucht nach konzisen Modellen unerfüllt. Das an sich ist vielleicht nicht bedeutsam, denn es gehört zu den Erstaunlichkeiten der Theorie der Berechenbarkeit, daß wir kein Verfahren zur Entscheidung der Frage haben, ob ein einfach zu formulierendes Problem eine vergleichbar einfache (oder überhaupt eine) Lösung besitzt. Der psychologische Effekt des Appel/Hakenschen Unternehmens ist es aber, daß das Vierfarben-Problem entwertet erscheint: die Topologen wenden sich anderen Fragen zu. Der Appel/Hakensche Beweis (»Beweis«?) bleibt bis auf weiteres ein erratischer Block, besser eine einsame Sonde in unüberblicktes Terrain, in welchem ein traditioneller Beweis (oder der Beweis, daß jeder Beweis die traditionellen Mittel übersteigt) wertvolle Zusammenhänge sichtbar machen würde. Ist das ein Vorbote künftiger Entwicklung oder eine Fortsetzung der alten?

Sicherlich, die Ränder unseres Wissens sind immer (manchmal weit hinauswehende) Fasern gewesen. Die Bedeutung dieses Falls betrifft indes weniger das Theorem, vielmehr eine neue Problematik des neuen Instruments – was ist der generelle Status von Computerbeweisen? Programm-Verifikation ist ja selbst ein Problem der Komplexitätsreduktion, Gelingen ist nicht garantiert. Was geschähe, wenn einmal zwei verschiedene Computer-Beweise, je zehntausende Zeilen *code*, hunderttausende Zeilen *trace*, beim Fehlen überschaubarer Gegenbeispiele einander widersprechen? Oder auch: Welchen Status hätte ein von einem Programm abgeleitetes Theorem (verstanden als Zeichenkette), wenn interpretierende Modelle fehlen? Was geschieht, wenn wir es zwar interpretieren, aber über die generierende Dynamik im Modell nichts aussagen können?

Die Linie solcher Fragen weist auf die Problematik der Simulation zurück. »*Virtual reality*« als Forschungsinstrument erleichtert Bewegungen in der Landschaft einer Hypothese, Experimente in dieser Umgebung werden i.A. zu Experimenten außerhalb der Simulation führen, und die letzteren Experimente wären immer auch Tests der Simulation. Aber mit dem ideellen und materiellen Einsatz wächst auch die Versuchung zum Symptom-Kurieren – was muß geschehen, damit eine einmal erarbeitete Simulation aufgegeben wird? Werden Paradigmenwechsel in eben dem Grad hinausgezögert, in dem die Darstellungskapazität erweitert und Parametrisierung erleichtert ist? Ich habe einst mit dem

Gedanken gespielt (Wiener 1969:149,166; s.a. Loftus 1985: 149-156) daß Kopernikus, hätte er einen Computer zur Verfügung gehabt, alle Meßdaten klaglos in der Epizykel-Idee unterbringen hätte können — eine Menge praktischer Bedürfnisse wäre befriedigt, immer genauere Meßdaten könnten vollautomatisch akkomodiert werden etc., aber Theorien anderer Naturerscheinungen wären Monster oder stünden beziehungslos daneben.

Natürlich möchte man instinktiv den Erfolg solcher Bastelei nicht für möglich halten. Aber wenn man sich etwa den Zeitraum zu Gemüt führt, in dem Computermodelle in der Psychologie (auf diesen Bereich zielt Loftus) — sogar ohne jeden Aufweis praktischer Leistung — für die modellierte Sache selbst ausgegeben worden sind und werden, dann erkennt man, welche Mittel der Computer einfachen aber unsinnigen Hypothesen an die Hand gibt, sobald sie wenigstens irgendeinen Ausschnitt der Erfahrung decken. Hinzu rechne man das Überwiegen von Geld und Fama, heute, über das obsolete Ideal des Strebens nach Einsicht, einen *ad hoc*-Lösungen günstigen Markt, und vor allem die mit Steuergeldern klotzende Planungsgläubigkeit der Bürokratie. Ernsthaft in diese Richtung zu prognostizieren scheint dennoch absurd.

3.

Es ist selbstverständlich, daß die Bürokratie zu den eifrigsten Anwendern des Computers gehört. Die neuen Möglichkeiten zu Überwachung, Dokumentation, Steuerung, Einengung des bürgerlichen und privaten Spielraums, Verfeinerung der Gewalt etc. werden längst schon weithin diskutiert (s. etwa Weizenbaum 1978, Burnham 1983), ich fasse mich daher besonders knapp.

In vielen Aspekten der sozialen Entwicklung, die den konservativen Geist beunruhigen, ist der Computer nicht Ursache, sondern ein Instrument unter anderen. Einfluß und Wirksamkeit des Instruments werden gerne falsch eingeschätzt, weil sich diejenigen, die darüber protestierend nachdenken, an den gleichen unzulänglichen Idealen orientieren wie die philosophischen Befürworter, und die gleiche Mission in sich fühlen, die Lebenswelt der Anderen an simplistischen Leitgedanken wohlwollend zu regulieren. Auf beiden Seiten ist der empiristische Geist am Werk, der die Anlage des Menschen als außengeleitet und grenzenlos verformbar versteht, und mit Maßnahmen, die eine Änderung des Verhaltens erzwingen sollen, schon das sich Verhaltende geändert zu haben meint.

Wer etwa, wie Burnham, den durch den Computer beschleunigten Niedergang der Öffentlichkeit beklagt, warnt vor dem Verlust einer Fiktion. Wer das Individuum schon gerastert und bemeistert sieht, hält den Überraschungeffekt der neuen Mittel für permanent. Aber der Effekt klingt bereits ab – was übrig bleibt, ist der alte Wettlauf von Berechnung und Gegenberechnung. Es mag vereinzelt Individuen geben, die das im »Medium« Dargestellte für »die Wirklichkeit« halten; die große Mehrzahl zumindest in Europa ist aber imstande, denke ich, in der Botschaft Bild, Absicht und Rauschen effektiv, wenn vielleicht auch nicht immer völlig bewußt, zu unterscheiden. Die Unterschätzung des »Publikums« dient eben auch einem Interesse – dazu stimmt beispielsweise, daß unter den Gründen für das zunehmende Versagen der Polls so selten das erwachende Verständnis der Befragten für weitere Zusammenhänge genannt wird; weiter beginnt eine zunehmend auf das Medium selbst gerichtete Gegenberechnung der Nachrichtensubjekte die Idee der nicht-invasiven Beobachtung *ad absurdum* zu führen.

Andererseits ist zu bedenken, daß kleinere Katastrophen der von Weizenbaum erwarteten Art (in Gestalt des Irrlaufs computerisierter Börsenverfahren etwa) in der Tat bereits aufgetreten sind. Der Grund für solche Zwischenfälle ist natürlich, daß man es der Theorie *qua* Selbstlauf schon in dieser unserer ersten Anfangsphase erlaubt, Lebensumstände zu entscheiden. Insbesondere ist es erstaunlich, daß man die »Rationalisierung« gerade auch auf Bereiche offenkundig schneller *Evolution* zerrt (Markt, Gesellschaft, Krieg), als ob das Tempo der Algorithmen irgendwie die unberechenbare Veränderung der Zielbedingungen kompensieren könnte.

Wie ich es sehe, ist der vorsichtige Computer-Einsatz in Verwaltung und Planung vernünftigerweise kaum zu verurteilen, auch wenn er einen Wandel des »Privaten« und der »bürgerlichen Freiheit« mit sich bringt. Es fehlen indes empirische Untersuchungen des Ausmaßes, in welchem die neuen Verwaltungsinstrumente unsinnige Verhältnisse ebenso stabilisieren helfen, wie ich das für unsinnige Hypothesen angedeutet habe – diese Möglichkeit wäre hier ernster zu nehmen, weil politische Entscheidungen sehr viel vageren Kriterien unterliegen als naturwissenschaftliche Hypothesen. Gerade hier freilich vermag ich aktuelle Gefahren speziell des Computer-Einsatzes nicht auszumachen.

Die zunehmende Komplikation der sozialen Welt kommt zwar offenbar nicht, wie von den alten politischen Entwürfen gemalt, als globaler Umbruch, sondern als Versuch-und-Irrtum in zahlreichen Nischen des *status quo,* und der »Irrtum« erweist sich als lebensfähig, wo er in früheren Phasen, ohne technisches Polster, sofort untergegangen wäre. Die Software dieses Kissens residiert jedoch nicht in Computern, sondern in Köpfen, und die »Macht des Computers« reicht nicht weiter als sein Mythos. Es ist wahr, primitive Ideologien und barbarische Regime behalten Spielraum, Naturvölker können sich weiter an ihr Terrarium binden, solange der Steuerzahler Quarantäne-, Monitor- und Vorhersagenapparate finanziert; in unserem eigenen Staat erweitert sich die Partizipation der Inkompetenten, und auch der plündernde Bürger noch kann in der Herde gehalten werden. Aber ist das eigentlich »Computer-Kultur«?

Ähnlich skeptisch stehe ich den rezeptträchtigen Generalisierungen der Computer-Auswirkungen am Arbeitsplatz gegenüber – die frühen, ideologisch motivierten Sorgen um die »Maschinisierung« des »Menschen an der Konsole« durch den Kapitalismus haben sich übrigens von alleine verabschiedet. Weniger durchsichtig scheinen mir aber die potentiellen Konsequenzen jener Ideen, die den Computer, womöglich vom Vorschulalter an, in das Zentrum der Erziehung stellen wollen. Der Mangel an soliden empirischen Untersuchungen läßt meines Erachtens derzeit nur gefühlsmäßige Einschätzungen zu. Ich folge der Auffassung, daß sich der Programmierer zu Ordnung und Klarheit, insbesondere Lückenlosigkeit (relativ zur Problemstellung) der Vorstellungen erzieht, nicht aber jener, daß Systematik unabdingbar oder auch nur hinreichend für schöpferisches Denken ist – der Naturwissenschaftler oder Mathematiker käme nicht weit, wenn er sich in erster Linie um Darstellbarkeit in gegebenen Formalismen kümmern wollte. Für mein Teil habe ich überaus deutlich die Vorteile erfahren, die ein mechanistisches Herangehen an Probleme aller möglichen Bereiche mit sich bringt; daß mir auch die Erkenntnisquellen des Unübersichtlichen, der Sprunghaftigkeit und der Widersprüchlichkeit nicht versagt sind, verdanke ich vielleicht doch dem Umstand, daß ich nicht von Anfang an zu »wesentlichen« und konsistenten Formulierungen gezwungen worden bin.

4.

Ich habe noch ein Weniges zur »Computer-Kultur« in der Kunst anzumerken. Ich sehe fließende Übergänge zwischen verschiedenen Arten von Kunst:

- Selbstversuch in bisher unzulänglich erfaßten Bereichen der Psychologie, experimentelle Ästhetik als gewollter oder unfreiwilliger Beitrag zur Erkenntnistheorie. So wichtig Kunst in diesem Sinn bisher auch gewesen ist, es ist fraglich, ob sich solche Erste Forschung auch künftig einen selbständigen Status bewahren kann. Computer könnten in diesem Bereich, so meine ich, wieder nur bei der Modellierung, hier: »ästhetischer Vorgänge« etc., eine Rolle spielen, und diese Rolle wäre eine wissenschaftliche.
- Kunst für Sub-Eliten als Memento unhaltbar gewordener Spiritualitäten, Transzendenzmarkt. Unter anderem rechne ich hierzu: Demonstration (Insinuation) von Freiheit (Ablehnung konstruktiven Denkens, Reaktivität *ex tempore,* Spätdadaismus); Gedankenkunst (Große Analogie, Wissenschaftspanto-

mimik); charismatische Philosophie (viele Varianten: Wittgenstein, Heidegger, heute Lyotard, Derrida etc., auf Feuilleton-Ebene Baudrillard, Flusser etc., Holistik, New Age); »Material«- und »Medien«-Mystik (Selbstlauf des Mediums als Gestaltung); aber auch »art brut«, Kunst zur Verifikation von Gruppenidentität (neo-ethnische Kunst, Frauenkunst, Schwulenkunst, grüne Kunst, »Kunst im öffentlichen Raum« etc.); und daraus Vermischtes. Dies ist das Feld für die »chinesische Wissenschaft« (Levy-Brühl 1921:341) der zeitgenössischen philosophischen Ästhetik, allgemein das Ökotop der Geisteswissenschaften.

Diese Kunst wird stets versuchen, empirische Erkenntnistheorien und jede mit ihnen verbundene Ästhetik zu ignorieren beziehungsweise zu »transzendieren«; G. Günther faßt diesen Geist gehörig im alten Bild des *rite of passage* (zitiert in Bammé et.al. 1983:158): »die Kritiker, die beklagen, daß die Maschine uns unsere Seele ›raubt‹, sind im Irrtum. Eine intensivere, sich in größere Tiefen erhellende Innerlichkeit stößt hier mit souveräner Gebärde ihre gleichgültig gewordenen, zu bloßen Mechanismen heruntergesunkenen Formen der Reflexion von sich ab, um sich selbst in einer tieferen Spiritualität zu betätigen« – »in tieferer Spiritualität«, wohlgemerkt, nicht »mit tiefer liegenden Strukturen«. Wie weit sich diese Kunst und Gesinnung neben einer etwa einmal effektiv gewordenen naturwissenschaftlichen Ästhetik behaupten wird können, ist schwer zu sagen, da es sich um ein soziales Subsidenzphänomen handelt. Die an sich negative, ansonsten unterschätzende oder im Gegenteil mystifizierende Einstellung zum Computer schließt natürlich die spielerische Verwendung nicht aus: rationale Kunst als »Sichtbarmachen von Strukturen«, etwa auf der Linie des Hofstadterschen Kunstverständnisses (auch mit einem Schuß *numen* formal produzierter Komplexität, Zauber der Vier-, etc., -dimensionalität, Effekte flacher Formalismen im menschlichen Verständnis: *»what the computer says would be secondary to the fact that it says it correctly«,* Chamberlain 1984:7); »Interaktive Kunst« (Computer-Happening); Parodie, Ironie der Technik; etc. (vgl. zu all dem etwa die Exponate der Linzer *ars electronics).*

– Unterhaltungskunst. Diese robuste Sparte hungert nach anwendungsfähigen Ergebnissen der Ästhetik und Fortschritten in der Computer- und Medientechnik, um ihre ewige Botschaft immer wieder durch die Barrieren der Übersättigung bringen zu können. Da sich die interessierten Empfänger dieser Botschaft vorwiegend aus der Jugend rekrutieren, erscheint der proteische Computer also auch als Neotenie-Hormon.

Insgesamt läßt sich eine allmähliche Integration der Kunst in die Massenkultur feststellen, Konventionalisierung der Revolte (die als unkalkulierter Impuls bis vor wenigen Jahrzehnten die Elitenkunst bestimmt hat), Homogenisierung, verzerrt nur mehr durch herausragende Marktstellung einzelner Künstler, Epigonalisierung der Avantgarde. Aber auch unter diesen Streiflichtern erglänzt eine Grundeinstellungen bestimmende Rolle des Computers keineswegs.

5.

In einer »Computer-Kultur« leben wir, aus quasi archäologischer Sicht, insofern der Computer ein Leit-Artefakt unserer Zeit ist, und zum Artefakt gehören Techniken und Umweltveränderungen, die auch den Anthropologen interessieren werden. In den eben angesprochenen Bereichen deutet aber nichts auf Veränderung grundlegender Mechanismen unseres Denkens und Fühlens hin, und im Wandel unseres Denkstils läßt sich nicht gerade Bedeutsames speziell auf den Computer (oder ingesamt auf »Medien«) zurückführen.

Als Kandidat für das Etikett »Computer-Kultur« bleibt meines Erachtens nur eine etwas undeutlich umschriebene zeitgenössische Sub-Kultur übrig, die den Computer zur Leit-Figur ihrer »Arbeitsphänomenologie« (Bachelard 1974: 19 und *passim)* gemacht hat; dazu gehören einige Forschungsphilosophien außerhalb des *mainstream* der Computerwissenschaft, vorwiegend jedoch Astrologie-ähnliche Strömungen in der Öffentlichkeit, in denen der Computer als »evokatorisches Objekt« (Turkle 1984:10 und *passim)* zum Projektionsort von Weltgefühlen geworden ist.

Die populäre »Computer-Kultur« verdankt der Philosophie der Künstlichen Intelligenz starke Impulse, ist aber offenbar nicht von ihr abhängig. Ihr Kern ist die allgemeinere Tendenz, das Menschliche und das Persönliche tropisch oder kontrastierend an der Maschine schlechthin zu definieren. »Die Maschine« ist dabei immer noch eine etwas undeutliche Gestalt, indes hat der Computer weiten Schichten demonstriert, daß die von simplen Zyklen, Monokausalität, Gleichförmigkeit, naiver Vorhersagbarkeit, eckigen oder rotierenden Bewegungen etc. geprägte alte Vorstellung überholt ist (Begleiterscheinung der neuen Ahnung ist die seit zirka 1975 ambivalent, oft positiv gewordene emotionale Besetzung der Maschine z.B. im Film; Menschen spielen Maschinen, während E. Jünger (1957:177f.) zum Beispiel umgekehrt an eine »neue Kunstgattung« mit Automaten auf dem Kothurn gedacht hatte). Turing meinte 1950, die Phrase »denkende Maschine« werde im Jahr 2000 keinerlei intellektuellen Anstoß mehr erregen, und das hat sich als eine recht konservative Einschätzung erwiesen. Die zumal auf Haushaltsinvestitionen gemünzte Werbungsperspektive des »intelligenten Geräts« wird nämlich anderwärts durchaus ernstgenommen: den neuen Maschinen verleiht »die Computerentwicklung . . . die Fähigkeit zum abstrakten Denken«, es sind »nunmehr auch *Denk*prozesse als Maschinentätigkeit verwirklicht« (Bammé et al 1983:24 – vgl. die berühmte Kundmachung H.A. Simons). Kein Wunder, daß diese halbinformierte Vorwegnahme epochalen Umdenkens ihr Selbstverständis in Computer-Metaphern artikuliert, wie u.A. von Turkle gut belegt, oder sonst innig auf »Differenz« zur Maschine sinnt.

Ich räume hier nur dem Trostprojekt einige Zitate ein. »Es scheint den Wissenschaftlern nichts größere Freude zu bereiten, als am menschlichen Körper maschinelle Strukturen zu entdecken» (ebd.:53), und die »naturwissenschaftliche Logik ist eine Logik des Toten« (ebd.:73). Doch ist »die diffuse Angst, daß objektive, physische Prozesse die Rolle der Seele übernehmen könnten, unbegründet« (ebd.:157): »Lebendigkeit, also Flexibilität, Beweglichkeit, Offenheit, Uneinheitlichkeit, all das steht zumindest teilweise im Gegensatz zu Maschineneigenschaften wie Gleichförmigkeit, Berechenbarkeit, Eindeutigkeit« (ebd.:76). Diese inkohärente, zwischen böser und guter Wissenschaft schwankende Stimmung glaubt mit Forschungsergebnissen zu operieren, wo nicht einmal von Forschungsproblemen die Rede sein kann. Die gute Wissenschaft jedenfalls verkleinert das Transzendenzdefizit mit Rätseln wie »Chaos« (die alte Bedeutung des Worts für die neue genommen), »Selbstreferenz« (man wüßte, was das ist, wenn man wüßte, was »Selbst« und was »Referenz« ist), »Selbstbewußtsein« (dito; jedenfalls das *off limits* für Maschinen), »Paradoxa« u.dgl. mehr. Zwischen den Zonen »Computer als Lebensmodell« und »Metamechanik« existiert aber auch eine ersichtlich viel weiter noch verbreitete halbbewußte und halbherzige Identifikation mit dem Mechanismus. Sie entspringt, meine ich, einer halbbewußten Einsicht in die Vergeblichkeit der Mühe um verhaltenswirksame Definitionen des Humanen, die auf die Bestimmtheiten des Verwaltungsrationalismus, des formalen Rechts, paramilitärischer Betriebsorganisation, auch auf die Erfolge der Naturwissenschaften, vor allem in Form der Apodikta der populären Wissenschaft, stößt. Ich denke, daß hier der eigentliche Hebel neuer Lebensgefühle liegt. Wir wissen zwar, daß Bedürfnisse und Erkenntnisse, nicht aber die Mechanik unserer Bedürfnisse und unserer Erkenntnis nennenswert konditioniert werden können – ihre bloße Existenz als Mechanismus schon setzt eine sehr spezielle und homöostatisch armierte Organisation voraus. Wir bleiben einander ähnlicher als wir wünschen, Persönlichkeit ist eine Laune der Kombinatorik. Werte halten wir zwar nicht mehr für beliebig, sondern für evolviert oder in biologisch vorgesehenen Phasen aufgeprägt: das macht sie aber auch nicht wieder wertvoll. Nicht sowohl unsere neuzeitlichen Energiequellen und ihre durch Computer möglich gewordene Steuerung, sondern das in den verschiedenen Individuen und Kulturen zeitlich so weit gestaffelte Abtreten von Verhaltensdeterminanten wie »Sinn«, »Inhalt«, auch »Ich«, »Schmerz«, »Tod«

etc. lassen den plötzlichen Ausbruch unserer Lethargie in Vernichtungskriege als rationale Maßnahmen des Protektionismus denkbar werden: Kompliziertere Maschinen stellen einfachere einfach ab.

Das Gerede vom unmittelbar bevorstehenden Durchbruch zur Künstlichen Intelligenz gibt all dem nur einen vermeintlich konkreten Bezugspunkt.

Was immer die Logik sonst noch ist, in der Psychologie war sie eine Erste Theorie der »Denkgesetze«. Die Architektur des von-Neumann-Computers, eine Implementation der Logik erster Stufe, ist, unter vielen anderen möglichen, eine ganz spezielle Darstellung der Universellen Turing-Maschine, die sich durch besondere Effizienz auszeichnet. Diese spezielle Architektur verdankt sich einer speziellen Arbeitsphänomenologie, die schon in Babbage's (s. etwa Wilkes 1977: 415-440) Bezeichnungen »store« und »mill« greifbar ist. Ein neuer »Zeitgeist« äußert sich in der Umdeutung dieser merkantilen Analogie in »Gedächtnis« und »Prozessor«. Kein Zweifel, daß die Leute um von Neumann darin nichts als Bezeichnungen sahen, aber schon war das Wort »Elektronengehirn« flügge. Bald erklärte die Kühnheit der Pioniere die Architektur des immerhin konkret vorhandenen von-Neumann-Computers zum Modell des Denkens selbst (etwa Newell und Simon 1972) – ein schlagendes Beispiel dafür, wie logisch starke Generalisierungen zu platten Allgemeinheiten werden können (hier: die Universelle Maschine als *tabula rasa* des Empirismus).

Turings Konzept entstand aus behavioristischen Beobachtungen eines menschlichen Rechners (daher bekanntlich das Wort »Computer«) – in Bezug auf »Architektur« muß man sich aber vor Augen halten, daß im elementaren (und maßgeblichen) Modell der Turing-Maschine Kategorien wie »Gedächtnis« und »Verarbeitung« vag und unwiederbringlich auf den gesamten Vorgang verteilt erscheinen, daß solche Kategorien daher einem tieferen Eindringen in die Strukturen abträglich sind. Nun sind aber Verfahren, Theorien, Hypothesen und sonst ein großer Teil der menschlichen »Denkinhalte« offenbar Turing-Maschinen; es ist sogar zu vermuten, daß wir nur Turing-Maschinen klar verstehen können: Intelligenz – im engen Sinn – ist die Fähigkeit, zu vorgelegten Zeichenketten Turing-Maschinen zu konstruieren, welche die Zeichenketten (unter Nebenbedingungen) erzeugen oder akzeptieren können. Unter dem Gesichtspunkt dieser Formulierung (auf die ich hier nicht näher eingehe, s. etwa Wiener 1990), ist es das Ziel der KI-Forschung, aufzuklären, auf welchem Wege solche Maschinen in der Natur zustandekommen.

Die nächstliegende Hypothese war eben, daß dieser Maschinen konstruierende Apparat selbst eine abgeschlossene Turing-Maschine ist. Hier kam aber arbeitsphänomenologisch die Wirkungsweise der gegebenen Computer in die Quere, und weit davon entfernt, die Konstruktion von *Maschinen* zu thematisieren, suchte man Aufschlüsse über die Konstruktion von *Zeichenketten* (dieser

Weg war auch in der logizistischen »analytischen« Philosophie vorgezeichnet: Denken als Zeichenverwendung, Operieren mit Zeichen – Betonung auf »Zeichen«, Vernachlässigung des Operierens). Das Schlüsselwort war »Datenstrukturen«, eine Maschine kann ja schließlich in Zeichenketten beschrieben werden, aber die virtuellen Maschinen, die man als Strukturen der Daten ansprechen muß, waren immer schon in Betriebssystemen und Anwenderprogrammen vorkonfiguriert.

Der zweite Schub der KI, »Konnektionismus«, sucht löblicherweise unter diese Zeichenschicht zu loten. Die Paradigmata sind nicht mehr »Symbol«, »Langzeit-« und »Kurzzeit-Gedächtnis«, Elementaroperationen und Heuristiken, sondern »Selbstorganisation« und »neuronale Netze«. Eine physiologisierende Arbeitsphänomenologie ist an die Stelle der logico-psychologischen getreten. Das Wort »Volkspsychologie«, für letztere seit etwa 1980 in Konjunktur, geißelt die bisher vorherrschenden einfachen Analogien, aber ich denke daß es derzeit vorwiegend dazu dient, allerlei akademische Modelle der Intelligenz gegen legitime Forderungen nach strukturellen Ähnlichkeiten mit empirischen Tatsachen zu verteidigen. Insonderheit bleibt die Introspektion, z.B. sequentieller und rekursiver Vorgänge, weiterhin disqualifiziert. Unter dem Gebot der Kürze ist es nicht fruchtbar, diese Aspekte hier weiter aufzurollen; ich merke nur erstens an, daß die bisherigen Methoden des Konnektionismus zwar finite Automaten, nicht aber Turing-Maschinen erzeugen können, und zweitens, daß auch die Nerven- und Gehirnforschung zu Ideen über KI außer Warnungen kaum noch etwas beitragen kann. Über Nervenzellen als biochemische Maschinen ist bereits viel bekannt, so gut wie nichts jedoch über ihre Rollen in der »Kognition« – es steht noch nicht einmal fest, daß die Nervenzelle als Grundbaustein des Denkapparats zu betrachten ist (vgl. etwa Alkon 1989: 42-50). Speziell fehlen plausible Konjekturen über Zusammenhänge unseres neurophysiologischen Detailwissens mit unserem Wissen um Steuerungsvorgänge auf höherer Ebene, wie sie sich phänomenologisch und behavioristisch als Eigenschaften der Intelligenz feststellen lassen (Vorstellungen z.B. davon, wie das Gehirn sich »Gegenstände« des Denkens präsentiert). Besonders fühlbar wird dieser Mangel in den in letzter Zeit zahlreichen weiter ausholenden »architektonischen« Entwürfen, in denen sich eine Masse von Wissen immer wieder nur global in die volkspsychologischen alten Formen ergießen kann (vgl. etwa Edelman 1989). Das Verdienst dieser Strömung ist es immerhin, die Leere der Universellen Maschinen für die Psychologie argumentiert zu haben. Gewiß werden manche ihrer in sich interessanten Verfahren sie überleben, wenn auch kaum speziell in der KI-Forschung (wie ja auch aus der Symbolverarbeitungs-KI Programmiersprachen und -verfahren in die allgemeine Informatik gedrungen sind). Andrerseits ist doch erstaunlich, wie ungebrochen diese spezifisch anmutende KI-Naivität schon wieder heterogene und offensichtlich immens komplizierte Vorgänge – man denke bloß an die vagen Einsichten, welche die Aphasie-Forschung in die parallele und sequentielle Modularität der Sprachwerdung von »Gedanken« gewährt – in die Metaphern einer einfachen Technik einzufangen meint, deren Hauptverdienst es ist, zuhanden zu sein (vgl. etwa die Argumente um das »Erlernen« des »Begriffs« des *Exklusiven Oder* durch ein »Nervennetz« in tausenden von »Lern«-Zyklen, wie während des Kongresses demonstriert).

Bezüglich unseres Themas indes ist der »Konnektionismus« schon deshalb dazu bestimmt, die Rezeption der »Computer-Kultur« weiterhin zu fördern, weil die Universelle Maschine seine Spekulationen (eben schon *qua* Hypothesen, dann aber auch als Simulationssubstrat) unterstützt. Das ist nicht seine Schuld; des weiteren aber reden seine Vertreter ebenso leichtfertig von »internen Repräsentationen«, maschinenerzeugten »Hypothesen« etc. etc. wie die Volkspsychologen des ersten Schubs, und die populäre Rezeption muß bloß im Technischen ein wenig umdenken – was ihr bei dem ihr genügenden Niveau nicht weiter schwer fallen kann. Daß, anders als die technischen, die arbeitsphänomenologischen Konzepte, z.B. der »distribuierten Information«, eher die agnostizistische, »spiritualistische« Kritik befeuern, versteht sich von selbst.

6.

Meine Ausführungen des vorigen Abschnitts sollten durchaus nicht als Zweifel an der naturwissenschaftlichen Erklärbarkeit des menschlichen Denkens verstanden werden: ich meine bloß, daß wir von der zu gehenden Meile erst die ersten Zentimeter zurückgelegt haben. Zwar stimme ich Frau Turkle bei, wenn sie die subkulturelle Computer-Metapher als Zeiterscheinung mit der populären Psychoanalyse in der ersten Jahrhunderthälfte gleichsetzt. Ganz anderer Meinung bin ich aber, was die Automatentheorie als Ansatz (und eben auch Arbeitsphänomenologie) der Intelligenzforschung betrifft. Zum ersten Mal in der Geschichte zeichnet sich, wenn auch noch sehr undeutlich, die Möglichkeit ab, das menschliche Denken von physikalischen Bausteinen her zu rekonstruieren. Die Konvergenz von Psychologie, Physiologie und Automatentheorie hat bereits Anschauungen hervorgebracht, die meines Erachtens zukünftigen Entwicklungen standhalten werden, insbesondere z.B. Ideen über die Natur von Theorien selbst.

Ich schließe meinen Beitrag mit einigen Spekulationen zur Idee »Vorstellungen als Maschinen«. Die »Computer-Kultur« verlöre ihre Orientierungsmetapher, wenn gezeigt werden könnte, daß an der Konstruktion von Turing-Maschinen im menschlichen Denken Vorgänge beteiligt sind, die sich nicht selbst als (eventuell »wachsende«) Turing-Maschine darstellen lassen. Diese Möglichkeit scheint mir überaus dünn, auch wenn Autoren im Rang von Penrose darauf wetten. Wie liegt indessen der Fall, wenn es zwar nicht im menschlichen Denken, doch sonstwo in der Natur Prozesse gibt, die anderes Geschehen in irgendeinem strengen Sinn, aber nicht im Sinn der Turing-Maschine berechnen? Viele Physiker spielen heute mit der Meinung, daß solche Vorgänge in der Tat sogar die Basis des Universums bilden. Wir könnten solche Vorgänge in ihrer Struktur (ein neues Wort wäre hier nötig) nicht »klar verstehen«, sondern nur die Oberfläche, mit welcher sie sich in das für uns regelmäßige mesokosmische Maschinengeschehen fügen. Man kann sich erträumen, daß es einmal gelingt, diese Prozesse in einem Grundprozeß zu isolieren, der quasi als i-Maschine, i-Modul (»i« für »imaginär«) zur Komponente eines Quantencomputers gemacht werden könnte.

Für die menschlichen Wissenschaften wäre die Lage dann, zwar aus anderen Gründen, ähnlich wie angesichts der Existenz unbezweifelbarer Computer-Intelligenz, die, im Prinzip ihr gleich (Church-Turing-These), die menschliche punkto Kapazität um Größenordnungen überträfe. Das wäre eine »Computer-Kultur« in einem völlig anderen Verständnis. Vorausgesetzt, daß derartige Intelligenzen zu einem sozialen Vertrag untereinander und mit den Menschen kommen können, ist die Frage amüsant, wie Menschen mit einer Naturwissenschaft umgehen werden, die sie in ihren Ergebnissen anwenden, in ihrer Struktur aber nicht mehr verstehen können. Eine Variante derartiger Situationen habe ich dereinst als Gedankenspiel ausgearbeitet (Wiener 1969:175ff.; Moravec und Andre haben, sicherlich unabhängig, ähnliche neuerdings aufgegriffen). Aber von solchen Umständen sind wir, denke ich, noch etliche Menschenalter entfernt.

Von der Sklaverei über die Identität zur Entropie – and back again?

Diedrich Diederichsen

Ich denke weniger an die Perspektiven der Computer-Kultur. Ich habe mehr Spaß an der Beobachtung ihrer Gegenwart. Über solche Perspektiven zu reden, wäre aus meiner Sicht, ohne wesentliche Protagonisten der Musik miteinzubeziehen, ohnehin nicht möglich, die sich gerade zu einer Allianz *Civilization versus Technology* zusammengeschlossen haben; während sich die Natur-, Ingenieurs- und mittlerweile auch Geisteswissenschaften mangels anderer Perspektiven vor Begeisterung beim Ermessen der Möglichkeiten gar nicht mehr einkriegen (und zur Begeisterung rechne ich dabei auch jenen rein philosophischen oder dünkelhaften Kulturpessimismus, der seinen melancholischen Genuß daran inszeniert, mit den zu erwartenden neuen Verhältnissen nichts mehr zu tun zu haben). Vielleicht wäre da aber auch ein Unterschied festzumachen, der sich in Zukunft in den akademischen Ordnungen wiederfinden müßte: die Wissenschaft von dem seit dem Computer Denkbaren und Möglichen und die Wissenschaft von den auf dem Markt befindlichen Modellen und ihren sozialen, politischen Wirkungen. Als Laie zum *addict* der zur Zeit ins Kraut schießenden Anthologien- und Reader-Kultur geworden, habe ich natürlich auch den neuesten von Weibel und Rötzer herausgegebenen Reader zum Symposion für DM 52,- bei meinem Dealer erworben. Darin sind mir vor allem zwei Aufsätze aufgefallen: der von Friedrich Kittler, der von den – man kann wohl ruhig sagen »politischen« – Unmöglichkeiten und Verhinderungsstrategien handelt, die auf dem Markt befindlichen Systeme zu nutzen, und der von Erwin Kiefer, der eine detaillierte Systematik der möglichen Nutzung von Virtueller Realität (VR) und KI entwickelt. Würde man beide Positionen weiter zuspitzen, so daß eine wirklich sichtbare Kluft entsteht – mit welchen Mitteln auch immer – könnte man vielleicht wieder eine politische Dimension gewinnen: die des je spezifischen Unterschieds zwischen Möglichem und Erlaubtem. Eine Dimension, die mich mehr interessiert als die Perspektiven der Computer-Kultur.

Die Welt der Popmusik (speziell ihrer sogenannten Underground-Spielarten) ist eine, in der einerseits die in anderen Kontexten längst als naiv geltenden

Vorstellungen von Individualität, Subjektivität und Kommunikation hochgehalten werden; andererseits wird in einer selbstverständlichen und alltäglichen Weise mit einer digitalen Technologie gearbeitet, die keinen Zweifel hinsichtlich der Sekundarität des bearbeiteten und erarbeiteten Materials aufkommen läßt, so daß man diese Naivität vielleicht auch wieder als eine Konstruktion betrachten kann, die gerade Effekt von Digitalität ist. Nur in der Spannung zu hysterisch behaupteter »Persönlichkeit« läßt sich vielleicht deren Abgeschafftheit mit Genuß erleben. Das war nicht immer so: In den 60er Jahren behaupteten umgekehrt durchaus noch Individualstile pflegende Musiker deren Abgeschafftsein.

Es gibt außerdem eine Tradition negativer und positiver Fixiertheit auf den Eigenwert des je »neuesten Geräusches«, der besetzt wird mit einer Fiktion/Konstruktion/Vorstellung des je Durchzusetzenden (der jeweiligen Generation, tribalistischen Subkultur, ethnischen Minorität etc.); wie auch des je zu Verhindernden für die vorangegangene Generation. Und damit meine ich nicht nur die »progressive«, bewußte, experimentelle Geräuschkultur der Linie Coltrane-Ayler-Hendrix-CanterburySound-PinkFloyd-ThrobbingGristle-PublicEnemy, sondern auch die Geschichte des populären technischen Geräusches als Ort von Genuß und Fixierung in ansonsten traditionell intakten konventionellen Formen: etwa die Wah-Wah-Vocals in *Crimson & Clover* von Tommy James & The Shondells, das erste E-Piano der Pop-Geschichte in *Tin Soldier* von den Small Faces, die erste Rhythmus-Maschine in *Spacen Cowboy* von Sly & The Family Stone, Vocoder bei George Clinton, die Luftschutz-Sirene in *Blockbuster* von den Sweet, die plumpen Analog-Synthesizer-Effekte, die, über smarte digital erzeugte House-Tracks gelegt, Acid-House definierten etc.

Wenn man davon ausgeht, daß Computer-Kultur eine ist, die zunehmend sowohl auf Menschen als auch den Menschen verzichten kann, ergeben sich drei Möglichkeiten sowohl für Menschen als auch für *den* Menschen mit dieser Situation umzugehen:

1. Sie versuchen, dabei zu bleiben, Computer zu werden. Dies läßt sich beobachten in der Techno-Szene, der Fortsetzung der Bemühungen von Kraftwerk um das größte ständig live abrufbare Sound-Archiv, der modernen Discotheken-Architektur, an der Popularität der ersten von Menschen nicht mehr spielbaren, aber tanzbaren Rhythmen, an den Versuchen, auf dem Schirm, statt auf dem *floor* zu tanzen, also sich an Lichtmarkierungen zu orientieren, die die reale Architektur überlagern, an den Bemühungen um digitale Livemusik, von avancierter DJ-Kultur bei Adamski, wo Disketten und Schallplatten gleichzeitig genutzt werden, KLF bis zu live improvisierter Sampling-Musik bei Tackhead, Gary Clail oder dem Minister of Noise. Obwohl sich die Entwicklungen in diesem Be-

reich zuspitzen, haben wir es nicht mit einer neuen Entwicklung zu tun, sie geht zurück auf jenen Genuß am bedeutungslosen neuen Geräusch, der exakt den Unterschied zwischen Rockmusik und allem anderen markiert. Es ist eine Radikalisierung der Enthierarchisierungen, die der Jazz begonnen hat, indem er gewisse Vorgaben und Traditionen nicht abschafft, sondern »unbeteiligt« oder, wie Adorno beklagt, »entfremdet« – und dabei obszönerweise auch noch gut gelaunt – weiterführt, ihnen so ihre hierarchische Funktion nehmend, die etwas Überpersönlichem, dem Groove übergeben wird. Während Rock als weiße Musik seitdem fast linear das Geräusch – von der E-Gitarre bis zum Techno-Bleep – radikalisiert, hat schwarze Musik sich immer in einem Spannungsstadium zwischen solchen Radikalisierungen und daraus folgenden Konstruktionen eingerichtet. Und die Bewegung ist immer umgekehrt: Geht Rock von der europäischen Musik zum Geräusch, geht Jazz (und HipHop) immer von einem vorgefundenen Zustand einer politisch/rassistischen Unordnung und Unmöglichkeit der Äußerung (Geräusch) aus, hin zu einer Ordnungskonstruktion. Beim Rock ist dieser Prozeß fast durchgängig linear und historisch, bei Jazz und HipHop wiederholt er sich in jedem Einzelfall.

Der vergessene Musikwissenschaftler Alfons M. Dauer, der genauer als jeder amerikanische Kollege die Verbindungslinien zwischen Jazz und westafrikanischer Musik beschrieben hat, unterscheidet zwischen *appropriation* europäischer Elemente durch die afroamerikanische Kultur und der *appropriation* afroamerikanischer Elemente durch die europäischen Amerikaner: ersteres ist Jazz, letzteres nennt er Swing. Europäisch sei ein Musikstück, das ein aus ihm herausgetretener Zuhörer in jedem Moment von außen in seiner Architektur erfassen können soll, afrikanisch – sich in jedem Moment innerhalb eines prinzipiell endlosen und endlos unfertigen Stückes zu befinden, das man hört, als könne man auch als Zuhörer seine Entwicklung beeinflussen. Dieser Unterschied war gegen alle Annäherungen von Rock/Swing einerseits und Jazz/HipHop andererseits resistent und steht erst jetzt mit der sogenannten Techno-Musik, einer teilweise deutlich weißen, aber im Sinne Dauers endlosen Variante schwarzer House Music vor seiner Nivellierung: Der Seqencer hat hier einen letzten kulturellen Unterschied eingeebnet; allerdings in dem Sinne, daß sich Afrikanisierung und Europäisierung gegenseitig aller Überlagerungen und Determinierungen berauben.

Es gilt aber noch, daß Kulturen, die auf dem Weg von der Sklaverei zur Entropie sind, sich zwar nicht in der Mitte treffen, aber in einem Dreieck, dessen Scheitelpunkt die Identität im europäischen Sinne wäre – und ich kann jetzt nur ein eurozentrisches Bild benutzen –, auf der gleichen Höhe unterhalb dieses Scheitelpunkts sich befinden, wo sie nur über die Benutzung bestimmter Technologien so etwas ähnliches wie »kommunizieren« können.

2. Der Mensch benimmt sich wie der Arbeitslose, der sich nicht traut, seiner Frau zu sagen, was los ist. Er packt jeden Morgen seine Tasche, nimmt die Thermoskanne mit, geht scheinbar zur Arbeit und setzt sich in den Park. Im Park passieren ihm aber nach einer Weile seltsame Dinge ... (in der Musik passieren diese Dinge den Gitarristen, Bassisten, Drummern). In der vollkommenen Nutzlosigkeit erfüllt sich die alte situationistische Forderung »Nie wieder arbeiten!« als Horror und als »Befreiung«. (Allgemein wird »Befreiung« heutzutage ja als Horror empfunden, »Horror« hingegen als Befreiung.) Death Metal und Speedcore-Musiker spielen noch/wieder konventionelle Instrumente, als Mitteleuropäer sind sie inhaltsorientiert in dem Maße, in dem schwarze Kultur medien- und formorientiert ist. Der Inhalt aber ist die nur als Horror genießbare brutal realisierte Freiheit der Arbeitslosigkeit im tendenziell grenzen- und formlosen Park des Splatter. Diese Lage ist aber auch und nicht erst seit der digitalen Revolution die Lage der Bildenden Kunst. Seit je wirft man ihr das Verschlafen technologischer Entwicklungen vor, ohne sich vor dem Anstimmen dieser Litanei zu fragen, ob nicht gerade dadurch Bildende Kunst der Moderne zu diskriminieren wäre, daß sie eben nicht konkurriert mit den Veränderungen des Status des Visuellen im Lichte neuer Technologien, noch mit deren philosophischen Implikationen. Daß sie stattdessen diverse von Machtbedürfnissen verwaiste überholte Technologien und Medien nutzt, um eine um wenige, allerdings nicht beliebige Objekte organisierte weltweite Dorfgemeinschaft und Dorfökonomie zu organisieren, die zwischen idyllisch regressiv und anarchistisch oszillierend ganz arbeitslos außerhalb von dem spielt, was wir hier verhandeln.

Und es gibt einen Bereich der Popmusik, der genauso funktioniert. Die Vorstellung, diese Bildende Kunst habe noch was mit neuen Bildern und neuem Sehen, neuen Zuständen zu tun, ist eine, die eigentlich nur noch die Firmen haben, die Kultursponsoring betreiben und bei Kunst immer an sogenannte Neue Medien denken, egal ob sie nun selber aus der Elektronikbranche oder aus der Zigarettenindustrie kommen. Ob nun Philipp Morris Light American mit Cyberspace durch die Lande zieht, oder Firmen und Institutionen seit Jahren Leute mit Stipendien überschütten, die einen kennen, der einen Videorecorder zu Hause hat: Berge von Videokunst- und heute Computerkunststipendiaten sitzen auf großzügigen Summen, ohne von der Kunstwelt ernstgenommen zu werden, weil es der nämlich nicht um neue Bilder, sondern um Dörfer, Stämme, Gemeinschaften und Wochenmärkte geht. Weder »Spektakel« noch »Kulturindustrie« treffen ihr Treiben, vielmehr handelt es sich um ein sich selbst erhaltendes System von arbeitslosen Menschen, dem geringe finanzielle Infusionen von außen genügen, um zu überleben: Die meisten Sammler junger Künstler sind ältere Künstler, so wie die ganzen stw-Junkies alle selbst in irgendeiner Stadtzeitschrift Theoretiker sind. Ob es daneben »neue Bilder« geben wird, ist eine andere

Frage. Die sie produzierenden Teams und Einzelnen wird keiner mehr »Künstler« nennen, ihre Ergebnisse nicht »Kunst«. Das andere System, das heute »Bildende Kunst« heißt, wird aber eine soziale Funktion als eine von vielen, zeitgleich existierenden abgekappten Nebenwelten behalten. Ihre Attraktivität, ihr Einfluß wird davon abhängen, wie sie es versteht, mit den zweitneuesten und drittneuesten Entwicklungen zu arbeiten, wie sie es versteht, von der Kluft zu sprechen, die ich zu Beginn »politisch« nannte.

3. Der Betreffende war noch nie ein »Mensch« der Sorte, die vom Computer abgeschafft werden könnte; nämlich zu bürgerlicher Subjektivität und zur Geschichte zugelassen. Die Nation of Islam, eine schwarze Bewegung in den USA, führte ein, daß sich ihre Mitglieder nur noch X mit Nachnamen nennen. Rapper nennen sich 20 Jahre nach Malcolm X und Clarence 13X *Chuck D.*, *KRS One* oder *Ice T*, heute heißen sie *Wise Intelligent* oder *Culture Freedom.* Das ist nicht postmoderner Identitätsschach, sondern die in einer Maschine, dem AKAI 900 Sampler zu sich selbst gekommene, alte schwarz-amerikanische Überlebenstaktik des »Signifyin«, ein Sprechen in skeptischer Distanz zur Leistungsfähigkeit der aufgezwungenen Sprache; insbesondere zur Dimension der Bedeutung, die anzuzweifeln oder zu relativieren in Europa viele Epochen Geisteswissenschaft ins Land ziehen mußten.

Der Einsatz von Sample-Technologie und allgemein das Collagenhafte am HipHop dient nicht, wie europäisch modern/postmodern mißverstanden, der Inszenierung von Rissen, Nichtidentität, nachvollziehender oder kommentierender Zerstörung von »Sinn«, sondern stellt — im Gegenteil — den Schritt aus der negativ auf das weiße Amerika fixierten Skepsis zu einer zeitgemäßen, nationalistischen Konstruktion von Geschichte über ein ad hoc erzeugtes Archiv dar.

Jazz- und Funk-Samples sind — im Gegensatz zu den »kritisch« gemeinten europäischen Samples — inszenierte Symptome nationaler Identität. Die avancierteste auf digitaler Technologie basierende künstlerische Praxis der Gegenwart begründet eine altmodische, nicht realisierte Nation nach dem Modell, mit dem Theologen seinerzeit auf naturwissenschaftliche Zweifel an der Schöpfungsgeschichte reagiert haben: Gott habe eben auch die Fossilien erschaffen. Sampling gibt dem schwarzen Künstler die Möglichkeit, digital die Fossilie spezifisch schwarzamerikanischer Kultur heute zu erzeugen.

»Music — once it's in the air, it's gone, you can never recapture it again«, sagt Eric Dolphy. »Aber daß wir sie ständig im Kopf haben, macht sie doch aus«, erwiderte der englische Kritiker Charles Shaar Murray neulich in einer Diskussion in Berlin. Jetzt können wir den Effekt des — wie auch immer medial vermittelten — Im-Kopf-Habens wiederum ad hoc konstruieren: Samples können mitten in der sonst aus brandneuen Geräuschen bestehenden Musik klingen, als wären sie ferne Zeugen von etwas Unwiderbringlichem: Das konnten bislang nur verkratzte Platten. Diese »Aura« entfalten sie aber im je Neuesten. Das Neueste denkt sich je neuer, desto deutlicher der Plattenschrank des Vaters, längst ausgeräumt, in den Samples zu erkennen ist. Samples zeichnen nicht mehr Musik auf, die sonst ... gone ... in the air ... wäre, sondern die »Air«, in der sie sich verliert, als das Echo der Dopbeats, die sie begleiten (selber aus Samples gebaut), und als melancholische Antithese zu den sie umgebenden neuen Geräuschen: in der Gegenwart, und nur da, als absolut historisch. Egal ob es im einzelnen zutrifft, scheint jeder HipHop-Track zu sagen, daß er nur möglich ist, weil die erste Quelle, die zu hören ist, längst versiegt ist. Der Producer Mark The 45 King berichtet, wie er Samples von nicht verkratzten Platten durch Tricks die Instant-Patina verpaßt. Der alten Unmittelbarkeitsforderung des Jazz, auch noch desjenigen, der wie Ayler sagte, »no longer about notes, but about sounds« war, steht die konstruierte Geschichte einer »Nation« gegenüber, die nie eine Geschichte haben durfte und sich jetzt mit Hilfe des Computers eine bastelt.

Dem steht der Rap gegenüber, der bezeichnenderweise ja einer kaum veränderten primär oralen Kultur entstammt, allen Kriterien entsprechend, die Walter Ong für diesen Begriff zusammengestellt hat, aber bislang noch nie seinen Weg auf sogenannte Tonträger gefunden hatte. »The Black American Male is an endangered species«, resümiert der Vorsitzende der Nationalen Gesundheitsbehörde die Ergebnisse einer Statistik über Lebens- und Bildungserwartungen eben jener Spezies. Kommen jetzt deswegen – wie so oft bei vom Aussterben bedrohten Arten – die Mikrophone, um nicht mehr deren Kunst, sondern tägliche Redeweise zu archivieren? – einerseits. Andererseits – und das ist symptomatisch für den Treffpunkt in der Ungleichzeitigkeit zwischen noch nicht geschichtlichen und nicht mehr geschichtlichen Kulturen – kommt der Rap eben jetzt zu Schallplatte und Welterfolg, obwohl es ihn seit mehr als zweihundert Jahren gibt, weil er im AKAI 900 und dessen Nachfolgern ein maschinelles Äquivalent gefunden hat, das Musik so generiert, wie der Rap Worte verbindet: ohne Bedeutung, Hierarchie und Architektur.

Der Autor könnte hundertmal abgeschafft werden, noch immer zeichnen Autoren für dessen Abschaffung. Die Idee eines Kollektiveigentums am Groove und die immer höhere Speicherkapazität der Nachfolger des AKAI 900, vor allem der festplattenfähige AKAI 1100, haben das Copyright nicht nur unterhöhlt, sondern in der Praxis abgeschafft. Ob das nun im »progressiven« Sinne geschieht: mit dem Gesampelten wird etwas Neues gemacht, oder im »regressiven« Sinne: man sampelt immer wieder John Bonhams Drums oder die James-Brown-Breaks und macht daraus konventionelle Tracks. Es kommt aber hinzu, daß HipHop eine zu Weltruhm gekommene Kultur ist, die auf nichts anderem aufbaut, als auf der Überleitung, den sprachlichen und akustischen Effekten, die

DJs im Radio oder live zwischen zwei Tracks, zwischen zwei »Hauptsachen« veranstaltet haben. Nun ist nicht die Nebensache zur Hauptsache geworden, wie etwa bei dem Effekt, daß Fußballweltmeisterschaften, nicht aber nationale Wiedervereinigungen nationale Identitäten stiften, sondern im Prinzip ist die DJ-Kultur die Aneinanderreihung und immer dichtere Überlagerung endloser Nebensachen.

Parallel dazu interessiert sich die Underground-Rockkultur nur noch für die Nebeneffekte, Geräusche, die – früher nebenbei entstanden – allenfalls Wiedererkennungs- oder Markenzeichen sind. Alle Epochen der Rockmusik werden geplündert, nicht als Revival, sondern als schneller computermäßiger Zugriff zum geilen Nebenprodukt einst schweißtreibender Arbeit. Dieser vollkommen verantwortungslose – dem Werk, der Arbeit, dem Prozeß, der Erzeugung, dem Aufbau etc. gegenüber – Zugriff auf die Marmelade, ohne das Brot essen zu wollen, gleicht der Handlungsweise von Drogenusern, die zur Weisheit und zum Orgasmus kommen wollen, ohne sich dafür zu plagen.

Dies ein Aspekt der Computer-Kultur, den ich einerseits in seiner Verweigerung von Pflicht nur begrüßen kann, der aber andererseits einen Typus von Widerstand fördert, dem die technischen, intellektuellen und politischen Fähigkeiten, an der Hardware zu sabotieren, immer weiter entgleiten.

Die Telekratie

Jean Baudrillard

Kann sich das Problem der Freiheit überhaupt noch stellen in unserer modernen Welt, die sich der Transparenz und der Kommunikation verschrieben hat? Als Beispiel möchte ich das »Temesvar-Syndrom« einführen, d.h. den Fall einer »Revolution«, eines Freiheitsereignisses, im Ringen mit der Information (wobei ich genau so gut den Golfkrieg im Ringen mit seiner Inszenierung hätte nehmen können). Warum aber Syndrom?

Die Analogie zu anderen zeitgenössischen Syndromen, zum China-Syndrom oder zum Stockholm-Syndrom liegt in der nuklearen Gewalt der Energie, wenn sie sozusagen in sich selbst implodiert und der Kern des Reaktors ins Herz der Erde dringt, in der Gewalt der Geiselnahme, die auf eine Art ungeheuerliche Mitschuld hinausläuft (unsere Situation in der Medienwelt des Alltags), und schließlich in der Gewalt der Information, die, wie im Fall von Temesvar, vollständig in ihre perverse Wirkung übergeht und das Reale dadurch auflöst.

Diese drei Syndrome beziehen sich auf wichtige Bereiche unserer Modernität: Atomenergie, Terrorismus, Medien. Jedes steht für eine ganz besondere Barbarei, die sich aber alle entsprechen. Und jedes stellt auf seine Weise das Problem unserer Freiheit in Frage.

Im Fall von Temesvar ist es der Trick, der Bluff des Aufstandes und der Revolution, die eine Art moralischen Skandal entfesselt hat, verbunden mit der Destabilisierung unserer ganzen politischen und informationellen Ethik. Aber in dieser so sittsamen Entrüstung steckt zweifellos eine tiefe Heuchelei, nämlich die einer Ethik, an die wir um jeden Preis glauben wollen, die aber nichts mit dem Prinzip der Medien und der Information zu tun hat.

Da stellen sich zunächst Fragen in bezug auf den Skandal. Dieser besteht heute nicht so sehr in der Verletzung des Prinzips der Moralität – sei es sexuell oder anders – als in der Verletzung des Prinzips der Realität, des Realitätsprinzips der Welt selbst, aber auch der Politik, der Geschichte usw. Wenn also Olivier Stirn Statisten bezahlt, um einen Saal zu füllen, in dem sich wichtige Politiker produzieren, dann ist es nicht so sehr dieser banale politische Trick, der einen Skandal bewirkt, sondern vielmehr die Tatsache, daß sich daraus unabsichtlich erkennen läßt, daß die Politiker, die »wahren« Politiker, selbst wohl auch nur Statisten sein könnten.

So läßt Cicciolina allein schon durch ihren Auftritt im italienischen Parlament erkennen, daß die politische Szene sehr wohl eine pornographische, eine obszöne Szene sein könnte. Sie tritt übrigens auch im Pornomilieu als Skandal auf, indem sie das politische Gegenfeld darin verwickelt (sie hat von jener Seite noch mehr Ärger gehabt). Nicht die Obszönität als solche macht den Skandal aus, sondern die gegenseitige Durchdringung, und somit die Verletzung der Integrität des Politikers.

Genau so in Temesvar. Nicht die Leichen, nicht die Gewalt und der Tod an sich machen den Skandal aus, sondern die erzwungene Statistenrolle der Leichen, ihre Geiselnahme sozusagen, die gleichzeitig die unsere ist, unsere Geiselnahme als Zuschauer, als die Millionen von Statistenzuschauer, die wir alle das alles frisch vom Schirm aufsaugten. Der Leichenhaufen war wirklich zum Zeichenhaufen geworden, und wir waren alle an dieser teuflischen Semiurgie mitschuldig.

Aber auch hier müßte man sich fragen, was an dieser Geschichte unerträglich ist. Man muß sich fragen, ob die Rumänen nicht gerade durch diese übertriebene Inszenierung das Trugbild der Revolution enthüllt haben. Dann wäre zu entscheiden, ob die verheerende Wirkung dieser Inszenierung nicht als fatale, lebenswichtige Desillusion funktioniert, ob die Mystifizierung nicht zu einer Entmystifizierung der Information und ihres Prinzips führt. Es ginge dann nicht mehr um den Skandal, der »Desinformation«, sondern um das Problem *der Information selbst als Skandal.*

Um Tricks herunterzuspielen, sagte man früher: Das ist Literatur! oder: Das ist Theater! Das ist Kino! Im Hinblick auf Rumänien und auf den Golfkrieg kann man nun zum ersten Mal sagen: das ist Fernsehen!

Laut Ujica kann man das Kino als Inszenierung der Fiktion, als Realität, definieren, während das Fernsehen, das ja vorgibt, die Realität als Realität zu inszenieren, in Wirklichkeit die Inszenierung der Fiktion als Fiktion ist. Fiktion als Realität, das ist noch Sache der Phantasie. Fiktion als Fiktion ist aber ganz einfach das Virtuelle. Das Kino läßt hinter dem Bild noch Raum für die Transzendenz der Phantasie, es vermischt Fiktion und Realität noch in einer projektiven Form, während das Fernsehen jeden Unterschied beseitigt und nur Raum für eine Bildschirmperzeption läßt, wo das Bild nur auf sich selbst verweist. *Ist aber ein Bild, das nur auf sich selbst verweist, noch ein Bild?* Es stellt zumindest das Problem seiner Indifferenz gegenüber der Welt und folglich der virtuellen Indifferenz dar, mit der wir es aufnehmen – was auch schon ein politisches Problem ist.

Es ist wohlbekannt, daß der Abstand zwischen Foto und Kino einerseits und Fernsehen und Video andererseits (desto schärfer mit numerischen und synthetischen Bildern) darin steckt, daß jene Bilder noch über das Negativ und über Projektion entstehen, während diese ohne Negativ sind, also auch ohne Negativität und ohne Referenz. Es sind virtuelle Bilder, und die Virtualität ist es, die jede Negativität, also auch jede Referenz auf die Geschichte, auf irgendein Ereignis beseitigt. Infolgedessen ist die Fortpflanzung der Bilder, die sich selbst ohne Referenz auf etwas Reales oder etwas Phantastisches darstellen, virtuell unbegrenzt, und dieses Wuchern ohne Grenze erzeugt die Information als Katastrophe.

Alle Medien leben vom Kitzel möglicher Katastrophen und vom Verhängnis des Todes. Wenn das Photo es nicht direkt wiedergibt, übernimmt es der beiliegende Text. Zum Beispiel die Fotos in *Libération:* ein Konvoi von Flüchtlingen, »der kurz nach dieser Aufnahme von der irakischen Armee angegriffen wird« – die verängstigte Frau »unmittelbar nach dem Angriff irakischer Helikopter auf einen Flüchtlingskonvoi«. Das unterscheidet sich kaum von den Leichenhaufen im TV-Programm von Temesvar: die gleiche Erpressung, die gleiche künstliche Darstellung einer pathetischen Realität (unmenschlich im Inhalt, vor allem aber durch die schamlose Wirkungskraft des Bildes, durch die Simulierung von Affekt).

Das Gleiche geschah mit den drohenden Scud-Angriffen auf CNN: alles nur Trompe-l'œil. Selbst in elenden und tragischen Situationen gelingt es, Augentäuschung zu betreiben, alles in eine Semiodramatik, in eine Psychodramatik des Bildes zu übersteigern. Nichts wird Information, wenn es nicht über dieses Prinzip des Virtuellen erfolgt, wenn es nicht durch die Hysterie des Virtuellen metabolisiert wird (»Hysterie« gebrauche ich hier keineswegs im psychologischen Sinne – »Hysterie« bedeutet einfach die zwanghafte Produktion dessen, was tückisch als real vorgegeben wird, um als irreal konsumiert zu werden – auch der Golfkrieg). Das ist der tief in unserem modernen Wissensprozeß, in unserer modernen Anthropologie eingewurzelte Zwang, das Objekt, das Ereignis durch seine Kenntnisnahme zu vernichten.

In der Anthropologie heißt es der Tasaday-Effekt. Das Eindringen der Ethnologen verwirrt vollständig die Kultur, die er zu studieren vorgibt. Der gleiche perverse Effekt existiert bei der Information. Wenn das Fernsehen zum strategischen Raum des Ereignisses wird – sei es in seiner Erzeugung oder seiner Weltverbreitung –, konstitutiert es sich als verhängnisvolle Instanz, als autoreferenzielles Dispositiv. Es wird geradezu zu einer Junggesellenmaschine: Das Objekt wird durch die Information zerlöst, gerade wie bei Duchamp die Braut von ihren Junggesellen entkleidet wird. Das Objekt wird nicht nur entfremdet, es wird erledigt. Es bleiben von ihm nur noch Spuren auf einem Kontrollmonitor. (Die Hypothese bleibt aber bestehen: liegt in dieser Verflüchtigung, in diesem Verschwinden nicht etwa eine Strategie des Objektes selbst?)

Viele Zeugen aus Rumänien sprechen von dieser Enteignung des Ereignisses, oder des eigenen Erlebnisses durch das Eintauchen in die Medienflut, sozusagen durch die Einsperrung in den Bildschirm. Die Zuschauer werden somit zu Bildschirm-»Exoten« (nach den »Hiloten« der Antiquität haben wir jetzt die Exoten der Aktualität!), d.h. solche, die ihre eigene Revolution als Exotismus, als Exoterismus von Bildern, als Studioaktualität erleben, selbst nur exogene Zuschauer und Touristen bei einem virtuellen Ereignis. Dem absoluten Trugbild des Ereignisses entspricht der absolute Exotismus der Informationsstatisten (wir alle diesseits des Bildschirms) – gerade wie der eines Piloten in einem Flugsimulator. (Natürlich hat dieser »Kommunikationsexotismus« nichts zu tun mit dem »radikalen Exotismus« von Segalen, der ganz im Gegenteil darin besteht, dem Objekt in seiner völligen Fremdartigkeit [Andersheit] nahezukommen.)

Von dem Augenblick an, da das Studio zur Revolutionszentrale und der Bildschirm zur einzigen Inszenierungsfläche wird, eilt natürlich die ganze Welt ins Studio, um unbedingt selbst auf den Bildschirm zu kommen, oder sie schart sich noch lieber auf der Straße vor den zahlreichen Kameras zusammen, die sich ja zudem noch gegenseitig filmen. Die ganze Straße wird zu einer Erweiterung des Studios, d.h. zu einer Erweiterung des *Nicht-Ortes,* des virtuellen Ortes, an dem sich alles abspielt. Die Straße selbst wird zu einem virtuellen Raum. Und da gibt es, nebenbei bemerkt, ein Paradoxon: wenn alle Informationen, alle Anweisungen vom Fernsehen ausgehen, wie machen es Abertausende von Fernsehzuschauern, gleichzeitig vor dem Bildschirm und auf der Straße zu sein? Wie kann man gleichzeitig am virtuellen *und* am aktuellen Ort des Geschehens sein? Das widerspiegelt die heutige Gegensätzlichkeit von Virtualität und Aktualität, die Unmöglichkeit, vom Virtuellen zum Aktuellen überzugehen, und demnach die endgültige Hegemonie des Virtuellen, die Apokalypse des Virtuellen.

Dort drüben in Rumänien genauso wie hier im Westen haben wir es als Faszination erlebt, ins TV-Medium als reine Form, als Reinkultur gestürzt worden zu sein, als Faszination der Verwirrung von Akt und Zeichen in Echtzeit; als Eintauchen in die Dunkelkammer, in den Nicht-Ort, ins schwarze Loch der Black Box, wo die Umschaltung Input-Output stattfindet.

Dieser Faszinationszwang hat gar nichts zu tun mit Kommunikationsbedürfnis oder Transparenzwillen. Das möchten uns gern die Medien glauben lassen, deren positive Funktion es wäre, dem kollektiven Informationsbedürfnis zu entsprechen; alles Quatsch! Der einzige unwiderstehliche Zwang ist der, diesen Nicht-Ort zu besetzen, diesen leeren Raum der Vorstellung, den der Bildschirm par excellence darstellt. Die Vorstellung, wie übrigens auch die Macht oder die Kultur, sind heute Zonen der Depression, der meteorologischen Depression, und die Medien umringen sie mit ihren Turbulenzen, drehen sich um diesen potentiell leeren Raum, ebenso verhängnisvoll, ebenso trächtig mit Katastrophen wie der plötzliche Druckabfall in einer Gewitterzone.

Der Bildschirm ist ein Nicht-Ort, und man muß ihn füllen. Dem höchsten Druck der Information entspricht die niedrigste Intensität des Ereignisses. Der absoluten Information entspricht paradoxerweise die totale Entropie des Realen (die klassische Theorie der Information als Negentropie wäre in diesem Sinn zu überprüfen).

Die gleiche Unglaubwürdigkeit erkennt man auch im Ceaucescu-Prozeß. Nicht das Gerichtsverfahren an sich ist abgeschmackt und abscheulich, sondern die Tatsache, daß als einziger Beweis für dieses Ereignis ein Videoband existiert. Für die ganze Welt wird es ein auf immer zweifelhaftes, verdächtiges Ereignis bleiben, einfach durch diesen informationellen Trick, durch diesen Strip-tease der Kommunikation (der Film wurde gekürzt, ergänzt, immer wieder verschoben). Darin liegt eigentlich die »Obszönität« der Geschichte. Diese unsichtbare Jury, deren Stimmen auf die Angeklagten niederprasseln; diese Angeklagten, die wir anschauen müssen, wo sie doch schon virtuell tot sind; diese toten Angeklagten, die man zum Zweck des Videobandes, zum Zweck der Revolutionsreklame noch einmal erschießt. Man könnte sich sogar fragen, ob bei dieser Inszenierung nicht ein perverser Wille mitwirkte, sich bei der Weltmeinung verdächtig zu machen. Es ist, als ob sie zynisch versuchten, ihr Image zu sabotieren und sich eine versteckte Gegenreklame zu verschaffen (solche Fehlschläge sind heute üblich bei den Politikern und bei den Werbefachleuten). Aber verantwortlich ist dafür wohl keiner. Verantwortlich für alles ist der zweideutige, der böse Genius der Information.

Übrigens ist der Ceaucescu-Prozeß nicht mißlungen. Der Film über Verurteilung und Tod ist im Rahmen der Video-Produktion jedem anderen politischen Prozeß hundertmal überlegen. Man wirft den Rumänen vor, keinen öffentlichen Prozeß gemacht zu haben, aber heute geht das Politische gerade nicht über die Öffentlichkeit. Das Reale zu umgehen und durch ein Double zu ersetzen, durch eine künstliche Prothese wie die Leichenstatisten von Temesvar, das ist nicht nur politische Klugheit, sondern der rechte Weg unserer ganzen Kultur. Dies zeugt von seiten der sogenannten unterentwickelten Völker, im Osten wie auch in der dritten Welt, ganz im Gegensatz zu unseren naiven Vorurteilen im Westen, von einem ausgeprägten Sinn für die Bildfunktion, die Trugfunktion, die Spekulationsfunktion, für Simulation im allgemeinen, die sich wahrscheinlich im Schatten der Diktatur noch viel besser entwickelt hat als bei uns. Wenn sich die Rumänen sozusagen selbst gedopt haben, und die Medienspekulation als Aphrodisiakum für die Revolution gebraucht haben, wenn sie sich gegen sich selbst verschworen haben, so haben sie zugleich alle westlichen Medien in dieses

Dumping miteinbezogen, in die phantastische Ausbeutung der gekünstelten Opfer, in die niederträchtige Demagogie der Information. Darin liegt eine Art Revanche gegen den Westen. Sie haben sich selbst als Geiseln genommen, indem sie ihre eigene Revolution auf dem Bildschirm manipulierten, aber sie haben auch uns als Geiseln genommen, die wir diese Fiktion von Revolution und Information gierig aufsogen – wir tragen die gleiche Verantwortung wie jene, die sie angezettelt haben. Oder vielmehr: es gibt keinerlei Verantwortung. *Die Frage nach der Verantwortung kann nicht einmal gestellt werden.*

Wenn die Information gleichzeitig mit dem Ereignis selber stattfindet, geschieht dasselbe, wie wenn ein Hörapparat und dessen Tonquelle zu nahe stehen: Es entsteht der sogenannte Larsen-Effekt, ein chaotischer Effekt von Störungen und Verwirrung. Auch wenn die Nachfrage nach Ereignissen, nach irgendwelcher politischen Szenerie, übergroß wird, stellt sich, ganz wie in der Chaostheorie, ein Effekt von Überempfindlichkeit gegenüber den Anfangsbedingungen ein; ein unkontrollierbarer Effekt von Resonanz und Turbulenz. Das sind sozusagen physische, physikalische Anomalien im Prozeß der Information. Deshalb ist es unrecht, wenn wir uns als Richter über die Qualität ihrer Information und ihrer »demokratischen Praxis« erheben, denn der ganze Weltinformationsprozeß ist im selben Chaoseffekt gefangen. Wir, die wir das Privatleben der Individuen über alles respektieren, wir müßten auch das Privatleben der Völker respektieren, ihr Recht, diesem modernen Informationsgericht zu entfliehen, das jetzt den Aspekt einer demokratischen Inquisition annimmt.

Niemand ist verantwortlich, alles dreht sich im Teufelskreis der Glaubwürdigkeit. Im dunklen Gewissen der Schauspieler (und der Zuschauer, die wir sind) spukte die Sehnsucht nach einer »echten« Revolution, nach einem gewaltsamen Akt, um die Ereignisse im Osten, die mit beinahe zu großer Leichtigkeit, also zu wenig »historisch« abliefen, glaubwürdig zu machen. Diese Revolution mußte durch eine Anzahl von Toten und eine internationale Resonanz glaubwürdig gemacht werden. Aber die mediatische Aktion, die mediatische Auktion mußte wiederum glaubwürdig gemacht werden, und zwar durch Straßenaktionen im öffentlichen Tumult. Daher rührt dieser Teufelskreis der Glaubwürdigkeit, der alles in seinem Wirbel mitreißt, und schließlich etwas ganz Entgegengesetztes ergibt: das Unglaubwürdigwerden sowohl der Revolution als auch der Medien und obendrein aller Ereignisse im Osten und des Geschichtsprozesses selber.

So ist die Revolution in Rumänien nicht so sehr gewaltsam gewesen in ihren Aktionen als vielmehr symbolisch ansteckend durch ihre verdächtige illusionistische Szenerie. Die logische Verkettung der Information und der Geschichte hat sich gegen sich selbst gewandt und in ihrem Teufelskreis eine Art Zusammenbruch mit sich gebracht, in der jedes historische Bewußtsein verlorenging. Das wäre das Temesvar-Syndrom.

Aber den Amerikanern im Golfkrieg ist es nicht anders geschehen. Durch das Übermaß ihres Einsatzes und ihrer Inszenierung, durch die Übersteigerung ihrer Macht und ihrer Information haben sie eine Unglaubwürdigkeit sowohl des Krieges als auch der Information bewirkt. Sie wurden die Ubus ihrer eigenen Macht, so wie die Rumänen die Ubus ihrer eigenen Ohnmacht wurden. Sie tun zuviel und verfallen so in einen parodistischen Effekt, der den angestrebten Effekt aufhebt. Und so wie die Börsenspekulation das Prinzip der Ökonomie ruiniert, so ruiniert die Medienspekulation das Prinzip des Politischen und der Geschichte.

Es wäre aussichtslos, die äußersten Folgen dieser Mediatisierung, dieser »Befreiung« im leeren Reich der Transparenz aufzuzeigen. Im Gegensatz zur Fiktion einer weltweiten Solidarität haben die Ereignisse immer weniger Sinn für die Zuschauer, und nur noch einigen für jene, die sie erleben, im Augenblick, in dem sie sie erleben. Über diesen beschränkten Horizont hinaus ist die Resonanz zugleich künstlich und betäubend. Früher hatten die menschlichen Handlungen eine echte Wirkung in einem begrenzten Kreis, im Bereich einer organischen Solidarität. Das Europa des 15. oder 18. Jahrhunderts kommunizierte freier und lebendiger als das fernsehende und interagierende Europa des 20. Jahrhunderts. Und eben diese begrenzte Resonanz war der Ansatz zu einer möglichen Universalität, während heute jedes Bild von Berlin oder Bukarest nur unser Exil verstärkt und uns in unseren passiven Traum, in unsere virtuelle Indifferenz versenkt. Die sogenannte weltweite Information schließt jeden in seinen künstlichen egozentrischen Kreis ein.

Die Information hat alle Rechte, denn sie regelt das Recht auf Existenz. Sie ist nicht ein Menschenrecht unter anderen, sie schließt alle Menschenrechte in sich zusammen. Angesichts des Zusammenbruchs im Osten sind wir überzeugt, daß das alles zusammenbrechen mußte, weil es gegen das angebliche Grundgesetz der Information verstieß. All das war im Grunde irreal und irrational, weil es dem Licht der Demokratie und der Menschrechte nicht ausgesetzt war. Heute aber kehrt alles in die Transparenz der Information zurück. Glasnost!

Und in dem Augenblick, in dem diese Transparenz ausbricht, erweist sie sich als verzwickt, verstiegen, obszön, pervers, unverträglich. Sie erscheint uns belastet mit sämtlichen Abfällen der Geschichte, mit der ganzen Irrealität des revolutionären Ablaufs. (Wo sind denn die Müllkästen der Geschichte geblieben? Sind sie zugleich mit der Geschichte zugrunde gegangen?) In der Tat, diese plötzliche Transparenz macht zuerst unsere westliche Pathologie offenbar. Der Fall der Mauer zeigt unsere eigene Verdummung gegenüber den Völkern, die in der Schlinge der Diktatur saßen und deren angebliche Befreiung und liberale Anpassung an den Westen unsere westlichen Illusionen über unser eigenes System zerstört. Hier liegt auch eine versteckte Revanche. Genauso wie die Atomkraft im China-Syndrom, so taucht die im Falle Rumänien eklatante Desinformation bei uns im Westen wieder auf und macht unsere Illusionen über eine »Demokratie der Information« lächerlich (ungefähr wie bei Tschernobyl, dessen radioaktive Wolke alle Grenzen überschreitet und jede Mauer endgültig auflöst). Und das ist nur gerecht. Denn im Namen der »Demokratie der Aufklärung« betrachten wir seit 40 Jahren diese Völker als Geiseln, als Opfer der Geschichte, denen kein anderer Ausweg blieb, als sich unseren so herrlichen Werten anzuschließen. Als ob nicht auch wir Geiseln eines ebenso terroristischen Systems wären, nämlich eines Terrorismus der Information und der Transparenz, welcher der Geschichte ebenso faktisch eine Ende setzt wie die bürokratische Verfrorenheit im Osten. Man könnte sogar bedauern, daß ganze Teile der Welt aus ihrer Verborgenheit, aus ihrer Dunkelheit, aus ihrer Außenwelt heraustreten, so gewaltsam und tyrannisch sie auch war, um dem westlichen Pharisäertum als Beute anheimzufallen, um ins künstliche Licht unserer Freiheit, unserer grenzenlosen Solidarität, unserer skrupellosen Information zu taumeln.

Es scheint, als ob wir es müde wären, das Ende der Geschichte mit Simulakren zu säugen; es scheint, als ob wir, vor allem gegen Ende dieses Jahrhunderts, von dieser langanhaltenden Vortäuschung von Modernität müde wären und mit den jüngsten Ereignissen – jene im Osten mitinbegriffen – in eine Phase der *regressiven Desimulation* einträten; eine Rückwendung in jene lange Phase der *repressiven Desublimation,* welche die zwei letzten Jahrhunderte des Fortschritts und der Befreiung darstellten.

Diese Desimulation erzeugt seltsame Ereignisse, solche, die nicht wirklich stattfinden, die wie die aleatorischen Objekte der Physik auf dem Kontrollbildschirm der Geschichte erscheinen, von denen aber unentschieden bleibt, ob sie wirklich von historischer Bedeutung sind. Der Golfkrieg und die Wende im Osten zählen zu diesen quasi irrealen, schwebenden Ereignissen, die höchstens eine synthetische, spektakuläre Bedeutung haben, und dennoch, ohne selbst einen originellen Sinn zu haben, mit Dingen Schluß machen, die schon lange keinen Sinn mehr hatten (z.B. der Kommunismus im Osten, oder der Kalte Krieg und der 3. Weltkrieg am Golf). In diesem Sinne sind es, wenn nicht historische, so doch paradoxe und verhängnisvolle Ereignisse; eher Orte des Zusammenbruchs, Orte der Implosion, sowohl des Zukünftigen wie des Vergangenen. (Schon 1968 war auf seine Art ein solches Ereignis, aber im voraus bedeutend, während die heutigen Umstände eher nachträglich geschehen). Nachträglich und zweideutig. Im Osten zuerst ein Ausbruch von Freiheit, dann eine Verputzung und Enthüllung der beschädigten Fassade der Geschichte. Die neuen Ereignisse sind keine Lösung, vielmehr ein Test der Unentschiedenheit, der Unentscheidbarkeit der objektiven Tatsachen selbst und natürlich der Fragwürdigkeit aller Interpretation. Gerade durch diese Unentschlossenheit sind sie interessant, als *Nicht-Ereignisse* – gerade wie das Studio, der Bildschirm und andere Medien als Nicht-Orte attraktiv sind. Es war deshalb spannend, den Golfkrieg selbst diesem Test der Fragwürdigkeit, der Virtualität zu unterziehen; den Krieg selbst, dieses äußerste Ereignis, der Anzahl von virtuellen Objekten hinzuzufügen, die nirgends nachprüfbar sind außer auf den Bildschirmen, wo sie sich in der Information sofort auflösen und von Amnesie befallen werden wie irgendein anderes Spektakel.

Außerdem verbirgt sich hinter dieser Pathologie der Information, hinter dieser Korruption des Willens und der Tat durch ihre mediatische Weltaufnahme trotzdem eine Reihe ironischer Nebeneffekte und Rückwirkungen. Der erste, worauf ich schon am Anfang deutete, besteht darin, daß uns die Rumänen im Grunde vielleicht – freiwillig oder nicht – eine Lektion in Freiheit erteilt haben. Nicht daß sie diese Freiheit wirklich erlangt hätten (oder gar verlangt hätten?), sondern indem sie sich selbst und uns auch, in einen vorgetäuschten politischen Befreiungsprozeß gelockt haben, der seinerseits wiederum nur eine Antwort auf unsere westliche Nachfrage war. Das war *unser* Wunsch nach *ihrer* Befreiung, dem sie sich medienartig angepaßt haben. Durch ihre trickreiche vorgetäuschte Revolution gaben sie uns auf nette Weise zurück, was wir von ihnen erwartet hatten, mit der blanken Spiegelung des Konformismus, die ihre Opfer blendet – und wir sind geblendet worden. Dadurch haben sie uns auf die Fragwürdigkeit des menschlichen Freiheitsbedürfnisses aufmerksam gemacht. (Es gibt ebenso wenige Beweise für dieses Bedürfnis wie für die Existenz Gottes.)

Gleichzeitig zeigten sie uns, daß die Freiheit bis zur schamlosen Manipulation der Bilder und der Tatsachen ging, während wir es mit der verschämten Manipulation halten. Wir halten uns an die sittlichen und bedingten Formen der Freiheit, sie gehen bis zur unbedingten, parodistischen, paroxystischen Form der Befreiung, insbesondere der Befreiung der Bilder, d.h. ihrer totalen Mobilmachung, ihrer Entfesselung ins Leere, ins Virtuelle, ins Lügenhafte. Es wäre nämlich naiv zu glauben, wir hätten die Bilder zugunsten der Wahrheit befreit – genauso naiv, wie zu glauben, daß die Rumänen sich zugunsten einer echten Demokratie befreit hätten. Eher ist anzunehmen, daß die radikale Befreiung des Bildes ganz natürlich zur Täuschung führt, zur allgemeinen Vortäuschung des Realen: Fiktion als Fiktion. Auch wenn wir es nicht annehmen möchten, müssen wir die unumgängliche Logik der Simulakren walten lassen: Indem sie das Medienereignis direkt an Ort und Stelle des historischen Ereignisses auf den Bildschirm bringt, gerade so wie man den Film auf dem Montagetisch zusammenbringt, hat die Information die aktuelle Aura der Revolution zerstört und rückblickend sogar auch jene des Originals. Mehr noch: Durch skrupellosen Einsatz der Bilder, dieses unseres schönsten technologischen Gadgets, haben die

Rumänen unsere Bildmythologie, unseren modernen Bilderkult zunichte gemacht.

Hier könnte man vielleicht – aber das wäre eine andere Frage – die Spuren einer allgemeinen geheimen Strategie der unbemittelten, unterentwickelten Völker erkennen, nämlich die *des unbedingten Simulakrums,* der radikalen Zuspitzung unserer westlichen Ideologien, des parodistischen Mißbrauchs unserer westlichen Werte: Information, Demokratie, Befreiung, Menschenrechte (Saddam Hussein praktizierte das extrem während des Golfkriegs).

Im allgemeinen darf man sagen, daß in allen Bereichen – Sexualität, Wirtschaft, Kultur, Medien – die Befreiung die Freiheit zunichte gemacht hat. »Freiheit« und »Befreiung« muß man unbedingt auseinanderhalten. Die Freiheit spielt sich in einem begrenzten, transzendenten Raum ab, im symbolischen Raum des Subjektes, wo er seiner eigenen Finalität als Subjekt gegenübersteht. Die Befreiung hingegen spielt sich in einer unbegrenzten Dimension ab. Sie ist sozusagen eine Bewegung, ein physikalischer Drang, der jede Funktion über ihre eigenen Ziele hinausführt (prototypisch ist die Befreiung der Energie). Freiheit ist eine kritische, Befreiung eine potentiell katastrophale Form. Die eine konfrontiert das Subjekt mit seiner Entfremdung und deren Aufhebung. Die andere führt zu wuchernden Metastasen, zu Kettenreaktionen, zur Entfesselung aller Dimensionen und schließlich zur endgültigen Enteignung. So erweist sich der allseitige und zugleich einseitige Befreiungsprozeß als höchst problematisch im Sinne der Freiheit.

Nun steht also im vollen Lichte – dank sei den Rumänen – dieses Paradoxon der Information und der Kommunikation vor dem internationalen Gewissen, das selbst um sein eigenes Ideal betrogen worden und in seine eigene Falle geraten ist: Enttäuschung, Ekel, Skandal. Der Golfkrieg hat den katastrophalen Eindruck nur noch verstärkt, so weit in den Strudel der Täuschung hineingerissen worden zu sein, daß die Frage nach der Wahrheit und nach der Wirklichkeit nicht einmal mehr gestellt werden kann – so weit in die »Befreiung« des Mediums und des Bildes hineingezogen worden zu sein, daß die Frage nach der Freiheit nicht einmal mehr gestellt werden kann.

Aber kann sich der Prozeß der Information und der Medien überhaupt öffnen? Auf keinen Fall, und zwar eben wegen dieser Spiralwirkung und Rückwirkung ins Unendliche (die Medien selber sind Richter und Anwalt, sie beschlagnahmen jede mögliche Initiative), vor allem aber weil das Prinzip der Information selbst nie wirklich in Verdacht kommen darf. Alles Negative, alles Unsinnige wird automatisch der »Desinformation« zugeschrieben, läßt also das Prinzip unschuldig.

Auch wenn der Prozeß nicht stattfinden kann, so hat es in diesem Fall doch eine Art Verdikt gegeben, und die Scheinleichen von Temesvar sind trotzdem zu etwas nütze gewesen. Haben die Medienbilder die Substanz des Ereignisses vereitelt, so doch auf solche Weise, daß die Glaubwürdigkeit der Medienbilder selbst vereitelt worden ist. *Nie wieder wird man gutgläubig ein Bild* im Fernsehen anschauen können, und das ist sicherlich die schönste kollektive Entmystifizierung im Kommunikationsbereich. Die schönste Rache an dieser Tyrannei der Information, die vielleicht heimlicher und unheimlicher ist als die der Diktatoren aus Fleisch und Blut. Wer könnte sagen, was für eine Verantwortung, was für eine Schuld der künstlichen Inszenierung eines kollektiven Meuchelmordes anhaftet, im Vergleich mit der Verfertigung eines realen? Eine simulierte Missetat ist auch ein Verbrechen, ein schlimmeres vielleicht, weil es ein Attentat auf das Wirklichkeitsprinzip selber ist. In diesem Fall ist es einer Geiselnahme gleich, der Geiselnahme der Phantasie, der Affekte und der Perversionen von Abermillionen von Menschen. Welche Strafe steht für eine solche Geiselnahme? Das müßte doch irgendwo in der Tafel der Menschenrechte stehen.

Nichts wird diese Situation bereinigen. Es sei denn, daß die Information und die Medien eine höhere ironische Aufgabe hätten. Keineswegs die positive und objektive, die sie behaupten, sondern ganz im Gegenteil eine negative, eine Aufgabe der Enttäuschung. Durch ein Übermaß an Täuschung bewirken sie eine vitale Enttäuschung, durch ein Übermaß an Bildern bewirken sie eine radikale Ernüchterung der medienmystifizierten Einbildung. Genauso wie man sich mit den Politikern und dergleichen Fachleute zufrieden geben muß, welche die Last dieser traurigen Aufgaben auf sich nehmen und uns davon entlasten, so nehmen die Medien und die Information den ganzen triumphalen Illusionismus der Kommunikation auf sich, die ganze Zweideutigkeit und Unsicherheit des Massenwissens, die Verwirrung, das Spektakel, die Ideologie, die Banalität. Das alles erledigen sie, heben sie auf, sozusagen homöopathisch, durch ihren eigenen banalen Prozeß. Und obendrein stellen sie einen permanenten Intelligenztest dar, denn wo könnte man besser als vor dem Fernsehen lernen, jede Information, jedes Bild, jeden Kommentar in Zweifel zu ziehen? Hier wäre seine aufklärende, pädagogische Aufgabe. Sein kritischer und ironischer Effekt, durch welchen vielleicht eine echte Einbildungskraft wieder heraufbeschworen werden kann.

Das Fernsehen infiziert uns allmählich mit der Indifferenz, mit dem agnostischen Reflex, mit einer viralen Apathie, eben durch diese Bildwerdung der Welt, die unsere Phantasie und jede andere geistige Fähigkeit betäubt, und so am Ende eine scharfe Abreaktion provoziert und dabei aus Allergie eine neue Form von Energie erzeugt. Das Fernsehen würde das Reale abschreckend machen, wenn es das nicht schon wäre. Und das ist ein absoluter Fortschritt im Bewußtsein (oder im Unbewußten) unserer Zeit. Man muß der Telekratie also dankbar sein, daß sie existiert und ihre sozusagen pädagogische Arbeit weiterführt, als Propädeutik für jede künftige Einsicht in das Reich der Illusion und des Simulakrums.

Teil VI
Biotechnologie und Evolution

Perspektiven einer evolutionären Biotechnologie

Bernd-Olaf Küppers

Die physikalisch und chemisch orientierte Biologie, wie sie insbesondere in der Molekularbiologie ihren Ausdruck findet, gehört zu den expansivsten Forschungszweigen der modernen Naturwissenschaften. Die Entwicklung verläuft hier ebenso stürmisch wie die Entwicklung der Physik in der ersten Hälfte unseres Jahrhunderts. Auch in technologischer Hinsicht steht die Biologie der Physik in nichts nach. Dies zeigen nicht zuletzt die wachsende Bedeutung der Biotechnologie und deren vielfältige Anwendungs- und Entwicklungsmöglichkeiten. Des weiteren dürften auch die Computer- und Informationstechnologien durch die biologische Grundlagenforschung wegweisende Impulse erhalten und auf Kultur und Technik im 21. Jahrhundert einen wachsenden Einfluß ausüben.

In dem folgenden Beitrag sollen die Perspektiven einer neuartigen Biotechnologie dargestellt werden, die sich aus der herkömmlichen Gentechnologie unter Einbeziehung von evolutiven Prinzipien und Methoden entwickelt hat und die als *evolutionäre Biotechnologie* bezeichnet wird. Dabei sollen neben dem anwendungsorientierten Hintergrund dieser neuartigen Technologie insbesondere deren evolutionsbiologischen Grundlagen diskutiert werden.

Biotechnologie und natürliche Evolution

Bekanntermaßen werden in der Biotechnologie mikrobiologische, biochemische und gentechnische Methoden verwendet, um Mikroorganismen, Zellkulturen oder Biomoleküle zur Umwandlung, Neusynthese und Produktion von Stoffen nutzbar zu machen. In der Regel werden dazu die betreffenden Objekte sowohl durch Veränderung ihrer Struktur als auch durch definierte Änderung ihrer Umweltbedingungen (wie Temperatur, pH-Wert usw.) auf die gewünschten Eigenschaften hin optimiert. Kurzum: In allen biotechnologischen Verfahren werden katalytische Leistungen biologischer Systeme mittels geeigneter technischer

Verfahren unter ökonomischen Gesichtspunkten nutzbar gemacht. So gesehen ist Biotechnologie mehr als bloße Gentechnologie. Andererseits hat aber die Biotechnologie ohne Zweifel ihre qualitativ neue Dimension erst durch die moderne, molekularbiologisch fundierte Genetik erhalten (vgl. Klein 1991:125). Die Methoden zur Zellfusion, die Vervielfältigung von Genen mittels Bakteriophagen und Plasmiden sowie die Rekombination von genetischem Material *in vitro* haben schließlich auch die Überwindung der natürlichen Artenschranke ermöglicht. Das im Verlauf einer langen Evolution gewachsene ökologische Gleichgewicht von Mensch und Natur mit seinen mannigfaltigen ökologischen Nischen und Grenzziehungen, seinen komplexen Stabilitäts- und Regulationsphänomenen, scheint nunmehr der grenzenlosen und willkürlichen Manipulation durch den Menschen ausgesetzt zu sein.

Die sich hieraus ergebenden Risiken der Biotechnologie sind in den vergangenen Jahren Gegenstand zahlreicher kontrovers geführter Diskussionen gewesen. Im Mittelpunkt solcher Diskussionen stand zumeist die naheliegende Frage der unmittelbaren, das heißt der kurzfristigen Auswirkungen auf die Stabilität des ökologischen Gleichgewichts. Doch das ökologische Gleichgewicht, auch wenn es in seinen vielfältigen Erscheinungsformen ein Produkt der Evolution ist, kann nicht mit der Evolution selbst als dem lebenserhaltenden Prinzip der Biosphäre gleichgesetzt werden. Im Gegenteil, unter evolutiven Gesichtspunkten ist das ökologische Gleichgewicht lediglich ein metastabiles Gleichgewicht. Nur wenn das Gleichgewicht aufgrund innerer Instabilitäten auch in sich zusammenbrechen kann, ist ein evolutiver Fortschritt, verbunden mit der Etablierung eines neuen Wirkungsgefüges von höherem Ordnungs- und Komplexitätsgrad, überhaupt möglich (vgl. Küppers 1985). Gerade um solche, für die Evolution charakteristischen langfristigen Wechselwirkungen, um die möglichen Auswirkungen der Biotechnologie im Hinblick auf den alles umgreifenden Prozeß der natürlichen Evolution, soll es im folgenden gehen.

In diesem Zusammenhang drängt sich eine Reihe von Fragen auf. So zunächst einmal: Ist die Problemstellung angesichts der gigantischen Zeiträume, innerhalb derer sich normalerweise Evolutionsvorgänge abspielen, überhaupt relevant? Des weiteren: Kann durch biotechnologische Verfahren der Prozeß der natürlichen Evolution (unbeabsichtigt oder beabsichtigt) in seinem Verlauf gestört oder gar beschleunigt oder verzögert werden? Ist es denkbar, daß sich die natürliche Evolution in sinnvoller Weise steuern läßt? Kann die Evolution als geniales Optimierungsprinzip der Natur selbst noch einmal optimiert werden?

Die Beantwortung dieser Fragen setzt mit Sicherheit sehr viel mehr Wissen voraus, als wir gegenwärtig besitzen. Doch sollte uns dies nicht daran hindern, solche Fragen schon bei unserem gegenwärtigen Wissensstand zu diskutieren; denn jedem Erkenntnisgewinn in den Naturwissenschaften geht eine spekulative Phase voraus, die für den Erkenntnisgewinn konstitutiv ist. Es sei daher erlaubt, in den Überlegungen und Spekulationen weiter fortzufahren und einen Gesichtspunkt anzusprechen, der für jede Diskussion um die Nutzen und Gefahren der Biotechnologie von zentraler Bedeutung ist, nämlich die Frage nach der Berechenbarkeit biologischer Systeme, insbesondere im Hinblick auf ihre evolutive Entwicklung.

Zur Berechenbarkeit evolutiver Prozesse

Für die moderne Biologie ist die Einsicht grundlegend, daß alle wesentlichen Lebenserscheinungen, vom Stoffwechsel bis zur Vererbung, informationsgesteuert sind. Die komplette Information für den Aufbau eines lebenden Organismus ist hierbei in verschlüsselter Form in einer bestimmten Klasse von biologischen Makromolekülen gespeichert, die als »Desoxyribonucleinsäuren (DNS)« bezeichnet werden.[1] Es ist bemerkenswert, daß das Prinzip der genetischen Informationsspeicherung dem der menschlichen Sprache sehr ähnlich ist. So sind beispielsweise die molekularen Grundbausteine eines DNS-Moleküls sequentiell angeordnet wie die Buchstaben einer Schrift. Wird auch nur ein einzelner Buchstabe in der Erbinformation eines Lebewesens ausgetauscht, so kann dies – wie ein Druckfehler in einem Buch – zu einem sinnentstellten genetischen Programm und damit unter Umständen zum Tod und Zerfall des betreffenden Lebewesens führen. Man kann hier insofern von einem sinnentstellenden Fehler sprechen, als die durch den Fehler gestörte Teilstruktur des betreffenden Organismus nicht mehr ihre für das Gesamtsystem notwendige Funktion erfüllen kann. Damit wird deutlich, daß die genetische Information einen über ihren syntaktischen Aspekt hinausgehenden semantischen Aspekt besitzt. Die grundlegende Frage nach dem Ursprung und der Evolution des Lebendigen ist daher gleichbedeutend mit der Frage nach der Erzeugung semantischer Information (vgl. Küppers 1986).

Die genetische Information hat einen Sinn und eine Bedeutung für die Aufrechterhaltung der Lebensfunktionen eines Organismus. Oder anders ausgedrückt: Die Semantik genetischer Information ist durch den Zweck- und Sinn-

1 Da es Information in einem absoluten Sinn nicht gibt, hängt auch die genetische Information immer noch von bestimmten Milieubedingungen ab, die einer an sich mehrdeutigen Botschaft erst einen eindeutigen Sinn geben. Dennoch verschlüsseln die Gene die genetische Information bereits vollständig, da sie unter Vorgabe gewisser Milieubedingungen eine notwendige und hinreichende Bedingung für die reproduktive Erhaltung des betreffenden Organismus darstellen.

zusammenhang eines lebenden Systems definiert. Genau hier scheint denn auch die Grenze zu liegen, von der ab biologische Systeme sich einer physikalisch-chemischen Analyse entziehen. Und diese Grenze hat möglicherweise prinzipiellen Chrarakter. Hierzu einige Erläuterungen: Als empirische Wissenschaften befassen sich Physik und Chemie traditionsgemäß mit dem Aufbau und der Struktur der Materie, nicht aber mit deren vielfältigen funktionalen Eigenschaften. Dementsprechend kommt auch der Begriff der Funktion (und damit der Begriff der Semantik) in den Konzepten der Physik und Chemie überhaupt nicht vor. Folglich liefert die physikalische Theorie der Lebensentstehung »nur« eine Erklärung für die bloße Existenz informationstragender Systeme, nicht aber eine Erklärung für deren mannigfaltige Erscheinungsformen, die den eigentlichen Inhalt dieser Information ausmachen.

Die sich hier zeigende Grenze der Berechenbarkeit evolutiver Prozesse scheint prinzipielle Ursachen zu haben (vgl. Küppers 1987). Dies wird bereits anhand einer einfachen Modellvorstellung deutlich: Der Prozeß der Evolution und damit der der biologischen Informationserzeugung ist vergleichbar mit einer »Wanderung« in einem höherdimensionalen Gebirge, dessen Struktur durch die Selektionswerte aller potentiellen Informationsträger bestimmt wird. Der Weg liegt hierbei jedoch nur insoweit fest, als er immer von einem niedrigeren Gebirgsgipfel zu einem höheren, das heißt von einem niedrigeren (lokalen) Maximum zu einem höheren (lokalen) Maximum führen muß. Der Evolutionsprozeß kommt schließlich zu einem Ende, wenn unter allen (lokalen) Maxima das Optimum erreicht worden ist. Wegen der extrem hohen Dimensionalität des Optimierungsgebirges ist es aber mit an Sicherheit grenzender Wahrscheinlichkeit ausgeschlossen, daß dieser Fall jemals in physikalisch sinnvollen Zeitspannen eintritt.

Die genauere Analyse evolutiver Optimierungsprozesse hat gezeigt, daß nur der Gradient der Optimierungsroute gesetzmäßig determiniert ist, nicht aber deren Detailverlauf. Diese Unbestimmtheit hat im wesentlichen zwei Gründe. Zum einen hängt die Richtung, die der Optimierungsprozeß einschlägt, von der genetischen Variabilität ab und diese resultiert wiederum aus den prinzipiell indeterminierten Genmutationen. Zum anderen liegt die Struktur des Wertegebirges keineswegs fest. Mit jedem evolutiven Schritt deformiert sich nämlich aufgrund interner Kopplungen das gesamte Wertegebirge. Ziel und Zielgerichtetheit stehen somit bei allen Evolutionsprozessen in einem unauflösbaren rückkoppelnden Bezug zueinander. Es liegt an der soeben beschriebenen Struktur des Rückkopplungsprinzips, daß der Prozeß der natürlichen Evolution nicht berechenbar und damit auch nicht prognostizierbar ist. Die Evolution entzieht sich folglich jeder Planungsstrategie. Sie läßt sich grundsätzlich nicht steuern, sondern ist nur in Form eines Selbstorganisationsprozesses möglich.

Die Grenzen hinsichtlich der Berechenbarkeit evolutiver Prozesse bedeuten nun aber keineswegs das Ende aller Träume und Utopien in Bezug auf die Biotechnologie. Es gibt nämlich einen Ausweg in Form einer neuartigen Biotechnologie, die von den Prinzipien einer künstlichen Evolution Gebrauch macht, indem sie die der natürlichen Evolution zugrundeliegenden physikalischen Gesetzmäßigkeiten unter den kontrollierten und reproduzierbaren Bedingungen des Experiments nutzbar macht.

Biotechnologie und künstliche Evolution

Im Jahre 1967 führte der Amerikaner Sol Spiegelman mit seinen Mitarbeitern an der Columbia University New York ein für die moderne Evolutionsforschung richtungsweisendes Experiment durch (vgl. Mills u.a. 1967: 58, 217). Er isolierte zunächst aus einem mit Viren infizierten Bakterienstamm ein Enzym, und zwar eine RNA-abhängige RNA-Polymerase, mit dessen Hilfe sich die Virus-RNA unter zellfreien Bedingungen beliebig vermehren ließ. Dieses zellfreie System, das im wesentlichen aus dem genetischen Material des Virus und dem für die Vermehrung dieses Materials notwendigen Enzym bestand, setzte Spiegelman nun unter den Selektionsdruck der Wachstumsbegrenzung. Das erstaunliche Ergebnis des Experiments bestand darin, daß sich schon nach wenigen Reproduktionszyklen die Virus-RNA an ihre künstlichen Umweltbedingungen angepaßt hatte. Weiterhin konnte Spiegelman an seinem Modellsystem alle wesentlichen Merkmale und Gesetzmäßigkeiten einer natürlichen Evolution nachweisen, was den Schluß zuließ, daß die natürliche Evolution und die im Experiment induzierte nicht-natürliche oder künstliche Evolution denselben Prinzipien genügten.

Im Anschluß an die Arbeiten von Spiegelman und Mitarbeitern wurden insbesondere in der Arbeitsgruppe von Manfred Eigen am Max-Planck-Institut für Biophysikalische Chemie in Göttingen die theoretischen und experimentellen Grundlagen für die Durchführung kontrollierter Evolutionsexperimente *in vitro* im Detail ausgearbeitet (vgl. Eigen/Schuster 1979; Küppers 1979:66, 228; Küppers 1982; Küppers 1983; Eigen 1991). Diese Arbeiten haben dazu geführt, daß die Experimente von Sol Spiegelman sich nunmehr mit Hilfe computergesteuerter Maschinen ausführen lassen (Eigen 1991).

Was heute in Ansätzen sichtbar ist, sind die Züge einer neuartigen Biotechnologie, die über die schon als traditionell zu bezeichnende Gentechnologie erheblich hinausgeht und die man als evolutionäre Biotechnologie bezeichnen kann. In Göttingen fand unlängst das weltweit erste Symposium über die Grundlagen und Perspektiven dieser neuen »Evolutionsbiotechnologie« statt (vgl. Tagungsbericht 1991:78). Freilich wurden auf diesem Symposium noch mehr Zukunftsvisionen gemalt, als daß sich schon konkrete Möglichkeiten einer industriellen Nutzung abzeichneten. Doch wer die rasante Entwicklung neuer Technologien in der Vergangenheit mit ins Kalkül zieht, wird sich schnell von der Tragweite dieses neuartigen Konzepts überzeugen lassen.

Was können wir von dieser Zukunftstechnologie erwarten? Auf dem Göttinger Kongreß wurde eine Reihe vielversprechender Möglichkeiten in Aussicht gestellt: Die Palette der Anwendungsmöglichkeiten reicht hier von der Entwicklung neuer Arzneimittel gegen Stoffwechselstörungen, dem Design neuer Impfstoffe, der evolutiven Anpassung von Antikörpern an Enzymfunktionen bis hin zur Entwicklung industriell nutzbarer Katalysatoren. Wie auch immer diese Perspektiven im einzelnen zu bewerten sein mögen, die Vorteile einer evolutionären Biotechnologie liegen auf der Hand:

1. Die Prozesse der Vermehrung und Selektion lassen sich bei der künstlichen Evolution im Gegensatz zur natürlichen Evolution entkoppeln.
2. Die Selektion läßt sich nunmehr steuern, indem ihr eine Richtung vorgegeben wird.
3. Die Selektion eines Biomoleküls setzt nicht mehr das funktionsfähige Milieu der Zelle oder des Organismus voraus, sondern kann unter beliebig vorgegebenen zellfreien Bedingungen erfolgen.

Mit dieser neuen Technik wird man auf evolutivem Weg Biomoleküle herstellen können, die in der freien Natur keine Überlebenschancen und damit faktisch keine Realisierungsmöglichkeiten besitzen. Auf der anderen Seite wird man bereits vorhandene Biomoleküle weiter optimieren können. Im Rahmen dieser Technologie werden zwar die Prinzipien der biologischen Evolution benutzt, aber die Produkte selbst sind nicht Gegenstand der natürlichen Auslese, sondern unterliegen allein den Kriterien einer künstlichen Auslese und Optimierung. Die evolutionäre Biotechnologie braucht weder »natürliches« Material noch den Funktionsapparat des lebenden Organismus bzw. der lebenden Zelle. Sie ist nichts anderes als angewandte molekulare Evolution unter den kontrollierten und reproduzierbaren Bedingungen des Experiments. Von den Produkten einer künstlichen Evolution geht somit keine größere Gefährdung für unsere Umwelt und das ökologische Gleichgewicht aus, als dies für jede andere, im Labor eines Chemikers synthetisierte Substanz auch der Fall sein mag.

Schlußbemerkungen

Die theoretischen Grundlagen der evolutionären Biotechnologie liegen in einer Disziplin die man als *biologische Informationstheorie* bezeichnen kann. Diese wird vermutlich zum theoretischen Fundament der gesamten modernen Biologie werden, denn die theoretische Analyse der informationsgesteuerten Prozesse in der Biologie muß die grundlegenden Mechanismen der Speicherung, Verarbeitung und Erzeugung von Information auf der molekularen und neuronalen Ebene ebenso erfassen wie die Mechanismen der Entfaltung von genetischer Information im Verlauf morphogenetischer Prozesse.

Nur eine tiefgreifende, theoretisch fundierte Kenntnis der informationsbezogenen Grundlagen lebender Systeme wird uns schließlich in die Lage versetzen, die genetische Information mittels biotechnischer Verfahren gezielt und sinnvoll abzuwandeln und die informationserzeugenden Prozesse des Gehirns mittels entsprechender Computerverfahren zu simulieren. Nicht zuletzt ergeben sich aus dem Informationsprinzip als Leitprinzip für die theoretische Grundlagenforschung in der Biologie auch umfassende interdisziplinäre Zusammenhänge, die bis in die Geistes- und Sozialwissenschaften hineinreichen.

Evolution, Gentechnik und Technologiediskussion

Dieter Brauer

Ich möchte versuchen, konkret über die praktischen Anwendungen, also darüber, was man von industrieller Seite und auch von der Forschung her unter Biotechnologie versteht, und was wir weltweit an praktischen Anwendungen vorfinden, zu reflektieren. Denn die Gentechnik ist ja nicht von heute auf morgen aus dem Nichts entstanden, sondern es liegt ein breites Maß an Forschungsergebnissen in den unterschiedlichsten Fächern vor. Sodann werde ich einen Schritt weitergehen und mich nicht nur auf das Gebiet der Gentechnik begrenzen, sondern konsequenterweise auch die Biotechnologie einbeziehen.

Die modernen Verfahren sind nicht einfach »die Gentechnik«. Es gehören dazu auch die Zellfusion und eine ganze Reihe weiterer Verfahren, die alle ihre spezielle Bedeutung haben. Die Biotechnologie selbst kann man definieren als eine Methode, bei der man lebende Zellen oder Teile davon benutzt, um Produkte herzustellen. Diese Produkte können natürlich auch Informationen selber sein.

Die Biotechnologie insgesamt kann man unterscheiden in Angelegenheiten, die die Forschung selbst betreffen, die industrielle Produktion oder die Freisetzung – also die Absicht, Organismen, die verändert sind, in die Natur hinauszubringen mit dem Ziel, daß sie dort überleben sollen, zumindest eine gewisse Zeit.

Dazu gibt es unterschiedliche Überlegungen und Maßnahmen des Gesetzgebers. Die Forschung selbst schaut nach biologischen Mechanismen, nach biologischen Grundlagen irgendwelcher Lebensvorgänge. Und daraus ergibt sich dann entweder schlicht ein Erkenntniszuwachs oder unmittelbar eine Anwendung. Die Anwendung heißt dann in der klassichen Biotechnologie *Fermentation.* Und damit ist die Brücke hergestellt zwischen klassischer und moderner Biotechnologie. Die unterschiedlichsten Anwendungen sind bekannt: in der Stärkeverarbeitung, in der (skandinavischen) Papierindustrie, in der Lederindustrie, und am bekanntesten sind die Pharmazeutika, die Herstellung von Arzneimitteln. Es gibt zahlreiche chemische Produktionsverfahren, bei denen gentechnisch hergestellte Enzyme dazu verwendet werden, chemische Produktionssysteme gegen biokatalytische auszutauschen. Insgesamt ergibt sich in der öffentlichen Diskussion zu diesem komplexen Gebiet, das die unterschiedlichen Anwendungsbereiche berührt, die Problematik, daß man sich sprachlich nicht ganz einig ist über das, was man unter »Biotechnologie« und »Gentechnik« versteht.

Ich will ein paar Kernbegriffe über unsere Interessen in der Industrie erläutern. Viele moderne Methoden werden in Zusammenhang mit der Gentechnik gestellt, z.B. die Hybridenbildung oder die In-vitro-Befruchtung. Auch die klassische Chromosomenanalyse und das Embryosplitting sind in der modernen Biotechnologie zu finden und haben doch schlicht nichts mit Gentechnik zu tun. In Zukunft werden jedoch sicherlich gewisse Querverbindungen entstehen.

Doch wir sehen heute schon, daß diese unterschiedlichen Verfahren in unterschiedlichen Teilbereichen der realen Welt zur Anwendung kommen. Es kann nicht Aufgabe der Industrie sein, z.B. eine Gentherapie durchzuführen. Bei uns werden eher Kanülen, Spritzen und Pufferlösungen für die dabei verwendeten Plasmide hergestellt. Hinsichtlich der industriellen Verfahren sind die Sicherheitsüberlegungen sehr wichtig gewesen. Sicherheit in der Produktion oder im Labor heißt, daß man zunächst von den klassischen Kriterien ausgehen muß: Sicherheit für den Arbeitnehmer, Sicherheit des Produktes, Aspekte der Umwelt. Mit den gentechnischen Verfahren kommt zusätzlich ein Begriff in die naturwissenschaftliche Welt, die »biologische Sicherheitsmaßnahme«.

Nicht zuletzt muß auch die Frage angesprochen werden, inwieweit die einzelnen Organismen in der Lage sind, sich überhaupt auszubreiten? Da gibt es kosmopolite und nicht-kosmopolite Organismen. Ganz trivial gesagt heißt das, daß Organismen normalerweise nicht überall auf der Welt leben können, und eine »unkontrollierte« Ausbreitung nicht möglich ist.

In dem Zusammenhang ist die Auswirkung von Produktionsverfahren auf die Umwelt auch sehr unterschiedlich zu sehen. Ungefähr zwanzig Produktionsverfahren mit hochgefährlichen pathogenen Organismen werden weltweit betrieben. Die Impfstoffherstellungsverfahren sind z.B. von der technischen Seite her offensichtlich gut beherrschbar, sonst würde es häufig Todesfälle geben bei Mitarbeitern, Familienangehörigen usw. Hier ist die technische Sicherheit gewährleistet. Andererseits ist die Frage, ob man sich bei den Überlegungen zur Freisetzung auf die Einführung gentechnisch veränderter Organismen beschränken soll, oder vielleicht diesen Begriff erweitert auf die Bewertung exotischer Organismen? Es gibt zahlreiche Beispiele von Organismen, die in fremde ökologische Bereiche eingeführt wurden und dort zu Schäden führten. Andererseits gibt es noch mehr Beispiele, wo die Einführung z.B. von Nahrungspflanzen bis heute mit keinerlei Schäden verbunden ist.

Die wesentliche Problematik ergibt sich aus dem großflächigen Anbau. Welche Fläche nimmt man, um irgendwelche Pflanzen anzubauen? Wenn wir auf die rote Liste schauen, verbunden mit der Praxis der Landwirtschaft, die wir heute haben, sehen wir bei Hessen z.B. eine Fläche von 41 % Wald, 49 % Landwirtschaft, bleiben 10 % für Straßen, Gebäude usw. In dem Rahmen sollte man abschätzen, inwieweit unter diesen Bedingungen Veränderungen erfolgen können hinsichtlich der Entstehung neuer Arten, die ja grundsätzlich ein genetisches Ereignis voraussetzen. Dann kann man die Frage stellen, ob sich dieses Ereignis stabilisiert, weiter vermehren und einen Eingang finden kann in die langfristige Evolution?

In solchen stabilen Strukturen, wie wir sie in Westeuropa haben, ist es, glaube ich, sehr schwierig, diese Frage der Evolution mittel- und langfristig zu erwägen.

Hauptursache für das Verschwinden von Arten in »unserer« Natur sind zahlreiche Faktoren. Ökologische Nischen (Wald, Hecken, Steine) verschwinden, die Verstädterung der Dörfer, Biotopzerstörung und dergleichen sowie die Verwendung von Düngern und die Verringerung der Anzahl der Nutzpflanzen, die für den Pflanzenanbau genommen werden.

Man hört häufig, daß das Leben als ein technisch manipulierbares Computerprogramm mit ungeahnten Variationsmöglichkeiten gesehen wird. Ich halte dies für eine sehr starke Simplifizierung; Eingriffe in solche komplexen Strukturen sind, meiner Ansicht nach, noch nicht als möglich zu erkennen. Die Frage, ob man in Bioreaktoren mit künstlicher Evolution gänzlich neue Produkte herstellen kann, vermag ich nicht zu beurteilen, weil es für industrielle Verfahren im Moment noch keine Relevanz hat. Die Praxis für uns heißt ja, daß wir aus der Forschung heraus biologisch wirksame Moleküle finden, mit der Gentechnik oder allgemein der Biochemie. Dann stellen wir mit bestimmten Verfahren Wirkstoffe her; wir untersuchen sie. Dabei kommt die Proteinkristallographie zur Anwendung, die Röntgenstrukturanalyse. Am Ende kommt man zum Computer-aided-molecular-design (CAMD).

Es ergeben sich Wechselwirkungen zwischen den unterschiedlichen Fachdisziplinen. Diese haben für sich unterschiedliche Sprachen entwickelt, unterschiedliche Denkweisen, und vor allem arbeiten die Naturwissenschaftler international sehr stark zusammen. Dort liegt auch ein deutlicher Unterschied zu den Geisteswissenschaften, die stärker einen nationalen Charakter haben, die sprachlich gesehen eigentlich nicht über die kulturellen Barrieren hinausgekommen und nicht international sind. Kurz: Man spricht mit unterschiedlichen Sprachen über unterschiedliche Sachen. Gleichzeitig ist die Prognose, daß die Evolution in die Hand zu nehmen sei, ein Glaube an die Wissenschaft, der sich nicht erfüllen kann, und ein Mißverständnis von Natur und Biologie. Wir sollten nicht in Wissenschaftsgläubigkeit und Euphorie verfallen, weder zuviel, noch zuwenig erwarten.

Was die Evolution in Europa betrifft: Ich habe da meine Zweifel, ob die Verwendung von Organismen in sogenannten »geschlossenen« Systemen überhaupt einen Einfluß auf die evolutionäre Entwicklung hat. Was die Freisetzung betrifft, gibt es sehr unterschiedliche Ansätze, die teilweise mit Problemen behaftet sein könnten. Die Evolution zu verhindern, ist ein Punkt, der für unsere industriellen Produktionsverfahren wichtig ist. Egal weches Biomolekül man herstellen will, man muß es über Jahre hinweg in gleicher Qualität produzieren, d.h. der Produktionsprozeß darf nicht geändert werden. Aus dem Grunde greift man natürlich zurück auf Ursprungszellen, die sich möglichst nicht genetisch verändert haben sollten.

Die Frage nach den ethisch-moralischen Überlegungen, die Art und Weise, wie man Wissenschaft und Forschung gestaltet, wie industrielle Verfahren sein sollten, wie sich die Industrie verhalten könnte, müssen flankiert werden von der Kenntnis, daß erstens Technik nicht die Sache eines Nationalstaates ist, daß zweitens die Technik den Status eines orientierenden Angebotes hat und daß sie drittens die kritische Begleitung ständiger Revision bedürfen wird.

Eine andere Frage lautet: Welche Technik wollen wir überhaupt zukünftig? Eine Technik, die heute in der Praxis angewandt wird, hat sicherlich bestimmte Nachteile – man wird sie verbessern müssen. Wie die zukünftige Technik aussehen wird, ist kaum zu erahnen, man kann zwar Vermutungen anstellen, doch wir wissen noch nichts.

Was die Risiken und die Chancen betrifft, sie können sich sehr unterschiedlich darstellen; sie sind für den Unternehmer ganz anders als für den Patienten oder den Politiker oder den Journalisten.

›Risiko‹ – es ist nicht so ganz klar, was dies in der praktischen Anwendung bedeutet. Risiko bedeutet ja, daß man irgendeine Eintrittswahrscheinlichkeit haben muß, und wenn sie eintrifft, wie groß ist dann das Schadensausmaß?

Es geht in der konkreten Anwendung um Arbeitsschutz, um das Produkt, um die Umwelt, da muß man sicherlich auf das einzelne Verfahren schauen. Eine generelle Behauptung, die Gentechnik sei harmlos, ist genauso naiv, wie zu sagen, daß die Gentechnik grundsätzlich gefährlich sei. Beides halte ich für falsch, man muß es differenzierter sehen.

Der Wunsch, Mensch und Umwelt gleichberechtigt in ein »normales« Universum einzubetten, führt grundsätzlich zu einem unlösbaren Dilemma. Die Moral ist zunächst eine Kulturleistung des Menschen, und zur Kultur gehört nun mal die Tatsache, daß der Mensch die Umwelt zu seinem Zweck nutzt. Ohne diese Hierarchie gäbe es unsere Kultur nicht. Aber kein Lebewesen hat auf der anderen Seite die Welt so verändert wie der Mensch selbst. Dürfen wir über die Natur mit gutem Gewissen verfügen, ist das moralisch oder unmoralisch? Es ist eine Tatsache, daß auch in der Natur selbst die Tendenz besteht, daß Lebewesen sich auf Kosten anderer entwickeln. Die komplexen Probleme führen im Grunde genommen am Ende dazu, daß wir eine faktische Integration brauchen von kulturellen Aspekten, politischen und wirtschaftlichen Fragen. Viele Zusammenhänge und Notwendigkeiten müssen objektiv verfolgt werden, zumindest auf unserer nationalstaatlichen Ebene. Mehr können wir eigentlich nicht erreichen. Es ist die Frage, inwieweit wir unsere kulturellen Errungenschaften überhaupt ohne weiteres hinaustragen dürfen in andere Länder, andere Kulturen, ohne dem Kreuzrittertum oder Schlimmerem zu verfallen.

Man sollte hoffen, daß wir zum Konsens finden und daß andere Kulturen auf anderen Wegen mit anderen Überlegungen am Ende zum gleichen Ergebnis kommen. Der Weg dorthin ist, glaube ich, egal, das Ergebnis zählt.

Bewertungskriterien für die Biotechnologie

Ernst Ulrich von Weizsäcker

Die Informationstheorie ist in den späten 20er Jahren entstanden. Hartley, ein Kommunikationstechniker in Amerika, hat sie entwickelt und damals festgestellt, daß die Information im wesentlichen proportioanal im Logarithmus der Auftretenswahrscheinlichkeit eines Ereignisses ist. Es war dann für ihn und für seine Nachfolger Claude Shannon, Warren Weaver und Norbert Wiener eine sehr bequeme Meßformel.

Man hat das Mitte und Ende der 40er Jahre fortentwickelt und insbesondere Shannon hat dann die Information als *Entropie* bezeichnet und damit auch den Überraschungswert eines Zeichens in einem bestimmten Alphabet mit bestimmten Wahrscheinlichkeitseigenschaften messen können. Shannon sagte, daß je überraschender ein Zeichen ist, oder je mehr Überraschung ein Alphabet pro Zeichen erlaubt, desto höher ist der in diesem Alphabet enthaltene Informationswert pro Zeichen. Dann hat aber Warren Weaver, der die Sache philosophischer durchschaute, gesagt, daß nach diesem Informationsbegriff zwei Botschaften, von denen die eine ungeheuer gehaltvoll sei und die andere blanker Unfug, äquivalent sein können, was den Informationsgehalt beträfe.

Diese für die Hartley-Shannon'sche Informationstheorie zweifellos zutreffende Aussage ist natürlich für Leute, die sich mit der Wirkung der Information auseinandersetzen, ein höchst unbefriedigender Zustand. Er besagt, daß man am Shannon'schen Informationsgehalt überhaupt nicht ermessen kann, ob eine Information Sinn hat oder nicht.

Dieser unbefriedigende Zustand war der Ausgangspunkt für unsere eigenen Arbeiten im Zusammenhang mit der Informationstheorie (Weizsäcker 1974). Wir sind zu der Erkenntnis gekommen, daß die Shannon'sche Quantifizierung in Wirklichkeit ein Grenzfall einer allgemeineren Beschreibung der Information ist. Wenn wir ein Spektrum aufspannen zwischen totaler Sicherheit, totaler Stagnation oder totaler Bestätigung einerseits und totalem Chaos, totaler Neuigkeit andererseits, dann ist die Shannon'sche Informationsformel im Bereich der totalen Bestätigung gültig. Dort wird jedes zusätzliche bißchen Neuigkeit einen Informationsgehalt haben und als solches positiv bewertet. Dagegen, wenn man auf dieser Skala weiterläuft und immer mehr Neuigkeit, Erstmaligkeit und Überraschungen zuläßt, dann kommt man schließlich in eine Situation, in der zusätzliche Überraschung weniger Information bedeutet als vorher, weil der Empfänger bloß noch verwirrt und nicht mehr informiert wird. Und schließlich kommt man am anderen Ende des Spektrums an, wo das totale Chaos herrscht. An diesem Ende des Spektrums würde man natürlich genau umgekehrt empfinden. Dort ist jedes bißchen Bestätigung ein Gewinn an Information. Das widerspricht aber natürlich diametral der Shannonschen Formel, bei der immer nur »mehr Überraschung« als »mehr Information« bezeichnet wird.

Also muß man offenbar etwas wie einen Zwei-Komponenten-Informationsbegriff aufbauen, um zu einem vernünftigen Verständnis von pragmatischer Information zu kommen. Ein gutes Beispiel für pragmatische Information ist die genetische Information, die Chancen haben soll, in künftigen Generationen weitergetragen zu werden. Da muß immer ein wenig Überraschung dabei sein, sonst bleibt alles beim Alten, und es findet keine Evolution statt. Andererseits braucht das Erbgut auch viel Konstanz und Bestätigung, denn sonst hat man nur das sich Auflösende, den Tod oder das Chaos. Alle Lebensphänomene haben auf irgendeine Weise eine Optimierung zwischen Bestätigung und Erstmaligkeit.

Dann haben wir festgestellt, daß Informationen normalerweise, vermutlich immer, hierarchisch aufgebaut sind, daß also verschiedene semantische Stufen existieren. Die niedrigeren Stufen sind sehr hoch »bestätigt«, z.B. Moleküle. Das war der Ausgangspunkt für das, was Christine Weizsäcker später entwickelt hat unter dem Stichwort »Fehlerfreundlichkeit« (Weizsäcker/Weizsäcker 1986). Diese wird nachher zum zentralen Begriff bei der Bewertung der Biotechnik. Bevor ich dazu komme, möchte ich an dieser Stelle innehalten und kurz erläutern, was dieser Zwei-Komponenten-Informationsbegriff für die Evolution zu bedeuten hat. Es ist offensichtlich, daß eine Evolutionsvorstellung, bei welcher entweder die Erstmaligkeit bzw. das Chaos oder aber die Bestätigung, die Stagnation, verabsolutiert werden, ein schlechter Evolutionsbegriff ist. Und da hat sich Christine Weizsäcker gefragt, was ist denn eigentlich »Tüchtigkeit«? Die Tüchtigkeit ist tendenziell etwas Statisches. Sie zu verabsolutieren, bedeutet Stagnation. Sie braucht genau wie die »Bestätigung« der Informationstheorie einen Gegenbegriff. Und was ist der mögliche Gegenbegriff zur Tüchtigkeit? Das ist eben die sogenannte »Fehlerfreundlichkeit«. Und damit komme ich jetzt auf eine kurze Diskussion der Evolution und erläutere dabei auch, was es mit der Fehlerfreundlichkeit auf sich hat.

Michael Schmitt resümiert in seinem Artikel (s.S. 285 ff. dieses Bandes) auf eine sehr gute und moderne Weise die Evolutionsfaktoren. Ich gehe erstmal von den drei klassischen Faktoren aus: Selektion, Mutation und Isolation.

Der Vulgärdarwinismus tut immer so, als bestünde die Evolution daraus, daß die Tüchtigsten gegenüber den weniger Tüchtigen überleben, und das eben natürlich mit Hilfe des Evolutionsfaktors Selektion. Der Laie macht sich meistens gar nicht klar, daß Selektion Verminderung von Vielfalt bedeutet. Evolution bedeutet aber Vermehrung von Vielfalt. Beim Vulgärdarwinismus fehlt also etwas. Das wird überhaupt erst verständlich, wenn man sich klar macht, daß es auch andere Evolutions-Faktoren gibt, eben die vielfaltsvermehrende Mutation und dann die vielfaltserhaltende Isolation. Isolation ist etwas, was uns modernen Menschen sehr suspekt ist. Bei der Isolation denken wir immer nur an Barrieren, die wir überwinden müssen, an Apartheid, an »Isolationsfolter« oder an andere Dinge, die dem modernen Mobilitäts- und Kommunikationsdrang widersprechen. Isolation hat heute einen sehr negativen Klang. Also hat sie im Vulgärdarwinismus erst recht keinen Platz, jedoch ist sie unbedingt nötig.

Es gibt noch andere Faktoren der Evolution. Und einer der interessantesten ist die Rezessivität der meisten Erbmerkmale. Die Züchtungsforscher und die Rassehygieniker beklagen immer, daß die kranken oder unerwünschten Merkmale ärgerlicherweise versteckt sind unter den dominanten Wildtyp-Genen, so daß man sie nicht so schnell ausmerzen kann. In Wirklichkeit ist es aber so, daß es ein kunstvoller Mechanismus der Evolution ist, den allergrößten Teil der Variation vor der Selektion zu verstecken und zu schützen. Das eigentliche Wunder der Evolution ist nicht das Überleben der Tüchtigsten – das ist trivial –, sondern das der weniger Tüchtigen. Und das findet dauernd statt, sonst gäbe es ja keine Vermehrung von Vielfalt. In Wirklichkeit wird kunstvoll dafür gesorgt, daß die Zahl der weniger Tüchtigen vermehrt und nicht etwas vermindert wird. Natürlich findet dann auch eine Art von Selektion zum Tüchtigsten statt, aber eben nicht in eine Richtung, sondern in Millionen Richtungen. Und die Millionen hätten gar keine Chance, wenn die Natur so genau wüßte, was eigentlich tüchtig ist. Das ist völlig anders als bei den Olympischen Spielen, bei denen für jede Disziplin genau festgelegt ist, wie der Sieger (Singular) ermittelt wird. Bei der Evolution gibt es laufend Millionen Kriterien und Millionen Sieger, und wir haben nicht die geringste Chance, vorab zu sagen, was denn für die Evolution gut ist. Die Züchter und die Rassehygieniker erheben etwas zum Standard, was in Wirklichkeit für die Fährnisse der Zukunft ganz ungeeignet ist. Die Isolation und die Rezessivität der schwächeren Erbfaktoren tragen dazu bei, daß die Tüchtigen keine Monokultur ausbilden können, die dann beim nächsten Klimawechsel zugrundeginge. Eine Monokultur von Übertüchtigen ist nach dem Wortverständnis einer durch Tüchtigkeit und Fehlerfreundlichkeit charakterisierten Evolution der Fälle eine Sackgasse, aus der man mangels offengehaltener Optionen nicht mehr herauskommt. Die technische Lösung für die Vorratshaltung von Optionen, die Genbank, ist quantitativ der natürlichen Population mit ihrem großen und flukturierenden Genpool um Größenordnungen unterlegen. Die Genbank ist insofern weniger fehlerfreundlich als die natürliche Population.

Gentechnologie kann zum Evolutionsrisiko werden, wenn sie zu einer massenhaften direkten oder indirekten Freisetzung von übertüchtigen Plasmiden führt, die die Artschranken freilebender Arten durchbrechen können. Über die ökologisch-evolutionären Wirkungen hiervon kann man bestenfalls spekulieren. Solange die Öffentlichkeit vor Monsterbakterien und unheimlichen Unfällen aus den gentechnischen Labors Angst hat und entsprechend wachsam ist, und solange die Gentechnik in kleinem Maßstab angewandt wird, sind die Gefahren allerdings nach meiner Ansicht gering. Erst wenn es gelingt, eine scheinbar risikofreie Gentechnologie einzuführen, bei welcher ebensowenige Unfälle zu befürchten sind wie bei Drainage, Flurbereinigung (den klassischen Faktoren bei der Artendezimierung durch Landwirtschaft), dann ist die Stunde der Gefahr gekommen. Denn dann erst kann sich die Gentechnik in einem evolutionsrelevanten quantitativen Umfang durchsetzen. Und die Zivilisation kann über Nacht in eine de facto Abhängigkeit von dieser Technik geraten. Dann können die angedeuteten Bedenken auf einmal fürchterliche Realität werden.

Die heutige Gentechnik ist noch in den Kinderschuhen und noch fehlerbewußt, kleinräumig und insofern fehlerfreundlich. Die risikofreie Gentechnik ist es nicht. Sie kann sich auf die Fülle der Natur verheerend auswirken. Man stelle sich einmal vor, was passiert, wenn nicht mehr das MPI für Züchtungsforschung zu Köln darüber entscheidet, ob irgendwo Petunien freigesetzt werden, sondern irgendein armer Landwirt im Existenzkampf, in der Konkurrenz mit Anbietern von Fern und Nah, der allein entscheidet, ob das gentechnisch manipulierte Samengut eingesetzt wird oder nicht. (Und er bekommt dann auch von den Wissenschaftlern und von der Politik gesagt, dies sei völlig risikofrei.) Dann entsteht sehr schnell eine Sortenverarmung, insbesondere, wenn auch noch Robustheitsfaktoren in die Pflanzen hineinmanipuliert werden. Es entsteht weltweit ganz schnell eine Art von Monokultur. Im übrigen bedeutet jeder Siegeszug einer Sorte gleichzeitig die Niederlage, den Verlust von zehn oder zwanzig anderen Optionen. Aus ökologisch-evolutionstheoretischer Sicht liegt die Gefahr der Gentechnologie also weniger in ihren Unfällen und Mißerfolgen als in ihrem flächendeckenden Erfolg.

Für ein ganzheitliches Evolutionsverständnis

Michael Schmitt

Die Menschen haben für die Evolution der Organismen eine – mindestens – zweifache Rolle gespielt: Sie sind als biologische Art zur damals (vor ca. 3 Mio. Jahren) vorhandenen Vielfalt an Arten getreten und haben so die Artenzahl erhöht. Später, vor allem seit Beginn der Neuzeit (mit Kolonialisierung, Industrialisierung und Fernreisen), haben Menschen die Zahl der natürlichen Arten nur noch verringert. Auch die Zucht von Haus- und Labortieren und -pflanzen hat bisher keine neuen Arten hervorgebracht. Von Menschen vorsätzlich oder unwillentlich umgesiedelte Organismen haben in ihren allochthonen Lebensräumen die dortigen Lebensgemeinschaften nachhaltig verändert – in den meisten Fällen mit der Folge der Abnahme von Artenvielfalt.

Mit den Mitteln der Gentechnik eröffnet sich zum ersten Mal in der Geschichte der Biosphäre die Möglichkeit, daß Angehörige einer biologischen Art – die Menschen – vorsätzlich und im Wissen um mögliche Folgen noch nie dagewesene Lebensformen – unter anderem auch neue Arten – schaffen. Der mit dieser Entwicklung einhergegangene Verlust der ökologischen Unschuld zwingt zur geistigen Auseinandersetzung mit Voraussetzungen für und Folgen von Eingriffen in »die Evolution«. Der Begriff »Evolution« wurde und wird auf verschiedene Weise explizit definiert, z.B. »Abstammung mit Modifikation«, »Allelfrequenzverschiebung«, »gesetzmäßige Entwicklung vom Einfachen zum Komplexen«, »Geschichte der Biosphäre«. Stets aber wurde in den herkömmlichen Zweigen der Evolutionsbiologie – explizit oder implizit – angenommen, daß zu »Evolution« mehr gehört als nur »Änderung der genetischen Information«. Mindestens die vier »klassischen« Evolutionsfaktoren Mutation, Selektion, Isolation und genetische Drift (»Zufall«) wurden als konstitutiv für »Evolution« angesehen. Die von mir vertretene Sicht von »Evolution« (Schmitt 1986; 1989) orientiert sich an der »klassischen« synthetischen Theorie, vor allem an George G. Simpson (1951:XI, 331) und Ernst Mayr (1963:XIV, 797) und an der evolutionsökologischen Denkrichtung im deutschen Sprachraum an Günther (1950;) von Wahlert (1973;1978a; 1978 b;) Osche (1966; 1973). In dieser Sicht ist Evolution

»Geschichte der Organismen« und erfordert wesentlich mehr als nur eine Veränderung der Nukleotid-Sequenz. Die so gesehene Evolution ist undenkbar ohne Wechselwirkung zwischen mehreren gleich- und verschiedenartigen Organismen, ohne Selbst-Regulationsprozesse auf allen Ebenen (von der intrazellulären bis zu ökosystemischen), ohne die – fast schon sprichwörtlichen – langen Zeiträume (natürlich sind auch Allelfrequenzverschiebungen von einer Generation auf die nächste »Evolution«, aber nicht die ganze) und ohne »echten« Zufall (d.h. tatsächlich unvorhersehbare und ungeplante Änderungen). Anzunehmen, der Mensch könne jemals diese Evolution beherrschen, indem er sie planend gestaltet, heißt seine Fähigkeiten grenzenlos zu überschätzen.

Wenn unter »Beherrschen« jede Einflußnahme verstanden wird, dann haben Menschen schon immer »Evolution beherrscht«, in besonderem Maße seit dem Beginn der Züchtung von Haustieren und Kulturpflanzen. Mit den neuartigen gentechnischen Methoden übernehmen die Menschen nicht mehr nur die evolutive Rolle der Selektion für die manipulierten Organismen, sondern nun auch die der Mutation. Dabei werden natürliche Regulationsmechanismen umgangen. Die Folgen sind – jedenfalls nach Freisetzung manipulierter Mikroorganismen – nicht mehr rückgängig zu machen. Biotechnisch hergestellte bzw. veränderte Organismen können auf das weitere Evolutionsgeschehen wirken, sie können Teil davon werden – mit welchem Ende ist zur Zeit nicht zu erkennen. Alle Einflüsse wirken auf die Evolution der Organismen auf dem Weg über akute physiologische und ökologische Veränderungen. Die Wirkungszusammenhänge gehorchen hier – wie immer deutlicher wird – nur selten einmal linearen Gesetzmäßigkeiten. Nicht-lineare Gesetzmäßigkeiten bedeuten jedoch, daß die Folgen einer Veränderung nur für den Zeitraum weniger Generationen im vornherein verläßlich abgeschätzt werden können. Ein Charakteristikum nicht-linearer Zusammenhänge ist, daß kleinste Ursachen riesige Wirkungen entfalten können, und daß dies nur bei genauer Kenntnis der Ausgangs- und Randbedingungen sowie der zugrundeliegenden Gesetzmäßigkeit selbst zutreffend vorhergesagt werden kann. Gerade die Komplexität und Unvorhersagbarkeit der Randbedingungen, zu denen ja auch und gerade andere ihrerseits variierende Lebewesen gehören, unterscheiden Biologie einerseits und Physik und Chemie andererseits prinzipiell. Eine Folge dieses Unterschieds ist die Unmöglichkeit in der Biologie, von den Randbedingungen zu abstrahieren, wenn sinnvolle Aussagen angestrebt werden.

Wir Menschen müssen daher – wenn uns die gesicherte Weiterexistenz der belebten Erde mit ihrer Vielfalt an Organismen am Herzen liegt – bei jedem Eingriff in natürliche Wirkungsgefüge die größtmögliche Wirkung bedenken: »das Schlimmste befürchten«. In jedem Fall scheint es mir wichtiger – und aussichtsreicher – in dem zeitlichen Rahmen, in dem wir sinnvolle Vorhersagen machen können (wenige Generationen), die unmittelbaren Konsequenzen eines menschlichen Eingriffs in natürliche Lebenszusammenhänge möglichst präzise vorherzusagen und unerwünschte Folgen möglichst zuverlässig zu verhindern, als im Menschen einen oder den Schöpfer neuen Lebens zu sehen und daraus folgende mögliche Probleme lösen zu wollen. Hier erginge man sich allzu leicht in moralistischen Horrorvisionen oder in wissenschaftlich unhaltbarer (und ganz anders motivierter) Verharmlosung.

In jedem Fall scheint mir die dringlichste Aufgabe, zu sehen, daß Mikroorganismen und Menschen, ebenso wie alle anderen Organismen, nur als Teile eines umfassenderen Systems – zu Ende gedacht: der Biosphäre – in Wechselwirkung mit anderen Lebewesen »Evolution machen« können, und daß daher unser langfristiges Überleben vom langfristigen Funktionieren des gesamten Systems, der Biosphäre, abhängt. Wir sind nicht Schöpfer, sondern Mitgeschöpfe.

Evolution und Trägheit

Joachim H. Spangenberg

Eine Auseinandersetzung über das Verhältnis von Bio- und Gentechnik zur Evolution ist keine Diskussion über gegenwärtige Fragen, sondern eine um die Gestaltung von Zukunft oder Zukünften. Dazu einleitend zwei Zitate:

»Mit der Großtechnik haben wir uns dem Spruch verschrieben, daß die Welt von morgen der von gestern nicht ähnlich sein wird. Damit muß das Vorwissen der Reichweite unserer Macht nachzukommen suchen, und deren Nahziele der Kritik von den Fernwirkungen her unterwerfen. (Es) kann dies nur, wenn das von (ihm) gewußte, das heißt als möglich oder wahrscheinlich gezeigte, in der Anschauung erlebt wird, so daß es das ihm angemessene Gefühl in uns erzeugt, das zum Handeln bewegt.« (Hans Jonas)

»Mit der Zukunft ist es meist so: Es ändert sich weniger, als man erwartet. Aber es hat sich bereits mehr verändert, als man denkt.« (Martin Jänicke)

Wir sollten beide Aufforderungen ernst nehmen: Den ersten Schritt des Werdenden von seinem letzten her zu kritisieren, und die Elemente der Zukunft im Alltag zu suchen, so daß ihre Entfaltung uns nicht unvorbereitet trifft.

Bei der Definition des Zukunftsthemas »Biotechnologie und Evolution« sind nicht die Unterschiede der verschiedenen modernen Biotechnologien entscheidend, sondern die Frage, wie und mit welchen Wirkungen die Produkte der modernen Biotechnik mit den Natursystemen konfrontiert sind. D.h. zunächst, ob es sich bei den technischen Systemen effektiv um abgeschlossene Systeme handelt, wie auch immer dies realisiert worden sein mag. Erst dann stellt sich die Frage nach der Art und Wirkung einer möglichen Interaktion.

Die folgenden Darstellungen setzen die Konfrontation voraus, handeln also von effektiv offenen Systemen, unabhängig davon, ob diese technisch als geschlossen, halboffen oder offen betrachtet werden.

Die Fragestellungen

Das Thema »Biotechnologie und Evolution« umfaßt die gesamte realexistierende Debatte über Gentechnik. Es kann daher unter mehreren, sich überlappenden Fragestellungen angegangen werden.

Die komparative Frage: Beliebt bei Protagonisten der neuen Technik, wird dieser Ansatz häufig gewählt, um darzulegen, daß Gentechnik nichts der Natur prinzipiell Neues sei, sondern lediglich der technische Nachvollzug natürlicher Prozesse, die Inverfügungnahme nur einer weiteren Naturtechnik, neuer Wein in alten Schläuchen, wenn man so will.[1]

Aber nicht nur die Protagonisten, auch die Kritiker der Gentechnik bemühen den komparativen Ansatz: Gentechnik sei – im Vergleich zur Natur – Beschleunigung (wie viele Techniken) und Grenzüberschreitung (in diesem Fall Artgrenzen), also »un-natürlich« (vgl. Herbig 1982; Weizsäcker 1990).

Festzuhalten bleibt: Gentechnik ist sowohl von ihrer technischen Methode als auch von ihrer Zielgerichtetheit verschieden von Evolution. Evolution ist nie teleologisch, sondern adaptiv und erzeugt dadurch Vielfalt, während Technologie gerade bemüht ist, Vielfalt zugunsten von Effizienz zu vermeiden. Damit ist die Frage nach neuen Risiken durchaus legitim, und die Frage nach alten Risiken (gerade wegen der Evolutions-Ähnlichkeit, die ja alles andere als eine Katastrophenvermeidungsgarantie ist) sollte nicht vergessen werden. Unterscheiden wir deskriptiv primäre, sekundäre und tertiäre Risiken, so stellen sie sich analytisch als bikausal dar:

- primäre Risken (Produktrisiken), z.B. eine Epidemie aus Versehen,
- sekundäre Risken (ökologische Risken), z.B. auswildernde Pflanzen, Gentransfer in natürliche Populationen insbesondere in der Dritten Welt,
- tertiäre Risiken (soziale Risiken), z.B. sozialer Strukturwandel in der grünen Revolution oder innerartliche Allelverarmung, die zukünftige evolutionäre Adaptationsleistungen erschwert und somit die Ernährungsgrundlage gefährdet.

Dabei sind die ersten beiden Risiken technikbedingt, methodisch und objektbezogen, während die letzten beiden zielbedingt und systembezogen sind (vgl. Hobelweichs/Raschke 1989).

Die philosophische Frage: Wie wirken sich neue Erkenntnisse auf die Ethik (Gen-Ethik) und den Wertewandel aus? Hier geht es darum, ob Ethik an Technik angepaßt werden und das technisch Mögliche für ethisch erlaubt erklärt wer-

1 Vgl. Edition Zeitthema 1992 sowie die fortlaufenden Ausgaben von *Innovation* (JCJ), *research* (Bayer), *BMFT-Journal,* aber auch Arndt 1986.

den soll (Utilitarismus), oder umgekehrt, ob wir für das technische Tun neue Tabus entwickeln sollen? Es ergibt sich ebenfalls eine neue Form der Verantwortung, denn auch durch die Imitation von Naturprozessen wird Verantwortung geschaffen, da das Gemachte gegenüber dem Gewordenen eine andere moralische Kategorie darstellt.

Die wahrscheinlich größte Herausforderung unter diesem Gesichtspunkt ist die Veränderung des Menschenbildes, wenn Leben kein Unikat mehr ist, sondern reproduzierbar wird. Allgemeiner wird die Definition von Leben neu überdacht, mit Implikationen für fast alle Bereiche des täglichen Lebens (vgl. Jonas 1979; Altner 1988; Kollek/Hansen 1987; Hohlfeld/Narr 1990). Die Vorstellung, das »Programm des Lebens« sei mit einem Computerprogramm vergleichbar, ist ein zeit- und kulturgebundenes Vorstellungsbild, wie alle Analogien deskriptiv wichtig und analytisch gefährlich: Versuchen wir, Biologie zu verstehen, oder interpretieren wir letztendlich die biologischen Fakten anhand des uns vertrauten Modells? Wie wird sich dies ändern, wenn sich unser Modell weiterentwickelt? Ist unser lineares Denken, das die Computerprogramme prägt, in der Lage, die Komplexität biologischer Interaktionen abzubilden? Oder bleibt unser Analysieren und Sequenzieren gerade aufgrund des linearen Denkens weit hinter jedem Verstehen zurück?

Die ökologische Frage: Welche gewollten und/oder ungewollten Interaktionen zwischen genetisch veränderten Organismen und den Ökosystemen sind zu erwarten?

Gewollte Interaktionen wären z.B. die Freisetzung schwermetallabsorbierender Mikroorganismen in Kläranlagen, wie sie von der Enquete-Kommission Gentechnik beschrieben wurde. Ungewollte Folge könnte dabei sein, daß nicht nur in den Kläranlagen Schwermetalle aus dem Klärschlamm entfernt und wieder in die Nahrungskette gebracht würden, sondern daß ein gleiches auch in den Vorfluten, in Rhein, Mosel, Neckar und Donau passieren könnte mit dem Resultat, daß erhebliche Mengen Schwermetall aus dem Sediment mobilisiert und in die Meere transportiert würden, mit unabsehbaren ökologischen Folgen.

Ungewollte Interaktionen können z.B. auftreten, wenn in Fischzuchten gentechnisch veränderte Fische eingesetzt werden, die bei einem – nahezu zwangsläufigen – Freiwerden ihre Gene in natürliche Populationen einbringen. Die dadurch reduzierte Überlebensfähigkeit natürlicher Populationen und die verringerte Anpassungsfähigkeit an wechselnde Umweltbedingungen könnte vor allem bei bereits bedrohten Arten bis zu deren Aussterben führen.

Die soziale Frage: Wie beeinflußt die Gentechnik die Evolution sozialer Systeme, z.B. im Bereich des Arbeitslebens oder der Gesundheitsfürsorge die Genomanalyse? Dies ist nicht nur ein Thema für Gewerkschaften, sondern sollte auch sämtliche Gesundheitspolitiker, Arbeitsschützer, Familienplaner etc. brennend interessieren; die veröffentlichten Beispiele für mögliche (Fehl-) Entwicklungen sind Legion und brauchen hier nicht wiederholt zu werden (vgl. Catenhusen/Neumeister 1987; Yoxen 1986; Davies 1986; Dosi u.a. 1987).

Die ökonomische Frage: Wie beeinflußt die Gentechnik den industriellen Strukturwandel, die Evolution von Produktionsprozessen und Wirtschaftsstrukturen? Die Studie »Biotechnology: Economic and wider impacts« der OECD hat hier wichtige Hinweise gegeben, z.B. auf einen grundlegenden Strukturwandel im gesamten Agrarsektor sowie im Gesundheitswesen. Sie konstatiert einen Trend von einer Gesundheitsversorgungs- hin zu einer Gesundheitsindustrie-Struktur, zu einem Sektor der kommerziellen Dienstleistungsgesellschaft, der im wesentlichen von den Kommunikations- und Datenverarbeitungsfirmen dominiert sein wird, wenn die chemische Industrie nicht stark in diese Bereiche investiert, um ihre Reduzierung auf die Rolle eines reinen Zulieferers zu vermeiden (OECD 1989).

Die instrumentelle Frage: Kann Bio- und Gentechnik eingesetzt werden, um Probleme, die wir im Umweltbereich haben, in den Griff zu bekommen, z.B. durch die Züchtung/Klonierung von Organismen, die Xenobiotika (insbes. anthropogene Schadstoffe) abbauen? Oder sollte man, viel »natürlicher«, existierende Mikroorganismen einsetzen, die fermentativ vermehrt wurden? Allerdings muß dabei bewußt bleiben, daß die aus der massenhaften Freisetzung natürlich vorkommender Mikroorganismen resultierende Verschiebung der Allel-Häufigkeit ebenfalls ein ökologisch relevanter Eingriff in evolutiv gewordene Ökosysteme ist (vgl. Knorr/Spangenberg 1990; aber auch Hilger vom VCJ in der *Frankfurter Rundschau* vom 22. 9. 1992).

Können wir mit Hilfe der neuen Techniken Ökosysteme so managen, daß unerwünschte Reaktionen durch erwünschte Eingriffe ausbleiben? Entsprechende Erwartungen sind durch die (überzogenen?) Äußerungen von Wissenschaft, Industrie und Medien geweckt worden. Die grenzenlose Hybris und der nahezu pathologische Machbarkeitswahn, der aus manchen Versprechungen sprach (von der biologischen Sanierung aller Umweltprobleme über ein Ende des Welthungers bis hin zur fast erreichbaren ewigen Jugend) war einer der wesentlichen Faktoren, die zur Konstituierung einer Anti-Gentechnik-Bewegung nicht nur in der Bundesrepublik geführt haben. Wenn die Betreiber selbst zum Risikofaktor werden, wächst der Fundamentalismus. Zauberlehrlinge sollten keinen Besen haben.

Die interaktive Frage: Welche Rolle kann und wird die Technik bei der Co-Evolution von Natur und Gesellschaft spielen, und hier insbesondere die Bio- und Gentechnik? Oder: Wie muß die Technik aussehen, die eine Gesellschaft ohne Schaden für die Natur einsetzen kann? Oder, da Technik ein Produkt der Gesellschaft ist: Wie muß die Gesellschaft bzw. die Kultur beschaffen sein, die sich diese Technologien leisten kann? Oder: Welche Anforderungen sind an eine nachhaltige Gesellschaftsformation zu stellen, und welche Rolle spielen Technologien dabei (vgl. Kollatz/Einemann 1988; Rifkin 1982; Schwerpunktheft *perspektiven ds* 2/88)?

Dieser intaktiven Fragestellung soll im folgenden weiter nachgegangen werden.

Bisher hat sich die Zivilisation als ein permanenter Beschleunigungsprozeß auch für soziale und technische Systeme dargestellt, was, verbunden mit der zunehmenden Globalisierung unserer Aktivitäten Hauptursache für den uns bedrohenden vierdimensionalen Ökozid ist, während das Hauptergebnis der Evolution die Differenzierung war und ist (nicht im Sinne einer teleologischen Fixierung, sondern als Ergebnis der inhärenten Mechanismen des Evolutionsprozesses). Industrielles Wirtschaften produziert Entropie, Evolution entwickelt Strukturen. Wenn zwei derart kollidierende Entwicklungsziele zusammengebracht werden sollen, stellt sich die Frage, ob nicht mit der technischen Inverfügungnahme gar das Ende der eigentlichen Evolution gekommen ist.

Das Beispiel der modernen Landwirtschaft macht diesen Konflikt deutlich: Die Agrar-Ökosysteme der Intensivlandwirtschaft besonders in Europa und Nordamerika, aber auch in den von der Grünen Revolution erfaßten Gebieten der sogenannten Dritten Welt sind geprägt durch die folgenden Eigenschaften:

1. Monotonie und relative Homogenität der Nutzflächen;
2. Strukturarmut, ungleichmäßige Verteilung und meist geringe Anzahl von naturnahen Elementen und Strukturen;
3. Managementsabhängigkeit, Notwendigkeit einer künstlichen Stabilisierung gegen biotische und abiotische Einflüsse aller Art;
4. Düngerabhängigkeit, das Maß der natürlich verfügbaren Nährstoffe ist nicht ausreichend;
5. Instabilität, d.h. regelmäßige Störung verschiedener Wechselbeziehungen (z.B. durch Saat, Pflege und Ernte von Kulturpflanzen sowie insbesondere durch die chemische Unkrautbekämpfung);
6. ein enges Spektrum von natürlich nicht überlebensfähigen, häufig hybriden Nutzpflanzen, die auf hohe Homogenität gezüchtet wurden.

Biologisch gesehen sind Agrar-Ökosysteme junge Sukzessionen, stellen also die Frühphase der Entwicklung eines Ökosystems dar, das immer wieder durch Außenregulation auf diese Frühphase zurückgeworfen wird, bevor es sich weiterentwickeln kann. Solche Systeme verfügen über relativ wenige, dafür aber hoch dynamische Selbstregulationsprozesse und haben nur eine geringe Widerstandskraft gegen Außeneinflüsse bei gleichzeitig hoher Regenerationskapazität (vgl. May 1980). Sämtliche Entwicklungen, die dazu führen könnten, daß sich stabilere Systeme ergeben, werden immer wieder systematisch durch die mechanische Bodenbearbeitung einerseits und durch die Chemieeinsätze andererseits gestört. Der entscheidende Regler im Agrar-Ökosystem ist der Landwirt. Evolution der Arten (d.h. weg vom Züchtungsergebnis) oder gar des Ökosystems (d.h. weg vom Nutzwiesencharakter) werden mit hohem Aufwand gezielt verhindert.

Diese »Evolutionsverhinderung« ist weder Zufall noch böse Absicht, sondern notwendige Voraussetzung für eine produktive Nutzung. Gerade in der fragilen Frühphase der Sukzession ist die ertragssteigernde Dynamik besonders stabil. Auch der ökologische Landbau ist auf der in Anspruch genommenen Ackerfläche, wenngleich mit anderen Regulationsmechanismen, ein Evolutions- und Sukzessionsverhinderer.

Wir haben zwar auf diese Art nur ca. 3% der weltweit vorhandenen Blütenpflanzen genutzt, diese aber auf 50% der Landfläche Europas angebaut. Die Landwirtschaft ist so zum Hauptfaktor des Artensterbens geworden. Wie wird es weitergehen, wenn Biotechnik Herbizidresistenz, Insektentoxizität etc. als genetische Merkmale anbietet? Müssen wir nicht die Optimierungsziele (z.B. den Erhalt der biologischen Vielfalt) festlegen, statt der Technik als Selbstläufer zu überlassen, sich Anwendungsfelder zu suchen? Tun wir dies nicht, so schrumpfen die Restflächen, auf denen Evolution noch möglich ist, unter die Minimalgröße. Gentechnik kann es uns so ermöglichen, auf einem dauerhaft nicht begehbaren Entwicklungspfad noch ein Stück weiter voranzuschreiten, eventuell bis der »point of no return« überschritten ist.[2]

Evolution

Versteht man Evolution als einen Optimierungsprozeß, in dessen Verlauf Nischen geschaffen und besetzt, Vielheiten von Lebensformen entwickelt und damit soviele Optionen wie möglich für zukünftige Lebenswelten bereitgestellt werden, dann würde die gezielte Züchtung, die Steuerung der Evolution ihr Erstarren, die »gefrorene Evolution« (Weizsäcker 1990) bedeuten, die die Anpassungsleistung an eine sich wandelnde Umwelt nicht mehr vollbringen kann.

Eine solche Entwicklung bedeutete die Einschränkung von Freiheitsgraden möglicher Evolutionslinien in einer Zeit, in der die Rahmenbedingungen des Lebens (Klima, Sonneneinstrhalung etc.) anthropogen so schnell geändert werden, daß eine Anpassungsleistung erforderlich wird, wie sie in Ausmaß und vor

2 Zu den Anwendungsmöglichkeiten der Gentechnik in der Landwirtschaft äußern sich kritisch: Weidenbach/Tappeser 1989 u. Altner u.a. 1990.

allem Geschwindigkeit im Verlauf der Erdgeschichte wahrscheinlich und im Verlauf der Menschheitsgeschichte sicher noch nicht aufgetreten ist. Jede derartige Anpassung ist für die Natur eine evolutive Auslese anhand nicht konstanter Rahmenbedinungen, ein Selektionsprozeß, bei dem die biologische Vielfalt, und hier insbesondere die innerartliche Allelvielfalt gefordert ist. Als Ergebnis sterben Arten aus, die verbleibenden unterliegen einer intraspezifischen Homongenisierung, die die Variationsmöglichkeiten bei künftigen Umweltveränderungen reduziert. Dies ist die Problematik, aus der sich die Zielsetzung des Technikeinsatzes ableiten muß, bevor die Bedrohung zur Katastrophe evolviert ist.[3]

Das Beispiel FCKW

Seit Jahren sind die Wirkungen von FCKW auf die Ozonschicht ebenso bekannt wie die gesundheitlichen und ökologischen Folgen erhöhter UV-B-Einstrahlung. Die Unterzeichnerstaaten des Montrealer Protokolls faßten die Ergebnisse der bisherigen Forschung im Sommer 1989 wie folgt zusammen:

»Terrestrische Pflanzen: Unter den Pflanzenarten, die untersucht worden sind (ca. 80 Sorten 12 verschiedener Arten) wurde festgestellt, daß rund die Hälfte empfindlich auf verstärkte UV-B-Strahlung reagierte, mit der typischen Auswirkung, daß diese Pflanzen ihr Wachstum reduzierten und kleinere Blätter bildeten. Diese Empfindlichkeit gab es z.B. bei verschiedenen Arten von Sojabohnen und Weizen. In einigen Fällen zeigten die Pflanzen auch eine veränderte chemische Zusammensetzung, die bei einer Weiterverarbeitung die Lebensmittelqualität und die Verfügbarkeit von Mineral-Spurenelementen beeinflussen kann. Innerhalb der Arten haben verschiedene Sorten eine unterschiedliche UV-B-Empfindlichkeit, wie ebenfalls bei Sojabohnen nachgewiesen werden konnte. Während einige Sojabohnensorten überhaupt nicht sensitiv reagierten, sank bei bestimmten wirtschaftlich wichtigen Sorten die Ertragshöhe um bis zu 25%, wenn man sie einer UV-B-Strahlung aussetzte, die einen zehnprozentigen Abbau der Ozonschicht simulierte. Schon kleine Ertragsrückgänge in der Lebensmittelproduktion infolge der Auswirkung der UV-B-Strahlung auf die Landwirtschaft würden besonders in den Gegenden, in denen heute schon Lebensmittelknappheiten auftreten, die Bevölkerung erheblich treffen. Daraus ergibt sich ein dringender Bedarf für die Entwicklung der Biotechnologie zum Ersatz sensitiver Agrarfrüchte.

Aquatische Ökosysteme: Erhöhte UV-B-Einstrahlung hat nachweislich einen negativen Einfluß auf Meeresorganismen, besonders auf Kleinstlebewesen wie Phytoplankton, Zooplankton, Krabben- und Fischlarven. Da sehr viele dieser Organismen die Grundlage des marinen Nahrungsnetzes bilden, hat möglicherweise eine erhöhte UV-B-Einstrahlung einen negativen Einfluß auf die Produktivität der Fischereiwirtschaft. Wen prokaryontische

3 Zu den globalen Problemen vgl. die Berichte der Klima-Enquete-Kommission des 12. Bundestags, Club of Rome, Bericht 1992; Streich 1989; Spangenberg 1991 u. 1992.

Mikroorganismen (d.h. vor allem Bakterien und Blaualgen) erhöhter UV-B-Strahlung ausgesetzt sind, könnte dies zu einer verringerten Stickstoffixierung führen und dadurch zu einem möglichen Stickstoffmangel in den Feldern. Der möglicherweise zu erwartende Ertragsverlust ist bisher nicht quantifiziert worden.

Da Phytoplankton Kohlendioxid im Photosyntheseprozeß fixiert, wird eine Schädigung des Phytoplanktons durch gesteigerte UV-B-Strahlung indirekt zu dem Strahlungsungleichgewicht durch Treibhausgase beitragen, das die prognostizierte Globalerwärmung hervorruft.«[4]

Hinzu kommen noch die Beeinträchtigungen terrestrischer, degradierender Mikroorganismen, die in den obersten zwei Bodenzentimetern eine zentrale Rolle beim Erhalt der Bodenfruchtbarkeit spielen, sowie Veränderungen der Luftqualität etc. (vgl. Crutzen/Müller 1991; Hennicke/Müller 1989).

Wo ist bei uns das Potential der neuen Technologien zur Schadensprophylaxe eingesetzt worden? Hier könnten die langfristig wichtigsten Anwendungsfelder genetischer Diagnose- und vielleicht auch Züchtungstechniken liegen.

Gesteuerte Ökologie?

Es handelt sich bei unserem Umgang mit der Natur offensichtlich um ein Versagen der Steuerng: Die gesellschaftliche, technisch-zivilisatorische Inverfügungnahme der Natur wird nicht daraufhin überprüft, ob die durch sie induzierte Reaktion der ökologischen Systeme ihrerseits gesellschaftlich verträglich ist; ob die Übernutzung der naürlichen Regenerationspotentiale nicht auch ein zügelloser Verbrauch nicht erneuerbarer, wertvoller Ressourcen ist. Knappheitsphänomene werden inzwischen bei den Senken ökologischer Belastungen sichtbar, und erst dann wird bewußt, daß wir elementare Grundlagen unseres Produktions- und Konsumptionssystems bisher leichtfertig verschleudert haben. In einer wertgesteuerten Ökonomie hat u.a. die Wertzumessung versagt und so fast jede mögliche Form systemimmanenter Steuerung blockiert (was keinesfalls implizieren muß, daß die systemimmanenten Mechanismen, würden sie denn greifen, zur Problemlösung ausreichend wären).

Verkehrsprobleme werden zum Thema, wenn der Stau Städte und Autobahnen blockiert, nicht wenn der Wald stirbt.

---

4 Arbeitsgruppe der Unterzeichnerstaaten des Montrealer Protokolls, 2. Sitzung des 1. Treffens Nairobi 28.8 — 5.9.89, Berichtsentwurf, Anhang 1,2. Entwurf der Gesamtstellungnahme Dok.Nr. UNEP/OzL. Pro WG I (2)/L. 1/Add. 1, Kap. 2.2, Umwelteffekte (Übersetzung des Autors).

Abfallfragen werden thematisiert, wenn die Verteilungskämpfe alten Stils um die Versorgung mit Gütern (inkl. Zeit) von Verteilungskämpfen neuen Stils um den Zugang zu Entsorgungsmöglichkeiten, um die Inanspruchnahme der knappen Ressource Umwelt überlagert werden, wenn die Verfügbarkeit von Umwelt dem gewohnten Wirtschaften Grenzen aufzeigt (vgl. Weizsäcker 1989).

Die mangelnde Koordination der systemspezifischen Dynamiken sozialer und ökologischer Systeme erfordert dringlich neue Handlungsansätze: Diese können – zumindest theoretisch – entweder bei einem entsprechenden Management der Ökosysteme oder bei einer Umgestaltung der sozialen Systeme ansetzen.

Ein adäquates Management von Ökosystemen setzt jedoch nicht nur geeignete Steuerungstechniken voraus (diese zu bieten ist eine der Versprechungen der Gentechnik), sondern vor allem geeignete Manager. Wichtigste Voraussetzung qualifizierten Managements ist jedoch die Fähigkeit, die Folgen der eigenen Entscheidungen vorab beurteilen zu können, um so eine Optimierung in der Auswahl zwischen verschiedenen Entscheidungsvarianten treffen zu können. Diese Notwendigkeit erweist sich angesichts der komplex vernetzten ökologischen Systeme zunehmend als unerfüllbar, nicht nur weil alle Prognosen über natürliche, interaktive Systeme nur Potentialabschätzungen sind, sondern auch weil die Selbstreferentialität des menschlichen Denkens die Erfassung des Wirklichkeitsganzen verhindert. Der grundsätzliche Unendlichkeitscharakter biologischer Systeme (sie sind nicht mit endlich vielen Aussagen vollständig zu beschreiben) erhöht die Schwierigkeit einer modelltheoretischen Annäherung (z.B. durch Computersimulation).

Sofern mit der Beherrschung der genetischen Manipulation die Hoffnung verknüpft ist, eine Steuerbarkeit ökologischer Systeme zu erreichen, überschätzt man also nicht nur die Möglichkeiten moderner Technik bei weitem, man läßt neben den Begrenztheiten menschlichen Denkens und Handelns auch wesentliche Charakteristika ökologischer Systeme außer Betracht, so die notwendige Langsamkeit von Entwicklungen, eine Voraussetzung für die Fehlerfreundlichkeit von Ökosystemen, die Pufferkapazität und das damit verbundene verzögerte Sichtbarwerden von bereits irreversiblen programmierten Systemveränderungen (vgl. Weltklima) im allgemeinen und von Schadenssymptomen im besonderen. Darüber hinaus zeigen die neueren Erkenntnisse der Chaos- und Systemforschung, daß als Determiniertheit wahrgenommene Phänomene auf der Makroebene sich auf der Mikroebene im wesentlichen als stochastische Phänomene darstellen. Berechenbarkeit und Vorhersagbarkeit haben so auf der für kausale Aussagen wesentlichen Ebene Ausnahmecharakter, was zusammen mit dem vernetzten Charakter von Wirkungen kausale Ablaufanalysen nahezu unmöglich macht (und im Falle eines Eingriffs die Zuweisung von Verantwortung erschwert).

Eine weitere Begrenzung menschlicher Handlungsspielräume stellt die Irreversibilität von Veränderungen dar, die mit dem Übergang von einem zu einem anderen quasi-stabilen Systemzustand verbunden ist. Eine Rückführung als Korrektur anthropogener Eingriffe und resultierender Störungen, insbesondere eine Rückführung von einem degradierten zu einem komplexeren Zustand, ist als einfache Folge thermodynamischer Gesetzmäßigkeiten auch durch das beste Management nicht möglich. Eine Annäherung ergibt sich höchstens durch das langfristige ungestörte Wirken der Differenzierung bewirkenden Evolution, wenn die sonstigen Rahmenbedingungen soweit konstant geblieben sind, daß dem evolutiven Anpassungs- und Differenzierungsprozeß vergleichbare Aufgaben gestellt werden wie zuvor — sonst sind vergleichbare Ergebnisse nicht zu erwarten. Evolution ist ein Problemlösungsmechanismus, Natur ist nie Status quo, sondern nach vorn offene Geschichte. Umweltschutz als Reparaturbetrieb kann nur schadensmindernd wirken, eine echte Wiedergutmachung gegenüber der Natur kann nicht stattfinden: Wir zahlen uns Obligo in falscher Münze (vgl. Rammert 1980; Odun 1983; Kreeb 1979).

Wer die Offenheit von Geschichte und Evolution anerkennt, muß also auf den Gedanken der gezielten Steuerbarkeit von Evolutionsprozessen verzichten. Wissenschaftler, die trotzdem Steuerungskonzepte entwickeln, sehen sich gezwungen, bei der Definition eines geeigneten Steuerungsverfahrens das Unmögliche als machbar vorauszusetzen: Sie fordern, durch Eingriffe in der richtigen Art, am richtigen Ort, zur richtigen Zeit, Steuerungsimpulse zu setzen, scheitern aber daran, daß die Identifizierung des richtigen Punkts in Raum und Zeit ein Gesamtverständnis des Systems voraussetzt, das nicht gegeben ist. Auch mathematische Modellierungen etc. helfen hier wie erwähnt nur begrenzt weiter, da einerseits komplexe Computersysteme selbst nicht mehr verständlich sind, der Wesensgehalt ihrer Prognosen sich also der direkten menschlichen Erkenntnis entzieht, und da andererseits mathematische Systeme niemals vollständig und widerspruchsfrei zugleich sein können (eine Erkenntnis der modernen Mathematik).

In ökologischen Systemen sind also Innovationen Katastrophen, sind Fehlerfreundlichkeit und Langsamkeit systemerhaltend. Diese Trägheit von Ökosystemen erfordert, auf Management-Allüren zu verzichten und der Präventionspflicht durch entsprechende Gestaltung des gesellschaftlichen Umgangs mit Natur Genüge zu tun, schon bevor Umweltschäden offensichtlich werden. Gerade die Erkennbarkeit und (ökonomische) Spürbarkeit von Schäden war aber in der Vergangenheit stets notwendige Voraussetzung für das Aktivwerden der sozialen Systeme, die insofern auch eine eigene erhebliche Trägheit aufweisen.

Das Erreichen der Grenzen der Belastbarkeit und die Unmöglichkeit auszuwandern (eine Novität für unsere Generation) zwingt geradezu zur Prophylaxe.

Lob der Trägheit

Trägheit als Charakteristikum von Systemen beschreibt zunächst deren Beharrungsvermögen: Die Fähigkeit, einen quasi-stabilen Zustand bzw. die vorherrschende Dynamik auch dann augenscheinlich unverändert aufrechtzuerhalten, wenn externe Impulse auf eine Verschiebung des Äquilibriums zielen, sowie die anschließende Adjustierung des Systems entsprechend dem geänderten äußeren Faktorenraster. Die resultierenden, nicht linearen Impuls-Respons-Mechanismen überdecken eine Zeitlang die Auswirkungen der veränderten Umgebungsbedingungen. Nach einer – von Fall zu Fall unterschiedlichen – Verzögerung, einem time-lag, erfolgt die Reaktion entweder schrittweise, oder – wenn der äußere Druck die inneren Adjustierungsmechanismen überfordert – an a piori nicht erkennbaren Sprungpunkten durch Systemumschläge, deren Gesetzmäßigkeiten die Katastrophentheorie erforscht.

Diese Trägheit hat zunächst systemstabilisierenden Charakter, erhält materielle Strukturen wie dissipative Muster und ist damit notwendige Voraussetzung für die Definition und damit die Existenz des Systems als solchem (Systeme können hier soziale Gruppen und Gesellschaften, aber auch Individuen und Ökosysteme sein), ist also systemimmanent positiv zu bewerten. Sie kann jedoch ins Kontraproduktive umschlagen, wenn sie zu einer Immunisierung gegenüber Modernisierungsimpulsen wird, die letztlich mit dem Verlust der Systemidentität verbundene katastrophische Reaktionen als einzige Option offen läßt. Eine Politikanalyse der Trägheit (ein mehr deskriptiver Begriff, dessen analytische Tragfähigkeit noch zu prüfen wäre) müßte zunächst auf der Individual- und Gruppen-Ebene ansetzen, um dann die gesellschaftlichen Steuerungsmechanismen in den Blick zu nehmen – ein Unterfangen, das in seiner notwendigen Komplexität an dieser Stelle nicht zu leisten ist. Auf der obersten gesellschaftlichen Ebene ist zumindest festzuhalten, daß die Selbsterhaltung des Systems die Stabilisierung seiner Eliten teils per se einschließt, teils von ihnen dazu instrumentalisiert wird. In der Perzeption der politisch-administrativen Eliten unserer etablierten westlichen Demokratien werden – und viel Empirie spricht dafür – politische Lösungen erst dann vom Wähler akzeptiert und honoriert (und deshalb erst dann von seiten der Politik ins Gespräch gebracht), wenn das Problem den Wählern als solches schon von anderer Seite gegenwärtig gemacht worden ist. Solange herrschen Konfliktscheu und Opportunismus, gilt Expositionsvermeidung als Überlebens- und Erfolgsstrategie. Nach dem Motto: »Wer zu früh kommt, den bestraft das Leben« wird vor dem Galilei-Syndrom gewarnt: Zu früh Recht haben ist gefährlich.

Die so entstehenden, der Angst der Eliten vor dem politischen Risiko des offenen Diskurses geschuldeteten Kommunikations-Tabus führen zur prophylaktischen Verweigerung und damit statt zur Beseitigung zur Vergesellschaftung des Risikos, zur Risikogesellschaft (Beck 1986 u. 1988), ein eklatantes Versagen angesichts der eingangs genannten Präventionspflicht.

Der Übergang vom Nicht-Wissen zum Nicht-Wissen-Wollen ist auch insofern gefährlich, als er die Erkenntnis von Sprungpunkten der Evolution sozialer Systeme verhindert und so das Eintreten katastrophischer Situationen begünstigt. Eine gebremste oder gar »gefrorene Evolution«, d.h. die verhinderte Co-Evolution von Gesellschaft und ihrer (abiotischen, biotischen, sozialen und kulturellen) Umwelt führt dann zwangsläufig zu instabilen Zuständen, zur Möglichkeit spontaner Zusammenbrüche überlebter Systeme, wie es für Europäer besonders eindringlich im Osten unseres Kontinents beobachtet werden konnte, aber auch davor in Lateinamerika und danach in Afrika. Verschenkte Zeit (trotz der allgemeinen Beschleunigung) führt zur Nicht-mehr-Machbarkeit des Notwendigen, zur krisenhaften Überschreitung notwendiger Begrenzungen, und ggf. zum Systemzusammenbruch. Dann wird vom Leben bestraft, wer zu spät kommt (Gorbatschow).

Bemerkenswert ist in unserem Zusammenhang besonders, daß der schnellste Zerfall, den eine Hegemonialmacht in der Zivilisationsgeschichte hinnehmen mußte, gerade *die* Weltmacht traf, die ihre Herrschaft auf eine »wissenschaftliche Weltanschauung« gründete (genauer: sie mit diesem Terminus begründete). Die teleologische Konzeption der Staatsideologie führte zu einem Strukturkonservatismus, der nach außen als Unerschütterlichkeit erschien, soziale Innovationen verbot und kulturelle zensierte. Entwicklung wurde lediglich vom »wissenschaftlich-technischen Fortschritt« erwartet, dem im Sinne einer Heilslehre Lösungskapazitäten für alle Probleme zugeschrieben wurden: technischer Fortschritt als Substitut für sozio-kulturelle Entwicklung. Vergessen wurde dabei, daß gerade in einer derartgien Konstellation die (immer janusköpfige) Technik aus der gesellschaftlichen Kontrolle entlassen wird; dieser Kontrollverlust führt zur Entwicklung der Technik vom Mittel zum Zweck zum Selbstzweck; von der Verdinglichung der instrumentellen Vernunft zur organisierten Unvernunft (vgl. Ziegler 1986 für den Bereich der Umweltpolitik). Abgeschwächt sind solche Tendenzen in den wesentlichen Industriestaaten ebenfalls erkennbar, ohne daß der Zusammenbruch der Inkarnation der »reinen Lehre« vom wissenschaftlich-technischen Fortschritt bisher als Menetekel verstanden und entsprechend reflektiert worden wäre. Interessant ist dies insbesondere aufgrund der Tatsache, daß schon der Rohentwurf des Sowjetsystems nach der Blaupause der preußisch-deutschen kaiserlichen Militärverwaltung gestaltet war, mit dem erklärten Ziel, die Staaten des Westens auf deren eigenen Gebiet zu überflügeln. Insofern ist –

nicht uninteressant für die globale Entwicklungsdebatte – im Osten der Prototyp eines imitativen Entwicklungsweges gescheitert.

Technik als Produkt der Gesellschaft kann nie »vernünftiger« sein, als die Gesellschaft, der sie entstammt, ist aber konservativ, da sie die zum materiellen Instrument geronnen Lösungen auf die Fragen von gestern darstellt, soziale und kulturelle Verschiebungen aber gar nicht berücksichtigen kann. Solche soziokulturellen Innovationen erfassen nicht nur die Steuerungsmechanismen der Gesellschaft, sondern auch die Steuerungskriterien: Der Wertewandel läßt Lösungen wie Probleme von gestern als obsolet oder zumindest marginal erscheinen und postuliert neue Fragen, die neue Antworten verlangen. Der so entstehende gesellschaftliche Druck braucht aber, um politisch handlungsmächtig zu werden, zusätzlich die Nutzenerkenntnis durch die Eliten sowie Handlungsoptionen, die dem Druck ein Ventil bieten. Dies wiederum setzt ein Mindestmaß an gesellschaftlichem Pluralismus sowie an Flexibilität voraus.

So erlegt z.B. der Wertewandel unserer Gesellschaften dem Wirtschaften extern nicht nur, wie seit 120 Jahren, soziale, sondern inzwischen auch ökologische Begrenzungen auf. Die daraus resultierende Notwendigkeit, neue, Ressourcen schonende und effizientere Techniken zu entwickeln, hätte sich nie aus einer simplen Fortschreibung technologischer Trends der Vergangenheit ablesen lassen. Die Nutzenerkenntnis einer derartigen Entwicklung ist in der Politik wie in einem Teil der Wirtschaft inzwischen gegeben (Insider sprechen von 20%, so der Vorsitzende der Business Council for Sustainable Development S. Schmidtheiny im *Spiegel),* allerdings findet diese Erkenntnis ihren Niederschlag in tradierten Denkstrukturen, so daß zwischen der Umwelt-Erkenntnis eines Ökologen und der eines Betriebswirts häufig noch Welten klaffen. Schmerzarme Optionen werden gesucht, die zur Schadensminimierung führen und systemkompatibel sind (Reformvermeidung als Präferenzkriterium). Aber gerade das Beispiel des wohl marktkonformsten Ansatzes, der ökologischen Steuerreform, zeigt, daß ökologische Rationalität aus dem Wirtschaftssystem ebensowenig erwachsen kann, wie aus dem wissenschaftlich-technischen Fortschritt: Sie ist eine externe Vorgabe, die durch politische Regulierung eingebracht und durch gesellschaftliche Kontrolle eingefordert werden muß. Ein (vielleicht sogar als Eigenwert absolut gesetztes) Primat der Ökonomie und ihrer Eigendynamik ist mit den notwendigen sozio-kulturellen Evolutionsprozessen ebensowenig kompatibel, wie es das Primat des wissenschaftlich-technischen Fortschritts und seiner Dynamik war; gesellschaftliche Evolutionsprozesse sind immer von Kompromißsuche und Balanceakten gekennzeichnet und müssen dies auch sein.

Wenn aber das Bemühen, das Primat sozio-kultureller Reformprozesse für die notwendige Gestaltung der Gesellschaft zu betonen, notwendig mit einer Entmystifizierung der Rolle des technischen Fortschritts verknüpft ist, dann stellt diese Forderung den Versuch dar, an die Grundintentionen der Aufklärung anknüpfend Erstarrungen zu überwinden und zu einem neuen, rationalen Verständnis von Gesellschaft und Fortschritt zu kommen.

Aufklärung hat Kant 1794 bekanntlich wie folgt definiert: »Aufklärung ist der Ausgang des Menschen aus seiner selbstverschuldeten Umnmündigkeit. Unmündigkeit ist das Unvermögen, sich seines Verstandes ohne Leitung eines anderen zu bedienen. Selbstverschuldet ist diese Unmündigkeit, wenn die Ursache der selben nicht am Mangel des Verstandes, sondern der Entschließung und des Mutes liegen, sich seiner ohne Leitung eines anderen zu bedienen. Sapere aude! Habe Mut, dich deines eigenen Verstandes zu bedienen! ist also der Wahlspruch der Aufklärung.« Diese programmatische Definition zeigt seine Auffassung deutlich, daß das kognitive Moment des Verstandes mit dem praktischen Moment der Entschließung und des Mutes gekoppelt werden muß. Aufklärung besteht also nach Kant nicht allein in einer Zunahme des Wissens oder in einem bloßen spontanen Willensakt der Befreiung, sondern gerade in der mutigen Entscheidung zum Wissen in praktischer Absicht. In den 200 Jahren, die seit diesem Aufruf vergangen sind, ist der Einfluß des religiösen Denkens, gegen das sich der Aufruf zur Mündigkeit damals richtete (richten mußte) in unserem Kulturkreis spürbar reduziert worden; allerdings nicht zugunsten einer größeren Mündigkeit, sondern oft zugunsten von Ersatzideologien, sozialen und technischen Utopien oder anderen Heilslehren. Dominant in unserer heutigen Wissensgesellschaft ist jedoch die Tendenz, über immer mehr Informationen zu verfügen und immer weniger willens und/oder in der Lage zu sein, diese Informationen auch zu bewerten, also von der Information zum Wissen zu schreiten. Bei der Bewertung von Informationen verlassen wir uns in immer stärkerem Maße auf Experten, die die handlungsleitenden Schlußfolgerungen aus immer mehr Informationen ziehen und damit wichtige Determinanten unserer gesellschaftlichen Entwicklung prägend beeinflussen. Die Abhängigkeit von Experten (d.h. von Personen, die von Laien für sachkundig gehalten werden) charakterisiert unsere Zeit ebenso wie das Interpretationsmonopol der Kirche das ausgehende 18. Jahrhundert. Wenn aber heute Katheder statt Kanzeln, wenn Professoren statt Priester zu Symbolen der Unmündigkeit geworden sind, dann ist der Aufruf zur selbständigen Bewertung der Information, zum Selbst-Wissen, derart umwälzend, daß die Bezeichnung »zweite Phase der Aufklärung« gerechtfertigt erscheint (vgl. Kunz/Spangenberg 1988).

Zwar hat erst die Aufklärung den Geist der rationalen Wissenschaftlichkeit und den Technik-Optimismus mit hervorgebracht, so daß Kritik an der Technologiegläubigkeit meist aus der naturalistisch-romantischen Perspektive kam und gegen die Aufklärung insgesamt zielte. Diese bis heute nachwirkende Konfrontation um den Epochenbegriff der Aufklärung wiederzubeleben, kann und darf heute jedoch nicht Ziel einer gesellschaftskritisch-ökologischen Debatte sein. Es geht vielmehr darum, dem historischen Epochenbegriff der Aufklärung den programmatischen Begriff entgegenzusetzen, den Status quo als Etappe zu verstehen auf einem Weg, dessen Ziel nicht der Status quo ante sein kann, sondern die Umsetzung des Projekts der (aufgeklärten) Aufklärung, auch gegen deren (illegitime) Kinder: Opportunistische Demokratie und Expertokratie, unkritische Technikförderung und Selbstlauf der Technik. Das gesellschaftliche Verhältnis zur Technik ist heute ein unaufgeklärtes, geprägt durch selbstverschuldete Unmündigkeit. Aufgeklärte Aufklärung beinhaltet also heute, Technik als gemacht zu verstehen und nicht als Produkt eines autonomen oder »natürlichen« Entwicklungsprozesses, sie des Anspruchs zu entkleiden, geronnene Vernunft zu sein, und so die Allmacht der Vernunft gegen die Macht der Technik durchzusetzen, und damit auch Ent-Schuldigungs-Mechanismen wie Expertenurteile und Sachzwanglogik einer neuen Hinterfragbarkeit auszusetzen.

Um all diese Forderungen operationabel zu machen, ist es notwendig anzugeben, welche Ziele Aufklärung einfordert, und wie sie konkret umgesetzt werden könnten. Dies betrifft sowohl die Setzung normativer Kriterien für Technikentwicklung als auch Zieldefinitionenn für gesellschaftliche Innovationen, für neue Reformprojekte. Dabei ist in beiden Fällen wiederum als ein wesentliches Haupthindernis die Trägheit der Planer und Entscheidungsträger zu überwinden.

Die Entwicklung der letzten Jahre hat gezeigt, daß nach Behebung des lange vorherrschenden Informationsdefizits betreffs notwendiger Umsteuerungsmaßnahmen das Wissen allein nicht in der Lage war, sachadäquate Handlungen auszulösen. Vielmehr führte die Tatsache, daß auch neue Erkenntnisse stets in alten Erkenntniskategorien erscheinen, dazu, daß in den verschiedensten gesellschaftlichen Feldern die verbale Anerkennung der Reformnotwendigkeit nur von den zögernden Schritten gefolgt wurde, die bei Vermeidung grundlegender Umorientierung möglich sind: Der Wille zum Umdenken ist inzwischen nahezu flächendeckend verbreitet, geht aber längst noch nicht tief genug, um eingefahrene Verhaltensmuster, Wertesysteme und Entscheidungsprozeduren außer Kraft zu setzen – das Um-handeln läßt auf sich warten. Da aber die Probleme, die in den letzten 20 Jahren unübersehbar geworden sind, auch in Zukunft keineswegs verschwinden werden (auch wenn sie wahrscheinlich in den 90er Jahren von anderen Fragestellungen überlagert werden, so z.B. Migration und die alte/neue soziale Frage), wird das Handlungs- und Vollzugsdefizit beim neuen Denken immer offenkundiger werden, wird die Diskrepanz zwischen Anspruch und Wirklichkeit zunehmen und damit die Glaubwürdigkeit tradierter Verhaltensmuster und Wertvorstellungen. Ich erwarte, daß die Wende zum nächsten Jahrtausend auch die Wende zu einer neuen Epoche darstellt, daß das industrialistische Konsum- und Verschwendungsmodell, an seine Grenzen gestoßen und destruktiv geworden, ausläuft. Mehr Lebensqualität statt mehr Konsum, nachhaltige Entwicklung weltweit, derartige Ziele deuten sich heute schon an und werden im Laufe des nächsten Jahrzehnts prägend werden, einschließlich des geänderten Verhältnisses zum technischen Fortschritt (ausführlicher in Spangenberg 1987). Je stärker dieser Prozeß gezielt vorangetrieben wird, desto weniger Friktionen und unnötige Reibungsverluste wird er mit sich bringen; einige Stichworte dazu: differenzierte Analyse menschlicher Bedürfnisse in Nord und Süd; Technikentwicklung unter dem Kriterium der Wünschbarkeit (sog. vierte Hürde); Fehlerfreundlichkeit der Technik (Fehler – und das können Bedienungsfehler (AKW) ebenso sein wie das Produkt selbst (Gentechnik) – dürfen keine irreversiblen Folgen haben, d.h. die Systemdynamik nicht stören); prädiktive Ökologie und Technologiebewertung als notwendige Voraussetzung für staatlich und private Entscheidungsfindung; weiterer Bedarf an Gesellschaftstheorie und -analyse; Politisierung der Technik-Diskussion etc. (so unrecht dies auch den Technikern und Wissenschaftler erscheinen mag, die sich in der Vergangenheit – zu unrecht – stets für politisch neutral erklärt haben).

Der Abschied von der Meinungs-Gesellschaft, die Informationen glaubt, ohne sie zu prüfen, und so eine neue »Dummheit auf hohem Niveau« erzeugt, wird nicht durch kollektive, alle Bürger gleichzeitig ergreifende Veränderungsprozesse vor sich gehen können. Notwendig ist ein Pluralismus von Lösungsvorschlägen und eine gesellschaftliche Prüfinstanz im Sinne eines Frühwarnsystems, die Entscheidungsoptionen bewertet und Lösungsvorschläge auf ihre hypothetischen Risiken abklopft (vgl. dazu Kollek 1987).[5] In der Vergangenheit ist es der Anspruch der Umweltbewegung gewesen, ein derartiges Frühwarnsystem darzustellen; sie hat in diesem selbstgewählten Anspruch versagt. Umweltgruppen und -initiativen haben als erste die Schäden benannt, aber nicht Schadensprophylaxe betrieben oder eingefordert: Wir brauchen keinen Feuermelder, wir brauchen einen effektiven Brandschutz.[6]

Kann es so etwas überhaupt geben? Moderne Sozialwissenschaftler wie Luhmann meinen dazu, eine ökologische Steuerung moderner Gesellschaften durch Subsysteme sei ebenso unmöglich wie Versöhnungsstrategien zwischen Umwelt und Industriesystemen. Wesentlich sei für diese Unmöglichkeit das Fehlen eines

---

5 Politische Entscheidung ist immer Entscheidung unter unvollständiger Information, hypothetische Risiken sind Risiken neuer Qualität, die einer experimentellen Überprüfung nicht mehr zugänglich sind und deswegen vorab im Gedankenmodell getestet werden müssen, denn der Praxistest wäre bereits die Katastrophe – Klimawende, Ozonloch, Tschernobyl . . .

6 Zu den zukünftigen Herausforderungen an die Umweltorganisationen vgl. u.a. Weinzierl 1991; zu ihren ehemaligen Ansprüchen vgl. Bossel 1978.

gesellschaftlichen Subsystems zur Wahrnehmung von Umweltinterdependenzen, das auch nicht möglich sei, da es die Gesellschaft in der Gesellschaft voraussetzen würde. Sicherlich richtig an diesem Einwand ist, daß nur Gruppen und Institutionen, die quer durch die bisherigen gesellschaftlichen Schichten und Strukturen gehen, in der Lage sind, derartige Frühwarnfunktionen wahrzunehmen, daß ein hohes Ausmaß an Involviertheit und Aktivität Voraussetzung ist, wie es als Ziel einer zweiten Phase der Aufklärung bereits benannt wurde. Dann kann die »Versöhnung« von Ökonomie, Sozialem und Umwelt als normatives Ziel gesetzt werden, wohl wissend, daß jede Einzelfallentscheidung eine konfliktreiche Entscheidung sein wird. Das normative Ziel gilt dabei als handlungsleitende Maxime, nicht als ideologisch fixiertes Bild der Welt von morgen – für eine Zukunftsgesellschaft dürfen keine deterministischen Vorgaben gemacht werden, damit Utopien noch Raum haben. Der Weg zur Entwicklung einer solchen zukunftsfähigen Gesellschaftsformation ist immer ein dialektischer Prozeß unter Einbezug des gesellschaftlichen Wertewandels; notwendige Voraussetzung sind eine rationale Kommunikation und demokratische Entscheidungsstrukturen.

Mit den genannten Kriterien läßt sich ein effizientes gesellschaftliches Kontrollsystem beschreiben, vorausgesetzt, der streitbare Diskurs der verschiedenen gesellschaftlichen Gruppen um den rechten Weg zur umweltverträglichen Gesellschaft führt zur antagonistischen Kooperation bisher nur auf Konflikt programmierter gesellschaftlicher Gruppen.

Frühwarnsysteme müssen also in Szenarien Risiken von Trends deutlich machen, bevor das hypothetische Risiko sich Stück für Stück realisiert; Risikoanalysen können nicht auf Einzelschritte beschränkt sein, sondern müssen das langfristige Ergebnis des Handelns miteinbeziehen: Denkbare Zukünfte müssen heute zu politischem Handeln führen.

Der wirklich rationale Diskurs mit den Kritikern, einschließlich der Beeinflußbarkeit von Entscheidungsprozessen, muß als vielleicht einzige Chance begriffen werden, Frühwarnung zu erhalten und rationale Technikgestaltung zu betreiben. Dazu gehört dann auch – anders als bisher üblich – eine möglichst frühzeitige, freiwillige und gezielte Offenlegung von Planungsvorstellungen und Investitionsabsichten, um die Frage der gesellschaftlichen Akzeptanz im Vorfeld als Rahmenbedingung des politischen wie unternehmerischen Handelns zu klären, statt im nachhinein mit Bemühungen zu scheitern, Akzeptanz für bereits gesetzte Entscheidungen künstlich herbeiführen zu wollen (vgl. Jungermann u.a. 1986).

Dies gilt auch für die Rolle der Bio- und Gentechnik: Sie kann vielleicht eine zentrale Rolle als eine wichtige Analyse- und Diagnosetechnik spielen, die ein frühes Erkennen von Schadeinflüssen ermöglicht, ihre schnelle Analyse erleichtert und so die Vermeidung schädlicher Umwelteinwirkungen (Konfrontation von ökologischen und sozialen Systemen) planbar macht, bevor spürbare Systemschäden aufgetreten sind; erst in dritter Linie und im Wettbewerb mit anderen technischen und nicht-technischen Lösungsansätzen bzw. integriert in diese als Anpassungs- und in vierter Linie als Optimierungstechnik. Unter derartigen Umständen könnte die Biotechnik einen Beitrag zur prädiktiven Ökologie leisten, könnte die Vorhersagekapazität für Umweltschäden verbessern und auf einem völlig anderen Gleis als in den bisher existierenden Vorhersagen zu einer wichtigen, unverzichtbaren Zukunftstechnik werden.

Eine derartige Entwicklung wäre ein Aufbruch hin zu einer wahren Dienstleistungsgesellschaft, in der sich gesellschaftliche Gruppen einschließlich Umweltorganisationen und Unternehmen als Anbieter von Lösungen für gesellschaftliche Fragen verstehen, und in der die Optimierung der Instrumentenauswahl Gegenstand gesellschaftlicher, durchaus kontroverser Debatten ist, in der die zu benutzenden Mittel von den Lösungen her gedacht werden.[7] So würde in positiver Weise dem eingangs geäußerten Anspruch von Jonas entsprochen, Handlungen von ihren Folgen her zu bewerten und statt Sachzwängen wieder Verantwortung walten zu lassen.

7 Eine derart offene Debatte ist aber beileibe kein herrschaftsfreier Diskurs. Machtfragen werden auch diesen Diskurs prägen.

Trends und Entwicklungsperspektiven in Biologie und Medizin

Helga Rübsamen-Waigmann

Wenn wir nur vierzig Jahre zurückschauen, hat sich Dramatisches ereignet. 1952 erfolgte die Entdeckung der Struktur unserer Erbinformation, dann lernte man innerhalb weniger Jahre den Code zu lesen, also sozusagen das Alphabet unserer genetischen Information zu buchstabieren, Worte zu erkennen, die dort verschlüsselt sind; später wurde es möglich, unsere Erbinformationen neu miteinander zu verbinden. Das war der Beginn der Gentechnik. Achtzehn Jahre sind seither vergangen, und heute denken wir schon in der Gentherapie darüber nach, eventuell in der Medizin einen ganz neuen Weg zu beschreiten, indem wir ein fehlerhaftes Gen, das beispielsweise bei einem Erbleiden vorhanden ist, durch ein richtiges Gen ersetzen.

Man hat – nicht ohne Grund – den Tag Anfang der 70er Jahre, an dem man zum ersten Mal Erbinformation neu kombinieren konnte, als den achten Tag der Schöpfung bezeichnet. Der Mensch hatte erstmalig die Möglichkeit gefunden, seine Erbinformation zu verstehen und zu wissen, wie sie in weitere Botenmoleküle umgeschrieben wird, aus denen alle Eiweißmoleküle, die unseren Körper aufbauen oder Enzym-Funktion haben, entstehen. Und man hat zum ersten Mal die Möglichkeit gesehen, in diesen Prozeß einzugreifen. Dies hat zwangsläufig auch zu Ängsten geführt. Ich möchte deshalb ein paar Grundlagen dieser Technik erläutern und dann zeigen, speziell im medizinischen Bereich, wo wir sie brauchen und wo ihre Zukunft liegt.

Die heutigen Möglichkeiten der Gentechnik wären undenkbar ohne fortschreitende Entwicklungen in den anderen biologischen Wissenschaften. So wurde parallel zu der Entwicklung der Gentechnik u.a. das Elektronenmikroskop entwickelt. Die Biologen bekamen die Möglichkeit, in die Zellen des Menschen »hineinzuschauen«. Man hat gemerkt, daß man die Zelle als Produktionsstätte ansehen kann, analog zu einer Fabrik: Da gibt es den Zellkern, der die Erbinformation enthält; das kann man mit der Kommandozentrale eines großen Werkes vergleichen. Man hat Vesikel, die den Werkstraßen entsprechen, also den Verkehr der Substanzen in den Zellen abwickeln. Es gibt Mitochondrien, die einem Kraftwerk entsprechen, und Polysomen, an denen die fertigen Produkte der Zelle hergestellt werden, entsprechend Fertigungsstraßen. Dieses Wissen kann man heute nutzen, indem man dem Kern eine neue Erbinformation, sozusagen ein neues Kommando, gibt. Die Zelle produziert sodann auf ihren Fertigungsstraßen auch die Produkte, die wir in der Technik, in der Forschung, in der Pharmaindustrie und für die Medizin brauchen. Die Nutzung von Zellen zur Produktion bestimmter Stoffe ist im Prinzip nichts Neues für den Menschen. Mikroorganismen, beispielsweise die Hefe, wurden schon von den Ägyptern vor mehr als viertausend Jahren benutzt. Die Menschen lernten dann offensichtlich schon sehr früh, auch Alkohol mit solchen Zellen zu erzeugen. Später stellten sie Essig mit Hilfe der Mikroorganismen her. Um 1900, mit dem Beginn der Technisierung, begann man dann, Mikroorganismen im großen Maßstab einzusetzen, sie also nicht mehr nur für den Brotteig, den die Hausfrau machte, und für eine begrenzte Produktion von Wein und Bier zu nutzen. Man entwickelte Fermente, in denen man Mikroorganismen, Bakterien oder Hefen, in großen Mengen ziehen konnte. Man war deswegen nun in der Lage, aus diesen Bakterien vielfältige Substanzen, wie z.B. Vitamin C, zu isolieren, die man wiederum für den Menschen anwendbar machen wollte. Heute, bei der Benutzung gentechnisch modifizierter Mikroorganismen ist nur neu, daß man inzwischen die Herstellung von Substanzen gezielt »programmieren« kann. Während man beispielsweise früher aus Milliarden von Mikroorganismen denjenigen heraussuchen mußte, der aufgrund einer spontanen Mutation zufällig ein gewünschtes Produkt in größerer Menge herstellt, kann man der Zelle heute gezielt dafür die Fähigkeit geben. Und während man früher auf der ganzen Welt nach Bakterienstämmen suchte, die zufällig ein bestimmtes Enzym besitzen, kann man ihnen heute das dafür nötige Gen gezielt einsetzen.

Gehen wir noch einen Schritt zur Grundlage dieser ganzen Technik zurück: Wir haben gelernt, daß unsere Erbinformation, und zwar nicht nur die von uns Menschen, sondern die Erbinformation aller Lebewesen DNS ist, ein doppelsträngiges Molekül, das nur aus vier Bausteinen besteht, die wie Perlen auf einer Kette aufgereiht sind. DNS ist damit ein ganz langes Molekül. Der Mensch hat drei Milliarden solcher »Perlen« in seinem Erbgut, die insgesamt auf dreiundzwanzig Ketten (Chromosomen) aufgereiht sind. Wir haben entdeckt, daß es einen Code gibt, der in der Reihenfolge der vier verschiedenen »Perlenarten« verschlüsselt ist. Jeweils die Folge dreier solcher Bausteine sagt aus, wie später die Bausteine eines Eiweißmoleküls (die Aminosäuren) gewählt werden sollen. Durch dieses Wissen können wir sehr gezielt vorgehen. Wenn wir ein Stück DNS analysiert haben, können wir feststellen, ob ein neues Gen entdeckt wurde, und können es lesen. Daraus läßt sich ableiten, ob es z.B. einem Enzym entspricht, das eine bestimmte Aufgabe bewältigen kann. Diese Information wiederum kann genutzt werden, um das Enzym in größerer Menge zu produzieren, indem sein Gen in die Erbinformation eines Bakteriums eingeschleust wird. Die Grundlage dafür, daß man dies tun kann, ist die Entdeckung von Enzymen (von der Zelle selbst hergestellten Bio-Katalysatoren), die die Erbinformation (DNS) schneiden und wieder zusammensetzen können. Dies erlaubt auch die Verbindung mit der neuen, gewünschten Erbinformation. Das Ergebnis ist z.B. eine Bakterienzelle, die ein neues Gen trägt. Ein klassisches Beispiel, das viel durch die Presse gegangen ist, ist das Insulin-Gen. Dieses Gen kodiert für die Produktion des menschlichen Hormons Insulin, das Diabetiker brauchen. Das Bakterium, in das man das Insulin-Gen eingesetzt hat, ist nur unter speziellen Laborbedingungen zu halten. Aber es kann etwas mehr als ein normales Coli-Bakterium: Es produziert ein Hormon für den Menschen.

Nun sind solche Anwendungen molekularbiologischer Produkte heute nicht nur in der Medizin bedeutsam. Enzyme beispielweise werden auch großtechnisch gebraucht, mit einem Weltmarktumsatz in Millionen DM im Jahr 1987. Schon damals haben Enzyme in den Waschmitteln eine ganz bedeutende Rolle gespielt. Das weiß heute jede Hausfrau, man bekommt viele Flecken, wie Blut, Fett etc., ohne Kochen aus der Wäsche heraus, denn die Enzyme arbeiten bei niedriger Temperatur und können den Abbauprozeß durchführen, ohne daß die Wäsche gekocht werden muß. Insofern ist in meinen Augen die Rückkehr zu Schmierseife, wenn man ökologisch denkt, gar nicht richtig, denn Enzyme werden genauso biologisch abgebaut, sie sind ja biologsiche Produkte. – Phosphatfreiheit ist allerdings ein anderes Thema in dem Zusammenhang. Weitere Einsatzgebiete von Enzymen liegen aber auch in der Nahrungsmittelproduktion, z.B. bei der Käseherstellung.

Zusammen mit den bisher besprochenen Entwicklungen, die ganz neue Möglichkeiten eröffnet haben, sind neue Anforderungen an Medizin und Biologie gestellt worden. Die moderne Technik hat unsere Umwelt verändert, sie hat aber auch die infektiologischen Bedingungen unseres Lebens verwandelt. Und deswegen möchte ich Sie an Paul Ehrlich, den Sie auf dem neuen Zweihundert-Mark-Schein abgebildet sehen, erinnern, der der Begründer der modernen Chemotherapie war. Er bewies im Jahre 1909 mit der Entdeckung des Salvasans, des ersten Mittels gegen die Siphilis, daß man mit chemischen Substanzen bakterielle Infektionen abtöten kann. Durch diese Entdeckung – und natürlich auch durch Fleming, der das Penicilin einige Jahre später entdeckte, und viele weitere Antibiotika, die entwickelt wurden – waren in den Industrienationen die Infektionskrankheiten zu einer vergessenen Gefahr geworden. Wir alle kennen Antibiotika, und viele Infektionen erscheinen uns heute nicht mehr gefährlich. Hinzu kam die Entwicklung der Impfung, so daß auch gefürchtete Kinderkrankheiten – Masern, Diphterie etc. – heute für uns in Deutschland und auch in den anderen Industrienationen keine Bedrohung mehr sind. 1981 aber tauchte AIDS als eine neue Krankheit auf, und schon neun Jahre später stand es in New York bei jungen Männern und Frauen als Todesursache an erster Stelle. Wir wissen heute, AIDS ist nichts, das aus den Gen-Labors stammt, wie es von dem Osterberliner Segal behauptet wurde. Solide Forschung hat gezeigt, daß AIDS eine alte, vermutlich afrikanische Krankheit ist. AIDS hat sich nur deswegen in der kurzen Zeit von zehn Jahren verbreiten können, weil die Welt heute international hoch verflochten ist. Es gibt mehr als fünfzig Millionen Touristen pro Jahr, wir haben die Flugzeuge, die jedem Krankheitserreger – AIDS ist nur eines der schrecklichsten Beispiele dafür – ganz neue Möglichkeiten geben, sich zu verbreiten. AIDS konnte so aus seiner »ökologischen Nische« ausbrechen. Und das stellt die Medizin vor ganz neue Aufgaben.

Sieht man die Genkarte des AIDS-Erregers an, stellt man fest: Der Erreger ist sehr klein, er hat nur neuntausend Basen. Größenordnungsmäßig ist das etwa ein Millionstel unserer Erbinformation. Als wir dieses virale Genom nun mit verschiedenen Markern charakterisierten, entdeckten wir, daß jedes Virus anders ist. Wenn man nämlich die Marker vergleicht zwischen dem französischen Virus und beispielsweise einem Virus aus Frankfurt, das wir im Jahre 1985 gewannen, findet man überall Unterschiede. Was wir aber auch feststellen mußten, ist, daß auch in ein und demselben Patienten unterschiedliche HIV-Varianten vorkommen und sich ständig weiter verändern. Heute wissen wir, daß wir es mit einem großen Spektrum sich ständig verändernder Viren zu tun haben.

Diese Information kann man jetzt wieder für bestimmte Analysen nutzen. Man weiß z.B., daß in einer Infektionskette, die zwei Jahre auseinanderliegt, ein Virus eine bestimmte Anzahl neuer Marker durch Mutation angesammelt hat. Das bedeutet: es braucht eine bestimmte Zeit, um eine bestimmte Anzahl von Veränderungen in diesem Virus zu fixieren. Ausgehend von dieser Information kann man nun rückrechnen. Es ist beispielsweise möglich auszurechnen, wie alt ein Virus sein könnte, sozusagen das Alter seiner Gene bestimmen. Dies hat u.a. die Gruppe um den Nobelpreisträger Manfred Eigen in Göttingen getan. (Eigen ist für diese Methode 1992 mit dem Paul-Ehrlich-Preis ausgezeichnet worden.) Eigen und seine Mitarbeiter kamen zu folgendem Ergebnis: Unter der Annahme, daß es irgendwann einmal ein Urvirus gegeben hat, aus dem sich die Gruppe des HIV I – es gibt ja zwei Typen des AIDS-Erregers – und die Gruppe der HIV II-Viren getrennt hat, zeigen die Rückrechnungen, daß dieser Punkt mindestens neunhundert Jahre zurückliegen muß. Ein Virus, das wir in Frankfurt bei einer Ghananesin entdeckt haben, ist ein Vorläufer des menschlichen HIV-2 und der Affen-AIDS-Viren (SIV). Diese Trennung soll vor etwa hundertfünfzig Jahren erfolgt sein. Alle diese Daten besagen, daß wir es bei AIDS mit einem alten »Geschenk« von Mutter Natur zu tun haben, das schon lange im Menschen existierte. Neu ist nur, daß es sich aufgrund der modernen neuen Verflechtungen und Verkehrsverbindungen sowie des internationalen Drogenhandels hat so weit verbreiten können.

Ähnliche Dinge, d.h. neue Verbreitungen, können wir übrigens auch für andere Krankheitserreger erwarten. Wir haben heute beispielsweise auch schon mehr Malaria in Deutschland als in den 50er Jahren. Und zwei weitere Retroviren des Menschen, HTLV I und HTLV II, haben sich auch auf die Weltreise gemacht. In dieser Hinsicht, also in der neuen Ausbreitung von Infektionskrankheiten, steht die Medizin aufgrund der modernen Technik, auch aufgrund der Verflechtungen der Industrienationen, vor ganz neuen Aufgaben.

Aber auch andere Aufgaben sind durch die Veränderung unserer Welt bedingt: Wir werden heute alle älter. Folglich treten auch Krankheiten des höheren Lebensalters wesentlich mehr in den Vordergrund, als wir es bisher gewohnt waren. Denken sie dabei z.B. an die Häufigkeit von Krebs, die in einigen Fällen zunimmt. Dies geschieht nicht unbedingt, weil die Umwelt »schädlicher« ist, sondern weil die Menschen den Krebs »erleben« oder mehr Frauen rauchen. Denken Sie z.B. auch an Alters-Demenz, die zu einer intensiveren Erforschung des Gehirns geführt hat. Für die Bewältigung dieser Probleme ergeben sich aus der Gen-Technik ganz neue Entwicklungsperspektiven. Wenn wir das Thema ›Krebs‹ nehmen, so haben wir beispielsweise gelernt, daß Krebs nichts anderes ist, als daß die Kommandozentrale unseres Werks, der Zelle, einen oder mehrere Fehler hat und daß auch bei der Informationsübermittlung innerhalb des Werkes Fehler gemacht werden. Aufgrund dieser falschen Befehle teilt sich eine Zelle unkontrolliert. Wir wissen heute, daß diese Kommandos auf verschiedenen Ebenen fehlgeleitet werden können. Schon beim Werkstor können falsche Kommandos ankommen oder falsch aufgenommen werden. Es kann bei der Signalübertragung, also bei der Kommandoübertragung, innerhalb der Zelle zu Fehlern kommen. Oder es kann in dem Zellkern selbst, bei der Antwort auf das, was von außen ankommt, Fehler geben. Und so sind uns ca. sechzig Gene bekannt, die, wenn sie verändert sind, Krebs auslösen. Diese Erkenntnis gibt der Krebs-Früherkennung ganz neue Möglichkeiten, die man zu nutzen weiß. Bei Brustkrebs ist beispielsweise eines dieser Gene in seiner Menge verändert, und das entsprechende Eiweiß kann mit vielen Kopien plötzlich an der äußeren Hülle der Zelle (der Membran) auftreten. Es scheint sich abzuzeichnen, daß dies einer sehr schlechten Prognose für diese Art von Brustkrebs entspricht. Und so können wir auch für andere Krebsformen erwarten, daß Information, die wir über moderne gentechnische Methoden erhalten haben, dazu führen wird, daß wir in Zukunft Krebs-Formen sehr viel genauer einschätzen können. Eine genaue Diagnose wird sodann erlauben, daß man auch die Therapie sehr viel genauer ausrichten und indivdueller anpassen kann. Die Erkenntnisse über Tumorgene werden damit auch die Behandlungsmethoden beeinflussen. Wenn wir beispielsweise wissen, daß außen an der Zelle ein falsches Signal sitzt, entwickelt man heute sehr gezielt Methoden, z.B. über Antikörper speziell diese Zellen im Organismus anzugehen. Und das heißt letztlich, daß eine indivduellere Behandlungsmethode möglich wird. Man schlägt also nicht mehr mit der »chemischen Keule« auf jeden Brustkrebs ein. Man versucht detaillierter zu verstehen, um welche Krebssorte es sich handelt, um darauf gezielter zu reagieren.

Ein weiterer Einsatzort gentechnisch hergestellter Substanzen in der Medizin besteht in der Steuerung von immunologischen Vorgängen und der Blut-Neubildung. Hinsichtlich des Immunsystems gibt es neben einer Vielzahl von Zellen mit noch ungeklärten Funktionen drei wichtige Zellen: B-Lymphozyten, T-Lymphozyten und Makrophagen. Diese Zellreihen arbeiten nicht unabhängig voneinander, sondern es gibt Botenstoffe, Signalüberträger in Form von Eiweißmolekülen, die z.B. von einer dieser Zellen gemacht werden und sie selber oder auch andere Immunzellen aktivieren. Auch diese Botenstoffe kann man heute gentechnisch herstellen. Sie werden beispielsweise genutzt, um bei immungeschwächten Patienten, z.B. Krebs-Patienten nach einer Chemotherapie, den Wiederaufbau des Immunsystems oder des gesamten Blutbildes zu beschleunigen. Auch hier konnte man dadurch, daß man die entsprechenden Gene kennengelernt hatte, mit den Techniken, die ich Ihnen zuvor beschrieben habe, nun Substanzen herstellen, die an ganz gezielten Stellen eingreifen und helfen, das System wieder in Ordnung zu bringen. Diese Korrektur erfolgt mit dem eigenen Programm des Systems, mit seinen eigenen Genen und deren Produkten. Wie weit heute solche Produkte angewandt werden, können Sie am Beispiel der Interferone ersehen. Interferon alpha beispielsweise hat einen Weltmarkt von hundert Millionen US-Dollar, und es wird erwartet, daß dieser Weltmarkt in einigen Jahren die Milliardengrenze überschreitet. Sicherlich ist die Entwicklung gentechnischer Therapeutika etwas langsamer gewesen, als man ursprünglich angenommen hat. Je mehr mit diesen Stoffen, die jetzt in gereinigter Form zur Verfügung stehen, gearbeitet wird, je mehr Erfahrung man am Patienten gewinnt, umso besser wird voraussichtlich auch ihr Einsatz werden.

Während die Behandlung mit den gentechnisch hergestellten Eiweißen heute schon üblich ist, beginnt man erst, eine weitere Technologie zu entwickeln: Die Gentherapie. An einem Kind mit einem Erbleiden, der angeborenen schweren Immundeffizienz, auch SCID genannt, hat man dies im vergangenen Jahr in den USA erstmalig erprobt. Kinder mit SCID haben überhaupt keine Immunabwehr. Und deswegen mußten sie noch vor fünfzehn Jahren unter einer regelrechten Glasglocke gehalten werden. Dies war nicht nur schrecklich für die Kinder, sie wurden auch nur einige Jahre alt. In diesem Zusammenhang wurde die Frage gestellt, ob der Versuch, die Kinder am Leben zu erhalten, mit der

Würde des Menschen vereinbar sei. Als man entdeckte, daß der Immundeffekt dieser Kinder auf ein einziges Gen für ein Enzym zurückzuführen ist, das in diesem Falle defekt ist, hat man dieses Enzym gentechnisch hergestellt und den Kindern regelmäßig gespritzt. Damit waren die Kinder bis zu acht oder zehn Jahre lebensfähig, hatten aber trotzdem noch sehr viele Erkrankungen und waren nicht in der Lage, ein ganz normales Leben zu führen. Sie konnten nicht in den Kindergarten gehen, konnten sich nicht einer normalen Infektionsumgebung aussetzen.

Letztes Jahr hat man nun einem vierjährigen Mädchen Blut entnommen, hat die Immunzellen dieses Blutes im Labor kultiviert, diesen Zellen das richtige Gen wieder eingepflanzt und dem Kind zurückgegeben. Man weiß heute, daß ein erstaunlich gutes Immunsystem mit diesem »Gen-Transplantat« aufgebaut wurde, so daß das Mädchen sogar im Kindergarten sein kann. Die tranplantierten Zellen waren lange in dem Kind lebensfähig. Man muß nach heutigem Wissen alle vier Monate neue Zellen spritzen. Das ist auch für das Kind gar nicht mehr so belastend, es kann jetzt ganz normal leben. Trotz dieser großen Erfolge darf man nicht vergessen, daß es sich hier noch um einen speziellen Fall handelt. Erstens ist SCID eine ganze seltene Erbkrankheit, es gibt etwa hundert Kinder auf der ganzen Welt, die sie haben. Zweitens hat die Krankheit den »Vorteil«, daß sie auf ein einziges defektes Gen zurückzuführen ist. Deswegen läßt sich der Erbschaden auch leicht »reparieren«. Zum dritten besteht hier der Vorteil, daß dieses Gen vor allen Dingen bei den Zellen des Blutes wichtig ist, so daß der Defekt behoben werden kann, wenn man die Blutzellen behandelt. Dennoch dürfte die Gentherapie auch eine ganz wichtige Entwicklung der Zukunft innerhalb der Medizin sein.

Warum wurde dieses bahnbrechende Experiment in den USA gemacht? Es mag einerseits daran liegen, daß die Anwendung der Gentechnologie generell in den USA weiter fortgeschritten ist als hier. Hinzu kommt, daß man in den USA auch schon seit den 80er Jahren über dieses Konzept diskutiert hat. Man ist nach reiflichen Überlegungen zu dem Schluß gekommen, daß das Risiko dieser Genverpflanzung gering ist, und die Ethik-Kommissionen haben den Eingriff gestattet. Bei uns hat die Diskussion noch gar nicht stattgefunden, weil man die Gentechnologie generell als etwas Neues und damit Gefährliches glaubte ansehen zu müssen. Das Konzept der Gentherapie, nämlich »Heilen mit dem Programm des Lebens«, ist so bestechend, daß es zumindest im Ausland weiterentwickelt werden wird.

Insgesamt sind also aus der Kenntnis einiger Gene sehr viele neue Möglichkeiten der Medizin entstanden. Deswegen hat man auch beschlossen, daß man alle unsere Gene kennenlernen will und hat die Humangenom-Projekte gegründet. Um eine Vorstellung davon zu bekommen, wie groß diese Aufgabe ist, sollte man sich das Erbgut diverser Organismen vor Augen halten. Das Virus der Kinderlähmung (Polio) hat etwa dreitausend Buchstaben (Nukleotide), vergleichbar mit einer Seite in einem Buch. Ein Bakterium ist tausendmal komplizierter, es würde also einem Buch mit tausend solcher Seiten entsprechen. Wir Menschen sind nochmal tausendmal komplizierter. Unsere Erbinformation wäre eine Bücherei mit tausend Büchern, von denen jedes Buch tausend Seiten hat. Bis vor zwei Jahren noch mußte man die Erbinformation per Hand aufklären, man hatte noch keine Maschinen. Bei einem Virus wie Polio hat das drei Monate gedauert. Ein ähnlicher Zeitraum wurde auch benötigt, um das AIDS-Virus zu entschlüsseln. Heute gibt es Apparate, so daß man für die Genomgröße eines solchen Virus nur noch zwei Tage braucht. Für das Bakterium würde man mit dieser Technologie ca. fünf Jahre benötigen, und für den Menschen würde man immer noch fünftausend Jahre brauchen. Deswegen wird ein solches Projekt oft auch als die »Mondlandung« der Biotechnologie bezeichnet. Und anfangs hielten viele es für gar nicht durchführbar.

Gleichzeitig schreitet aber auch die Technikentwicklung voran. Die neue Generation der Sequenatoren soll schon um den Faktor Hundert schneller sein. Damit kann man zwei Nullen an der veranschlagten Zeit wegstreichen, unsere Erbinformation wäre in etwa fünfzig Jahren aufklärbar. Damit wird ein solches Projekt machbar, es kostet nicht zuviel Kraft und Zeit, und es kostet nicht zuviel Geld. Neue Technologien erlauben also auch, immer neue Fragen zu stellen.

Die Idee, die Erbinformation des Menschen vollständig aufzuklären, läßt in vielen Bereichen weitere Erkenntnis erwarten. Wir können beispielsweise hoffen, mehr über Krebs zu lernen, wir können hoffen, mehr über die dreitausend Erbkrankheiten des Menschen zu erfahren. Leider besteht aber auch eine große Furcht, daß diese Daten mißbraucht werden können. Man befürchtet z.B. bei Einstellungsuntersuchungen einen Test auf bestimmte Merkmale, die die Entscheidung negativ beeinflussen können. Oder man befürchtet den »Bau« eines neuen Menschen. Es ist jedoch nicht der Gentechnik anzulasten, wenn die Gesellschaft personenbezogene Daten falsch nutzt oder auch nicht hinreichend schützt. Hinzu kommt, daß man schon jetzt genetische Merkmale zur Selektion von Bewerbern nutzt, nämlich solche, die sichtbar sind – z.B. »männlich« oder »weiblich«. Es ist aber ein gesellschaftliches Problem, wenn Frauen in bestimmten Positionen benachteiligt werden, keines der Gentechnologie. Und auch heute werden bestimmte chronische Krankheiten ganz selbstverständlich bei der Einstellungsuntersuchug mitgeprüft, ohne daß sich jemand darüber aufregt, und dies geschieht mit klassischen Methoden. Es ist auch sicher besser für den Bewerber, wenn er nicht gerade einen Beruf ausübt, für den er absolut ungeeignet ist. Warum soll ein schmächtiger Mann Möbelpacker werden? Auch ohne Genanalyse wird man ihm das ausreden. Auch die Furcht vor dem Bau des Homunkulus ist verständlich. Es gibt aber weltweit unter den Genforschern einen Konsens, daß in das menschliche Erbgut von Ei und Samenzelle oder Embryo nicht eingegriffen werden darf, weil diese Veränderung vererblich wäre. Der Eingriff in die Zellen eines Individuums (somatische Genverpflanzung), wie die des Kindes mit SCID wird aber erlaubt und wird auch nicht auf die Nachkommen vererbt. Hinzu kommt, daß auf dem derzeitgen Stand des Wissens, selbst nach Entschlüsselung der Gene, der Bau des Homunkulus im Labor dennoch technisch unmöglich wäre. Hier wird die Wissenschaft weit überschätzt. Solche Vorstellungen gehören in den Bereich von Science-fiction-Romanen und sind völlig realitätsfremd. Einzel-Gen-Verpflanzungen sind dagegen bei Tieren technisch machbar, auch in die Zellen der Keimbahn.

Damit kommen wir zum Thema »Ethik« zurück. Es ist ja tatsächlich so, daß die Technik fortschreitet und daß die Gesellschaft darüber nachdenken muß, aber ohne einseitig zu sein. Wir hören immer nur von Risiken. Wieviele Menschen kennen aber die Vorgänge, die ich heute versucht habe vorzustellen? Es gibt Fortschritte bei der Behandlung von Krankheiten, der Erkennung von Krankheiten, Fortschritte bei Tests für Infektionserreger, Impfstoffe gegen sie etc. Man kann sich heute gegen Hepatitis B, eine sehr ernst zu nehmende Infektion mit dem Risiko Leberkrebs, impfen lassen. Dieser Impfstoff ist gentechnisch hergestellt. Einer der Gründe, warum man ihn nicht mehr aus menschlichem Blut gewinnen wollte, war die Furcht, daß auch eine Übertragung des AIDS-Erregers stattfinden könnte. Der gentechnisch gewonnene Impfstoff ist also ein Gewinn an Sicherheit. Man kann heute auch neue Viren herstellen, z.B. für die Verwendung als Impfstoff, ebenso wie Insektenviren als biologische Insektizide. Man arbeitet an der Herstellung von Bakterien mit neuen Eigenschaften, z.B. der Fähigkeit, Altöl abzubauen (man denke an die Ölteppiche auf den Weltmeeren!). Man arbeitet an Pflanzen, die besser wachsen und resistenter gegen Krankheiten sind. Auch in der Tierzucht arbeitet man an Resistenzgenen. Unser deutsches Hausschwein ist beispielsweise sehr empfindlich gegen die Grippe, an der wir auch erkranken, und es gibt Arbeiten an einem Resistenzgen, das die Tiere gegen Grippe immun macht. Bei allen diesen Arbeiten geht es um die Übertragung weniger einzelner Gene, die diese Eigenschaften hervorrufen. Mehr ist heute auch nicht machbar. Wo erkennen wir nun ernsthafte Risiken? Die Risiken sind bei der erkennenden Analyse von Genen gering. Der Umgang mit Information über einen Menschen ist, wie erwähnt, eine Frage des Datenschutzes und nicht der Gentechnik. Die Produktion spezifischer Eiweiße, um z.B. Insulin herzustellen, bedeutet auch für die Umwelt und den Menschen seitens der Gentechnik kein Risiko, weil der Bakterienstamm mit dem Insulin-Gen in freier Wildbahn nicht lebensfähig ist, und weil das Produkt Insulin völlig ungefährlich ist. Diese Risiken kann man auch aus der Erfahrung bestens einschätzen. In Amerika wird seit 1983 Insulin auf diesem Wege produziert, es hat nie einen Zwischenfall gegeben. Anders sieht es bei veränderten Viren, Bakterien, Pflanzen und Tieren, die sich in freier Wildbahn vermehren können, aus. Was man hier fordern muß, ist die individuelle Überprüfung eines jeden Falles. Sollten Zweifel gegen die Freisetzung bestehen, so muß unter geeigneten Schutzmaßnahmen (Laborsicherheit, Ausbringung in kontrollierte Areale, Quarantäne von Impflingen, etc.) die Unschädlichkeit überprüft werden. Dies ist übrigens eine alte Forderung und hat nichts mit Gentechnik im engeren Sinne zu tun. Wie ein neuer Organismus entsteht, d.h. mit Hilfe welcher Technik, ist irrelevant. Ob man durch genetische Rekombination zu einem neuen Virus kommt, oder ob es auf klassische Weise durch Mutation gewonnen wurde, ob Hunde auf klassische Weise gekreuzt werden und dann so aggressiv sind, daß man sie nicht frei herumlaufen lassen kann, ergibt immer dasselbe Problem der Prüfung der Verträglichkeit und der nachfolgenden Aufstellung von Regeln, was mit dem Produkt zu geschehen hat.

In diesen Fragen ist die gesamte Gesellschaft aufgerufen, Antworten zu finden. Der Wissenschaftler muß an diesem Prozeß selbstverständlich teilnehmen, die Zeit des Elfenbeinturms ist vorbei. Es zeigt sich dann, daß es Fragen gibt, die durch praktische Maßnahmen Sicherheit in sehr großem Umfang garantieren. Aber es gibt auch Fragen der Ethik. Hier fallen Antworten schwerer. Ist unsere Ethik unverrückbar? Ist es ethischer, etwas zu tun oder es zu unterlassen? Ist es ethischer, neue Krankheiten zu erforschen oder es nicht zu tun, weil man möglicherweise damit auch etwas falsch machen könnte, oder weil jemand dieses Wissen für kriminelle Zwecke nutzen könnte? Wir müssen hier in eine sehr breite Diskussion eintreten, zu der aber eine sehr gut informierte und diskussionsbereite Öffentlichkeit notwendig ist. Wo die Unwissenheit vorherrscht, läßt sich schlecht argumentieren.

Teil VII
Künstler und neue Technologien

Medienkultur

Manfred Eisenbeis

Wenn es darum geht, kulturelle und technologische Entwicklungen in ihren Wechselwirkungen zu untersuchen, taucht folgerichtig auch die Frage nach dem Wandel der Künste auf – und zwar sowohl für die Musik als auch für die visuellen Künste.

Ich werde im Anschluß versuchen, die künstlerischen Positionen der darauffolgenden Beiträge der Künstler in einen Bezugsrahmen zu stellen, indem über das Exemplarische der Einzelwerke hinaus die Breite und Tiefe der Veränderung der kulturellen Entwicklung unter dem Einfluß der Medientechnologien thematisiert und unter dem Begriff Medienkultur skizziert wird. Ich werde also versuchen, hier in einer knappen Darstellung auf Idee und Hintergrund des Begriffs Medienkultur einzugehen, der übrigens auch das begleitende Konzept und das übergreifende Arbeitsprogramm bei der Gründung der Kunsthochschule für Medien in Köln war.

Entwickelt hat sich der Begriff Medienkultur in Zusammenhang mit einer internationalen Studie, die wir – meine Kollegin Heide Hagebölling und ich – 1980 in Zusammenarbeit mit der Annenberg School of Communications, Philadelphia, und der Universität Mainz – über kulturelle Voraussetzungen und Folgen der Fernsehrezeption planten. Dabei hatte uns insbesondere auch der Zusammenhang zwischen Fernsehen und der Gestaltung der Lebensumwelt interessiert. In Anbetracht der zunehmenden Durchdringung aller Lebensbereiche durch mediale Techniken, die immer mehr auch in schöpferische Arbeitsprozesse eingreifen, umfaßt dieser Begriff heute jedoch sehr viel mehr und bezeichnet die kulturellen Folgen und Möglichkeiten der Verwendung technischer Medien in unserer Kultur. Stichworte in diesem Zusammenhang, die weit über die bereits klassische Begrifflichkeit von Fotografie, Film und Fernsehen hinausreichen, sind etwa HDTV, Telematik, computerunterstütztes Entwerfen, Simulation, virtuelle Realität, Computergrafik, künstliche Intelligenz, Interaktivität, Vernetzung etc. Sie markieren entscheidende Veränderungen in der medientechnologischen Entwicklung und im Hinblick darauf, was wir hier mit Medienkultur bezeichnen.

Korrespondierend dazu sind Konzepte wie das elektronische Buch, elektronische Kunst, elektronisches Museum oder auch die elektronische Akademie entstanden. Es handelt sich also bei dem neuen Begriff nicht nur um eine der möglichen Verbindungen des Kulturbegriffs mit kulturellen Teilphänomenen, wie z.B. bei Stadt-Kultur, Musik-Kultur usw., sondern stellt gewissermaßen ein übergreifendes Konzept im Kontext und zum Verstehen der globalen Medienentwicklung dar, die unsere Gesamtkultur und zugleich alle ihre Handlungsfelder betrifft: Architektur und Medien, Theater und Medien, Literatur und Medien sind alles Bereiche der Untersuchung wie auch des produktiven Handelns und Experimentierens, Bereiche also, in denen Künstler und Gestalter tätig sind oder wofür sie ausgebildet werden.

Nachdem die industrielle Technik und Massenproduktion von Gütern insgesamt bereits die Frage ihrer kulturellen Folgen aufgeworfen hatte, entstand ebenfalls bereits im 19. Jahrhundert eine intensive Diskussion um die Fotografie – das Schlüsselmedium in der technischen Medienentwicklung. Diese nahm paradigmatisch viele Facetten der heutigen Diskussion wie auch der praktischen Folgen vorweg, wenngleich in einer anderen Größenordnung. Zu diesen Folgen gehören etwa das Entstehen der gesamten Bild-Reproduktionstechnik für Bücher und Zeitschriften, das breite Spektrum der spezifischen fotografischen Techniken und Anwendungen – von den Künsten über die Wissenschaften bis hin zur Technik, Medizin, usw. Hinweise genug, um die möglichen Konsequenzen der neueren Medienentwicklung einschätzen zu können. Die Fotografie als Bestandteil der Alltagskultur erwähne ich hier nur am Rande, obwohl sie vielleicht zu den wichtigsten ästhetischen Folgen gehört.

Anfangs also Fotografie und Film und dann die neuen medialen Techniken haben eine Fülle von technik- und kulturkritischen Positionen, aber auch Utopien angeregt, die ich hier nur mit einigen Stichworten benennen möchte, denn sie stellen das Möglichkeitspotential der Medienentwicklung seit den 30er Jahren zur Diskussion. Ich nenne hier Walter Benjamin mit seiner kritischen Theorie der fotomechanischen Reproduktion von Kunstwerken, die heute durch eine auf elektronische Produktion und Reproduktion bezogene Theorie erweitert werden müßte; Adorno und Horkheimer, die den industriellen Charakter der Medien-Entwicklung über den Begriff der Kulturindustrie kritisch untersucht haben; Orwells düsteres 1984 oder die Simulationstheorie des französischen Theoretikers Jean Baudrillard; die Theorie der Immaterialität der Medienentwicklung des Philosophen Jean-Francois Lyotard oder den Architekten und Städtebauer Paul Virilio, der u.a. kritisch die Wirkungen der Medienentwicklung auf den öffentlichen Raum untersucht und dessen Austausch durch das öffentliche Bild vorausgesagt hat. Zu erinnern wäre hier aber auch an Paul Valérys faszinierende Vorwegnahme medienkultureller Entwicklungen aus den

30er Jahren, in denen er den Fluß der Bilder und Töne aus den Kabelkanälen – »wie aus Wasserleitungen« – voraussagte, oder an McLuhans Idee vom globalen Dorf, das die medientechnische Vernetzung des Planeten und deren Konsequenzen thematisierte. Dazu gehört auch die Frage nach der Erhaltung kultureller Eigenarten und der Entwicklung einer Universalkultur, die medial erzeugt wird – dies zum Teil mit Mitteln und Formen, die unsere kulturellen Wertmaßstäbe erschüttern.

Es handelt sich also hier um ein Konfliktfeld, das unter anderem durch die technologischen Möglichkeiten und ihre uneingeschränkte Nutzung entsteht, vor allem aber dem Faktor Technik und der Machbarkeit eine zentrale Rolle in der kulturellen Entwicklung – und damit auch in der von Kunst und Gestaltung – zuweist. Dies ist eine nach Umfang und Qualität neue Situation.

Lassen Sie mich zu dieser Omnipräsenz der Technik und ihrer zunehmenden kulturellen Rolle einige Überlegungen formulieren, die auch mit dem Begriff der Moderne in Zusammenhang zu sehen sind. Der Begriff Moderne ist bereits selbstverständlicher Bestandteil unseres Alltagsbewußtseins geworden. Doch verbirgt sich hinter der Existenz des Technologischen eine doppelte Strategie oder Wirksamkeit, die in ihren Wechselbezügen weitaus weniger erkannt wird, als die Allgegenwart des Technologischen vermuten läßt: Technologie verheißt zunächst Verfügbarkeit von Mitteln, über die die menschliche Praxis gebietet. Andererseits greifen technologische Entwicklungen aktiv in menschliche Beziehungs- und Kommunikationsprozesse ein, richten Verhaltensweisen und Verhältnisse, Vorstellungen über die Welt und ihre impliziten Regeln bis zum Bild vom Menschen an ihren Maßstäben aus. Technologie hat somit nicht nur instrumentellen Charakter: Sie wird zum struktur- und weltanschauungsbildenden Faktor.

Günter Anders sprach angesichts der Mächtigkeit dieser Entwicklung von der »Antiquiertheit des Menschen«. Der mit derartigen Artefakten mehr und mehr bevölkerte Lebensbezirk des Menschen ist das Umfeld, das der Philosoph Jürgen Mittelstraß im Unterschied zur »Leibniz-Welt« die »Leonardo-Welt« nennt. Es ist die Welt, die der Mensch selbst gemacht hat, die »das eigentliche Werk des Menschen ist – orientiert nicht an dem intelligenten Bedürfnis, zu erkennen, *was* die Welt im Innersten zusammenhält, sondern an der nicht geringeren und immer dringlicheren Aufgabe, *sie zusammenzuhalten*«.

Der um Zusammenhalt der Welt bemühte Mensch reagiert auf die nun selbstgestellte Aufgabe umso dringlicher, je zwanghafter er sich ihr widmet. Die heute vielbeklagte Undurchschaubarkeit von Abläufen fußt letztendlich auf Erkenntnis, also auf Wissenschaft, deren Produkt sie dann mittelbar wird. Und gerade diese Verkehrung des zunächst Durchdrungenen in plötzlich Undurchdringbares gibt Aufschluß über die der modernen Welt eigentümliche Neigung, sich gegen den Menschen zu wenden. Zur Leonardo-Welt unserer Moderne, schreibt Mittelstraß, gehöre die Tendenz, sich den Menschen anzueignen: »Der Aneignung der Welt durch den Menschen folgt wie ein immer größer werdender Schatten die Aneignung des Menschen durch die (angeeignete) Welt.«

Für nichts scheint dies zutreffender als für das leonardische Zivilisationsprodukt namens Medienkultur. Das Umstelltsein von Dingen, die, von Menschen gefertigt, ihm dienstbar sind um den Preis seiner Anpassung, hat zugenommen. Von geradezu schlagender Anschaulichkeit müßte es sein, würden einmal in einer Reihe historischer Momentaufnahmen die Etappen dokumentiert, die die Haushalte der westlichen Hemisphäre auf ihrem Weg zum heutigen Medienpark en miniature zurückgelegt haben – angefangen von einzelnen Druckerzeugnissen über die mediale Vernetzung durch Telefon, Radio, Fernsehen bis hin zu Computer, Fax und Btx-Anschluß.

Der Kulturhistoriker Hermann Bausinger hat dafür das Wort von der »unauffälligen Omnipräsenz des Technischen« gefunden und sie als wesentlichste Veränderung der Alltagskultur im 20. Jahrhundert interpretiert. Ähnliches ließe sich gewiß für viele Bereiche künstlerischer Kultur belegen. Die Musikproduktion und -rezeption ist ein besonders prägnantes Beispiel dafür.

Welche fundamentalästhetischen – Wahrnehmung und Imagination des Subjekts nachhaltig beeinflussenden – Effekte das hat, ist schwer abzusehen. Daß sie statthaben, ist nicht zu bezweifeln. Marshall McLuhan, dessen Schlagworte vom Ende der Gutenberg-Galaxis und von der zum elektronischen Dorf geschrumpften Welt weite Kreise zogen, hat die Formung menschlichen Handelns durch die Medien mit dem Wirken von Metaphern verglichen: »Alle Medien sind aktive Metaphern mit dem Vermögen, Erfahrungen in neue Formen zu überführen.« Gemeint ist: Als Bild, oder besser, als Schema des Erlebens und seines Ausdrucks besitzt die Metapher die Kraft, Erfahrung zu transformieren. Medien wirken wie Metaphern, indem sie die Welt, die wir wahrnehmen, vorstrukturieren. Es ist die Grundfunktion jedes Mediums, Informationen zu speichern und abzugeben, ihren Fluß zu fördern. Diese Versorgungsleistung verschafft uns künstliche Wahrnehmungen. Das tut auch ein Buch. Aber es bildet, selbst wenn wir es als eine Art Ausdehnung unserer Sinne auffassen, ein System für sich. Das spezifisch Revolutionäre der *neuen* Medien hingegen liegt McLuhan zufolge in ihrer grenzenlosen Interaktionsfähigkeit. Für jedes elektronische Exemplar gibt es ein Interface. Und da das Medium als Erweiterung unseres Wahrnehmungsapparates zu verstehen ist, kommt hier zweierlei zusammen: Universale Anschluß- bzw. Übersetzbarkeit und Sinnlichkeit gewordene Technologie, so daß sich mit den Worten des Philosophen Norbert Bolz formulieren ließe: »In der Welt der neuen Medien wird der Interplay of Senses erstmals technisch implementierbar.« Die konkrete Voraussetzung schafft die medientechnische Entäußerung der Sinne. »Der Fernschreiber funktioniert als künstlicher Mund, die Telefonmembran implementiert das Ohr, Drähte die Nervenstränge, die fotografische Platte ersetzt die Netzhaut, und der Film rekonstruiert die Wirklichkeit als neurologischen Datenfluß.« Das Modell ist von großer Suggestivität. Man beachte, was es vorstellt: nichts Geringeres als eine technologische Fassung des zentralen Nervensystems.

Man muß die Medienkultur jedoch nicht unbedingt gleich neurologisch kurzschließen. Anstelle einer derartigen Untersuchung tut es auch die wahrnehmungspsychologische. Etwa am Beispiel der bereits erwähnten filmischen Rekonstruktion der Wirklichkeit. Wie stellt er sich dar, jener »Datenfluß«, von dem Bolz spricht, legt man eine seiner derzeit populärsten Aufbereitungsformen zugrunde? Ein Video-Clip dauert im Mittel kaum mehr als dreieinhalb Minuten. Bei der durchschnittlichen Schnittfolge von ca. 2,2 Sekunden liefern diese dreieinhalb Minuten rund hundert bewegte Einstellungen, hundert kurze Blicke durch ein mediales Fenster auf einen Ausschnitt einer »jedesmal anderen, pulsierenden Szene, 100mal wurde ein fast unbemerktes Kontinuum der Wahrnehmung unterbrochen, hundert Augenaufschläge, die nicht zur Vergewisserung des eben Erblickten dienten, sondern uns ein jedes Mal in einen neuen Zusammenhang, auf einen anderen Standpunkt katapultierten« (so, mit beinahe poetischer Präzision, Roland Nachtigäller).

Wir beobachten jedoch nicht nur eine Beschleunigung der Bilder. Daß auch in unsere Lebensstile sich ein neues Tempo eingegraben hat, wissen wir; wo die Korrespondenzen von Medien, Alltag und Politik liegen, dürfen wir vermuten.

Die Rolle des Künstlers und Gestalters ist damit noch nicht definiert. Aber daß sie in diesem Spannungsfeld zu situieren ist, scheint mir unabweisbar. Ebenso wird von Ort und Funktion, von Kunst und Gestaltung in Zukunft verständig nur in bezug auf diesen Kontext zu reden sein: der nun heißt *Medienkultur*. Die einzig mögliche Chiffre unserer Zeit ist dies nicht. Doch der Begriff besagt etwas Wesentliches, da er die – unsere Wahrnehmung und Erfahrung prägende – konventionenbildende Kraft der (neuen) Medien als kulturrelevant würdigt.

Wenn wir von Medienkultur und kulturellem Wandel sprechen, dann beinhaltet dies auch die Veränderung der Tätigkeiten, der Aufgaben, der ästhetischen Praxis künstlerischer und gestalterischer Berufe. Bildende Künstler beziehen nunmehr seit Jahren Medien wie Video, Computergrafik oder Holografie in ihre Arbeit ein oder machen aus einzelnen Medien ihr zentrales künstlerisches Arbeitsfeld. Die Videokunst ist ein prägnantes Beispiel dafür. Architekten, Designer und Grafiker benutzen Verfahren der elektronischen Entwurfsunterstützung, simulieren Produkte und Räume in ihren funktionalen und ästhetischen Merkmalen. Neue spezialisierte Tätigkeitsfelder entstehen, die das gesamte Ausdrucksspektrum elektronischer Bilderzeugung und -bearbeitung, elektronischer Komposition, die Verwendung interaktiver Medien oder den Entwurf sogenannter virtueller Realitäten umfassen. Die Medien sind also kulturelles Faktum und neues, zentrales Handlungsfeld für Künstler und Gestalter. So ergibt sich das neue Leitmotiv Medienkultur, das für den Künstler beides birgt, intellektuelle und ästhetische Herausforderung, aber auch neue Verantwortung, indem er nicht nur mit, sondern auch an den Medien arbeitet, gesellschaftliche Verhältnisse somit ästhetisch formt und mitbestimmt.

Abschließend einige zusammenfassende Bemerkungen, die noch einmal auf die Rolle von Kunst und Gestaltung in diesem durch den Begriff Medienkultur benannten Wandel eingehen:

Ich bin fest davon überzeugt, daß die Künste in allen ihren Formen in dieser Entwicklung eine zentrale Funktion haben, nicht nur in deren kritischer Durchdringung, sondern auch in ihrer ästhetischen Ausgestaltung. Sie stellen nicht nur einen essentiellen Teil der kulturellen Entwicklung dar, sondern schaffen gewissermaßen eine Balance in dem Kräftefeld von Wissenschaft, Technologie und Ökonomie.

Die Künste sind, anders als die anderen Bereiche, nicht auf Fortschritt oder Effizienz verpflichtet. Dies gibt ihnen andere Freiheitsgrade, auch wenn sie sich in diesem neuen Prozeß möglichweise selbst verwandeln werden. Die Phantasiepotentiale und schöpferische Energie von Kunst und Gestaltung stellen darum im konkreten Handlungsfeld der Medienkultur eine Garantie für Humanität und Augenmaß dar.

Die Förderung dieser neuen Formen künstlerischer und gestalterischer Arbeit gehört aus meiner Sicht zu den wichtigsten Aufgaben unserer Zeit. Dies bedeutet ebenso die Entwicklung neuer Ausbildungsformen als auch die Bereitschaft, den Aspekten künstlerischer Qualität und Funktionalität bei medialen Produkten den gleichen Rang zu geben wie in der materiellen Kultur.

Dies beinhaltet weiterhin, und damit schließt sich der Kreis, daß Museen verstärkt in Sammlung, Forschung und Vermittlung von Werken und Zusammenhängen der medienkulturellen Entwicklung tätig werden, um auch hierfür Sensibilität und ein kulturelles Gedächtnis zu schaffen; die wohl vornehmste Aufgabe der Museen. Dabei würden die medialen Techniken und ihre Produkte – übrigens im Sinne eines elektronischen Museums – zugleich Gegenstand und Mittel sein können.

Mitarbeit: Joachim Güntner

Marmor, Eisen, Video: Materialität und Medialität

Fabrizio Plessi

Ich möchte zunächst die Leser beruhigen: Mein Beitrag wird nicht im geringsten wissenschaftlich und akademisch sein. Er wird eher aus ein paar Fragen bestehen, die ich laut an mich selbst richte. Viele meiner Freunde aus der Welt der Kunst sagen mir: »Deine Arbeit mit den Materialien ist interessant; interessant sind auch diese Strukturen aus Eisen, aus Stein, aus Marmor. Aber warum stellst du einen Fernsehapparat hinein?« Und viele Menschen aus der Welt des Fernsehens sagen mir wiederum: »Diese Arbeit mit dem Fernsehen ist interessant, aber warum verunzierst du diese elektronischen Bilder mit so barbarischen Materialien wie Stein, Eisen und Marmor?«

Dies beweist, daß wir ein schizophrenes Leben führen: Auf der einen Seite liegt die Kunst, auf der anderen Seite die Technik. In Sachen Elektronik bin ich ein Barbar; ich bin ein Höhlenbewohner in bezug auf die Technologie; ich weiß nichts davon, ich befinde mich eben erst am Anfang einer persönlichen Erfahrung damit. Ich habe mich der Technologie und des Videos bedient, weil ich ein Bild, das sich nie bewegt, äußerst langweilig finde. Und ich habe stets versucht, eine Technik mit einer Art persönlicher Kultur und Geschichte zu verbinden und ineinanderzufügen. Ich stelle fest, daß unser geschichtliches Bewußtsein der Dinge oft in Vergessenheit gerät. Das Fernsehen verwende ich genauso, wie ich mit dem Kühlschrank umgehe: Ich weiß nichts über den Kühlschrank, mir ist nicht bekannt, aufgrund welcher Technik oder Mechanik sein Inhalt gekühlt wird. Mich interessiert nur, daß der Wein, wenn ich ihn herausnehme, kalt ist; sonst weiß ich nichts darüber. Und in eben dieser einfachen und sehr komplizierten Weise bediene ich mich des Fernsehers ohne Problematik: Vielleicht ist meine Kultur sehr elementar.

Ich meine immer, daß die Technologie etwas sehr Frostiges ist, und alle haben eine gewisse Angst vor der Technologie. Ich versuche, diese Temperatur der Technologie ein bißchen anzuheben.

Ich halte es für sehr wichtig, daß wir uns heute die Frage stellen, warum die Kunst eigene Wege geht, warum ihre Welt von der Welt der Technologie und

Fabrizio Plessi: Schrank des Architekten, 1990

der Wissenschaft so weit entfernt ist. Dies ist ganz deutlich zu erkennen, und das ist ein Problem. Auch diese Welt wird zu einem Ghetto, einem sehr schönen, vergoldeten, wissenschaftlichen und geordneten Ghetto, aber doch zu einem Ghetto. Warum also das Fernsehen, dessen sich die Leute jeden Tag bedienen? Ich glaube, daß die Menschen mehr Zeit mit dem Fernseher als mit dem eigenen Partner verbringen. Dies bedeutet, daß sich etwas abspielt: In dem Moment, in dem das Fernsehen im künstlerischen Bereich eingesetzt wird, entsteht eine Art Trauma – ein Material wird nicht mehr als Material, sondern als ein Medium gebraucht.

Ich war nie einer Meinung mit McLuhan und glaube keineswegs, daß das Medium eine Botschaft ist, denn im Grunde genommen ist ein Medium nur ein Mittel. Doch wichtig ist das, was übermittelt wird. Die Übertragung ist ein (technisches) Mittel, wie eine Brille. Um was zu sehen? Um Dinge zu sehen. Ich würde es allemal vorziehen, Fernsehdarbietungen nicht mit Hochauflösung, sondern mit äußerst »niedriger Auflösung« zu sehen.

Neulich war ich in Köln. Dort gab es 800 Ausstellungsgegenstände, etwas Fürchterliches; ein unvorstellbares Durcheinander! Zeichnungen und Bilder. Und doch werden neue Technologien – abgesehen von zwei oder drei Video-

Fabrizio Plessi: Videoskulptur ROMA II, 1988

installationen von Leuten, die wir kennen – von niemandem mehr verwendet. Aber man bedenke doch, wie bedeutungsvoll dies ist. Was ist denn die Technologie überhaupt? Dies ist Technologie: Der Bleistift, mit dem ich eine kleine Skizze auf ein Blatt Papier zeichne, ist etwas Technologisches, die Bleistiftspitze ist etwas Technologisches, sodaß sich die Frage »Kunst und Technologie« gar nicht stellt: Alles ist Technologie. Die Leinwand ist technologisch, die Farbe ist technologisch: Die Frage ist also falsch gestellt.

Das echte Problem besteht nur darin, warum es so wenig Künstler gibt, die mit diesen Materialien arbeiten. Das Video ist ein Material; es ist ein schillerndes, ein technologisches Material, ein vibrierendes Material, aber es ist ein Material, ein Material wie alle anderen. Und ich kann es neben Kohle, Eisen, Stroh stellen, weil es ein Material ist wie die Kohle, das Eisen, das Stroh. Dies ist der Punkt, an dem ich mich nie zurechtfinde: Ich komme mir auf allen Kunsttagungen vor wie ein Fisch außerhalb des Wassers, und ich komme mir ebenso auf allen Technologietagungen vor wie ein Fisch auf dem Trockenen. Warum werden denn die Kunstkongresse und die Technologiekongresse zu unterschiedlichen Zeiten und in unterschiedlicher Weise veranstaltet? Ich glaube, daß die Wissenschaft die Dinge immer definieren, d.h. »auflösen« sollte, und ich meine dagegen, daß die Kunst sie immer »ent-definieren«, d.h. »nicht auflösen« sollte. Dies ist etwas sehr Wichtiges, diese »Nicht-Auflösung« der Kunst. Wenn sie wirklich darauf aus ist, ihre Gegenstände nicht scharf einzustellen, dann bedeutet dieses »Nicht-Fokussiert-Sein« auch, daß jene Sehteilchen erfaßt werden, die eben nicht die besonderen Sehteilchen des Fokussierens sind. Neulich sagte mir ein bedeutender Wissenschaftler, ein Italiener, so ziemlich das Dümmste, was ich je gehört habe: Er sagte mir, ein Gemälde sei eine Photographie »mit niedriger Auflösung«. Und doch handelt es sich um einen Wissenschaftler, der auf Tagungen über Kunst und Technologie spricht.

Nun schwebt mir als einem Barbar etwas ganz Einfaches vor: Ich meine, solange die Kunst und die Wissenschaft sich nicht endlich auf *einer* Ebene begegnen wie ein belegtes Brötchen, wie ein Sandwich, d.h. wenn wir auf der einen Seite die Kunst haben, wie den Käse, und auf der anderen Seite die Wissenschaft, wie den Schinken, und wenn wir immer nur entweder Kunst *oder* Wissenschaft kosten, werden wir entweder Kunst oder Wissenschaft in uns aufnehmen, entweder den Käse oder den Schinken schmecken. Ich bin aber der Auffassung, daß man das Sandwich senkrecht durchbeißen sollte: Dies ist die einzige Art und Weise, wie man beide Geschmacksrichtungen zugleich genießen kann. Und – um wieder ein bißchen ernster zu werden: Es ist die Aufgabe des Künstlers, das ausdruckslose Gesicht der Maschine neu zu zeichnen.

Virtuelle Räume im Reich der Sinne

Jeffrey Shaw

Die Erforschung und Entwicklung verschiedener Techniken und Regelwerke für die räumliche Darstellung hat die Kunst des Westens während ihrer gesamten Geschichte zutiefst beschäftigt. Die Aufstellung räumlicher Koordinaten liefert ein grundlegendes ästhetisches und existentielles Paradigma, innerhalb dessen eine Kultur ihre Wünsche experimentell darstellen und damit auch begreifen kann. Die kürzlich entwickelten digitalen Technologien der bildlichen Darstellung bieten dem Künstler neue Möglichkeiten und neue Paradigmen zur Ausweitung der räumlichen Identität eines Kunstwerks. Bei den Computergrafik-Installationen, die ich innerhalb der letzten zehn Jahre geschaffen habe, habe ich mit Hilfe von Simulations- und Interaktionsmechanismen einen immateriellen, virtuellen Bildraum geschaffen, den der Betrachter betreten und erforschen kann.

Die räumliche Struktur meines interaktiven Kunstwerks »Erzählerische Landschaft« besteht aus zweidimensionalen Bildern in einem virtuellen dreidimensionalen Raum, die in eine Beziehung zueinander gesetzt wurden. Das Video-Bild wird entweder auf eine Leinwand auf dem Boden oder in ein Schwimmbad im Ausstellungsraum projiziert; der Betrachter sieht es dann von oben. Mit einem Steuerknüppel kann er sich in diesem Raum aus Bildern bewegen. Die Bewegung ist mit Hilfe des Steuerknüppels in drei Achsen des Bildfensters möglich; es kann von Nord nach Süd sowie von Ost nach West geschwenkt und entlang der vertikalen Achse gefahren werden. Entlang dieser Fahr-Achse kann der Betrachter auch von einer Ebene in die nächste übergehen. Zunächst wählt er im obersten Bild einen der neun rot abgesetzten Bereiche aus. Mit der Zoom-Funktion fährt er danach durch dieses Bild in die nächste Ebene, weiter durch alle Bildebenen und nach dem Durchfahren der untersten Ebene auch wieder in die oberste Bildebene zurück. Damit hat der Betrachter neun Orte, die er besuchen kann, wobei jeder einzelne Ort aus einer erzählerischen Gruppe von drei Bildern besteht. In dieser erzählerischen Landschaft finden sich wichtige Eigenschaften des digitalen Mediums wieder. Die räumlichen

Grenzen des digitalen Bildes sind nicht notwendigerweise durch die Konvention eines Bilderrahmens oder eines Bildfensters beschränkt. Es ist möglich, Räume mit virtuellen Bildern in beliebiger Größe in zwei, drei oder mehr Dimensionen zu schaffen, die dann der Betrachter erforscht, indem er seinen Standpunkt verändert.

Diese Eigenschaften habe ich in einer Installation von 1986 mit dem Titel »Der Weg zum Herzen im Zentrum des Gartens der Lüste« weiterentwickelt. Hier ändert sich das Bild, sobald der Betrachter an einer Reihe von Infrarot-Sensoren vorbei auf die Projektionsfläche zugeht und damit bestimmte Änderungen auslöst. Dabei habe ich die dialektische Beziehung zwischen der Bilddarstellung und seiner digitalen Struktur in Form eines allmählichen Überganges zwischen zwei Bildern eingefangen. Das eine Bild stammt aus dem Film von Oshima »Im Reich der Sinne«, das andere aus Hieronymus Boschs Gemälde »Der Garten der Lüste«. In der Abfolge wird das Bild von Oshima immer abstrahierter dargestellt und schließlich zu einem Farbraster mit niedriger Auflösung. Gleichzeitig wird angedeutet, daß das Bild von Bosch in dem von Oshima versteckt ist. In dem Maße, in dem das Bild von Oshima immer mehr zu einem abstrakten Farbraster wird, wird das Bild von Bosch innerhalb dieses Rasters allmählich klarer und schließlich voll erkennbar. Damit bringt die Reise in die niedrigen Strukturebenen eines Bildes den Betrachter in die höheren Strukturebenen eines anderen Bildes.

Der in diesem Werk geschaffene virtuelle Bildraum wird nun zu dem tatsächlichen Raum innerhalb des Ausstellungssaales in Beziehung gesetzt. Dieser Raum ist in sieben Zonen aufgeteilt, Bereiche, die durch die gotische Gewölbestruktur des Gebäudes bereits vorgegeben waren. Das Bild ändert sich jedesmal, wenn der Betrachter an einem Infrarot-Sensor vorbei aus einer Zone in die nächste geht. Damit ist die Reise durch die Bilder auch eine Reise durch den gesamten Ausstellungsraum, und die Bilder haben im Verlauf des Weges, den der Besucher zurücklegt, gewissermaßen eine virtuelle Existenz.

Diese Strategie, nämlich ein flaches Bild in eine virtuelle, dreidimensionale Struktur umzuwandeln, habe ich in meiner Arbeit »Inventer la Terre« für das Wissenschaftsmuseum von La Villette (Paris) 1987 weiterentwickelt. Hier wird ein Bildstreifen zu einem kreisförmigen Panorama, das den Betrachter umgibt. Ein optisches System in dem Periskop des Betrachters sorgt dafür, daß dieses Panorama im Innenraum des Museums zu schweben scheint. Der Betrachter kann nun sein Sichtfenster nach links oder rechts an dem gesamten Panorama vorbeibewegen, indem er sein Periskop dreht, und per Knopfdruck einen der sechs Orte auswählen, die man in diesem Panorama aufsuchen kann; jeder dieser Orte wird in einem drei bis vier Minuten dauernden Video-Reisebericht dargestellt, der interaktiv von einer Bildplatte abgerufen werden kann.

Neueren Datums ist eine interaktive Struktur auf Laser-Bildplatte mit dem Titel »Revolution«. Das Interaktions- und Simulationsverfahren ist hier anders. Der Betrachter dreht den Monitor physisch und bringt so die Bilder auf dem Bildschirm in Bewegung. Dazu ist eine echte körperliche Anstrengung erforderlich. Insgesamt zwei Bildsequenzen stehen zueinander in Beziehung, wobei eine durch eine Drehung im Uhrzeigersinn, die andere durch eine Drehung entgegen dem Uhrzeigersinn ausgelöst wird. Mit der Drehung entgegen dem Uhrzeigersinn dreht der Betrachter einen Mühlstein, mit dem er Mehl zum Brotbacken mahlt. Dreht er den Monitor im Uhrzeigersinn, dann sieht er nacheinander 180 Bilder, die Revolutionen im Verlauf von drei Jahrhunderten zeigen. Die Reihe endet mit einer Fernsehaufnahme von der Revolution in Rumänien 1989. Dieses Werk symbolisiert die Frage, ob es in unserem Zeitalter mit seinen simulierten Medien-Revolutionen neue Mechanismen gibt, die als Vehikel für unsere Wünsche und Sehnsüchte dienen können.

Das Werk »Die lesbare Stadt« besteht aus einer räumlichen Datenbank, die einen virtuellen Raum von etwa zweieinhalb Quadratkilometern darstellt, innerhalb dessen sich der Betrachter auf einem Fahrrad bewegen kann. In der ersten Version glich die Straßenführung einem bestimmten Bereich in Manhattan südlich des Central Park. Als Ersatz für die Gebäude am Rand der Avenues und Streets hat mein Mitarbeiter Dirk Gronefeld Geschichten geschrieben, deren Buchstaben und Worte jetzt die gesamte visuelle Architektur dieses neuen Manhattan darstellen. Damit haben wir die Stadt in eine Art räumliches Buch umgewandelt. In dieser Stadt bedeutet Radfahren gleichzeitig Lesen, wobei jeder Radfahrer seinen eigenen Weg durch die Stadt wählt und damit den Text auf seine ureigenste Art rekonstruiert. In den vor kurzer Zeit entstandenen Amsterdamer und Karlsruher Versionen der »Lesbaren Stadt« ist jeder Buchstabe so groß wie das Gebäude, an dessen Stelle er steht. Damit wird wiederum die formelle Identität der in einen Text verwandelten virtuellen Stadt gewahrt. Die architektonischen Proportionen sind in den Proportionen der Schrift verkörpert. Jemand, der sich in Amsterdam oder Karlsruhe auskennt, weiß, wo er sich befindet, wenn er dort Rad fährt. Die lesbare Stadt ist ein Beispiel für die Möglichkeit, mit Hilfe der digitalen Bildtechnik einen dreidimensionalen virtuellen Raum zu schaffen, innerhalb dessen sich der Standort des Betrachters befindet.

In einer neueren Arbeit mit dem Titel »Alice's Room« verschmilzt dieser virtuelle Raum mit dem tatsächlichen Raum, in dem sich der Betrachter befindet. Das Werk wurde in Japan 1989 ausgestellt. Ein hochauflösender Video-Monitor ist auf einer Plattform angebracht, die durch einen Motor gedreht wird. Der Zuschauer betrachtet das Werk mit Hilfe eines Infrarot-Steuerknüppels, mit dem er die Plattform entweder im Uhrzeigersinn oder aber entgegen dem Uhrzeigersinn in Drehbewegung versetzt und damit auch die Drehbewegung des Computer-

Bildes auf dem Bildschirm steuert. Auch eine Vorwärts- und Rückwärtsbewegung innerhalb des Bildes ist möglich. Die grafischen Daten für »Alice's Room« sind eine Reproduktion des Raumes, in dem das Werk tatsächlich aufgestellt war. Der auf dem Bildschirm gezeigte virtuelle Raum deckt sich optisch mit dem realen Raum. Der virtuelle Raum reproduziert also den realen Raum, fügt aber gleichzeitig vier virtuelle Objekte hinzu, vier rechteckige Kästen, von denen jeder in einer Ecke des Raumes steht und jeweils eine andere Farbe trägt. Der Betrachter kann sich im virtuellen und realen Raum bewegen und die Kästen betreten. Jeder Kasten beinhaltet wiederum einen Raum, der in seinem Aussehen und in seinen Proportionen mit dem Raum identisch ist, aus dem der Betrachter kommt. Jeder dieser Räume weist jedoch auch seine eigenen visuellen Charakteristika auf. So zeigt ein Raum z.B. einen japanischen Text, der sich in zwei Schriftreihen fortlaufend durch einander gegenüberliegende Wände bewegt und sich in der Mitte des Raumes überkreuzt.

In meiner neuesten Arbeit »Das virtuelle Museum« habe ich ebenfalls dieses Paradigma des Raumes im Raum verwendet. Das virtuelle Museum ist ein räumliches, von einem Computer generiertes Museum mit Videobildern von einzelnen Räumen und Ausstellungsstücken. Technisch besteht es aus einer runden, drehbaren Plattform, auf der ein großer Bildschirm, die Computertechnik und ein Sitz für den Betrachter aufgebaut sind. Von diesem Sitz aus steuert der Betrachter interaktiv seine Bewegung durch das virtuelle Museum. Dreht er seinen Sessel, dann drehen sich der virtuelle Raum und die Plattform selbst synchron mit, so daß sich der Betrachter sowohl in seiner virtuellen als auch in seiner realen Welt gleichzeitig bewegt. Rollt der Sitz vorwärts oder rückwärts, dann bewegt sich der optische Standpunkt des Betrachters innerhalb des auf dem Bildschirm dargestellten Museumsraums ebenfalls vorwärts und rückwärts. Architektonisch besteht das virtuelle Museum aus einem großen Raum, innerhalb dessen vier kleinere Räume jeweils in den Ecken schweben. Die vier oberen Räume sind durch Farben kenntlich gemacht. Der Betrachter kann jeden dieser Räume einfach durch die Wände betreten und wieder verlassen. Wenn man einen solchen Raum betritt, nimmt er die Ausmaße des umgebenden Raums an. In jedem dieser Räume ist ein Arrangement von Textformen, die die virtuellen Ausstellungsstücke in diesem Museum darstellen. In einem Raum befinden sich Worte, die in bildhafte Formen umgewandelt sind. Die Worte lauten: Gesicht, Gefühl, Geruch, Geschmack und Gehör. An den Wänden eines anderen Raumes ist ein Text so aufgehängt, als ob es sich um eine Reihe von Gemälden handelte. Der Text lautet: »Etwas, das anscheinend nichts ist, kann an die Stelle von etwas treten, das anscheinend . . .«. Der dritte Raum enthält einen Text, den der japanische Dichter Kanukawa eigens für diesen Zweck geschaffen hat. Das Gedicht bewegt sich in zwei Zeilen durch den Raum, die durch die Wände laufen und sich in der Mitte des Raumes überkreuzen. Im vierten Raum bewegen sich die Zeichen A bis Z frei im Raum. Diese Zeichen sind gleichzeitig drei Quellen von Primärlicht, rot, grün und blau. Die Reflexion der Strahlung dieser beweglichen Zeichen ändert die Farbgebung des Raums fortlaufend. Die drei anderen Räume stellen Bezüge zu traditionellen Kunstformen her, wie z.B. Malerei, Bildhauerei und Film. Dieser vierte Raum jedoch bezieht sich ganz spezifisch auf eine vollständig von einem Computer geschaffene Umwelt.

Die Mechanismen der Reise durch einen virtuellen Raum bedingen neue Formalphabete und neue Erfahrungssprachen. Wie die Abenteurer früherer Zeiten hat auch für uns eine technologische Maschinerie die Möglichkeit geschaffen, neue Kontinente zu beschwören und zu entdecken, deren Grenzen nur durch unsere Phantasie gezogen werden.

Probleme der Vermittlung zeitgenössischer Kunst im Fernsehen

Wibke von Bonin

Die Statistiker haben festgestellt, daß seit einigen Jahren bei uns mehr Leute in die Museen gehen als in Fußballstadien. Kunst und Fußball: ein seltsamer Vergleich. Tertium comparationis ist das Fernsehen.

Fußballspiele im Fernsehen sind »Straßenfeger«. Die Übertragung in die Wohnstube vermittelt eine genauere Sicht der Dinge als die Präsenz vor Ort. Kunst sieht einer, der Kenner sein oder werden möchte, sich besser mit eigenen Augen im Original an, und der Gang ins Museum ist allmählich eine lohnende Freizeitbeschäftigung für die, die u.a. im Fernsehen darauf aufmerksam gemacht wurden, daß Schwellenangst unnötig ist.

Bazon Brock überschätzte ganz offensichtlich dieses neue Medium, als er formulierte: »Stellt Euch vor, es wäre ›documenta‹, und keiner brauchte hinzugehen.« Er meinte schon früh in einer seltsamen Euphorie, daß Künstler mit der Herstellung von Videos dreidimensionale Kunstwerke überhaupt und damit eine weitere »documenta« überflüssig machen könnten. Dieser Traum ist bei dem augenblicklichen Boom in Malerei und Plastik wohl erst einmal ausgeträumt. Aber man könnte sich ja vorstellen, daß durch das Vorhandensein elektronischer Medien seine aufklärende »Besucherschule« zur nächsten »documenta« überflüssig würde . . .

Das wäre dann der Wunschtraum einer Redakteurin, die sich seit über 25 Jahren bemüht, die Kenntnis zeitgenössischer Kunst im öffentlich-rechtlichen Fernsehen zu vermitteln und zu fördern.

Aber zeitgemäßer als sie in ihrer Position ist sicher heute, wer sich sein eigenes Fernsehen macht (oder Nahsehen) – eben per Video. Diese Alternative zum System, in dem wir arbeiten, ist die private, nicht kommerzielle, die Vorstellung, daß sich jeder sein Fernsehen auf seinem Bildschirm selbst herstellen kann – »Video als Mittel, Expertenherrschaft und Verfügungswillkür abzubauen« (Bazon Brock). Dem liegt der alte Traum eines Tretjakow zugrunde. Was er 1923 formulierte, ist heute durch die Verfügbarkeit der Videotechnik eine greifbare Realität: »Eine wirkliche Kunst für alle« – heißt es unter dem Titel – *Die Kunst in der Revolution und die Revolution in der Kunst* – »darf überhaupt nicht darin bestehen, daß alle Menschen in Zuschauer verwandelt werden, sondern umgekehrt, daß sich alle die Qualitäten und Fähigkeiten zur Konstruktion und Organisation des Rohmaterials aneignen, die besonders charakteristisch für die Spezialisten der Kunst waren. Das erstens. Und zweitens in der Einbeziehung der Massen in jenen Prozeß des »Schaffens«, den bis jetzt Einzelgänger zelebrierten.« (Seit es interaktive Netzwerke gibt, kann diese Utopie greifbare Wirklichkeit werden!)

Wir wissen heute aber auch, daß der neue revolutionäre Schwung, der sich in den siebziger Jahren der Produktionsmittel bemächtigen wollte, weder die Kunst liquidiert, noch das Fernsehen in seiner etablierten Form erschüttert hat.

Während der als Zuschauer vorm Fernseher hockende Fußballfan selbst mal ein Spielchen riskiert, wagt kaum einer der vielen, die angesichts zeitgenössischer Kunst sagen: »Das soll Kunst sein, das kann doch jeder!« den Versuch, selbst seine Kreativität zu erproben – und unter den Künstlern sind auch jene Einzelgänger geblieben, die statt Pinsel und Meißel den eigenen Körper und die Videokamera einsetzten. In der Bildenden Kunst ist Technik als Indiz von Fortschritt und Zeitgenossenschaft nur von sehr wenigen angenommen worden.

Es wäre eine Überlegung wert, an dem in marxistischem Fortschrittsdenken formulierten Ziel einer von den Massen angenommenen »proletarischen« Kultur und Kunst den heute erreichten Zustand fortschreitenden Eindringens subkultureller Elemente in die Bereiche der sogenannten bürgerlichen Kultur zu messen, die ja dadurch charakterisiert ist, daß sie den Bürger verschreckt.

Auch Kunstsendungen im Fernsehen verschrecken vielfach ihr potentielles Publikum. Warum eigentlich? Anläßlich der »documenta« 1977, die sich als »Medien-documenta« verstand, hat Hans D. Baumann die Rezeption von Bildmedien – d.h. sowohl Kunst als auch Fernsehen – in einem Aufsatz überdacht, aus dem ich zitieren möchte: »Da die Medien nur zweckmäßig sind, wenn ihre Botschaften verstanden werden, müssen ihre Zeichensysteme den gesellschaftlichen Erwartungen entsprechen; diese Orientierung mündet aber notwendig in eine fortwährende Bestätigung dieser Erwartungen (...). Ein Durchbrechen der Erwartungen, im Bereich der Kunst durch ständige ästhetische Innovation als Begründer neuer Wahrnehmungsweisen und als Kritik der vorhergehenden, stößt aber ins Leere, wenn sich der Bezug zu eben diesen Erwartungen nicht herstellen läßt (...). Die permanent zu beobachtende Enttäuschung des Rezipienten hinsichtlich seiner Erwartung, Kunst hätte in irgendeiner Weise mit seiner Wirklichkeit zu tun, verbannt den Künstler in den Freiraum folgenlosen Handelns (...). Durch ihren teils selbstgewählten, teils aufgezwungenen Verzicht auf Verbindlichkeit hat die Kunst ein Reich der Freiheit errichtet, in dem sie vor allem frei von Wirksamkeit ist. Die Beliebigkeit ihrer Ausdrucksmittel verdammt den Rezipienten zur Ignoranz.« (Baumann 1977: 120)

Erkenntnisse über zeitgenössische Kunst im Fernsehen vermitteln zu wollen, bedeutet nach diesen Einsichten so viel, als wollte der Blinde den Lahmen aus der unverschuldeten Unmündigkeit führen. (Wenn manche da nicht zuschauen mögen, spricht man von mangelnder Akzeptanz.) So läge es also an der Kunst selbst, wenn sie kein Interesse bei ihrem potentiellen Publikum erregt?

Dies ist die Stelle, auf den Wettlauf in Fußballstadien und Museen zurückzukommen: Ist Fußball so populär, weil jeder seine Regeln kennt, so wäre es die heutige Kunst also weniger, weil sie so unverständlich ist. Wie so oft trügt auch hier die Statistik, nimmt man sie pauschal: Die vielen Museumsbesucher rekrutieren sich natürlich aus solchen, die ansehen, was sie meinen, verstehen zu können: Sie gehen in Heimat- und Freilichtmuseen, betrachten das werbewirksam aufbereitete Gold der Vorzeit und das Geheimnis der Pharaonen — vielleicht noch im Jubiläumsjahr Rubens, Caspar David Friedrich oder bestenfalls Picasso. Kunstsendungen sind ja auch nicht generell wenig gesehen. Die Freude der Zuschauer an der Sendereihe »100 Meisterwerke« liegt begründet in der Wiederbegegnung mit alten Bekannten (— und dann auch nur für 10 Minuten!).

Kommen wir zurück auf die Schwierigkeiten mit dem Neuen. Ich spreche noch einmal von Video, weil es für viele Künstler der siebziger Jahre das Mittel zu sein schien, Sehgewohnheiten zu verändern. Da das Fernsehen neue geschaffen hatte, galt es, diese zu unterlaufen. Darin bestand die Kunst. Wir machten mit. Schon von Anfang an. 1968 — 70 realisierten und übertrugen wir Gerry Schums Vorschläge, wie Keith Arnatts »Self-Burial«, bei dem sich acht Tage lang immer zur selben Zeit ein Foto des langsam versinkenden Künstlers in die gerade laufende Sendung einblendete, Dibbets' »TV as a Fireplace«, wo den Zuschauern zum Programmende in ihrem Fernsehen nichts als loderndes Feuer geboten wurde, die Fernseh-Ausstellungen »Land-art« und »Identifications«, in denen Künstler speziell für die Kamera Kunstwerke produzierten. Dies waren Vorläufer größerer Aktionen und Performances, denen wir Sendeplätze gaben. Künstler-Videos waren zunächst vielfach 1:1 festgehaltene Aktionen, d.h. Realzeit statt komprimierter, zusammengeschnittener Fernsehzeit. Für viele dieser Bänder, die wir auf Verwendbarkeit prüften, hätte die Programmzeit beim besten Willen nicht ausgereicht. Zudem schlug das Verdikt »zu lang« all zu leicht um in »zu langweilig«. Eine andere Möglichkeit bestand darin, eine Performance ins Fernsehstudio zu verlegen. Mit einer solchen Pioniertat ging das Westdeutsche Fernsehen (heute West 3 genannt) in die Annalen der Video-Kunst ein: »Black Gate Cologne« von Otto Piene und Aldo Tambellini wurde 1968 produziert.

Solange es elektronische Schnitt- und Trickanlagen nur in den Fernseh-Studios mit ihrer aufwendigen Technik gab, drängten Video-Künstler auf Mitbenutzung dieser Anlagen, was natürlich auf den Widerstand derer stieß, die diese Kapazität im Produktionsalltag der Fernsehanstalten verplanten. Den Redakteuren brachte das ärgste Kritik ein von den Künstlern; dabei gelang es doch den wenigsten Kulturredakteuren in den Anstalten selbst, dort Studioproduktionen durchzuführen. Zugleich wurden im Verlauf der siebziger Jahre und rapide dann in den Achtzigern die Künstler durch eigene Video-Schnittmöglichkeiten unabhängig vom Fernsehen in der Produktion von Bändern, aus denen dann die Redaktionen auswählen konnten, was in technischer Perfektion und thematischer Gewichtung den Vergleich mit anderen Fernsehproduktionen aushalten konnte. So sendeten wir im Sommersonderprogramm 1977 aus der Videothek der »documenta« 9 mal 45 Minuten zur Einführung in die Thematik und in den folgenden Jahren immer wieder Einzelsendungen sowie Einblicke in Festival-Ergebnisse.

Aufs Ganze gesehen ist die Video-Kunst nur ein kleiner Teil unserer Sendungen gewesen, doch um so wichtiger waren sie, weil wenigstens mit einem — wenn auch beteiligten — Teil der Rezipienten ein Dialog entstand, zwischen den »Machern« drinnen und denen draußen. Die Botschaft der Videokunst ans Fernsehen kann meiner Ansicht nach nur in einer neuen Ästhetik liegen. Hat das gewöhnliche Fernsehen an Attraktion verloren, so können neue Impulse von Künstlern kommen, die das elektronische Medium selbstverständlich beherrschen und zu Formulierungen vorstoßen, die die Fernsehsprache des Alltags erneuern und bereichern:

Video als Unterhaltung hingegen hat inzwischen unter Ausnutzung aller technischen Möglichkeiten seinen Platz auf dem Bildschirm erobert. Video-Fans sind meist Video-Clip-Fans. Die hohe Kunstfertigkeit im Umgang mit der Technik schafft höchste Akzeptanz. Die Video-Kunst hatte immer eine antikommerzielle Haltung. Den Sieg der Kunst im Verein mit der Technik über den Kommerz zu beobachten, müßte spannend sein, doch absehbar ist der umgekehrte Fall.

Im allgemeinen machen wir ja auch nicht Kunst im Fernsehen, sondern Sendungen *über* Kunst. Und die strahlt das öffentlich-rechtliche Fernsehen vorwiegend aus in bestimmten Nischen, nämlich den Dritten Programmen, 1 Plus und demnächst dem Europäischen Kulturkanal. Die Dritten Programme haben ihrem Programmauftrag gemäß interessierte Minderheiten anzusprechen, ohne dabei allerdings elitär sein zu wollen. Für die Redaktion Kunst ergibt sich daraus die spezielle Aufgabe, über Kunst zu informieren, Verständnis für sie zu wecken, Beurteilungskriterien bilden zu helfen — das alles in möglichst allgemeinverständlicher Form — mit einem etwas geschundenen Wort: zu popularisieren: Die Hindernisse, die sich dem in den Weg stellen, ergeben sich aus der Materie selbst: Kunst ist — wie gesagt — nicht Fußball, die Interessenbekundung schlägt sich in Einschaltquoten nieder, diese beeinflussen die zugeteilte Sendezeit, und von ihr hängt wiederum der Redaktionsetat ab: ein Circulus vitiosus. Den Einschaltquoten sollte man sich nicht unterwerfen, man muß sich eher der Knute widersetzen, wenn die logische Folge lautet: zu wenige Prozentpunkte, also besser »verkaufen«, d.h. unterhaltsamer werden, d.h. die Sache verfälschen. Kunst ist selten lustig. Bei Kunstsendungen in den Dritten Programmen liegen die Einschaltquoten zwischen einem und sechs Prozent, manche sagen zwischen zwei und acht Prozent. Zur Information: Für den größten Sender, den WDR, bedeutet ein Prozent 120.000 Zuschauer, für das Erste Programm bedeutet ein Prozent 460.000 Menschen in Fernsehhaushalten. Welche Kunstzeitschrift, welche Ausstellung erreicht so viele?

Geht man davon aus, daß mit Fernsehsendungen überhaupt etwas für die Vermittlung zeitgenössischer Kunst getan werden kann, dann ist es wohl am interessantesten, die Art, wie das geschieht, an solchen Sendungen zu studieren, auf die die Künstler selbst Einfluß nehmen können, d.h. an Sendungen über lebende Künstler.

Interessanter wird es da, wo Sendungen nicht über, sondern mit Künstlern über ihr Werk gemacht werden. Grundsätzlich muß man davon ausgehen, daß Filme nicht gegen Künstler gemacht werden. Bei einem Minutenpreis von durchschnittlich mindestens 2.000,00 DM wird man sich überlegen müssen, ob ein Verriß das wert ist. Sieht man von den extremen Formen ab, in denen der Künstler entweder das Opfer seines Regisseurs oder das seiner Anbetung wird, so kann er dennoch als Ausgebeuteter erscheinen, d.h. man hat ihn entweder selbst gezwungen, sich anders darzustellen, als er es normal täte, oder aber sein Werk zu Spielereien mit der Kamera benutzt, die ihm nicht adäquat sind. Gute Filme über Künstler, die mit Künstlern konzipiert und durchgeführt werden, sind deshalb so selten, weil Künstler meist keine Erfahrung im Filmemachen haben und selten gute Selbstdarsteller sind. Manche sind kamerascheu, manchen verschlägt es bereits die Stimme vorm Mikrophon, gelegentlich sind die Sprechschwierigkeiten auch Sprachschwierigkeiten; abgesehen davon, daß eine sprachliche Erläuterung durch den Künstler selbst dem Verständnis des Werkes nicht immer nachzuhelfen braucht, wenn es um ein breites Publikum geht. Dann kommt es weitgehend auf das Geschick des Interviewpartners an, die richtigen Antworten in einem Gespräch mit dem Künstler zu bekommen und ihn zur Demonstration dessen anzuhalten, was er tut und meint. In manchen Fällen erweisen sich Künstler als gute Lehrer, als Vermittler einer Technik, wodurch dem Autor der Sendung die Möglichkeit gegeben wird, das bereits vorhandene Werk als Demonstrationsmaterial vorführen zu können. Manche Künstler nehmen auch Einfluß auf filmtechnische und Regie-Fragen, manche kommen mit dem fertigen Drehbuch. So sind sehr schöne »Abenteuer«-Filme entstanden, Performances der Zero-Künstler, in der Wüste und auf Vulkanen, aber auch Sendungen, die fast Spielfilme sind, in denen die Kunstobjekte wie Darsteller in den Film mit eingegangen sind. Die zuletzt genannten Formen von Sendungen mit und von Künstlern sind wahrscheinlich auch für den Fernsehzuschauer am interessantesten im Sinne von Unterhaltung.

Jeder neue Film ist ein Risiko, weil die Form eben vom Angebot abhängt – womit das Werk des Künstlers und die Fähigkeit des Realisators gemeint sind. Nicht jedes Werk ist »telegen«, trotzdem werden wir immer wieder versuchen, über wichtige Werke zu berichten. Auf der anderen Seite ist nicht jedes Werk, das für den Bildschirm konzipiert wird, wert, daß man darüber berichtet. Mit diesen beiden Brennpunkten ist der Ermessensspielraum der Kunst-Redakteure angegeben.

Die Möglichkeiten der Vermittlung von Bildender Kunst ändern sich mit dem Angebot – nicht nur der Kunstszene, sondern auch der technischen und finanziellen Mittel des Mediums – und mit den Sendeplätzen, auf denen wiederum ein jeweils anderes Publikum erreicht werden kann. Solange Vermittler von Kultur nicht in die Defensive gedrängt werden von kommerziellen Interessen anderer Anbieter oder aber – was schlimmer ist – vom Desinteresse derer, denen sie heute ihr Programm anbieten, ist es ein Vergnügen, immer Neues zu versuchen.

Zurück zur (künstlichen) Natur

Roy Ascott

Es ist hinreichend bekannt, daß wir den Kontakt zur Natur verloren haben. Das liegt nicht etwa daran, daß die Natur sich von uns entfernt hat oder wir die Natur aufgegeben, zerstört oder ignoriert haben. Es ist ganz einfach so, daß die Metaphern, die so lange Zeit in Verbindung mit dem Begriff Natur benutzt wurden, nicht länger greifen. Der Begriff Natur ist ja im wesentlichen an Metaphern gebunden: das Gute, das Reine, das Unverfälschte, das Ganze. Er steht ebenso für Unschuld und eine Art seliger Naivität wie auch für das Wilde, das Unverdorbene und das Instinktive. Wir sollten uns vielleicht zunächst darauf einigen, daß die Natur als solche nie existiert hat, oder daß sie für unterschiedliche Gesellschaftsarten auf verschiedene Weise existiert hat. Sie ist die erste eigentliche Realität – in der die reinen Daten eines undefinierbaren Ganzen entsprechend unserer Sprache, unseren Ängsten und Wünschen programmiert, geformt und kategorisiert werden. Wir haben die Natur immer in Opposition gestellt – zur Kultur, zur Stadt, zur Technologie. Ihre Stärke hat in eben dieser Opposition bestanden; dank dieser Stellung wurde sie zur Zufluchtsstätte und erhielt ihre immanente Kraft. Heute aber verschwindet zum Beispiel die binäre Opposition zwischen Stadt und Land. Angesichts der Allgegenwart telematischer Netzwerke ist die Stadt nicht länger der einzig mögliche Ort für Wirtschaft, Bildung oder Unterhaltung, wogegen andererseits der Fortschritt künstlicher Synthese- und Reproduktionsverfahren der biologischen Wissenschaften dazu führt, daß das Landleben keinen Anspruch mehr auf eine Hegemonie reiner und authentischer natürlicher Prozesse erheben kann. Das Land war die Umweltgegebenheit, in die – beziehungsweise gegen die – einst die Stadt gesetzt wurde. Mit einer hochentwickelten Technologie als Umweltgegebenheit kann heute allerdings weder Land noch Stadt als privilegiert in den Vordergrund gestellt werden. Auf unserem Weg ins 21. Jahrhundert müssen wir neue Metaphern finden, die die komplexen, interagierenden Systeme unseres sich entwickelnden biologischen, technologischen und sozialen Daseins berücksichtigen.

Die Haltbarkeit aller Metaphern, ob groß oder klein, ist begrenzt, und der Begriff Natur scheint sein Verfallsdatum überschritten zu haben. Er hat uns in mancherlei Hinsicht gut gedient. Zum Beispiel bestand der ultimative Anspruch bei Fragen und Problemen der Rechtsprechung und des menschlichen Verhaltens sowie der Präsentation und Gestaltung in der Kunst stets in der Frage: *Ist das natürlich?* Deshalb waren die beliebtesten Ikonen der bildenden Künste der vergangenen Epoche auch Van Gogh (eine Einschätzung, die in harten Yen gemessen werden kann) und – für die Anspruchsvolleren – Cezanne, die beide (wie wir immer wieder erinnert werden) die meiste Zeit auf den Feldern verbrachten, *eingebettet* in die Natur. Zugunsten dieses Szenarios wurde bequemerweise Cezannes Kommentar ignoriert, daß »alle Dinge, besonders in der Kunst, *Theorien* sind, die im Kontakt mit der Natur entwickelt und angewandt werden« (Rewald 1941: 228). Eine Einsicht mit einer bemerkenswerten Parallelität zu einem Grundsatz der neuen Physik, der in Werner Heisenbergs Diktum veranschaulicht wird, das besagt, daß der experimentelle Apparat (der auch das Bewußtsein des Beobachters einschließt) das »natürliche« Verhalten eines Partikels beeinflußt (Heisenberg 1962). Und eben durch Cezanne beginnen wir, die Konsequenzen der beweglichen Perspektive des Künstlers, dessen Blick die Welt in ständiger Bewegung absucht, für die Malerei zu verstehen.

Die Natur – die klassische, idyllische, unerforschte, gottgegebene Natur – hat im Laufe des 20. Jahrhunderts unter den Händen der Physiker schwer gelitten, und die Molekularbiologen haben ihr auch nicht sehr viel Frieden gegönnt. Die Wissenschaften, ob selektive oder ganzheitliche, haben die allgemeinen Ansichten zur Natur unwiderruflich verändert; einerseits durch Zerlegung in extrem kleine Einzelstücke, andererseits durch den Versuch, die Natur in einer völlig neuen Gestalt zu vereinheitlichen. Im 21. Jahrhundert wird diese Natur tot sein. Die wissenschaftliche Forschung, durch hochentwickelte Berechnungs- und Darstellungsverfahren und fortschrittliche Telemetriesysteme unterstützt, verschafft uns eine vollkommen neue Sicht zur Natur. Ihre Energietransformationen, ihr Evolutions- und Emergenzverhalten, ihre Ordnung im Chaos, Geburt und Tod von Galaxien, das Leben auf der molekularen Ebene, Quantenereignisse, sogar das Erfassen von Bewußtseinsveränderungen unseres eigenen Gehirns – nichts von alledem ist direkt durch das menschliche Auge zu beobachten, und nichts davon ist jemals im Laufe der bisher aufgezeichneten Geschichte von Menschen beobachtet worden. Durch all das fügt sich ein Bild von Natur zusammen, das sich vollkommen von dem durch westliche Künstler und Schriftsteller während der vergangenen fünfhundert Jahre für unsere Sichtweise »inszenierten« unterscheidet.

Es mag angesichts der allgemeinen Auslegung der Beziehung zwischen Kunst und Natur paradox erscheinen, aber es sind eben diese technologischen und computergestützten Systeme, die uns eine Schwelle, einen offenen Zugang zur natürlichen Welt verschaffen – wogegen die Landschafts- und Figurenmalerei, der gewissenhaft realistische und naturalistische Malstil der westlichen Kultur, uns von ihr trennte. Die Malerei erzeugte eine kulturelle Membran, die uns von den Vorgängen in der Natur entfernt hielt (wobei sich die Natur als Ganzes ausschließlich aus Vorgängen zusammensetzt) und beeinflußte dadurch unsere Beziehung zur Natur in mehrfacher Hinsicht, weit über die rein ästhetische Ebene hinaus. Diese Membran war das Fenster, die Vorderbühne, auf der der Künstler die Natur »inszenierte«, sie in ewiger Unbeweglichkeit gestaltete. Bei der Suche nach dem »Naturalismus« verwundert nicht so sehr die Tatsache, daß die Camera obscura und die optischen Geräte des 17. und 18. Jahrhunderts zum »naturalistischen« Fotografieren und Filmen des 19. Jahrhunderts führten, sondern eher der Umstand, daß die Künstler so lange darin versagten, in ihren Arbeiten auf die durch das Mikroskop enthüllten dynamischen Prozesse des Lebens zu reagieren und weiterhin blind die Darstellung der Natur als Reihe von Bühnenszenarien betrieben. Zacharias Jansenns zusammengesetztes Mikroskop wurde bereits im Jahre 1590 erfunden, aber vor unserem derzeitigen Jahrhundert ist von Künstlern kein ernstzunehmender Versuch unternommen worden, die Natur so zu behandeln, wie sie jenseits des für unsere Sinne direkt verfügbaren Niveaus wahrgenommen wird, um – wie Boccioni es nannte – »das Unsichtbare, das unter den groben Formen lebt und wirkt«, darzustellen.

Sir Kenneth Clarke, einer der letzten Verteidiger der alten Ordnung, lehnte derartige Künstler, insbesondere Paul Klee, mit dem Vorwurf ab, sie hätten sich »eine Neuausstattung ihres Formenrepertoires aus den Labors verschafft, wodurch der Verlust an Intimität und Liebe, durch die eine angemessene Betrachtung der alten, anthropozentrischen Natur möglich war, keinesfalls ausgeglichen werden kann. Die Liebe zur Schöpfung kann sich unmöglich bis zur Mikrobe erstrecken oder bis in die Räume reichen, die das Licht, das auf unsere Augen fällt, schon seit einem Zeitpunkt vor Entstehung des Menschen durchlaufen hat, um uns hier anzutreffen.« (Clark 1953: 141) Schon früher hat Berenson mit der gleichen aristokratischen Überzeugung bei dem Versuch, die von ihm verspürte »lebendige Kraft« in der Malerei Giottos zu erklären, behauptet, es müsse »mit Sicherheit ein *Viatikum* existieren, das seinen Besitzer über die verlorene Zeit hinweg zu unsren Herzen trägt – irgendein Geheimnis, das Giotto hütete (. . .) Was ist diese lebenerhaltende Kraft – worin besteht sie? Die knappe Antwort ist – *im Leben selbst.* Wenn der Künstler den Geist des Lebens geschickt aufgreifen und in seinen Bildern einfangen kann, werden seine Werke (. . .) ewigen Bestand haben.« (Berenson 1897: 32)

Diese beiden Texte – auf sentimentale Art der eine, auf abergläubische der andere – repräsentieren sowohl die Verwirrungen als auch die Wünsche einer

Kultur am Wendepunkt, indem sie die Fragen unterstellen: Wie begreifen wir die Natur und wie können wir das Leben darstellen? Worin bestehen Natur und Leben? Wie können sie neu geschaffen und überliefert werden? Diese Fragen bezüglich Wahrnehmung, Darstellung, Neuschöpfung und Übermittlung bleiben diejenigen, die wir Künstler heute ebenso vorrangig behandeln, wie sie die Forschung in den Wissenschaften antreiben. Aber die Umgestaltung unseres Weltmodells und der beschleunigte Zuwachs unserer technologischen Manipulationsfähigkeiten während der vergangenen Jahre deuten daraufhin, daß eine grundsätzliche Frage für die Künstler des 21. Jahrhunderts lauten wird: »Was kann aus der Natur werden?« Und da Wissen und Erkenntnis mehr und mehr durch computergestützte Systeme vermittelt werden, wird die Frage »Was ist Realität?« abgelöst durch »Wie interagieren wir mit einer Ausbreitung verschiedener Realitäten?« Wir Konnektivisten sind der Ansicht, daß das begriffliche Fundament zur Abhandlung dieser Fragen in der Kunst bereits Formen annimmt, und daß unsere Arbeit im elektronischen Raum von heute uns angemssen auf die kreative Beteiligung am molekularen Zeitalter der Zukunft vorbereitet, für die Rückkehr zur Natur im 21. Jahrhundert.

Wie kann es sein, daß unser Leben im elektronischen Raum, unsere Kommunikation im elektronischen Raum, unser künstlerisches Schaffen im elektronischen Raum uns zurück zur Natur bringen können? Wie kommt es, daß die höchstentwickelten Technologien im elektronischen und molekularen Bereich, Inbegriffe des Künstlichen, uns zurück zur Natur führen können? Eben diese These möchte ich nämlich aufstellen. Ich möchte behaupten, daß die logische Folge unseres Wirkens im elektronischen Raum in einer Neudefinition unseres Lebens im natürlichen Raum besteht. Die logische Konsequenz der Immaterialität der Informationsgesellschaft ist die Wiederherstellung einer natürlichen Materialität im 21. Jahrhundert. Ich möchte für diese Behauptung selbstverständlich nicht die alten Naturmetaphern heranziehen, sondern versuche, die Metaphern für eine neue Natur zu finden, einer Natur zweiter Ordnung, einer neuaufstrebenden Natur, *Natur II* – einer neuen Kreativität, deren »Motoren der Schöpfung« (Drexler 1990) das künstliche Leben mit einschließen werden. In *Motoren der Schöpfung* gibt Drexler eine visionäre und maßgebliche Darstellung der Konsequenzen für die Natur ab, die sich aufgrund neuer technologischer Entwicklungen, insbesondere in der Nanotechnologie, ergeben. Die Nanotechnologie ist für die Konstruktion molekularer Computer verantwortlich, die sich innerhalb menschlicher Zellen selbst zusammensetzen und reproduzieren oder im freien Weltraum komplexe Strukturen bilden können. Diese Aussichten legen für Künstler einige der radikalsten Konsequenzen seit dem Erscheinen von Norbert Wieners *Cybernetics* im Jahre 1941 nahe (Wiener 1948).

Wieners Ideen haben effektiv zur Computerrevolution, zur Informationsgesellschaft und zur telematischen Kultur geführt. Es kann sehr wohl der Fall sein, daß Drexlers Werk die zu erwartenden Umstürze einer Revolution des 21. Jahrhunderts signalisiert, der *molekularen Revolution,* deren erste Schüsse bereits durch die Synthese von Chemikalien mit beweglichen inneren Bestandteilen abgegeben wurden, der Schaffung eines Prototyps einer molekularen Maschine, aus der in einigen Jahrzehnten die optischen Molekularcomputer hervorgehen werden, die unseren derzeitigen »elektronischen« Raum zu einer verkümmernden Umweltbedingung degradieren könnten. Aber entsprechend McLuhans Idee, daß der Inhalt eines neuen Mediums immer das vorhergehende Medium ist – der Rückspiegeleffekt –, können wir telematischen Künstler dahingehend optimistisch sein, daß die molekulare Gesellschaft von morgen mühelos die Ideen der Telepräsenz und der durch Konnektivität definierte Urheberschaft und Interaktion wahrnehmen kann, mit denen wir heute arbeiten. Der Unterschied wird darin bestehen, daß wir zusätzlich zu den Prozessen der Virtualisierung, die unsere aktuellen Besorgnisse verkörpern, den Auswüchsen neuer Prozesse der Materialisation entgegensehen werden. Diesbezüglich ist es äußerst erheiternd, sich einmal klarzumachen, wie psychische Phänomene früher das Verlangen nach Transzendenz befriedigen mußten, das sich heute in unserer Haltung gegenüber den neuen Technologien wiederfindet. Tischrücken und körperlose Stimmen sind durch das Radio ersetzt worden, Hellsehen durch Fernsehen, Telepathie durch Telematik, Fernvisionen durch Telemetrie, außerkörperliche Erfahrung durch visuelle Realisation und jetzt, demnächst während einer Seance in Ihrer Nähe – Materialisation durch Nanotechnologie.

In ähnlich bemerkenswerter Weise wie die Kybernetik ab der Mitte unseres Jahrhunderts zur Entwicklung von AI (Artificial Intelligence = Künstliche Intelligenz), AL (Artificial Life = Künstliches Leben) und IA (Interactive Art = Interaktive Kunst) geführt hat, liefert die Entwicklung der Kybernetik selbst über die vergangenen fünfzig Jahre eine nützliche Parallele zur Evolution unseres eigenen Verhältnisses zur Natur. Die Kybernetik, die Lehre der Regelabläufe und der Kommunikation in lebenden und künstlich erzeugten Systemen, erwies sich so lange als unzureichend für das Studium derartiger Systeme, bis sie den Beobachter eines Systems als Teil des Systems selbst in ihre Betrachtungen mit einbezog. Aufgrund dieses Ansatzes wurde die Kybernetik zweiter Ordnung eingesetzt, die die Grenzen um all ihre Studienobjekte als von vornherein unscharf, durchlässig, unsicher, verschiebbar und vollkommen abhängig von der Position, dem Verhalten und der Intention des an den Studien teilnehmenden Beobachters erkannte. Durch diese Einsicht, die im gleichen Maße für das Ausmaß des Experiments wie für das soziale, das kulturelle und sogar für das ästhetische Niveau der Erfahrung gilt, wird unsere Beziehung zur Natur derart neu definiert, daß wir nicht länger Außenseiter bleiben, die in die Natur hineinblicken, oder Antagonisten, die gegenüber der Natur opponieren, sondern zu Teilnehmern an den kreativen Prozessen der Natur werden. Damit ist selbstverständlich keine träge, passive oder genetisch programmierte Teilnahme gemeint, sondern eine bewußte Einbindung in die Evolution der Formen und emergierenden Verhaltensmuster, die wir als Leben identifizieren und die, während unsere Fähigkeiten zur intelligenten Mitarbeit und Teilnahme wachsen, allmählich die neue Natur konstituieren werden: Natur II.

Es gibt einen Aberglauben, Thema zahlloser Mythen und Legenden, daß eine derartige Mitwirkung (oder Intervention – ein noch viel größeres Verbrechen!) an den emergierenden Verhaltensmustern des planetarischen Lebens, mit Sicherheit auch jeglicher Versuch, Leben synthetisch herzustellen, neue Lebens- und Intelligenzformen zu schaffen, eine Selbstüberhebung darstellt, eine Sünde gegenüber den Göttern! Neues Leben, neue Sprache, neues Verhalten stellen allesamt eine neue Beziehung zum Kosmos her. Wenn darin eine Selbstüberhebung zu sehen ist, dann ist das eine Sünde, die von neuen Religionen und neuen Kunstrichtungen ebenso begangen wird wie von den Wissenschaften und Technologien. Darüber hinaus ist eine derartige Innovation, eine solche Erneuerung des Sehens, ein solches Verlangen, Neues zu schaffen und die Zukunft zu gestalten gleichzeitig äußerst traditionell, wie Massimo Carrà bezüglich der italienischen Futuristen dargelegt hat, deren Manifeste in mancherlei Hinsicht die heutige interaktive Kunst intelligenter Systeme vorweggenommen haben. »Die futuristische *Hybris* einer radikalen *Novitas* ist das traditionsreichste Element des Futurismus! Jede Gnosis (...) ist von der Idee besessen, mit der Vergangenheit zu brechen und gegen das *Traditum* zu rebellieren (...) Die christliche Sprache *enthüllt* eine *bislang ungehörte* Botschaft, die die Menschheit schockiert und überrascht (...) St. Iranaeus faßt diesen Aspekt der gnostischen Mentalität mit der Bemerkung zusammen, daß sie zu einer absoluten *contrarietas et dissolutio praeteritorum* führe (...) Diese *contrarietas* (führte in futuristischer Darstellung zur) gespaltenen Zeit (...) Das von der ›Armee‹ der Syntax befreite Wort (...), eine Sprache, die die Vergangenheit auflöst und das Alte verbrennt, die das Feld von den Göttern des Todes, der Lähmung und der Schwerkraft befreit (›Geeebt mir einen Beeesen!‹, schreit Marinetti).« (Huten 1986: 553)

Die gespaltene Zeit, der befreite Text, die Umarmung des Lebens, Geschwindigkeit, Anti-Gravitation – das sind Themen der Physik, der poststrukturalistischen Linguistik, der Nanotechnologie und der Weltraumforschung unseres späten 20. Jahrhunderts. Wir halten den Besen jetzt in unseren Händen. Aber das ist keine Selbstüberhebung! Unsere auf eine zunehmend direkte Teilnahme an der Evolution des Lebens und des Bewußtseins gerichtete Entwicklung als Spezies ergibt sich aus der sich verdichtenden Verbindung mit den Naturprozessen sowohl hinsichtlich der konzeptuellen Gestaltung als auch der praktischen Intervention. Die Kybernetik zweiter Ordnung und die Natur zweiter Ordnung haben etwas gemeinsam, das als *konnektivistisches Paradigma* bezeichnet werden kann. Dieses Paradigma konstitiuiert, daß alles miteinander verbunden ist, jeder Teil mit allen übrigen interagiert und alle übrigen beeinflußt. Das ist eine Idee, die so alt und so traditionell ist wie orientalische Religionen und so neu wie die Quantenphysik David Bohms, John Stewart Bells und Alain Aspects (Herbert 1985). Diese Verbundenheit, diese ungeteilte Ganzheit, dieses unmittelbare Geschehen, das die Gesetze von Zeit und Raum durch nicht ortsgebundene Interaktion umgehen kann, findet sich in der telematischen Umgebung computergestützter Netzwerke zur Datenübertragung, bei interaktiven Videokonferenzen, in der Telemetrie und in der Telerobotik wieder, wo die Kommunikation ebenfalls in gewisser Hinsicht »nicht ortsgebunden« und asynchron verlaufen kann, wenngleich auf andere Art und mit anderen Resultaten. Auf ähnliche Weise wirkt das konnektivistische Paradigma bei der Nachbildung der menschlichen Intelligenz und der Theorienbildung zum Thema Verstand. Diese Nachforschungen über die Mikrostuktur der Wahrnehmung, bekannt als Konnektionismus, Parallelanalyse oder neurale Netzwerke (McClelland/Rumelhart 1986), haben sich unter Ablehnung der linearen, symbolischen Systeme der alten AI aus einer Neubewertung einiger der frühesten Ideen zur Kybernetik, zu neuralen Netzwerken und zum Perzeptron entwickelt. Sie werden zur Nachbildung der Vielschichtigkeit vieler untereinander verbundener physikalischer als auch kognitiver Verhaltensweisen führen, letzten Endes auch zu der multisensorischer Systeme und vielleicht auch emotionaler Zustände. Das konnektivistische Paradigma bezieht sich demzufolge ebenso auf den Konnektionismus der Wissenschaft wie auf den entsprechenden Konnektivismus in der Kunst.

Mit dem Begriff »Konnektivismus« scheint allerdings ein weiterer »Ismus« eingerichtet zu werden, eine weitere Kunstrichtung für die Geschichtsbücher benannt zu werden. Wir wissen, daß dem nicht so ist. Die Kunst der telematischen Kultur ist so grundsätzlich verschieden von der Kunst der Vergangenheit, daß ein vollkommen neues Feld kreativer Bestrebungen erschlossen wird. Deshalb sind viele von uns, die auf diesem Feld arbeiten, der Meinung, daß ein neues Wort zu seiner angemessenen Beschreibung gefunden werden sollte. Der Begriff »Kunst« ist zu sehr mit den Bedeutungen beladen, die ihm von der Romantik und der Klassik als auch von der Moderne verliehen wurden, und zu sehr in der Vorstellung eines individuellen Schöpfers und der Reaktion verankert anstatt in der eines interaktiven Beobachters, als daß wir uns angemessen durch ihn repräsentiert sehen könnten. Das soll nicht heißen, daß wir glauben, die Kunst insgesamt neu definiert zu haben, oder daß die Kunst, die ihre Wurzeln in jener frühen Ordnung hat, nicht länger mit Vitalität und zeitgenössischem Bedeutungsanspruch praktiziert werden soll. Darüber kann nur die Gesellschaft selbst entscheiden. Aber wir sind der Meinung, daß wir nicht sehr lange damit zufrieden sein können, unsere Begriffe bei jeder Beteiligung an einer Unterhaltung über Kunst definieren zu müssen, erklären zu müssen, daß wir über *diese* Kunst sprechen, die Kunst der Interaktion und der intelligenten Systeme, nicht über *jene* Kunst, die Kunst etablierter Orthodoxien und Praktiken. Es kann also sehr nützlich sein, die Verwendung des Begriffs »Kunst« unter diesen Umständen eine Zeitlang soweit möglich zu vermeiden und den Begriff »Konnektivismus« zu verwenden, wenn wir von praktizierter telematischer Kunst sprechen. Jede praktizierte Kunst, die computergestützte Systeme und elektronische Medien jedweden Charakters integriert, ist per Definition telematisch, und daher sind alle Künstler, die in diesem Feld arbeiten, Konnektivisten.

Entsprechend der »System«-Metapher ist alles miteinander verbunden. Das Selbst ist ein komplexes System, das sich so mit allen weiteren Systemen verbindet, daß der Grenze zwischen natürlichen und künstlichen Systemen die Bedeutung genommen wird. Wir werden alle in größerem oder geringerem Ausmaß bionisch. Drexlers Zusammenfassung der Konsequenzen aus der Nanotechnologie und Moravecs Vision einer fortgeschrittenen Robotik (Moravec 1988) bezeugen diese sich im Laufe unserer Entwicklung schnell und radikal entfaltende gegenseitige Abhängigkeit und Verbundenheit des Natürlichen und Künstlichen. Unsere Prothesen sorgen nicht nur für eine Verstärkung und Erweiterung unserer fünf Sinne, sondern steigern auch die Wahrnehmungsfähigkeit und die Gedächtnisleistung und verändern ganz allmählich die Persönlichkeit. Die Psyche wird mit Sicherheit durch die Interaktion im elektronischen Raum beeinflußt. Unser Verhältnis zu Raum und Zeit ändert sich. Wir lernen, Erinnerung und Erfahrung in Nanosekunden zu messen, während die Positronenemissionstomografie und andere computerunterstützte Systeme uns schimmernde Muster von Sinneswahrnehmungen zeigen, die nahezu unverzüglich durch das Gitter von Milliarden von Nervenzellen des Gehirns wandern. Die Entwicklungen telematischer Kommunikationssysteme und molekularer Konstruktionstechnologie bedeuten, daß Natur und Technologie unentwirrbar miteinander verknüpft werden. Im gleichen Maße, wie der Raum »elektronisch« wird, wird die Zeit »molekular«. Deleuze hat uns vor kurzem wieder auf Bergsons Projekt bezüglich Zeit und Lebensdauer unter besonderer Berücksichtigung der »neuen Linien, Öffnungen, Spuren, Sprünge, Dynamiken, die durch eine Molekularbiologie des Gehirns entdeckt wurde« (Deleuze 1988: 177), aufmerksam gemacht. Ich verwende den Begriff *molekulare Zeit,* um das Bündel an Bedeutungen und Interpretationen der Zeit zu kennzeichnen, die auf verschiedene, allerdings sehr verwandte Art und Weise von den kognitiven Wissenschaften, der Neurobiologie, den Computerwissenschaften und der Quantenphysik zur Verfügung gestellt wurden, wobei jede Instanz die veränderlichen Raten, Sprünge, Verzögerungen, Phasen und Umkehrungen der Zeit wahrnimmt, die sowohl in unserem Bewußtsein und in unseren Interaktionen mit der künstlichen Erinnerung und Intelligenz als auch in der Welt der Quantenereignisse existieren.

Auf unserem Weg ins 21. Jahrhundert wird die Schnittstelle zwischen uns selbst und der äußeren Umgebung (bestenfalls schon immer eine ungenaue Grenze) mehr und mehr digitalisiert. Unsere Wahrnehmung wird immer mehr computergestützt, die Übermittlung von Informationen aus dem weiten Bereich menschlicher Interessen wird immer umfangreicher. Wir sind wengiger an der Darstellung der Welt interessiert als an ihrer Virtualisierung. Wir neigen nicht mehr dazu, »allen Dingen über einen exakten Handlungsablauf zu begegnen«, was nach den Ausführungen McLuhans eine der Bußen für Belesenheit und die Entwicklung zu einer hochgradig visuellen Kultur ist (McLuhan/Parker 1968: 26). Lineare Systeme, strenge Kausalität und analytische Gewißheit haben einer eher spielerischen Interaktion mit nichtlinearen Systemen, geschichteter Sprache, der Navigation von Bedeutungen, zunehmender Intuition und der Selbstschöpfung Platz gemacht. Der Konnektivismus, der nach Interaktion, Wechselseitigkeit und Unterhandlung im Kommunikationsakt verlangt, läßt die Idee einer implizierten Bedeutung aufkommen, in Anlehnung an David Bohms Begriff einer implizierten Ordnung. In der telematischen Kunst ist jedes Quantum an Bedeutung vielschichtig und trägt eine Vielfalt möglicher semantischer Trajektorien in sich, deren Gültigkeit jeweils vom teilnehmenden Beobachter, Leser oder Zuhörer abhängt. Wir könnten diesen Umstand als »Hypothese der vielen Bedeutungen« bezeichnen, entsprechend Hugh Everetts »Interpretation der vielen Welten« in der Quantenmechanik – der Beobachter erzeugt als Teilnehmer einen reichhaltigen Überfluß an parallelen Welten/parallelen Bedeutungen.

Während also eine Eigenschaft des Konnektivismus in der Explosion des Begriffs Bedeutung in unendlich viele einzelne Fragmente besteht, wobei jedes Teilchen das Prinzip der implizierten Bedeutung verkörpert (was vielleicht zur semantischen Neubepflanzung des Planeten mit den neuen Metaphern für das Leben führt, die wir so dringend benötigen), ist die materielle Grundlage dieser neuen Kunst die Einbeziehung von Klang, Bild, Text, Struktur und Bewegung in zunehmender Synthese. Im Verhältnis der Bedeutung der Sinne zueinander ist der Klang wahrscheinlich ebenso wichtig wie das Bild; der auditive Raum ist in der elektronischen Gegenwart durchdringender als der visuelle. Unser visueller Fokus wird umfassender, je umfassender die Sprache wird, je mehr wir die im wesentlichen metaphorische Konstruktion unseres Wissens über die Realität und unserer entsprechenden Interpretation erkennen. Wir bewegen uns immer freier im Datenraum, der uns durch die computergestützten Systeme der Wahrnehmung, Nachbildung und Simulation geöffnet wurde, die das Unsichtbare sichtbar machen.

Während unsere Umwelt intelligenter wird und in immer weiterem Ausmaß auf uns reagiert, werden die akustischen Erfahrungen mehr und mehr konzentriert. Wenn unsere Umgebung und ihre Bestandteile (Häuser, Möbel, Fahrzeuge, Werkzeuge mit denen wir interagieren) erst einmal die Richtung und die Intention unserer Blicke oder die Bedeutung unserer Stimmlage auf intelligente Weise wahrnehmen können, werden sie auch lernen, uns zu antworten, mit verbalen und visuellen Informationen auf unsere individuellen Bedürfnisse zu antworten. Im akustischen Raum basierende personalisierte interaktive Systeme und Dienstleistungen, die uns über das Klangkontinuum mit einer wirklich intelligent und reaktionsfähig eingerichteten Umgebung verbinden, könnten den visuellen Hagel von Zeichen, Signalen und Mitteilungen ersetzen, die die heutigen Stadtlandschaften verschandeln.

Es kann kein Zweifel darüber bestehen, daß die Datenzentralisierung ebenfalls zu einem neuen kulturellen Verhalten führen wird, und zwar in sehr umfangreichem Ausmaß im Bereich der Heimunterhaltung und in einem etwas kleineren Rahmen bei denjenigen, die an der kreativen Forschung und Nutzung beteiligt sind. Es gibt auf der Welt bereits etwa 4.500 verschiedene Datenbanken, die über 650 Echtzeit-Informationsdiensten zur Verfügung stehen. Mehr und mehr werden sich Ströme persönlicher und kollektiver Erinnerungen, Träume und Theorien in dieses Datenmeer ergießen. Die Netzwerkverbindungen mit diesen unermeßlichen Resourcen an Bildern, Texten und Klangmaterial verlangt im nächsten Jahrhundert nach vollkommen neuen künstlerischen Strategien. Kollaborierende Netzwerkverbindungen, das Einrichten von Nahtstellen nach innen und außen für das Ein- und Abfließen der entsprechenden Daten wird an Stelle des Versuchs, die alten Formen künstlerischer Finalitäten neu zu kontruieren, offensichtlich zur dominierenden Methode künstlerischen Ausdrucks werden. Aber unabhängig davon, wie wir mit den elektronischen und digitalen Systemen, die uns jetzt an die Welt binden, interagieren, wird uns die gesuchte kulturelle Symbiose so lange entgehen, bis wir das technologische Problem der *Internalisierung* der Schnittstellen zu derartigen Systemen, d.h. innerhalb unserer Körper, in den Griff bekommen. Nicht behindert die subtile Integration menschlicher, natürlicher und künstlicher Systeme mehr als die gegenwärtige Unausgereiftheit unserer technologischen Schnittstellen, sei es Tastatur, Bildschirm, Datasuit oder Visor. Seitdem das visuelle System zu dem Teil des Gehirns geworden ist, von dem wir derzeit am meisten verstehen, steht fest, daß dieser Bereich vermutlich zum Zentrum unseres ersten Experimentierfeldes für die bionische Internalisierung der Computerschnittstelle wird.

Das Leben im 21. Jahrhundert wird neue Verhaltensmuster erzeugen, neue Wege, miteinander und mit dem Planeten in Beziehung zu treten, neue Metaphern und neue Werte. Viele dieser Verhaltensmuster, Beziehungen und Metaphern sind wahrscheinlich bereits vorhanden, aber es ist möglich, daß wir sie noch nicht richtig erkennen oder effektiv einsetzen können, da die Haltungen und Werte der alten Kultur in den verkalkten, geschützten Institutionen und Praktiken weiterbestehen. Es werden dringend postinstitutionelle Gedanken benötigt; neue Landschaften des Lernens und der Kreativität müssen erschaffen werden. Konnektivität ist ein Lebensprinzip, und die Telematisierung des Bewußtseins auf diesem Planeten trägt uns alle weiter auf eine andere Stufe der evolutionären Entwicklung. Das Bewußtsein selbst ist in Frage gestellt, unser Sinn für unsere Gegenwart in der Welt und unsere Beziehung zur Realität. Die Frage ist: Welche Welt und welche Realität? Darin liegt die Schizophrenie unserer Lebensbedingungen. Telematische Systeme zur globalen Vernetzung virtueller Realitäten ermöglichen uns die gleichzeitige Präsenz hier und anderenorts. Im Laufe der nächsten Jahre werden wir uns mehr und mehr daran gewöhnen, mit anderen und mit uns selbst als virtuelle Daseinsformen in virtuellen Räumen umzugehen. Hier und doch nicht hier. Im telematischen Hier und Dort wird uns oft das Wissen darüber oder eine Ahnung davon fehlen, wo und von wem wir angetroffen werden, an welcher Schnittstelle oder an welchem Kommunikationsknoten. In diesem Prozeß wird die menschliche Präsenz virtualisiert und das individuelle Selbst ausgebreitet, der Raum virtualisiert und der Ort ausgedehnt. Darüber hinaus ruht in allen Forschungsarbeiten, die zur Zeit im Bereich der Wissenschaften durchgeführt werden und die sich mit dem Verstand beschäftigen – AI, AL, molekulare Konstruktionstechnologie, Robotik und komplexe Systeme –, das Potential des Bewußtseins, sich über den menschlichen Organismus hinaus zu entwickeln, und zwar in einem Ausmaß, das wahrscheinlich nur ein Leben auf Silikonbasis fassen können wird, in »Wesenheiten, die so komplex sind wie wir selbst, die allmählich alles uns bekannte übertreffen werden, auf die wir stolz sein können, wenn sie sich selbst als unsere Abkömmlinge bezeichnen« (Moravec 1988: 1). Die Kunst des 21. Jahrhunderts könnte eine Vermittlerrolle zwischen humanem und posthumanem Bewußtsein übernehmen, ähnlich wie sie in vergangenen Kulturen dazu benutzt wurde, zwischen Menschen und Göttern zu vermitteln.

Diese Ideen werden von vielen Menschen als bedrohlich oder verwirrend angesehen, aber wir als Künstler, die die telematischen Medien nutzen, sind von diesem neuen existentiellen Potential begeistert und inspiriert und akzeptieren es als eine Eigenschaft der menschlichen Beschaffenheit, die lange erwartet und leidenschaftlich ersehnt worden ist. Hier werden Wünsche Realität, die Religionen lange zu befriedigen versucht haben und denen sich die Parapsychologie widmet: die außerkörperliche Erfahrung, die Überschreitung unserer physikalischen Grenzen, die Einbeziehung in den allumfassenden Geist, die Erfahrung einer virtuellen Präsenz jenseits der Beschränkungen durch den Euklidischen Raum und die Newtonsche Zeit – oder, um etwas weniger erhabene Mataphern zu verwenden – im grenzenlosen semantischen Meer zu schwimmen, zu segeln, zu tauchen und auf seinen Wellen zu reiten! All diese Wünsche zeugen für die Interpretation des Selbst und der menschlichen Präsenz als ein sich weiterentwickelnder dynamischer Prozeß anstatt einer materiellen Endgültigkeit.

Die Kunst hat sich schon immer mit der menschlichen Präsenz auseinandergesetzt, indem sie diese pries, konservierte, beschwor oder ihre Vergänglichkeit betrauerte. In der religiösen Kunst war es die Präsenz der Götter, in der klassischen Kunst die der Helden und prominenten Persönlichkeiten; in der romantischen Kunst die des Künstlers; in der abstrakten, nicht figurativen Kunst die Präsenz der Präsenz selbst. In der im elektronischen Raum gestalteten Kunst der telematischen Kultur befassen wir Künstler uns nicht mehr mit Magie oder Repräsentation, sondern mit der Virtualisation, wobei unsere Präsenz auf die gesamte Verbindungsmatrix verteilt ist, die aus einem telematischen System oder mehreren bestehen kann.

Die Frage nach der Umformung des Selbst im elektronischen Raum und in der molekularen Zeit, d.h. im Kontext mit hochentwickelter Telematik und Nanotechnologie, wird die Kunst des nächsten Jahrhunderts dominieren. Die Entwicklung unseres individuellen Verständnisses des Verhältnisses Körper-Geist wird in der elektronischen Umgebung enorm beschleunigt. In der alten Buchdruckkultur verlief zum Beispiel die Trennlinie zwischen Buch und Verstand bei Fragen bezüglich Gedächtnis und Informationsspeicherung vollkommen eindeutig. Aber angesichts der elektronischen Technologie ist das assoziative Gedächtnis – ehemals ausschließlich Privileg des menschlichen Geistes – heute zu einer Eigenschaft der Computersysteme geworden. Denken besteht mehr und mehr darin, derartige Systeme untereinander zu verbinden. Gleichzeitig wurden die begrifflichen Grundlagen für das persönliche, individuelle und ursprüngliche Denken durch die poststrukturalistischen Ideen zur Urheberschaft und Textbeziehung erschüttert.

Es besteht kein Zweifel, daß dies eine kritische Periode für die Kunst ist. Allein, die Verwirrungen und Widersprüche der Postmoderne zeugen für die Reaktion und nüchterne Banalität vieler zeitgenössischer Produkte. Damit soll nicht einfach behauptet werden – obwohl wir Konnektivisten der Meinung sind, daß die Beschreibung zutrifft –, daß ein Großteil der Kunst, die unter Einsatz von Computern geschaffen wird, kaum mehr als eine Wiederholung alter Kunstformen darstellt, eine Art digitaler Umsetzung von Video, Film, Malerei, Bildhauerei, ja sogar des Buches; wenig mehr als eine völlige Ignorierung der massiven technischen Errungenschaften im Bereich der Bildsynthese, Animation und Simulation. Aber diese Arbeit ist nicht konnektivistisch in ihrer Grundhaltung und nicht telematisch aufgrund ihrer Mediennutzung. Der Computer ist noch zu sehr eingeengt, zu eindeutig lokalisiert und zu sehr als Black Box, intelligenter Bildschirm oder als Instrument isoliert. Solange er nicht befreit und in die Welt, in die Natur entlassen und in wichtige lebendige Systeme integriert ist, werden sich die neuen Kunstformen des 21. Jahrhunderts nicht entfalten können. Der Geist der Konnektivität ist durch die Allgegenwart der Computerkommunikationssysteme freigesetzt worden, aber solange die Kapazität für eine intelligente Reaktion und kreative Kollaboration mit all ihren Bestandteilen in der Umwelt ruht, kann der konnektivistische Traum einer planetarischen Umgestaltung nicht verwirklicht werden.

Wir befinden uns zur Zeit in einer Art kulturellem Pachtbetrieb. Der Computerbildschirm ist nicht mehr als eine Übungseinrichtung; er ermöglicht uns die Gestaltung von Möglichkeiten, so wie die visuelle Realisation uns die Gestaltung von Szenarien ermöglicht, damit wir sie unter virtuellen Bedingungen testen können. Aber erinnern Sie sich an »Ghost« – jenen Kinofilm aus den späten 80er Jahren, worin eine »hinübergegangene« Person in einen anderen organischen Vertreter projiziert wird, der in diesem Fall ein »Sensitiver«, ein psychisches Medium ist. Der Erfolg dieses Films war in der Tatsache zu suchen, daß er die zeitgenössische Vorstellung des Persönlichkeitstransfers genau auf den Punkt brachte, unser zeitgenössisches Verständnis mentaler Vorgänge als Verhaltensmuster virtueller Maschinen, als Software, die den Körper als Hardware steuert. Muster kognitiver Organisation, von denen wir glauben, daß sie zwischen Organismen oder Maschinen übertragen werden können. Muster unseres Selbst, die über Netzwerke übertragbar sind. Die Aussagekraft des Bildes von Case, dem Protagonisten in William Gibsons Roman *Neuromancer*, »(...) an eine spezialgefertigte Cyberspace-Konsole angeschlossen, die sein körperliches Bewußtsein in eine unwillkürliche Halluzination hineinprojiziert, die die Matrix darstellt«, kann in diesem Zusammenhang nicht hoch genug bewertet werden (Gibson 1984: 67).

Ein weiterer wichtiger Aspekt des konnektivistischen Paradigmas ist in den Ideen Robert Sheldrakes zu finden, insbesondere in seinem Konzept einer morphischen Resonanz. »Durch die morphische Resonanz wird die Form eines Systems, einschließlich seiner charakteristischen inneren Struktur und seiner Schwingungsfrequenzen, im nachfolgenden, mit einer ähnlichen Form ausgestatteten System präsent. Analog zur harmonischen Schwingung gespannter Saiten als Reaktion auf entsprechende Schallwellen oder zur Abstimmung eines Radios auf den Frequenzbereich von Schallwellen, die von einem Sender ausgestrahlt werden (...) ereignet sich die morphische Resonanz zwischen schwingenden Systemen. (Bedenken Sie, daß sich innerhalb unseres Körpers, einschließlich des Gehirns, all unsere Bestandteile in unaufhörlicher Schwingung befinden.) Die morphische Resonanz ereignet sich aufgrund der Existenz morphogenetischer Felder. Es ist nicht nur so, daß ein spezielles Feld die Form eines Systems beeinflußt, sondern die Form dieses Systems beeinflußt seinerseits auch das Feld.« (Sheldrake 1983: 96)

Die Konnektivisten des 21. Jahrhunderts werden diese morphogenetischen Felder anzapfen wollen, um die Resonanz dieser schwingenden Systeme beeinflussen zu können. Sheldrakes Lehre ist eine Wissenschaft der Metaphern: antiselektiv, holistisch und intuitiv. Ähnlich wie James Lovelocks »Gaia«-Hypothese eines organischen, selbstregulierenden Planeten (Lovelock 1979) liefert sie eine Vision der Wechselseitigkeit und Konnektivität in der Welt, die die telematische Kunst unserer Zeit anstrebt. Persönlichkeitstransfer, Ideentransfer, Telepräsenz, indirekte Schöpfung – bei neu definierter Urheberschaft – von Bildern, Formen, Klängen, Bewegungen in vollkommen synthetischen Ensemblen; die *virtuelle* Realisation von Konzepten, die das Unbekannte ebenso behandeln wie das bislang Unerkennbare, die das Unsichtbare sichtbar machen, die *intelligente* Systeme beherbergen können, die in Form einer unendlichen, transformierbaren, interaktiven, reagierenden, *organischen Materialität* in die Welt treten – das sind die Aussichten für unsere Kunst im 21. Jahrhundert.

Diese Materialität, diese Kreativität, die natürliche Systeme und künstliches Leben umfaßt, wird sich als Konvergenz der beiden offensichtlich divergenten Trajektorien der zeitgenössischen Technologie äußern – die eine im wesentlichen elektronisch, die computergestützte Wahrnehmung und Intelligenz, Virtualisation und telematische Kommunikation betreffend; die andere biologisch, die Nanotechnologie, molekulare Konstruktion, die Organisation der Materie und das emergierende Verhalten betreffend. Eine Verbindung des Immateriellen mit dem Materiellen, die zu einer Erhabenheit über die grobe Materialität des »natürlichen«, unvermittelten Lebens führt. Einfach gesagt ergibt sich daraus für den Konnektivisten die Frage der Schöpfung einer interaktiven Kunst intelligenter Systeme innerhalb einer intelligenten Umwelt. Das frühe 21. Jahrhundert wird Zeuge einiger Erfolge der entsprechenden Bemühungen sein. Wir werden uns dann über die reine Informationsgesellschaft und über die Grenzen des elektronischen Raums hinaus zurück zur Natur entwickelt haben – allerdings zu einer radikal revidierten Natur, einer holistischen Umwelt aus Geist und Materie, ebenso spirituell wie materiell, in der »natürliche« Transformationen der Natur sich mit unserer bwußten Teilnahme und Mitarbeit innerhalb einer Kultur der kreativen Komplexität ereignen werden. Diese Vorsätze können allerdings nicht in kultureller Isolation verwirklicht werden. Die Künstler müssen die wissenschaftlichen und technologischen Disziplinen integrieren, die eine ähnliche

Sprache sprechen. In den neuralen Netzwerken finden wir mit Sicherheit eine solche Disziplin, und die Nanotechnologie wird zweifellos aufgrund ihrer weiteren Entwicklung zu einer weiteren. Ein ganz neues Feld der Biotelematik wartet auf seine Erschließung; ein ganz neuer Bereich der Kunst bereitet sich darauf vor, an dessen Gestaltung teilzunehmen. Wir können zur Zeit eine ganz besondere Schwingung der Metaphern und Ambitionen des künstlichen Lebens spüren.

»Wir sehen hierin ein Problem des *Lebens-wie-wir-es-kennen* im größeren Zusammenhang mit den *Leben-wie-es-sein-könnte. Das Leben wird als Eigenschaft der Organisation* der Materie angesehen anstatt als Eigenschaft der Materie, die organisiert wird (. . .). Das Schlüsselkonzept der AL ist *emergierendes* Verhalten. Das natürliche Leben emergiert aus der organisierten Interaktion einer Vielzahl unbelebter Moleküle, ohne allumfassende Kontrollinstanz, die für das Verhalten jedes einzelnen Teilchens verantwortlich ist. Statt dessen ist jeder Teil selbst ein Verhaltensmuster, und das Leben ist das Verhaltensmuster, das aus all den lokalen Interaktionen zwischen den individuellen Verhaltensmustern resultiert. Eben diese umgekehrte, auf den Raum verteilte, lokale Bestimmung des Verhaltens wendet die AL in ihrem grundsätzlichen methodologischen Ansatz zur Entwicklung lebensähnlichen Verhaltens an.« (Langdon 1989: 2f.)

Für »Leben« steht »Kunst«! Wir können die Parallelität zwischen AL und IA erkennen, wenn wir das Wort »Leben« im oberen Absatz durch »Kunst« ersetzen. Die telematische Kultur teilt diese umgekehrte, auf den Raum verteilte, lokale Bestimmung ihrer Kunst, ohne eine allumfassende Kontrollinstanz, die für das Verhalten jedes einzelnen Teilchens verantwortlich ist.

Obwohl es oft wahr ist, daß das Leben die Kunst imitiert, finden wir hier eine Situation vor, wo die Kunst des 21. Jahrhunderts sich höchstwahrscheinlich in sehr wichtigen Aspekten parallel zu den Ambitionen des künstlichen Lebens entwickeln wird. Diese sich im elektronischen Raum und in der molekularen Zeit ereignende Konvergenz könnte uns sehr wohl einen Weg zurück zur Natur weisen, zu einem Nachfolger der Natur . . . zur Natur II.

Bildräume der Holografie

Dieter Jung

»Wichtig ist unseren werken auch die technik des neuanfangens, von solchen entwickelt, welche die tradition beherrschen, denn der neu anfangende, der die tradition nicht beherrscht, fällt leicht unter die herrschaft der tradition zurück.«

Bertold Brecht, 1940

Spiegel-Bilder

Bei der Auseinandersetzung mit dem dreidimensionalen Bild waren es zuerst die Spiegel, die meine Aufmerksamkeit auf sich zogen.

Der Spiegel war das Medium, den dreidimensionalen Raum auf der Fläche wiederzugeben und Rückschau zu halten. Ich tauchte ein in die Geschichte/en dreidimensionaler Bildfindung und struktureller Analogien. Dies führte zu Spiegel-Reflexionen verschiedener Epochen und Kulturen. Es fanden sich wundersame Modelle für Bildspeicherung und ein beständiges Vorausahnen neuer Technologien.

Da es hier um Kultur und Technik geht, möchte ich mit Gutenberg beginnen, der während seines Exils in Straßburg (1438-1448) Tausende von Spiegeln produzierte, die an die Pilger in Aachen für die Fernweisungen verkauft wurden. Die Pilger hielten diese Spiegel den Reliquien entgegen. Sie waren im Glauben, daß das Bild und die Kraft der Reliquie in diesen Spiegeln festgehalten würden (für mich bedeutet das die Antizipation von Polaroid-Aufnahmen)! Aus dem Erlös der verkauften Spiegel finanzierte Gutenberg die technischen Versuche für seine revolutionäre Erfindung der gegossenen beweglichen Metall-Lettern – die Buchdruckerkunst.

Es hieß, der Spiegel sei Bindeglied zwischen Himmel und Erde. Er diente zur Selbstbetrachtung und -erkenntnis; er beschützte, brachte Glück und war ein kostbarer Gegenstand voller Geheimnisse.

Das Spiegelbild findet sich auch in der Oberfläche des Wassers. Das Tier, das in die spiegelnde Oberfläche des Wassers blickt, vermag »sich selbst« nicht wahrzunehmen und reagiert nicht auf die natürliche dreidimensionale Verdoppelung seines eigenen Bildes hinter der Wasseroberfläche. Doch während sich das Tier in diesem archaischen Bild reflektiert, ohne zu reflektieren, was es sieht, finden wir bei Phillip Otto Runge (1777-1810) im Gemälde von der »Mutter an der Quelle« das Kind, das sich selbst entdeckt. Es spielt mit sich selbst, scheint die Fläche zu begreifen, in der es sich bewegt widerspiegelt. In dem Gemälde »Narzissus« von Caravaggio (1573-1610) erschaut sich der Jüngling im Wasserbild. Das Auge wird der Spiegel, und der Spiegel wird das Auge. Der Jüngling ertrinkt in seinem eigenen Bildnis. Der Spiegel als Bindeglied zwischen dem Ich und dem Selbst.

Einerseits war der Spiegel ein Instrument der Hochtechnologie, andererseits eine Methode, die eigene Identität zu finden. Für den Künstler wurde der Spiegel mit seinem »verkehrten« Bild der Mittler für das auf die Fläche der Leinwand gemalte Selbstportrait. Eine weitere Art der Verdoppelung ist der Schatten, das Schattenbild - aber das Bild ist flach.

In China wurden konvexe und konkave Spiegel zur Meditation gebraucht, um eine nicht-dualistische Identität zu finden. In Japan werden seit Jahrhunderten magische Spiegel aus Bronze hergestellt. Bei einem bestimmten Einfallswinkel des Lichtes projizieren sie das Bild einer Prinzessin, eines Kaisers oder eines Buddhas in die Luft, ohne daß Spuren davon im Spiegel selbst zu erkennen wären. Diese Spiegel waren die erste Form der Wellenrekonstruktion des Lichtes, die das physikalische Grundprinzip der Holographie darstellt.

Mit Hilfe von Spiegeln entdeckte Brunelleschi (Florenz, 1425) die Gesetzmäßigkeiten der geometrischen Perspektive, die zur dramatischen Raummaschine der westlichen Kultur wurde. Wir alle sind dieser »Raummaschine Perspektive« erlegen. Perspektivisches Denken ist eine sehr einengende und zwingende Tatsache für uns. In asiatischen Räumen kannte man die Perspektive nicht und konnte unvoreingenommen mit dreidimensionalen Raumbildern/Bildräumen umgehen.

Albrecht Dürer (1471-1528) war gezwungen, nach Italien zu reisen, um die »gehaime« Wissenschaft der geometrischen Perspektive zu studieren. Die geheime Wissenschaft der Holographie war hier in Europa für uns – für mich und meine Künstlerkollegen – nicht zugänglich. Wir mußten in die Labors nach New York gehen, denn Wissenschaft und Kunst hatten – besonders in Deutschland – eine Berührungsangst voreinander, die schier unüberwindlich schien.

Antonio Pollaiolo (1433-1498) führte die perspektivische Darstellung – mit seinen Szenen aus dem Leben Johannes des Täufers – in die Webkunst ein. In den Gobelins ist das Motiv in horizontalen und vertikalen Linien ausgeführt, eine gewebte Struktur – ähnlich dem Entwurfsystem meiner Bilder oder dem lichtgesponnen holographischen Interferenz-Muster. Dort, wo die Wandteppiche zerschlissen sind, verschwindet das Bild allmählich und die sichtbar wer-

8 BOB
KECKE DIEBE
BEI EBBE
BOB HOCKE
BOB

dende Struktur zeigt die Grundlage der bildhaften Herstellung. In der Holographie ist das Interferenz-Muster der Code des räumlichen Bildes, der durch Licht entschlüsselt werden muß, um nur dann in der Gegenwart des Betrachters als Illusion faßbarer Substantialität erscheinen zu können.

Eine weitere Anwendung fand die geometrische Perspektive in den Intarsienarbeiten von Baccio Pontelli (Urbino, 1476), die eine enge Verbindung zu den Verfahren des Computer-Mapping erkennen lassen.

Rembrandt (1606-1669) hatte ein Atelier zum Studium der geometrischen Perspektive. Hier konstruierte Samuel van Hoogstraten (1626-1678) seinen Perspektivkasten, den er Peep-Show nannte: »In a perspective box a figure no longer than a finger appears to be as large as life« — »In einem Perspektivkasten wirkt eine kaum mehr als fingergroße Figur lebensgroß« (National Gallery, London). Blickt man aus einem bestimmten Winkel durch eine kreisrunde Öffnung in den Kasten, dann erschließt sich eine verblüffende Weiträumigkeit als Hyperspace (eine frappante Nähe zu dem Holo-Filmkasten von Paul Smigielski, Frankreich 1983). Van Hoogstraten erreichte diese Wirkung, indem er die Gesetze der geometrischen Perspektive zerstörte, das Bild zerlegte und verzerrte, um das endgültige Bild für den Blickwinkel des Betrachters rekonstruierbar zu machen. Erhard Schön (1490-1542) »zeichnete« Portrait-Anamorphosen — die dem filigranen Strukturgebäude eines holographischen Interferenz-Musters gleichen — und nur aus einem bestimmten Sichtwinkel als Kopfbilder zu entschlüsseln sind. Anamorphotische Darstellungen wurden benutzt, um diskrekte Botschaften oder kritische Spottbilder verschlüsselt zu übermitteln. Die Anamorphosen von Leonardo da Vinci (1452-1519) und Hans Holbein (1497-1542) basieren auf dem gleichen technischen Verfahren.

William Scrots, François Niceron und Père Du Breuil schufen zylindrische, konische und pyramidale Anamorphosen, die nur mit Spiegeln decodiert werden konnten. Ebenso muß das Bild bei einigen holographischen Techniken »vorherverzerrt« werden, damit das »Licht-Bild« in Raum, Farbe und Zeit wahrgenommen werden kann.

Nicephore Nièpce folgt der Entwicklung der Camera Obscura (von den Arabern zur Beobachtung der Sonnenfinsternis erdacht) und verwandelte dieses Gehäuse mit Hilfe einer Linse und lichtempfindlichen Materials in den ersten Photoapparat. Mit dieser zyklopischen Maschine rekonstruierte er mit polychromatischen Lichtwellen die dreidimensionale Welt auf der Fläche. Was er erhielt, war ein flaches Bild: eine Photographie (1826). Vier Jahre später fand Sir Charles Wheatstone das Prinzip der räumlichen Wahrnehmung mittels Spiegelsystemen. Da die menschliche Raumerfahrung und -orientierung auf zwei Augen mit horizontaler und vertikaler Parallaxe beruht, wurde die nächste Generation photographischer Apparate mit zwei Objektiven gebaut. Nun mußte jeweils ein Bildpaar durch ein Stereogerät betrachtet werden, damit es im Gehirn zu einem Bild – dem Raumbild – verschmelzen konnte. Raum ist eine bewegende Tatsache und so war die Erfindung der Filmkamera nicht weit (Louis Lumière, 1895). Fast zur gleichen Zeit wurden die ersten Systeme für Stereofilm und deren Projektion gebaut (bekannt ist das Anaglyphenverfahren), die spektakuläre Effekte erzielten: Die Schauspieler schienen aus der vertikalen Leinwand heraus in den Raum der Zuschauer zu treten. Diese dreidimensionale Illusion ist mit den Raum-Suggestionen von André Pozzos Fresken vergleichbar (1691, Kirche der Heiligen Ignatius, Rom). Aber die Idee des Kinos hat eigentlich Giovanni Battista della Porta (Neapel, 1553) vorweggenommen. In seiner Akademie der Geheimen Wissenschaften »projizierte« er vor einer Gruppe geladener Gäste theatralische Szenen und arrangierte Stilleben von Außen durch ein rundes Loch in der Wand in einen dunklen Raum. Er wurde aus der Kirche ausgeschlossen.

Andere Räume

1948:Der ungarische Wissenschaftler Denis Gabor (1900-1979) formuliert die Theorie der Holographie in seinem Artikel »Image Formation by Reconstructed Wavefronts« und realisiert die ersten Hologramme mittels einer Quecksilberdampflampe und einer Lochblende. Es waren »In-Line« Hologramme, die in Weißlicht nicht sichtbar sind; er widmet sie Huygens, Young, Fresnel. Christian Huygens (1629-1695), Erfinder des Pendels, kündigte die Wellentheorie des Lichts an; Thomas Young (1773-1829), Arzt und autodidaktischer Physiker, entschlüsselte ägyptische Hieroglyphen, formulierte eine Theorie des menschlichen Farbsehvermögens und bestätigte das Gesetz von der Interferenz des Lichts. Augustin Fresnel (1778-1827) bewies mittels Spiegel die Gesetzmäßigkeit der Beugung des Lichts und begründete die Wellentheorie des Lichts.

1957: Gordon Gould (University of Columbia) entdeckt die wesentlichen Grundlagen für den LASER (Light Amplification by Stimulated Emission of Radiation).

1960: T. H. Maiman (Hughes Aircraft) konstruiert den Puls-Rubinlaser (Laser in festem Zustand), der kurze Lichtimpulse – einem Blitzlicht vergleichbar – aussendet und es dem Holographen erlaubt, die Bewegung im Raum erstarren zu lassen. A. Schawlow und C. H. Townes (USA) entwickeln Dauerstrich-Laser, die rote (Helium-Neon), grüne und blaue (Argon) Strahlen aussenden. Das starke reine Laserlicht versetzte die Wissenschaftler in die Lage, Lichtinterferenzen für dreidimensionale Bildspeicherung zu untersuchen.

1961: Yuri N. Denisyuk (Leningrad) nimmt in Weißlicht sichtbare Reflexionshologramme auf (Denisyuk-Hologramme).

1962: Emmett Leith und Juris Upatnieks (University of Michigan) realisieren die ersten Off-Axis-Hologramme in völlig schwingungsfreiem Umfeld. Diese Hologramme sind in Weißlicht nicht sichtbar.

1964: Joseph Goodman (Stanford University) arbeitet an computergenerierten Interferenzstrukturen.

1965: Tung H. Jeong (Lake Forest College) führt das 360 ° Ein-Schritt-Transmissionshologramm vor (nicht in Weißlicht sichtbar). Der Betrachter konnte um die in einem Zylinder schwebende Lichtskulptur herumgehen.

1968: Stephen A. Benton (Polaroid, USA) entdeckt das Weißlicht-Transmissions-Hologramm (Regenbogen-Hologramm), das keine vollständige Parallaxe hat. Die Technik demonstrierte die Schönheit und Reinheit der Spektralfarben im Raum und bewirkte den eigentlichen Durchbruch der Display-Holographie.

1969: M. King, A. Knoll und D. H. Berry (Bell Laboratories) arbeiten an computergenerierten Hologrammen.

1971: Denis Gabor erhält den Nobelpreis für Physik. Lloyd Cross eröffnet in San Francisco die erste Schule für Holographie. Er führt das Sandtisch-Isolationssystem ein und macht die Holographie für Künstler in einem nichtwissenschaftlichen Umfeld zugänglich.

1972: Cross entdeckt das in Weißlicht sichtbare holographische Stereogramm, das in einem einstufigen Verfahren (Multiplex-Maschine) hergestellt wird. Es ermöglicht besonders die dreidimensionale Darstellung von Bewegungsabläufen. Dieses Verfahren wurde durch die 360 ° Stereogramme von Salvador Dali populär.

1973: Jody Burns eröffnet in New York eine Schule für Holographie, die nach dem Vorbild derjenigen in San Francisco aufgebaut ist (ab 1975 von Dan Schweitzer und Sam Moree weitergeführt).

1976: Victor Komar (NIKFI Institut, Moskau) projiziert den ersten holographischen Film (70 mm, 46 Sek.). Rosemary Jackson und Jody Burns gründen das Museum für Holographie in New York (wurde 1992 wegen Geldmangels geschlossen).

1977: Nick Phillips entwickelt neue Bleich- und Entwicklungsverfahren, die es ermöglichen, vielfarbige Reflexionshologramme mit dem Laser einer einzigen Wellenlänge aufzunehmen.

1980: Steve McGrew (Los Angeles) perfektioniert die Technologie zur Massenproduktion von Druckhologrammen »Embossed Holograms«.

1985: T. Kubota (Kyoto Institute of Technology) zeigt echtfarbige Reflexionshologramme (basierend auf einem von P. Hariharan entwickelten Konzept). Stephan A. Benton perfektioniert computergenierierte und -animierte holographische Stereogramme.

1986: Craig Newsanger (ADD) entdeckt die holographische Disk – ein Reflexionshologramm mit senkrecht von oben einfallendem Referenzstrahl.

1989: Julie Walker und Stephen A. Benton (MIT) gelingt es, eine »insitu« Emulsionsschwellungstechnik für holographische Farbkontrolle zu entwickeln. Sabrina Birner und Stephen A. Benton (MIT) realisieren eine Technik für Kanten-Licht-Hologramme (Egde-Lit-Holograms), die völlig neue Konzepte für holographische Environments und Installationen eröffnen.

1990: Stephen A. Benton (MIT) stellt das holographische Video vor.

1991/92: Einrichtung des Holographielabors an der Kunsthochschule für Medien Köln mit einem computergesteuerten Holoprinter zur Produktion holographischer Stereogramme (mit Schnittstellen zu Film, Photographie, Video, Computergraphik-animation und allen traditionellen künstlerischen Medien).

Gegenwarts-Räume

1977 hatte ich die Gelegenheit, bei Dan Schweitzer und Sam Moree an der New York School of Holography holographische Techniken zu studieren. Das Laboratorium erschien mir wie ein magisch metrischer Zaubergarten, erhellt durch Millionen von Partikeln aus Silikonstaub. Auf dem Sandtisch stand eine Gasröhre mit verspiegelten Enden, ein Laser, der einen Photonenstrom als haarfeine Linie kohärenten, monochromatischen Lichtes aussandte. Durch ein Stück Glas zweigeteilt, durch Linsen erweitert, von Spiegeln verworfen, fiel ein Strahl auf den Gegenstand, der andere auf die Filmplatte. Hier kamen sie zusammen, überlagerten sich und gravierten den lichtgesponnen Code des holographierten Objektes ein.

Meine ersten Hologramme – mit Laserlicht sichtbar – projizierten Federn in die Luft; gegenständliche Bilder, mit denen ich durch meine Malerei und Zeichnungen vertraut war. Später begann eine langjährige Zusammenarbeit mit Wissenschaftlern. Zu den ersten Projekten gehörte die Transfiguration zweier Gedichte (»Hologram« und »Hologramm«), die H. M. Enzensberger für meine holographische Arbeiten geschrieben hatte. Ich sah diese Gedichte raumgeschrieben.

Hologramm
Dieser Satz hier
liegt in der Luft
Er ist so durchsichtig
und so leicht
leichter als Luft
dieser Satz hier
daß er sich langsam
vom Erdboden löst
und schwebt
dieser Satz hier
der in der Schwebe bleibt
bis er zu Ende geht
mit eben denselben Worten
mit denen er anfing
Dieser Satz hier
liegt in der Luft

Es war nicht einfach, ein wirkliches, ein standfestes Modell der Gedichte zu bauen. Sie mußten auf einem Drehtisch oder verspiegelt in einem konischen Aufbau gefilmt werden. Danach wurde der Film selbst das zu holographierende Objekt. Die erste Version wurde ein 360 ° Intergral-Hologramm, in der das Gedicht als Spirale in einem Zylinder schwebt und sein Titel »Hologram« die vertikale Achse bildet. Das zweite Gedicht »Hologramm« wurde in einen diaphanen Kubus montiert und die Buchstaben erschienen als reelle und virtuelle Projektionen. Diese Montage bezieht sich auf Mallarmés Idee von einem Würfel aus

Kristall, durch den man hindurchsehen und -lesen konnte: »Un coup de dés jamais abolira le hasard« – »Ein Wurf der Würfel wird den Zufall niemals abschaffen«. Der Wissenschaftler Donald White, den ich zufällig kennengelernt hatte, unterstützte diese Arbeit.

Der horizontalsymmetrische Text »BIBI BEI BOB« von H. M. Enzensberger mußte auf ganz andere Art umgesetzt werden. Der Text sollte sich 360 ° um seine horizontale Achse drehen. Als Rockefeller-Fellow am Center for Advanced Visual Studies (MIT, Cambridge) hatte ich Gelegenheit, mit Mark Holzbach und David Chen (Media Lab, MIT) an computer-genererierten Bewegungshologrammen zu arbeiten. Hier nun mußten das Modell mit Pixel am Bildschirm entworfen und dreihundert verschiedene Blickwinkel erzeugt werden, um die Animation zu erreichen (synthetic camera). Zur »Vorhersichtbarmachung« des Gedichtes im Raum wurde ein Stereo-Paar erzeugter Einzelbilder mit Polarisationsfiltern durch einen Flüssigkeitskristallschirm vor dem Monitor betrachtet (denken Sie an das photographische Stereobild). Das fertiggestellte Hologramm ist 340 cm lang und agiert wie ein holographischer Film. In gleichen technischen Verfahren entstanden: »Dogma« (Palindrom von Dario Lanzini), das um seine vertikale Achse rotiert und einen virtuellen Kubus erzeugt; der Zyklus »Light-Mill«, in dem sich drei durchdringende transparente Flächen unterschiedlicher Farbe in verschiedenen Geschwindigkeiten um die Achsen x, y und z drehen; die chinesischen Zeichen für »Schwarz«, »Blau« und »Weiß« mit ihrer entsprechenden Kalligraphie (von Video eingelesen). Die letzten Arbeiten (mit Fred Unterseher und John Perry) »Stone of Light« sind Darstellungen der Zehn Gebote in Hebräisch; »Prisma« bricht die Welt jenseits der Perspektive in Plus- und Minusräume.

Das schönste Hologramm ist der Regenbogen, schwebend wie eine Brücke, wie der Schatten einer Brücke zwischen Himmel und Erde. In Bentons »Regenbogentechnik« führte ich (mit Jody Burns) die folgenden holographischen Zyklen aus: »Butterfly«, »Feather Shadows«, »Present Space«, »Different Space«, »Illuminations«, »Into the Rainbow« und »Sun-Dial«. Diese Hologramme werfen ihre Farbfelder in weiten Radien vor und hinter die Bildebene. In Abwesenheit des Betrachters zerschmelzen die Bilder in Luft.

1976 zeigte Victor Komar (NIKFI Institut, Moskau) den ersten holographischen Film mit einem dreidimensionalen monochromatischen Bild; 1984 die ersten farbigen dreidimensionalen Filme. In Komars Kino wird der holographische Film auf »traditionelle« Weise vor den plazierten Zuschauer projiziert. Er sitzt still – es bewegt sich.

Ich arbeite an einer anderen Art von holographischem Kino. Es basiert auf dem System von computererzeugten Bewegungshologrammen (z.B. »Light-Mill«), die als Bausteinsystem für Innen- und Außeninstallationen auf großen zylindrischen Acrylglassegmenten montiert sind. Hier kann der Betrachter den Film ablaufen und die Raumsequenzen in eigener Geschwindigkeit, Höhe und Richtung bewegen (projizieren). Hier wird der Betrachter zum Projektor: Er bewegt sich – es bewegt sich.

»Der Lichtstrahl selbst ist nicht mehr er selbst, wenn er unterwegs ist.«

Johannes Kepler, 1604

Geschichte und Entwicklung der elektronischen Musik

Dirk Reith

Warum kommt es zum Gebrauch von elektronischen Mitteln in der Komposition und Realisation von Musik? Welcher Art kann die Faszination eines Komponisten beim ersten Hören dieser neuen elektronisch erzeugten Klangwelten sein? Wie ist allein der Umgang mit den oft außergewöhnlichen Konstruktionen das musikalische Denken zu verändern in der Lage?

Die Geschichte der Musik impliziert auch die Geschichte der Musikmaschinen. In diesem Kontext zähle ich – ohne all den begeisterten Instrumentalisten zu nahe treten zu wollen – auch einmal die uns so vertrauten mechanischen Instrumente zu den Musikmaschinen. Ich kann den Einwand jedes Interpreten gegen eine solche Sichtweise gut verstehen, da dieser sich nicht gerne als Maschinist verstanden wissen möchte. Aber unabhängig davon, wie wir die mechanischen Instrumente einordnen, müssen wir bedenken, daß die Instrumente nicht immer so aussahen wie heute – also ihre Form und Funktion erst dann nicht mehr verändert haben, nachdem sie von den Interpreten und besonders von den Komponisten als perfekt für die Aufgabe, für die sie konstruiert wurden, angesehen waren.

Heutige Schlagworte wie *human-interface* sind für die Entwickler von Musikinstrumenten wirklich nicht neu. Neue Anforderungen, durch die Komponisten an ihre Musikmaschinen gestellt, könnten nur bis zu einem gewissen Grade durch gesteigertes Üben seitens des Interpreten erbracht werden; aber dann wurden Neukonstruktionen nötig, die in der Regel nicht nur den Mensch/Maschine-Kontakt beeinflußten, sondern einhergingen mit mehr oder weniger gravierenden klanglichen Modifikationen des Instruments. Anforderungen an das Instrument aus der Sicht der Komponisten und die Phantasie der Instrumentenbauer, die nicht immer nur das entwickelten, zu dem sie sich sozusagen durch die Komponisten provoziert sahen, können als sich beeinflussende Kräftefelder in einem kreativen Prozeß verstanden werden. Man denke nur an den Einfluß der gleichschwebend-temperierten Stimmung – zu Bachs Zeit entwickelt – auf die Kompositionstechniken nicht nur jener Zeit oder an die Ausstattung der Naturhörner mit sogenannten Maschinen, Ventile zur schnellen Verlängerung der Resonanzröhre, und last but not least an die Erfindung der Repetiermechanik bei unseren Pianoforte-Instrumenten, die erst das rechte Virtuosentum im 19. Jahrhundert auf diesen Instrumenten ermöglichten.

Diese gestiegenen Anforderungen an die Instrumente bedingten neue Herstellungsverfahren, was den Instrumentenbau nachhaltig veränderte. Dazu Hans Heinrich Eggebrecht: »Instrumentenbau als Zweig der Wirtschaft kann nur in Kulturen entstehen, in denen an das Musikinstrument hohe Anforderungen hinsichtlich Qualität und Normung gestellt werden und in denen es als wertvoller Gegenstand auch der Repräsentation dienen oder als Sammler- und Handelsobjekt auftreten kann. Unter diesen Bedingungen hat sich besonders im Abendland der Instrumentenbau aus einer Nebentätigkeit von Handwerkern und Musikern zu einem vielfach spezialisierten Handwerk und zu Industrie und Handel entwickelt (...). In der modernen Wirtschaft entstanden überregionale Zunftverbände des Handwerks und Verbände von Industrie und Handel.« (Riemann 1959) Die Frankfurter Musik-Messe illustriert eindringlich, daß sich aus den ehemals in Zunftverbänden organisierten Handwerksbetrieben riesige Konzerne entwickelt haben, die nicht nur — wie vormals üblich — Instrumente nur einer Instrumentenfamilie herstellen. Industrielle Fertigung von Instrumenten bedingt auch ein möglichst hohes Maß an Standardisierung. Solche Standards haben Einfluß auf den Gebrauch der Instrumente und sind so ausschlaggebend für den Klang der Instrumente und ihre Spielbarkeit. Wie Ferruccio Busoni diesen Fakt einschätzt, beschreibt er in seinem 1916 in Leipzig erschienenen Buch *Ästhetik der Tonkunst* (1974): »Plötzlich, eines Tages, schien es mir klargeworden: daß die Entfaltung der Tonkunst an unseren Musikinstrumenten scheitert. (...) Wenn ›Schaffen‹, wie ich es definierte, ein ›Formen aus dem Nichts‹ bedeuten soll (und es kann nichts anderes bedeuten); — wenn Musik — (dieses habe ich ebenfalls ausgesprochen) — zur ›Originalität‹, nämlich zu ihrem eigenen reinen Wesen zurückstreben soll (ein ›Zurück‹, das eigentlich ein ›Vorwärts‹ sein muß); — wenn sie Konventionen und Formeln wie ein verbrauchtes Gewand ablegen und in schöner Nacktheit prangen soll; — diesem Drang stehen die musikalischen Werkzeuge zunächst im Weg. (...) Vergeblich wird jeder freie Fluchtversuch des Komponisten sein: In den allerneuesten Partituren und noch in solchen der nächsten Zukunft werden wir immer wieder auf die Eigentümlichkeiten der Klarinetten, Posaunen und Geigen stoßen, die eben nicht anders sich gebärden können, als es in ihrer Beschränkung liegt; dazu gesellt sich die Manirirtheit der Instrumentalisten in der Behandlung ihres Instrumentes; der vibrierende Überschwang des Violoncells, der zögernde Ansatz des Hornes, die befangene Kurzatmigkeit der Oboe, die prahlhafte Geläufigkeit der Klarinette; derart, daß in einem neuen und selbständigeren Werke notgedrungen immer wieder dasselbe Klangbild sich zusammenformt und daß der unabhängigste Komponist in all dieses Unabänderliche hinein- und hinabgezogen wird.« In einer Fußnote dazu schreibt er weiter: »Und das ist das Siegreiche in Beethoven, daß er von allen ›modernen‹ Tondichtern am wenigsten der Forderungen der Instrumente nachgab. Hingegen ist es nicht zu leugnen, daß Wagner einen ›Posaunensatz‹ geprägt hat, der – seit ihm – in den Partituren ständige Wohnung nahm.« (Ebd.) Zeitlich überlappend mit der Perfektionierung der mechanischen Instrumente haben Komponisten wie Busoni – und er ist nicht der einzige – erhebliche Vorbehalte gegenüber diesen nach bestimmten Standards gebauten Instrumenten und sehen sich – wie das vorhergehende Zitat deutlich macht – eingeschlossen in einem «kompositorischen Korsett«.

Einen noch radikaleren Standpunkt nehmen die Futuristen ein. In *L'arte die rumori* (Die Geräuschkunst, 1913) schreibt Russolo, einer der führenden Köpfe des italienischen Futurmismus: »Die primitiven Völker führten den ›Ton‹ auf die Götter zurück, er galt als heilig und war den Priestern vorbehalten, die sich seiner bedienten, um die Riten mit mehr Geheimnis zu umgeben.« (Prieberg 1960) In einem Brief an Pratella, einem Mitstreiter bei der Durchsetzung futuristischer Ideen in der Kunst, vom 11. März 1913 schreibt er: »Jetzt haben wir sie satt« – nämlich diese vorher erwähnten Töne – »und verspüren einen weit größeren Genuß, wenn wir im Geist die Geräusche der Straßenbahn, des Explosionsmotors, der Wagen und der lärmenden Menge kombinieren als zum Beispiel beim nochmaligen Anhören der Eroica oder der Pastorale.« (Ebd.)

Dies ist schon ein Fingerzeig auf die spätere *musique concrète* eines Pierre Schaeffer und Pierre Henry am Rundfunk in Paris. Aber noch einmal zurück zu Busonis Traum von einem neuen Instrument, mit dessen Hilfe er sich aus den instrumentalen Fesseln kompositorisch befreien wollte. Als er an seiner *Ästhetik der Tonkunst* schrieb, hörte er von einem amerikanischen Erfinder, welcher ein gar unglaubliches Instrument entwickelt haben sollte. Ich möchte die ausführliche Fußnote aus seinem Buch zitieren, da diese die emphatische Kenntnisnahme dieses neuen Instrumentes am deutlichsten wiedergibt. »Über diesen transzendentalen Tonerzeuger berichtet Mr. Baker des weiteren: (...) Die Wahrnehmung der Unvollkommenheit der Tongebung bei allen Instrumenten führte Dr. Cahill zum Nachdenken. Material, Indisposition, Temperatur, klimatische Zustände beeinträchtigen die Zuverlässigkeit eines jeden. Der Klavierspieler verliert die Macht über den absterbenden Klang der Saite von dem Augenblick an, in dem die Taste angeschlagen wurde. Auf der Orgel kann die Empfindung an der festgehaltenen Note nichts ändern. Dr. Cahill ersann die Idee eines Instrumentes, welches dem Spieler die absolute Kontrolle über jeden zu erzeugenden Ton und über dessen Ausdruck gewährte. Er nahm sich die Theorien Helmholtz' zum Vorbild, die ihn lehrten, daß die Verhältnisse der Zahl und der Stärke der Obertöne zum Grundton den Ausschlag für den Klangcharakter der verschiedenen Instrumente geben. Demnach konstruierte er zu dem Apparat, welcher den Grundton schwingen läßt, eine Anzahl supplementärer Apparate, von welchem jeder einen der Obertöne erzeugt, und konnte solche in beliebiger Anordnung und Stärke dem Grundton zuhäufen. So ist jeder Klang einer mannigfaltigsten Charakterisierung fähig, sein Ausdruck auf das empfindlichste dynamisch zu regeln, die Stärke von fast unhörbarem Pianissimo bis zur unerträglichen Lautmacht zu produzieren. Und weil das Instrument von einer Klaviatur gehandhabt wird, bleibt ihm die Fähigkeit bewahrt, der Eigenart eines Künstlers zu folgen.« (New Music . . . 1906) Und nun folgt ein Aspekt, der seiner Zeit so weit voraus war, daß das ganze Projekt zum Scheitern verurteilt war: »Zum Vermittler der Schwingungen zwischen dem elektrischen Strom und der Luft wählte der Erfinder das Telephon-Diaphragma. Durch diesen glücklichen Einfall ist es möglich geworden, von einer Zentralstelle aus nach allen mit den Drähten verbundenen Plätzen, selbst auf große Entfernungen hin, die Klänge des Apparates zu versenden; und gelungene Experimente haben erwiesen, daß auf diesem Wege weder von den Feinheiten noch von der Macht der Töne etwas eingebüßt wird. Der in Verbindung stehende Raum wird zauberhaft mit Klang erfüllt, einem wissenschaftlich vollkommenen, niemals versagenden Klang, unsichtbar, mühelos und unermüdlich. Dem Bericht, dem ich diese Nachrichten entnehme, sind authentische Photographien des Apparates beigegeben, welche jeden Zweifel über die Wirklichkeit dieser allerdings fast unglaublichen Schöpfung beseitigen. Der Apparat sieht aus wie ein Maschinenraum.« (Ebd.)

Dr. Cahill konstruierte seine neue Maschine schon im Jahre 1900. Cahill war weder Komponist noch Ingenieur, sondern ein erfolgreicher amerikanischer Jurist mit einer offenbar natürlichen Bastel- und Konstruktionsbegabung. (Nebenbei bemerkt stammt auch eine elektrische Schreibmaschine von ihm.) Neben dieser Begabung hatte er ein untrügliches Gespür für die Eigenheiten unserer mechanischen Klangerzeuger. Cahills Erfindung kann wirklich als die Stunde Null der elektrisch erzeugten Musik angesehen werden, trotz der Verkoppelung von lediglich mechanischen Komponeten mit elektrischen. Rotierende, sinusförmig geformte Zahnräder induzierten als Wechselstromgeneratoren Ströme mit sinusförmigem Verlauf. Diese Wechselstromdynamos, für jeden zu erzeugenden Ton war natürlich einer nötig, mußten, da die Verstärkerröhre und die Lautsprecher noch nicht erfunden waren, eine erhebliche elektrische Leistung erbringen, damit die Signale, die über Telefonleitungen übertragen wurden, am anderen Ende des Drahtes auch noch verwertbar waren.

Daß die elektronische Musik uns nicht etwa unvorbereitet getroffen hat, erkennt man daran, daß schon vor Cahill versucht wurde, den Strom auch für die Musik nutzbar zu machen. Hier seien nur einige Projekte kurz erwähnt, Näheres darüber ist in dem Buch *Musica Ex Machina* von Fred K. Prieberg (1960) dargestellt: 1761 das »Elektrische Cembalo« des Jesiuten R.P. Delaborde; 1867 das elektromechanische Klavier von Hippes, ein Instrument mit Spielwalze, Notenlochblatt und Elektromagneten zur Ansteuerung der Mechanik; 1876 das »Elektromusikalische oder elektroharmonische Piano«; Ende der 90er Jahre des 19. Jahrhunderts das »Elektrische Orchester« eines Herrn Schalkenbach.

Wie Prieberg schreibt, handelt es sich hier um ein Instrument mit herkömmlicher Mechanik und ein paar elektrischen Hilfsgliedern oder um elektrisch betriebene Orchestrione. Dagegen war Cahills »Dynamophon« oder auch »Telharmonium« genannt eine wirkliche Revolution, die allerdings am fehlenden Lautsprecher scheitern mußte.

Sein Landsmann Laurens Hammond hatte da mehr Glück als er 1934 nach dem Prinzip dieses Dynamophons eine Orgel entwickelte, die in ihrer Einfachheit durch die nunmehr erfundene Elektronenröhre bestach; es war das erste elektronische Instrument, das wirklich in Großserie gebaut wurde. Besondere Bedeutung erlangte es im Jazz.

Durch die Erfindung der Elektronenröhre, die der Amerikaner Lee de Forest 1916 in Frankreich zum Patent anmeldete, entstand die Funktechnik; und durch Zufall, da man beim Betreiben von Funkanlagen oft ungewollt Rückkopplungen in den Schaltungen verursachte, entdeckte man die Grundschaltung zum Bau von elektronischen Generatoren. Diese »reinen« Töne aus den Generatoren – Sinustöne nämlich –, die die Techniker ihren ersten ungewollten Rückkopplungsschaltungen entlockten, fand man so faszinierend, daß man schnell deren kontrollierte Generierung erforschte und somit eine Welle neuer Erfindungen von Schaltungen für den musikalischen Einsatz auslöste.

Einer dieser Forscher war Armand Givelet, Vizepräsident des Französischen Radioclubs; zur gleichen Zeit experimentierte in aller Stille auch der Musiklehrer und Radiotelegrafist Maurice Martenot an einem »elektromusikalischen Apparat«; in Petrograd bastelte der junge Leon Theremin ebenfalls an einem elektronischen Musikapparat. Theremin war eine Multibegabung, er studierte an der Universität von Petrograd Physik und zugleich am dortigen Musikinstitut Musiktheorie und Cello. 1920 führte er auf einem Elektronikerkongreß seine »Termenvoksa«, die im Ausland »Ätherophon« genannt wurde, erstmalig vor.

Das »Ätherophon« wurde – wie sein Name schon zum Ausdruck bringt – auf sehr ungewöhnliche Art und Weise gespielt. Handbewegungen in einem elektrischen Feld zwischen zwei Antennen, die die Funktion eines Kondensators in einem elektrischen Schwingkreis haben, verstimmten den Schwingkreis durch die Veränderung der elektrischen Ladung des Kondensators. Die Tonhöhenänderung erfolgte glissandoartig, da die Handbewegung im elektrischen Feld immer nur eine kontinuierliche sein konnte.

Das erste Instrument Theremins wurde dann in den nächsten Jahren durch diverse Zusätze erweitert, womit die Art, es zu spielen zunehmend differenzierter wurde. Das Instrument, dessen Tonfolgen mit der Hand, wie Prieberg sagt »hervorgewinkt« wurden, wurde später auch mit einer Tastatur versehen, was die Spieltechnik natürlich wesentlich erleichterte, da das »Hervorwinken« der Töne auf weniger als einem Meter Distanz erfolgen mußte und somit ca. siebzig Intervalle, verglichen mit der chromatischen Skala, in diesem Raum zu verteilen waren. Auch eine Griffbrett-Variante des Theremin-Instruments, in der Form eines Violoncellos, wurde gebaut. Zum Zeitpunkt dieser Entwicklung lebte Theremin allerdings schon in den USA.

Zu der Entwicklung der elektronischen Instrumente zu dieser Zeit schreibt Fred K. Prieberg in seinem Buch *Musica Ex Machina* folgendes: »Überdies kamen zu jener Zeit ständig neue Nachrichten von irgendwelchen Instrumenten für »elektrische Musik«, und einige Weitsichtige hatten schon die Notwendigkeit einer rundfunkeigenen Musik erkannt. In dem »radioartigen« Gefüge aller solcher Instrumente – wie sehr sie sich sonst auch voneinander unterscheiden mochten – sahen sie den schlagenden Beweis für das »Funkische«. Aber erst die Komponisten entschieden den Streit. Ernst Toch schrieb nach einer der ersten Vorführungen von Theremins Instrument in Deutschland: »Ich persönlich suche seit vielen Jahren die Register des Orchesters in nur klaren, bestimmten Richtungen zu erweitern (...). In dem Theremischen Apparat liegt manches von dem, was mir vorschwebte, verwirklicht; und darüber hinaus ungeahnte Möglichkeiten neuen Klangbereichs.« (Prieberg 1960) Theremins Instrument wurde 1932 auch benutzt, um Bewegungen von Tänzern direkt in Musik zu übersetzen. Über den Bühnenboden gespannte Drähte nebst diverser Antennen registrierten die Bewegungen einer Tänzerin, die so die musikalische Begleitung zu ihrem Tanzen selbst steuerte.

Frau Lucie Bigelow Rosen von der *New York Times* – man nannte sie auch die »Hohepriesterin des Theremin« – unterstützte Theremin finanziell erheblich und spielte das Instrument auf unzähligen Konzertreisen, auch in Europa. Die RCA (Radio Cooperation of America) baute das Theremin-Instrument eine Zeitlang zu einem Verkaufspreis von etwa 120 Dollar in Serie; mußte dann allerdings die Produktion bald wegen Absatzmangel einstellen.

Neben vielen in die Nähe von musikalischem Kitsch einzuordnenden Musikstücken, die auf diesem Instrument in Varietés und anderen Zirkeln dargeboten wurden, war das wohl künstlerisch wichtigste Werk eine Komposition von Bohuslav Martinu; eine Fantasie für Theremin-Instrument, Oboe, Streichquartett und Klavier, die er übrigens besagter »Hohenpriesterin des Theremins«, Mrs. Rosen, widmete.

Theremins Instrument fand viele Nachahmer, die auch zur Weiterentwicklung des Instruments beitrugen. So ergänzte der Radiobastler Erich Zitzman-

Zirine das Instrument um einen Regler, der mit der »nichtwinkenden« Hand bedient wurde; mit diesem Regler konnten Lautstärke und Tondauer gespielt werden. Nunmehr war es möglich, auch Tonfolgen im Staccato zu spielen. Martin Taubmann aus Berlin baute sogar ein batteriegetriebenes Theremin-Instrument, dem er den werbewirksamen Namen »Elektronde« gab. Der Erfinder selbst erlebte nach 1938 diese Weiterentwicklungen nicht mehr, da er die USA verlassen hatte und in die Sowjetunion zurückgekehrt war.

Neben Theremins Instrument und allen möglichen Orgelkonstruktionen aus der Werkstatt mehr oder weniger begabter Bastler müssen noch zwei herausragende Instrumente erwähnt werden. 1923 erklang zum ersten Mal im Londoner King's College Jörg Magers »Kurbelsphärophon«. Wesentlicher Bestandteil des Instrumentes waren zwei Hochfrequenzgeneratoren – wie bei Theremins Instrument auch –, deren Schwebungsfrequenz im hörbaren Bereich lag. Mager verstimmte bei seinem Gerät nicht die Kapazität des Schwingkreiskondensators durch »Handwinken«, sondern baute an einen sogenannten abstimmbaren Drehkondensator eine Kurbel, der er eine halbkreisförmig aufgedruckte Klaviertastatur unterlegte. Mit speziellen Filtern konnte die Klangfarbe des Instruments verändert werden. Der Erfolg des noch sehr unvollkommenen »Sphärophons I« war nur mäßig. Das »Sphärophon II«, das durch eine zweite Kurbel erweitert war, mit der man einen Ton vorwählen konnte, um so das permanente Glissandieren zwischen den Tönen auszuschalten, wurde im Juli 1926 beim Musikfest in Donaueschingen vorgestellt. Auch von diesem Instrument, das in einem Konzert mit mechanischen Player-Klavieren zu hören war, nahm außer einigen Journalisten kaum einer Notiz. Die konstruktive Nähe zum Thermenin-Instrument machten eine Verbreitung des Sphärophons schwierig.

Mager entwickelte auch eine vierstimmige elektronische Orgel, deren vier Stimmen allerdings auf drei verschiedenen Manualen und dem Pedalklavier gespielt werden mußten. Eine spätere Version dieses Instruments war fünfstimmig spielbar – aber immer noch auf fünf verschiedenen Klavieren –, dieses Instrument hatte den etwas unbeholfenen Namen »Partiturophon«. Durch die politischen Verhältnisse nach 1933 hatte Mager keinerlei Möglichkeiten mehr, seine Arbeit fortzusetzen. Seine Visionen einer »reinen Sphärenmusik« mit Hilfe der Rundfunktechnik wurde erst viel später durch andere Komponisten und Ingenieure in die Praxis umgesetzt, eine Vision, der auch das Instrument von Trautwein, das Trautonium, seine Entstehung mit verdankt. Musik sollte direkt elektronisch erzeugt und nicht durch die noch sehr schlechten Mikrofone aufgenommen werden, um sie dann erst über den Sender zu schicken. Jörg Mager gehört zu den Pionieren, die nie erfolgreich wurden – aus welchen Gründen auch immer, und wenn es auch nur daran lag, daß sie einfach kein Glück hatten –, deren Arbeit aber dennoch nicht vergebens war. Zu den Glücklichen zählten dagegen Maurice Martenot, für dessen elektronisches Instrument – die »Ondes Martenot« – hochkarätige Komponisten schrieben und deren Musik von begabten Künstlern auf dem Instrument interpretiert wurde. Alle Kompositionen, die für die Ondes Martenot geschrieben wurden, hier aufzuzählen, wäre zu langwierig. Stellvertretend seien Milhaud, Messian und Honegger genannt.

1932 brachte die Firma Telefunken GmbH das erste elektronische, in Serie gebaute Spielinstrument auf den Markt. Bei der Berliner Funkausstellung erregte es höchste Aufmerksamkeit. Das Instrument war hinsichtlich der Klangfarbe wie der Spieltechnik schon auf einem so hohen Niveau, daß in sehr kurzer Zeit eine Vielzahl von Kompositionen speziell für dieses Instrument, auch in Verbindung mit mechanischen Instrumenten, entstanden.

Aus dem Konzerttrautonium entwickelte Oskar Sala, der Virtuose auf dem Trautonium und ehemalige Mitarbeiter Trautweins, das Mixturtrautonium. Dieses Instrument ist nie richtig fertig geworden, da er das eigentliche Trautonium permanent durch Zusatzschaltungen erweiterte, die auch für die Vertonung von Filmen sehr nützlich waren. Rauschgeneratoren, Unterbrecher als automatische Rhythmusgeneratoren und Dämpfungsschaltungen für Halleffekte usw. erweiterten das Instrument so umfangreich, daß man schon von einem kompakt gebauten elektronischen Studio sprechen kann. Auch verwendet Sala zunehmend in seinen musikalischen Projekten die Tonbandmaschine als Schallspeicher auch für multitrackartige Aufnahmen, wie die jungen Komponisten im neugegründeten Elektronischen Studio in Köln es taten, die sich anschickten, ein neues Kapitel der Geschichte der elektronischen Musik zu schreiben.

Mit dem Trautonium ist dann erst einmal die Entwicklung der elektronischen Spielinstrumente abgeschlossen; zumindest bis in die 60er Jahre hinein. Zwei wesentliche musikalische Strömungen veränderten die Landschaft der elektronischen Musik in Europa. Die eine, zurückverfolgbar bis auf die Anfänge sogenannter futuristischer Musik, ließ in Frankreich die musique concrète entstehen, die andere in der Tradition der zweiten Wiener Schule – hier besonders dem Komponisten von Webern verbunden – hatte die Gründung des elektronischen Studios durch Herbert Eimert 1952 im NWDR in Köln zur Folge. In beiden Fällen war man an elektronischen Spielinstrumenten nicht mehr interessiert. Basierend auf den in Italien zuerst entwickelten futuristischen Ideen, festgehalten in futuristischen Manifesten, kam es schon vor dem ersten Weltkrieg zur Entwicklung neuer Instrumente, die die Klänge von Maschinen in der Musik verwendbar machten. Bei den zuerst von dem Italiener Russolo entwickelten »Intonarumori« handelt es sich meist um elektromechanisch getriebene Schnarren nach dem Prinzip des Wagnerschen Hammers, wie er in jeder Hausklingel wiederzufinden ist, deren Geräusche durch Resonanzhörner verstärkt wurden.

Die bei den Futuristen noch imitierten realen Umweltgeräusche wurden dann in der Musik des 1910 geborenen Toningenieurs, Schriftstellers und Komponisten Pierre Schaeffer mit Mikrofon auf Schallplatten aufgezeichnet. Es stand dabei nicht mehr das Spiel solcher »Konkret-Geräusch-Spielinstrumente« im Vordergrund, sondern die Verarbeitung und Zusammenstellung von real existierendem Klangmaterial. Techniken, wie sie aus dem Film bekannt sind: Schnitt, Transformation (Beschleunigen, Verlangsamen), Collage etc. wurden zum zentralen Thema kompositorischen Denkens.

1949 veranstaltete Pierre Schaeffer das erste Konzert, das »concert de bruit« (Lärmkonzert). Der zweite Mann der ersten Stunde der musique concrète, Pierre Henry, komponierte mit Pierre Schaeffer eines der Schlüsselwerke der musique concrète, die »Symphonie pour un homme seul« (Symphonie eines einsamen Menschen).

Da man zu dieser Zeit noch ausschließlich konkretes und das verarbeitete klangliche Material direkt in Schallfolien schnitt – das gerade mal ca. 15 Jahre alte Magnetophon sollte erst nach der Aufführung der Symphonie auch in das Studio Schaeffers am Pariser Rundfunk Einzug halten –, waren zur Aufführung der Symphonie ca. 70 Schallfolien nötig. Im Zentrum seines Hauptwerkes, dem »Traité des objets musicaux«, stehen Überlegungen über die Morpho-Typographie des Klanglichen, die gleichzeitig die Entstehung eines neuen Hörens bedeutet, beziehungsweise voraussetzt.

Aus dem Traitè: »Diesen Versuchen zur Erlangung neuer Reichtümer stellen wir mit unverhohlener Sachlichkeit eine Verallgemeinerung im umgekehrten Sinn entgegen, die vom Klanglichen ihren Ausgang nimmt, aber ohne die direkte Anmaßung, also gleich zur Musik zu gelangen, weder zu Kompositionsregeln noch zu einem wohldefinierten System. Wir erforschen die Elemente, die jedem denkbaren musikalischen System vorausgehen und behaupten, daß sie alsdann dazu dienen werden, sowohl das unsrige als auch andere, vergangene Systeme (archiaische, exotische, primitve) verständlich zu machen, und den Weg zu öffnen für alle möglichen Systeme, die eine noch nicht voraussehbare Ästhetik der Zukunft Zug um Zug aus dem Schatz der Klänge gewinnen kann. Es ist also nötig, vor dem ›Musikalischen‹ das ›Klangliche‹ zu definieren.« (Pieberg 1960)

Das Klangliche und auch Anekdotische stand für Schaeffer im Zentrum musikalischen Denkens. Zum Teil wurde in der musique concrète mit erheblicher Materialreduktion gearbeitet. Lediglich das Schnarren und Quietschen einer Türangel und ein Seufzer sind beispielsweise Material der Komposition »Variations pour une Porte et un Supier«. Die Komposition wird fast ausschließlich gesteuert durch das Material selbst. Formal wechseln sich Tür-Klang und Seufzer-Klänge ab und das über fast 45 Minuten. Die Modulationen der Klänge, die schon im konkreten Ausgangsmaterial enthalten sind, – man könnte fast sagen, der Komponist spielt das Instrument Tür auf eine so eindrucksvolle Art, daß das Türknarren schon fast Sprachcharakter suggeriert – werden nur sehr geringfügig weiterverarbeitet in die Komposition übernommen. Die »Klanglichkeit« des Konkreten, wie Schaeffer es in seinem »Traité« formuliert, steht besonders in dieser Komposition vor dem »Musikalischen«.

Damit steht der ideologische Ansatz der musique concrète in diametralem Widerspruch zu den Kompositionstheorien der Komponisten der sogenannten Kölner Schule. Herbert Eimert, Gottfried Michael König, Karlheinz Stockhausen, um nur einige der Komponisten zu nennen, die schon sehr früh Projekte im neu gegründeten Studio des NWDR realisierten, wollten zwar auch neue Klanglichkeiten mit elektronischen Mitteln realisieren, sie stellten dabei allerdings nicht wie Schaeffer das Klangliche vor das Musikalische. Nicht die Analyse von Klangfragmenten einer konkreten Klangwelt sind wesentlich, sondern aus der Dodekaphonie abgeleitete Kompositionstechniken – nämlich die seriellen –, die dann den Realisationsprozeß im Studio steuern und Klanglichkeit zum Resultat haben. Die *Klangfiguren* II von Gottfried Michael König sind sozusagen das Pendant zur Eisenbahnetüde von Schaeffer. Die Klangfiguren hat König im NWDR-Studio in Köln realisiert. Dort war er auch Mitarbeiter bis er Anfang der 60er Jahre Leiter des Institut of Sonology der Universität Utrecht wurde.

Mit der elektronischen Musik Kölner Prägung und der Pariser Schule Schaeffers, die übrigens in den 50er Jahren zu *GRM* (Group de Recherch Musical) umbenannt wurde und heute Teil des staatlichen Medienkonzerns INA ist, war endlich eine radiophone Musik kreiert. Musik zu schaffen – losgelöst von der Aufführungssituation, die auch beim Spiel elektronischer Musikinstrumente immer noch gegeben war mit Mitteln der Rundfunkmeßtechnik in einem Labor, dem elektronischen Studio –, war ein solcher Affront der gängigen Aufführungspraxis, daß die ersten Konzerte beim Publikum wie auch bei Musikerkollegen der Komponisten auf keine sonderlich große Resonanz stießen. Obwohl die Rundfunkhörer gewohnt waren, Musikkonserven am Lautsprecher zu verfolgen, konnten sie die Situation, elektronische Musik im Konzertsaal auch über Lautsprecher hören zu müssen, nicht goutieren.

Trotz der ungewohnten Aufführungssituation und der damit verbundenen Skandalaufführungen mit Musik vom Tonband, waren die 50er Jahre von einer immensen Aufbruchstimmung geprägt. Überall in Europa und den USA entstanden neue Zentren für Tonband-Musik. Trotz der unterschiedlichen Begriffe wie: musique concrète, elektronische Musik, elektroakustische Musik etc., mit denen die verschiedenen Schulen ihre spezifische Arbeit abgrenzen wollten, hatten die Stücke anfänglich eines gemein, es waren Kompositionen, die nicht nur mit Hilfe der Schallspeicher Tonbandmaschine oder Schallplattenschneidegerät realisiert wurden, sondern auch durch diese Instrumentarien aufgeführt werden mußten.

Fast zeitgleich mit dem Kölner Studio wurde in den USA an der Columbia Princeton Universität das »Electronic Music Center« gegründet. Die Komponisten Vladimir Ussachevsky und Peter Mauzey waren die ersten Musiker, die mit zum Teil zusammengeliehenen Geräten die ersten Kompositionen für Tonband realisierten. Neben dem Tonbandgerät war in dieser Zeit auch die Bandschere unersetzliches Utensil für die Realisation elektronischer Musik. Diese hat dem Studio der damaligen Zeit auch den Namen Band-Schnitt-Studio eingebracht.

Aber schon Ende der 50er Jahre baute die RCA für das Princeton University Center den legendären MARK II Synthesizer. Dieser lochstreifengesteuerte und damit programmierbare Synthesizer revolutionierte die Realisation elektronischer Musik auf bis dahin nicht dagewesene Weise. Durch den Mark II wurde der Produktionsprozeß elektronischer Musik umfangreich automatisiert, indem Steuerfunktionen für diverse Studiogeräte in einen Lochstreifen gestanzt wurden. Über ein Lochstreifenlesegerät konnten beim Abspielen des Lochstreifens Steuersignale erzeugt werden, mit denen dann analoge Klangerzeuger kontrolliert wurden. Bis man allerdings aus Zahlen direkt musikalisch verwertbare Klänge generieren konnte, sollten noch ein paar Jahre vergehen. Dennoch haben Komponisten schon in den 50er Jahren versucht, auf wahren Dinosauriern digitaler Informationsverarbeitungsmaschinen, Musik zu produzieren. So entstand die erste mit dem Computer errechnete Komposition der Welt, die *ILLIAC*-Suite. Komponiert und realisiert haben dieses Stück für Streichquartett aus dem Jahre 1957 Lejaren Hiller und Leonard Isaacson.

Die Entwicklung der analogen Verfahren zur Generierung elektronischer Klänge wurde erst durch die transportablen spannungsgesteuerten Synthesizer des amerikanischen Ingenieurs Robert Moog so richtig populär. Diese sogenannte Spannungssteuerung, Grundlage der analog arbeitenden Computer — der Begriff *Analogrechner* anstatt Synthesizer wäre hier viel besser — brachte ein noch höheres Maß an Automationstechniken als beim Mark II in die Realisation elektronischer Musik.

Darüber hinaus bekamen Aspekte kybernetischer Prozesse, die sich in einem solchen System gut abbilden lassen, für einige Komponisten einen wichtigen Stellenwert als Komposition.

In den dann folgenden Jahren sollten die Ingenieure überwiegend damit beschäftigt sein, die Flexibilität, sprich Programmierbarkeit der analogen Synthesizer zugunsten der leichteren Spielbarkeit einzuschränken. Leichte Spielbarkeit heißt allerdings auch wieder Standardisierung der Spielinstrumente. So ist es nicht verwunderlich, daß als human-interface die seit Jahrhunderten tradierte diatonische Tastatur auch für diese neuen Instrumente wieder herhalten muß. Auf unkonventionelle Steuerungen elektronischer Apparaturen, wie sie beim Theremin, dem Kurbelsphärophon und beim Mixturtrautonium angewandt wurden, besinnt man sich erst wieder in den letzten Jahren. Beispiele sind hierfür Impulsgeber, die Entfernungen messen, oder die sogenannte MIDI-Harfe und der elektronische Taktstock des »Großvaters« der Klangsynthese mit digitalen Rechnern, Max Mathew. Max Mathew entwickelte in den 60er Jahren seine musikalische Programmiersprache »M U S I C«, die auch heute noch in den Studios für elektronische Musik verwendet wird.

Kleine Kompositionslehre der elektronischen Musik

Markus Lepper

Was wir heute Geschichte der elektronischen Musik nennen und was sich über ein Jahrhundert lang aufgebaut hat, ist eine historische Entwicklung, gekennzeichnet durch ein hohes Maß an Innovativkraft und ein geringes Maß an Systematisierung.

Die grundlegenden Anforderungen an eine akademische und den Kriterien wissenschaftlicher Ausbildung genügende Lehre von der Komposition elektronischer Musik sind jedoch systematische. An all den Orten, an denen die elektronische Musik Einzug in die Akademien gehalten hat, sind folglich qualitativ neue Bedingungen für die musikalische Produktion und die ästhetische Forschung eingetreten. Anhand konkreter Beispiele aus der Arbeit des Instituts für Computermusik und elektronische Medien an der Folkwang-Hochschule in Essen soll gezeigt werden, auf welche Weise sich Komponisten innerhalb einer sorgfältig geplanten und vorbereiteten Arbeitsumgebung verhalten, wie sie mit ›vorgefertigten‹ technischen Produkten produzieren, gegen sie reagieren und was die Voraussetzungen dafür sind, daß im Rahmen des Hochschulbetriebs Innovation stattfinden kann.

Zum Abschluß soll diskutiert werden, welche Konsequenzen aus diesen Erfahrungen für die weitere Entwicklung zu ziehen sind, besonders was den Einsatz der in Zukunft dominierenden digitalen Medien angeht.

Wir möchten zunächst von der Lehre von der Komposition elektronischer Musik einen vereinfachenden Abriß geben, welchen wir dann unmittelbar in Beziehung setzen zu den einzelnen Geräteeinheiten im elektronischen Studio der Folkwang-Hochschule. Die Lehre von der Komposition elektronischer Musik läßt sich grundsätzlich aufteilen in Nebenfächer, also grundlegende Kenntnisse in den Hilfswissenschaften einerseits und die eigentliche »Ästhetische Lehre« andererseits. Zu den Nebenfächern gehören: Akustik (hierin Raumakustik, Lautsprecherkunde, Instrumentenkunde, Phonetik, etc.), elektronische Schaltungslehre, Wahrnehmungspsychologie, Komposition.

(Für das Studium der elektronischen Komposition an der Folkwang-Hochschule ist ein Studium der Komposition Voraussetzung. In der Tat lassen sich die klassischen Satztechniken von beispielsweise Bachschem Kontrapunkt über Wagnersche Harmonik bis zu Nonoscher Reihentechnik als »von innen betrachtete«, also angewandte und mechanisierte Wahrnehmungspsychologie bezeichnen. Bei dieser Betrachtungsweise sieht man kurzzeitig davon ab, daß alle Satztechniken natürlich auch soziale, historische und transzendentale Aspekte bieten.)

Die Lehre von der eigentlichen elektronischen Ästhetik vollzieht sich im ersten Schritt durch die Rezeption, Analyse und Kritik existierender Objekte und Konzepte (also abgeschlossener Werke wie Tonbandstücke, Partituren oder Computer-Programme einerseits und Aufsätze, Programmtexte und Vorträge andererseits). Dabei sollen, sowohl unter Berücksichtigung der historischen Situation der Entstehung als auch unter deren Abstraktion, die ästhetisch-rezeptionstechnischen, die inhaltlich-weltanschaulichen und die technologisch-produktionstechnischen Aspekte angemessen herausgearbeitet und in Beziehung gesetzt werden. Beispiele aus verschiedensten Epochen und verschiedensten Stilrichtungen können einer solchen Analyse unterzogen werden, welche dem Studenten helfen soll, seine eigene ästhetische Position sinnvoll zu bestimmen.

Dazu jedoch reicht die Analyse nicht aus. Vielmehr müssen die am historischen Beispiel vorgeführten Techniken in praktischen Übungen nachvollzogen werden. Nur so können die ästhetischen und produktionstechnischen Implikationen der verschiedenen Verfahren wirklich erfahren und begriffen werden – z.B. in bezug auf die Wahrnehmbarkeit von Strukturen, das Maß der Beeinflußbarkeit von Prozessen, das Maß der Vorhersagbarkeit von Ergebnissen, das Hervortreten von unerwünschten Nebeneffekten in der Rezeption, etc.

Diese unmittelbare praktische Verifikation von theoretischen Erkenntnissen und Vorstellungen unterstützt die »Hardware« des elektronischen Studios des ICEM in besonderer Weise dank eines zugrundeliegenden, durchgängig aus kompositorischen Erfahrungen hervorgegangenen Konzeptes. Dieses Konzept läßt sich charakterisieren durch die beiden Schlagworte »Modularität« und »Kompatibilität«. Diese gelten sowohl auf der technischen Ebene der installierten Geräte als auch auf der ästhetisch-inhaltlichen Ebene des kompositorischen Denkens.

Die Theorien und Verfahren der elektronischen Musik lassen sich grob in drei Familien einteilen, die auch als solche Gegenstand von Forschung und Lehre sind. Ich habe sie mit den Stichworten bezeichnet: musique concrète, voltage-control, Serialismus. (Diese Worte sind normalerweise Namen für bestimmte historische Epochen, welche den drei grundlegenden Denkformen entsprechen und hier pars pro toto als griffige Kürzel gewählt wurden.)

Der mit »musique concrète« bezeichnete Bereich enthält die »analytischen« Klanggenerierungen. Dies sind »substraktive Synthese«, also Filtrierungen, Amplituden-Demodulation und -Modulation, Produktmodulation und alle Tonbandtechniken, also Schnitt und Montage, Transposition, Schleifenbildung etc.

Der mit »voltage-control« bezeichnete Bereich ist der Einsatz des Analogrechners, also eines modularen analogen spannungsgesteuerten »Synthesizers«. Die Lehre vom Einsatz des Analogrechners beginnt bei der reinen Klanggenerierung, wie also bestimmte Spektren und Spektralverläufe durch die Kombination und Verschaltung der einzelnen Module erzeugt werden. Sie endet bei dem Bau großer, rückgekoppelter kybernetischer Modelle, die selbsttätig Strukturverläufe über mehrere Minuten hin generieren und so großformale Entwicklungsteile qua Schaltung definieren.

Das Stichwort »Serialismus« bezeichnet ein Denken, das davon ausgeht, daß musikalisch sinnvolle Materialdispositionen, Strukturverläufe und Formgliederungen aus Reihen, Formeln und mathematischen Verfahren ableitbar sind. Obwohl diese Verfahren seit langem erprobt und bewährt sind (Webern, Stockhausen, Boulez sind einige bekannte Vertreter), indem die Komponisten die Algorithmen »zu Fuß« auf dem Papier ausführten, ist diese Ausführung naturgemäß dem digitalen Rechner angemessen. In diesen Bereich gehört auch die Erfahrung, daß man die Werke z.B. der barocken oder klassischen Periode durchaus mit mathematischen Modellen analysieren und so Formeln ableiten kann, die bei der aktuellen Komposition als Materialgeneratoren wertvoll sein können.

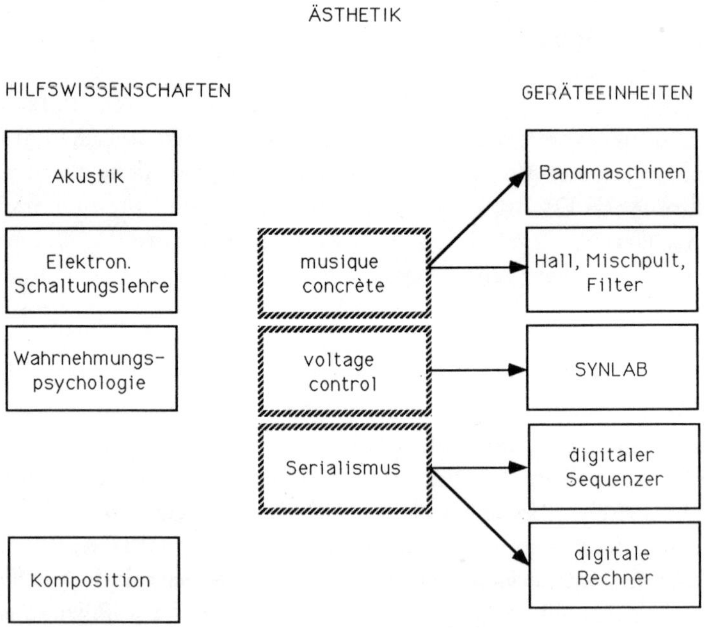

Diese drei Großgruppen und die unter ihnen zusammengefaßten Satztechniken haben jeweils ihre spezifischen ideologischen, rezeptionsästhetischen und technologischen Implikationen. Den drei Gruppen entsprechen drei Funktionseinheiten im Studio des ICEM. Grob zugeordnet werden können

- den Techniken der »musique concrète«: Bandmaschinen, Effektgeräte und das Mischpult mit seinen Filtern;
- den Techniken des »voltage-control«: der SYNLAB (Synlab ist ein von der Berliner Fa. Hofschneider und der Folkwang-Hochschule im Jahre 1975 gemeinsam entwickeltes analoges Synthesizer-System, speziell entworfen im Sinne des Studio-Konzeptes);
- den Techniken des »Serialismus«: die digitalen Rechner und das digitale Interface nebst den auf diesen installierten Programmen.

Das grundlegende Konzept von »Kompatibilität und Modularität« jedoch erweitert die Grenzen obiger Zuordnung: Grundsätzlich kann jede der Funktionseinheiten in jedem Syntheseverfahren eingesetzt werden. Zum Beispiel:

- in die Schaltungen des Analogrechners können Tonbandmaschinen als Verzögerungsleitungen/Zeitglieder integriert werden;
- der SYNLAB kann qua Filter, Produktmodulator, Amplitudenmodulator auch »subtraktive« Verfahren durchführen;
- der SYNLAB kann Bandschnitt simulieren, also Bänder nach analog errechneten Steuerkurven zerhacken und ineinander blenden;
- das digitale Interface kann von analogen Generatoren getaktet und diese wiederum können von einem Tonbandsignal gesteuert werden;
- das Ausgangssignal externer Effektgeräte (z.B. Halltrommel) per Amplitudenmodulator und Schmitt-Trigger im SYNLAB eine definierte Hüllkurve aufgeprägt bekommen.

Der produktiven Phantasie sollen im Studio der Folkwang-Hochschule möglichst keine technischen Grenzen gesetzt werden. Dies wurde erreicht durch das mit größtmöglicher Strenge durchgehaltene, simple Grundprinzip: Jeder Ausgang kann mit allen Eingängen verbunden werden! Was auf technischer Ebene als primitive »pin-to-pin« Kompatibilität erscheint, ist jedoch nur Ausprägung eines zugrundeliegenden konsequenzenreichen ästhetisch-philosophischen Prinzips. Dieses kann man beschreiben mit den Worten: Keine Satztechnik, keine Verfahrensweise ist a priori bevorzugt oder verpönt, sondern jede angewandte Maßnahme muß ihre Berechtigung beweisen im Rahmen des speziellen ästhetischen Kontextes eines individuellen Werkes. Diesem Gedanken liegt zugrunde ein auf langjährige Erfahrung gestütztes Vertrauen auf die »strukturbildenden Tendenzen der Arbeitsökonomie« im Kampf mit den Widerständen der Technik.

Jener experimentelle, ja spielerische Umgang mit der Technik, jenes gefahrlose alles-mit-allem verbinden können (nur nicht zwei Ausgänge), die Forderung nach unbegrenzter Kompatibilität mögen manchem sogar »verspielt« erscheinen. Das sind sie nicht. Die Erfahrung der Arbeit im Studio zeigt nämlich: Mag der Ausbauzustand ständig wachsen, mögen noch so viele neue und leistungsfähige Module dazukommen, die Arbeit des Komponisten, der seine Vorstellungen genau realisieren will, ist immer auch eine Arbeit *gegen* die Geräte. Mag auch jedes Gerät fast alles können, es kann doch nie das, was es gerade soll. Dafür aber kann das ein anderes Gerät, welches jedoch nie dafür entworfen worden ist. Selbstverständlich besteht auch in der elektronischen Musik, wie in jeder Kunst, ästhetische Reife und künstlerische Bedeutung in der Beschränkung auf das Wesentliche und die letztlich minimal notwendigen Mittel. Dies ist jedoch kein Argument dagegen, dem Lernenden, Forschenden und Produzierenden die größtmögliche Fülle an Geräten, Verfahrensweisen und Kombinationsmöglichkeiten a priori zur Verfügung zu stellen. Ganz wie der »klassische« Instrumentalkomponist wissen muß, daß die leeren Saiten der Streicher, die Pedaltöne der Blechbläser und das kleine h der Flöte ganz eigene Qualitäten haben, verglichen mit allen anderen Tönen, die auf diesen Instrumenten spielbar sind, so muß der elektronische Komponist einen Filter mit überhöhtem »Q« als Tongenerator benutzen können, eine Kombination aus Sägezahngenerator und Schmitt-Trigger als Rhythmus- und Pattern-Generator, eine Kombination aus Tonbandmaschine und Amplitudenmodulator als Analysegerät für die Erkennung rhythmischer Gruppen.

Eine meiner frühen Materialstudien, in welcher primär für Audio-Betrieb ausgelegte Geräte im Subaudiobereich, also niederfrequent, eingesetzt werden und umgekehrt soll dies verdeutlichen.

Vier Puls-Generatoren werden niederfrequent eingesetzt mit einer Periodendauer von einer Sekunde und darüber. Statt wie sonst einen hörbaren Ton erzeugen sie unhörbare Steuerspannungen. Diese werden aufaddiert, und da sie gegeneinander schweben, erzeugen sie eine melodische Kurve mit maximal sechzehn verschiedenen Tonstufen. Diese Steuerspannung wird auf einen »normal« betriebenen, also einen hörbaren Ton liefernden Funktionsgenerator gegeben. Anstatt direkt hörbar zu werden, steuert dieser vier sogenannte »ADSR«s, also Hüllkurvengeneratoren, die an sich subaudio betrieben dazu dienen, die Ein- und Ausschwingvorgänge eines akustischen Ereignisses zu formen. Diese ADSRs, die normalerweise maximal ein paar mal pro Sekunde angestoßen werden, werden also hier mit einer hörbaren Schwingung angestoßen, ein paar hun-

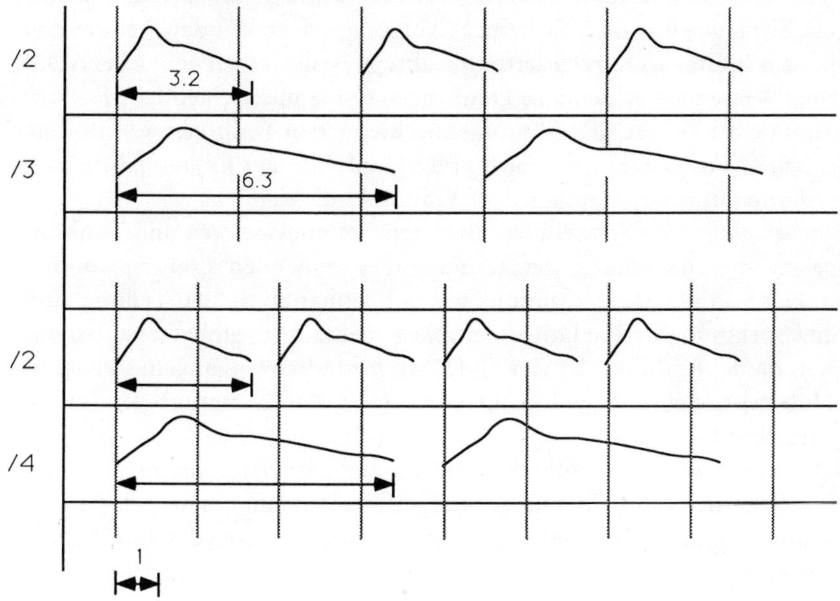
/2
3.2
/3
6.3
/2
/4
1

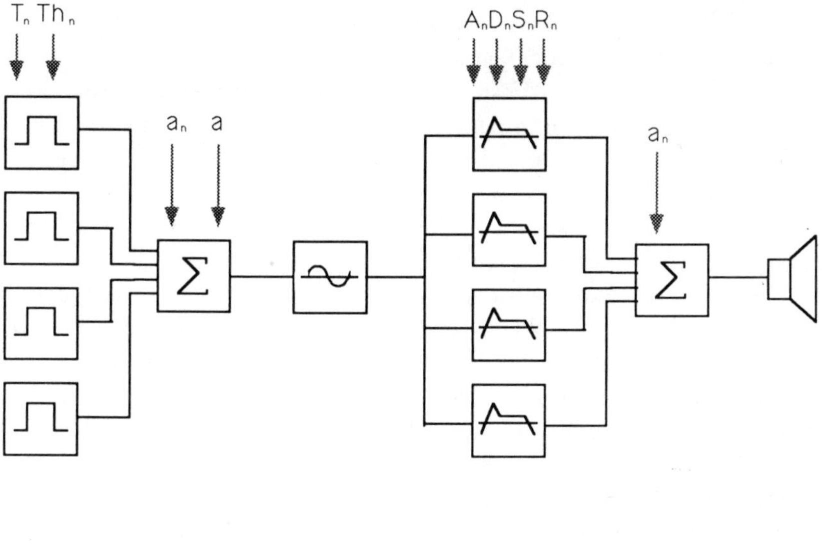
Tn Thn
an a
AnDnSnRn
an

dertmal pro Sekunde. Dadurch wirken sie als subharmonische Teiler. Sie strukturieren mit einfachen Mitteln und komplexem Ergebnis den wahrgenommenen Tonraum, da ihre charakteristischen Kurvenformen mit absoluten Dauern eingestellt werden und diese Dauern, abhängig von der taktenden Frequenz, nur jeden n-ten Impuls als Kurvenstartpunkt akzeptieren. Deshalb teilt jeder ADSR auf seine Weise unterschiedliche Frequenzen durch unterschiedliche Faktoren. Die Summe der vier ADSRs gibt so unterschiedlichen Tonhöhen jeweils unterschiedliche Klänge, und zwar nach einer Logik, die der funktional-harmonischen Tonraumstrukturierung in der Wahrnehmung ähnelt.

Der »strukturellen Schwebung« zwischen Teilungsspektren und Tonhöhen entspricht die Schwebung der tonhöhenbestimmenden Steuerspannungen selbst. Das von der Steuerspannung vor der subharmonischen Teilung aufgespannte Spektrum (die Tonhöhenmenge) ist ebenfalls ein global steuerbarer Parameter, da die Addition der vier einfachen Grundschwingungen, sowohl was den Hub der einzelnen Schwingung als auch was den Gesamthub der Skala angeht, regelbar ist.

Interessanterweise aber dominiert die durch die subharmonische Teilung induzierte Wahrnehmung eines funktional gewichteten Raumes so stark, daß auch die Komprimierung und Verstimmung der Grundfrequenzen den Eindruck von Ausgewogenheit und klassisch-tonaler Bestimmtheit nicht zu neutralisieren vermag.

Zwischen menschlichem Wollen, hier: die ästhetische Vorstellung, und den Möglichkeiten der jeweils aktuellen Technologie besteht ein grundlegender Widerspruch. Dieser entspricht der künstlerischen Arbeitsweise ihrem Wesen nach – ja, er ist für diese sogar durchaus konstitutiv. So wie das weiße Licht sich nur an einem Sprung in einer Glasscheibe in seine Farben bricht, so entzündet sich an diesem Widerspruch die menschliche Kreativität. Jede neue Technologie kann diesen Widerspruch immer nur im dialektischen Sinn aufheben, d.h. sein Erscheinungsbild verändern und den Ort seines Auftretens verschieben.

Die entscheidende technologische Neuentwicklung des letzten Jahrzehnts war die Erfindung und massenweise Verbreitung leistungsfähiger Mikroprozessoren. Die konsequente und systematische Anwendung dieser kann im Bereich von musikalischer Produktion und Komposition tatsächlich neue Qualitäten schaffen. Von der elektronischen Massenindustrie wurde bereits eine neue soziale Qualität geschaffen, da digitale Geräte die altbekannten Effekte auf wesentlich preiswertere Art hervorbringen können, und somit einem explosionsartig vergrößerten Kreis von Anwendern erschwinglich sind. In Ergänzung dazu befaßt sich die akademische Forschung und Entwicklung naturgemäßer Weise vorrangig mit den inhaltlichen Neuerungen, die von der Anwendung der Digitaltechnik in den Gesamtzusammenhang der ästhetischen Produktion eingebracht werden.

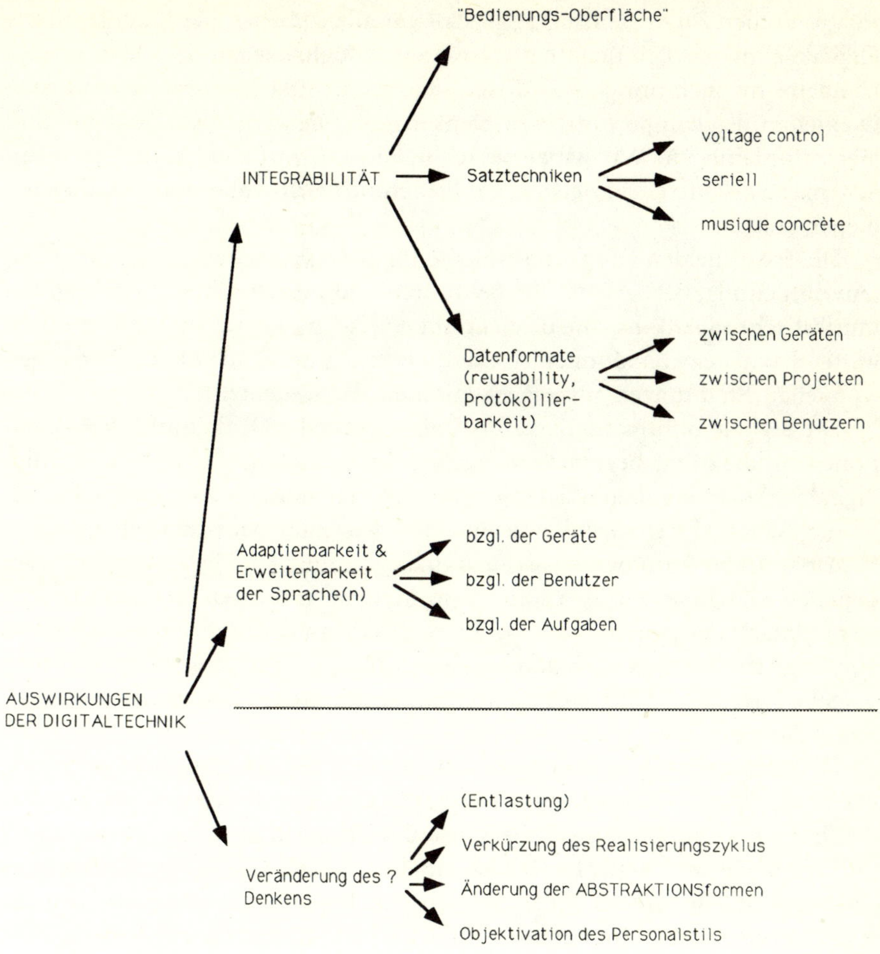
"Bedienungs-Oberfläche"
INTEGRABILITÄT
Satztechniken
voltage control
seriell
musique concrète
Datenformate (reusability, Protokollier-barkeit)
zwischen Geräten
zwischen Projekten
zwischen Benutzern
Adaptierbarkeit & Erweiterbarkeit der Sprache(n)
bzgl. der Geräte
bzgl. der Benutzer
bzgl. der Aufgaben
AUSWIRKUNGEN DER DIGITALTECHNIK
Veränderung des ? Denkens
(Entlastung)
Verkürzung des Realisierungszyklus
Änderung der ABSTRAKTIONSformen
Objektivation des Personalstils

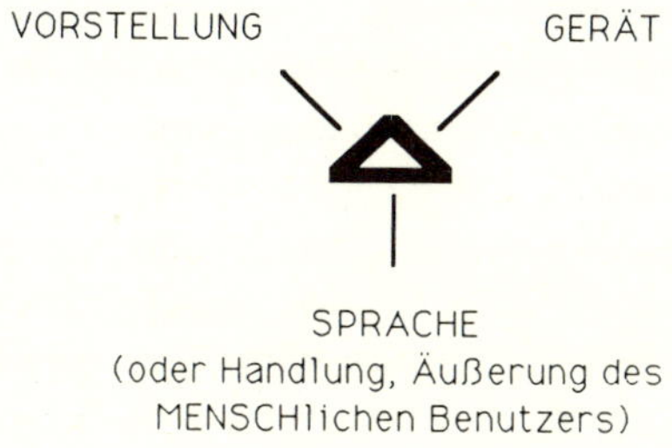
VORSTELLUNG
GERÄT
SPRACHE
(oder Handlung, Äußerung des MENSCHlichen Benutzers)

Eine Untersuchung, aufbauend auf den Erfahrungen mit den »klassischen« elektronischen Satztechniken, zeigt, daß auf allen Ebenen der Produktion die Digitaltechnik erstlich quantitativ erweiterte Möglichkeiten des Denkens und Handelns mit sich bringt. Aus diesen neuen Quantitäten folgen sowohl neue Qualitäten des kompositorischen Denkens als auch neuartige Probleme und Herausforderungen. Wir haben versucht, diese Auswirkungen in folgendem Schema zu klassifizieren, welches als Gliederung der abschließenden Darlegung dienen soll.

Die ersten beiden Gruppen beinhalten die Möglichkeiten der digitalen Datenverarbeitung, bezogen auf die bekannten und hergebrachten Verfahren des musikalischen Denkens. Die dritte Gruppe versucht, die wahrscheinlich zu erwartenden neuen Denkformen zu extrapolieren, ausgehend von den bereits gewonnenen Erfahrungen aus den praktischen Experimenten.

Die digitale Informationsverarbeitung, welche alle Denk- und Datenoperationen auf die streng begrenzte Menge inhaltlich primitiver Operationen eines digitalen Prozessors abzubilden zwingt, fordert ein hohes Maß an Abstraktionsleistung seitens der erbauenden Ingenieure – sowohl in der vorhergehenden Systemanalyse der Anforderung als auch in der Planung und der Codierung einer digitalen Maschine. Aus den somit vom Material bedingten Notwendigkeiten zu modularer und generischer Programmierweise und aus dem auf allen Ebenen eines digitalen Systems noch durchschimmernden grundlegenden Abstraktionsvorgang folgt ein von älteren Technologien nicht erreichtes Maß an integrativer und adaptiver Kraft.

Diese integrative Kraft weist einem digitalen System als natürlichem Ort seiner Anwendung die Mitte eines Dreiecks zu, dessen Ecken gebildet werden durch die musikalisch/ästhetische Vorstellung des Musikers zum einen, durch die verschiedenen Geräte, Funktionseinheiten, Technologien des Studios zum anderen – und durch die Formen der menschlichen Äußerungen und Wahrnehmungen zum dritten, also durch die Sprache des produzierenden Musikers, welche ausgangsseitig das Bewegen von Schiebereglern, das Drücken von Tasten, das Bespielen einer Klaviatur, das Schreiben von Sätzen einer Programmiersprache, die bekannten Mittel grafischer Eingabe, eingangseitig das Beobachten grafischer Ausgaben, angezeigter Zahlenwerte und das Hören beinhalten.

An dieser Stelle, im Zentrum dieses Dreiecks, kann und muß die Digitaltechnik die nur von ihr zu leistenden grundlegenden Aufgaben von Integration und Vermittlung wahrnehmen. Dies ist u.E. die wichtigste und erfolgversprechendste zukünftige Aufgabe der digitalen Technologie.

Die integrative Kraft wird erstlich wertvoll in dem großen Bereich des sog. »human interfacing«, also der Mensch/Maschine-Schnittstelle. In der Tat hatte im klassischen elektronischen Studio jeder Gerätetyp eine eigene Sprache zu seiner Bedienung. Diese Sprache bestand z.B. beim modularen analogen Synthesizer in den einzelnen spannungskontrollierten Eingängen und der internen Definition, welche angelegte Spannung welchen Effekt auf welchen Parameter hat; bei den Tonbandmaschinen in der Betätigung der Tasten oder dem unmittelbaren Bewegen der Bandwickel, bei den nicht-spannungsteuerbaren Effektgeräten in den Stellungen der Schalter und Regler, etc.

Es ist ohne Zweifel eine Entlastung des produzierenden Musikers von störenden Nebenbedingungen, wenn er von einem Platz aus mit einer einheitlichen Kontrollsprache und einheitlicher Protokollierung und Rückmeldung seiner Befehle möglichst alle Geräte steuern und abfragen kann. Dies ermöglicht erst die Digitaltechnik. Diese Integration ist für die verschiedenen Bandmaschinen in allen Studios durch die sog. SMPTE-timecode Technik seit einigen Jahren verwirklicht.

Im Gegensatz dazu ist das Problem der sprachlichen Integration durch das Aufkommen der handelsüblichen digitalen Synthese- und Effektgeräte durchaus vergrößert worden. Die weithin divergierenden, auf primitivsten Hardware-Einrichtungen (z.B. einem LCD-Display von zwei Zeilen und einer hexadezimalen Tastatur) installierten Benutzerschnittstellen, die für jedes neue Gerät ein neues Handbuch zu lesen zwingen, sind ein eminenter Rückschritt verglichen mit den kompatiblen Modulen des analogen Synthesizers.

Ein wirklich integrales digitales Studio-System hat auch die Aufgabe, hier qua Fernsteuerung eine einheitliche, protokollierbare, automatisierbare und komfortable Bedienungsoberfläche zu schaffen. Durch den zunehmenden Einsatz digitaler Einzelinstrumente darf nämlich nicht jene quasi-totale Konnektivität des experimentellen Studios verloren gehen, die es ermöglicht, alle Geräte auch außerhalb ihrer Standardsituation zu verwenden und somit ästhetisch, satztechnisch und praktisch ganz individuelle Beeinflussungsmöglichkeiten auf musikalische Prozesse zu realisieren. Ganz im Gegenteil muß diese Konnektivität erweitert werden.

Ein Beispiel für den gezielten Mißbrauch eines digitalen Gerätes im hybriden Studiokontext: Um eine mehrminütige exponentielle Steuerkurve zu realisieren, wurde der digitale Sequenzer mit einer linear fallenden Folge von Zahlen programmiert. Er diente also nur als Generator einer einzigen Periode eines umgekehrten Sägezahns von maximaler Amplitude. Diese steuerte, unterschiedlich abgeschwächt und teilweise mit umgekehrtem Vorzeichen, die Tonhöhe mehrerer hörbarer Sinusgeneratoren, welche also ein Spektrum bilden, das sich mit fallender Steuerspannung immer mehr zusammenzieht. Darüber hinaus aber steuerte das digitale Interface einen SYNLAB-Funktionsgenerator, welcher rückgekoppelt die Zeitbasis des digitalen Sequenzers selbst darstellte. So wurde aus der eingegebenen linearen Datenfolge eine exponentielle Kurve. Da in diesen Rückkopplungsweg noch ein von Hand bedienter Schieberegler eingeschleift war, konnte der interpretierende Komponist also die »zweite Ableitung« des letzlich hörbaren Tonhöhenverlaufes global beeinflussen und so den in seiner Grundstruktur feststehenden Spektralverlauf in seinem konkreten Zeitverhalten interaktiv überprüfen und das jenseits aller Mathematisierbarkeit intuitiv (unter Berücksichtigung der großformalen Zusammenhänge) als richtig erkannte Timing vermitteln und doch unmittelbar realisieren.

Ein weitergehender Ansatz zur Ausnutzung der integrativen Kraft der Digitaltechnik ist der Bau von sog. musikalischen Workstations. Dies sind Systeme, die potentiell alle drei beschriebenen Familien von Satztechniken und Analysemethoden (mit den Schlagworten bezeichnet »voltage-control«, »musique concrète« und »Serialismus«) in einer einzigen Maschine realisieren können, kontrolliert mit den gleichen Sprachmitteln. Eine solche Workstation ist z.B. das AUDIAC-Projekt.

Als Beispiele diene der erste Satz meines Werkes »imtakt, Konzert für Cembalo und Band«. Dieses entstand bis zum Jahre 1986 im alten elektronischen Studio der Folkwang-Hochschule mit der dort installierten hybriden Technologie von Analogsynthesizer, digitalen Programmen und Sequenzer und Bandschnittverfahren. Als Exposition eines achtsätzigen Konzertes beinhaltet der erste Satz fast alle damals zur Verfügung stehenden Technologien, welche in den Folgesätzen jeweils einzeln analysiert werden. Ich werde kurz die Entstehung der

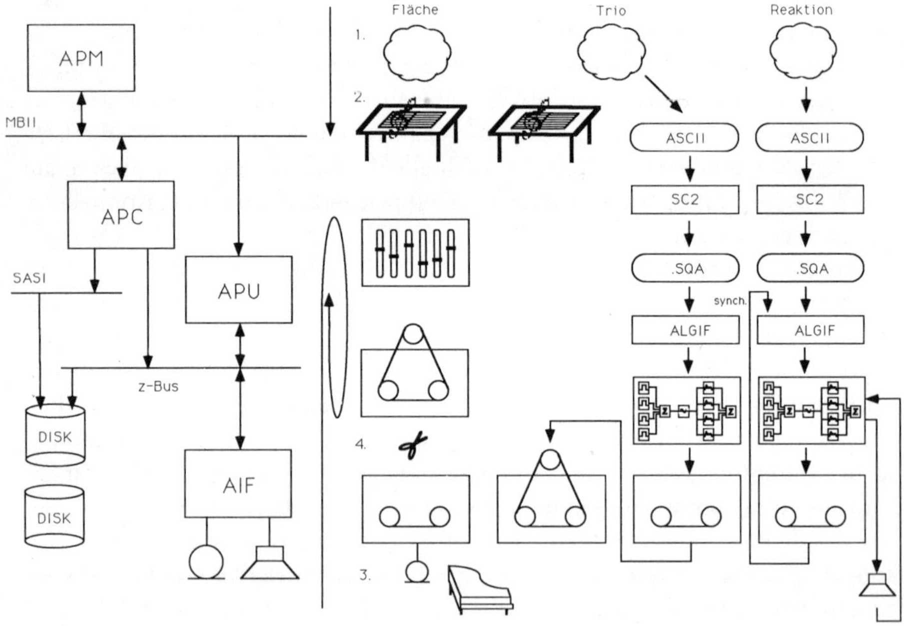

einzelnen Materialschichten dieses Satzes darstellen, um dann zu vergleichen, an welchem Ort innerhalb der Architektur des rein digitalen AUDIAC-Systems die einzelnen Produktionsschritte heutzutage stattfänden.

Der Satz besteht aus drei in größerem Abstand nacheinander einsetzenden Schichten, genannt »fläche« »trio« »reaktion«. Die »Fläche« besteht aus einhundertfünfundzwanzig überlagerten Tonbandschleifen mit konkretem, eingespieltem Cembalo-Material. Fünfundzwanzig Motive wurden eingespielt und zu Tonbandschleifen geklebt. Jedes dieser Motive wurde einzeln für sich fünf verschiedenen Tonbandtranspositionen unterworfen. Der Inhalt der Cembalomodelle sind sequenzierende Figuren, die im Gestus den Bachschen Sequenzmodellen nachempfunden sind, jedoch real statt tonal sequenzieren. Die endgültige Lage im Tonraum aber, also auch die Dichteverteilungen der Töne und die Regeln der Bandtransposition wurden errechnet nach einem Materialzitat aus O. Messians seriellem Klassiker »mode de valuers . . .«. Das sog. »Trio« besteht aus einem einstimmigen Cembalopart, in dem die demselben messianschen Werk zugrundeliegenden drei Reihen von Tonnamen/Tondauer-Paarungen so umsortiert wurden, daß ihre Abfolge ebenfalls Bachschen Motiven ähnelt. Diese Cembalostimme wird ergänzt zum Trio durch zwei computergenerierte Stimmen, die das Cembalo von rechts und links zunehmend in die Zange nehmen. Diese beiden vom Computer generierten, rechnerisch transponierten und exakt gespielten Vor- und Nachechos werden ergänzt durch transponierende Vor- und Nachechos höherer Ordnung, die mit Tonbandtechniken und Harmonizer-Transposition erzeugt wurden.

Die am Schluß einsetzende Schicht »Reaktionen« färbt die Töne der Cembalostimme ab und besteht einerseits aus Liegetönen, die die schwarzen Tasten des Cembalos in der klassischen »Fallparabel« darstellt, andererseits aus Impulsen, die senkrecht zur bisher dominierenden Richtung in den Raum wandern. Der Rhythmus dieser Impulse ist durchaus irrational zum Restrhythmus und wurde vom digitalen Sequenzer generiert, die Hüllkurve, die die Raumbewegungen steuert, wurde im Analogrechner mit ADSRs generiert und nach gehörpsychologischen Kriterien von Hand eingestellt (qua akustischer Kontrolle der Raumwahrnehmung und Extrapolation auf größere Volumina).

Betrachten wir in Kürze die einzelnen Produktionsschritte dieser drei Schichten und ihre Orte im Studio:

Für die Schicht »Fläche« wurden die Schleifenmodelle für die Cembalo-Einspielungen und die Transpositionsregeln vom Komponisten auf dem Papier errechnet; eine Notenvorlage für den Spieler geschrieben; die einzelnen Sequenzmodelle aufgenommen; die Bandaufnahmen per Tonbandtechnik zu Schleifen geklebt und transportiert; der Verlauf der Großform (also die schrittweise Ausdünnung) gemäß dem vorher errechneten Plan am Mischpult durch multiplay-Bandtechniken geregelt.

Für die Schicht »Trio« wurde der dreistimmige Satz konstruiert; einerseits die Partitur von Hand geschrieben; andererseits eine ASCII Datei erzeugt, aus der das Programm SC2 eine Steuerdatei für den »digital-nach-analog« Sequenzer erzeugt hat; dieser steuerte dann die Klanggenerierung im Synlab-Analogrechner, deren Ergebnis mittels Bandtechniken und Harmonizer mit transportierenden Vor- und Nachechos versehen wurde.

Für die Schicht »Reaktion« wurden die Zeitverhältnisse, Bewegungsrichtungen, Tonraumdispositionen etc. »im Kopf« berechnet; wiederum eine ALGIF-Datei erzeugt, welche die Rhythmen der einzelnen Schichten beinhaltet; und dann im multiplay-Verfahren jede Tonhöhe einzeln auf das Band gebracht, wobei einerseits die bereits fertige Aufzeichnung der Trio-Schicht zum Zwecke der Synchronisation den Sequenzer steuerte und das Mithören im Raum dem Komponisten erlaubte, die Hüllkurven der Raumwanderungen seinen Wahrnehmungen und Extrapolationen folgend einzustellen.

Das AUDIAC-System nun besteht aus verschiedenen hochspezialisierten Subsystemen. Alle diese werden jedoch durch eine einheitliche Bedien-Oberfläche angesteuert und sind qua intelligenter Software dem Benutzer gegenüber »transparent«.

Die Funktionseinheiten sind:

- APM: ein universeller Datenbank- und Steuerrechner, der u.a. das Benutzerface und alle Anwenderprogramme kontrolliert und allen anderen Submodulen ihre Teilaufgaben zuteilt.
- APC: ein spezialisierter Prozeßrechner, der u.a. alle niederfrequenten realzeitbezogenen Eingabe-/Ausgabe-Interaktionen behandelt (Klaviaturen, Schieberegler, Tastendrücke, grafische Rückmeldungen, MIDI–IO).
- APU: der klanggenerierende und klangverarbeitende Signalprozessor für die audio-frequente Datenverarbeitung.
- DISK: das Subsystem zur Klangspeicherung.
- AIF: das Audio-Interface zur Wandlung der eingehenden Analogsignale in digitale und umgekehrt.

Alle diese Submoduln können ein- oder mehrfach im System installiert werden. Die grafische Höhe der für »imtakt« dargestellten Arbeitsschritte bezieht sich auf das Submodul, welches bei einer Neurealisierung auf dem AUDIAC-System diesen Arbeitsschritt durchführen würde. Dabei ist besonders zu beachten, daß auch Arbeitsvorgänge, die damals nur auf dem Papier stattfanden, also die Vorgänge des seriellen Denkens, die Tonraumdisposition, Dauerberechnung, Wertepermutation, Heuristik etc. heutzutage durchaus innerhalb des Rechners ablaufen können, also qua definiertem »Kompsitionsprogramm«.

Abgesehen von der durchaus eigenen Problematik der Kompositionsprogramme, ist der Vorteil einer integrierten Architektur wie des AUDIAC-Systems wohl offensichtlich: Die eigentliche Arbeit des Komponisten wird weniger belastet durch die unterschiedlichen Bedienungsformen, längeren Realisierungszeiten, verwaltungstechnischen Aufgaben und erleichtert durch den unmittelbaren Zugriff auf alle Datenebenen eines Projektes, welche vorher auf die unterschiedlichsten Medien verteilt waren.

Der dritte Punkt der Auswirkungen der integrativen Kraft der Digitaltechnik nämlich betrifft genau diese Austauschbarkeit der Datenformate. Eine digitale Steuerzentrale eines hybriden Studios und eine musikalische Workstation ermöglichen nämlich die Anwendung ein und derselben Datenfolge auf verschiedenartige Geräte; die Wiederverwendung von Daten (wie Frequenztabellen, formalen Regeln, Schaltungsdefinitionen) in verschiedenen Projekten und das wechselseitige zur Verfügungstellen von Forschungsergebnissen zwischen Kollegen und somit den erweiterten Erfahrungsaustausch auf einer objektivierten Grundlage.

Besonders im Falle der Entwicklung von Kompositionsalgorithmen kann es zwar der Fall sein, daß ein Programm schon das Werk ist, also überaus persönliche und einmalige Strukturmerkmale beinhaltet und nur zur einmaligen Ausführung für genau ein Stück gedacht ist. Jedoch auch der gegenteilige Fall ist häufig gegeben, daß nämlich ein Kompositionswerkzeug so allgemein ist, daß es neben den konkreten ästhetischen Implikationen durchaus verschiedenste Verwendung finden kann, ja daß der Autor überaus interessiert daran ist, daß Dritte mit seinem Werk Erfahrungen sammeln, ihm davon direkt oder qua musikalischer Produktion berichten und so sein Produkt einer weitgehenden ästhetischen Erforschung unterziehen.

Auch dieser Aspekt ist Gegenstand des Audiac-Projektes, wobei besonders durch die Entwicklung der Sprache APOS versucht worden ist, den Komponisten, der ein digitales Programmsystem entwickeln will, zu entlasten von den immer gleichen Standardaufgaben, Scanner, Parser, Editoren, Ausgaberoutinen und Speicherverwaltungen implementieren zu müssen. Diese Entlastung soll in den nächsten Jahren wesentlich zu einer Förderung des Entstehens von Kompositions- und Analysealgorithmen beitragen.

Eine zweite grundlegende Eigenschaft der Digitaltechnologie, welche der Studioanwendung entgegenkommt, ist die Adaptierbarkeit und Erweiterbarkeit. Diese sind nichts anderes als die »integrative Kraft«, betrachtet aus dem Blickwinkel eines fertigen Systems.

Die Erweiterbarkeit bedeutet, daß neue Geräte und Satztechniken organisch in ein bestehendes System eingefügt werden können, vorausgesetzt alle Schnittstellen sind universell entworfen und sauber ausgeführt.

Die Adaptierbarkeit beinhaltet, daß ein Anwender sowohl in Betracht seiner generellen Vorlieben, Gewohnheiten und Ausdrucksformen als auch in bezug auf eine spezielle Problemstellung, sich seine Arbeitsumgebung, die Kontrollsprache, die Art der Rückmeldungen vom System etc. jeweils eigen und selbständig konfigurieren können soll. Dadurch wird erreicht, daß der Benutzer, der als realisierender Komponist ja in bestimmten Phasen von Produkten und Abmischung durchaus in der Rolle des ausführenden Musikers in die metrisch strukturierte ablaufende musikalische Zeit eingebunden ist und zeitrichtig agieren und reagieren muß, ausschließlich die Informationen zugeführt bekommt, die er für eine bestimmte Realzeitphase tatsächlich braucht, und die komplexesten Eingaben mit den physisch einfachsten Aktionen durchführen kann.

Was werden nun die absehbaren zukünftigen Auswirkungen des Einsatzes der Digitaltechnologie auf das musikalische Denken sein?

Zum ersten erwarten wir vom systematischen Einsatz der Digitaltechnik, wie schon erwähnt, eine weitgehende Entlastung des Komponisten sowohl von organisationstechnischen Nebentätigkeiten als auch von rein technologisch bestimmtem Informationsballast. Zusammen mit dem weniger indirekten Zugriff auf alle an einem Projekt beteiligten Materialien wird dies sowohl zu einer besseren Ausnutzung der geistigen Kapazitäten in der Produktion führen als auch zu unmittelbareren Ansätzen in der Didaktik der Ausbildung.

Eine weitere neue Quantität, die durch eine integrierte Realisierung der kompositorischen und klangerzeugenden Ebene erzielt wird, ist die der kürzeren Rückkopplungszeiten zwischen strukturellem Entwurf, datentechnischer Realisierung, akustischer Realisierung, rezeptiver Kontrolle und der sich daraus ergebenden Korrektur des Entwurfes nebst Wiedereintritt in diesen Zyklus.

Ein Komponist, der aus seinen Vorstellungen z.B. eine rhythmische Formel ableitet oder eine Regel zur Tonraumstrukturierung, diese Regel dann Schritt für Schritt auf dem Papier durchführt und so einen Notentext erstellt, den dann ein Streichquartett zur Ausführung bringt, unterwirft sich dem längstmöglichen Rückkopplungszyklus: Er wird das Produkt seiner Tätigkeit erstmals in der gemeinsamen Probe der vier Musiker äußerlich anhören und so evtl. mit seinen ursprünglichen Vorstellungen vergleichen können – vorausgesetzt, jeder Musiker hat seinen Part so gut vorbereitet, daß das, was er spielt, dem Notentext entspricht. Wenn dieser Komponist vorher schon den Notentext in ein handelsübliches Sequenzer-Programm eingegeben hat und ihn sich von seinem handelsüblichen Synthesizer vorspielen läßt, so verkürzt sich die Dauer dieses Zyklus. Wenn aber auch die erwähnte Durchführung der strukturellen Formel, also die Erstellung der Notenfolge, auf einem integrierten digitalen System vom Rechner vorgenommen wird, der sie unmittelbar auch zu Gehör bringen kann, so ist die Dauer des Zyklus nur noch bestimmt durch die Rechnerleistung des Computers.

Um Mißverständnissen vorzubeugen: Selbstverständlich ist das Verhältnis von Vorstellung, Komposition und Realisierung, von Fremd- und Eigenwahrnehmung eines ästhetischen Objektes ein wesentlich komplizierteres als eben dargestellt.

Bei einem Streichquartett z.B. sind die Gegebenheiten von Aufführungspraxis, Hörerwartung und Spielhaltung besondere in ihrer historischen Dimension konstitutive Fakten, die auf vielschichtige Weise in die Definition des Objektes selbst hineinspielen und vom Komponisten berücksichtigt werden (der vierstimmige Satz als das schlechthinnige Modell von Kontrapunkt und Harmonik, das Spätwerk Beethovens, das Frühwerk Weberns).

Jedoch kann die quantitative Verkürzung jenes Zyklus zu einer wirklich neuen Qualität werden: z.B. einen sechzehnstimmigen isorhythmischen Satz von je 1024 Anschlägen der Dauer ein hundertachtundzwanzigstel bei Tempo 60 nach einem bestimmten Zufallsalgorithmus ausführen zu lassen, welcher bestimmte Harmonien vermeidet, andere zu Beginn erlaubt, später verbietet und z.B. am Schluß in ein Unisono mündet, ist natürlich per selbstvereinbartem Regelsystem, stundenlangem Auswürfeln, säuberlichem Notenschreiben und Abspielen durch 16 technisch hochqualifizierte Streicher durchaus möglich. Will ich aber überprüfen, welche Unterschiede im Erscheinungsbild des Satzes sich bei anderen Zufallsfolgen ergeben, also, wie genau meine Regeldefinition meine Vorstellung beinhaltet, oder will ich ausprobieren, wie die Änderung eines einzigen Parameters in meinem Regelsystem auf die Wahrnehmung des Satzes sich auswirkt, so müßte ich mehrere Wochen würfeln, viele Notenblätter beschreiben und bräuchte sechzehn sehr nervenstarke und qualifizierte prima-vista Spieler, die alle Varianten ohne vorheriges Üben nacheinander abspielten. In der rechnergestützten Realisierung müßte ich im ersten Fall lediglich den sog. Startpunkt des Zufallsgenerators verändern, im letzteren den Programmtext meines Algorithmus editieren, um sofort die Resultate akustisch verifizieren zu können.

Fragt sich nun ein in der Rezeption der vor-seriellen Musik geschulter Hörer, was das denn solle, wozu man sechzehnstimmige Sätze, global definierte und dann ausgewürfelte Harmonieverläufe und anderes denn brauche, so ist diese Frage berechtigt, das fragen wir uns nämlich auch! Denn jedes Kunstwerk ist unter anderem ein Versuch der Beantwortung einer dergestaltigen Frage, in Form einer Antwort ex parte post, also: welche wahrnehmungspsychologischen, strukturellen Konsequenzen folgen aus einer bestimmten Satz-, Mal- oder Schreibtechnik und wie reagiere ich als Künstler auf diese Konsequenzen auf stringente Weise, um im Rahmen meiner weltanschaulichen Grundvorstellung ein Objekt der erfolgreichen öffentlichen Kommunikation zu schaffen, ein Kunstwerk.

Durch die Anwendung des Computers werden neue Satzformen überhaupt erst möglich und der Komponist kann auf neuartigen Abstraktionsebenen arbeiten: sein Ausdrucksmittel ist der Algorithmus, seine Einflußmöglichkeit sind die individuellen, mehr oder weniger tief in ihm verborgenen Parameter, sein Werkzeug ist eine Programmiersprache. Nur letzteres ist wirklich neu: Das barocke und klassische Sequenzmodell z.B., bei dem sich ein Motiv auf die Reise macht durch unterschiedliche Stufen der Tonleiter, ist auch ein genau definierter Algorithmus – und jede Tonstufe ein global eingestellter Parameter, mit dem der klassische Komponist den Modulationsweg einer Sonatendurchführung oder eines Fugenzwischenspiels extern und nach übergeordneten formalen Kriterien lenkt.

Ästhetische Produktion ist zwangsläufig, auf welcher Ebene auch immer, ästhetischer Fortschritt. Fortschritt jedoch setzt Tradition voraus, auf die er sich abstützt, von der er sich abstößt. Der erfolgreiche Einsatz des Rechners in der Komposition verlangt neue Fähigkeiten beim Komponisten, ohne die alten Erfahrungen überflüssig zu machen. Nur so kann ein angemessener Umgang mit dem neuen Medium erreicht werden, der die neuartigen Gestaltungsmöglichkeiten von Zeit und Raum als solche begreift und einsetzt. Zum Beispiel die Interaktion eines menschlichen Interpreten mit einem Computersystem, welches »in Realzeit« während der Aufführung auf den Interpreten reagiert und Daten generiert und abspielt, auf die seinerseits der Interpret reagiert, ist eine neuartige musikalische Situation, die unter anderem eine praktische Analyse von Zeitwahrnehmung beinhaltet und neuartige Spannungsverhältnisse zwischen Auditorium, Interpret und Partitur hervorruft.

Der Schlußteil der Studio-Produktion von *Nahe zu fern,* einem Werk von Dirk Reith für Tonband und keyboardspielenden Interpreten, der qua midi-Keyboard sowohl einen midi-Synthesizer direkt steuert als auch einen Computer, welcher seinerseits den Synthesizer bespielt, ist ein Beispiel für »Kompositionsweisen gegen einen Standard« oder zumindest um einen Standard herum. Am Schluß dieses Werkes bestimmt der Keyboardspieler durch die Tasten einer Oktave nicht eine Tonhöhe, sondern die Auswahl aus einer Menge vordefinierter Schleifenmodelle.

Mit den Schiebereglern an seinem Keyboard, die normalerweise Klangfarbenparameter des Synthesizers regeln sollen, bestimmt er die Länge der Schleifenausschnitte, das Tempo ihres Abspielens etc.

Darüber hinaus geht noch ein Zufallsfaktor in die konkrete Gestalt der vom Computer gespielten Muster ein, so daß der Interpret hier wirklich aufmerksam zuhören und auf struktureller Ebene spielen muß, um den (sehr empfindlichen) Schluß des Werkes bewußt und musikalisch sinnvoll zu gestalten.

In der Tat treffen hier in kunstvollem Meta-Kontrapunkt vier zeitliche Bezugssysteme aufeinander: das auslaufende Tonbandmaterial (errechnet durch das Programm PPP von Thomas Neuhaus) hat ebenfalls Schleifencharakter, der sich nach global genau vordefinierten Proportionen langsam ausdünnt. Der Großrhythmus der Ausdünnungszustände ist die oberste Zeitschicht, die vom Komponisten explizit geplant wurde. Die Ausführung der Ausdünnung wurde dem Programm überlassen, bildet also eine Zeitschicht, die sich unter der ersten bewegt. Letztlich jedoch entstand so ein Tonband, welches in jede Aufführung dieselbe Zeitgestalt einbringt. Unabhängig davon spielt am Schluß der Rechner die Schleifenmodelle in einer eigenen Zeitlogik. Der Interpret wiederum (der in anderen Formteilen des Werkes sehr genau an die musikalische Echtzeit gebunden war) bewegt sich am Schluß, gleichsam befreit, auf einer dem Computer übergeordneten Zeitebene, auf der er global die von Band und Computer zusammen erzeugten Strukturen beobachtet und, sobald er es für nötig hält, zwar mit einem hohen Maß an Verantwortung, jedoch nicht wie sonst auf die Millisekunde festgelegt, seiner Beurteilung gemäß einen Reglerwert verändert.

Während sich die Midi-Technologie sonst nur schwer in den geschilderten Kontext des »kompatiblen und modularen Studios« einfügt, wurde mit *Nahe zu fern* ein wichtiger Schritt hin zur Integration von »Serialismus«, Spieltechniken und computergesteuerter Echtzeit-Synthese getan.

Das Universum der technischen Bilder oder die totale Entropie des Realen?

Anmerkungen zum Verhältnis Philosophie – Medienkunst – Technologie

Christian W. Thomsen

Zwischen den beiden Polen und Positionen von Vilém Flusser und Jean Baudrillard spannen sich die Diskussionen, sowohl was die philosophisch-soziologisch-technikpolitische Debatte angeht als auch die zum Verhältnis Naturwissenschaften-Technik wie die zum Themenkreis Medienkunst-Technologie. Flusser, der fünf Tage vor seinem plötzlichen Unfalltod mit unbändigem Optimismus, Witz, Ironie und Schlagfertigkeit sich erneut als Vorkämpfer einer telematischen Kommunikationsgesellschaft profilierte, die dem Menschen verfeinerte Sensorien als kreative Prothesen des sinnlichen und kognitiven Erkenntnisapparates und damit neue Primärerlebnisse, vertieftes Wissen, zerebrale Sinnlichkeit verheißt, plädierte für die positive Einschätzung der neuen Technologien, Künste und Kommunikationsmedien. Er forderte alternative Kategorien des Erkennens, Erlebens, Wertens. Wie kein anderer war er auch bereit, überkommene Strukturen, Leitbilder, Traditionen über Bord zu werfen. Im Originalton Flusser lautet das: »Alle Strukturen der Gesellschaft, so wie wir sie aus der Industriegesellschaft kennen, sind daran zu verfallen. Und ihre Kadaver verpesten die Luft.« (Flusser in diesem Band, S. 75) Im privaten Gespräch, das wir 1991 vertieft führten, hielt er allerdings mit seinen Besorgnissen und seiner Skepsis angesichts vieler Gegenwartstendenzen nicht hinter dem Berg. Aber gerade die schrecklichen Fehlentwicklungen dieses Jahrhunderts gaben ihm Kraft zur Hoffnung und zur Vision einer weltweiten telematischen Dialogkultur, in welcher er nicht die Entfremdung des Menschen durch die Maschinen, sondern die Symbiosen mit den Maschinen, vor allem mit dem Computer und vielen seiner Filiationen sah: »Es gibt keinen Widerspruch, die Maschine ist anthropomorph, ein Teil von uns.«

In dieser Hinsicht bewegte sich Flusser in der Nähe von Hans Moravec, allerdings mit einem historisch, philosphisch wesentlich gebrochenerem und differenzierterem Bewußtsein. Das aufreizend Provozierende an Moravecs Thesen über eine androide Roboterkultur, die er etwa um die Mitte des nächsten Jahrhunderts ansetzt, ist ja die Selbstverständlichkeit und moralische Bedenkenlosigkeit, mit der er weite Bezirke dessen, was wir kulturell und emotional uns angewöhnt haben, als essentielle menschliche Errungenschaften zu bezeichnen, ersatzlos abschreibt oder meint, der Supercomputer in den Robotern der vierten Generation werde es schon bringen. Nur gut, daß wenigstens Friedrich Kittler davor warnt, die bisherige Chip-Entwicklung einfach linear fortzuschreiben, mit jeweiliger Vertausendfachung der Rechnerleistungen innerhalb von zwei Jahrzehnten und daraus resultierenden Schlußfolgerungen einer kreativ-symbiotischen Mensch — Maschine Koexistenz.

Bleibt festzuhalten, daß Flusser, Moravec und ihre Gefolgsleute die Utopien einer Technikkultur visionieren, in der sich das menschliche Leben zu neuen Ebenen des Denkens, Fühlens, Erlebens, Erkennens hinaufentwickelt. Flusser sieht, wie schon in seinem Hauptwerk *Ins Universum der technischen Bilder* die Zukunft von technisch produzierten Bildern ungeheurer Intensität beherrscht und versteht von daher die Beziehung zwischen den technischen Bildern und den Menschen als *das* Zentralproblem künftiger Kulturkritik. An den jeweiligen Schnittstellen zwischen Bild und Mensch müsse es möglich sein, die emportauchende Informationsgesellschaft umzustrukturieren und menschenwürdig zu gestalten (Flusser 1985: 45). Hier, so von Flusser weiter gedacht, wäre eindeutig auch der Punkt, die Linie anzusetzen, wo Kunst und Künstler mit ihren Gestaltungsversuchen und Interpretationen von Welt ins Spiel kommen.

Das impliziert auch die weitere Verschiebung der Grenzen von Leben und Tod, neue Formen bewußten Lebens, postbiologisches Leben in den Medien und ihrer Software. Als krasser Antipode zu diesen Positionen, als geradezu paradigmatischer Vertreter der »Alten Welt« schrieb Jean Baudrillard in seinem Aufsatz »Die Telekratie?« (in diesem Band, S. 255 ff.) seine seit vielen Jahren vertretenen Bedenken gegen die Mediengesellschaft fort. Er beschwor mit flammenden Wortbildern das Mentekel des außer sich geratenen, satellisierten, von wuchernden Bildern umgarnten Menschen und der totalen Entropie der Realität. Baudrillard sieht eine entsetzliche, ekelerregende Telekratie heraufziehen. Medien- und Kommerzgesellschaft durchdrängten und infizierten sich gegenseitig. Das Fernsehen, und es mag bei Baudrillard als Paradigma für die Welt der technischen Bilder schlechthin stehen, schildere nicht Realität als Realität, sondern inszeniere die Fiktion als Fiktion. Die Bilder pflanzten sich zwar wuchernd fort, verwiesen aber jeweils nur auf sich selbst. Unter ihrer schamlosen Wirkungskraft aber geschehe die Zerstörung, ja Auflösung des Objekts durch Information. Es werde nicht nur sich selbst entfremdet, sondern erledigt. In diesem Sinne hätten sich die Amerikaner im Golf-Krieg als die Ubus ihrer eigenen Macht erwiesen. Im Programmfluß, im Strom der Bilder auf dem Bildschirm ereigne sich jeweils auch sofort wieder die Auflösung der Information. Er prangert »die niederträchtige Demagogie« der Information an, den »Striptease« der Kommunikation. Baudrillard diagnostiziert ja seit langem das Zeitalter der Simulacren, in dem die Informationen sich selbst und uns als Geiseln genommen hätten und in derem Chaos an Weltinformationsprozeß Simulationen und Simulacren Realität nur noch vortäuschten. Resultat sei die grundsätzliche Fragwürdigkeit und Unentscheidbarkeit jeglicher Interpretation.

In seiner Philippika unterließ es Baudrillard allerdings, Wege der De-Simulation aufzuweisen oder aufzuzeigen, welche Rolle er der Kunst in der Mediengesellschaft, im Prozeß der Simulacrenbildung oder deren eventueller Destruierung zuweist. Er unterließ es auch, Unterscheidungskriterien von »Realität« und der Konstruktion von »Wirklichkeit« im Kopf anzuführen. Deutlich wurde, daß Flusser wie Baudrillard die Vielschichtigkeit, Janusköpfigkeit vorhandener Tendenzen und Entwicklungen zu diametral unterschiedlichen Wirklichkeitskonstrukten nutzen.

Nun ist der Philosophie des französischen Poststrukturalismus und der sich gegen ihn formierenden Gegner seit den frühen 80er Jahren erneut die Rolle einer meinungsbildenden Leitwissenschaft zugefallen wie seit den Zeiten des Existentialismus der 50er Jahre nicht mehr. Bei den für das letzte Jahrzehnt so typischen Grenzüberschreitungen jeglicher Art und Richtung, der Durchlässigkeit auch der Grenzen zwischen Wissenschaft, Philosophie und Kunst, diffundieren die Gedanken der Philosophen ins kollektive Bewußtsein, formen mit am »Zeitgeist«.

Die Fragen, die sich von daher ergeben, sind vielfältig und für die Kunst von existentieller Bedeutung, etwa die nach der Beschaffenheit von Künstlichkeit und Realität der virtuellen Realitäten. Diese konstituieren zweifellos neue, immaterielle Wirklichkeiten, aber was geschieht eigentlich mit dem Körper, mit seiner primären Sinnlichkeit in den elektronischen Medien? Was geschieht mit dem menschlichen Auge, dem Hören, Tasten, Fühlen, Schmecken, den Synästhesien? Welche Erfahrungen, Erlebnisse, Erkenntnisse werden in den Medienkünsten neu hinzugewonnen? Was steuern dabei die Technologien zum künstlerischen Schaffensprozeß bei? Wie steuern sie ihn? Was ist die Rolle von Intuition, Begabung, der Durchbrechung durch Technik vorgegebener Muster und Regeln? Baudrillards Antwort lautet: Externalisierung der Sinne, Verlust von Körper, Subjekt, Individualität. Flusser dagegen schwärmt euphorisch: »Erst wenn wir die mit Computern synthetisierten Bilder ins Auge fassen, diese Bilder von beinahe Unmöglichem, weil Unfaßbarem, Unvorstellbarem und Unbegreiflichem, können wir überhaupt zu ahnen beginnen, welche Gewalt der Einbildungskraft hier ausbricht.« (Flusser 1985: 34)

Faßt man die Bilder, Installationen, Netzwerke, Hologramme, Viedeoskulpturen der Künstler Roy Ascott, Dieter Jung, Fabrizio Plessi und Jeffrey Shaw ins Auge, so fällt auf, daß die Künstler höchst unterschiedlich, nicht mit intellektuellen Experimenten und Gedankenspielen an diese Fragen herangehen, sondern nach wie vor handgreiflich, handwerklich, mit Materialien, Farben, Formen experimentierend spielen, Grenzen vorschieben, neue Antennen auszubilden sich bemühen. Untergründig gibt es dennoch zahlreiche Querverbindungen zu den Philosohen und Intellektuellen, und bei komplexen Systemen – wie Roy Ascotts Netzwerken – gehen beide Fakultäten unweigerlich ineinanderüber.

Bei den Diskussionen über Medienkünste pflegt nach einiger Zeit fast stets die Frage im Raum zu stehen, was denn an diesen Künsten nun eigentlich neu sei, was die spezifische ›Sprache‹ der jeweiligen Disziplin. Im Grunde baue das doch auf altvertrauten Formen, Farben Ikonographien auf, biete mit hohem Aufwand an Kosten und Technik lediglich den banalen Abklatsch von bereits Bekanntem. Mit diesem ›Ben Akiba‹ Argument, es sei alles schon einmal dagewesen, das sich zudem meist auf Computergraphik oder -malerei, mitunter auch auf Holographie bezieht, lehnen sich die Frager dann beifallheischend zurück, vermeinend, sie hätten es den Medien-Parvenus mal wieder gegeben. Die Medien-Vertreter und -Apologeten reagieren in der Regel aus der Defensive und verweisen darauf, daß ihre Künste noch jung, die Rechner noch zu kostspielig oder in der Leistung zu niedrig und die Künstler, die sich darauf einließen, noch zu unerfahren seien. Überdies beschäftigten sich noch zu wenige wirklich talentierte Künstler mit diesen Metiers, bei denen man zur künstlerisch intuitiven und handwerklichen Begabung auch Kenntnisse im Programmieren, der Elektrotechnik, mitunter sogar der Ingenieurwissenschaften mitbringen müsse. Aber die Zeit, einfachere und billigere Rechner sowie heranwachsende Generationen würden es schon richten.

Nach diesem Standard-Schlagabtausch lehnen sich in der Regel beide Seiten zurück, und alles bleibt beim Status quo. Dennoch entbehren die Attacken auf die Medienkünste oft der Solidität und grenzen mitunter an Heuchelei. In einer so ungemein historisch perspektivierten und traditionsreichen Kultur- und Kunstlandschaft wie der unseren können nicht plötzlich völlig neue, vorbildlose Bildkünste aus dem Computer, der Videokamera, den Schneidetischen, der Holographie- oder Laserlabors wachsen.

Am Beispiel der in diesem Band vertretenen Künstler seien nun einige Entwicklungsperspektiven aufgezeigt und Schlaglichter auf deren Beiträge zur Findung eben jener individuellen und medienspezifischen Aussagen der neuen Medienkünste geworfen.

Der Paradigmenwechsel von einer materiellen zu einer immateriellen Ästhetik, bedingt durch die Digitalisierung der Medien, ist in vollem Gange. Das kann man am Oeuvre eines Mannes wie Fabrizio Plessi beispielhaft verfolgen. Klassische Mediendispositive werden sich erheblich erweitern, wenn nicht gar auflösen. Formen der Koexistenz von materieller und immaterieller Ästhetik,

Hybridformen der Künste sind mittlerweile an der Tagesordnung. Plessi bezeichnet sich selbst als »elektronischen Barbaren«. Von der technischen Seite seiner Videoskulpturen habe er keine Ahnung, und die komplizierte Programmierarbeit seiner Computeranimationen sei für ihn ein Buch mit mehr als sieben Siegln. Seinem eigenen Selbstverständnis nach begreift Plessi sich als ersten und bislang einzigen »Multimedia-Szenographen«. Robert Wilson und einige andere möchten hier vielleicht Bedenken anmelden. Aber richtig ist, daß es Plessi nicht nur gelingt, die bisher weitgehend statische, hintergrundhafte Kunst des Bühnenbildes mit Hilfe der Medien zu flexibilisieren – und zwar ganz anders als es die Scheinmobilität der alten Drehbühnen vermochte –, er verwandelt die medialisierten Bühnenbilder quasi auch noch in Aktanten des dramatischen Geschehens. Darüber hinaus gelingt es ihm, traditionelle, rustikale, handgreiflich sinnliche Materialien wie Leder, Holz, Metall, Federn mit der Elektronik der bewegten Bilder in Videoskulpturen zu verbinden, zu verschmelzen, eine Harmonie zwischen klassischen Architekturen und Multimedia-Installationen herzustellen, welche die unpersönliche Kälte überwindet, die sonst elektronische Kunst häufig negativ auszeichnet. In seiner zusammen mit Frederic Flamand (Choreographie) und Michael Nyman (Musik) inszenierten Tanzoper *The Fall of Icarus* (1989), entwickelt er unter Einbeziehung der Medien und ihrer Künste aus der Grundspannung von Statik und Bewegung, von Beharren und Verändern, von Körperlichkeit und Immaterialität eine überzeugende, weil vielschichtige Medien- und Technikkritik (vgl. Thomsen 1992). Sie schüttet nicht wie Baudrillard das Kind mit dem Bade aus, sondern zeigt in athletisch getanzten, überwältigend schönen Körper-, Material- und Medienbildern die gefährliche, aber eben auch anspornende, mitreißende Ambiguität der alten abendländischen Wissenschafts- und Fortschrittsmetapher vom Fliegen. Die vermeintliche Schwerelosigkeit und Leichtigkeit des Seins wird von Bildschirmklötzen mit Videoinstallationen als Kothurnen an den Füßen des Ikarus-Tänzers zurückgezogen auf die Schwerkraft und Körperlichkeit des irdischen Alltagslebens. Die Technik-Skepsis im *Icarus* impliziert zugleich Schönheit und Eleganz sowie den Appell, die Bindungen an die Traditionen der Kunst und des Denkens nicht über Bord zu werfen, was nur in bösen Abstürzen enden könnte. In seiner zweiten Tanzoper mit Frederic Flamand und der belgischen Gruppe »Plan K« sowie Musik von Charles Ives, Alfred Schnittke und Sofia Goubaidoulina (Uraufführung in Charleroi, Belgien, 3. März 1992) geht Plessi mit Hilfe von Computeranimationen, die von Studenten der Kölner Kunsthochschule für Medien erarbeitet wurden, noch weiter und macht sie zu gleichrangigen Akteuren auf der Bühne im Gegen-, Wechsel- und Miteinander-Spiel mit den Tänzern.[1] Die

1 Ein auf diese Zusammenhänge dezidiert eingehender Interpretationsbeitrag zur Premiere von *Titanic* ist in *Parnass,* Heft 4/1992 erschienen.

Frage nach der Beschaffenheit von (neuer) Sinnlichkeit in der Medienkunst beantwortet Plessi ganz naturwüchsig und mediterran, indem er sie als genuine zeitgenössische Erweiterung traditioneller, gewachsener Sinnlichkeiten des Körperausdrucks, der Bilder, Skulpturen, Materialien in den Bereich der visuellen Immaterialität vorantreibt.

Auch Dieter Jung wird nicht müde, zu betonen, daß sich die gedanklichen Wurzeln der Holographie bis in die Antike, ja bis zur Höhlenmalerei zurückverfolgen lassen. Während Plessi kurz und bündig Wissenschaft aus seiner Tätigkeit als Künstler auszugrenzen sucht, die Wissenschaft habe zu definieren, zu messen und zu wägen, die Kunst nicht, sie könne intuitiv schaffen, hält Jung gerade Berührungsängste zwischen den Disziplinen für überholt.

Das Denkmodell von den zwei Kulturen ist am Ausgang unseres Jahrhunderts in der Tat obsolet geworden. Die Weiterentwicklung des dreidimensionalen Raums zum Hyperspace, gerade im Bereich der Holographie, ist ohne natur- und ingenieurwissenschaftliche Denkansätze und Praktiken, die zu den ästhetischen Experimenten hinzutreten müssen, nicht zu realisieren.

Die Holographie, lange belastet durch Werbegags und banalen Schnickschnack, ist seit Jahren dabei, sich analog Video zu einer genuinen Kunst zu entwickeln, die als Solitär für sich zu wirken vermag, indem sie alte Bildtraditionen wie das Tafelbild in neue Kontexte überführt, sich als Einzelinstallation behauptet oder im Dialog mit traditionellen Medien in gemischten Installationen eigene dreidimensional-immaterielle Akzente setzt.

Dieter Jung ist wesentlich Lichtkünstler. Seine Hologramme setzen die Tradition älterer Lichtskulpturen fort. Indem er mit der Doppelnatur des Lichts, Welle und Materie zu sein, experimentiert, gelingt ihm nicht nur die Visualisierung von Energie, sondern er vermag in ganz besonderer Weise den schon oben angezogenen Grundcharakter der Medienwirklichkeit, nämlich Illusion und Realität bruchlos ineinander übergehen zu lassen, die Imagination und Illusion als Bestandteil unserer Wirklichkeitskonstitution zu erweisen, sichtbar zu machen. Wenn Jung in seiner Vorliebe für Spiegel, Spiegelungen, Spiegelwelten sich auf Shakespeare und die Renaissance bezieht, er hätte genauso gut auf Calderon und die spanische Denktradition vom Leben als Traum verweisen können, so ist das nicht nobilitierende Legitimationshascherei einer Disziplin, die sich auf dem Parnass der Gattungen emporstrampeln möchte, sondern der notwendige Verweis darauf, daß virtuelle Räume keine Erfindung der letzten zwanzig Jahre sind.

In Mythen und Märchen hat es die Träume von virtuellen Räumen und Realitäten seit Jahrtausenden gegeben und auch die vom postbiologischen Leben. Neuerdings, wo Technologiesprünge Realisierungschancen alter Träume und Sehnsüchte anbieten, zeigt sich dann, wie so oft, daß die virtuelle Welt im Kopf oder auf dem Papier um vieles schöner sein kann, als wenn man sie aus dem Meer des Unbekannten ans Land der Alltagswirklichkeiten zieht.

Jungs Hologramme haben den dreidimensionalen, nichtsdestoweniger oft noch platten holographischen Bildern in Zero-Nachfolge den Reiz der abstrakten, dynamisierten Farbräume voraus. Und sie eignen sich damit insbesondere als architekturbezogene Installationen.

Das Thema Architektur und Medien ist derzeit besonders aktuell, weil sich nicht länger verheimlichen läßt, daß die Medien dabei sind, die Architektur zu erobern und zu verändern. Haben sie in den vergangen Jahrzehnten zunächst in allen Arten von Leitungs-, Überwachungs-, Versorgungs-, Waren- und Informationssystemen die Gebäude quasi von innen her kannibalisiert, vollzog sich der nächste Schritt mit dem Einzug von PCs und Bildschirmen auf unzählige Arbeitsplätze. Es wird mit deren partieller Umrüstung zu multimedialen, vernetzten »workstations« weitergehen, welche Innenarchitekturen noch gründlicher verändern, aber mit temporären Raumstrukturen auch flexibler gestalten werden. Mittlerweile gehen die Medien aber ans Eingemachte der Architektur, nehmen allmählich nicht mehr nur Teile ihres Vokabulars, sondern auch Grammatik und Rhetorik, sprich konstruktive Elemente und Fassaden in Besitz. Und schon spricht man von der medial bedingten Grundlagen- und Identitätskrise der Architektur (vgl. *Arch* + 1991, H.108, mit dem Hauptthema »Fassaden«). Im Zuge der zu sensorbestückten Membranen und Häuten mutierenden flexiblen Dächer und Wände diskutiert man seit den späten 80er Jahren intensiv die Thematik der »intelligent« oder »thinking buildings« (vgl. *Arch* + 1991, H. 107, zum Thema »Textile Architektur«; Thomsen 1991). Und seit Jean Nouvel unter Schützenhilfe Paul Virilios auch architekturtheoretisch auf den Plan tritt und ganz unverhohlen den Zug zur Zweidimensionalität und Immaterialität auch der Architektur fordert, seit er die Grenzen zwischen Innen und Außen immer dünner werden läßt, beispielsweise rhetorische Hauptelemente der Fassaden wie Eingänge durch Lichtvorhänge ersetzt und Besucher mit Vorliebe über unterirdische Verkehrsanbindungen mittels Rolltreppen gleich ins Innere seiner Gebäude gelangen läßt, sind nicht mehr nur die architektur-theoretisch zu sensibilisierenden Mitglieder der Architektengilde in heller Aufregung. Gesehen wird nun, daß die Medien mittels durch Kunst und Werbung gleichermaßen bespielbarer Außenwände, -häute, -fassaden mit Bildschirmen oder ›Architexturen die traditionelle Einheit von Form und Funktion in der Architektur auflösen. Die Dickhäuter unter Kritikern und Architekten verweisen ebenfalls auf Ben Akiba, den Picadilly Circus und daß dort schon seit mehr als einem halben Jahrhundert die Lichtreklamen von den Fassaden flimmerten, ohne an der Funktion der dahinterliegenden Gebäude etwas verändert zu haben. Doch diese sich-in-Sicherheit-Wieger sind nicht nur blind, sie sind obendrein dumm. Und das wird sich rächen. Was sie übersehen, ist, daß der Paradigmenwechsel von einer materiellen zu einer immateriellen Ästhetik auch Kernbereiche der Architektur erfaßt. Damit sind nicht nur Veränderungen von Fassadenteilen zu mobilen, bespielbaren Zeichenträgern gemeint und der optische »overkill« Tokios und Osakas als abschreckendes Beispiel architekturfremder Wucherungen, die traditionelle Formen gleichermaßen zerstören. Gemeint sind auch neue Materialien, Werkstoffe, Technologien, Energiesparkonzepte, Bepflanzungen, die darinliegenden medialen und ästhetischen Implikationen, welche noch im Verlauf dieses Jahrzehnts im Gefolge der alles überformenden Ökologiediskussion, Architektur gründlicher verändern werden als je ein historischer Stilwechsel zuvor.

Dies hat alles auch potentiell medienkünstlerische Konsequenzen, nicht nur für jene sich sofort aufdrängenden Beispiele von Spezialgebäuden wie Medienmuseen, Filmtheatern, High-Tech-Firmen, Fernsehstatioanen etc., aber für die öffentlichen Räume besonders. Toyo Itos Wettbewerbsentwurf für das japanische »Maison de la culture« in Paris z.B. trägt die Bezeichnung »Medienschiffe treiben auf der Seine«. Das Gelände hat eine hautähnliche Fassade aus elektronisch steuerbarem Glas. Dahinter befinden sich – scheinbar schwebend – eine Vielzahl von Funktionsbreichen.

In derartigen Kontexten sind auch Dieter Jungs Konzepte für Lichträume, für großflächige holographische Installationen zu sehen. Diese könnten als integrale mediale Bestandteile neuer Architekturen auch architektur-ästhetische Chancen derartiger Veränderungen wahrnehmen und künstlerisch den Reiz des Zusammenspiels körperlicher und körperloser, materieller und immaterieller Architekturelemente unterstreichen, fänden sich nur Bauherren, die von vornherein medienbewußte Architekten und Künstler zusammenarbeiten ließen.

Die digitalisierten Medien werden bei wachsender Interaktivität auch die nunmehr klassische Trennung zwischen Medium und Kommunikationsapparat weitgehend überwinden. Es wird immer schwieriger werden, zwischen Unterhaltung bzw. ästhetischem Ereignis und außerästhetischer, zunehmend auch wissenschaftlicher Kommunikation zu unterscheiden. Design und Werbung tragen daran erheblichen Anteil. Roy Ascotts interaktive Netzwerke zeigen, wie Künstler sich in den unablässigen Datenfluß zwischen verschiedenen Medien, Datenträgern, Nutzern einklinken und diesen mit ästhetischer Bedeutung aufladen und verändern können. Was hier an Möglichkeiten in der Mischung von virtuellen und nicht-virtuellen Realitäten, an Fiktionen und Realitäten liegt, ist noch völlig unabsehbar. Absehbar aber ist, daß Baudrillard längst eine Schlacht von gestern schlägt. Das läßt sich beispielsweise schon an den Grenzverwischungen der noch vor einigen Jahren verhältnismäßig klar definierten Gattungen im Fernsehen zeigen. Da wußte man noch, was z.B. ein ›Krimi‹ war. Heute vermögen sich fiktionale Spielhandlung, Reportage, Dokumentation, Kommentar,

Mitwirkung des Publikums fast beliebig zu mischen. Selbst das Aperçu, daß die Wirklichkeit eine Fiktion sei, die vorgebe, keine zu sein, läßt sich nicht mehr halten. Mittlerweile haben sich alle Elemente ineinandergeschoben, lassen sich kompositorisch miteinander kombinieren, tragen aber bei zum Zustandekommen von Wirklichkeitsvorstellungen in unseren Köpfen, von denen wir wissen, daß sie Konstrukte sind.

Bekanntermaßen wird mit dem Begriff *Interaktivität* viel Schindluder getrieben, und scheint derzeit oft noch näher beim Phrasenmüll der jährlich wechselnden Schlagworte als bei einem konstitutiven Merkmal der Dekade zu liegen, so banal ist häufig das, was sich mit dieser Beziehung drapiert. Interaktivität birgt aber ein hohes edukatives und pädagogisches Potential. Man kann sie lernen. Und wer schon frühzeitig darauf eingeübt ist, vermag sie auch künstlerisch und ästhetisch fruchtbar zu nutzen. Ascotts Vision der Netzwerke umfaßt die Flussersche Vision telematischer Weltkultur ebenso wie Regionalismen, detektivische Spurensuche, das Schaffen neuer Mythen oder die Kreation virtueller Phantasiewelten, wenn er davon spricht, daß wir »uns immer freier im Datenraum (bewegen), der uns durch die computergestützten Systeme der Wahrnehmung, Nachbildung und Simulation geöffnet wurde« (Ascott in diesem Band, S. 349 f.).

So besehen ist die Kunst Jeffrey Shaws fast als konkretisierter Ausschnitt aus den Netzwerksystemen Ascotts zu verstehen. Hier wird punktuell eine virtuelle Welt, »a whole computer generated environment«, interaktiv zum ästhetischen Ereignis.

Bisher kannten wir Flugsimulationen und jene Simulationsautomaten, bei denen man mit dem Auto durch Landschaften und Städte rast. Shaws Installation ist nicht nur raffinierter, sie ist auch ›softer‹, unterläuft Baudrillard und nimmt Aspekte der Ökologiediskussion auf, wenn der Benutzer sich radelnd, selbsttätig flache Bilder in dreidimensionale virtuelle »Architekturen« transformiert, sich seine ›lesbare‹ Stadt ›erfährt‹. Zugegeben, noch ist das eine etwas krude, künstliche, leblose, lieblose Stadt aus Buchstaben als architekturalen Superzeichen, aber man kann auch nicht gleich den zweiten und dritten Schritt vor dem ersten tun. Das Potential von Shaws Installation ist immens, weil es der vagen Vorstellung von der ›multimedialen Stadt‹ ganz neue Lichter aufsetzt, Wege weist, deren Filiationen in die oben am Beispiel Dieter Jungs andiskutierten Veränderungen der architektonischen Grammatik und Rhetorik zielen. In den Hochverdichtungsstädten der Zukunft wird ohne Medien und ohne ökologisches Denken nichts mehr gehen. Diesem Sachverhalt spielerische und ästhetische Dimensionen abzugewinnen, ist Aufgabe der Kunst.

Rückgebunden an den Ausgangspunkt dieser Anmerkungen erscheinen die Kassandrarufe Baudrillards als notwendiges Korrektiv Flusserschen Überschwangs. Dessen positive Vision wird sich ebensowenig total realisieren wie die warnende, ja apokalyptische Baudrillards. Doch die Warnungen sind bitter notwendig. Die Medienkünste sind dabei, beide Denkansätze kreativ zu reflektieren, zu variieren, zu unterstützen oder zu verwerfen. Auf diesem Wege bilden sie auch ihre je eigene Ästhetik aus. Das impliziert wachsendes Technologieverständnis und Technikorientiertheit von Künstlern. Dabei haben sie sich gerade in den Medienkünsten auf die schwierige Gratwanderung zwischen kritischer Emanzipation und Abhängigkeit von der Hard- und Softwareindustrie zu begeben. Im Spannungsfeld zu Design und der viel angepaßteren Werbung, die aber ebenfalls weitgehend Kunstanspruch erheben, Impulse spenden, fällt ihnen das nicht leicht. Doch Meinungsvielfalt, die Vielfalt des künstlerischen Ausdrucks, die kritischen Funktionen der Kunst zu mahnen, zu warnen, aufzurütteln, Sinngehalte zu hinterfragen, nicht nur die zu unterhalten und ästhetisch zu bilden, verlangen nach jener Art von Unabhängigkeit, die sich Video als Medium mittlerweile erkämpft hat.

Daß die Realität dabei Gefahr läuft, in einem schwarzen Loch totaler Entropie zu verschwinden, da sei die anhaltende Körperlichkeit des Menschen, der Architektur, auch weiter Bereiche der Kunst vor. Daß aber andererseits zumindest die hochtechnisierten Kulturen immaterielle, virtuelle Künste, Räume, Kommunikation, Handel und Wandel (der sonst in die Entropie des totalen Verkehrsstaus umschlüge) benötigen, scheint unabwendbar.

Zellkulturen, Computerkultur und kulturelle Kompromisse

Jutta Fedrowitz

Wenn eine Stadt ihren Kulturpreis an eine Expertin für Zellkulturen verleiht, dann hat sie die Zeichen der Zeit erkannt. Molekularbiologie, Humangenetik, Biotechnologie, Medizin und Neurobiologie, zusammengefaßt in der begrifflichen Klammer »Biowissenschaften«, nehmen nicht erklärtermaßen, sondern unmerklich und zwangsläufig Einfluß auf unser Bild vom Menschen und damit auf kulturelle Identitäten. »Brigitte Jockusch hat sich durch ihre hochqualifizierten Forschungen in besonderem Maße um das Ansehen der Wissenschaft in Bielefeld und damit um die kulturelle Entwicklung ... verdient gemacht.« (*Bielefelder Universitätszeitung*, Nr. 148, 30. 11. 1987: 1 u. 3) Der Preis der Stadt Bielefeld für die Universitätsprofessorin für Zellbiologie bereits im Jahre 1987 ist – vermutlich ungewollt – Symbol für eine Entwicklung, die vor zwei Jahrzenhten ihren Anfang nahm und sich seitdem permanent beschleunigt.

Im Jahr 1970 wurde mit der ersten Totalsynthese eines Gens mit chemischen Mitteln der Staffelstab der laufenden naturwissenschaftlichen Entwicklung an die Biologie übergeben, die sich seitdem von einer Arten zählenden zu einer Arten verändernden Wissenschaft entwickelt hat. Ihre Methoden und Erkenntnisse bringen die Möglichkeiten, schon vor dem Beginn des Lebens und an seinem Ende einzuwirken: vor dem Beginn des Lebens durch pränatale Diagnostik, wie Elisabeth Beck-Gernsheim und Rudolph Pfeiffer erläutern, bei tödlichen Krankheiten durch heilende oder durch lebensverlängernde Maßnahmen, wie Ulrich Schäfer in seinem Beitrag beschreibt. Dazwischen definieren die Biowissenschaften Gesundheit, Krankheit und Normalität neu. Sind die »neuen Kranken« die laut Genomanalyse potentiellen Kranken? Es stellt sich die Frage nach dem Einfluß der Biowissenschaften auf die »menschliche Integrität, nicht nur (auf) das Überleben der Menschen, sondern (auf) ihre Fähigkeit, als Individuum und als Gesellschaft ein sich entwickelndes, produktives, integriertes Ganzes zu sein« (David Roy, in: Cherfas 1990: 12).

Die Entwicklung der Biowissenschaften ist nicht denkbar ohne den Informationsbegriff (Küppers 1986) und die Informationstechnologien. Die Molekularbiologie untersucht und verändert die informationstragenden Makromoleküle; der größte Forschungsbereich der Humangenetik, das »Human Genome Project«, beschäftigt sich mit der Totalaufschlüsselung des genetischen Codes des Menschen. Die »Computerkultur« hat auch in die naturwissenschaftlichen Labors Einzug gehalten und beschleunigt deren Arbeit. Datenbanken sind Gedächtnis für unzählige Detailinformationen und elektronisches Forum für den wissenschaftlichen Informationsaustausch. Programme steuern die Synthese von DNA-Fragmenten oder den Kopiervorgang der Polymerase-Kettenreaktion zur Vervielfältigung geringster Mengen von Erbsubstanz. Sequenzvergleiche werden nicht mehr zeitaufwendig mit Leserastern hergestellt, sondern vom PC übernommen. Die Anforderungen der Biowissenschaften erfordern neue Programme und Speicherkapazitäten, z.B. um Strukturdaten von Molekülen in dreidimensional dargestellte, bewegliche, veränderbare Bildschirmdarstellungen mit technischer Ästhetik umzuwandeln. Das »Design« der Moleküle des Lebens mit dem Computer ist Forschungsprogramm, jedoch die Rückübersetzung dieser »nützlichen Kunst« in Organismen noch nicht durchgeführt. Biowissenschaften und Computertechnologie geben sich gegenseitig Impulse (Kluge 1988).

Als Naturwissenschaftler sind die Akteure der Biowissenschaften mit den Konsequenzen, die sich aus diesen Entwicklungen ergeben, nicht befaßt, sie sind nicht originärer Gegenstand ihrer Arbeit: »Even in genetics and microbiology, the process in the course of which scientific discoveries are made has to be separated from overriding issues, social consequences, and the like.« (Ernst-Ludwig Winnacker, in: Cherfas 1990: 39) Sie arbeiten mit abgegrenzten, definierten Systemen von Molekülen und Zellen unter bestimmten Randbedingungen. Die Aussagen, die sich aus den Forschungsergebnissen ableiten lassen, gelten nur unter bestimmten Bedingungen – und selbst dann läßt sich nur vorhersagen, daß die gewünschte Wirkung mit einer gewissen Wahrscheinlichkeit auftritt. Analogien, Experimente, Empirie, Statistik führen zu der scheinbaren Sicherheit, daß hier ein Ausschnitt der »Natur« und der Realität beschrieben wird: »Vergessen wir nicht: Die Natur ist auch Chemie. Alle ihre Produkte sind – zum Teil hochkomplexe – chemische Verbindungen, und alle natürlichen Vorgänge sind biochemische Prozesse.« (Karl-Heinz Büchel, in: *research. Das Bayer-Forschungsmagazin*, 6/Nov. 1992: 2) Im Unterschied zu Physik und Chemie haben die Biowissenschaften sehr komplexe, d.h. komplizierte, vielfach rückgekoppelte, somit undurchsichtige und vielleicht letztlich unverständliche Systeme zum Gegenstand, vom Organismus bis hin zum Ökosystem. Die Unterscheidung zwischen »in vitro« und »in vivo« wird immer säuberlich getroffen und drückt die Einsicht in die begrenzte Aussagefähigkeit von Laborexperimenten aus. Dennoch hält sich in der analytisch-reduktionistischen Tradition der Naturwissenschaften die Vorstellung, daß nur die einzelnen Puzzlesteinchen der Welt analysiert, beschrieben und zusammengesetzt werden müßten. Aus dieser Zusammensetzung entstünde dann ein Bild, das die Welt und (im Fall der Biowissenschaften) das Leben verständlich darstellt. Dieses »bottom up«-Prinzip funktioniert nur auf den ersten Stufen: Man kommt letztlich nicht oben an. Die ersten Schritte bringen jedoch durch eine Umsetzung von Wissen und Ergebnissen in Technologien schon große und öffentlich diskutierte Erfolge: Die biotechnologische Produktion von Insulin und des Blutgerinnungsfaktors VIII mit Hilfe von gentechnisch veränderten Mikroorganismen sind vielzitierte Beispiele. Die Umsetzung – und das bedeutet in den Biowissenschaften meistens medizinische Anwendung – verleiht den Forschungsergebnissen der Biowissenschaften besondere Überzeugungskraft. Auf diesen Erfolgen soll auch forschungspolitisch aufgebaut werden. Das zeigt der neue Name der deutschen Großforschungseinrichtung »Max-Delbrück-Centrum für Molekulare Medizin« in Berlin. Er steht für ein reduktionistisches Programm.

Die Biowissenschaftler leben in chronischen Widersprüchen. Einerseits schränken sie in Interviews ihre Aussagen durch Formulierungen wie »unter der Bedingung, daß . . .«, »mit einer Wahrscheinlichkeit von . . .« ein, andererseits bestehen sie auf einer generellen Gültigkeit ihrer Ergebnisse für die Beschreibung der Realität. Das erschwert die Kommunikation mit Nicht-Naturwissenschaftlern. »Naturwissenschaftler glauben, daß Naturgesetze und Theorien die Struktur der Wirklichkeit abbilden. Angesicht der philosophischen und wissenschaftstheoretischen Kritik kann diese ›realistische‹ Interpretation der Laborwissenschaft kaum noch aufrecht erhalten werden.« (Hohlfeld 1988: 64) Die philosophische und wissenschaftstheoretische Kritik jedoch steht außerhalb der »scientific community« und läßt die Umsetzung biowissenschaftlicher Grundlagenforschung in Techniken und Produkte und damit in Realität unberührt.

Die Kommerzialisierung der Grundlagenforschung wurde bereits vor Jahren als »akademisch-industrieller Komplex« (Ammann u.a. 1985) und als Problem begriffen. Sie ist inzwischen alltäglich und wird politisch gefördert. Die Beteiligung von mindestens einem Industriepartner in den meisten Förderprogrammen ist obligatorisch, um öffentliche Mittel aus dem Bundesministerium für Forschung und Technologie zu erhalten. Die direkte Umsetzung wissenschaftlicher Erkenntnisse in Patentanmeldungen (Patentanmeldungen darf nach deutschem Patentrecht keine Veröffentlichung vorausgehen) weist auf eine erweiterte »scientific-economic community« hin.

Mit den neuen Möglichkeiten der Biowissenschaften verbinden sich Fortschrittsversprechen. Lange war wissenschaftlich-technischer Fortschritt mit sozialem Fortschritt verknüpft. Nicht zuletzt deshalb wird die Verbindung zwischen Universitäten, Unternehmen, Großforschungseinrichtungen, Genzentren und

Technologieparks forschungspolitisch gefördert. Die Affinität von Wissenschaft, Technologie und Ökonomie wächst. Die Versprechen von biomedizinischen Erfolgen sind eine treibende Kraft in diesem Prozeß, die Aussicht auf Produkte wie körpereigene Pharmaka und neue Märkte eine andere. Es ist richtig, wie Helga Rübsamen-Waigmann (S. 309) sagt, daß die Chance auf wirksame Mittel gegen AIDS – abgesehen von Prävention – nur auf der Molekularbiologie basiert. Die Identifizierung des HIV und die Beschreibung seines Wirkungsmechanismus auf Teile des Immunsystems innerhalb weniger Jahre kann als die bisher größte Leistung der Biowissenschaften bezeichnet werden. Sie stellt bestimmte Möglichkeiten der Prävention, z.B. durch Tests für Blutkonserven, erst zur Verfügung. Diese Leistung weckt gleichzeitig die Hoffnung auf die Entwicklung von wirksamen Gegenmitteln, Verfahren oder Medikamenten, die bislang unerfüllt bleiben mußte. Verweise auf komplexe zellbiologische oder biochemische Sachverhalte dämpfen die Enttäuschung von Gesundheitspolitik und Öffentlichkeit kaum, da sie nicht gelesen oder nicht verstanden werden. Die Identifizierung des HIV und die Entwicklung von AIDS-Tests schufen aber auch erst die Möglichkeit zur sozialen Ausgrenzung von HIV-Positiven. Die gesellschaftlichen Folgen haben mit der Biochemie des Tests wenig zu tun. Daher verweist Helga Rübsamen-Waigmann in ihrem Beitrag wie die meisten Naturwissenschaftler auf die Zuständigkeit der Ethik und der Gesellschaft. Geistes- und Sozialwissenschaftler als Trümmerfrauen von Naturwissenschaft und Technik? Das trifft nicht das Selbstverständnis der »ersten« von C.P. Snows zwei Kulturen (Snow 1967).

Die Gegenstände der meisten Geistes-, Kultur- und Sozialwissenschaftler liegen weitab von denen der Natur- und Biowissenschaftler. Zwar kommt es im small talk technikorientierter Kreise gut an, von »Biochips« zu reden und Themen anzutippen, deren Schlagworte bestenfalls aus den Wissenschaftsseiten der großen Tageszeitungen stammen. Naturwissenschaftliche Bildungslücken sind nicht peinlich, sondern eignen sich zur Koketterie. Das Stichwort »Biochip« ist ein Kennzeichen dafür, daß Geistes- und Kulturwissenschaftler die begrenzten Möglichkeiten der Biowissenschaften weitaus stärker überschätzen, als die Fachleute es in Forschungsanträgen und Interviews ohnehin schon tun. Es sind – nach den Schulen – die Medien, die biowissenschaftliche Inhalte an Nicht-Naturwissenschaftler vermitteln. Sie leben von Sensation und Kontroverse und nicht von trockenen Fakten. Daher übertreiben sie gemeinhin sowohl Probleme und Risiken als auch Nutzen und Ergebnisse. Klonierung, Manipulation und Eugenik sind bewährte Motive.

In diesem Kontext ist die Darstellung der Biowissenschaften geprägt von der Angst vor Manipulation von Mensch und Umwelt sowie von Hoffnung auf Gesundheit, Heilung, Schutz vor Krankheit und Tod. Sie ist also ausgesprochen emotional besetzt. Das gilt für alle, außer für die Naturwissenschaftler und Mediziner selbst. Auch wenn die Manipulations- und Heilungsmöglichkeiten der Biowissenschaften begrenzt sind: Die selbstverständliche und nüchterne Rede ihrer Vertreterinnen und Vertreter über diese Möglichkeiten reicht aus, um bei der »anderen Kultur« Reaktionen von Befremden bis Abscheu hervorzurufen. Auf der einen Seite dominiert das Wissen: Eine DNA gleicht der anderen, Metabolismen unterschiedlichster Art haben gleiche biochemische Prinzipien. Auf der anderen Seite dominiert das Grauen bei der Vorstellung, daß das Erbgut des Menschen genauso sequenziert wird wie das der Hefe. Die Biowissenschaftler zerstören das vertraute, religiös-philosophisch geprägte Bild, das die meisten von uns vom »Menschen« haben. Gleichzeitig appellieren sie, ob sie es wollen oder nicht, an die Mythologisierung der Entstehungsgeschichte des Menschen als vom Menschen selbst machbar – von Golem bis Gremlin. Durch ihre Eingriffe in DNA und Zellen – damit in die Organismen – werfen sie uns Geistes- und Kulturwesen auf die feuchte Materie zurück. Das ist ein neuer und subtilerer Darwin-Schock. Die Neurobiologen setzen noch eins drauf und begnügen sich nicht damit, wie Biochemiker und Molekularbiologen Stoffwechsel und Vererbung partiell kontrollierbar zu machen. Über Erforschung von Leitung und Verarbeitung von Nervenreizen nähern sie sich dem Denken – der letzten Grenze, die uns noch von der übrigen Biologie getrennt hat. Geisteswissenschaftler vom Schlage Ivan Illichs, der sich selbst als »Dinosaurier« bezeichnet, sind nicht bereit, sich mit der biowissenschaftlichen Beschreibung vom Leben auseinanderzusetzen: »›Leben‹ kommt im Vokabular der Molekular-Biologie nicht vor.« (S. 170)

Techniksoziologen und Ethiker sind abgestellt, um sich mit den Auswirkungen der neuen (Bio-)Technologien zu beschäftigen, Folgen einzugrenzen, die Politik zu beruhigen und Vorstellungen für gesetzliche Regelungen zu entwickeln. Letztere stoßen häufig auf den Widerspruch der Biowissenschaftler: »I dislike legislation in science« (Winnacker, in: Cherfas 1991: 23), sind aber Ausdruck notwendiger kultureller Kompromisse. Kulturelle Kompromisse fallen regional unterschiedlich aus und sind ständigen Veränderungen unterworfen. In einer demokratischen und pluralistischen Gesellschaft lassen sich verbindliche Standards für alle kaum noch finden, sie unterliegen innerhalb und zwischen verschiedenen gesellschaftlichen Gruppen ständiger Veränderung, Aufspaltung und Verschiebung. Nationale Ethik, Kultur, Moral, drückt sich in nationalen Regelungen und Gesetzen aus. Beispiele sind unterschiedliche Regelungen für die Freisetzung genetisch veränderter Organismen, für die Zulassung von Medikamenten, für Tierschutz, Patentrecht, Umweltschutzauflagen oder Embryonenforschung. Während in Großbritannien Forschung an menschlichen Embryonen bis zum 14. Tag erlaubt ist, ist sie in Deutschland verboten. Diese Regelungen, diese gesellschaftlichen und kulturellen Kompromisse stehen im

Widerspruch mit der scientific-economic society, ihrem »internationalen Gleichschritt« (Zachau 1990: 573) und ihren international zu vermarktenden Produkten. Die Länder mit den freizügigeren Bestimmungen geraten z.B. beim Human Genome Project in Konflikt mit denen, in denen enger gefaßte Kompromisse vorherrschen, die biowissenschaftliche Forschung nicht im gleichen Maße fördern und betreiben, aber dennoch via internationale Datenbanken von den Ergebnissen der andern profitieren würden. Nobelpreisträger James Watson unterstrich am 4. Oktober 1989 auf der Human Genome I Conference in San Diego: »If we are spending money for a sequence, we don't want anybody else to exploit it, we want to keep it, not have the sweat, let somebody else have the fun. I am all for peace, but if there will be war, I will fight it.« (Zit. n. Fedrowitz 1989)

Und wenn biowissenschaftliche Forschungsergebnisse zu Produkten führen, für die ein Bedarf besteht, stehen kulturelle Veränderungen bevor. Selbstbestimmung über die eigene Biographie mit Hilfe von Schwangerschaftstests, pränataler Diagnostik und Ultraschalluntersuchung wird von Frauen voraussichtlich stärker gefragt als »phänomenologische Ansätze für eine frauenorientierte Medizin« (Duden 1990).

Die neuen kulturellen Kompromisse, die von den Biowissenschaften katalysiert werden, erfordern einen breiten und intensiven Dialog, dem sich weder Geisteswissenschaftler noch Naturwissenschaftler entziehen dürfen. Eine Voraussetzung dafür ist, daß sie sich sowohl in ihren Forschungsgegenständen als auch in ihren Zweifeln und in ihrer Kritik am Tun der jeweils »anderen Kultur« gegenseitig ernst nehmen. Es könnte ein neuer kultureller Kompromiß sein, eine Beschreibung der Wechselwirkung zwischen Zellen so zu werten wie ein virtuoses Spiel auf dem Cembalo.

Die Biowissenschaften treiben zusammen mit den Informationstechnologien technische und kulturelle Veränderungen voran. Sie könnten es zu ihrer Sache machen, das durch Atomphysik und technische Chemie verlorengegangene gesellschaftliche Vertrauen wieder herzustellen. Hierzu bedarf es eines kontinuierlichen öffentlichen Dialogs, der weder den Angstmachern noch den Heilsversprechern überlassen bleiben sollte. Dieser Dialog ist schwierig zu führen, wie einige Pioniere beider Seiten bereits erfahren haben. Unausgesprochene Emotionen (z.B. die Angst vor Reputationsverlust oder die Angst vor der Biotechnologie) spielen eine größere Rolle, als von den Beteiligten zugegeben wird. Auf den ersten Blick erscheint der Dialog hinderlich, ein Umweg. Längerfristig führt er zur Integration.

Technometaphysik und die Zukunft der Kultur

Dirk Matejovski

Ball of confusion

In Übergangszeiten entsteht erhöhter Bedarf an Deutung und Prognose. Wo die Selbstverständlichkeiten schwinden, hat die Zukunft Konjunktur. Unübersehbar ist die Zahl der Buchpublikationen, Fernsehsendungen, Radiofeatures und Zeitungsartikel, in denen wortgewaltige Trendauguren – sogenannte Zukunftsforscher und professionelle Visionäre – uns sagen, wie wir morgen leben werden.

Das ausufernde Interesse an der Vorwegnahme der Zukunft speist sich aus unterschiedlichen Quellen. Der Wirtschaft garantiert der Blick in die Zukunft Marktchancen und Wettbewerbsfähigkeit. Die Politiker benötigen ein großes Quantum spekulativer Prognostik, um nicht gänzlich zu Sklaven der Pressespiegel und der demoskopischen Studien zu werden. Die nahende Jahrtausendschwelle tut ein übriges, um die prognostische Phantasie zu stimulieren. Doch es gibt noch ein tiefergreifendes Motiv für die Blüte der Trendprognostik: Das Bedürfnis nach Deutung und Vorausdeutung scheint aus der immer kürzer werdenden Spanne zwischen der Entwicklung und dem Einsatz neuer Technologien zu resultieren. Da angesichts des rasanten Tempos technologischer Entwicklungen der jeweilige »State of the Art« selbst für Fachleute kaum mehr zu überblicken ist, sind die Auswirkungen und Anwendungsmöglichkeiten technologischer Innovationen nur schwerlich abzusehen. Dieses Dilemma hat zur Ausbildung eines neuen Wissenschaftszweiges geführt, der Technikfolgenabschätzung, einer Wissenschaft, von der böswillige Spötter behaupten, Epimetheus sei ihr Schutzpatron.

Die Durchdringung der Lebenswelt mit den Produkten des technischen Fortschritts macht die Auswirkungen dieses Fortschritts für den einzelnen direkt erfahrbar. Jedoch die Veränderung der Lebenswelt durch Technik vollzieht sich in vielen Bereichen unbegriffen und begriffslos. So bilden sich etwa um Computer und Medien, aber auch um Biowissenschaften und Medizin neue Mythen, die zwischen Erlösungsphantasien und Dämonisierungsstrategien oszillieren.

Doch je schneller und intransparenter sich der technologisch induzierte Umbruch der Lebenswelt vollzieht, desto größer wird das Bedürfnis nach individueller und kollektiver Deutung der Gesamttendenzen. Und so werden täglich neue Schlagworte und Deutungsmuster zur gefälligen Benutzung offeriert. Begriffe wie »postindustrielle Gesellschaft«, »Informationsgesellschaft«, »Wissensgesellschaft«, »Zeitalter der Biologie«, »Risikogesellschaft« oder »Erlebnisgesellschaft« (die unvollständige Aufzählung kann beliebig erweitert werden) sollen Wegweiser in einer unübersichtlichen Landschaft bilden. Die breitgestreute Verwendung methodologischer Schlüsselbegriffe aus Einzeldisziplinen (»Selbstorganisation«, »Wertewandel« etc.) versieht das weitverbreitete und diffuse Gefühl, in Umbruchzeiten zu leben, mit den Weihen theoretischer Prägnanz.

Die Ungenauigkeit, Austauschbarkeit und Monokausalität solcher und anderer Begriffe und Theoreme ist evident, und sicherlich werden zuviele teure Managerseminare zur Chaostheorie und zu Brainmachines an den Mann gebracht. Doch wird die Legitimität der übergreifenden Fragestellung von solchen sophistischen Vermarktungsstrategien nicht berührt.

Denn all die Versuche, neue erkenntnis- und deutungsleitende Begriffe zu formulieren und durchzusetzen, reagieren letztlich auf eine fundamentale Frage: die Frage, ob die Dynamik der technischen und sozialen Entwicklung weiterhin mit Hilfe der tradierten kulturtheoretischen und philosophischen Terminologie verstanden werden kann. Wo überschnell Antworten gegeben werden, hilft zunächst eine Überprüfung der Frage.

Schaum auf der Welle

Den narzißtischen Kränkungen, die sich das Gattungswesen Mensch selbst zufügte, wird an der Schwelle zum 21. Jahrhundert eine weitere hinzugefügt. Das heliozentrische Weltbild versetzte den Menschen auf einen unbedeutenden Planeten am Rande des Universums. Die Evolutionstheorie ordnete der Krone der Schöpfung eher despektierliche Vorfahren zu. Die Psychoanalyse erschütterte das schmeichelhafte Bild vom vernunftgeleiteten Lebewesen. Nun scheint es, als ob eine der letzten Fluchtburgen menschlicher Handlungsmächtigkeit geschliffen wird, die Verfügungsgewalt über die Technik. Das tool-making animal sieht sich einem naturwissenschaftlich-technischen Fortschritt gegenüber, der sich weitgehend verselbständigt hat.

Wenn Flussers Diktum zutrifft, daß alle Revolutionen technische Revolutionen sind, dann leben wir in der Tat in einem permanenten Ausnahmezustand (vgl. Flusser 1988) – einem Ausnahmezustand, dem wir intellektuell offenbar nicht gewachsen sind. Die mittlerweile weitgehend zum Austausch standardisierter Gesprächschips geronnenen Debatten um Gen-Ethik oder die Auswirkungen des Computereinsatzes sind nichts als die diskursive Begleitmusik des technischen Fortschritts. Auf die Marschrichtung haben sie wenig Einfluß. Fortschrittskritik und Technikfeindlichkeit mögen weit verbreitet sein, allein es bleibt beim subjektiven oder kollektiv organisierten Unbehagen. Die gesellschaftliche Artikulation solchen Unbehagens scheint eher die Funktion zu haben, die notwendige Polyphonie des gesellschaftlichen Diskurses zu erhalten, als tatsächlich Einfluß auszuüben. Trotz aller Erfolge im Detail bleiben Bürgerinitiativen, Enquetekomissionen und TA-Projekte der Schaum auf der Welle des technischen Fortschritts. »Man kann zum Fortschritt zwar nein sagen, aber das ändert nichts an seinem Vollzug.« (Beck 1991: 329)

Das Beunruhigende an diesem Umbruchprozeß ist, daß er kein Subjekt mehr zu kennen scheint. Weder die Profitinteressen des Großkapitals noch der Perfektionsdrang des militärisch-industriellen Komplexes allein sind zureichende Erklärungsmuster für die Dynamik des technischen Fortschritts. Fortschritt ereignet sich einfach, und uns scheint nichts anderes übrigzubleiben, als Computerzeitschriften zu lesen oder Ethikkomissionen einzurichten . . .

Am Ende des 20. Jahrhunderts hat die technische Form der Naturbeherrschung eine Qualität erreicht, die schlechthin nicht mehr den Interessen, Motiven und Aktionen von Individuen oder Gruppen zuzurechnen ist. Verschwörungstheorien und energisch betriebene Interdikt- und Verhinderungspolitik greifen hier nicht, weil die moderne Technik nicht als externe, jederzeit reversible Benutzung komplexerer Werkzeuge zu begreifen ist. Spätestens seit Husserl und Heidegger sind wir darüber unterrichtet, daß die Technik eine spezifische Form des Weltverhältnisses und der Wahrnehmung konstituiert (vgl. Hastedt 1991: 42ff.; Schwemmer 1987: 202-243).

Wenn es darum geht, das Verhältnis von Kultur und Technik auf den Begriff zu bringen, sind dafür traditionell die Geistes- und Kulturwissenschaften zuständig. Die aber befinden sich in einer ausgesprochenen Schwächephase. Sie haben ihr altes Selbstbewußtsein verloren, denn mit dem endgültigen Tod aller Spielarten des Hegelianismus ist ihnen der Glaube an ihre historische Mission abhanden gekommen. Der antiquarische Hermetismus ihrer Inhalte, dem häufig ein selbstgenügsamer Historismus korrespondiert, ließ die Geisteswissenschaften zu den bemitleideten Stiefkindern der Moderne werden. Der Weltgeist hat sich in die Labore der Naturwissenschaftler, Informatiker und Ingenieure begeben. Da nicht mehr die Philosophenkongresse, sondern die Cebit die Stichworte zum Geist der Zeiten liefert, fällt es den meisten Geisteswissenschaftlern schwer mitzureden. So entstand eine diskursive Leerstelle. Sind nur die wenigsten Geisteswissenschaftler in der Lage, kompetent über Technik zu reden, so erreichen die Reflexionen der Naturwissenschaftler über ihr Tun nicht immer die Höhe der Standards, die in den Kulturwissenschaften üblich sind (vgl. Hastedt 1991: 28; Matejovski 1992: 6f.).

Grenzüberschreitungen in beiden Kulturen sind hier in Zukunft gefragt. Im Zusammenhang mit der Frage nach übergreifenden Verstehens- und Deutungsstrukturen in einer Welt, in der die tradierten Begriffssysteme und Formen der Handlungsorientierung obsolet geworden sind, hat sich ein regelrechter »Sinnleistungssektor« entwickelt. Er hat sich bezeichnenderweise allenfalls in lockerer Anbindung an die Universitäten etabliert, und er versammelt viele Grenzgänger, die den engeren Bannkreis der Fachdisziplin verlassen haben. Die Existenz dieses Sinnleistungssektors bezeugt das Interesse an der wahrhaft fachübergreifenden Analyse der Gegenwart. Das öffentliche Gespräch über die Zukunft, das hier zu führen ist, bestimmt die Zukunft selbst.

Monologe und Dialoge

Am Beispiel jener Technologien, von denen die stärksten Impulse für die Umgestaltung unserer Lebenswelt ausgehen werden, den Informations- und Kommunikationstechnologien, lassen sich die Probleme eines nutzbringenden Gesprächs über die Zukunft exemplarisch herausarbeiten. Als sei es ein Naturgesetz, wird ein in seinen Strukturen immer gleicher Dialog geführt zwischen Theuth und Thamos, zwischen den Erfindern und Befürwortern neuer Technologien und den Kritikern und Warnern (Postman 1992: 11ff.; Kytzler 1990). Wie Theut aus dem *Phaidros* Platons sind die einen fasziniert von Erkenntniszuwächsen und erweiterten Handlungsmöglichkeiten, die aus neuen Technologien erwachsen. Wie Platons konservativer König Thamos richten die anderen ihr Augenmerk auf die schädlichen Folgen technischer Innovationen und entwerfen Visionen von Untergang und Verfall.

Auf einem der aktuellen Hauptschlachtfelder dieser uralten Auseinandersetzung, der KI, steht die Schärfe des Tons und die Gewagtheit der Visionen in auffälligem Mißverhältnis zu den erreichten konkreten Forschungsergebnissen. So prophezeit Hans Moravec die Ankunft einer postbiologischen Gesellschaft, in der die Menschen sich gleichsam neu erschaffen, um den hinfälligen Körper zu einem freudig überwundenen Relikt vergangener Zeiten zu machen. Geist und Denken, von den Fesseln vergänglicher Leiblichkeit befreit, können dann endlich auf weniger marode Trägermassen umsiedeln. Solche Visionen, deren medienwirksame Radikalität sicherlich auch auf den Zwang zur Mitteleinwerbung zurückzuführen ist, bieten beliebig viele Angriffsflächen. Natürlich ist die High-Tech-Leibfeindlichkeit Moravecs dem Gestus neuplatonischer Erlösungssehnsüchte verpflichtet, natürlich ist bekannt, daß die Produkte der entsprechenden Forschung noch denkbar unbeholfen sind, aber damit ist dem Glamour solcher Prognosen offenbar nicht beizukommen. Unabhängig vom Wahrheitsgehalt und vom Realitätsbezug entfalten solche visionären Höhenflüge ihre Bedeutsamkeit in einem weitgehend selbstreferentiellen System der Oppositionen. Ist Moravec der Hyperorthodoxe des digitalen Fortschritts, so geriert sich sein Widerpart Weizenbaum als der Häretiker. Plakativ wird Moravecs *Mind Children* zum Manifest der Inhumanität erklärt und das Hohe Lied der Menschlichkeit und der Gefühle gesungen (vgl. Weizenbaum 1989).

Hier hilft es, sich des diskurstheoretischen Alphabets zu erinnern. Dort lesen wir: »Häresie und Orthodoxie sind nicht fanatische Übertreibungen der Doktrinmechanismen: sie gehören wesenhaft zu ihnen.« (Foucault 1991: 29) Beide Opponenten bestätigen aus unterschiedlichen Positionen die Unhintergehbarkeit des technischen Fortschritts. Beide nähren den Verdacht, daß das Veränderungspotential derjenigen Technologien am größten ist, über die eben nicht öffentlich gestritten wird. Beide führen einen dialogischen Mummenschanz auf, der lehrbuchhaft auch noch die schwärzesten Prognosen zur »Dialektik der Aufklärung« bestätigt. Der eine, Moravec, bestimmt fröhlich eine technizistische Dehumanisierung als Telos der Geschichte, der andere muß in die Mottenkiste des Humanismus und der Kulturkritik greifen, die umso obsoleter wirkt, je wortmächtiger er sie beschwört.

Aber es gibt ja nicht nur die wortgewaltigen Propheten des Umbruchs, die entweder voller Heilsgewißheit oder in finsterer Zerknirschung der Zukunft entgegensehen. Eine dritte Gruppe, die Skeptiker oder Pragmatiker, stehen den Umbruchsvisionen zurückhaltender gegenüber. So relativiert etwa Ernst Pöppel die kühnen Prognosen Moravecs mit Blick auf die Komplexität des menschlichen Hirns. Werner Rammert nimmt eine vermittelnde Position zwischen den Verfechtern einer digitalen Modernisierung und den Vertretern der Verfallsthese ein, indem er darauf hinweist, daß die sozialen Bedingungen den Einsatz neuer Technologien beeinflussen und daß es unterschiedliche Verhaltensstile im Umgang mit neuen Technologien gibt. Oswald Wiener versteht den Begriff »Computerkultur« als eine Art kulturtheoretischer Metapher in Analogie zur Rolle der Psychoanalyse zu Beginn des Jahrhunderts.

Die Struktur der Debatten macht zweierlei deutlich. Zum einen, daß wir in vielen Fällen ein antiquiertes oder zu wenig differenziertes begriffliches Instrumentarium zur Beschreibung des Wechselverhältnisses von Kultur und Technik haben. Dieser Sachverhalt ist im Zusammenhang mit den bekannten Schlagworten vom »Untergang der Lesekultur« u.ä. unlängst deutlich herausgearbeitet worden (vgl. Giesecke 1992: 16-19; ders. 1991). Für einige Debatten aber läßt sich sagen, daß sie wohl eher in den Bereich einer Überproduktion von Reflexion gehören: eine Überproduktion, die immer dann zu beobachten ist, wenn technologische Innovationen die Phantasie deshalb besonders stimulieren, weil sie noch nicht unter das Joch umstandsloser Alltagsverfügbarkeit gezwungen wurden.

Die häufig zu beobachtende Starrheit der Positionen, die Redundanz der Argumente ist aber noch auf einen anderen Punkt zurückzuführen. Die kulturellen Folgen neuer Technologien, die Veränderung unserer Weltwahrnehmung und Lebensmuster sind vom Schematismus der Disziplinen her nicht zu erfassen und zu analysieren. Natürlich, für zuständig erklären sich viele: Pädagogen für die Schäden, die PCs und Videos jugendlichen Gemütern zufügen, Psychologen für die Vernichtung der Gesprächskultur durch Massenmedien, Theologen für Gen-Ethik, Philosophen für Begriffsgeschichte, die Soziologen für fast alles. Wenn daber aber ein Gefühl des Unbefriedigtseins bleibt, dann deshalb, weil die disziplinären Schranken zwar im Einzelfall methodologische Virtuosität garantieren, aber gleichzeitig auch für monoperspektivische Sicht des Problems sorgen. Die Diskursordnungen der einzelnen Disziplinen führen bei der Behandlung des Verhältnisses von Kultur und Technik zu einer Art Echo-Effekt: Bei der Behandlung jedes Problems hallt der Denkstil und die Reflexionsautomatik der jeweiligen Disziplin zurück. Die Pädagogen sind besorgt, die Soziologen bilden Kategorien, die Historiker und Philosophen denken in historischen Bezügen, und die Literaturwissenschaftler dechiffrieren Texte. Die Naturwissenschaftler und Techniker verhalten sich dazu entweder ignorant, apologetisch oder aber dilettieren auf unbeholfene Weise in Sachen Nachdenklichkeit.

Dies zu beklagen, hcißt keineswegs eine neue *scientia universalis* einzufordern oder einer so nie existenten Epoche sinnhaften Lebens nachzutrauern. Es bedeutet zweierlei: Zum einen ist der Dialog zwischen den zwei Kulturen zu forcieren (vgl. Kaiser 1989); zum anderen aber ist festzuhalten, daß die Krise der Disziplinarität auf eine tiefergehende verweist: auf die Krise jener diskursiven Ordnung, die sich im 19. Jahrhundert ausbildete und die sich an der Schwelle zum 21. Jahrhundert zu einem feinen Nebel der Bedeutungslosigkeit verflüchtigt.

Das 19. Jahrhundert geht (endgültig)

In der Tat: Die Schwierigkeiten, zwischen Schlagwortseligkeit, Technikfetischismus, Bußpredigerinbrunst, professioneller Besorgtheit und enthusiastischer Utopik zu einer halbwegs realistischen Zukunftseinschätzung zu gelangen, sind nicht zuletzt darauf zurückzuführen, daß unser kulturelles Koordinatensystem nicht mehr funktioniert. Unser kulturelles Raster stammt aus dem Zeitalter der Postkutschen und Eisenbahnen, während unsere Lebenswelt schon ins universale Siliziumzeitalter eingetreten ist und Körper und Geist in Räumen entfesselter Geschwindigkeit und technischer Bilder dahintaumeln. Die auffälligste Diskrepanz besteht zwischen der Komplexität und Wirkmächtigkeit des technologischen Fortschritts und den Rahmenbedingungen des wissenschaftlichen Diskurses. Es spricht sich nämlich langsam herum, daß die wissenschaftsgeschichtlich im 19. Jahrhundert entstandene Scheidelinie zwischen Natur- und Geisteswissenschaften ebenso obsolet geworden ist wie die Feingliederung der einzelnen Disziplinen.

Die Brüchigkeit eines Wissenschaftssystems, das der einen Fächergruppe die Welt der Fakten und objektiven Naturgesetze, der anderen aber die Kommunikation mit dem Geist zuwies, tritt jetzt erst überdeutlich hervor. Skepsis gab es in dieser Hinsicht immer schon. Seit Nietzsches Kritik an der Präponderanz des Historischen, seit den ersten Vorbehalten gegenüber Diltheys Geisterkommunikation bestand immer schon der Verdacht, daß die Arbeitsteilung zwischen den Machern und Sinnproduzenten künstlich und falsch war. Nun ist dieser Verdacht zur Gewißheit geworden. Der Geisteswissenschaft ist das Vertrauen in die selbstverständliche Präsenz ihres angeblichen Erkenntnisobjekts abhanden gekommen, und die Naturwissenschaftler sehen zunehmend, daß auch sie durch Orientierung am Schibboleth »wissenschaftlicher Fortschritt« die gesellschaftliche Akzeptanz für ihr Tun gefährden.

Kurz: Reine, klassische Geisteswissenschaft droht ins pittoresk-antiquarische Abseits zu geraten, und reine Naturwissenschaft wird gesellschaftlich zunehmend unter Druck geraten, wenn sie sich nicht kultur- und sozialwissenschaftlicher Reflexion als Flankenschutz versichert.

Doch es sind nicht nur gleichsam strategische Aspekte, die die überkommenen disziplinären Arbeitsteilungen aufbrechen. Es konstituieren sich vielmehr Gegenstandsfelder, die durch das feinmaschige Gitternetz disziplinärer Spezialisierung fallen und andererseits im Niemandsland der zwei Kulturen situiert sind. Medienwissenschaft, Hirnforschung, Computerlinguistik, Künstliche Intelligenz sind solche Felder. Systemtheorie, Konstruktivismus oder einige Ausprägungen der Diskursanalyse transzendieren tendenziell die Trennung zwischen naturwissenschaftlichen und geisteswissenschaftlichen Methodologien. Das führt zu produktiven Verunsicherungen und Grenzüberschreitungen. Auf der Ebene der forschenden Individuen führt diese Situation dazu, daß die Grenzüberschreiter, die Wandler zwischen den disziplinären Welten, die innovativsten Ergebnisse vorlegen. Wo fachübergreifende Synthesen durch eine Wissenschaftlerpersönlichkeit nicht mehr zu leisten sind, da sind ernsthafte interdisziplinäre Kooperationen notwendig.

Die Krise der alten disziplinären Zuständigkeiten äußert sich nicht zuletzt auch in der Suche nach neuen Leitwissenschaften. Wie fragwürdig die (Selbst-) Anpreisungen bestimmter Disziplinen als neue Leitwissenschaft auch sein mögen, eines ist unbestreitbar: Das heimelige disziplinäre Kästchensystem, mit dessen Hilfe wir seit dem vergangenen Jahrhundert unsere Wissenschft strukturieren, gerät durcheinander. Doch geraten noch andere Säulen unserer kulturellen Ordnung unter dem Druck des technologischen Fortschritts ins Wanken. So zeichnet sich überdeutlich ab, daß ehrwürdige Institutionen der kulturellen Kommunikation einen Wandel durchmachen. Namentlich betrifft dies jene gesellschaftlichen Praktiken, die sich um die Begriffe »Autor« und »Intellektueller« gruppieren. Wir erbten ihn vom letzten Jahrhundert, den Autor-Intellektuellen, der den Mächtigen sein »J'accuse« entgegenschleuderte. Das Bewußtsein einer historischen Mission bezog der engagierte Intellektuelle aus der Tradition der Aufklärung. Untergründig jedoch war seine Funktion als ein zweiter creator mundi, als Schöpfer virtueller, das heißt in diesem Falle, literarischer Realitäten, Ursprung seiner Autorität. Wessen Handwerk es ist, mögliche Welten in Worten auferstehen zu lassen, der, so war man geneigt zu glauben, ist im besonderen Maße berufen, die wirkliche Welt zu kritisieren. Und so entwickelte sich von Zola über Heinrich Mann, Sartre, Grass, Hugo Claus und Solschenizyn der Typus des humanistischen Warners, der sich prinzipiell für alles zuständig erklärt und immer auf der Seite des Wahren, Guten und Schönen steht. Es hat gegenüber dieser angemaßten Wächterrolle der Intellektuellen zwar immer Vorbehalte und Verdachtsmomente gegeben, man rügte ihn als geheimen Komplizen der Macht, sah seinen Opportunismus und seine Doppelmoral, bemerkte das unaufrichtige Pathos der Proteste, aber dennoch war seine Stellung innerhalb der Gesellschaft im Wesen unerschüttert. Doch nun wirkt der mit dem Typus des engagierten Intellektuellen verbundene Gesinnungs- und Kritikzirkus, der Taumel der wohlmeinenden Meinungen, der Tumult der Tugendhaften endgültig obsolet.

Die Gründe dafür sind vielfältig. Die Hauptursache liegt darin, daß auch der schärfste Kulturkritiker immer noch an die Kultur glauben muß. Die aber hat sich unterdessen in Siliziumchips und auf 3-D-Leinwände verflüchtigt, und sie tanzt zum Rhythmus gesampelter und gescratchter Töne. Der engagierte Intellektuelle gehört in die Gutenberg-Galaxis, er gehört in die Welt des Theaters und der Kammerkonzerte, er gehört in eine Welt, in der es noch Politik gibt und nicht deren mediales Substitut. Kritik, Engagement, Protest, Mitwirkung setzen die Substantialität der Verhältnisse voraus – eine Voraussetzung mithin, die im Medienzeitalter ästhetisch und politisch entfallen ist. Politisch, weil das, was man einmal Politik nannte, endgültig zu einer Funktion medialer Effekte geworden ist. Dieser Sogbewegung sind auch die Parzellen, auf denen der Intellektuelle siedelt, ausgesetzt.

Wo wäre der archimedische Punkt, von dem aus Golfkrieg, rumänische »Revolution« und Jugoslawienkonflikt zu beurteilen wären? Die einzelne »kritische Stimme« ist endgültig entwertet, und Relevanz hat allenfalls noch der jeweilige Gesamtdiskurs. So wird das, was man einst die öffentliche Debatte nannte, entweder gleich zum Metadiskurs oder aber zum Diskurs über Medien und ihre Technik (vgl. Weibel 1990). Angesicht dieser Entwicklung scheinen selbst so ehrwürdige Begriffe wie »Propaganda« eine Patina zu bekommen, setzt doch Propaganda eine funktionsfähige Unterscheidung zwischen Wahrheit und Lüge voraus. Auch die im Golfkrieg so häufig beschworene letzte Fluchtburg medialer Substantialität, die Zensur, kann hier nicht erkenntnisstiftend wirken. Was früher einmal Zensur hieß, hatte in seiner repetitiven Evokation des binären Schemas Herrscher/Beherrschter, Wahrheit/Lüge, Unfreiheit/Freiheit teil am letzten Endes optimistischen Lustspiel namens Aufklärung und Fortschritt. Als Gratifikation wurde den Zensurierten auch noch attestiert, wie wichtig sie waren. Heiner Müller wies unlängst auf diesen Aspekt hin. Solche betulichen Zeiten sind aber unwiederbringlich entschwunden. Zensur wurde zur medialen Inszenierung, die die Inszenierenden mit einschließt, ebenso wie die Opfer zu Komplizen werden. An die Stelle simpler Unterdrückungstechniken tritt die subtile visuelle Inszenierung politisch-ästhetischer Gesamtkunstwerke. Damit ist die berühmte Antithese Benjamins zwischen politisierter Ästhetik und ästhetisierter Politik zur fernsehgerechten Synthese gebracht. Was bleibt, sind Restbestände politischen Handelns, die die traulichen Erinnerungen an Staatsmännerherrlichkeit, Diplomatenbankette, Depeschen und Demarchen am Leben halten.

Auch ästhetisch heißt es, Abschied nehmen. Damit sind nicht die wohlfeilen Prognosen à la »Ende der Buchkultur« etc. gemeint. Die haben dafür zu sorgen, daß Gelder für Lesestiftungen fließen und daß uns ein wohliger »Herr-es-will-Abend-werden-«Schauder über den Bildungsbürgerrücken fährt. Die Rede von den ästhetischen Kassationen an der Schwelle meint natürlich das umfassende System von Substitutionen und Dezentrierungen, das allerorten zu notieren ist. Natürlich, es hat wenig Neuigkeitswert, es zu sagen, verdrängen TV und Video nicht das Buch in absehbarer Zeit, aber sie demolieren natürlich das informationstechnische Monopol dieses kulturellen Leitmediums, was in Konsequenz nichts anderes heißt, als daß unsere Maßstäbe für das, was man einmal Bildung nannte, revidiert werden müssen. Von den mit der Einführung neuer Informations- und Kommunikationstechnologien verbundenen Wandlungen unserer Wahrnehmung einmal ganz absehen.

Das Theater ist eine ehrwürdige, spätestens seit dem 19. Jahrhundert fast unerträglich moralische Anstalt, und es werden viele noch dafür sorgen, daß diese und andere Restbestände medial reizarmer Zeiten noch fortexistieren, aber jedem Einsichtigen ist klar, daß diese Institution genau dieselbe Funktion hat wie für manche Menschen das umständliche Tragen einer Taschenuhr. Im Zeitalter von Video, HDTV, Virtual Realities und Multimedia noch so zu tun, als seien die medialen Bedingungen des Hoftheaters zu Weimar des Weltgeists zentrale Emanation, ist zwar von liebenswürdiger Anhänglichkeit, aber zukunftslos. Hier wie so häufig zeigt sich, daß der institutionalisierte Kulturbetrieb in seiner Beharrungskraft die sedierenden Kunstrituale alter Zeiten ad infinitum zu zelebrieren bereit ist. Wann nimmt endlich einer Wagners Vision vom Gesamtkunstwerk ernst und inszeniert den *Ring* unter den technischen Bedingungen des 21. Jahrhunderts?

Aber Beharrungskraft gibt es auch innerhalb jüngerer Gattungen. So ist es unübersehbar, daß der Gestus der Überbietung und Überschreitung innerhalb der elektronischen Musik in die sogenannte Popkultur abgewandert ist. Hip-Hop, Tekkno, House, Rave und der klassische Flügel der Pop-Avantgarde von Brian Eno über Laurie Anderson bis hin zu Throbbing Gristle praktizieren einen synkretistischen und experimentellen Umgang mit elektronischer Musik mit größter Breitenwirkung, und vor diesem Hintergrund kann der priesterliche Gestus der elektronischen E-Musik als eine Art konsequenter Selbstmarginalisierungsstrategie angesehen werden.

Diese Transformationen sind mehr als Gegenstand von ästhetischen Teetisch-Gesprächen. Gerade die medientechnische Reflexion ästhetischer Standards lehrt ja, daß die meisten Fragen aus dem Arsenal der ewiggleichen Kulturkritik und Ästhetik falsch gestellt sind. So ist es unsinnig, in einer Epoche, in der sich die traditionellen Gattungen der bildenden Künste erschöpft zu haben scheinen, jene Verfahrensweisen im Niemandsland zwischen Informatik, Nachrichtentechnik, Optoelektronik und Videoclip flugs in das Raster des alteuropäischen Kunstkanons zu pressen. Die schnelle Generierung der Gattung »Computerkunst« ist genauso fragwürdig wie die Musealisierung von Videokunst. Hier werden ästhetische Grenzphänomene der archivalischen Kunstpflege einverleibt und damit domestiziert. Gerade jene Medien, deren Wesen das Immaterielle, das Ubiquitäre, das frei Zirkulierende und Flottierende ist, wiederum in Akademien und Museen zu sperren, ist ein Mißverständnis von unfreiwilliger Komik.

So wie Videoclips und Computergraphiken den Bannkreis traditioneller, das heißt einer an Sprache und Schrift gebundenen Ästhetik hinter sich gelassen haben, so sind auch die Buchstaben selbst zu einem »Oberflächeneffekt von Algorithmen« geworden (Kittler 1988: 299). Das ist mehr als ein geistvolles Aperçu, denn damit tritt eine kulturelle Spaltung von dramatischer Qualität auf. Zu unterscheiden ist nämlich zwischen jenen, die der Zahlen – und damit der Computercodes – mächtig sind, und jenen, die es nicht sind. An Erstere fällt zunehmend das Privileg, gesellschaftlich relevante Entscheidungen zu fällen und unsere Weltwahrnehmung zu bestimmen. In diesen digitalen Sog gerät zwangsläufig auch der Begriff des Politischen (vgl. Flusser 1991). MTV, jene anglo-amerikanische Fernsehstation, die die alteuropäisch so oft ersehnte Verbindung von Kunst und Leben medial inszeniert und durch ein endloses Band von Musikvideos einen Tanztaumel des Bewußtseins erzeugt, hat, theorielos aber effektiv, aus solcher Lage die Konsequenz gezogen: Die MTV-News zitieren die Bildsprache der klassischen Nachrichten, indem sie einen Sprecher und die obligatorische Weltkugel im Hintergrund präsentieren. Nur ist der Sprecher ein Inkarnat der jeweils dominierenden subkulturellen Bekleidungsvorschriften, und die Nachrichten blenden jede Politik zugunsten von Nachrichten aus dem Pop-Kosmos aus. Die Herrenworte der Präsidenten und Kanzler werden durch Statements von Madonna und Axl Rose substituiert. Damit ist die im 19. Jahrhundert etablierte Hierarchie des Nachrichtenflusses endgültig kassiert. Mit MTV hat sich mitten im Herzen Alteuropas eine Insel der Entsubstantialisierung der großen Diskurse angesiedelt, ein aufwendiges und populäres Dementi-Gegenuniversum (das auch als Aporie der Aporie an die gängigen Diskurse angeschlossen ist: political correctness, Ökologie, female issues etc.).

Damit ist auf die große Paradoxie der universalistischen Entwürfe verwiesen. Das 19. Jahrhundert exportierte Gott, Vernunft und die doppelte Buchführung in alle Welt und glaubte damit an die eine Welt. Heute, da medientechnisch die Möglichkeit zur Produktion der einen Welt und der einen Vernunft existiert, gewinnen die Randdiskurse, die Inseln, die Partikularismen an Bedeutung. Das globale Dorf ist in Wirklichkeit die globale Stadt, mit Villenvierteln, Slums, Vergnügungsparks und Regierungsviertel. Sein Name ist Babel. So zerstört sich das Projekt des 19. Jahrhunderts in seiner Vollendung. Nachdem die Technik die Voraussetzung für die Installation der einen, eurozentrischen, aufgeklärten, liberalen, homo oeconomicus- und homo faber-Welt geschaffen hat, nachdem ein mediales Netzwerk bekanntermaßen die Lebensformen weißer Mittelstandsfamilien aus Europa und den USA in den entlegensten Winkel etwa des schwarzen Kontinents getragen hat, entstehen überall Enklaven des Autochthonen, des Nationalen und des Religiösen. Und vieles spricht dafür, daß die neue Blüte der Metaphysik, mag sie in fundamentalistischer, neo-esoterischer oder ökologischer Vermummung erscheinen, eine Gegenreaktion auf die latente Metaphysik der Technik ist.

So wäre also das Verhältnis von Kultur und Technik im 21. Jahrhundert ein Stück Nachgeschichte im Sinne Flussers: Nachgeschichte des 19. Jahrhunderts, einem Jahrhundert, an dem wir mehr zu hängen scheinen, als wir zugeben, und von dem wir schon Abschied genommen haben, als wir es noch gar nicht wußten. Plus ultra . . .

Literatur

Abholz, H.-H. (1990), »Früherkennung – Mehr an Gesundheit? Eine klinisch-epidemologische Analyse«, in: *psychosozial*, 13.Jg., Heft II.

Abschlußbericht der Bund-Länder-Arbeitsgruppe »*Genomanalyse*« (1990), (hektogr. Manuskript).

Adorno, Th.W. (1968), *Einleitung in die Musiksoziologie*, Reinbek.

Alkon, D.L. (1989), »Memory Storage and Neural Systems«, in: *Scientific American*, Vol. 261, Nr. 1, July.

Altner, G. (Hg.) (1986), *Die Welt als offenes System*, Frankfurt/M.

Altner, G. (1988), *Leben auf Bestellung*, Freiburg.

Altner, G./W. Krauth/I. Lünzer/H. Vogtmann (Hg.) (1990), *Gentechnik und Landwirtschaft*, Karlsruhe.

Ammann, K./S. Hirschauer/H. Kranz/J. Lachmund/W. Philipps/P. Weingart (1985), *Science Studies Report 28, Kommerzialisierung der Grundlagenforschung. Das Beispiel der Biotechnologie*, Bielefeld.

Arendt, H. (1981), *Vita activa oder Vom tätigen Leben*, München.

Armstrong, D. (1983), *Political Anatomy of the Body: Medical Knowledge in Britain in the Twentieth Century*, Cambridge.

Arndt, X. u.a.(1986), *Biotechnologie: Kleine Wesen – große Wirkung*, Berlin (DDR).

Arney, B./B.J. Bergen (1984), *Medicine and the Management of Living: Taming the Last Great Beast*, Chicago.

Atteslander, P. (1985), »Mehr oder weniger Demokratie? Durch die neuen Medientechniken droht eine gefährliche Überinformation«, in: *Die Zeit*, Nr. 52.

Bach, K./H. Kubicek (1992), »Datenschutz bei Mehrwertdiensten«, in: *Computer und Recht*, Nr. 8.

Bachelard, G. (1974), *Epistemologie*, Frankfurt.

Bammé, A./R. Feuerstein/E. Genth/R. Holling/R. Kahle/P. Kempin (1983), *Maschinen-Menschen, Mensch-Maschinen. Grundrisse einer sozialen Beziehung*, Reinbek.

Baumann, H.D. (1977), *Kunst und Medien. Materialien zur documenta 6*, Kassel.

Beck, U. (1986), *Risikogesellschaft. Auf dem Weg in eine andere Moderne*, Frankfurt.

Beck, U. (1988), *Gegengifte*, Frankfurt.

Beck, U./W. Bonß (1989), »Verwissenschaftlichung ohne Aufklärung?«, in: dies. (Hg.), *Weder Sozialtechnologie noch Aufklärung? Analysen zur Verwendung sozialwissenschaftlichen Wissens*, Frankfurt.

Beck, U./M. Brater/H. Daheim (1980), *Soziologie der Arbeit und der Berufe*, Reinbek.

Beck-Gernsheim, E. (1991), *Technik, Markt und Moral. Über Reproduktionsmedizin und Gentechnologie*, Frankfurt/M.

Berenson, B. (1897), *The Central Italian Painters of the Renaissance*, London.
Biervert, B./K. Monse/E. Berendt/M. Hilbig (1991), *Informatisierung von Dienstleistungen. Entwicklungskorridore und Technikfolgen für die privaten Haushalte*, Opladen.
Blatt, B. (1991), *Bekomme ich ein gesundes Kind? Chancen und Risiken der vorgeburtlichen Diagnostik*, Hamburg.
Böttger, B. (1990), »Informatisierung des privaten Alltags. Strategien der Hersteller«, in: Böttger/Mettler-Meibom 1990.
Böttger, B./B. Mettler-Meibom (1990), *Das Private und die Technik. Frauen zu den neuen Informations- und Kommunikationstechniken*, Opladen.
Bossel, H. (1978), *Bürgerinitiativen entwerfen die Zukunft*, Frankfurt.
Brady, A.H. (1988), »The Busy Beaver Game and the Meaning of Life«, in: Berken, R. (Hg.), *The Universal Turing Machine/A Half-Century Survey*, Berlin.
Bundesminister für Forschung und Technologie (1991), *Die Erforschung des menschlichen Genoms. Ethische und soziale Aspekte*, Frankfurt/New York.
Burnham, D. (1983), *The Rise of the Computer State*, New York.
Busoni, F. (1974), *Ästhetik der Tonkunst*, Frankfurt.

Capurro, R. (1988), »Die Verantwortlichkeit des Denkens. Künstliche Intelligenz aus ethischer Sicht«, in: *Forum für interdisziplinäre Forschung* I.
Carrier, M./J. Mittelstraß (1989), *Geist, Gehirn, Verhalten: Das Leib-Seele-Problem und die Philosophie*, Berlin/New York.
Catenhusen, W.-M./H. Neumeister (Hg.) (1987), *Chancen und Risiken der Gentechnologie. Dokumentation des Berichts an den Deutschen Bundestag*, Frankfurt/New York.
Chamberlain, W. (1984), *The Policeman's Beard is Half Constructed*, New York.
Cherfas, J.J. (Hg.) (1990), *Round Table Discussion on Bioscience Society, 1.12.1990. Schering Foundation Workshop 2*, Berlin/Heidelberg.
Churchland, P. (1986), *Neurophilosophy: Toward a Unified Science of the Mind-Brain*, Cambridge Mass.
Clark, K. (1953), *Landscape into Art*, London.
Cohen, S./L. Taylor (1977), *Ausbruchsversuche. Identität und Widerstand in der modernen Lebenswelt*, Frankfurt/M.
Crutzen, P./M. Müller (1991), *Das Ende des blauen Planeten?* München.

Daele, W.v.d. (1986), »Technische Dynamik und gesellschaftliche Moral. Zur soziologischen Bedeutung der Gentechnologie«, in: *Soziale Welt*, Nr. 2/3.
Davies, D. (Hg.) (1986), *Industrial Biotechnology in Europe*, Brüssel.
Deleuze, G. (1988), *Bergsonism*, New York.
Descartes, R. (1662), *De homine*, Leiden.
DGB (1991), *Für eine soziale Gestaltung der Telekommunikation*, Düsseldorf.
»Die Würde des Menschen ist unantastbar. Zur Herausforderung von Art. I. GG durch den technisch-wissenschaftlichen Fortschritt« (1990), in: *Jahrbuch der Universität Augsburg* 1989.
Dierkes, M. (1990), »Technikgenese: Einflußfaktoren der Technisierung jenseits traditioneller Technikfolgenforschung«, in: Biervert, B./K. Monse (Hg.), *Wandel durch Technik? Institution, Organisation, Alltag*. Opladen.
Dosi, G. u.a. (1987), *Technical Change and Economic Theory*, Maastricht.
Drexler, K.E. (1990), *Engines of Creation*, London.
Dreyfus, H.L./St.E. Dreyfus (1987), *Künstliche Intelligenz. Von den Grenzen der Denkmaschine und dem Wert der Intuition*, Reinbek.
Dubois, D./H. Pride (1986), »Recent Models of Uncertainty and Impression as a Basis for Decision Theory: Towards less normative Frameworks«, in: Hollnagel/Mancini/Woods 1986.

Duden, B. (1991a), *Der Frauenleib als öffentlicher Ort. Vom Mißbrauch des Begriffs Leben*, Hamburg.
Duden, B. (1991b), *Geschichte unter der Haut. Ein Eisenacher Arzt und seine Patientinnen um 1730*, Stuttgart.

Eckert, R. (1984), »Zur Konstitution von Wirklichkeit in Bildung und Beruf«, in: Braun, H./A. Hahn (Hg.), *Kultur im Zeitalter der Sozialwissenschaften*, Berlin.
Eckert, R./H. Goldbach/T. Loosen/I. Schmitt/H. Willems (1990), »Selbsterfahrung und Gesellschaftsveränderung. Die Faszination neuer sozialer Bewegungen«, in: Sachverständigenrat 8. Jugendbericht (Hg.), *Materialien zum Jugendbericht*, Bd. 2, Weinheim/München.
Eckert, R./W. Vogelsang/T.A. Wetzstein/R. Winter (1991a), *Grauen und Lust – Die Inszenierung der Affekte. Eine Studie zum abweichenden Videokonsum*, Pfaffenweiler.
Eckert, R., W. Vogelsang, Th. Wetzstein, R. Winter (1991b), *Auf digitalen Pfaden. Die Kulturen von Hackern, Programmierern, Crackern und Spielern*, Opladen.
Eckert, R./R. Winter (1987), »Kommunikationstechnologien und ihre Auswirkungen auf die persönlichen Beziehungen«, in: Lutz, B. (Hg.), *Technik und sozialer Wandel*, Frankfurt/New York.
Eckmiller, R. (Hg.) (1990a), *Advanced Neural Computers*, Amsterdam.
Eckmiller, R. (1990b), »Concerning the emerging role of geometry in neuroinformatics«, in: Eckmiller, R./G. Hartmann/G. Hauske (Hg.), *Parallel Processing in Neural Systems and Computers*, Amsterdam.
Eckmiller, R. (1991), »Learning neural computers for global problem management in the 21st century«, in: *Proc. of Int. Symp. New Information Processing Technologies '91*, Tokio.
Edelman, G. (1989), *The Remembered Present. A Biological Theory of Consciousness*, New York.
Edition Zeitthema (1992), *Gen und Technik*, I & II, Wien.
Eigen, M. (1991), »Automated Molecular Evolution«, in: *Report on the international Workshop: Selection – Natural and Unnatural – in Biotechnology*, held from April 18 to 20 at the Max-Planck-Institut für Biophysikalische Chemie, Göttingen.
Eigen, M./P. Schuster (1979), *The Hypercycle*, Heidelberg.
Esser, H. (1989), »Gesellschaftliche ›Individualisierung und das Schicksal der (Bindestrich-) Soziologie«, in: Markefka, M./R. Nave-Herz (Hg.), *Handbuch der Familien- und Jugendforschung, Bd. 2: Jugendforschung*, Neuwied/Frankfurt.

Fedrowitz, J. (1989), »Ihr wißt nicht, wovon ihr redet«, in: *Süddeutsche Zeitung*, 14.12.1989.
Feigenbaum, E.A./P. McCorduck (1984), *Die Fünfte Computergeneration. Künstliche Intelligenz und die Herausforderung Japans an die Welt*, Basel.
Flusser, V. (1985), *Ins Universum der technischen Bilder*, Göttingen.
Flusser, V. (1988), »Alle Revolutionen sind technische evolutionen«, Vilém Flusser im Gespräch mit Florian Rötzer, in: *Kunstforum*, Bd. 97.
Flusser, V. (1991), »Die Auswanderung der Zahlen aus dem alphanumerischen Code«, in: *Das Magazin*, 2.
Foucault, M. (1991), *Die Ordnung des Diskurses*, Frankfurt.
Fuhrmann, W. (1989), »Genetische Beratung aus der Sicht eines Humangenetikers«, in: Schroeder-Kurth, T. (Hg.), *Medizinische Genetik in der Bundesrepublik*, Frankfurt/M.

Gabbert, K. (1985), »Menschenmaterial. Zur Technologisierung der inneren Natur«, in: Hammann, W./T.Kluge (Hg.), *In Zukunft. Berichte über den Wandel des Fortschritts*, Reinbek.
Garriba, S.F. (1986), »The Use of Information Structures in Risky Decisions«, in: Hollnagel/Mancini/Woods 1986.
Geser, H. (1989), »Der PC als Interaktionspartner«, in: *Zeitschrift für Soziologie*, 3.

Ghiaseddin, G.N. (1987), »Characteristics of a successful DSS – Users' Needs versus Builders' Needs«, in: Holsapple/Whinston 1987.
Gibson, W. (1984), *Neuromancer*, London.
Giedion, S. (1982), *Die Herrschaft der Mechanisierung*, Frankfurt.
Giesecke, M. (1991), *Der Buchdruck in der frühen Neuzeit. Eine historische Fallstudie über die Durchsetzung neuer Informations- und Kommunikationstechnologien*, Frankfurt.
Giesecke, M. (1992), »Der Buchdruck und die Neuen Medien. Ein Kolonialreich bricht zusammen«, in: *Agenda* 3.
Glotz, P. (1985), *Manifest für eine Neue Europäische Linke*, Berlin.
Goerz, G. (1986), »Möglichkeiten der Automatisierung kognitiver Leistungen. Zur Problematik der ›Künstlichen Intelligenz«, in: Bechmann, G./W. Rammert (Hg.), *Technik und Gesellschaft. Jahrbuch* 4, Frankfurt/New York.
Goffman, E. (1977), *Rahmen-Analyse*, Frankfurt.
Günther, K. (1950), »Ökologische und funktionelle Anmerkungen zur Frage des Nahrungserwerbs bei Tiefseefischen mit einem Exkurs über die ökologischen Zonen und Nischen«, in: Grüneberg, H./W. Ulrich (Hg.), *Moderne Biologie. Festschrift zum 60. Geburtstag von Hans Nachtsheim*, Berlin.

Haefner, K. (1984), *Mensch und Computer im Jahre 2000*, Basel.
Haefner, U. (Hg.) (1992), *Evolution of Information Processing Systems*, Berlin/Heidelberg/New York.
Haken, H. (1983), *Synergetik. Nichtgleichgewichts-Phasenübergänge und Selbstorganisation in Physik, Chemie und Biologie*, Berlin/Heidelberg/New York.
Hansmann, M. (1989), »Aktuelle diagnostische und therapeutische Verfahren«, in: Berg, D.u.a. (Hg.), *Pränatale Diagnostik. Eine Auseinandersetzung*, Braunschweig.
Hastedt, H. (1991), *Aufklärung und Technik. Grundprobleme einer Ethik der Technik*, Frankfurt.
Haugeland, J. (1987), *Artificial Intelligence. The Very Idea*, Hamburg: McGraw-Hill.
Heidegger, M. (1977), *Sein und Zeit*, Tübingen.
Heisenberg, W. (1962), *Physics and Philosophy*, New York.
Heitmeyer, W./Th. Olk (Hg.) (1990), *Individualisierung von Jugend*, Weinheim/München.
Henk, G.S. (1987), »Paradoxes around DSS«, in: Holsapple/Whinston 1987
Hennicke, P./M. Müller (1989), *Die Klimakatastrophe*, Bonn.
Hentig, H.v. (1984), *Das allmähliche Verschwinden der Wirklichkeit*, München.
Herbert, N. (1985), *Quantum Reality*, New York.
Herbig, J. (1982), *Das Biobusiness*, Hamburg.
Hobelweichs, G./E. Raschke (Hg.) (1989), »Leben ohne Risiko?«, in: *Aus Politik und Zeitgeschichte* 36/89, Köln.
Hörning, K.H. (1988), »Technik im Alltag und die Widersprüche des Alltäglichen«, in: Joerges 1988.
Hofstadter, D.R. (1979), *Gödel, Escher, Bach – an Eternal Golden Braid*, New York.
Hohlfeld, R. (1988), »Biologie als Ingenieurskunst«, in: *Ästhetik und Kommunikation* 69.
Hohlfeld, R./W.-D. Narr (Hg.) (1990), *Memorandum Biotechnologie und Biomedizin des Komitees für Grundrechte und Demokratie*, Sensbachtal.
Hohmann, H. (1991), »Internationales Umweltrecht und globale Umweltpolitik«, in: *Spektrum der Wissenschaft* 6/91.
Holenstein, E. (1987) »Maschinelles Wissen und menschliches Bewußtsein«, in: *Studia Philosophica* 46.
Holenstein, E. (1988), »Kognitive Wissenschaft«, in: *Information Philosophie* I/88.
Hollnagel, E./G. Mancini/D. Woods (1986), *Intelligent Decision Support in Process Environments*, Berlin/Heidelberg/New York/Tokyo.

Holsapple, C.W./A.B. Whinston (1987), *Decision Support Systems: Theory and Application*, Berlin/Heidelberg/New York/Tokyo.
Hulten, P. (1986), *Futurism & Futurism*, London.

Illich, I. (1992a), »Gesundheit in eigener Verantwortung: Danke, nein!«, in: *Niemandsland. Zeitschrift zwischen den Kulturen*, Jg.4, H. 10/11.
Illich, I. (1992b), »The Institutional Construction of a New Fetish: Human Life«, in: ders., *In the Mirror of the Past. Lectures and Addresses 1978 – 1990*, London.

Joerges, B. (Hg.) (1988), *Technik im Alltag*, Frankfurt.
Jonas, H. (1979), *Das Prinzip Verantwortung. Versuch einer Ethik für die technologische Zivilisation*, Frankfurt.
Jünger, E. (1957), *Gläserne Bienen*, Stuttgart.
Jürgensen, N. (1989), »Elektronische Post mit dem Fido-Netz«, in: *DOS* 5/89.
Jungermann, H./W. Pfaffenberger/G.F. Schäfer/W.Wild (Hg.) (1986), *Die Analyse der Sozialverträglichkeit für Technologiepolitik, KfA Jülich*, München.

Kaiser, G. (1989), *Wissenschaft und ihre Dialoge*, Düsseldorf.
Kant, I. (1794), *Kritik der reinen Vernunft*, Königsberg.
Kittler, F.A. (1988), »Am Ende der Schriftkultur«, in: G. Smolka-Koerdt u.a. (Hg.), *Der Ursprung von Literatur. Medien, Rollen, Kommunikationssituationen zwischen 1450-1650*, München.
Klein, J. (1991), »Die Biotechnologie in den 90er Jahren – mit Verantwortung die Zukunft gestalten«, in: *Biologie in unserer Zeit*, 21. Jg., 125.
Kluge, Th. (1988), »Gentechnologie als Element der Informationsgesellschaft«, in: *Ästhetik und Kommunikation* 69.
Knorr, Ch./J.H. Spangenberg (1990), *Environment Biotechnology and Its Potential Environmental Impacts*, Köln/Brüssel.
Kohli, M. (1986), »Gesellschaftszeit und Lebenszeit. Der Lebenslauf im Strukturwandel der Moderne«, in: Berger, J.(Hg.), *Die Moderne – Kontinuitäten und Zäsuren*, Frankfurt.
Kollatz, M./E. Einemann (Hg.) (1988), *Technologieentwicklung und Reformpolitik*, Marburg.
Kollek, R. (1987), »Das Restrisiko der ›ver-rückten‹ Gene«, in: *Gen-ethischer Informationsdienst* 24/25.
Kollek, R./F. Hansen (1987), *Gen-Technologie. Die neue soziale Waffe*, Hamburg.
Kranen, K. (1989), »Das Recht auf Wissen versus Das Recht auf Nichtwissen«, in: Schroeder-Kurth, T. (Hg.), *Medizinische Genetik in der Bundesrepublik*, Frankfurt.
Krantz, S.G. (1989), »Fractal Geometry«, in: *The Mathematical Intelligence* 11(4).
Kreeb, K.H. (1979), *Ökologie und menschliche Umwelt*, Stuttgart.
Kubicek, H. (1991a), »Rufnummernanzeige bewegt die USA«, in: Kubicek 1991c.
Kubicek, H. (1991b), »Von der Technikfolgenabschätzung zur Regulierungsforschung«, in: Kubicek 1991c.
Kubicek, H. (Hg.) (1991c), *Telekommunikation und Gesellschaft*, Karlsruhe.
Kubicek, H./P. Berger (1990), *Was bringt uns die Telekommunikation? ISDN – 66 kritische Antworten*, Frankfurt/New York.
Kubicek, H./K. Bach (1991), »Neue TK-Datenschutzverordnungen. Fortschritt für den Datenschutz?« In: *Computer und Recht*, Nr. 8.
Kubicek, H./J.-R. Mohr/J. Falke (1992), »Daten- und Verbraucherschutz in der Postreform II«, in: *Zeitschrift für Gesetzgebung* 4.
Küppers, B.-O. (1979), »Towards an Experimental Analysis of Molecular Self-Organization and Precellular Darwinian Evolution«, in: *Naturwissenschaften* 66.

Küppers, B.-O. (1982), »Evolution im Reagenzglas«, in: *Mannheimer Forum 81/82*, Hamburg.
Küppers, B.-O. (1983), *Molecular Theory of Evolution*, Heidelberg.
Küppers, B.-O. (1985), »Der Verlust aller Werte«, in: *Natur-Denkstücke*, München.
Küppers, B.-O. (1986), *Der Ursprung biologischer Information*, München.
Küppers, B.-O. (1987), »Die Komplexität des Lebendigen«, in: Küppers (Hg.), *Ordnung aus dem Chaos*, München.
Kunz, N.W./J.H. Spangenberg (1988), »Aufklärung tut not«, in: *Neue Gesellschaft/Frankfurter Hefte* 7.
Kytzler, B. (1990), »Scriptura Europea antiquissima. Tradition und Schrift im frühen Europa«, in: H.-A. Koch und A. Krup-Ebert (Hg.), *Welt der Information. Wissen und Wissensvermittlung in Geschichte und Gegenwart*, Stuttgart.

Langdon, C.G. (Hg.) (1989), *Artificial Life*, New York.
Lapedes, A./R. Farber (1987), »Nonlinear signal processing using neural networks: prediction and system modelling«, in: *Tech.Rep* LA-UR-87-2662, Los Alamos National Lab.
Leu, H.R. (1989), »Computer in Familien – Schritte zur Einführung des Computers in den Alltag«, in: Rammert 1989a.
Levy-Brühl, L. (1921), *Das Denken der Naturvölker*, Wien.
Lichtenberg, G.Ch. (1967-1974), *Sudelbücher* K 69, in: Lichtenberg, Schriften und Briefe I-IV, hsg. v. W. Promies, München/Darmstadt, Bd.II.
Löw, R. (1985), *Leben aus dem Labor. Gentechnologie und Verantwortung – Biologie und Moral*, München.
Loftus, G. (1985), »Johannes Kepler's computer simulation of the universe: some remarks about theory in psychology«, in: *Behavior Research Methods, Instruments & Computers* 17(2).
Lovelock, J.E. (1979), *Gaia, a new look at life on Earth*, Oxford.
Lüscher, K. (1990), »Familie und Familienpolitik im Übergang zur Postmoderne«, in: Lüscher,K./F. Schultheis/M. Wehrspaun (Hg.), *Die ›postmoderne‹ Familie. Familiale Strategien und Familienpolitik in einer Übergangszeit*, Konstanz.

Mainzer, K. (1990a), »Die Evolution intelligenter Systeme«, in: *Zeitschrift für Semiotik* 12.
Mainzer, K. (1990b), »Knowledge-based Systems. Remarks on the Philosophy of Technology and Artificial Intelligence«, in: *Journal for General Philosophy of Science* 21.
Mainzer, K. (1990c), »Philosophical Concepts of Computional Neuroscience«, in: Eckmiller, R./G. Hartmann/G. Hauske (Hg.), *Parallel Processing in Neural Systems and Computers*, Amsterdam Elsevier.
Mason, R. (1983), *Xanadu. The Computerized Home of Tomorrow and How It Can Be Yours Today!*, Washington D.C.
Matejovski, D. (1992), »Einsam und frei ins Abseits. Krisenrhetorik und Marginalisierungssog in den Geisteswissenschaften«, in: *Das Magazin* 2.
May, R.M. (Hg.) (1980), *Theoretische Ökologie*, Weinheim.
Mayr, E. (1963), *Animal Species and Evolution*, Cambridge,Mass.
McClelland, J./D. Rumelhart (1986), *Parallel Distributed Processing*, Cambridge, Mass.
McLuhan, M./H. Parker (1968), *Through the Vanishing Point*, New York.
Mettler-Meibom, B. (1989), »Wie kommt es zur Zerstörung zwischenmenschlicher Kommunikation? Überlegungen über längerfristige Tendenzen und die Anwendung von Computern«, in: Rammert 1989a.
Mettler-Meibom, B. (1990), »Informatisierung des Alltags. Anmerkungen zur Situation in den USA«, in: Böttger/Mettler-Meibom 1990.

Mettler-Meibom, B. (1991), »Das Institut für Informations- und Kommunikationsökologie (IKÖ)«, in: *Wechselwirkung* 47/1991.
Mills, D.R./R.L. Peterson/S. Spiegelman (1967), *An extracellular Darwinian experiment with a self-dublicating nucleic acid molecule,* Proc.Natl.Acad.Sci., USA.
Mittelstraß, J. (1991a), »Geist, Natur und die Liebe zum Dualismus. Wider den Mythos von den zwei Kulturen«, in: H. Bachmaier/E.P. Fischer (Hg.), *Glanz und Elend der zwei Kulturen. Über die Verträglichkeit der Natur- und Geisteswissenschaften*, Konstanz.
Mittelstraß, J. (1991b), *Vom Wissen zur Information?*, Konstanz.
Mollenhauer, K. (1990), *Gibt es für die Erziehungswissenschaft eine Zukunftsperspektive?* Vortrag an der Univ. Jyväskyla, Finnland (hektogr. Manuskript).
Moravec, H. (1988), *Mind Children*, Cambridge.

»New Music for an old World. Dr. Thaddeus Cahills Dynamophone, an extraordinary electrical Invention for producing scientifically perfect music by Stannard Baker« (1906), in: *McClure's Magazine*, Vol.27, Nr. 3.
Newell, A./H.A. Simon (1972), *Human Problem Solving*, Eaglewood Cliffs.
Noam, E.M. (1991), »Privacy bei Telekommunikationsdiensten«, in: Kubicek 1991c.
Noller, P./G. Paul (1991), *Jugendliche Computerfans. Selbstbilder und Lebensentwürfe*, Frankfurt/New York.

Odum, E.P. (1983), *Grundlagen der Ökologie*, Stuttgart.
OECD (Hg.) (1989), *Biotechnology. Economic and Wider Impacts*, Paris.
Osche, G. (1966), »Grundzüge der allgemeinen Phylogenetik«, in: *Handbuch der Biologie* 3/2, Frankfurt.
Osche, G. (1973), »Das ›Wesen‹ der biologischen Evolution«, in: Ditfurth, H.v. (Hg.), *Mannheimer Forum* 73/74, Mannheim.
Ostner, I. (1992), »Einleitung: Differenzen – unendlich ungleiche?«, in: I. Ostner/K. Lichtblau (Hg.), *Feministische Vernunftkritik: Ansätze und Traditionen*, Frankfurt/New York.

Peirce, C.S. (1897), »Die Logik der Relative«, in: ders. (1986), *Semiotische Schriften*, Bd. 1, Frankfurt.
Pellionisz, A. (1988), »Tensor Geometry: A Language of Brains and Neurocomputers. Generalized Coordinates in Neuroscience and Robotics«, in: Eckmiller,R./C.v.d. Malsburg (Hg.), *Neural Computers*, Berlin/Heidelberg/New York.
Penrose, R. (1989), *The Emperor's New Mind. Concerning Computers, Minds, and the Laws of Physics*, Oxford/New York.
Plessi, F. (1992), »The Fall of Icarus: Statik und Bewegung im multimedialen Tanztheater«, in: *Parnass*, Nr. 3, Wien.
Pöppel, E. (1985), *Grenzen des Bewußtseins. Zur Wirklichkeit und Welterfahrung*, Stuttgart.
Pörksen, U. (1988), *Plastikwörter. Die Sprache einer internationalen Diktatur*, Stuttgart.
Polatschek, K. (1990), »Natur am Netz«, in: *Die Zeit* 4/90.
Postman, N. (1992), *Das Technopol. Die Macht der Technologien und die Entmüdigung der Gesellschaft*, Frankfurt.
Prieberg, F.K. (1960), *Musica Ex Machina*, Frankfurt/Berlin.
Putnam, H. (1975), »The Mental Life of Some Machines«, in: *Mind, Language and Reality. Philosophical Papers*, Bd. 2, Cambrigde, Mass.

Raabe, J./B. Pörksen (1992), »Was ist Leben?«, in: *Niemandsland. Zeitschrift zwischen den Kulturen*, Nr. 10/11.

Rammert, H. (1980), *Ökologie*, Berlin.
Rammert, W. (1988), »Technisierung im Alltag. Theoriestücke für eine spezielle soziologische Perspektive«, in: Joerges 1988.
Rammert, W. (Hg.) (1989a), *Computerwelten – Alltagswelten. Wie verändert der Computer die soziale Wirklichkeit?*, Opladen.
Rammert, W. (1989b), »Computerwelten – Alltagswelten. Von der Kontrastierung zur Variation eines Themas«, in: Rammert 1989a.
Rammert, W. (1990), »Plädoyer für eine Technikgeneseforschung. Von den Folgen der Technik zur sozialen Dynamik technischer Entwicklungen«, in: Biervert, B./K. Monse / Hg.), *Wandel durch Technik? Institution, Organisation, Alltag.* Opladen.
Rammert, W. (1993), »Mit dem Computer zuhause in den ›digitalen Alltag‹? Vision und Wirklichkeit privater Computernutzung«, in: S. Meyer/E. Schulze (Hg.), *Technik und Familie. Gestern – heute – morgen*, München.
Rammert, W./ W. Böhm/ C. Olscha/J. Wehner (1991), *Vom Umgang mit Computern im Alltag. Zur Kultivierung einer neuen Technik*, Opladen.
Rasmussen, J. (1986), »A Framework for Cognitive Task Analysis in System Design«, in: Hollnagel/Mancini/Woods 1986.
Rewald, J. (1941), *Paul Cezanne Letters*, Oxford.
Riemann (1959), *Musiklexicon*, Mainz.
Rifkin, J. (1982), *Entropie*, Hamburg.
Rijn, F.v./R. Williams (Hg.) (1988), *Concerning home telematics*, Amsterdam/New York/Oxford/Tokio.
Rose, F. (1985), *Ins Herz des Verstandes. Auf dem Weg zur Künstlichen Intelligenz*, München.
Roßnagel, A./P. Wedde/V. Hammer/U. Pordesch (1990a), *Die Verletzlichkeit der Informationsgesellschaft*, Opladen.
Roßnagel, A./ P. Wedde/V. Hammer/U. Pordesch (1990b), *Digitalisierung der Grundrechte? Zur Verfassungsverträglichkeit der Informations- und Kommunikationstechniken*, Opladen.
Rothman, K.B. (1988), *The Tentative Pregnancy. Prenatal Diagnosis and the Future of Motherhood*, London.

Sand, St. (1986), *Künstliche Intelligenz*, München.
Schindele, E. (1990), *Gläserne Gebär-Mutter. Vorgeburtliche Diagnostik – Fluch oder Segen*, Frankfurt.
Schmid, W. (1988), »Die Prävention des Down-Syndroms (Mongolismus)«, in: *Neue Zürcher Zeitung* v. 20.1.88.
Schmidt-Tiedemann, K.J. (1991), *Forschung 2000*, Hamburg (Manuskript).
Schmitt, M. (1986), »Theoretische Grundlagen der Evolutionsbiologie«, in: *Studienbrief Evolution der Pflanzen- und Tierwelt* 3, Tübingen.
Schmitt, M. (1989), »Die Geschichte der Tiere«, in: *Studienbrief Evolution der Pflanzen- und Tierwelt* 5/2, Tübingen.
Schroeder-Kurth, T. (1988a), »Pränatale Diagnostik. Probleme der Indikationsstellung und zukünftige Trends«, in: *Geistige Behinderung*, Nr. 3.
Schroeder-Kurth, T. (1988b), »Vorgeburtliche Diagnostik«, in: dies./St. Wehowsky (Hg.), *Das manipulierte Schicksal. Künstliche Befruchtung, Embryonentransfer und pränatale Diagnostik*, Frankfurt.
Schütz, A./T. Luckmann (1979), *Strukturen der Alltagswelt*, Frankfurt.
Schwemmer, O. (1987), *Handlung und Struktur. Zur Wissenschaftstheorie der Kulturwissenschaften*, Frankfurt.
Seinfeld, J.H. (1988), »Ozone air quality models – A critical review«, in: *J. Air Pollut. Control Assoc.* 38.

Serra, R./G. Zanarini (1990), *Complex Systems and Cognitive Processes*, Berlin/Heidelberg/New York.
Sheldrake, R. (1983), *A New Science of Life*, London.
Simpson, G.G. (1951), *Zeitmaße und Ablaufformen der Evolution*, Göttingen.
Singer, W. (1989), »Zur Selbstorganisation kognitiver Strukturen«, in: Pöppel, E. (Hg.), *Gehirn und Bewußtsein*, Basel.
Snow, C.P. (1967), *Die zwei Kulturen. Literarische und naturwissenschaftliche Intelligenz*, Stuttgart.
Spangenberg, J.H. (1987), »Ökologie, menschliche Umwelt und die Grenzen der Gestaltbarkeit«, in: *Perspektiven ds*, Nr. 1.
Spangenberg, J.H. (1991), *Umwelt und Entwicklung*, Marburg.
Spangenberg, J.H. (1992), *Das grüne Gold der Gene*, Wuppertal.
Staudach, A. (1989), »Fetale Anatomie«, in Berg, D. u.a. (Hg.), *Pränatale Diagnostik*, Braunschweig.
Streich, J. (1989), *Global 1990*, Hamburg.
Sugihara, G./R.M. May (1990), »Nonlinear forecasting as a way of distinguishing chaos from measurement error in time series«, in: *Nature* 344.

Tagungsbericht (1991), »Auf dem Weg zu einer evolutionären Biotechnologie?, in: *Nachr. Chem. Tech. Lab.* 39.
Tenbruck, F.H. (1989), *Die kulturellen Grundlagen der Gesellschaft.* Opladen.
Thomsen, Ch.W. (1991), »Und sie bewegt sich doch: Wie die Architektur das Laufen, das Fahren, das Fliegen und das Atmen lernt sowie Medialität gewinnt«, in: *MuK*, Heft 72, Siegen.
Thomsen, Ch.W. (1992), »The Fall of Icarus: Statik und Bewegung im multimedialen Tanztheater«, in: *Parnass*, Heft 3/92, Wien.
Tong, H. (1990), *Non-linear Time Series — A Dynamical System Approach*, Oxford.
Tschuang Tse (1951), »Reden und Gleichnisse des Tschuang Tse«, in: Buber, M. (Hg.), *Reden und Gleichnisse des Tschuang Tse*, Zürich.
Turkle, S. (1984), *Die Wunschmaschine. Vom Entstehen der Computerkultur*, Reinbek.

Ulrich, O. (1985), »Computer-Totalitarismus«, in: *Die neue Gesellschaft/Frankfurter Hefte* 1/85.

Vogelsang, W. (1991), *Jugendliche Video-Cliquen. Action- und Horrorvideos als Kristallisationspunkte einer neuen Fankultur.* Opladen.
Volta, G. (1986), »Time and Decision«, in: Hollnagel/Mancini/Woods 1986.

Wahlert, G. v. (1973), »Phylogenie als ökologischer Prozeß«, in: *Naturwiss. Rundschau* 26.
Wahlert, G. v. (1978a), »Co-Evolution herrscht überall«, in: *Sonderb. Naturwiss. Ver. Hamburg* 2.
Wahlert, G. v. (1978b), »Evolution als Geschichte des Ökosystems ›Biosphäre‹«, in: Kattmann, U./G.v. Wahlert/J. Weninger, *Evolutionsbiologie*, Köln.
Weber, M. (1968), »Wissenschaft als Beruf«, in: *Gesammelte Aufsätze zur Wissenschaftslehre*, Tübingen.
Weibel, P. (Hg.) (1990), *Von der Bürokratie zur Telekratie. Rumänien im Fernsehen*, Berlin.
Weidenbach, Th./.B. Tappeser (1989), *Der achte Tag der Schöpfung*, Köln.
Weigend, A.S./B.A. Huberman/D.E. Rumelhart (1990), » Predicting the future: a connectionist approach«, in: *J. Neural Systems* 1.
Weingart, P. (1988), »Differenzierung der Technik oder Entdifferenzierung der Kultur«, in: Joerges 1988.

Weingart, P. (Hg.) (1989), *Technik als sozialer Prozeß*, Frankfurt.
Weinzierl, H. (1991), *Ökologische Offensive*, München.
Weischenberg, S. (1990), »Das neue Mediensystem«, in: *Politik und Zeitgeschichte* B 26/90.
Weizenbaum, J. (1978), *Die Macht der Computer und die Ohnmacht der Vernunft*, Frankfurt.
Weizsäcker, Chr. v. (1990), »Error-friendliness and the Evolutionary Impact of Deliberate Releases of GMOs«, in: Leskien, D./J.H. Spangenberg (Hg.), *European Workshop on Law and Genetic Engineering, Proceedings*, Bonn.
Weizsäcker, Chr. u. E.U. v. (1986), »Fehlerfreundlichkeit als Evolutionsprinzip«, in: *Universitas* 41/483.
Weizsäcker, E.U. v. (1974; zus. mit Chr. v. Weizsäcker), »Erstmaligkeit und Bestätigung als Komponenten der pragmatischen Information«, in: ders. (Hg.), *Offene Systeme I*, Stuttgart.
Weizsäcker, E.U. v. (1989), *Erdpolitik*, Darmstadt.
West, M./J. Harrison (1989), *Bayesian Forecasting and Dynamic Models*, New York.
Wiener, N. (1948), *Cybernetics*, Cambridge, Mass.
Wiener, O. (1969), *Die Verbesserung von Mitteleuropa*, Reinbek.
Wiener, O. (1990), *Probleme der Künstlichen Intelligenz*, Berlin.
Wilkes, M.V. (1977), »Babbage as Computer Pioneer«, in: *Historia Mathematica* IV.
Winnacker, E.-L. (1989), »Genkarten des Menschen im Widerstreit«, in: *FAZ* v. 8.2.1989.
Winter, R./R. Eckert (1990), *Mediengeschichte und kulturelle Differenzierung. Zur Entstehung von Wahlnachbarschaften.* Opladen.

Yoxen, E. (1986), *Die Auswirkungen der Biotechnologie auf die Lebens- und Arbeitsbedingungen*, Manchester.

Zachau, H.G. (1990), »Das Humangenom-Projekt: Pläne – Perspektiven – Probleme«, in: *Nachrichten aus Chemie, Technik und Laboratorium* 38/5.
Zelewski, St.v. (1986), *Das Leistungspotential der Künstlichen Intelligenz. Eine informationstechnisch-betriebswirtschaftliche Analyse*, Witterschlick/Bonn.
Zentrale Kommission der Bundesärztekammer zur Wahrung ethischer Grundsätze in der Forschung an menschlichen Embryonen (1987), *Arbeits- und Jahresbericht für das Jahr 1986*, Köln.
Ziegler, Ch.E. (1986), »Environmental Protection in the Soviet Union«, in: *WZB preprints IIUG pre 86-17*, Berlin.
Zimmerli, W.Ch. (1988), »Künstliche Intelligenz – Die Herausforderung der Philosophie durch die Computer«, in: *Forum für Interdisziplinäre Forschung* I.

Zu den Autorinnen und Autoren

Ascott, Roy; Prof. Dr.: Künstler, Gwent College of Higher Education, Wales, dort Dekan des Fachbereichs Bildende Kunst. Hochschule für angewandte Kunst in Wien, Zusammenarbeit mit der Kunsthochschule für Medien, Köln. Ausstellungen seiner telekommunikativen Arbeiten in Wien, Linz, Venedig, Paris. Publikationen zur Grundlegung seiner Werke.

Baudrillard, Jean; Prof.: Soziologe. Schriften zur Medientheorie, zu Kultur und Wissenschaft.

Beck-Gernsheim, Elisabeth; Dr. habil.: Soziologin, Universität München. Arbeitsschwerpunkte in den Bereichen Wissenssoziologie, Familie und Geschlechtsrollen sowie Technikentwicklung am Beispiel von Fortpflanzungs- und Gentechnologie.

von Bonin, Wibke; Dr.: Kunsthistorikerin, seit 1966 Redakteurin beim WDR-Fernsehen, Sendungen zur Bildenden Kunst, zu Design und Architektur sowie zu neuen Medien, Mitglied des Internationalen Kunstkritikerverbands AICA. Publikationen zur Kunstgeschichte und Kunstkritik.

Brauer, Dieter; Dr.: Chemiker, seit 1988 Referent für Biotechnologien und Forschung in der Zentralabteilung Öffentlichkeitsarbeit der Hoechst AG.

Diederichsen, Diedrich; Journalist, Merz-Akademie für Kommunikations-Design, Stuttgart. Redakteur der Musikzeitschrift *Spex,* Publikationen zu Kunst und Musikkultur.

Duden, Barbara; Dr.: Historikerin, Arbeitsschwerpunkte in Frauengeschichte und Geschichte der Wissenschaft und Technologie. Publikationen zum Erlebnis des Frauenkörpers im 18. Jahrhundert und zur Geschichte der Herstellung der modernen Frau als wissenschaftliche Tatsache.

Eckert, Roland; Prof. Dr.: Soziologe, Universität Trier. Schriften zu Geschlechtsrollen, zu Kultur, Wissenschaftspolitik und Familiensoziologie.

Eckmiller, Rolf; Prof. Dr.: Ingenieur und Neurophysiologe, Universität Bonn, Leiter der Abteilung für Neuroinformatik. Publikationen zu Neuronalen Netzen bei Bahnplanung und Steuerung von Robotern sowie bei der Prädikation komplexer Systeme.

Eisenbeis, Manfred; Prof.: Kunst- und Kommunikationswissenschaftler, Kunsthochschule für Medien, Köln. Mitglied der Deutschen UNESCO-Kommission, des internationalen Museumsrates und des Internationalen Film- und Fernsehrats der UNESCO. Publikationen zur Ästhetik, zu neuen Medien und Museen. 1989-90 Gründungsbeauftragter der Kunsthochschule für Medien Köln.

Fedrowitz, Jutta; Dr.: Biochemikerin, Wissenschaftliche Mitarbeiterin des Wissenschaftszentrums Nordrhein-Westfalen im Arbeitsbereich Natur- und Ingenieurswissenschaften. Publikationen zur Enzymologie, Enzymatischen Analyse und Biosensorik.

Flusser, Vilém; Prof. Dr. (gestorben 1991): Philosoph und Kommunikationstheoretiker, Universität Sao Paulo. Mitglied der Brasilianischen Philosophischen Gesellschaft. Schriften zu Philosophie, Kommunikations- und Medientheorie sowie zur Ästhetik.

Haefner, Klaus; Prof. Dr.: Physiker, Genetiker, Informatiker, Universität Bremen, 1969-1982 Berater des Bundesministers für Forschung und Technologie, 1987 Abteilungsleiter im Ministerium für Umwelt in Baden-Württemberg. Publikationen zur angewandten Informatik und zu den Konsequenzen der Informationstechnik.

Illich, Ivan; Prof. Dr.: Historiker, Philosoph und Theologe. Seit 1964 am mexikanischen Center for Intercultural Documentation in Cuernavaca. Schriften zu Wissenschaft, Kultur und Bildung.

Irrgang, Bernhard; Dr. Dr.: Philosoph und Theologe, Wissenschaftlicher Mitarbeiter am Institut für systematische Theologie der Universität/Gesamthochschule Siegen seit 1992. Publikationen zur Ethik und Künstlichen Intelligenz.

Jung, Dieter; Prof.: Maler und Holographiekünstler, Kunsthochschule für Medien in Köln, dort Professor für Medienkunst. Ausstellungen z.B. computergenerierter Holographien in der ganzen Welt.

Kaiser, Gert; Prof. Dr.: Germanist, Heinrich-Heine Universität Düsseldorf, seit 1983 dort Rektor, seit 1988 Präsident des Wissenschaftszentrums Nordrhein-

Westfalen. Schriften zur mittelalterlichen Literatur und zu Politik, Kultur und Wirtschaft.

de Kerckhove, Derrick; Prof. Dr.: Literaturwissenschaftler und Soziologe, Universität Toronto, dort Direktor des McLuhan Program in Culture and Technology, Arbeitsschwerpunkte im Bereich Kunst und neue Medien. Publikationen zu McLuhan, zur Technologie und zu den Auswirkungen der Informationstechnik auf Kultur und Wirtschaft sowie zur Video- und Computerkunst.

Kittler, Friedrich A.; Prof. Dr.: Germanist, Ruhr-Universität Bochum. Arbeitsschwerpunkte im Bereich Kultur und Informationswissenschaften. Schriften zur Literatur und Literaturwissenschaft sowie zur Computerkultur.

Klumpp, Dieter; M.A.: Politikwissenschaftler und Historiker, seit 1980 Leiter der Stabsabteilung Technik und Gesellschaft der Alcatel SEL AG sowie Beauftragter für die SEL-Stiftung für technische und wirtschaftliche Kommunikationsforschung. 1990 Gründungsleiter des Fachausschusses Informationstechnik und Öffentlichkeit der Informationstechnischen Gesellschaft im VDE.

Kubicek, Herbert; Prof. Dr.: Ökonom und Informatiker, Universität Bremen, Leiter der Forschungsgruppe Telekommunikation. Gründer des Instituts für Informations- und Kommunikationsökologie e.V. Publikationen zur Technikfolgenabschätzung und zur sozialverträglichen Technikgestaltung im Bereich der Informationstechnik.

Küppers, Bernd-Olaf; RD Dr. rer. nat. Dr. phil.: Physiker und Philosoph, Universität Heidelberg, der naturwissenschaftliche Forschungsschwerpunkt liegt bei der Physik der Selbstorganisation und der geisteswissenschaftliche bei der theoretischen Philosophie, insbesondere der Wissenschaftstheorie und Naturphilosophie. Publikationen zur Theorie der biologischen Information, zur Chaosforschung und Evolutionstheorie.

Leiberich, Otto; Dr.: Mathematiker, bis 1992 Präsident des Bundesamtes für Sicherheit in der Informationstechnik BSI.

Lepper, Markus: Komponist, Folkwang-Hochschule Essen, komponiert elektronische Musik, Forschungs- und Entwicklungsarbeiten auf dem Gebiet der Steuerung A/D-hybrider und rein digitaler Musiksysteme, Erfinder der Programmiersprache APOS und der AUDIAC Software-Architektur.

Mainzer, Klaus; Prof. Dr.: Philosoph und Mathematiker, Universität Augsburg, seit 1989 geschäftsführender Direktor des Instituts für Philosophie. Publikationen zur Logik, Erkenntnistheorie, Philosophie der Künstlichen Intelligenz sowie zu Naturphilosophie und Wissenschaftsgeschichte.

Matejovski, Dirk; Dr.: Germanist, Wissenschaftszentrum Nordrhein-Westfalen, verantwortlich für den Arbeitsbereich Geistes- und Kulturwissenschaften. Lehrbeauftragter der Heinrich-Heine-Universität Düsseldorf für Mediävistik und Medienwissenschaft. Veröffentlichungen zur Literaturgeschichte und Literaturtheorie sowie zu Kunst, Kultur und Wissenschaft.

Mettler-Meibom, Barbara; Prof. Dr.: Politikwissenschaftlerin, Universität-Gesamthochschule Essen, Publikationen zu Telekommunikation, Informations- und Kommunikationstechniken, Kommunikationsökologie.

Mittelstraß, Jürgen; Prof. Dr.: Philosoph und Wissenschaftstheoretiker, Universität Konstanz, seit 1990 dort Direktor des Zentrums Philosophie und Wissenschaftstheorie, Gründungsmitglied der Akademie der Wissenschaften zu Berlin. Schriften zu Philosophie und Wissenschaft.

Moravec, Hans; Prof.: Carnegie Mellon University, seit 1980 dort Direktor des Mobile Robot Laboratory, entwickelt computergesteuerte Roboter.

Ostner, Ilona; Prof. Dr.: Soziologin, Universität Bremen, Zentrum für Sozialpolitik, Leiterin der Abteilung Geschlechterpolitik im Wohlfahrtsstaat. Publikationen zur Arbeits-, Berufs- und Familiensoziologie, insbesondere Frauenforschung sowie zur Sozialpolitik.

Pfeiffer, Rudolf; Prof. Dr.: Kinderarzt und o. Prof. für Humangenetik, Lübeck (1973), Erlangen-Nürnberg (1978). Publikationen zur klinischen Genetik.

Plessi, Fabrizio; Prof.: Künstler, Kunsthochschule für Medien, Köln, dort und in Venedig Professor für Medienkunst mit dem Schwerpunkt Videoinstallation. Ausstellungen seiner Videoinstallationen u.a. in Venedig, Wien, Paris, München, Mailand, Hamburg.

Pöppel, Ernst; Prof. Dr.: Psychologe, seit 1977 Vorstand des Instituts für Medizinische Psychologie, seit 1992 Vorstandsmitglied des Forschungszentrums Jülich. Schriften zur medizinischen Psychologie und zu neuronalen Grundlagen der visuellen Wahrnehmung.

Rammert, Werner; Prof. Dr.: Sozialwissenschaftler, Freie Universität Berlin. Publikationen zur Wissenschaftsforschung, zur Arbeits- und Industriesoziologie sowie zur sozialwissenschaftlichen Technikforschung.

Rau, Johannes; Dr. h.c. mult.: Ministerpräsident des Landes Nordrhein-Westfalen, MdL. Schriften u.a. zu Politik, Bildung und Wissenschaft.

Reith, Dirk; Prof.: Komponist, Folkwang-Hochschule Essen, künstlerischer Leiter des Elektronischen Studios, 1986 Leiter des Fachbereiches Musik in der Projektgruppe zur Planung des Zentrums für Kunst und Medientechnologie in Karlsruhe. Forschungsschwerpunkte liegen bei der kompositorischen Verbindung von akustischen Instrumenten und Elektronik sowie auf dem Gebiet der algorithmischen Komposition.

Roßnagel, Alexander; Prof. Dr.: Jurist, seit 1984 Fachhochschule Darmstadt, seit 1993 Universität-Gesamthochschule Kassel, wissenschaftlicher Leiter der Projektgruppe verfassungsverträgliche Technikgestaltung (Provet). Publikationen im Verfassungs-, Umwelt- und Technikrecht sowie zur rechtswissenschaftlichen Technikfolgenabschätzung.

Rübsamen-Waigmann, Helga; Prof. Dr.: Chemikerin, seit 1987 Direktorin des Chemotherapeutischen Forschungsinstituts Georg-Speyer-Haus in Frankfurt/Main. Ihre Hauptarbeitsgebiete sind die Erforschung von Tumoren und Infektionskrankheiten, vor allem AIDS.

Schaefer, Ulrich; Prof. Dr.: Arzt für Innere Medizin, Direktor der Klinik und Poliklinik für Knochenmarktransplantation am Universitätsklinikum Essen. Vorsitzender der Deutschen Arbeitsgemeinschaft für Knochenmarktransplantation. Publikationen zur Hämatologie, Onkologie und Knochenmarktransplantation.

Schmitt, Th. Michael; Dr.: Biologe, Kustos am Museum Alexander Koenig in Bonn, Arbeitsschwerpunkte in der phylogenetischen Systematik, Evolutionsbiologie und Coleopterologie.

Seetzen, Jürgen; Dr.-Ing.: Ingenieur, Programmleiter Anwendungs- und Wirkungsforschung am VDI/VDE Technologiezentrum Informationstechnik in Berlin. Ingenieurstätigkeiten auf dem Gebiet des Kernreaktorbaus, Leiter des Internationalen Instituts für Management der Technik in Mailand. Publikationen zur Technikfolgenabschätzung, Wirtschaftsdynamik durch Technikentwicklung und zu anthropologischen Problemen der Künstlichen Intelligenz.

Shaw, Jeffrey; Prof.: Künstler, Zentrum für Kunst und Medientechnologie in Karlsruhe, dort Direktor am Institut für Bildmedien. Begründer der Event-structure Research Group. Ausstellungen seiner Skulpturen, Installationen, audiovisuellen und interaktiven Arbeiten z.B. in Paris, Bern, Bordeaux.

Spangenberg, Joachim H.: Biologe und Ökologe. Mitarbeiter des Wuppertal-Instituts für Klima, Umwelt, Energie, ehem. Lehrbeauftragter für Umweltrecht, Köln. Langjährige Tätigkeit in Umweltverbänden sowie Beratung in Umwelt- und Biotechnik. Publikationen zu Gentechnik- und Umweltfragen.

Thomsen, Christian W.; Prof. Dr.: Literatur- und Theaterwissenschaftler. Seit 1982 Lehre und Forschung in der Architektur, Sprecher des DFG-Sonderforschungsbereichs Bildschirmmedien, 1982-84 Direktor des Forschungsinstituts für Geistes- und Sozialwissenschaften, 1986-87 einer der beiden Direktoren des ersten geisteswissenschaftlichen Graduiertenkollegs in Deutschland. Neben Regie in Theaterstücken und Hörspielen Publikationen zu Kunst-, Literatur- und Theaterwissenschaft sowie Architekturkritik.

von Weizsäcker, Ernst Ulrich; Prof. Dr.: Biologe, Chemiker und Physiker. Direktor des Instituts für Europäische Umweltpolitik und des Wuppertal-Instituts für Klima, Umwelt, Energie. Schriften zur Umweltpolitik, zur Theorie offener Systeme und Technologiepolitik.

Wachsmuth, Ipke; Prof. Dr.: Informatiker und Mathematiker, Universität Bielefeld, Gründungsmitglied des VDI-Ausschusses »Künstliche Intelligenz« im Bereich »Mensch und Technik«. Publikationen zur wissensbasierten Sprachverarbeitung und zu Expertensystemen sowie zur Lernforschung und Wissensrepräsentation.

Wiener, Oswald: Autor, Kunstakademie Düsseldorf. Romane, Essays und Schriften zur Künstlichen Intelligenz und Computerkultur sowie zu Technik und Wissenschaft.